EVERYDAY CRYPTOGRAPHY

FUNDAMENTAL PRINCIPLES AND APPLICATIONS
(SECOND EDITION)

人人可懂的密码学
(原书第2版)

【英】基思·M. 马丁(Keith M. Martin)著
贾春福 钟安鸣 高敏芬 等译

机械工业出版社
China Machine Press

图书在版编目（CIP）数据

人人可懂的密码学（原书第2版）/（英）基思·M. 马丁（Keith M. Martin）著；贾春福等译．—北京：机械工业出版社，2020.9（2023.11重印）
（信息技术科普丛书）
书名原文：Everyday Cryptography: Fundamental Principles and Applications (Second Edition)

ISBN 978-7-111-66311-9

I. 人… II. ①基… ②贾… III. 密码学 IV. TN918.1

中国版本图书馆CIP数据核字（2020）第147932号

北京市版权局著作权合同登记 图字：01-2019-3108号。

出版发行：机械工业出版社（北京市西城区百万庄大街22号 邮政编码：100037）

责任编辑：朱 劼　　　　责任校对：李秋荣
印　　刷：北京建宏印刷有限公司　　　　版　　次：2023年11月第1版第4次印刷
开　　本：186mm×240mm 1/16　　　　印　　张：29.5
书　　号：ISBN 978-7-111-66311-9　　　　定　　价：129.00元

客服电话：（010）88361066 68326294

译者序

历史上，密码学主要用于军事上的保密通信。随着计算机网络的发展（特别是因特网的发展和应用），现在绝大多数人都和密码学建立起了密切的联系，我们几乎每天都会用到密码学。密码学不仅为各类安全服务（如电子信息的安全传输和存储）提供保障支撑，还引发了人们对使用密码学的道德和困境方面的关注，如隐私保护与有针对性的监控之间的矛盾等。

现有的密码学书籍大多侧重于介绍密码学的数学方面，对密码算法的数学细节进行了详细的讨论，但很少提供足够的关于密码学实践方面的内容。本书的独特性在于：

- 主要关注密码学的基本原理，而不是相关的技术细节。
- 从实际应用出发，专注于日常应用中的密码学。
- 几乎没有涉及密码学的数学知识。
- 将密码学放在支持信息安全的底层技术的应用场景下进行介绍。

本书的内容由四个部分组成。

- **第一部分　预备知识**：该部分主要介绍密码学需求的动机、经典的加密算法、安全理论与实践的区别等。
- **第二部分　密码学工具包**：该部分包括构成密码学工具包的各种组件、提供机密性的对称加密系统和公钥加密系统、密码学在数据完整性和数据源身份认证方面的应用、使用密码学实现实体身份认证和密码协议等内容。
- **第三部分　密钥管理**：该部分从实际的角度来探讨密码学中最重要的且常常被忽视的领域——密钥管理，包括秘密密钥管理以及与公钥密码学相关的密钥管理。
- **第四部分　应用密码学**：该部分分析密码学的一些典型应用和普通用户在保护他们的个人设备及通信时可能使用的密码学技术；讨论通过使用密码学技术引起的更广泛的社会问题，如平衡隐私和控制的策略问题等。

本书适合以下读者阅读：

- **信息安全的用户和实践者**　包括但不限于关注保护其数据的信息技术的用户，正在将信息安全技术应用于数据保护的信息安全从业人员，或是希望进一步了解数据安全问题的企业管理者。

- **高校学生**　本书适合作为高校工科专业本科或研究生“密码学”课程的教材。本书涵盖密码学的原理，但无须读者钻研底层算法的数学细节，这对于工科类学生非常适合。本书还适合作为非信息安全或非网络空间安全专业的密码学通识课 / 选修课的教材。
- **对密码学感兴趣的读者**　本书的目的是让尽可能多的读者了解和学习密码学，因此，任何希望深入了解密码学及其工作原理的读者都可以阅读本书，而不必被繁杂的数学公式难倒。

本书由贾春福和高敏芬组织翻译，参加翻译的人员包括钟安鸣、陈杭、刘俐君、郑万通、田美琦、程晓阳、逯海涛、邵蔚、李明月和李士佳等。此外，毕乐斌、王欣鸿、贾巧雯等也参与了部分翻译或校对工作。在翻译过程中，我们对书中明显的表达不当之处或印刷错误做了更正。为了便于阅读和理解，我们视情况添加了译者注。全书由贾春福和钟安鸣统稿，贾春福审校。在本书的翻译过程中，得到了机械工业出版社的大力支持和帮助，在此表示感谢。

我们本着对读者认真负责的宗旨完成翻译工作，努力做到技术内涵的准确无误以及专业术语的规范统一。但是，限于译者水平，加之时间仓促，翻译不妥和疏漏之处在所难免，敬请阅读本书的读者予以批评指正。

译　者

2020 年夏于南开大学

前 言

2012 年，在本书首次出版时，就有人认为它相对来说是永恒的，也就是说其重要性在过去和未来基本上是一样的。因为我们在本书中关注的是密码学的基本原理，而不是最新的技术。这样看来，真的还需要本书的第 2 版吗？

我还是坚持最初的看法，本书的第 2 版并不是非出版不可，因为密码学背后的基本原理没有改变。实际上，用于实现这些原理的最常见的密码算法也几乎没有什么变化，所以本书第 1 版中提供的大多数密码工具包基本保持不变。然而，本书的新版本还是值得推荐的，原因如下。

本书的最后一部分通过研究密码学在日常生活中的一些应用来说明其基本原理。自 2012 年以来，这些应用不可避免地得到了发展和拓展，其中一些应用甚至推动了其所使用的密码学知识的发展变化。本书对相关材料进行了更新。此外，本书还详细介绍了用于支持这些材料的一些加密工具，其中包括有关 TLS 1.3、LTE 和 Apple Pay 的讨论。

自 2012 年以来，最重要的发展是全社会对密码学的认知程度提高了很多。2013 年，美国前政府雇员爱德华·斯诺登（Edward Snowden）披露了大量关于政府机构控制使用密码学技术的信息，从而引发了一场关于密码学技术使用的公开辩论。

对于密码学的使用，整个社会总是面临着两难的境地。提供隐私和有针对性的监视之间的紧张关系已经存在了几十年，而且这种状况还在继续。斯诺登披露的与此有关的信息只是这种情况的最新演绎。本书第 1 版只对这个问题做了粗略的介绍，在这一版中我们将用一章的篇幅来讨论密码学技术的控制问题。在这一章中，我们将介绍密码学所带来的困境，并讨论试图解决这个问题的策略和相关的提示。请注意，在本书中，我们既不打算对此做出判断，也不打算提出解决的办法。

毫无疑问，斯诺登事件的影响之一是人们对密码学的使用产生了更大的兴趣。本书通过扩展“应用密码学”部分的内容来反映这一点，其中包括两个自 2012 年以来一直比较引人注目的应用。第一个应用是 Tor，它使用密码学技术来创建一个网络，为用户提供一定程度的匿名性；第二个应用是数字货币——比特币。

自2012年以来，我们还看到一系列用户设备都提供了更多的密码学技术保护措施。为此，本书中增加了新的一章来介绍个人设备的密码学技术方面的内容。这一章讨论了如何使用加密技术来保护移动电话等设备上的文件、磁盘、电子邮件和消息等内容。这一章也包括针对WhatsApp和iOS等技术的案例研究。

我要感谢以下这些人，他们不仅分享了自己的专业知识和经验，而且花费大量时间审阅了本书的变更和修订的部分。他们是：James Alderman, Tom Atkinson, Ela Berners-Lee, Giovanni Cherubin, Danny De Cock, Jason Crampton, Ben Curtis, Matthew Dodd, Thalia Laing, David Main, Sarah Meiklejohn, Frederik Mennes, Steven Murdoch, Kenny Paterson, Nick Robinson, Thyla van der Merwe和Mike Ward。

当前，密码学的重要性及其在我们日常生活中的作用是前所未有的。本书回答了“为什么”和“如何实现”等问题。

第1版前言

密码学是一门与日常生活息息相关的学科，它已经发生了巨大的变化。原来的密码学主要是通过其用途（保护军事通信的安全）或通过娱乐消遣（猜解谜题）在公众心目中展现其重要性和作用的。然而，由于计算机网络的发展，特别是因特网的发展，现在绝大多数人都和密码学技术建立起了密切的联系，实际上，我们每天都在使用密码学技术。

密码学为更广泛的信息安全概念提供了基础，可以保证电子信息能够轻松地在相对不安全的环境中进行传输和存储。密码学技术的使用让信息暴露的风险发生了根本性的变化。随着信息安全事件对财务的影响不断上升，对信息安全进行保护和控制的需求也在不断提升。密码学是一项重要的技术，它支持着许多这样的控制，为实现保护电子信息的安全服务（如机密性、数据完整性和身份认证）提供了一套基本的保障机制。密码学本身并不保护信息，但是许多保护信息的技术机制都以密码学为核心。

因此，对于任何有兴趣了解信息安全的人来说，密码学都是一门重要的学科。密码学作为一门学科受到广泛关注的另外两个原因是：

- 密码学扮演着一个有趣的角色。它是在特殊历史时期产生的一项关键技术，其现代应用引发了人们对道德和密码困境方面的关注。
- 密码学对普通大众具有广泛的吸引力。许多人对“秘密”（secret）和“密码”（code）着迷，主流媒体已经成功地利用了这一点。

谁应该读这本书

市面上有很多关于密码学的书籍，但是本书介绍知识时所采用的方法有别于其他书籍，主要体现在以下几个方面。

- **基本原理**：本书涉及的基本原理既是重要的又是相对不变的。编写一本很快就过时的密码学书籍是很容易的，但本书的目标是使书中的内容在今后十年内不会过时。这是因为本书关注的是密码学的基本原理，而不是当前技术的细节。

- **以应用为中心**：本书主要关注信息安全用户或从业人员需要了解的加密技术。尽管当前有大量关于密码学的理论研究，但这些成果很少能够直接应用到实际中，实际应用往往只部署经过良好测试并能被深入理解的技术。简言之，这本书专注于日常应用中的密码学技术。
- **广泛的适用性**：本书的编写目标是成为学习密码学的读者的第一本书籍。本书关注密码学的核心问题，并论述密码学的基础知识。值得注意的是，本书刻意没有关注支撑加密机制的数学知识。我们努力做到让本书具有引导性，内容方面尽量自洽(无须额外增加预备知识)，并具有广泛的适用性。

我们将解释为什么密码学很重要，如何使用它，以及与它的实现有关的主要问题。我们编写本书时遵循了以下指导思想：

1）假设读者没有密码学的先验知识。

2）几乎不需要任何数学知识。

3）关注密码学背后的原理，而不是其工作原理相关的数学细节。

4）强调与密码学使用有关的实际问题。

5）将密码学放在支持信息安全的底层技术的场景中进行介绍，而不是作为一个单独的主题。

本书既可以作为密码学的导论（涵盖了密码学的全部内容）来阅读，也可以用于支持有关密码学的课程教学。为此，本书各章还提供了“进一步的阅读”材料和配套练习。本书适合以下类型的读者阅读：

1）**信息安全的用户和实践者**：密码学是一门与任何需要保护数字数据安全的人相关的学科。本书的目的是引起下述人群的兴趣：

- 希望了解如何保护数据的普通 IT 用户。
- 需要将安全技术应用于数据保护的信息技术专业人士。
- 职责是保护信息的信息安全专业人士。
- 希望进一步理解数据安全问题的企业管理者。

2）**学习密码学的学生**：本书可以作为高等院校本科或研究生的密码学相关课程的教材，内容涵盖密码学的原理，但读者不需要钻研底层算法的数学细节。事实上，本书正是从这样一门课程发展而来的。本书也可能让学习密码学数学基础的学生感兴趣，因为它通过在密码学理论和其试图解决的现实问题之间架起一座桥梁，而补充了相关数学知识的论述。对于已经知道“如何做”的学生，本书将解释“为什么这样做”。

3）**对密码学感兴趣的一般读者**：本书也适合希望对密码学及其工作原理有深入了解的科学或工程领域的普通读者阅读。

本书的编写背景

本书是从伦敦大学皇家霍洛威学院（Royal Holloway, University of London）信息安全小组开设的密码学课程发展而来的。皇家霍洛威学院自20世纪80年代初以来一直是密码学的研究中心，长期从事与密码学技术相关的工业和政府应用的研究。

1992年，伦敦大学皇家霍洛威学院开设了信息安全理学硕士研究生学位课程，这是世界上第一个具有此类资格的机构。这个人才培养计划针对信息安全学科相关的知识模块给出了一个全面的介绍。这个培养计划的核心内容模块包括信息安全管理、密码学、网络安全和计算机安全。密码学这个模块非常重要，因为参加这个计划的学生不一定有数学背景，他们对具备数学背景也不是特别感兴趣。他们需要知道的是密码学能做什么，密码学不能做什么，以及如何使用它。他们不需要知道密码学是如何工作的。许多学生在开始学习这个模块的时候都有一定的恐惧感，但几乎所有人在学习之后都获得了巨大的成就感（也许是一种如释重负的感觉）。

伦敦大学皇家霍洛威学院最初的密码学模块是由Fred Piper教授设计的，他在1982年与人合著了关于密码学的第一批学术著作之一［16］，对英国学术和工业信息安全活动的发展起到了极其重要的作用。他与Sean Murphy教授一起在2002年出版了广受欢迎的《密码学：简明引论》（*Cryptography: A Very Short Introduction*）［191］，向普通读者展示了伦敦大学皇家霍洛威学院密码学模块所涵盖材料的一个重要的缩略版本。

2004年，我接手了伦敦大学皇家霍洛威学院密码学模块的主要教学工作。在过去的十年里，我花了很多时间向非数学专业的学生讲授密码学，包括给工业界人士授课和面向年轻观众演讲。由于皇家霍洛威学院信息安全理学硕士课程也远程授课，因此，我不但需要面对面地向学生讲授密码学课程，还需要在网上讲授这门课程。本书在某种程度上可以被认为是文献［191］的一个更广泛和更学术化的版本，它来自上述这些经历所带来的喜悦和挑战。

本书的结构

本书由四个部分组成。

- **第一部分：预备知识**

第一部分包括第 1 章至第 3 章，介绍密码学基本的背景知识。第 1 章给出密码学需求的动机，并阐明密码学可以提供的一些核心的安全服务；介绍密码系统的基本模型，讨论密码学的应用。在第 2 章中，我们将回顾历史上的一些加密算法，其中大多数已经不再适合于现代实际应用，但它们说明了密码学的许多核心思想，以及一些基本的加密算法设计原则。第 3 章将讨论安全理论与实践的区别。结果表明，不可破解的密码系统是存在的，但不具有实用性，大多数实用的密码系统在理论上都是可破解的。现实世界的密码系统总是会被攻破的。我们认为，密码学的研究本质上是对密码学原语工具包的研究，它可以用不同的方式组装，以实现不同的安全目标。

- **第二部分：密码学工具包**

第二部分包含第 4 章至第 9 章，探讨构成密码学工具包的各种组件，其中包括密码学原语和组合使用它们的密码协议。我们从提供机密性开始介绍。有两种类型的密码系统，在第 4 章中，我们将讨论提供机密性的第一种类型的密码系统，也就是对称加密系统；讨论不同类型的对称加密算法，以及使用它们的不同方法。在第 5 章中，我们将讨论公钥加密，阐述公钥加密的动机，并对两个重要的公钥密码系统进行详细的研究。在第 6 章中，我们将讨论如何使用（对称）加密技术来提供数据完整性和数据源身份认证的概念。然后，我们将在第 7 章讨论提供不可否认性的密码学技术，重点是数字签名方案。第 8 章解释如何使用密码学来提供实体身份认证的功能。该章还会考虑随机数的生成问题，这是实体身份认证机制经常需要的。最后，在第 9 章中，我们研究如何将这些密码学原语组合起来形成密码协议。

- **第三部分：密钥管理**

第三部分包含第 10 章和第 11 章，我们将从一个实际的角度来探讨密码学中最重要的且常常被忽视的领域——密钥管理。这是任何加密系统安全性的基础，是密码学的一个重要方面，也是用户和实践者最有可能参与有关加密决策的部分。在第 10 章中，我们将讨论一般意义上的密钥管理，重点是秘密密钥的管理；研究加密密钥的生存期，并讨论在生命周期各个阶段使用的一些常见的技术。在第 11 章中，我们将进一步讨论密钥管理的问题，特别是与公钥密码学相关的密钥管理问题。

- **第四部分：应用密码学**

第四部分包括第 12 章至第 14 章。在第 12 章中，我们通过详细研究密码学的一些应用来对前面的材料进行总结。由于在前几章中提出的许多问题都要求在实现密码学之前做出与应用相关的决策，所以我们将展示几个重要的密码学应用是如何实际解决这些问题的。特别地，我们将讨论为什么使用特定的密码学原语以及如何进行密钥管理。这一章会比前几章更详细。在第 13 章中，我们通过讨论普通用户在保护他们的个人设备和通信时可能使用的（通常是无意中使用的）密码学技术，使密码学技术更加贴近我们的生活。最后，在第 14 章中，我们将讨论因为使用密码学技术而引起的更广泛的社会问题，并考虑平衡隐私和控制的策略问题。

本书还安排了以下部分帮助读者学习密码学。

- **进一步的阅读**

每一章的“进一步的阅读”部分都包括对与所学内容相关的材料的简要总结，这些材料可用于进一步探讨该章讨论的主题。但这些材料也只是起到抛砖引玉的作用，绝对不是全面的。这些材料通常包括可访问的阅读材料、重要的研究文章、相关标准和有用的 Web 链接。仔细设计的有目标的网络搜索也是一种有效查找相关材料的方法。

- **练习**

每一章最后都给出了一系列练习，这些练习旨在加强对该章内容的理解。有些练习有明确的答案，而更多的练习则是开放式的。虽然这些练习可能会被跳过，但它们都是为了进一步探索该章内容而设计的。后几章的练习一般不依赖于前几章已经完成的练习。

- **附录：数学基础**

本书附录中包括一些数学基础知识，但本书的目标是不需要看附录也能够轻松阅读。提供这个附录是为了帮助读者更深入地理解某些密码学原语的本质问题，特别是学习公钥密码系统时，理解这些数学基础知识将会有所帮助。（读者可登录华章网站下载这部分内容。）

如何使用本书

本书是依据一定的前后顺序进行介绍和讲述的，因此阅读本书内容的最有效方式是按照章节顺序进行阅读。当然，也可以根据需要深入探讨某些主题。

本书中的这些章节可以很好地（而且确实）构成实用密码学课程的大纲。为此，在每一章的开头都要确定学习目标。如果任何一章的主题被省略，这样的课程就不能被认为是完整的。书中包含的材料能够覆盖一个学期的课程内容。一门实用密码学课程应该关注所有的核心安全服务，并通过讨论一系列适当的机制进行阐述；如有必要，可以选择性地省略一些章节的材料。密钥管理是一个必须讨论的主题，不应该跳过。在第 12 章中，可以选择其中 2 ～ 3 个应用进行讲解。在伦敦大学皇家霍洛威学院，我们为那些对数学基础缺乏信心的学生提供单独的辅导，附录中的数学基础知识可以在 4 ～ 5 个学时（1 小时 / 学时）内讲授完成。

进一步的阅读

关于密码学的文献非常多，因此为希望从不同角度研究密码学的读者提供一个恰当的选择范围是非常有益的。

很多密码学书籍侧重于介绍密码学的数学方面，其中许多书籍是面向计算机科学或数学专业本科生的教科书。从我们的目标来看，这些书大多对密码算法的数学细节讨论过多，却没有提供足够多的关于密码学实践方面的细节。这些书中最好的是 Stinson［231］。其他可以推荐的书目包括：Buchmann［32］，Katz 和 Lindell［134］，Hoffstein、Pipher 和 Silverman［106］，Mollin［152］，Paar 和 Pelzl［182］，Smart［224］，Stallings［228］，Trappe 和 Washington［237］，以及 Vaudenay［239］。更专门的方法包括：Koblitz［138］，从数论学者的视角研究密码学；Talbot 和 Welsh［235］，从复杂性理论的角度对密码学进行研究。

对于那些希望了解更多细节的人来说，有许多面向密码学研究人员的书籍。虽然其中大多数专业性很强，但也有一些具有足够广泛的覆盖面，值得特别推荐。其中包括足够经典但稍微过时的 Menezes、van Oorschot 和 Vanstone［150］，以及 Goldreich［92-93］和 Mao［146］的理论基础教材。

更相关的是与应用密码学有关的书籍。Schneier［211］是密码学方面最著名的书籍之一。该书虽然可读性很强，但它不适合支持密码学的结构化课程。Ferguson、Schneier 和 Kohno［72］(这是文献［71］的一个更新和扩展版本）涵盖了与本书大致相似的主题，但是表达风格非常不同。特别是，文献［72］更倾向于向从业者提供建议，而不是对相关问题进行更广泛的讨论。Dent 和 Mitchell［48］从这一领域现有的国际标准的角度解释了密码学。Kenan［136］和 St Denis［227］提供了应用密码学的更专业的视角，前者讨论了如何使用加密技术来保护数据库，后者讨论了如何为软件开发人员提供加密技术相关的知识。其他书籍涵盖了更广泛的信息安全的内容，并且涉及加密技术及其应用方面的问题，但不是作为重点进行介绍的。这类推荐书目包括：Garfinkel 和 Spafford［89］，Anderson［5］。

最后，有一些有关密码学导论的文献旨在向普通读者介绍这个主题。如前所述，其中最好的是 Piper 和 Murphy［191］。其他书籍往往缺乏平衡性和深度，但对于那些希望愉快地学习密码学的读者，我们推荐 Mel 和 Baker［149］，以及 Cobb［37］。

我们在每一章的末尾都有一节关于进一步阅读的内容，其中包括对相关标准的引用问题。这一点特别重要，因为我们将在本书中不断强调，我们所提供的密码机制通常是简化的。在咨询相关标准之前，不应该实现本书讨论的任何加密机制。我们不会提及所有的密码学标准（完整的清单在 Dent 和 Mitchell［48］中提供），但是会提到国际标准化组织（International Organization for Standardization，ISO）和国际电工委员会（International Electrotechnical Commission，IEC）联合制定的标准。我们还将提到来自 IETF（Internet Engineering Task Force，因特网工程任务组）的因特网标准（这些标准以前缀 RFC 开头），以及 IEEE（Institute of Electrical and Electronics Engineers，电气和电子工程师协会）制定的一些标准。美国的 NIST（National Institute of Standards and Technology，国家标准与技术研究所）是一个特别有影响力的机构，负责监督 FIPS（Federal Information Processing Standards，联邦信息处理标准），这是密码学中最重要的标准。与密码学特别相关的是 NIST 的计算机安全资源中心（Computer Security Resource Center，CSRC）［160］，该中心正在开发一个包含推荐的密码算法和技术的密码技术工具包。CSRC 定期发布特别出版物（Special Publication），其中包括关于如何使用密码学的建议，我们将参考其中一些建议。对于那些希望跟随和了解密码学研究前沿的读者，如需搜寻相关领域的最新研究成果，可以参考 Springer 出版的会议论文集系列丛书“Lecture Notes in Computer Science”（LNCS）。

致谢

我是一个非常热爱书籍的人，总是带着好奇心去阅读任何一本书的致谢部分，其中很多书的致谢部分都能让我对写作本身有所感悟。我自己的写作经历与其他许多人相似：多年的脚踏实地、埋头苦干，无休止地修改和痴迷于写作。和大多数作者一样，尽管我投入了很长时间去工作，但是如果没有一些朋友的帮助，本书最终版本是不会完成的。

虽然本书的内容是在英国、马来西亚、新西兰和波兰等多个国家的不同地方写成的，但这些文字的形成源于多年来与来自世界各地的皇家霍洛威学院信息安全理学硕士研究生的互动——尽管我只见过他们中的一些人。感谢他们提出的许多令人着迷的问题和观点，其中许多思想仍然在影响和重塑着我自己的观点，这就是教师的乐趣。

我要感谢许多同事和朋友（我想说他们都既是我的同事也是我的朋友），他们阅读了本书并就书稿的部分内容进行了评论，表达了自己的意见，他们是 Carlos Cid、Jason Crampton、Mick Ganley、Qin Li、Miss Laiha Mat Kiah、Kenny Paterson、Maura Paterson 和 Geong Sen Poh。特别要提到的是 Frederik Mennes，他不仅自始至终对所有问题提供了详细的反馈，而且成功地说服我对本书进行了结构上的调整和重组，使本书能够以更为恰当、合理和先进的方式进行内容的表达。承认别人是对的总是痛苦的！对于某些加密应用的详细信息，我必须从知识渊博的学者那里寻求相关专业知识方面的帮助，他们中的大多数人都对书中相关内容发表了有建设性的评论。非常感谢 Peter Howard（就职于英国电信企业 Vodafone）在皇家霍洛威学院就移动通信安全问题做了许多内容丰富的讲座。David Main 和 Mike Ward 对关于 EMV 的材料进行了评审，确保我的表述客观、公正。感谢 Allan Tomlinson 为我解答了许多关于视频广播中的密码学问题，感谢 Godot 让我获得了有关电子身份证（eID Card）方案的资料，世界上没有人比他更了解该计划了。感谢 Cerulean，他帮助我起草了附录的原始版本，并在数学课上向许多过去的硕士研究生讲授了密码学计算的内容。

把想法和学习材料转化成一本书并不是一项很直接、很简单的工作。非常感谢 Doug Stinson 和 Bob Stern，是他们给了我撰写本书的信心。没有人能像牛津大学出版社（OUP）的 Johnny Mackintosh（以及他的另一个密友 Keith Mansfield）一样为我提供更好的支持了，感谢他为我提供了灵活的交稿日期。与在纷杂的密码学图书市场中寻找一个与众不同的书名相比，写一本书就显得很容易了。在这方面，没有人比 Sandra Khan 更努力，她向我提供了 65 个可供选择的书名，目前的书名是根据 Jason Crampton 提供的第 50 个书名改编的。

从一个胆怯的少年到加密技术研究者，我的职业生涯中涉及很多人，其中一些人是我真正了解的，他们是 Ian Anderson、Martin Anthony、Mick Ganley、Stuart Hoggar、Wen-Ai Jackson、Lars Knudsen、Chris Mitchell、Christine O'Keefe、Bart Preneel、Vincent Rijmen、Matt Robshaw、Rei Safavi-Naini、Jennifer Seberry 和 Peter Wild。

当然，还有 Fred，他是一位传奇人物和导师。从某个角度来说，这本书应该也属于 Fred Piper——尽管不是他亲自撰写的。Fred 说服了数百名一提到密码学就吓得发抖的学生，使他们相信自己会爱上这个领域。我已经尽力将他对密码学的理解融入书中，希望我已经成功达成这一目标。尽管 Fred 是有几十年专业经验的密码学专家，但他仍然能够以初学者的眼光来看待这个学科，而且他对本书手稿的阅读意见是至关重要且有独到见解的。

最后，我要说的是，有些人对我的重要性是难以用文字描述的。我的父母在我的成长中给予我很大的影响和支持。我之所以会成为一名数学家，是因为我的父亲Henry Martin，他在我的成长历程中一直扮演着一位“Oracle”的角色（而绝非是一个“Random Oracle”）。而且，无论密码学多么迷人，重要的是，他每天都会提醒我，还有许多更有价值的东西。Anita、Kyla和Finlay，我欠你们的远远超过你们给予我的，谢谢你们让我能够安安静静地编写这本书。

目录

第三部分 密钥管理

第四部分 应用密码学

第 13 章 应用于个人设备的密码学 …… 414

第 14 章 密码学的控制 …… 430

第 15 章 结束语 …… 447

附录 数学基础[1]

索引[2]

[1][2] 由于篇幅原因，原书的附录和索引将在华章网站（http://www.hzbook.com）提供下载。——编辑注

第一部分

预 备 知 识

第1章 基本原理

本章作为对目前通用的密码学的导言，将讨论密码学的用途和必要性，以及用于描述密码学系统的基本术语和概念。

学习本章之后，你应该能够：
- 理解信息安全的必要性。
- 认识现代世界中的一些基本安全需求。
- 了解信息面临的最大风险。
- 认识密码学可提供的一系列不同的安全服务。
- 描述密码系统的基本模型。
- 理解对称密码系统和公钥（非对称）密码系统的区别。
- 理解明确假设攻击方知道一个密码系统哪些信息的重要性。
- 讨论攻破一个密码系统的真正含义。

1.1 为什么需要保证信息安全

我们将从探索密码学在保证信息安全方面的作用开始。术语**信息安全**（information security）泛指对信息和信息系统的保护，通常也称为**网络安全**（cyber security）。信息安全包括许多不同类型的安全技术，以及管理过程和控制策略。密码学是大多数信息安全技术的基础，本章将详细地探讨这一概念。关于密码学中核心定义的更精确的解释参见1.4.1节。

1.1.1 信息安全的发展历程

直到20世纪末，密码学还是一个只有专家和感兴趣的用户才会关注的领域，事实上，信息安全这个更广泛的学科也面临这种情况。那么，如今发生了哪些改变呢？

信息并不是一个新概念，它一直是具有价值的。社会总是在处理需要某种程度保护的信息，并且总是使用程序来保护这些信息，因此对信息安全的需求并不是什么新鲜事。

同样，密码学也不是一门新的科学，尽管有些人会说它最近才被正式视为科学。几个世纪以来，它一直被用来保护敏感信息，尤其是在战争期间。

然而，信息安全现在是一个引人注意的话题，大多数人都会在日常生活中用到信息安全技术，信息安全事件在媒体上被广泛报道，政府也开始关注信息的安全保护工作。这是由于计算机网络，特别是因特网的发展引起的。这种发展不一定导致世界上的信息量增加，但是现在数据更容易生成、访问、交换和存储。更低的通信和存储成本以及不断增加的连接性和更高的处理速度，都促进了业务流程的自动化。因此，越来越多的应用和服务都实现了电子化。这些电子数据都可能在相对不安全的环境中传输和存储，对信息安全的需求变得至关重要。

随着信息安全重要性的提高，密码学的重要性也在提高，密码学的应用范围不断扩展。正如我们将看到的，密码学是大多数信息安全技术的核心，因此密码学已经被用到大多数人日常会用到的应用中。密码学曾经主要用在政府部门和军事领域，现在则部署在几乎每个技术消费者口袋里都能找到的设备上。

1.1.2 两种不同的办公环境

我们有必要先简单回顾一下在计算机通信之前所依赖的物理安全机制的类型。事实上，我们在实际生活中仍然依赖这些安全机制。这些安全机制不能很容易地应用于电子环境中，这为定义密码机制提供了主要动机。

1. 旧式办公室

想象有一个没有电脑、传真机、电话和因特网的办公室，这个办公室的业务开展依赖于外部和内部的信息，办公室的员工要确保信息的准确性和真实性，还要控制信息的访问权限。那么，这个办公室里的员工可以通过什么样的基本安全机制来判断他们接收和处理的信息的安全性呢？

我们可以相当有把握地假设，在这个办公室里处理的大多数信息要么是口头的，要么是书面的。口头信息的一些基本安全机制可能是：

- 对于办公室工作人员熟悉的人，进行面部或声音识别。
- 对于办公室工作人员不认识的人，采用个人推荐信或介绍信。
- 能够在房间安静的角落进行私人谈话。

书面信息的一些基本安全机制可能是：

- 识别办公室工作人员认识的人的笔迹。
- 在文件上手写签名。
- 将文件密封在信封中。

- 将文件锁在文件柜里。
- 在官方邮箱里寄信。

注意，这些安全机制不是特别有效。例如，彼此不熟悉的员工可能会认错声音或面孔；可以把信封放在蒸汽上使胶水溶解，从而打开信封并修改信中的内容；可以伪造手写签名。尽管如此，这些机制倾向于提供“一些”安全性，这对于许多应用来说通常是“足够好的”安全性。

2. 现代化办公室

现在考虑一个现代化办公室，里面的计算机通过因特网与外部世界相连。虽然有些信息无疑将使用前面提及的一些信息处理机制，但出于便利性和效率的原因，将会有大量信息由电子通信及存储系统处理。设想在这个办公室里没有人关注过新的信息安全问题。

以下是该办公室工作人员应该考虑的一些安全问题：

- 如何辨别来自潜在客户的电子邮件是否确实为来自其自称身份的人的真实询问？
- 如何确保电子文件的内容没有被更改？
- 如何确保没有其他人能阅读办公室工作人员刚刚发给同事的电子邮件？
- 如何通过电子邮件从世界另一端的客户那里接受电子合同？

如果不采用特定的信息安全机制，所有这些问题的答案都可能是“非常困难”。即使是非专家也可能注意到物理信封上的密封损坏（因此会产生怀疑），但几乎不可能识别出未受保护的电子邮件是否被未经授权方访问。当然，在这种现代化办公室里可以很容易地进行更多的通信沟通，但有充分的证据表明，这种环境下的内在安全性要比在纯粹物理世界中的旧式办公室里的安全性差得多。

1.1.3 不同视角

显然，需要将适用于物理世界的基本安全机制转化为适用于电子环境的信息安全机制。从本质上讲，这就是现代密码学的全部内容。本书的一个中心目标就是精确地论证密码学在这个转换过程中扮演的角色。

如果本书只是关注密码学本身，那么我们可以马上开始讨论加密机制。然而，本书不仅涉及原理，而且涉及密码学应用。因此，我们需要在更广泛的意义上理解密码学在提供信息安全方面发挥的作用。

目前对密码学的应用有三个不同的视角，它们所代表的既得利益，以及由此产生的一些冲突，构成了密码学的现代应用的基本框架。

1. 个人的角度

密码学和其他技术一样。因此，许多人的观点是他们有权将密码学用于他们认为合适的任何目的。正如我们稍后会讨论的，使用密码学来加密数据可以起到类似于物理世界中将文档密封在信封中的功能。因此，不能剥夺个人使用密码技术的权利。此外，许多人认为密码学是一种使他们能够实现其他权利的技术，其中最重要的是隐私权和言论自由。

2. 业务的角度

对于企业来说，计算机网络，尤其是因特网等开放网络，既提供了巨大的机遇，也带来了巨大的风险。从业务的角度来看，密码学是一种技术，可以用来实现信息安全控制，当业务采用这些控制后能获得更多收益。

一个常见的误解是，业务自动化常常是由增强安全性的愿望驱动的。事实上，这种情况非常罕见。密码学早期的一个重要的商业应用是银行业采用的自动柜员机。引入这些技术不是为了提高安全性，而是为了提高可用性，从而增加业务量。可以说，欺骗自动柜员机比从银行柜台上敲诈要容易得多。

业务自动化通常会导致业务所面临的威胁发生重大变化。除非仔细处理这些问题，否则业务自动化可能导致安全性水平下降。主要的业务安全需求是：自动化程度的提高和密码学等技术的应用不应导致业务执行的总体安全性下降。例如，当GSM系统用于移动通信时（见12.3节），设计人员希望GSM和固定电话一样“安全”。

3. 政府的角度

政府在信息安全方面经常有相互矛盾的要求。一方面，政府希望赋予公民权利，促进商业繁荣，政府可以通过促进安全技术和标准的发展、减少贸易壁垒以及协调法律法规来做到这一点。另一方面，政府希望控制犯罪和管理国家安全问题。他们可能试图通过实施某些控制和引入其他法律法规来做到这一点。

就密码学而言，这些不同的政府角色有时会导致利益冲突。政府面临的根本问题来自传统的密码系统模型（见1.4.3节），该模型涉及“好”用户部署加密技术，以保护自己免受试图访问其信息的“坏”攻击方的攻击。从政府的角度来看，目前的困境是，“坏”用户可能也会部署加密技术，从而向“好”攻击方（如执法人员）隐藏他们的信息，如果“好”攻击方能够访问这些信息，他们可能会阻止“坏”用户的活动。我们将在第14章更详细地讨论这个问题。

1.1.4 安全基础设施的重要性

安全专家布鲁斯·施奈尔（Bruce Schneier）在20世纪90年代初写了一本名为《应用密码学》[⊖]（*Applied Cryptography*）的书。几年后，他又写了一本关于计算机安全的书，名叫《秘密与谎言》（*Secrets and Lies*）。他声称，在写第二本书时，他“顿悟”到，与构建完整的信息安全系统所要解决的真正安全问题相比，应用密码学中所有的加密机制几乎都是无关紧要的。最重要的问题不是设计密码机制本身，而是通过构建整个信息安全体系结构使密码学在实际系统中真正发挥作用，而密码学只是其中一个很小但很重要的组件。

这是一个需要贯穿全书的重要问题。与任何安全技术一样，如果没有支持其实现的基础设施，就无法使密码学发挥作用。所谓“基础设施”，指的是程序、计划、策略、管理（无论采取什么措施），以确保加密机制真正完成其预期的工作。

⊖ 该书已由机械工业出版社出版，书号为978-7-111-44533-3。——编辑注

我们将考虑这个基础设施的某些方面。然而，这个基础设施的许多方面远远超出了我们讨论的范围。理想情况下，应该安全地设计和使用计算机操作系统，安全地实现和配置网络，安全地规划和管理整个信息系统。如果安全基础设施的任何部分出现故障，即使有一个完美的加密机制，也可能无法提供其预期的安全服务。

在设计或使用加密应用时，必须始终牢记这种对信息安全的整体观点。本书的目标之一是确定这种更广泛的安全基础设施中的哪些元素与加密应用的有效性高度相关。

1.2　安全风险

现在讨论信息暴露的典型风险类型。我们将研究一个基本的通信场景，并讨论在决定选择何种安全机制来解决这些风险时需要考虑的因素。

1.2.1　攻击类型

可通过识别不同类型的可用攻击来进行信息风险评估，通常根据攻击方能够执行的操作类型对这些攻击进行分类。

1. 被动攻击

被动攻击（passive attack）的主要类型是未经授权的数据访问。它是一个被动过程，因为数据和对数据执行的过程不受攻击的影响。请注意，被动攻击常常被比喻为“窃取”信息。然而，与偷窃实物不同的是，在大多数情况下，盗窃数据仍然会让所有者拥有这些数据。因此，信息盗窃可能会被所有者忽视。事实上，它甚至可能无法被检测到。

2. 主动攻击

主动攻击（active attack）涉及以某种方式更改数据，或者对数据进行处理。主动攻击的例子包括：

- 未经授权更改数据。
- 未经授权删除数据。
- 未经授权传输数据。
- 未经授权篡改数据来源。
- 未经授权防止访问数据（拒绝服务）。

我们将看到密码学可以作为一种工具来防止大多数被动和主动攻击。一个典型的例外是拒绝服务攻击，密码学几乎无法对这类攻击提供保护，通常需要在安全基础设施的其他部分进行安全控制来防范拒绝服务攻击。

1.2.2　一个简单场景下的安全风险

现在我们研究一个非常简单的通信场景，并考虑可能存在的安全风险。图 1-1 中描述的简单场景包括发送方（在加密模型中通常称为Alice）和接收方（通常称为Bob）。Alice想用电子邮件把一些信息传给Bob。如果Alice和Bob要确保他们交换的电子邮件的安全性，那么他们应该问自己一些重要的问题。

图 1-1 简单的通信场景

例如，Alice可能会问自己：

- 我愿意别人能读到这封邮件吗？还是我只想让Bob看到它？
- 我如何确保我的电子邮件在不被更改的情况下传送给Bob？
- 在发送电子邮件之前，我是否准备（或允许）采取任何措施来保护我的电子邮件？

Bob可能会问自己：

- 我怎么能确信这封邮件来自Alice？
- 我能确定这就是Alice要发给我的邮件吗？
- Alice是否有可能在将来否认她给我发过这封邮件？

当我们考虑不同类型的加密机制时，我们会经常回到这个简单的通信场景（或其变体）。然而，重要的是要认识到并不是所有的密码学应用都符合这个简单的通信场景。例如，我们可能需要确保以下环境中的安全性：

- **广播环境** 其中一个发送方将数据发给大量接收方。
- **数据存储环境** 可能没有明显的接收方。

在这个阶段，我们应该认识到还有其他一些基本场景，每个场景都有自己的参与者和安全风险。

1.2.3 选择安全机制

在1.2.2节中，Alice和Bob似乎有些多虑。有些人经常加密电子邮件，因此可能认为这些问题很重要，而其他人很少加密电子邮件，于是会认为Alice和Bob提出的问题有点荒谬，或者至少“想的有点多”（有关这个特殊问题的更多讨论，请参阅13.2节）。

这些相互矛盾的观点并不令人惊讶。风险是主观的，应用之间的风险是不同的。事实上，风险的评估和管理本身就是一个重要的信息安全课题，也是许多组织的所有部门都在研究的课题。应谨慎地考虑 1.2.2 节中所确定的问题，但是我们是否采取行动来应对并引入安全控制来解决这些问题，则完全是另一回事。

事实上，在考虑使用任何安全保护机制（包括密码控制）时，至少要考虑三个不同的问题。

- **适用**：*它适合这项工作吗？*理解密码机制将提供的精确属性是非常重要的。本书的目的之一是解释如何能（或在某些情况下不能）使用各种加密工具来提供不同的安全功能。
- **有效**：*为什么要在使用警示牌就足够的情况下安装昂贵的防盗报警器呢？*不同的信息安全机制为数据提供了不同级别的保护，就像物理世界中不同的安全机制提供了不同级别的物理保护一样。
- **成本**：*安全收益与成本相符吗？*安全机制的成本是非常重要的。我们所说的“成本”并不一定指货币价值，成本可以用易用性和操作效率来衡量，也可以直接用财务价值来衡量。正如我们将在第 12 章中看到的，在许多实际应用中，选用的安全机制取决于对成本的考虑，而不是该机制提供的安全强度。在过去，一些军事和政府部门可能不惜代价地选择强有力的安全措施，但在大多数现代环境中这是不合适的。一个明智的商业问题可能是：考虑到我们资产的价值，什么样的安全性才是合适的？然而，现代安全管理人员更常被问到的问题是：在我们的预算限制范围内，我们能获得什么样的安全性？在这样的条件下，安全管理的挑战之一是为实现信息安全控制提供理由，而理由通常是：良好的安全性可以成功地降低其他成本。

回到我们的电子邮件示例，防止未经授权方读取电子邮件的适当工具是加密。加密强度取决于加密算法和解密密钥的数量（我们将在稍后讨论），成本是需要购买和安装合适的软件，管理相关的密钥，适当地配置电子邮件客户端，每次使用该软件时都会产生少量的时间和通信成本。

那么，值得加密电子邮件吗？当然，对此没有统一的答案，因为这在很大程度上取决于电子邮件中信息的价值和感知到的风险。然而，本书的总体目标是建议密码学如何在这种情况下提供帮助，以及相关的问题是什么。我们将重点解释各种密码机制的适用性和强度；不过，我们也将指出可能出现的费用问题，希望到时你能自己做决定。

1.3 安全服务

安全服务是我们可能希望实现的特定安全目标。现在，我们将介绍本书涉及的主要安全服务。

请注意，虽然安全服务有时直接与人有关，但更多情况下它们与计算机或其他设备（通常代表人来操作）有关。虽然这种潜在的差异是一个关键的问题，可能会带来重要的安全影响（参见8.3节），但我们还是通常会避免直接关注它，而是以可互换的方式使用通用术语“用户”和“实体”来分别表示是“谁”和“什么”在参与一个信息系统的数据处理。

1.3.1 基本定义

- **机密性**（Confidentiality）：*确保数据不会被未经授权的用户查看。*它有时被称为保密（secrecy）。机密性是密码学可以提供的“经典”安全服务，也是大多数传统应用实现的安全服务。虽然它仍然是一项重要的安全服务，但是使用密码学的许多现代应用都不需要提供机密性。即使需要机密性，它也很少是唯一需要的安全服务。
- **数据完整性**（Data Integrity）：*确保数据没有以未经授权的方式（包括意外事件）被更改。*本保证自授权用户上次创建、传输或存储数据之日起生效。数据完整性并不涉及防止更改数据，而是提供一种方法来检测数据是否以未经授权的方式被操纵。
- **数据源身份认证**（Data Origin Authentication）：*确保给定实体是收到的数据的原始发送者。*换句话说，如果对来自Alice的数据提供了数据源身份认证，那么就意味着接收方Bob可以确保数据确实是来自Alice的。Bob并不一定关心数据是何时发送的，但是他确实关心Alice是否是数据的真实来源，他也不关心从哪个直接数据源获取数据，因为Alice可以将数据传递给中介进行转发（就像在Internet上传递数据时一样，其中的直接数据源可能是Web服务器或路由器）。出于这个原因，数据源身份认证有时被称为消息身份认证，因为它主要涉及数据（消息）的身份认证，而不是我们在接收数据时与谁通信。
- **不可否认性**（Non-Repudiation）：*确保实体不能否认先前的承诺或行为，也称不可抵赖性。*通常，不可否认性是指确保数据的发送者不能向第三方否认他发送了这些数据。注意，这是比数据源身份认证更强的要求，因为数据源身份认证只需要向数据的接收方提供这种保证。在数据交换可能引发争议的情况下，不可否认性是一种尤为必要的属性。
- **实体身份认证**（Entity Authentication）：*确保给定实体参与通信会话且当前处于活动状态。*换句话说，如果提供了对Alice的实体身份认证，那么这意味着我们可以确定Alice正“实时”与我们进行交流。如果我们不能在时间属性上建立实体身份认证（这需要采用时效机制，参见8.2节），就不能实现实体身份认证。在某些上下文中，实体身份认证被称为身份标识，因为它涉及确定“我现在与谁实时通信”这个问题。

注意，以上并不是密码学能够提供的全部安全服务。例如，我们将在第12章中看到几个使用密码学实现匿名的应用。

1.3.2 安全服务之间的关系

我们必须明白，这些基本的安全服务本质上是不同的，尽管第一次接触时它们看起来很相似，下面将进一步说明这一点。

1. 数据源身份认证是一个比数据完整性更强的概念

换句话说，如果我们有数据源身份认证，那么我们也有数据完整性（但反之不成立）。

要知道，如果没有数据完整性，数据源身份认证将毫无意义。假设 Alice 向我们发送了一些数据，如果我们没有数据完整性，就不能确保接收到的数据没有在传输中被攻击方更改，我们收到的实际数据可能来自攻击方而不是 Alice。在这种情况下，我们怎么可能声称拥有来自 Alice 的数据源身份认证呢？我们就这样把自己绑在一个合乎逻辑的结里。因此，只有同时提供数据完整性，才能提供数据源身份认证。我们有理由将数据源身份认证视为数据完整性的加强版本，更准确地说，数据源身份认证是一种具有确保原始数据源身份的额外属性的数据完整性。

对于这种关系，一个常见的反例是在嘈杂信道（如电话）上识别受干扰语音消息的源。由于语音信息被破坏，我们显然没有数据完整性。然而，由于语音是可识别的，因此可以认为我们确实知道语音数据的来源。但是，这也不是一个没有数据完整性的数据源身份认证的示例。即使说话人的声音是可识别的，但因为攻击方可能会在中断的语音信号中插入噪声，所以我们不能确定接收到的所有数据都来自我们所识别的说话人的声音。数据源身份认证必须应用于接收到的全部消息，而不仅是其中的一部分。

注意，在几乎所有希望检测故意修改数据的环境中，我们都需要数据源身份认证。没有数据源身份认证的较弱的数据完整性概念，通常在只需关注数据被意外修改的情况下才需要。

2. 数据源的不可否认性是比数据源身份认证更强的概念

在声明不可否认性时，我们必须小心一些，因为这个安全服务可以应用于不同的情况。然而，当应用于某些数据的源时（这是我们将在本书中重点讨论的），如果不能提供数据源身份认证（因此也不能提供数据完整性），显然就不能提供不可否认性。在确保数据本身来自该源的情况下，我们只能以一种稍后无法否认的方式将源绑定到数据。如前所述，不可否认性通常还要求此绑定可由第三方验证，这比数据源身份认证的要求更严格。

3. 数据源身份认证和实体身份认证是不同的

数据源身份认证和实体身份认证是不同的安全服务。要了解这一点，最好的方法是查看只需要其中一个而不需要另一个的应用。

数据源身份认证在一个实体代表另一个实体转发信息的情况下非常有用，例如，在公共网络上传输电子邮件消息时，实体身份认证意义不大，因为在发送消息、接收消息和实际读取消息之间可能存在显著的延迟。但是，无论何时读取消息，我们都希望确保电子邮件的创建者的身份，这由数据源身份认证提供。

另一方面，实体身份认证是访问资源时需要的主要安全服务。登录到计算机的用户需要提供其身份的实时证据。通常，实体身份认证是通过提供凭证（例如口令）或执行加密计算来实现的。在这两种情况下，实体身份认证都是通过展示正确执行此过程的能力来提供的，并且不需要检查任何数据的来源。

4. 数据源身份认证加上时效检查可以提供实体身份认证

正如我们刚刚讨论的，数据源身份认证本身只关心数据的来源，而不关心数据的发送方当前是否处于活动状态。但是，如果我们将数据源身份认证与某种时效检查结合起来，通常就能实现实体身份认证，因为我们知道数据来自何处，并且知道通信发起者参与了当前通信会话。我们将在 8.5 节和第 9 章中看到这方面的例子。

5. 机密性并不意味着数据源身份认证

一个常见的错误是，认为提供数据机密性（主要通过加密）可以确认是谁发送了数据，并且确保数据的正确性。在一些特殊的情况下，这是一个合理的推论，但它通常是不正确的。如果这两种安全服务都是必需的（这是许多加密应用的情况），那么应该通过使用单独的加密机制或专门设计来提供这两种服务，从而显式地区分它们。我们将在 6.3.1 节和 6.3.6 节中进一步讨论这个问题。

1.4 密码系统基础

有了前面的预备知识，现在是研究密码系统概念的时候了。我们将研究密码系统的基本模型，并解释本书其余部分使用的基本术语。我们还将解释两种重要的密码系统之间的关键区别。

1.4.1 不同的密码学概念

在进一步讨论之前，有必要先解释一些常见的密码术语。

密码学（Cryptography）是一个通用术语，用于描述如何设计和分析基于数学技术提供基本安全服务的机制。我们通常使用*密码学*这个术语，但更正式、更准确的术语是*密码术*（Cryptology），它的研究范围包括密码学（设计这样的机制）和密码分析（分析这样的机制）。我们有理由将密码学视为由不同技术组成的大型工具包，其中的内容可以单独使用，也可以在安全应用中组合使用。

密码学原语（Cryptographic Primitive）是一个提供许多指定安全服务的密码处理过程。如果密码学是一个工具包，那么密码学原语就是该工具包中的基本通用工具。我们稍后将讨论密码学原语的示例，包括*分组密码*（Block Cipher）、*流密码*（Stream Cipher）、*消息认证码*（Message Authentication Code）、*哈希函数*（Hash Function）和*数字签名方案*（Digital Signature Scheme）。

密码算法（Cryptographic Algorithm）是密码学原语的特定规范。密码算法本质上是一系列计算步骤（如“将这两个值相加”或“用特定表中的条目替换特定的值”）的集合，是一个足够详细的规范，计算机程序员可以实现它。例如，AES 是一种分组密码加密算法。

密码协议（Cryptographic Protocol）是在一个或多个参与方之间进行的一系列消息交换和操作，在这些交换和操作结束时，应该已经实现了一系列安全目标。我们将讨论的加密协议示例包括 STS 协议（参见 9.4.2 节）和 SSL/TLS 协议（参见 12.1 节）。密码协议通常在不同的阶段使用不同的密码学原语，如果密码学原语是密码学工具包中的工具，那么密码协议就是以一种特定的方式使用这些工具，从而实现更复杂的安全目标。我们将在第 9 章讨论密码协议。

密码系统（Cryptosystem）或**密码方案**（Cryptographic Scheme）通常用于泛指一些密码学原语及相应的基础设施的实现。因此，虽然用于提供数据机密性的密码系统可能使用分组密码，但该密码系统也可能包括用户、密钥、密钥管理等。此术语常与提供数据机密性的密码学原语关联使用。

1.4.2　安全服务的密码学原语

在介绍了密码学原语的概念之后，我们就可以确定使用哪些通用的密码学原语实现 1.3.1 节中定义的各种安全服务。表 1-1 给出了安全服务和将在本书后面章节中介绍的密码学原语之间的映射关系，该表展示了用于实现安全服务的密码学原语的常用用法。注意，我们使用表 1-1 中的通用术语“加密”来表示一系列密码学原语，包括分组密码、流密码和公钥密码。

表 1-1　密码学原语与其可单独提供的安全服务的映射关系表

原语	机密性	数据完整性	数据源身份认证	不可否认性	实体身份认证
加密	是	否	否	否	否
哈希函数	否	特定条件下是	否	否	否
消息认证码	否	是	是	特定条件下是	否
数字签名	否	是	是	是	否

表 1-1 中最引人注目的地方是条目“是”的稀疏性。特别是，这些原语中没有一个在单独使用时提供实体身份认证。但是，如果我们放松“可单独提供的安全服务”的需求，并将其替换为“可提供的安全服务”，那么我们就得到了更加“积极”的表 1-2。

表 1-2　密码学原语与其可提供的安全服务的映射关系表

原语	机密性	数据完整性	数据源身份认证	不可否认性	实体身份认证
加密	是	是	是	是	是
哈希函数	是	是	是	是	是
消息认证码	否	是	是	是	是
数字签名	否	是	是	是	是

表1-2中的条目不应该过于冗长，特别是在我们还没有讨论其中描述的任何基本类型的情况下。重点是指出各种标准密码学原语之间的复杂关系，尤其是指出它们常常组合在一起以实现安全服务。例如：

- 加密可用于设计**消息认证码**（Message Authentication Code，MAC），消息认证码可提供数据源身份认证（参见6.3.3节）。
- 哈希函数可用于存储特殊类型的机密数据（参见6.2.2节）。
- 在某些情况下，消息认证码可以用来提供不可否认性（参见7.2节）。
- 数字签名可以用于实体身份认证协议（参见9.4节）。

在本书的第二部分中，我们将介绍针对这些不同的安全服务设计的加密工具包。第4章和第5章将着重介绍如何提供机密性，第6章将讨论提供数据完整性和数据源身份认证的机制，第7章是关于不可否认性的规定，第8章则考虑实体身份认证。

在本章的其余部分（包括第2章和第3章），我们将主要从提供机密性的角度介绍密码学的背景知识，原因如下：

1）机密性是最古老的安全服务，因此最容易在提供机密性方面说明密码学的历史发展。

2）机密性是最自然的安全服务。也就是说，当提到密码学的概念时，机密性是大多数人首先想到的安全服务。

1.4.3 密码系统的基本模型

我们现在研究一个提供机密性的密码系统的简单模型。这个基本模型如图1-2所示。为了使事情尽可能简单，我们做出了两个限制，在整个讨论过程中，请牢记这两个限制：

1）这个密码系统唯一需要的安全服务是机密性。因此，此密码系统中使用的密码学原语是提供数据机密性的原语，例如分组密码、流密码或公钥密码。虽然本章的其余部分将重点讨论加密和加密算法，但我们处理的大多数问题都与其他类型的密码学原语有关。

2）我们描述的基本模型用于通信环境（换句话说，Alice通过某种信道向Bob发送信息）。如果我们需要数据机密性，这个基本模型在不同环境中（例如用于数据安全存储时）看起来会略有不同。

在图1-2中，发送方希望向接收方传输数据，但任何截取了传输数据的人都不能知道其内容。模型的各个组成部分如下。

- **明文**（Plaintext）：从发送方到接收方的传输过程中要保护的原始数据。这种原始数据有时被称为处于未加密状态，在不引起歧义时也被称为消息。在传输流程结束时，只有发送方和接收方知道明文，但监听方不能获得明文。
- **密文**（Ciphertext）：将加密算法（和加密密钥）应用于明文而产生的明文的加密版本。它有时被称为**暗码**（Cryptogram）。密文无须保密，任何人都可以访问信道，在有些文献中，这种访问称为**窃听**（Eavesdropping）。

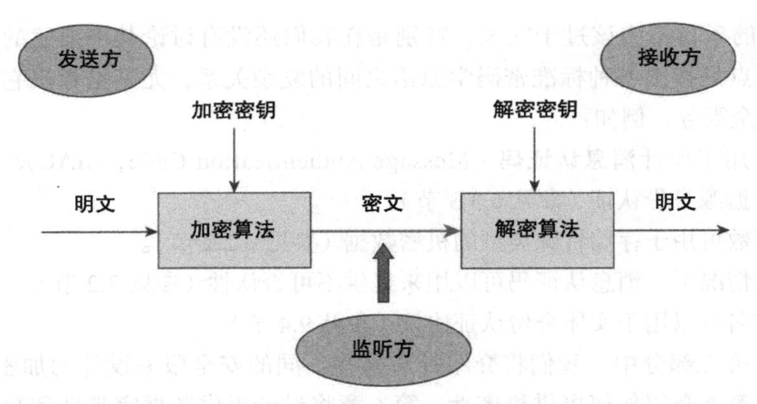

图 1-2 密码系统的基本模型

- **加密算法**（Encryption Algorithm）：在给定任意明文和加密密钥的条件下，用来确定密文的一组规则。更恰当地说，它是一种密码算法，输入明文和加密密钥，输出密文。发送方和接收方之间必须选择一致的加密算法。监听方可能知道也可能不知道使用的加密算法（请参阅 1.5.3 节）。
- **解密算法**（Decryption Algorithm）：给定任意的密文和解密密钥的条件下，用来确定唯一的明文的一组规则。换句话说，它是一种密码算法，输入密文和解密密钥，输出明文。解密算法本质上“反转”了加密算法，因此与加密算法密切相关。监听方可能知道也可能不知道使用的解密算法（请参阅 1.5.3 节）。
- **加密密钥**（Encryption Key）：发送方知道的值。发送方将加密密钥连同明文一起输入加密算法，以计算密文。接收方通常也知道加密密钥。监听方可能知道也可能不知道加密密钥（请参阅 1.4.8 节）。
- **解密密钥**（Decryption Key）：接收方知道的值。解密密钥与加密密钥相关，但并不一定相同。接收方将解密密钥连同密文一起输入解密算法，以计算明文。监听方必须不知道解密密钥。发送方可能知道也可能不知道解密密钥（请参阅 1.4.7 节）。我们将所有可能的解密密钥的集合称为**密钥空间**（Keyspace）。
- **监听方**（Interceptor）：在更一般的环境中，也指*敌方*（Adversary）或*攻击方*（Attacker），是发送方或接收方之外试图确定明文的实体。监听方能够看到密文，可能知道解密算法（参见 1.5.3 节），但永远不可能知道解密密钥。

要加密明文，发送方需要访问加密密钥和加密算法。明文必须在发送方的安全环境中加密。在明文转换为密文之前，密码学无法保护明文。

要解密密文，接收方需要访问解密密钥和解密算法。接收方必须对解密密钥保密。密文必须在接收方的安全环境中解密。一旦在接收方计算出明文，接收方必须采取措施保护（或销毁）明文。

关于这个基本模型，需要澄清两个常见的误解：

1）**加密不能防止通信监听**。有一些安全技术可用来防止截获通信数据，但加密不具备这样的功能。加密的作用是使任何无法获得正确解密密钥的人无法理解所截获的数据。因此，加密是一种用于保护在开放网络上交换的数据的合适工具。

2）**信道的加密并不能保证“端到端”机密性**。确实，适当的加密应该保证只能访问密文的监听方不能解密密文。然而，明文本身可能在系统中不受加密过程保护的地方受到攻击。例如，明文可以在发送方或接收方的计算机上以未加密形式存在。为了保护系统中其他地方的明文数据，可能需要其他安全机制。

我们注意到，由于指定加密算法而不指定解密算法没有任何意义，因此我们遵循更广泛的约定，使用术语加密算法隐式地包含解密算法。在涉及细节时，我们可以使用**加密过程**（Encryption Process）或**解密过程**（Decryption Process）这两个术语，但我们假设加密算法的规范包含这两个过程的规范。

在这个阶段，这个密码系统的基本模型可能显得相当抽象。在第2章中，我们将研究一些此类型的简单密码系统作为示例。

1.4.4 代码

我们不会在密码学上下文中使用“代码”（Code）这个词语，尽管它通常与密码学非正式地联系在一起。代码的概念有许多不同的解释。

通常，在任何数据通过信道发送之前被替换为别的形式的方案中，都可以使用代码这个术语。这种替换通常由代码本（Codebook）的内容决定，代码本会精确地声明要使用哪些替换数据。摩尔斯电码就是一个很好的例子，它用“.”和“-”的短序列代替字母表中的字母。请注意，摩尔斯电码与保密无关，因为代码本是众所周知的。摩尔斯电码的作用是在电报线路上有效地传输信息。代码的另一个示例是ASCII码，它提供了一种将键盘符号转换成适合在计算机上处理的数据的方法（请参阅本书的数学附录）。

如果一个密码本是保密的，并且只有某些数据的发送方和接收方知道它，那么产生的代码可以被视为一种密码系统。在这种情况下，加密算法只是用密码本中匹配的密文条目替换明文，解密算法则采用相反的过程，加密（和解密）密钥是代码本本身。例如，摩尔斯电码不是密码系统，因为用“.”和“-”替换字母的方案是唯一的。然而，如果用“.”和“-”替换字母的方案对除选定的发送者和接收方之外的所有人保密，那么我们可以将其视为一个密码系统。

一般来说，基于密码本的密码系统只有在密码本描述了用其他单词替换字典单词的方法时才会被称为代码。因此，术语“代码”最有可能在传统密码系统或娱乐谜题中遇到。我们最感兴趣的密码系统类型不是将单词转换成单词，而是将1和0的序列转换成1和0的其他序列。虽然我们可以为这些现代密码系统生成“密码本”，但这些密码本会大到无法使用。

术语“代码”也经常用作纠错码（Error-Correcting Code）的缩写形式。这是一种能够从包含在不可靠信道中引入的意外错误的“噪声”数据中恢复正确数据的技术。纠错码与防止未经授权的用户看到数据无关。虽然纠错码与数据完整性有关，但它们不能保护数据免受攻击方的蓄意操纵。因此，我们不能将它们视为真正的密码学原语。

1.4.5　隐写术

另一个经常与密码学混淆的概念是**隐写术**（Steganography），它还涉及防止未经授权的用户访问明文数据。然而，使用隐写术的基本假设与密码学的基本假设有极大不同。隐写术本质上研究的是信息隐藏，其主要目的是为发送方将明文传输到接收方提供一种机制，使得只有接收方才可以提取明文，因为只有接收方知道存在隐藏明文，以及如何寻找它（例如，通过从数字图像中提取信息）。在隐写术中，监听方很可能不知道观察到的数据包含隐藏信息。这与密码学非常不同，在密码学中，监听方通常完全知道正在通信的数据，因为他们可以看到密文。在这种情况下，他们的问题是无法确定密文代表什么数据。

密码学和隐写术可以在不同的应用中使用，也可以一起使用。此时隐写术可以用来隐藏密文。这就创建了两层安全性：

1）第一层是隐写术，它首先试图隐藏密文存在的事实。

2）如果检测到使用了隐写术，并且发现了密文，则通过第二层密码学技术阻止明文被发现。

在本书中，我们将不再讨论隐写术。虽然它有潜在的小范围应用，并且在某些情况下可能被视为对信息系统的潜在威胁，但我们很少使用隐写术来保护信息系统。

1.4.6　访问控制

实际上，有三种不同的方法可提供数据机密性。第一种方法（也是我们最感兴趣的方法）是加密，因为它提供了与数据所在位置无关的保护。第二种方法是我们刚刚讨论过的隐写术，它依赖于“隐藏”数据。第三种方法是控制对（未加密的）数据的访问。**访问控制**（Access Control）本身就是一个重要的议题。事实上，很多数据并不是通过加密来保护的，而是通过计算机上的访问控制机制来保护的，访问控制机制结合了软件和硬件技术以防止未经授权的用户访问数据。

加密可以被视为实现一种特定类型的访问控制的方法，在这种访问控制中，只有具有访问正确解密密钥权限的人才能够访问受保护的数据。然而，加密和访问控制通常是相互独立的机制。实际上，正如我们在介绍隐写术时所说的，两者可以一起使用，以提供两个单独的安全层，访问控制可用于限制对数据的访问，而数据本身是加密的，因此，设法绕过访问控制机制的攻击方只能设法解密数据。

1.4.7　两种类型的密码系统

有两种不同类型的密码系统，其区别取决于加密和解密密钥之间的关系，理解它们之间的区别至关重要。在任何密码系统中，这两个密钥必须密切相关，因为我们不能期望用一个密钥加密明文，然后再用一个完全不相关的密钥解密密文。这两个密钥之间的精确关系不仅定义了密码系统的类型，而且定义了它的所有结果属性。

在**对称密码系统**（Symmetric Cryptosystem）中，加密密钥和解密密钥本质上是相同的（在它们并不完全相同的情况下，它们是密切相关的）。在20世纪70年代以前，所有的密码系统都是对称的。事实上，对称密码系统在今天仍然被广泛使用，而且没有迹象表明它们的受欢迎程度正在下降。对称密码系统的研究通常被称为**对称密码学**（Symmetric Cryptography）。对称密码体制有时也称为**秘密密钥密码系统**（Secret-Key Cryptosystem）。

在**公钥密码系统**（Public-Key Cryptosystem）中，加密密钥和解密密钥有着本质上的区别。因此，公钥密码系统有时被称为**非对称密码系统**（Asymmetric Cryptosystem）。在这种密码系统中，从加密密钥中推断解密密钥是“不可能的”（我们经常使用术语“计算上不可行”（Computationally Infeasible）来描述这种不可能）。公钥密码体制的研究通常被称为**公钥密码学**（Public-Key Cryptography）。

对称密码系统是一个“自然”概念。相比之下，公钥密码系统则完全违反直觉，解密密钥和加密密钥是“相关的”，但是不可能从加密密钥推断解密密钥，其中的关键在于数学的魔力，设计一个具有此属性密钥的密码系统是可能的，但不清楚如何实现。在密码学历史上，公钥密码学的概念相对较新，已知的公钥算法要比对称算法少得多。然而，它们极其重要，我们将看到，因为其独特的特性，公钥算法具有重要的应用。

1.4.8 加密密钥的机密性

我们已经知道，在任何密码系统中，监听方都无法获得解密密钥。在对称密码系统中，加密密钥和解密密钥是相同的。因此，在对称密码系统中只有一个密钥，这个密钥同时用于加密和解密，这就是它经常被称为**对称密钥**（Symmetric Key）的原因。发送方和接收方必须是唯一知道此密钥的人。

而在公钥密码系统中，加密密钥和解密密钥是不同的。此外，不能从加密密钥推断解密密钥。这意味着只要接收方保持解密密钥的机密性（在任何密码系统中都必须如此），就不需要保持相应的加密密钥的机密性。因此，加密密钥至少在原则上是公开的（因此有了“**公钥**”这个术语），任何人都可以查找这个密钥并使用它向接收方发送密文。相反，对应的解密密钥通常称为**私钥**（Private Key），因为它是一个只有特定接收方知道的“私有”值。

为了阐明这个本质上不同的属性，考虑一个物理世界的类比可能会有所帮助，此类比可以清楚地说明对称密码系统和公钥密码系统之间的主要区别。设想将一张纸锁在一个盒子里，以便保护写在纸上的消息的机密性，这张纸对应着明文。装有纸张的锁盒对应于密文，加密就是锁住这张纸的过程，解密就是打开它的过程。这个类比特别合适，因为物理锁定过程也涉及钥匙的使用。

下面我们来看物理世界中广泛存在的两种不同类型的锁，如图1-3所示。

1）传统锁通常出现在文件柜、汽车或窗户上。在这种情况下，发送方需要一把钥匙将纸锁在盒子里。接收方需要一个相同的密钥副本，以便以后解锁它。因此，当使用传统锁时，发送方和接收方需要共享相同的密钥。这类似于对称密码系统。

2）自锁锁是指挂锁，通常是用在房子的前门上。这些锁不需要钥匙来完成上锁操作（挂锁可以简单地啪的一声关上）。当使用自锁锁时，发送方不需要钥匙就可以把纸锁在盒子里。然而，接收方则需要一把钥匙才能打开它。这几乎类似于公钥密码体制。我们说"几乎类似"的原因是，为了确保这个类比的准确度，我们必须假设，任何人在没有钥匙的情况下锁住盒子的能力"等同于"拥有一把锁住盒子的钥匙，而任何人都可以用这把钥匙锁住盒子。

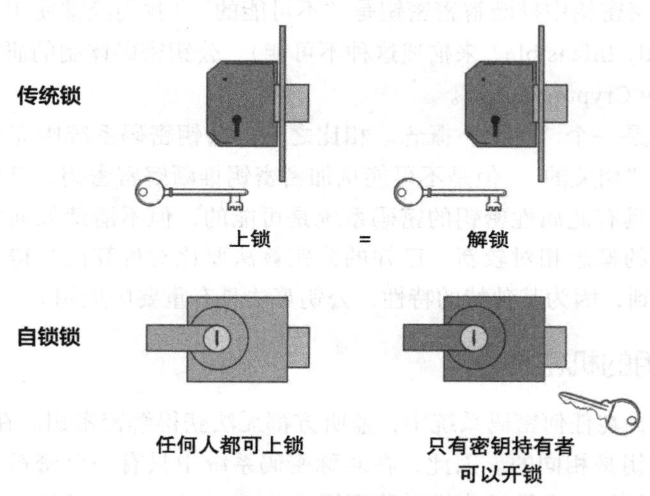

图 1-3　两种类型密码系统的物理锁类比

我们注意到，术语**秘密密钥**（Secret Key）相当模糊，因为它通常同时应用于对称密钥和私钥。因此，在使用这个术语时，我们指的要么是对称密钥，要么是私钥（主要在第10章），要么两者兼指。表 1-3 总结了两种密码系统中加密和解密密钥的关系和术语。

表 1-3　两种密码系统中密钥的基本性质和术语

密码系统	两个密钥的关系	加密密钥	解密密钥
对称密码系统	相同密钥	对称	对称
公钥密码系统	不同密钥	公开	私有

可公开的加密密钥使得公钥加密的概念对许多应用非常有吸引力。然而，公钥密码学也有它自己的一些问题，本书的目的之一是解释使用对称密码系统和公钥密码系统的各种优缺点。我们将在后面学习到，对称密码系统和公钥密码系统在实际信息系统中通常同时实现和使用。

1.5 密码系统的安全假设

现在，我们考虑如何合理地假设密码系统的攻击方能够访问哪些资源。我们从标准假设和攻击模型开始，然后简要讨论公开加密算法的细节可能在多大程度上影响密码系统的安全性。

1.5.1 标准假设

为了评估密码系统的安全性，必须首先确定我们对密码系统的潜在攻击方所做的假设。识别关于攻击方能力的假设是信息安全所有领域的标准实践，也是更大的风险评估过程的一部分。如果我们低估了攻击方的能力，那么由此产生的安全性可能是不够的。因此，稍微保守一点，从最坏的情况出发看问题是有道理的。

在密码学中，总是会对攻击方的能力做出三个标准假设，即假设攻击方知道以下信息：

1）**所有使用密码系统发送的密文**。假设攻击方能够访问使用密码系统发送的所有密文是完全合理的，它们不会被加密过程隐藏在公众视野之外。

2）**一些明文和密文对**。乍一看这似乎不是一个显而易见的假设，然而，在许多情况下，攻击方可以访问相应的明文和密文对。以下是一些可能的情况：

- 接收方疏忽大意，未能将解密的密文保密。
- 攻击方已经聪明地猜到了一些可预测的明文，比如可预测的文件头。
- 攻击方能够影响发送方加密的明文的选择。
- 攻击方可以（临时）访问加密或解密设备。注意，这并不意味着攻击方知道加密或解密密钥，密钥可能嵌入到安全硬件中，攻击方只能访问执行加密（解密）过程的计算机的接口。显然，我们假设攻击方没有对解密设备的永久访问权，否则他们将为所欲为！
- 使用的是公钥密码系统，任何潜在的攻击方都知道加密密钥。因此，攻击方可以在空闲时生成对应的明文和密文对。

3）**加密算法的细节**。这是一个标准的假设，有时会引起极大的混淆。我们将在1.5.3节中讨论这个问题。

1.5.2 理论攻击模型

对密码系统的攻击通常使用以下术语进行分类：

- **唯密文攻击**（Ciphertext-Only Attack）：假设攻击方知道加密算法和一些密文。
- **已知明文攻击**（Known-Plaintext Attack）：假设攻击方知道加密算法和一些明文/密文对。
- **选择明文攻击**（Chosen-Plaintext Attack）：假设攻击方知道加密算法和一些与攻击方选择的明文对应的明文/密文对。

- **选择密文攻击**（Chosen-Ciphertext Attack）：假设攻击方知道加密算法和一些与攻击方选择的明文或密文对应的明文 / 密文对。

以上这些攻击的强度依次增加。例如，能够根据攻击的需要选择明文 / 密文对的攻击方显然比只能看到某些明文 / 密文对的攻击方更有优势。

我们的"标准假设"并没有明确区分最后的三种攻击。最安全的假设是，攻击方至少能够选择他们知道的明文 / 密文对中的明文。因此，现代密码系统应该至少能够抵御选择明文攻击。但为了安全起见，它们通常被设计成可防范选择密文攻击。

虽然我们只要记住关于攻击方的三个标准假设就足够了，但值得注意的是，密码研究人员往往对可能的攻击模型有更严格的假设。例如，在密码系统安全性的一个强大理论模型中，攻击方应该不能区分使用密码系统生成的密文和随机生成的数据。虽然这是任何一个好的密码系统都应该具备的特性，但是对于一些实际应用来说，是否必须严格具备此特性可能是值得商榷的。

1.5.3　公开算法与专用算法

如前所述，标准假设中是假设攻击方知道加密算法的，我们现在考虑这一假设的有效性。设计加密算法往往有两种不同的思路，大多数加密算法被分为以下两类：

1）**公开算法**（Publicly Known Algorithm）：算法的全部细节都是公开的，任何人都可以研究。

2）**专有算法**（Proprietary Algorithm）：算法的细节只有设计人员知道，也可能只有少数特定的人员知道。

对于公开的加密算法，攻击方知道加密算法。对于专有的加密算法，攻击方可能清楚加密算法的名称和某些基本属性，但并不知道加密和解密过程的任何细节。

请注意，"专有"（proprietary）一词在其他上下文中通常用于描述拥有所有者（个人或组织）的事物和可能已获得专利的事物，因此我们并不是在通常意义上使用这个术语，一个公开算法有可能已被所有者申请了专利，确实有几个著名的例子。作为对比，虽然专有算法的使用必然会受到限制，但它并不一定存在专利问题。

1. Kerckhoffs 第二原则的影响

乍一看，专有加密算法似乎要明智得多，因为它们有两个明显的优势：

1）**隐藏算法的细节将使任何试图使用该算法攻击密码系统的行为更加困难**。因此，隐藏加密算法提供了额外的安全层。

2）**专有加密算法可以被设计成满足特殊应用的特定需求。**

然而，依赖第 1 条优势存在危险，因为有许多专有加密算法的细节最终被公开，例如：

- 获得实现加密算法的设备后，专业攻击方就能够研究该设备并以某种方式提取算法（这个过程通常称为**逆向工程**（Reverse Engineering））。
- 算法细节被意外或故意泄露。

出于以上原因，依赖于专有加密算法是非常不明智的。事实上，优秀的密码设计人员所遵循的原则是：在细节公开的情况下，加密算法仍然应该是安全的。

这一原则是19世纪奥古斯特·柯克霍夫（Auguste Kerckhoffs）提出的六条密码系统设计原则中最著名的一条。更准确地说，柯克霍夫指出，密码算法不应该是保密的。这一原则经常被误解为密码算法应该公开，算法安全性只依赖于解密密钥的保密性。然而，柯克霍夫并没有这么说过，他只是指出，加密算法应该具有公开曝光后也不会危害安全性的特性，即算法细节本身并不提供额外的安全性（他的原话是：算法落入敌手后不会带来麻烦）。

2. 公开算法的情况

有很多原因可以解释为什么最好使用公开的算法：

- **审查（Scrutiny）**：一种公开的密码算法很可能会被专家广泛地研究。如果他们都同意该算法是一个好算法，那么就有充分的理由相信该算法是安全的，这样的算法可以被公共标准化机构采用。相比之下，一个专有算法可能只被少数招募来的专家评估过。
- **互操作性（Interoperability）**：在开放网络中选用和实现已知的公开算法要容易得多。如果一个组织希望定期与外部客户进行安全通信，那么使用专有算法意味着必须为所有客户提供算法规范，或运行算法所需的软件或硬件。
- **透明度（Transparency）**：如果企业把他们所采用的安全技术（包括密码算法）对合作伙伴公开，让其进行评估，那么企业可能更容易使合作伙伴相信他们的系统是安全的。如果算法是专有的，那么合作伙伴可能希望对其强度进行独立评估。

3. 实际应用情况

专有算法和公开算法各有优缺点，其用途依赖于具体应用。在实践中，专有算法和公开算法都被用于现代信息系统。

专有算法通常只能够被拥有自己的高质量密码设计团队的大型组织（如政府）采用。它们通常只在封闭环境中使用，在封闭环境中互操作性问题较少。

密码学的绝大多数应用都使用公开的算法。实际上，在任何商业环境中，除非能够确定密码系统设计者具有很高的声誉，否则依赖任何使用了专有算法的密码系统来保证安全可能都是不明智的。

1.5.4 公开算法的使用

我们刚刚提到，公开算法的一个优势是许多专家将有机会评估这些算法。然而，设计密码算法需要大量的知识、经验和技能。许多合格的（和不太合格的）人已经设计了密码算法，但是这些密码算法中很少有算法能获得足够的公众信心以至于被推荐在实际应用中使用。因此，必须认识到：

- 仅仅因为一个算法是公开的，并不意味着它已经被大量专家研究过。
- 即使一个众所周知的算法已经经过了相当严格的审查，从安全的角度来看，将其部署到应用中可能也是不明智的（例如，审查的程度可能不够）。

- 实际部署在应用中的公开算法相对较少。
- 很少有公开的算法在不同的应用中得到广泛支持。

为了强调这些观点，图 1-4 给出了公开密码算法的概念分类。虽然这种分类是人为的，但它旨在强调采用公开密码算法的谨慎性和保守性。图中各区域解释如下。

- 未经研究的算法（A 区）：包括大量已被设计出来但从未经过任何认真分析的密码算法。在这一区域内，可能有一些非常好的算法，但它们还没有得到足够的审查。这一区域的算法包括一些声称设计了自己的加密算法的商业产品所使用的算法，在使用这些产品之前，应该非常谨慎。
- 被破解的算法（B 区）：包括许多已被分析并随后被发现有缺陷的公开密码算法。
- 被部分研究过的算法（C 区）：包括相当数量的公开密码算法，它们经过了一些分析，没有发现明显的安全弱点，但随后并没有引起广泛关注。没有引起广泛关注的最可能的原因是，相比于 D 区和 E 区中的算法，它们似乎不具备更大的优势。因此，即使在这个区域中可能有非常好的算法，但是对它们的研究程度还不足以支持将它们部署到应用中。
- 公认算法（D 区）：包括非常少量的公开密码算法，它们经过了大量的专家审查，没有发现任何缺陷。我们有理由认为这些算法足够安全，可以部署到应用中。这个区域中的一些算法可能会出现在密码学标准中。然而，它们并不是“默认”的密码算法，因此在使用它们时可能会出现互操作性问题，因为它们不像 E 区中的加密算法被应用得那么广泛。
- 默认算法（E 区）：包括一些被广泛认可和部署的公开密码算法，它们被认为是安全的选择，并且很可能受到许多加密应用的支持。

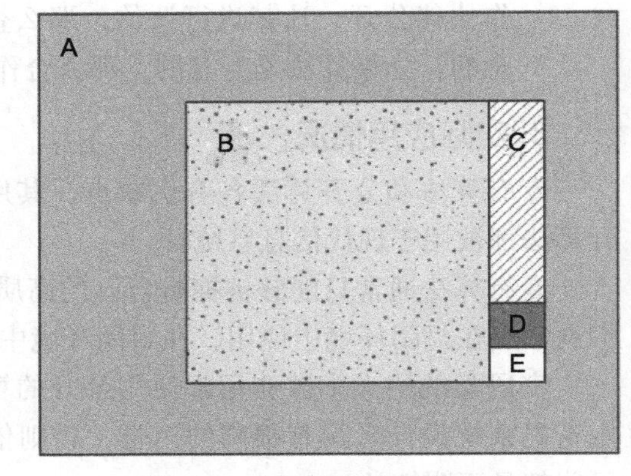

图 1-4　公开密码算法的分类

请注意，随着时间的推移，公开密码算法很可能在这些区域之间切换。我们将在本书中特别提到的现代加密算法都是（或曾经是）默认算法或公认算法。部署属于任何其他区域的公开密码算法通常都是不明智的。

1.6　密码系统的破解

密码系统的破解是个容易被误解的概念，我们将着重讨论以下问题：

- 基于加密算法提供机密性的密码系统的破解。我们注意到，还存在破解支持其他密码学原语的其他密码系统的一般原理。
- 与底层密码学原语直接相关的破解。密码系统还可以被多种与底层的密码学原语无关的方式破解，我们将在 3.2 节中进一步讨论这个问题。

1.6.1 一些有用的预备知识

本书的一个重要目标是在不需要数学知识的情况下讲解密码学。虽然我们打算完全遵循这一目标，但还是需要先了解一些基本的符号和术语。尽管某些读者认为这些知识太过简单，但我们觉得重申这些知识是必要的。其他（可选的）数学知识参见书后的数学附录。

1. 二进制

认识到如下事实非常重要：虽然我们在第 2 章将讨论一些传统的、操作对象是字母的密码算法，但本书中将要讨论的所有实际加密算法都是在计算机上运行的，它们处理的信息（包括明文、密文和密钥）为 0 和 1 组成的二进制数据。单独的 0 和 1 通常称为位（bit），8 位组成一个字节（byte）。

在我们的大部分讨论中，只考虑二进制数据是由 0 和 1 组成的序列就可以了。然而，重要的是要认识到，由 0 和 1 组成的序列（我们有时将其称为字符串），比如 1101001，可以表示二进制数（Binary Number）。书后的数学附录中提供了关于二进制数的完整解释，包括它们与我们更熟悉的十进制数之间的关系。此外，还包括对十六进制的解释，十六进制对我们来说是一种表示二进制数的简洁方法，非常有用。

2. 异或运算

现代对称密码算法通过各种不同的运算来处理二进制数据。一种常见的运算是计算两个二进制字符串（数字）的异或（XOR），其本质相当于二进制数的“加法”。因此，每次我们提到二进制异或运算时，都可以将其解释为将两个二进制字符串“相加”。当我们在书中提到这个运算时，我们使用术语“异或”，但是当我们用数学符号表达异或运算时，通常使用符号$\oplus$（它本身表明我们在进行某种“加法”）。异或运算在本书的数学附录中有更详细的描述。

3. 求幂

我们经常需要用到的数学运算是求幂。一个数的若干次幂就是把这个数连续相乘若干次得到的积。我们经常需要求 2 的某次幂，用传统符号 2^k 表示 2 的 k 次方，也就是 2 本身连乘 k 次。换句话说，就是

$$2^k = 2 \times 2 \times \cdots \times 2$$

等号右边共有 k 个 2。例如，$k = 4$ 时有：

$$2^4 = 2 \times 2 \times 2 \times 2 = 16$$

更一般地，我们用 a^b 表示 a 的 b 次方，也就是把 a 连乘 b 次。换句话说，就是

$$a^b = a \times a \times a \times \cdots \times a$$

其中 a 在等式右边总共出现了 b 次。以 $a=3$ 和 $b=5$ 为例：

$$3^5 = 3 \times 3 \times 3 \times 3 \times 3 = 243$$

另一个简单的事实是，如果我们求 a 的 b 次方，然后对结果再求 c 次方，结果就等于 a 的 $b \times c$ 次方，即

$$(a^b)^c = a^{bc}$$

例如，$a=2$，$b=3$ 和 $c=4$ 时，有

$$(2^3)^4 = 8^4 = 4096 = 2^{12} = 2^{3\times 4}$$

我们还会遇到以下情况，如果求 a 的 b 次方，再对结果求 c 次方，结果就等于求 a 的 c 次方，再对结果求 b 次方，即

$$(a^b)^c = (a^c)^b$$

使用我们前面的例子：

$$(2^3)^4 = 4096 = (2^4)^3$$

4. 连接

在介绍密码机制时，我们经常会遇到一个表示将两段数据（或数字）简单地彼此连接到一起的数学符号。数据（或数字）x 连接到数据 y，记为 $x \| y$。换句话说，由 x（写在左边）和 y（写在右边）组成。例如，$x=1101$ 和 $y=1110011$ 连接后的值为：

$$x \| y = 110111100011$$

1.6.2 密钥长度和密钥空间

在进一步讨论之前，我们必须指出，密码系统中的很多概念都与解密密钥的可能数量相关，理解这一点是非常重要的。我们将解密密钥的可能数量称为**密钥空间大小**。这一概念很重要，因为对于密码系统的攻击方来说，一种攻击策略是通过尝试来找出解密密钥，因此攻击方肯定对密钥空间的大小感兴趣。大多数密码系统的密钥空间大小是固定的。然而，值得注意的是：

- 一些密码系统可以有不同的密钥空间大小供用户选择。例如，AES 密码算法有三种不同的模式，每种模式的密钥空间大小是不同的（参见 4.5 节）。使用 AES 算法的密码系统可能只选择三种模式中的一种，也可能支持多种模式。
- 对于某些密码系统，密钥空间的大小非常灵活。例如，两个 Vigenère 密码（参见 2.2.4 节）和一次一密（One-Time Pad，参见 3.1.3 节）的密钥空间大小可以是（至少在理论上）任意大。

由于现代密码系统中的密钥空间大小可能非常大，因此我们倾向于关注密钥长度（通常也称为密钥的大小或强度），即密钥的比特数。例如，密钥 10011010 的长度为 8。密钥长

度比密钥空间大小更常用。

对于密钥长度与密钥空间大小的关系，对称密码系统与公钥密码系统有一个重要区别。

- **对称密码系统**：一般而言，密钥长度可以用来确定密钥空间大小。如果密钥长度是 k 位（有时也称为 k 位密钥），那么其密钥空间大小为 2^k，因为密钥的每一位有两种取值可能（0 或 1），因此可能的密钥数量是：

$$2 \times 2 \times \cdots \times 2 = 2^k$$

之所以说"一般而言"，是因为一些对称密码系统会限定特定的密钥的使用，因此密钥空间有时略小于 2^k。此外，一些对称密码系统使用包含冗余位的密钥（例如，DES 算法密钥长度通常为 64 位，其中 8 位是冗余的，因此有效密钥长度仅为 56 位）。

- **公钥密码系统**：尽管解密密钥的长度和密钥空间大小之间的精确关系将取决于使用哪个公钥密码体制，但是可以依据解密密钥的长度来了解密钥空间大小。我们将在 5.4.3 节中对此进行更详细的讨论。

注意，对于对称密码系统，虽然 256 位密钥的长度是 128 位密钥长度的两倍，但是 256 位密钥的密钥空间大小远远大于 128 位密钥的密钥空间大小。准确地说，前者是后者的 2^{128} 倍！

因此，密钥长度和密钥空间大小这两个概念是相关的，我们经常可以互换这些术语，读者应记住上面的讨论。

1.6.3 破解加密算法

如果将密文变为明文的方法中不涉及合法取得的解密密钥，通常称密码算法已被破解（broken）。这是一个不太恰当的定义，因为我们很快就会看到，在此定义下，每个加密算法都可以被破解。将密码算法的破解定义为"找到了一种可行的方法，在没有合法取得的解密密钥的情况下将密文变为明文"可能更合适，但这种定义也有问题，我们一会儿就会讲到。

试图从密文中确定明文的过程是在 1.5.1 节给出的标准假设下进行的。在许多情况下，加密算法的破解也涉及大量的明文 / 密文对，它们在密码分析过程中被使用。通常有两种类型的破解：

1）找到了一种直接确定解密密钥的方法。这是最强大的破解类型，因为知道解密密钥后，就可以解密所有其他使用相应加密密钥加密的密文。

2）发现了加密算法的一个弱点，直接从密文推导出相应的明文，而不需要首先确定解密密钥。

确定解密密钥是最常见、最自然的破解加密算法的方法，因此我们将在后面重点讨论这种类型的破解。

认识到如下事实非常重要："破解"这个术语有很大的适用性风险。判断从密文中确定明文的方法何时切实可行（或有效）是主观的，在一定程度上还取决于我们期望攻击方可以采取哪些合理行为。因此，在一个应用中“被破解”的密码算法，可能仍然适用于另一个应用，这是非常合理的。

我们将反复强调的另一点是，密钥管理是密码系统中最可能出现问题的地方。如果解密密钥没有得到充分的保护，那么无论底层加密算法的强度有多大，密码系统都将失效。令人惊讶的是，密码算法的破解通常伴随着密钥管理的失败，尤其是在介质管理中。

1.6.4 密钥穷举

密钥穷举是一种可以用来破解几乎所有已知的加密算法（我们将在 3.1.3 节中讨论唯一的例外）的重要攻击方法。这种攻击方法的重要之处在于，它提供了一个安全“基准”，可以根据这个基准来衡量其他攻击的有效性。

1. 进行密钥穷举攻击

如果攻击方拥有使用已知加密算法加密的目标密文，就可以执行*密钥穷举*（Exhaustive Key Search）攻击。攻击步骤如下：

1）从密码系统的密钥空间中选择一个解密密钥。

2）使用该解密密钥解密目标密文。

3）检查生成的明文是否“有意义”(我们稍后将讨论这个概念)。

4）如果明文确实有意义，那么攻击方将解密密钥标记为候选解密密钥。

5）如果攻击方能够确认这个解密密钥是正确的解密密钥，就停止搜索，否则攻击方将从密钥空间中选择一个新的解密密钥并重复上述过程。

换句话说，密钥穷举攻击包括使用不同的解密密钥解密密文，直到找到正确的解密密钥候选项。如果正确的解密密钥在测试之后就能被识别出来，那么攻击方会立即停止搜索。如果无法识别，则攻击方将搜索所有可能的解密密钥，直到候选解密密钥列表都尝试完成为止。这种类型的攻击有时也被称为*暴力攻击*（Brute-Force Attack)，因为在其最简单的形式中，除了所使用的加密算法外，不涉及密码系统的复杂知识。

2. 识别候选解密密钥

为了“正确”解密目标密文，进行密钥穷举攻击的攻击方需要识别出何时找到了正确的解密密钥候选项。因此，攻击方需要一些可用于识别候选解密密钥的信息。这类信息可以是：

- **一些已知的明文/密文对**。攻击方可以将每个解密密钥应用于已知的密文，以查看该解密密钥是否成功地将已知的密文解密为相应的已知明文。
- **明文的语言知识**。如果明文是已知语言（如英语），那么攻击方将能够使用该语言的统计特性识别候选明文，从而识别候选解密密钥。
- **上下文信息**。攻击方可能拥有与明文相关的其他信息，这些信息可帮助识别候选解密密钥（例如，明文可能具有特定的格式或以特定的已知字符串开头）。

3. 确定正确的解密密钥

假设攻击方无法立即识别正确的解密密钥，只是生成了候选解密密钥列表。如果只找到一个候选的解密密钥，那么攻击方当然可以合理地推断出这就是正确的解密密钥。如果找到一个以上的候选解密密钥，那么攻击方不一定能够从这个列表中识别出正确的解密密钥，除非他们获得一些额外的信息（例如另一个有效的明文 / 密文对）。

但是应该注意到，候选解密密钥的列表可能非常小。例如，假设使用一个密钥空间为 2^{128} 的密码算法。如果攻击方已经知道一个明文 / 密文对，可以证明，使用这个已知的明文 / 密文对来识别新目标密文的候选解密密钥的密钥穷举攻击最多只会得到几个候选解密密钥，这是因为除正确密钥外，解密密钥成功将已知密文解密为已知明文的概率非常小，如果知道第二个明文 / 密文对，几乎总是足以识别出正确的解密密钥。

然而，即使没有精确地确定候选解密密钥列表中的哪个解密密钥是正确的解密密钥，攻击方仍然可能有足够的信息继续进行攻击。我们通过一个例子说明这一点。假设明文是新产品的发布日期，而攻击方是一个商业竞争对手。如果攻击方只是将 2^{128} 个可能的解密密钥减少到 3 个候选解密密钥，那么从安全性的角度来看，这也是一个非常重要的攻击成果。即使这三个候选明文都是合理的（在这个例子中，它们都必须是可行的发布日期），攻击方也可以进行如下操作：

- 根据竞争对手产品的不同候选上市日期，分别开发三个单独的行动方案。
- 简单地猜测其中一个是正确的，因为他们有三分之一的机会是正确的。

因此，在大多数情况下，通常假定密钥穷举攻击的结果是攻击方“知道”正确的解密密钥，从而知道正确的明文，即使实际上攻击方未必有十足把握做到这一点。事实上，在某些情况下，可以合理地假设攻击方有能力在测试密钥之后立即识别出正确的解密密钥。因此，攻击方不需要完成对整个密钥空间的搜索。

4. 防范密钥穷举攻击

手工进行密钥穷举攻击确实很费力，但这正是计算机可以轻松执行的工作。要经受住密钥穷举攻击，必须有足够多的不同的解密密钥，以确保在实践中不可能被穷举搜索（要么花费太多时间，要么花费太多金钱）。这就是大多数实用的密码系统必须有足够大的密钥空间的原因，这会使密钥穷举攻击变得不可行。

现在我们简要地讨论一下“足够大”可能有多大。我们做出如下假设：

- 密钥空间中所有可能的密钥都是可用的，并且被选中的概率相同。否则，密钥空间就会比其理论值小，后续的分析可能是无效的。
- 只要可能的解密密钥被测试，攻击方就可以识别正确的解密密钥。

要准确估计进行密钥穷举攻击所需的时间，就需要对攻击方可用的资源进行假设。可以从尝试估计攻击方测试一个解密密钥可能花费的时间开始，然后使用这个估计值来评估密钥穷举攻击可能需要的时间。首先需要一点统计学知识：如果加密算法的密钥空间大小为 2^k，通过概率论可证明，攻击方平均需要尝试 2^{k-1} 次就可以找到正确的解密密钥。

这是一个很直观的表述，它的含义是，攻击方平均需要尝试密钥空间中一半的密钥，就可以找到正确的解密密钥。在最幸运的情况下，它可能是攻击方尝试的第一个密钥；在最不幸运的情况下，它可能是攻击方尝试的最后一个密钥。但是，平均来说，攻击方需要尝试一半的密钥。

我们可以使用以上信息来估计要想合理地抵抗耗时一年的密钥穷举攻击所需的密钥空间大小。一年大约有 2^{25} 秒（参见书后的数学附录中的解释）。针对攻击方计算能力的不同假设，表 1-4 显示了要想抵抗耗时一年的密钥穷举攻击，解密密钥所需的近似长度。

表 1-4 用于抵抗耗时一年的密钥穷举攻击的密钥长度

攻击方的能力	密钥长度
每秒测试一个密钥的人工操作	26 位
单个每秒测试 100 万个密钥的处理器	46 位
1000 个每秒测试 100 万个密钥的处理器	56 位
100 万个每秒测试 100 万个密钥的处理器	66 位

要计算表 1-4 中的数字，请考虑第三行，注意，1000 大约是 2^{10}，100 万大约是 2^{20}。因此，1000 个每秒测试 100 万个密钥的处理器在一年内能够测试大约

$$2^{25}\times2^{10}\times2^{20}=2^{55}$$

个密钥，这意味着密钥空间大小为 2^{56} 时就足以使密钥穷举攻击平均消耗整整一年的时间。换句话说，如果我们估计攻击方有 1000 个处理器，每个处理器每秒可以测试 100 万个密钥，那么，想要保证一年的安全性，我们应该使用的最小密钥长度是 56 位。实际上，为了安全起见，我们最好使用更长的密钥。

请注意，有趣的是，密钥穷举攻击的威胁提供了一种降低解密算法速度的理由（至少在理论上是这样）。虽然降低解密速度会使密码系统使用起来稍微麻烦一些，但它有可能使密钥穷举攻击变得更加麻烦。我们在 8.4.2 节中给出了一个密码学原语的例子，由于这个原因，它被故意降低了速度。然而，大多数应用倾向于选择最大可能地提高解密速度，以便使密码学尽可能地好用。因此，确保密钥足够长是防范密钥穷举攻击的唯一措施。

1.6.5 攻击类型

虽然我们不打算深入讨论密码分析攻击的细节，但是了解密码系统通常遭受的攻击类型是很重要的。常见的密码分析攻击的简单分类如下。

1. 通用攻击（Generic Attack）

适用于广泛的密码学原语，通常不使用原语本身工作原理方面的知识。我们已经讨论了此类攻击中最重要的成员——密钥穷举攻击。其他的例子还有字典攻击和时间内存权衡攻击。

1）**字典攻击**（Dictionary Attack）：此术语用在许多不同的上下文中，都与需要编制某种类型的字典的攻击有关。例如：

- 简单密码系统（例如，分组密码的 ECB 模式，参见 4.6.1 节）的攻击方可以使用固定密钥构建一个由明文及其对应的密文组成的字典，字典中的明文是攻击方通过某种方式获得的。例如，如果明文是事件发生的日期，则攻击方就可以在稍后观察事件发生的日期获得明文。当观察到新的密文时，攻击方查找字典，如果字典中存在观察到的密文，攻击方就可以读出相应的明文。
- 攻击方利用密钥派生过程（见 10.3.2 节），其中密钥派生自口令。在这种情况下，攻击方编制一个包含可能口令的字典，然后从字典中派生出相应的密钥，然后在密钥穷举攻击中使用这些密钥。

2）**时间内存权衡攻击**（Time Memory Trade-off Attack）：与密钥穷举攻击和字典攻击有关，且基于计算资源和内存资源的平衡来确定解密密钥。例如：

- 攻击方构建一张表，表中包含了对特定（经常被发送的）明文使用大量密钥加密后得到的密文。当攻击方截获密文并怀疑密文可能与经常被发送的明文之一对应时，攻击方会查找该表，如果截获的密文在表中出现，攻击方就可以找到可能的密钥。攻击方需要在内存中的该表的大小与查找该表所用的时间之间进行权衡。

2. 特定原语攻击（Primitive-Specific Attack）

通常应用于特定种类的密码学原语，例如：

1）**差分密码分析**（Differential Cryptanalysis）和**线性密码分析**（Linear Cryptanalysis）。这两种密码分析技术主要针对分组密码，而现在的分组密码都被专门设计以抵抗这两种攻击。

2）**生日攻击**（Birthday Attack）。可以对任何哈希函数执行这种简单的攻击，它是决定现代哈希函数输出长度的基线攻击（请参阅 6.2.3 节）。

3）**统计攻击**（Statistical Attack）。有一组简单的统计攻击可以对确定性随机数生成器进行攻击（请参阅 8.1.4 节），任何现代确定性随机数生成器都应该能够抵抗这些攻击。

3. 特定算法攻击（Algorithm-Specific Attack）

这类攻击是针对特定密码算法设计的。通常，这类攻击是针对特定算法的工作原理而定制的更一般攻击的变体。

4. 侧信道攻击（Side-Channel Attack）

这是一类重要的攻击，它们并不针对密码学原语的设计原理，而是针对原语的实现方式。现在发现的侧信道攻击越来越多，因此密码学的实现者需要密切关注这一领域的发展。例如：

1）**计时攻击**（Timing Attack）。它利用处理器执行不同计算任务耗时略有不同这一事实，通过测量这些时间，就有可能了解处理器试图执行的计算任务的性质。例如，可以通过对使用一个密钥执行的不同操作计时，从而获得该密钥的值。

2）**功耗分析**（Power Analysis）。类似于计时攻击，只是采用功耗获取有关底层计算性质的信息。

3）**故障分析**（Fault Analysis）。攻击方在密码系统导入错误，并分析输出的结果，以获取有用信息。

4）**填充攻击**（Padding Attack）。利用了在处理前通常需要对明文进行“填充”这一事实（参见 4.3.2 节），通过操纵填充过程并监视产生的错误消息，就可能了解有关底层数据性质的重要信息。

1.6.6　学术攻击

值得注意的是，对现代密码算法的攻击大多来自学术界。然而，从来源和适用性上看，这些攻击往往是学术攻击。请记住，密码算法破解的概念是主观的，取决于我们认为攻击方有哪些合理的能力。现代加密算法的安全性往往设计得非常保守，因此即使一个非常好的攻击显著改进了密钥穷举攻击，也可能远远超出攻击方的实际能力。事实上，许多学术攻击都包含相当不现实的假设，因此对密码算法安全性没有实际影响（例如，这些攻击需要大量精心选择的明文 / 密文对），另外有一些攻击只影响某些类型的应用的安全性。然而，任何攻击的发现都可能引起关注，特别是如果攻击技术有改进潜力时。

因此，在对特定密码算法被破解的说法做出反应之前，应谨慎行事。重要的是要认识到，如果没有上下文和具体细节，这种说法本身没有什么意义。应去收集更详细的资料，如有必要，还应征求专家意见。

1.7　总结

在本章中，我们阐述了密码学的必要性，并讨论了与密码学应用有关的问题。特别地，我们介绍了密码系统的基本模型，以及重要的术语。我们学到的主要内容如下：

- 对信息安全的需求并不是一个新概念，但被保护信息的环境已经发生了重大变化。
- 密码学提供了在电子环境中复制物理世界的一些基本安全需求的技术手段。
- 密码学可以提供强大的保护，但只针对特定的威胁。明确密码学无法防范哪些安全威胁与明确密码学能够解决哪些安全威胁同样重要。
- 有两种不同类型的密码系统——对称密码系统和公钥密码系统。它们具有不同的属性，每种密码系统都有其固有的优点和缺点，我们将在后面的章节中讨论。在实际系统中，对称密码系统和公钥密码系统经常结合使用。
- 为了评估密码系统提供的安全性，对攻击方能够做什么以及他们攻击密码系统时可能使用什么资源建立清晰的假设是很重要的。

1.8　进一步的阅读

密码学提供了支持信息安全的基本机制。有很多资料可供希望更详细地研究信息安全的读者阅读。Singer 和 Friedman [220] 是一个很好的入门材料，它们介绍了与网络空间安全相关的关键问题和挑战。Schneier [213] 有效地强调了密码学的作用，针对不同的计算机安全问题给出了非常容易理解的概述，特别在特定上下文中描述了密码学的作用。更广泛的信息安全教育至少需要对信息安全管理、网络安全和计算机安全有广泛的理解。虽然关于这些主题的专业材料越来越多，但我们推荐以下资源：Dhillon [49] 和 Purser [195] 介绍信息安全管理，Stallings [229] 介绍网络安全，Bishop [21] 和 Gollmann [94] 介绍计算机安全。Anderson [5] 提供了一个有趣的阅读材料，它与所有这些主题（包括密码学）都相关。虽然 Stoll [233] 只与密码学有间接关系，但对于任何想要进一步保护信息系统的人来说，它都是一个有趣的读物。

Levy [145] 是一本引人入胜的著作，介绍了 20 世纪后半叶密码学的戏剧化发展。围绕这些事件的“密码困境”为人们提供了一个丰富的视角，让人们了解对密码学持有的不同态度和观点。Levy 通过对这一具有影响力时期的主要政党的有趣介绍，使这一主题生动起来。

很难对我们在本章中介绍的不同的安全服务给出正式的定义。Menezes、van Oorschot 和 Vanstone [150] 包含了许多有用的定义，而 Dent 和 Mitchell [48] 则涵盖了 ISO 所采用的方法。要了解编码理论及其与密码学的关系，可阅读 Biggs [20] 和 Welsh [244]。有关访问控制的更多信息可以在 Gollman [94] 和 Anderson [5] 中找到。Wayner [243] 对隐写术及其与密码学的关系进行了简要的介绍，Fridrich [85] 对隐写术的原理和技术进行了更详细的讨论。

奥克斯特·柯克霍夫最初的文章 [137] 可以在网上找到，他的密码系统设计的六个原则也有不同的翻译版本。在本章中，我们只讨论了密码系统的基本攻击模型。用于设计现代密码系统的更强大和更严格的攻击模型可以在 Katz 和 Lindell [134] 以及 Stinson [231] 中找到。侧信道攻击的研究是当前一个非常活跃的领域，推荐从《侧信道密码分析入门》(*The Side Channel Cryptanalysis Lounge*)[60] 开始。

最后，我们提到了密码学的两个有趣的观点。Matt Blaze [22] 将我们对加密和物理锁的类比进行了更深入的研究。Blaze 首次发表这篇文章时在制锁界引起了极大的轰动，这是一篇有趣的文章，展示了密码学社区和制锁社区都可以从对方的设计方法中学到的经验教训。Young 和 Yung [254] 讨论了攻击方利用密码技术攻击计算机系统的几种方法，这与大多数密码应用的目标完全相反。

1.9 练习

1. 未经授权获取信息也可以被合理地描述为“窃取”信息。窃取信息和窃取实物有什么显著区别？
2. 考虑两种常见且类似的场景，即邮寄信件和发送电子邮件。

（1）用几行文字概括这两个场景的过程在以下方面的不同：

1）创建消息的难度。

2）发送消息的难度。

3）截获消息的难度。

4）伪造消息的难度。

5）否认发送过消息的难度。

（2）概括了以上不同之处后，请说明这两个场景各个阶段现有安全机制的不同之处。

（3）是否存在相当于挂号邮件（Registered Post）的电子邮件？

（4）以邮递方式寄信是否有等同于安全电子邮件（Secure Email）的服务？

（5）你认为哪个场景更安全？

3. 分别在物理世界和电子世界中就以下情况举出两个例子：

（1）两个较弱的安全机制，如果同时采用，则构成一个相当强大的安全机制。

（2）高强度的安全机制如果使用不当，就会成为脆弱的安全机制。

（3）一种高强度的安全机制，如果没有适当的安全基础设施，就会成为一种脆弱的安全机制。

4. 针对以下各项要求，给出至少一项应用的例子（如存在这种应用的话）：

（1）数据完整性比数据机密性更重要。

（2）实体身份认证比数据源身份认证更为重要。

（3）实体身份认证和数据源身份认证都是必要的。

（4）数据源身份认证是必要的，但不需要不可否认性。

（5）需要数据完整性，但不需要数据源身份认证。

（6）需要数据源认证，但不需要数据完整性。

（7）使用多种机制提供实体身份认证。

5. 解释通过密码学、隐写术和访问控制机制提供机密性之间的差异。

6. 在19世纪，奥克斯特·柯克霍夫为加密算法定义了六条设计原则。

（1）陈述柯克霍夫六条设计原则。

（2）这六条设计原则至今仍适用吗？

（3）将这六条设计原则翻译成更适合在现代计算机上使用的密码算法的描述语言。

7. 某政府部门决定使用加密技术来保护它和国际同行之间的通信。在与同行的一次会议上，它决定为此开发一种专用的加密算法。

（1）这一决定合理吗？

（2）存在什么样的风险？

8. 有一些几乎公开的加密算法，其大多数细节都是公开的，但是其中一些组件是保密的（专有的）。

（1）这种方法的优点和缺点是什么？

（2）就加密算法的知识而言，你认为这是最好的方案还是最坏的方案？

9. 在大多数情况下，采用众所周知的、公认的加密算法（如AES）通常是一种很好的做法。有些人可能会说，这种方法类似于“把所有鸡蛋放在一个篮子里”，它的确存在固有的风险，如果在AES中发现一个严重的缺陷，那么其影响可能是灾难性的。

（1）虽然多样性在生活的许多方面可能是一件好事，但在使用加密算法时不一定是好事，请解释其原因。

（2）我们应如何降低先进的加密算法（例如 AES）在不久的将来意外被破解的风险？

10. 考虑 1.5.4 节中公开加密算法的分区：

（1）对于每一个分类区域，解释使用属于该分类区域的加密算法的潜在缺点。

（2）你认为这种分区在多大程度上适用于提供其他安全服务（例如数据源身份认证）的众所周知的密码机制？

11. 假设攻击方拥有 128 位的密文，这些密文是使用密钥为 128 位的加密算法加密的。分别在以下三个条件下计算密钥穷举攻击的效率：

（1）攻击方不知道所使用的加密算法。

（2）攻击方知道加密算法，但不知道以前的任何明文 / 密文对，并且知道明文是随机生成的。

（3）攻击方知道加密算法和以前的明文 / 密文对，并且知道明文是随机生成的。

12. 丹·布朗的畅销书《数字堡垒》[31] 中，有一款机器据说可以破解大多数密码系统，对制造这样一台机器的实用性作出评论。

13. 解释为什么密码设计人员可能合理地声称，设计对称密码算法的主要安全目标是确保对它的最有效攻击是密钥穷举攻击。

14. 我们经常对非常大的数字没有概念。

（1）对以下的值按升序排列：

- 40 位密钥的可能数量
- 90 位密钥的可能数量
- 128 位密钥的可能数量
- 被谷歌索引的网页数量
- 我们星系中的恒星数量
- 宇宙中恒星的数量
- 地球上鸟类的种类
- 宇宙诞生以来的秒数

（2）计算密钥空间大小为以上每一项值时的对称密钥需要多少位。

15. ALEX 加密算法的密钥长度为 40 位，CARLOS 加密算法的密钥长度为 48 位，假设你有足够的计算能力使用密钥穷举攻击在一天内找到 ALEX 的密钥。

（1）假设两者的计算复杂度相似，你预计用多长时间才能通过密钥穷举攻击找到 CARLOS 的密钥？

（2）假设 CARLOS 存在设计缺陷，允许分两个阶段进行密钥穷举，第一阶段对密钥的前 40 位进行穷举，第二阶段对密钥的后 8 位进行穷举，现在你预计需要用多长时间才能通过密钥穷举攻击来恢复 CARLOS 的密钥？

16. 下表定义了一个基于非常简单的加密算法的密码系统，其中包含四个不同的明文 A、B、C 和 D（每列对应一个明文），以及四个不同的密文 **A**、**B**、**C** 和 **D**。加密算法有五个不同的密钥 K_1、K_2、K_3、K_4、K_5（每行对应一个密钥）。用 $E_K(P)=\mathbf{C}$ 表示使用密钥 K 将明文 P 加密成 **C**，整个加密系统定义为：

$$E_{K_1}(A)=\mathbf{B} \quad E_{K_1}(B)=\mathbf{C} \quad E_{K_1}(C)=\mathbf{D} \quad E_{K_1}(D)=\mathbf{A}$$
$$E_{K_2}(A)=\mathbf{B} \quad E_{K_2}(B)=\mathbf{C} \quad E_{K_2}(C)=\mathbf{A} \quad E_{K_2}(D)=\mathbf{D}$$
$$E_{K_3}(A)=\mathbf{D} \quad E_{K_3}(B)=\mathbf{B} \quad E_{K_3}(C)=\mathbf{A} \quad E_{K_3}(D)=\mathbf{C}$$
$$E_{K_4}(A)=\mathbf{A} \quad E_{K_4}(B)=\mathbf{B} \quad E_{K_4}(C)=\mathbf{D} \quad E_{K_4}(D)=\mathbf{C}$$
$$E_{K_5}(A)=\mathbf{C} \quad E_{K_5}(B)=\mathbf{D} \quad E_{K_5}(C)=\mathbf{A} \quad E_{K_5}(D)=\mathbf{B}$$

（1）密钥空间大小是多少？

（2）如果监听者监听到密文 B，那么明文不可能是什么？

（3）用 K_3 加密明文 B 所产生的密文是什么？这种加密有什么问题吗？

（4）我们可以用 $E_{K_5}(\mathrm{D})=\mathbf{C}$ 替换表格右下角的条目吗？

（5）假设我们用规则 $E_{K_6}(P)=E_{K_5}(E_{K_1}(P))$ 为每个明文 P 定义第六个密钥 K_6，例如，$E_{K_6}(A)=E_{K_5}(E_{K_1}(A))=E_{K_5}(B)=\mathbf{D}$ 则 $E_{K_6}(B)$、$E_{K_6}(C)$、$E_{K_6}(D)$ 的值分别是什么？

（6）我们可以用这样的表格来表示一个真正的密码系统吗？

17. 对称密码系统是否可能出现下列情况？请说明原因。

（1）两个不同的明文在不同的密钥下被加密为同一密文（即 $E_{K_1}(P_1)=E_{K_2}(P_2)=C$）。

（2）两种不同的明文在同一密钥下被加密为同一密文（即 $E_K(P_1)=E_K(P_2)=C$）。

（3）同一明文在不同的密钥下被加密为同一密文（即 $E_{K_1}(P)=E_{K_2}(P)=C$）。

18. 在本章的大部分内容中，我们都假设密码技术被用来保护通信场景中传输的数据，然而密码技术也可以用来保护存储的数据。本章我们讨论的问题中，有哪些问题无论密码技术是用于保护传输的数据还是存储的数据都是完全相同的，哪些问题会有所不同？（你可以考虑在用于保护存储数据的密码系统的基本模型中，谁是可能的参与者，他们可能会遇到哪些安全问题，等等。）

19. 密码算法的设计者考虑的安全需求一般取决于他们的算法要防范的攻击类型，这些安全需求往往比我们能想到的要严格得多。说明下列每一种攻击的原理和步骤，并说明这些攻击在实际环境中发生的可能性有多大：

（1）自适应选择密文攻击（Adaptive Chosen-Ciphertext Attack）

（2）区分攻击（Distinguishing Attack）

（3）相关密钥攻击（Related-Key Attack）

20. 大多数人通常认为密码学是一种善意的技术，可以用来保护计算机系统的安全。

（1）解释为何政府机构未必总是把密码学视为一种善意技术。

（2）你能想到哪些使用密码学作为工具来攻击电脑系统的途径？

21. 与我们在本章中的用法相反，“专有”一词常被用来描述受专利保护的东西。

（1）找出一些使用此术语描述的加密算法的例子，分别满足以下条件：

1）公开但受专利保护。

2）专有但不受专利保护。

3）专有且受专利保护。

（2）你认为专有加密算法更可能受专利保护，还是公开加密算法更可能受专利保护？

第2章

传统密码系统

我们现在讨论一些简单的传统密码系统。这些密码系统不再适合现代应用，但它们易于理解，并有助于说明第1章中讨论的密码系统的基本模型等许多问题。这些历史上的密码系统还为我们提供了简单的例子，使我们能够探索一些基本的密码系统设计原则。

学习本章之后，你应该能够：

- 描述一些简单的传统密码系统。
- 将一些传统密码系统与密码系统的基本模型联系起来。
- 了解历史上的一些密码系统设计的方向。
- 说明这些传统密码系统的哪些特性使它们不再适合现代应用。
- 为现代密码系统制定一些基本的设计原则。

在进一步讨论之前值得注意的是，我们将在本章讨论的所有密码系统都有四个共同的特征。

1）**对称性**（Symmetric）：它们都是对称密码系统。事实上，它们的出现都早于公钥密码学。

2）**机密性**（Confidentiality）：它们都是为了提供机密性而设计的。

3）**面向字母**（Alphabetic）：它们都面向字母进行操作，这与现代密码系统形成了鲜明对比，现代密码系统通常对数字进行操作，最常见的是二进制数字。面向字母的密码系统有一些内在属性，例如，我们通常考虑这些密码系统的密钥空间大小，而不是讨论密钥长度（请参阅1.6.2节）。

4）**不再适用**（Unsuitable）：每种密码系统都完全不适合在现代加密程序中使用，大多数情况下是因为这些密码系统不够安全。

2.1 单表密码

我们从传统密码系统的一些非常基本的例子开始。

2.1.1 凯撒密码

凯撒密码（Caesar Cipher）是密码学入门的第一个例子。虽然它是一个非常简单的密码系统，但是我们可以从中学到一些基本知识。此密码系统有时被称为移位密码，“凯撒密码”一词有时仅用于描述移位值为 3 时的移位密码。

1. 凯撒密码的描述

凯撒密码的原理是，将字母在字母表中的位置“移动”一个秘密数字，作为该字母加密后的值，一种形象化的做法是：

1）按字母顺序依次写出明文字母 A ～ Z，共写两组（即写出 AB…ZAB…Z）。

2）想象有一把由字母 A 到 Z 按字母顺序组成的“密文字母滑尺”，这个“密文字母滑尺”可以移动到刚才写出的明文字母下面的任何位置。

3）发送方 Alice 和接收方 Bob 都约定一个秘密移位值，取值范围为 0 ～ 25。

为了加密一个明文字母，Alice 将密文字母滑尺放置在第二组明文字母下面，并将其按秘密移位值的位置数向左滑动，然后将明文字母加密为它下面的滑尺上的密文字母。

图 2-1 描述了以上过程中当约定的秘密移位值为 3 时的结果。在本例中，明文 HOBBY 被加密为密文 KREEB。

A	B	C	D	E	F	G	H	I	J	…	O	…	W	X	Y	Z
D	E	F	G	H	I	J	K	L	M	…	R	…	Z	A	B	C

图 2-1 使用移位值为 3 的凯撒密码进行加密

收信人 Bob 也是知道秘密移位值的。在接收到密文后，Bob 用与 Alice 相同的方式定位他的密文字母滑尺，然后他将滑尺上的密文字母替换为上面的明文字母。因此，密文 NHVWUHO 被解密为 KESTREL。

2. 用基本模型描述凯撒密码

凯撒密码可以用我们在 1.4.3 节中介绍的密码系统的基本模型来描述。这个模型的各个组成部分是：

- **明文 / 密文**。都由字母 A ～ Z 的字符串表示。
- **加密密钥**。即秘密移位值。
- **解密密钥**。也是秘密移位值，所以这是一个对称密码系统。

- **密钥空间**。秘密移位值有26个可能的不同取值，每个移位对应一个可能的密钥，因此密钥空间的大小为26。
- **加密算法**。加密算法可以表示如下：

1）将密文字母滑尺按秘密移位值向左滑动。

2）将明文字母替换为它下面的密文字母。

- **解密算法**。解密算法可以表示如下：

1）将密文字母滑尺按秘密移位值向右滑动。

2）将密文字母替换为上面的明文字母。

3. 凯撒密码的数学描述

严格地说（读者可以跳过此部分内容），可以使用简单的数学符号对凯撒密码进行更有效的描述。为此，我们用数字0～25表示字母A～Z（换句话说，我们用0表示A，用1表示B，用2表示C，以此类推），其密钥是0～25之间的数字。

这样做的好处是，“将密文字母滑尺向左滑动”的过程现在可以更优雅地描述为一个简单的模加法（有关模运算的解释，请参见5.1.3节和本书的数学附录）运算。如果我们想用密钥3与明文字母H相加，由于H是由数字7表示的，我们可以用模运算将加密过程描述为：

$$7 + 3 = 10 \mod 26$$

因此，密文是K，它是由10表示的字母。同样，明文字母Y（用24表示）的加密可以写成：

$$24 + 3 = 1 \mod 26$$

因此密文是B。更一般地，让P表示明文字母的数字表示（其中P不一定对应于字母P，它可以表示任何明文字母），K表示任意密钥，然后用密钥K加密明文P，得到密文字母C，其数学表示为：

$$C = P + K \mod 26$$

换句话说，可以通过将明文P和密钥K相加，然后模26求余数来计算密文。类似地，解密时从密文C中减去密钥K，然后模26求余数，换句话说，解密算法可以描述为：

$$P = C - K \mod 26$$

4. 凯撒密码的不安全性

希望读者早已明白，银行不应该使用凯撒密码来保护其财务记录！然而，有必要使用密码学术语准确地论证这一问题。

凯撒密码之所以不是一个安全的密码系统，是由很多原因造成的，其中一些原因我们将在以后的密码系统中讨论。到目前为止，最明显和最严重的问题是其密钥空间太小，只有26种可能的密钥可供使用，攻击方完全可以通过密钥穷举攻击获知密钥，这只需要一支铅笔、一张纸片和五分钟的时间！攻击方只需尝试26个密钥，就可以获得26个候选明文。如果明文是可识别的（例如英文），那么很容易找到正确的明文。

注意，如果明文不包含可识别的冗余信息（假设它由随机字母组成），那么密钥穷举攻击仍将非常有效，因为它将候选明文的数量减少到 26 个。即使原始的明文的长度只有 5 个字母，在不知道密文的情况下，我们只知道明文是

$$26^5 = 26 \times 26 \times 26 \times 26 \times 26 = 11881376$$

个包括 5 个字母的候选值之一。一旦看到密文，我们就可以将其缩减到 26 个候选值，这是一个巨大的改进。

在 3.1.3 节中，我们将讨论唯一一种非常特殊（且不切实际）的情况，此时凯撒密码是一个安全密码系统。

2.1.2　简单替换密码

我们的下一个例子是简单替换密码（Simple Substitution Cipher），这是对凯撒密码的一个相当大的改进。然而，就像凯撒密码一样，我们将看到这个密码系统也存在根本性的缺陷。我们从一个有用的定义开始。

1. 排列

一组对象的排列（Permutation）就是指按某种顺序排列该组对象。例如，（A，B，C）、（B，C，A）和（C，A，B）都是字母 A、B 和 C 的排列，A、B、C 的可能排列数为：

$$3 \times 2 \times 1 = 6$$

字母表中所有字母的排列即按一定顺序排列的 26 个字母。最自然的排列是（A，B，C，…，Z），但（Z，Y，X，…，A）也是一个排列，（G，Y，L，…，X，B，N）也是一个排列，这样的排列总数为：

$$26 \times 25 \times 24 \times \cdots \times 3 \times 2 \times 1$$

这是一个非常大的数，所以我们通常用符号 26！来表示（读作 26 的阶乘）。一般来说，如果我们有 n 个对象，那么可能的排列总数是：

$$n! = n \times (n-1) \times (n-2) \times \cdots \times 3 \times 2 \times 1$$

2. 简单替换密码的描述

简单替换密码可以描述为：

1）按字母的自然顺序写出 A，B，C，…，Z。

2）Alice 和 Bob 约定随机选择字母表中字母的某一排列。

3）在字母 A，B，C，…，Z 下面，写出约定的字母排列，从而构成一张字母替换表。

Alice 将明文字母替换为表中它们正下方的字母，从而加密明文字母。

这个过程如图 2-2 所示。在示例中，选择的排列是 D，I，Q，…，G。明文 EAGLE 被加密为 TDZOT。

Bob 也知道随机选择的排列，在接收到密文后，他只需将第二行的每个密文字母替换为第一行中相应的明文字母。因此，密文 IXGGDUM 被解密为 BUZZARD。

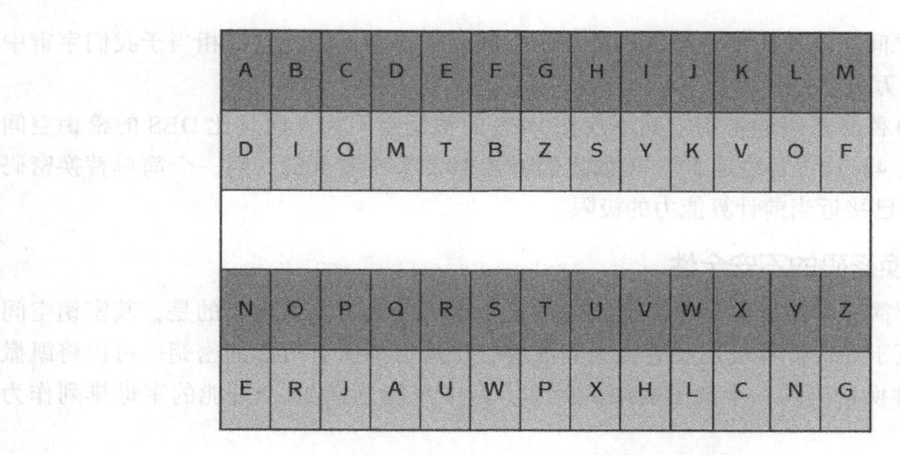

图 2-2 使用简单替换密码进行加密

3. 用基本模型描述简单替换密码

简单替换密码也可用 1.4.3 节的密码系统基本模型来描述。这个模型的各个组成部分如下：

- **明文 / 密文**。皆由字母表中的字母 A 到 Z 组成。
- **加密密钥**。字母表中字母的某个选定排列。
- **解密密钥**。与加密密钥相同，所以这是一个对称密码系统。
- **密钥空间**。字母表中字母的全部可能排列（稍后将讨论这个问题）。
- **加密算法**。加密算法可以表示如下：

1）在字典顺序的字母表中的字母下面，写出选定的字母排列。

2）将明文字母替换为它下面的密文字母。

- **解密算法**。解密算法可以表示如下：

1）在字典顺序的字母表中字母下面，写出选定的字母排列。

2）将密文字母替换为上面的明文字母。

4. 简单替换密码的密钥空间

我们刚刚看到，在简单替换密码中使用的密钥是字母表中字母的某个排列。这意味着简单替换密码的密钥空间大小是字母表中字母可能的不同排列的数量（因为每个排列都是一个可能的密钥），我们知道此数为 26!，那么，26! 有多大？ 26! 大约是

$$4 \times 10^{26} = 400\ 000\ 000\ 000\ 000\ 000\ 000\ 000\ 000$$

为了说明它到底有多大，我们来做一个类比。宇宙中大约有 10 万亿（10^{22}）颗恒星，这意味着简单替换密码的密钥数量大约是宇宙中恒星数的 40 000 倍。

在 4.4 节中，我们将讨论对称密码算法 DES，它是 20 世纪末最重要的对称密码算法。DES 使用的密钥长度为 56 位，这意味着 DES 的密钥空间大小为 2^{56}。通过使用 2 的幂和 10 的幂之间的快速转换公式（参见本书书后的数学附录），我们可以看到 DES 的密钥空间大小

在 10^{16} 到 10^{17} 之间。这比简单替换密码的密钥空间要小得多，因为它仅相当于我们宇宙中恒星的数量的十万分之一。

因此，简单替换密码的密钥空间不仅比 DES 的密钥空间大，而且比 DES 的密钥空间大得多，实际上 4×10^{26} 大约是 2^{88}。正如我们将在 10.2 节中看到的，对一个简单替换密码的密钥穷举攻击已接近当前计算能力的极限。

5. 简单替换密码的不安全性

毫无疑问，简单替换密码是对凯撒密码的一个重大的改进。最重要的是，其密钥空间如此之大，以至于现代计算机还没有强大到能够轻松地穷举所有可能的密钥。可以将凯撒密码看成简单替换密码的一个高度受限的版本，其中只能选择 26 个可能的字母排列作为密钥。

然而，简单替换密码有一个致命的设计缺陷，即使它有巨大的密钥空间，在大多数情况下也很容易被破解。

2.1.3 频率分析

一个优秀的密码分析专家需要很多技能，包括横向思考的能力。为了“破解”密码系统，应该使用所有可用的信息。我们即将看到，诸如凯撒密码和简单替换密码这样的密码系统有一个可以利用的重要漏洞。有趣的是，此漏洞源自明文的典型性质。

1. 明文的本质

如果密码系统只用于保护由随机生成的数据组成的明文，那么密码学家的工作会简单得多。但是，通常情况下，它们不是！在许多情况下，明文是一串有意义的字母，用英语等语言书写的单词、句子，甚至整本书。在任何语言中，都有一些特定的字母（或字母组合）比其他字母出现的频率高得多，因此语言是高度结构化的。表 2-1 显示了英语的字母频率近似值。

表 2-1 英语的近似字母频率 [16]

字母	频率	字母	频率	字母	频率
A	8.167	J	0.153	S	6.327
B	1.492	K	0.772	T	9.056
C	2.782	L	4.025	U	2.758
D	4.253	M	2.406	V	0.978
E	12.702	N	6.749	W	2.360
F	2.228	O	7.507	X	0.150
G	2.015	P	1.929	Y	1.974
H	6.094	Q	0.095	Z	0.074
I	6.966	R	5.987		

表 2-1 中的字母频率表示为三位小数，例如，在典型的英语文本中，每 10 万个字母中大约有 8167 个 A，12 702 个 E，但只有 74 个 Z。当然，这只是一个近似值，但显然可以得出结论：在给定的任何英语明文字符串中，字母 E 出现的频率可能远远高于字母 Z。

2. 字母频率分析

通过观察可以得出，凯撒密码和简单替换密码都具有这样的属性：一旦我们选择了密钥，相同的明文字母总是被加密为相同的密文字母。具有此属性的密码系统通常称为单表密码（Monoalphabetic Cipher）。给定一个密文，假设：

- 我们知道它是使用单表密码加密的，在我们的示例中是简单替换密码。此假设是合理的，因为我们通常了解所使用的加密算法（参见 1.5.1 节）。
- 我们知道明文所用的语言。这也是合理的，因为在大多数情况下，我们要么知道此信息，要么可以猜测。

然后可以采用以下策略来破解该密码系统：

1）计算密文中字母出现的频率，可以用直方图表示。

2）将密文字母频率与所用的明文语言的字母频率进行比较。

3）猜测最常见的密文字母代表最常见的明文字母，第二常见的密文字母代表第二常见的明文字母，依此类推。

4）寻找字母组合模式并试着猜测单词。如果猜不出来，就修改之前的猜测，然后再次尝试。

例如，若图 2-3 为使用未知的简单替换密码密钥为英文明文生成的密文字母频率直方图，从这个直方图中我们可以合理地猜测：

- 密文 H 表示明文 E。
- 密文 W 表示明文 T。
- 密文 L、Q、R 和 U 依次代表明文 A、O、I 和 N。
- 密文 C、M 和 T（它们都没有出现在我们的示例密文中）依次表示明文 J、X 和 Z。

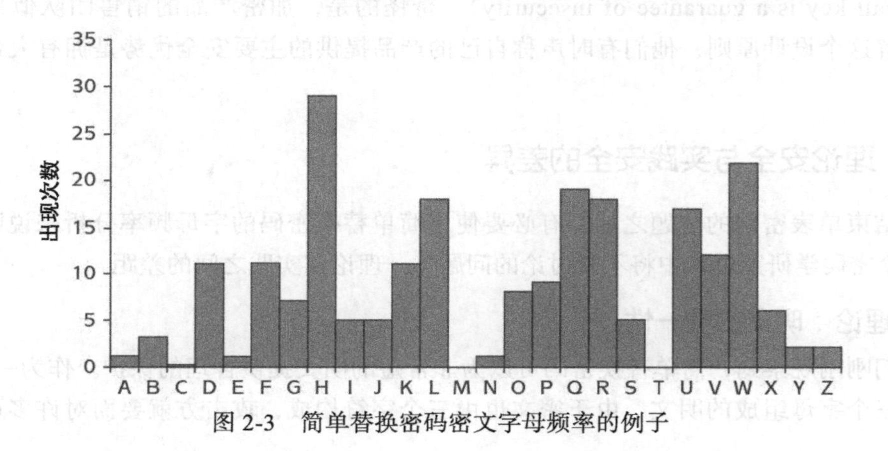

图 2-3 简单替换密码密文字母频率的例子

虽然在确定正确的匹配之前可能需要多次尝试，但是现在对于剩下的密文字母，其对应的明文取值的可能性减少了，进一步破解工作的策略无须赘述。同样，我们显然不太需要确定整个密钥，因为一旦知道了足够多的字母，我们就可能猜到其余的明文。

上面的过程听起来有点好玩，它将解密密文的工作降低到一个娱乐谜题的难度，当提供了另外的有用信息（比如单词之间空格的位置）时更是如此。这一过程很容易由计算机自动完成，因此，字母频率分析工具随处可见，它们几乎可以立即解密由简单替换密码生成的密文。

3. 字母频率分析的局限性

在以下两种情况下，字母频率分析很可能失败：

1）如果明文字母不符合“正常”的预期字母频率。

2）如果明文太短，无法准确地计算字母频率。

在第 1 种情况下，我们将努力做出正确的猜测。最极端的情况是明文随机生成，所有明文字母的出现频率相同，因此密文字母频率直方图是平的。在这种情况下，我们将陷入困境，尽管应该指出的是，我们至少会对明文有所了解，因为我们能够确定在明文中相同的未知明文字母出现的位置，这可能有用，也可能没用。

在第 2 种情况下，密文字母频率可能不够可靠，我们无法推断出哪个明文字母对应哪个密文字母。我们稍后将讨论对于简单替换密码来说“太短”可能意味着什么。

4. 密钥空间大小的充分性

我们刚刚看到，尽管密钥空间很大，但是简单替换密码很容易被破解。这是因为它没有“破坏”底层明文的基本结构，即使它掩盖了实际的字母本身。

这就引出了一个重要的设计原则，即大密钥空间是抵抗密钥穷举攻击的必要条件，但是这并不足以保证密码系统的安全性。公钥密码学首篇论文的作者之一 Martin Hellman 曾说过：**大密钥不一定安全，小密钥一定不安全**（a large key is not a guarantee of security but a small key is a guarantee of insecurity）。奇怪的是，加密产品的销售团队似乎并不是总能理解这个设计原则，他们有时声称自己的产品提供的主要安全优势是拥有大量的可能密钥。

2.1.4　理论安全与实践安全的差异

在结束单表密码的主题之前，有必要使用简单替换密码的字母频率分析来说明一个我们在整个密码学研究过程中将不断讨论的问题——理论和实践之间的差距。

1. 理论：明文的唯一性

我们刚刚观察到，简单替换密码可以为非常短的明文提供合理的保护。作为一个例子，考虑由三个字母组成的明文，由于密文也由三个字符构成，攻击方就要面对许多可能的三个字母的明文，这些明文可以加密为给定的三个字母的密文，因此可以认为简单替换密码是不可破解的。

为了说明这一点，假设给定三个字母的密文 MFM，此时字母频率分析是无用的，但是我们知道第一个和第三个明文字母必须是相同的，明文可以是 BOB、POP、MUM、NUN 等。

然而，给定一个“合理”长度的密文，字母频率分析将变得非常有效。那么，当密文长度为多少时，其解密工作就由一个困难问题转变为简单问题了呢？

虽然这个问题没有直观的答案，但一个重要的事实是，随着密文字母数量的增加，可能加密成这个密文的明文数量必然减少。在某种程度上，这个数字将减少到只有一个可能明文。那么问题来了：在只有一个可能明文之前，我们需要多少个密文字母？

对于应用于英语明文的简单替换密码，这个数字通常被认为是大约 28 个密文字母。这意味着：

1）如果密文字母数远少于 28 个，那么它可能对应着许多个有意义的明文。

2）当密文字母数接近 28 时，它可能对应的有意义的明文数目就会稳步减少。

3）一旦密文字母数为 28 个，我们就可以相当肯定只有一个有意义的明文对应该密文。

4）如果有数百个密文字母，那么几乎可以肯定，只有一个有意义的明文对应该密文。

2. 实践：统计信息

我们之前的讨论都是理论上的可能性，它未必与实践吻合。如果我们有一个由简单替换密码加密英文明文得到的 28 个字符的密文，那么可能只有一个明文对应该密文，但在实践中可以找到这个明文吗？

令人沮丧的是，答案可能是否定的。频率分析的有效性随密文数量的增加而提高，但 28 个字母的频率统计信息通常是不够的。在实践中，一些人认为，对于英文明文，至少需要 200 个字母的密文才能确保字母频率统计数据足够可靠，从而能够进行有效的字母频率分析，尽管通常使用的字母少于这个数量。

3. 理论与实践的差距

因此，理论与实践之间存在着巨大的“鸿沟”。如果我们有 28 ～ 200 个字母的密文，那么几乎可以肯定只有一个有意义的明文对应该密文，但该明文可能很难确定。表 2-2 总结了我们刚才讨论的情况。

表 2-2 频率分析中理论与实践的差距

密文字母数	理论上的明文数量	实践中找到明文的难度
少于 5	多个	明文有多个
5 ～ 27 之间	减少为 1 个	很难找到
28	1 个	很难找到
29 ～ 200 之间	1 个	较容易找到
超过 200	1 个	容易找到

这种讨论在我们探索现代密码系统时不会特别有用。在本书后面的章节中，我们也不会再讨论单表密码，尽管应该指出，“替换”这一操作被广泛用于现代密码算法的设计中。讨论这个问题是为了说明，密码分析理论和破解密码系统的实践之间有时候存在着巨大的差距。理论表明，如果明文的长度接近 28 个字母，那么就不适合使用简单替换密码（这实际上使简单替换密码在大多数应用中毫无用处）。然而，实践表明，如果用简单替换密码来加密有 50 个字母的明文，那么我们只可能“侥幸成功”地破解它。从这种差距中，我们得到一个结论：理论只会告诉我们存在某种东西，而不会告诉我们如何找到它。

2.2　传统密码系统的历史进步

在 2.1 节中，我们注意到，所有单表密码都可以通过字母频率分析来破解。现在我们来看一些更复杂的传统密码系统，这些密码系统使用各种不同的技术来抵抗单字母频率分析。我们对这些技术特别感兴趣，因为它们体现了密码系统的设计原则。尽管如此，这里介绍的密码系统都不适合在现代应用中使用，我们将在稍后说明原因。

2.2.1　设计的改进

在继续讨论之前，我们有必要考虑一下在密码系统的设计中加入哪些特性，可以使单字母频率分析更难进行（最好无法进行）。有三种可能的方案：

1）**增加明文和密文字母表的大小**。到目前为止，我们所研究的密码系统都是由单个字母组成的。我们可以这样认为：明文（和密文）字母表是所有单个字母的集合。当我们进行字母频率分析时，只是试图将 26 个可能的密文字母匹配到 26 个可能的明文字母，这通常不是一个特别困难的任务。如果每个明文（密文）字母有更多的选择，那么频率分析肯定会更困难。

2）**允许将相同的明文字母加密为不同的密文字母**。在单表密码中，字母频率分析易于实现。如果我们允许几个密文字母对应相同的明文字母，那么字母频率分析就会变得更加困难。

3）**由明文字母在明文中的位置决定用于加密明文字母的密文字母**。这是上一种方法的一个特殊例子。通过引入字母与其在明文中所处位置的依赖关系（位置依赖关系），出现在明文中两个不同位置的相同字母很可能被加密为两个不同的密文字母，这同样有助于抵抗字母频率分析。

现在我们来看历史上的三个密码系统，每个密码系统都使用一种或多种这样的技术来抵抗单字母频率分析。

2.2.2　Playfair 密码

Playfair 密码是一种特殊的密码系统，因为它是对字母对（Bigram）进行操作的。

Playfair 密码的生成由预处理阶段和加密阶段组成。

1. Playfair 密码的预处理

需要对明文进行一定程度的预处理才能加密。我们接下来描述这个过程，并解释为什么每一步都是必要的。

1）**将字母 J 替换为字母 I**：Playfair 密码基于一个有 5×5 个单元格的 Playfair 矩阵（Playfair Square），每一个单元格都包含一个不同的字母。因此，字母表中会有一个字母不能出现在这个矩阵中，必须丢弃，它应该是一个相对不常用的字母。选择丢弃字母 J 就是因为它在英语中并不经常出现，除此之外并没有什么特别原因，将字母 J 替换为字母 I 是因为这两个字母样子相似，Playfair 密码的许多变体都可以被设计成删除一个（J 以外的）不常用的字母，并将其替换为剩下的字母中另一个不常用的字母。

2）**将明文切分成字母对**：之所以这样做，是因为 Playfair 密码是对字母对进操作，即以两个字母组成的“块”为单位来处理明文。

3）**通过在字母对之间插入 Z 来分隔字母相同的字母对**：Playfair 密码要求每个明文字母对中的两个字母不同。如果一个明文字母对是由两个相同的字母组成的，那就需要在这两个相同的字母之间插入字母 Z 把它们分隔开。选择字母 Z 没有什么特别理由，还可以选择其他不常用的字母。事实上，如果两个 Z 同时出现在明文字母对中，就必须在它们之间插入另一个字母。

4）**将修改后的明文重新切分成字母对**：检查是否还存在由两个相同的字母组成的明文字母对，如果有，那么重复前面的步骤，直到不再有这样的字母对。

5）**如果最后的字母数是奇数，就在末尾加上 Z**：这样做是为了保证整个明文可以分成字母对，如果有奇数个字母，那么最后一个字母需要一个配对字母才能处理。同样，使用字母 Z 只是因为它在英语中是一个不常用的字母，如果最后一个明文字母本身是 Z，那就需要加上一个不同的结尾字母。

2. 使用 Playfair 密码进行加密

构成 Playfair 密码密钥的 Playfair 矩阵由 5×5 个单元格组成，其中每个单元格包含字母表中除 J 之外的唯一字母。按照上述步骤对明文进行预处理后，明文加密过程如下：

1）如果明文字母对中的两个字母位于 Playfair 矩阵的同一行，则将每个字母替换为它在 Playfair 矩阵中的右侧相邻字母。如果某个字母位于该行最后一个单元格，则用该行第一个单元格中的字母替换它。

2）如果明文字母对中的两个字母位于 Playfair 矩阵的同一列，则将每个字母替换为它在 Playfair 矩阵中的下方相邻字母。如果某个字母位于该列最后一个单元格，则用该列第一个单元格中的字母替换它。

3）否则，采取以下两种处理措施：①用 Playfair 矩阵特定单元格中的字母替换明文字母对中的第一个字母，该单元格与明文字母对中第一个字母位于 Playfair 矩阵的同一行，与明文字母对中第二个字母位于 Playfair 矩阵的同一列；②用 Playfair 矩阵特定单元格中的字母替换明文字母对中的第二个字母，该单元格在 Playfair 矩阵中所在的行与明文字母对第二个字母所在的行相同，所在的列与明文字母对中第一个字母所在的列相同。

3. Playfair 密码的例子

下面通过一个例子来讲解 Playfair 密码的奥妙之处。

图 2-4 是一个 Playfair 矩阵的示例，我们将它作为密钥来加密明文 NATTERJACK TOAD。忽略两个单词之间的空格，在加密之前我们按如下方式对明文进行预处理：

1）将单个出现的 J 替换为 I，得到 NATTERIACKTOAD。

2）把明文写成字母对序列：

NA TT ER IA CK TO AD

3）由于第二个字母对由 TT 组成，所以必须在两个 T 之间插入 Z，得到 NATZTERIACKTOAD。

4）将修改后的明文重写为字母对序列：

NA TZ TE RI AC KT OA D

注意，现在没有重复字母的字母对了。

5）在结尾处加一个字母 Z 来构成最后一个字母对：

NA TZ TE RI AC KT OA DZ

然后，我们将这些字母对加密如下：

1）第一个字母对 NA 出现在图 2-4 中 Playfair 矩阵的同一行中，因此被加密为 DN。

2）第二个字母对 TZ 中的字母不在 Playfair 矩阵的同一行或同一列中。因此，以它们为对角线顶点，可以在 Playfair 矩阵中定义一个矩形，按照加密规则，此时它们被加密为该矩形上另外两个顶点上的字母，因此，TZ 被加密为 DW。类似地，TE 被加密为 SR，RI 被加密为 HF。

S	T	A	N	D
E	R	C	H	B
K	F	G	I	L
M	O	P	Q	U
V	W	X	Y	Z

图 2-4　Playfair 矩阵的一个例子

3）字母 AC 位于同一列，因此它们被加密为 CG。

4）KT 这两个字母不在同一行或同一列，所以 KT 被加密为 FS。类似地，OA 被加密为 PT。

5）最后，字母 DZ 位于同一列中，因此它们被加密为 BD（注意，由于 Z 在最后一行，所以它被加密为第一行的字母 D）。

最终得到的密文是 DNDWSRHFCGFSPTBD。

要解密此密文，接收方应使用图 2-4 中的 Playfair 矩阵反转加密过程，以获得 NATZTERIACKTOADZ。接收方应该能猜出密文中的两个 Z 是多余的，将之删除得到 NATTERIACKTOAD，关于欧洲两栖动物的知识可以帮我们获得正确的明文[⊖]。

4. Playfair 密码的密码分析

Playfair 密码是一个安全的密码系统吗？首先要检查的是密钥空间的大小，其密钥是在一个包含 5×5 个单元格的矩阵中的字母 A ～ Z（不包括 J）的排列。因为这些字母的每一个排列都对应一个不同的密钥，所以可能的密钥数就是可能的排列数。25 个字母的可能排列数大约是 10^{25}，因此，Playfair 的密钥空间非常大，略小于简单替换密码，但明显大于 DES（见 2.1.2 节）。一个拥有足够金钱、时间和计算资源的强大攻击方可以穷举这个密钥空间，但是这将是一个巨大的任务。

对于攻击方来说，进行单字母频率分析是不可行的。从刚才的示例可以看出，明文 NATTERJACK TOAD 中出现了三次字母 A，但是这些字母分别被加密为密文字母 N、C 和 T，这意味着对单个字母的频率分析是无效的。

然而，有一种频率分析方法的变体可以成功地破解 Playfair 密码，密码分析人员可以将单字母频率分析技术扩展为字母对的频率分析技术，这与单字母频率分析的工作原理类似，但操作起来更为复杂，主要难点如下：

1）共有 25×24=600 种可能的 Playfair 字母对，因此，其频率分析将比单字母频率分析更复杂，尤其是需要精确地计算字母对的频率信息。然而，字母对的频率可能非常有用。例如，在英语明文中，字母对 TH 是最常见的，所以如果我们有足够的密文，检测这个字母对应该是相对简单的。

2）在使用这些字母对的统计信息对 Playfair 密文进行有效的字母对频率分析之前，需要大量密文，很可能需要数千而不是数百个字母的密文。

3）在原始明文中相邻的两个字母不一定一起加密，它们可能出现在相邻的字母对中，这一事实增加了上述两个难点的难度。例如，在明文 THE MOTH 中，字母对 TH 在明文中出现两次，但只有第一次出现时当作 TH 来加密，因为明文在预处理过程中被切分为字母对 TH EM OT HZ。

因此，虽然 Playfair 密码有可能被破解，但其破解工作是一项相当乏味的任务，需要大量的数据处理。这就是 Playfair 密码在 20 世纪初被认为安全的原因。随着计算机技术在 20 世纪飞速发展，对大量数据进行常规处理变得非常容易，因此，Playfair 密码现在被认为是不安全的密码，只要给定足够的密文就很容易被破解。

5. 来自 Playfair 密码的经验

从 Playfair 密码中可以学到几个重要的经验。

⊖ 英文“NATTERJACK TOAD”的含义是“黄条背蟾蜍”。——译者注

1）**避免单字母属性会增加频率分析的难度。**密码分析现在变得困难多了，设计加密算法时使相同的明文字母被加密成不同的密文字母，就会使字母频率分析变得无效。实现这一目标的主要技术是将明文成对加密，从而将明文（和密文）字母表的大小从 26 个单字母增加到 600 个字母对，这一改进的代价是使加密和解密过程更加复杂。

2）**仅仅避免单字母属性是不够的。**我们已经看到，虽然单字母频率分析无效，但是密码分析只是稍微困难了一些。假设观察到足够长的密文，仍然有可能通过分析密文中字母对的频率来破解密文。

3）**可以牺牲效率来换取安全性。**Playfair 密码的设计代表了一种效率和安全性的权衡，在这种情况下，我们以效率为代价获得安全性。可以想象，我们可以发明一种广义的 Playfair 密码，它对字母三元组（三个明文字母，Trigram）进行操作，这将比 Playfair 密码更复杂。但如果我们把它设计好了，就可能会抵抗字母对频率分析，然而，它本身容易进行字母三元组频率分析（更难，但可以使用计算机进行），例如，给定足够的密文，应该可以识别常见的英语字母三元组。

我们将在密码学的其他研究中看到更多的效率－安全权衡，还将看到（对比特块的）频率分析是与现代密码系统相关的一种攻击，因此我们对 Playfair 密码的讨论不仅具有历史意义。

2.2.3　多名码

抵抗单字母频率分析的另一种方法是设法直接隐藏字母频率。**多名码**（Homophonic Encoding）背后的思想是使用许多不同的密文符号（Symbol）来加密明文字母（Letter），从而直接把密文符号的频率统计信息打乱（这里用“符号”而不是“字母”，是因为在多名码中，密文符号的数量要比字母表中的字母多）。下面通过一个例子来解释这种技术。

1. 多名码的例子

多名码的设计目的是使其密文字母频率直方图接近于“平坦”（换句话说，每个密文符号出现的频率几乎相等），我们通过增大密文字母表来实现这一点。

可以根据表 2-1 中的英语字母频率设计出一种用于加密英语明文的多名码。假设我们选择一个包含 1000 个符号的密文字母表，即密文字符不是 26 个字母，而是这 1000 个符号中的一个，然后我们秘密地将 1000 个密文符号分成 26 组，每组与一个特定的明文字母相关联。由表 2-1 可知：

- 明文字母 A 出现的频率是 8.2%，所以我们分配 82 个密文符号作为字母 A 的密文。
- 明文字母 B 出现的频率是 1.5%，所以我们分配 15 个密文符号作为字母 B 的密文。
- 明文字母 C 出现的频率是 2.8%，所以我们分配 2.8 个密文符号作为字母 C 的密文。

对整个明文字母表继续这个过程。例如，为字母 E 分配 127 个密文符号，为字母 T 分配给 90 个密文符号，为字母 J、Q、Y 和 Z 分别分配一个密文符号。

要加密明文字母，发送方 Alice 将随机选择与该字母关联的组中的一个密文符号。选择哪个符号并不重要，重要的是选择过程是随机的。接收方 Bob 也知道如何将 1000 个密文符号分配给每个明文字母，他能够解密密文，因为任何给定的密文符号只分配了一个明文字母。

2. 多名码的单字频率分析

为了了解多名码的优点，现在考虑尝试进行单字母频率分析。我们再一次假设明文是英文的。

假设我们有一个由 1000 个符号组成的密文，它对由 1000 个英文字母组成的明文进行加密。由表 2-1 可知，对于这 1000 个明文字母，我们可以预期：

- 明文字母 Z 出现 1 次。因此，在 1000 个密文符号中，与 Z 相关的密文符号应该只出现 1 次。
- 明文字母 E 出现 127 次。然而，每次使用我们的多名码加密 E 时，它都会被与 E 关联的 127 个密文符号中随机选择的符号替换。

在足够幸运的情况下，这 1000 个密文符号中的每个密文符号只会出现一次，实际上这种可能性不大，因为一些密文符号会出现不止一次，而另一些根本不会出现。但是，对于非常长的明文，比如 100 万个字符，密文符号的直方图是近似平坦的，每个密文符号大约出现 1000 次。

因此，对单个密文符号进行频率分析是无用的，无法揭示底层明文字母的频率。

3. 多名码的问题

多名码是专门针对单字母频率分析而设计的，它不会自动防范针对字母对的频率分析，尽管要分析刚才的多名码示例将涉及 100 万个字母对，需要获得大量密文才会奏效。此外，多名码还有两个更严重的问题，这使其不能成为一种实用的加密技术。

（1）密钥长度

多名码的密钥是与明文字母相关联的密文符号的分配方案。粗略地讲（进行精确度量超出了我们的数学能力），存储它需要一个表，表中包含分配给每个明文字母的密文符号列表，每个密文符号在该表中出现一次。如果要在计算机上实现，我们需要用二进制表示这个表。我们注意到，一组大小为 1000 的符号中的每个符号都可以用 10 位二进制表示（这是从二进制和十进制数字之间的关系得出的，本书的数学附录中对此进行了进一步讨论），所以密钥长度大约为 $1000 \times 10 = 10\,000$ 位。根据现代密码系统的标准，这是非常大的（例如，AES 的密钥长度在 128 ～ 256 位之间，参见 4.5 节）。

（2）密文扩展

我们把明文字母表从 26 个字母扩展为 1000 个符号的密文字母表，这意味着表示密文比表示明文需要更多的信息（信息可视为所需的位数）。换句话说，密文比明文大得多。粗略地说，我们需要：

- 用 5 位来代表 26 个明文字母中的一个字母。
- 用 10 位来代表 1000 个密文符号中的一个符号。

因此，每个 5 位的明文字母将被加密为 10 位的密文符号。这种密文大小的增加被称为*消息扩展*（Message Expansion），通常认为这是密码系统的一个不好的特性，因为在信道上发送密文的成本会更高。

当然，我们已经基于上面的分析给出了一个使用 1000 个密文符号的多名码的例子。使用更少的密文符号设计一个更简单、效率更高的多名码是可能的（这是效率–安全性权衡的另一个例子）。然而，大多数多名码的密钥都非常大，并且涉及一定程度的消息扩展。

4. 从多名码中获得的经验

多名码通过增加密文字母表（不是明文字母表）大小来抵抗单字母频率分析，从而使给定的明文字母可以加密为不同的密文字母。一个好的多名码可以构成一个相当安全的密码系统，然而，研究多名码所获得的最重要的经验是：为了获得强大的安全性而付出的代价有时并不值得。好的多名码在密钥长度和消息扩展方面需要付出巨大的代价，虽然能够从更高效的密码系统获得需要的所有安全性，但许多现代安全应用不太愿意承担这样的代价。

2.2.4 Vigenère 密码

本章我们将研究的最后一个传统密码是著名的 Vigenère 密码（Vigenère Cipher）。在历史上相当长一段时间里，它被认为是一种非常安全的密码系统，经常用于保护敏感的政治和军事信息，被称为“无法破译的密码”。我们对 Vigenère 密码感兴趣，是因为它说明了如何使用位置依赖信息来对抗单字母频率分析。

1. 使用 Vigenère 密码进行加密

Vigenère 密码很容易理解。Vigenère 密码的密钥由一串构成关键字（Keyword）的字母组成，把字母 A、B、…、Z 与数字 0、1、…、25 对应起来，加密过程如下：

1）在明文下面反复写出关键字，直到每个明文字母下面都有一个关键字字母。

2）使用凯撒密码加密每个明文字母，凯撒密码的密钥是与明文字母下面写着的关键字字母对应的数字。

图 2-5 提供了一个使用关键字 DIG 的 Vigenère 密码示例，其中明文出现在第一行，密文出现在第三行。例如，第一个明文字母 A 使用密钥为 3（对应关键字字母 D）的凯撒密码加密得到密文字母 D，第二个明文字母 A 使用密钥为 8（对应关键字字母 I）的凯撒密码加密得到密文字母 I，第三个明文字母 R 使用密钥为 6（对应于关键字字母 G）的凯撒密码加密得到密文字母 X，密文的其余部分以类似的方式加密生成。

A	A	R	D	V	A	R	K	S	E	A	T	A	N	T	S
D	I	G	D	I	G	D	I	G	D	I	G	D	I	G	D
D	I	X	G	D	G	U	S	Y	H	I	Z	D	V	Z	V

图 2-5　使用 Vigenère 密码进行加密的示例

需要特别注意的是，明文字母 A 被加密成三个不同的密文字母（D、G 和 I），决定明文字母 A 被加密成 D、G 或 I 的关键是它在明文中的位置。当 A 出现在第 1 个和第 13 个位置时被加密成 D，当 A 出现在第 6 个位置时被加密成 G，当 A 出现在第 2 个和第 11 个位置时被加密成 I。同样，密文字母 V 出现了两次，每次出现都对应不同的明文字母，这是因为 V 既对应着使用密钥 I 加密的明文字母 N，也对应着使用密钥 D 加密的明文字母 S。

这些特性都会使基本的单字母频率分析对 Vigenère 密码无效。与多名码不同的是，Vigenère 密码没有消息扩展。这些原因使 Vigenère 密码非常实用，并给它带来了“无法破译”的历史声誉。

2. Vigenère 密码的密码分析

Vigenère 密码中的密钥是关键字，这意味着可以通过选择不同长度的关键字来调整密钥空间的大小。短的关键字并不能提供太高的安全性，因为可以用关键字穷举搜索来破解 Vigenère 密码。然而，关键字长度为 13 时已经可以提供 26^{13} 个关键字，即大约 2.5×10^{18} 个可能的密钥（比 DES 的密钥空间更大）；关键字长度为 28 时可提供 26^{28} 个关键字，即大约 4.2×10^{39} 个可能的密钥（比 128 位 AES 的密钥空间更大）。因此，如果使用足够长的关键字，Vigenère 密码的密钥空间大小没有问题。

遗憾的是，尽管 Vigenère 密码曾经很有前途，而且有着相当辉煌的应用历史，但它很容易被破解。关键的事实是，Vigenère 密码可以看作是严格轮流使用的凯撒密码序列。要说明这一点，请考虑图 2-5 中的示例。我们可以把这个例子看作是三个凯撒密码的轮流使用，第一个凯撒密码密钥为 D（移位值 3），我们使用这个凯撒密码加密第 1 个明文字母，然后再依次使用它来加密第 4、7、10、13 和 16 个明文字母；第二个凯撒密码密钥为 I，我们使用它来加密第 2 个明文字母，然后再依次使用它来加密第 5、8、11 和 14 个明文字母；最后，第三个凯撒密码密钥为 G，我们用它来加密第 3 个明文字母，然后再用它来加密第 6、9、12 和 15 个明文字母。

从 2.1.1 节我们知道，凯撒密码很容易破解。攻击方面临的问题是，他们不知道哪个凯撒密码用于第几个明文字母，因为攻击方不知道关键字。但是请注意，如果攻击方知道关键字的长度，那么他们至少知道在哪些位置使用相同的凯撒密码，即使他们不知道每个位置使用的是哪个密钥。在我们的示例中，如果攻击方获知关键字长度为 3，他们就会知道第一个凯撒密码用于加密第 1、4、7、10、13 和 16 个明文字母，第二个凯撒密码用于加密第 2、5、8、11 和 14 个明文字母，第三个凯撒密码用于加密第 3、6、9、12 和 15 个明文字母。攻击方可以执行以下操作：

1）将 Vigenère 密码密文划分为一组内置凯撒密码密文序列，每个内置凯撒密码密文序列对应关键字的一个字母。

2）使用单字母频率分析（假设有足够长度的密文）破解每个内置凯撒密码密文序列。

3）将上一步得到的明文按其原始顺序放在一起，得到 Vigenère 密码的明文。

图 2-6 描述了这种攻击，已知关键字长度为 3，图 2-5 示例中的密文被分成 3 行。现在，每行中的字母都可以看作一个内置凯撒密码的密文，并且可以使用单字母频率分析破解每行的字母。尽管这个例子中的密文字母太少，不能做到非常有效，但是每行中重复出现的密文字母已经是一个有用的线索。这当然比简单替换密码更难进行分析，因为正确识别与内置凯撒密码对应的明文要困难得多，然而，这绝对是有可能的，而且只要有足够的密文，对计算机来说只是一项常规任务。

D	D	G	U	H	D	V
I	I	D	S	I	V	
G	X	G	Y	Z	Z	

图 2-6　Vigenère 密码的密码分析

注意，如果不知道关键字的长度，攻击方就不能进行此攻击。然而，有一些非常简单的统计技术可以应用到密文上，使攻击方能够对关键字的长度进行智能（通常非常准确）的估计。我们在这里不讨论细节，但这些攻击很有效，从而导致 Vigenère 密码基本上只具备历史意义了。

也就是说，关于 Vigenère 密码有以下两个重要结论：

1）Vigenère 密码的安全性随着关键字长度的增加而提高，因为此时内置凯撒密码更难破解（使用每个内置凯撒密码加密的明文字符更少）。在关键字长度与明文长度相同的极端情况下，会使用一个单独的凯撒密码加密每个明文字母，这使得没有密钥就无法确定正确的明文。在这种情况下，Vigenère 密码确实变得“无法破译”，我们将在 3.1.3 节中讨论这种非常特殊的密码系统。

2）轮流使用一系列内置加密过程的设计原则是一种有效的设计原则，已被许多著名的传统密码系统所使用。一个例子是 Enigma 机的加密过程，它可以看作是轮流进行的一系列基于长密钥的替换操作。

3. 从 Vigenère 密码中得到的经验

Vigenère 密码通过引入位置依赖来抵抗单字母频率分析（甚至更复杂的频率分析）。关键字越长，频率统计量的扩散越大，尽管如此，它仍然是不安全的。

也许我们能从 Vigenère 密码中得到的最重要的经验是，密码系统的安全性永远只与我们对攻击的理解有关。Vigenère 密码在很长一段时间内被认为是安全的，只有当人们注意到统计技术可以用来确定关键字的长度时，它的弱点才暴露出来。

现代密码系统也是如此。我们现在对密码设计原理的理解肯定比 Vigenère 密码被经常使用的时候多。然而，可以肯定的是，一百年后回顾现代密码学，我们仍然会对当前的技术说出同样的话。密码分析的突破可能会突然而意外地发生，它们并不总是复杂的，也不总是需要深厚的数学知识。

在学习现代密码技术时，我们将牢记这一经验。可能解决这个问题的唯一有效方法是鼓励开发以不同方式工作并依赖于不同安全假设的密码学原语。我们可以选择保守地设计密码学原语，但我们永远不能保证在未知的未来它们是安全的。

2.3 总结

在本章中，我们研究了历史上的一些密码系统。虽然这些密码系统都不适合现代应用，但它们为现代密码系统提供了一些重要的设计经验。包括：

- 在一个实际的密码系统中，大密钥空间是必要的，但是仅有大密钥空间并不能保证安全性。
- 不先确定密钥就可以破解密码系统。因此，密码系统的设计者需要担心的不仅仅是密钥的泄露。
- 密码系统产生的密文应该掩盖底层明文字母表的统计信息。
- 掩盖明文统计信息的有效技术包括增加字母表大小、确保明文字母被加密为各种不同的密文字母，并引入位置依赖，但仅凭这些做法并不能保证安全性。
- 在设计密码系统时，效率和安全性常常相互矛盾。
- 人们不太可能使用没有平衡好效率与安全之间关系的密码系统，特别是，在实践中，大多数应用不会使用效率低下的安全密码系统。
- 可以设计密码系统来抵御我们知道和理解的攻击，但未知的攻击可能在未来的任何时候出现。

我们稍后将研究的大多数现代密码系统都是根据这些经验教训设计的。

2.4 进一步的阅读

有许多解释传统密码系统的书籍，感兴趣的读者应该不难找到它们。包括像 Stinson

[231] 这样的一般介绍性文章和像 Spillman [226] 这样更专注于经典密码学的书籍。其中许多资料提供了关于破解 Vigenère 密码的更多细节（参见 [222]）。

Simon Singh 是研究传统密钥学与现代密码学之间联系的最引人注目的学者之一，他的著作 *The Code Book* [222] 影响深远，可读性强，书中有一些关于传统密钥学的非常有趣的背景信息（还有更多内容），并被拍成五集电视片《保密科学》（*The Science of Secrecy*），他还编写了这本书的青少年版 [223]，并维护了一个网站 [221]，从中可以下载相关的 CD-ROM。如果对密码学更详细的历史感兴趣，Kahn [132] 提供了战争密码学的权威编年史。Hodges [105]、Paterson [188] 和 Smith [225] 等书都涉及密码学和密码学家在二战期间发挥的重要作用。Dirk Rijmenants [201] 提供了一个令人印象深刻的关于传统密码系统的 Web 资源，包括几个模拟器，其中一个用于 Enigma 机。

无论是在过去还是现在，密码学都是一个吸引主流媒体和娱乐的学科。其中最重要的人物是丹·布朗（Dan Brown），他的书中经常提到密码学，最著名的是《达芬奇密码》（*The Da Vinci Code*）[30]，书中并没有真正包含任何密码学，但是塑造了一位名叫 Sophie Neveu 的密码学女英雄角色，她曾在皇家霍洛威（Royal Holloway）学院接受过培训，读者一定会从这本书中受益匪浅！丹·布朗的《数字堡垒》（*Digital Fortress*）[31] 以一台令人印象深刻的机器为特色，据说它拥有破解所有已知密码系统的能力（我们在第 1 章中讨论了它的实用性）。密码学也是某些电影的主题，包括《谜》(*Enigma*) 和《通天神偷》(*Sneakers*)。

对于那些想进一步"玩转"本章中传统密码系统的读者来说，有几本专门研究密码谜题的书，比如 Gardner [88]。然而，要进一步实现此目标，最好的方法是使用在线工具。我们极力推荐免费的开源在线学习软件 CrypTool [45]，它易于安装和使用，实现了本章讨论的所有传统密码系统，读者不仅可以使用这些密码系统进行加密和解密，还可以通过字母频率分析软件进行密码分析、运行 Vigenère 密码的密码分析工具等。我们将在后面的章节中推荐 CrypTool 习题，因为它与当代密码学的实验工具一样有价值。

2.5 练习

1. 凯撒密码是历史上第一个密码系统，存在着诸多缺陷。
   （1）解密凯撒密码密文：IT STY ZXJ RJ YT JSHWDUY DTZW UFXXBTWI。
   （2）凯撒密码的密钥空间太小，除此之外还有哪些问题导致它不安全？
   （3）凯撒密码经常特指密钥值为 3 的情况，为什么在这种情况下凯撒密码实际上根本不是一个密码系统？
   （4）ROT13 是一个密码系统吗？
2. 凯撒密码可以由两个"轮子"来实现，每个轮子上都写有字母表的全部字母，内层轮子可以在外层轮子内旋转，解释如何使用此装置实现凯撒密码的加密和解密。

3. 简单替换密码是对凯撒密码的重大改进。

（1）这种改进体现在哪些方面？

（2）在使用简单替换密码（密钥未知）时，如果我们拦截到密文 OXAO，那么 JOHN、SKID、SPAS、LOOT、PLOP 或 OSLO 中哪个四字母单词可能是明文？

（3）在使用简单替换密码（密钥未知）时，如果拦截到密文 BRKKLK，那么我们可分析出哪些关于明文的信息？

（4）假设在拦截到密文 BRKKLK 的情况下，我们还知道明文是一个国家的名称，那么明文是什么？

（5）BRKKLK 的例子说明了什么重要的经验教训？

4. Atbash 密码将“明文”字母 A、B、C 到 Z 分别替换为“密文”字母 Z、Y、X 到 A。

（1）“解密”XZKVIXZROORV。

（2）Atbash 密码和简单替换密码之间的关系是什么？

5. 请解释如何调整表 2-1 所示的正常英文字母频率，以便进行单字母频率分析，假设明文内容为：

（1）私人信件。

（2）SUN Solaris 操作系统技术手册的一部分。

（3）波兰文文件。

6. 解密以下密文，该密文是使用简单替换密码从英文明文中获得的（为了使问题稍微容易一些，我们在密文中保留了标点符号空格和句号，它们出现的位置与它们在明文中出现的位置一致）：

UGVPQFG OQ OLG PQCWNG. QDG EZF ZN SQW OLG NOCBGDON OQ VGEWD EHQCO ZDSQWFEOZQD NGPCWZOJ. OLZN FGEDN LEWB UQWY. LQUGRGW UG EVNQ UEDO OLGF OQ GDMQJ OLGFNGVRGN. OLG PQCWNG EDB OLG VGPOCWGN NLQCVB HG SCD XVGENG VGO CN YDQU ZS OLGWG EWG EDJ XWQHVGFN NQ OLEO UG PED EOOGFXO OQ PQWWGPO OLGF.

7. 采用一种简单替换密码，对明文 THE QUICK BROWN FOX JUMPS OVER THE GATE 进行加密，得到密文 MBR OJFGA SWNTE CNK QJDIL NURW MBR XHMR。

（1）如果已知该明文 / 密文对，则密钥的数量是多少？

（2）有多少种不同的密钥可以将该明文加密为该密文？

（3）解密用同一密钥加密的密文 MBR TRHLRP WHE HTHV CWND PNEYNE ZNN。

（4）从本习题中可以得到什么经验教训？

8. Playfair 密码是对单表密码的一种改进。

（1）使用图 2-4 所示的 Playfair 密钥解密以下密文：

NR SH NA SR HF CG FL TN RW NS DN NF SK RW TN DS XN
DS BR NA BI ND SN CR NT WO TQ FR BR HT BM FW MC

（2）在不知道解密密钥的情况下，说明如何尝试解密密文以攻击 Playfair 密码。

（3）Playfair 密码的一些预处理规则有些随心所欲，请为 Playfair 密码设计另一组预处理规则。

9. Alice 希望定期给 Bob 发送明文消息 P_1 或 P_2。每次她随机选择发送 P_1 或 P_2，但平均而言，她选择 P_1 的次数是选择 P_2 的次数的两倍。每次 Alice 都使用一个（非常简单的）对称密码系统，使用相同的固定密钥 K 来加密明文。当她选择 P_1 时，密文为 $C_1 = E_K(P_1)$；当她选择 P_2 时，密文为 $C_2 = E_K(P_2)$。假设攻击方知道唯一可能的明文消息是 P_1 和 P_2。
（1）如果攻击方不知道 Alice 选择 P_1 的次数是 P_2 的两倍，只能看到 Alice 发送给 Bob 的密文，他会得出什么结论？
（2）如果攻击方知道 Alice 选择 P_1 的次数是选择 P_2 的次数的两倍，他又会得出什么结论？
（3）在这种情况下，说明如何使用多名码使攻击方更难从观察密文中得到有用的信息。
10. 我们在 2.2.3 节中给出了多名码的示例，多名码的设计目的是使每个明文字母出现的频率看起来相同。基于表 2-1，针对以下每一项具体要求分别设计一个用于加密英文明文的多名码，要求其消息扩展值明显小于我们给出的示例（并给出每种情况下的消息扩展值）：
（1）明文字母 E 的出现频率与明文字母 P 的出现频率相同。
（2）明文元音字母的出现频率相同。
（3）攻击方很难识别出英语中最常见的 8 个明文字母。
11. Vigenère 密码具有重要的历史意义。
（1）使用 Vigenère 密码，用关键字 KEA 加密 MY HOME IS NEW ZEALAND。
（2）密文 JNHYSMCDJOP 是用 Vigenère 密码加密一个英文单词而得到的：
①明文的第 1 个和第 9 个字母是相同的，这说明了什么？
②给定关键字长度小于 7，明文的第 3 个和第 4 个字母分别为 F 和 O，而 A 是关键字中的一个字母，找出关键字和明文。
（3）如果 Vigenère 密码的关键字中有重复的字母，是否更容易破解？
12. 在本章中，我们给出了一种分析 Vigenère 密码的方法，给出至少两种不同的使用此方法很难破解 Vigenère 密码的情况。
13. 在本习题中，我们将简单替换密码看作一个 5 位分组密码，先将字母 A = 1，B = 2，C = 3，…，Z = 26 表示为二进制字符串（每个字母用 5 位二进制表示），即 A = 00001，B = 00010，C = 00011，…，Z = 11010，简单替换密码的密钥如下（上一行的明文字母用下一行的粗体密文字母替换）：

A	B	C	D	E	F	G	H	I	J	K	L	M
G	**R**	**K**	**Z**	**L**	**A**	**B**	**X**	**T**	**N**	**M**	**E**	**Q**

N	O	P	Q	R	S	T	U	V	W	X	Y	Z
W	**F**	**V**	**Y**	**U**	**S**	**P**	**J**	**H**	**O**	**D**	**I**	**C**

（1）将明文 TODAY 写成二进制字符串。
（2）使用上述密码系统加密 TODAY，并把密文写成二进制串。
（3）更改上述密文的第二位，然后解密该更改后的密文。

（4）产生的明文有多少位是不正确的？

14. 在以下密码系统中，已知明文攻击的含义分别是什么？

（1）凯撒密码。

（2）简单替换密码。

（3）Vigenère 密码。

15. 虽然简单替换密码和 Playfair 密码足够简单，可以手动进行加密和解密，但它们的密钥并不容易记忆。

（1）为这些密码系统设计一种使密钥更容易记忆的密钥生成技术。

（2）使用这种技术能在多大程度上使这些密码系统更容易破解？

16. 我们没有讨论过的一个传统密码系统是仿射密码（Affine Cipher）。

（1）了解如何使用仿射密码加密和解密。

（2）仿射密码的密钥空间有多大？

（3）解释如何攻击仿射密码。

第 3 章

理论安全与实践安全

在本章中，我们将研究密码系统的理论安全和实践安全之间的关系，这是我们在第 2 章中简要讨论过的一个主题。本章将引入完全保密性的概念，给出了一个具有完全保密性的密码系统的例子。然而，如上一章所述，实现完全保密性是有代价的。为了研究密码系统的实践安全问题，我们将讨论实际应用系统中采用的折中方案。

请再次注意，本章的重点是介绍用来提供机密性的密码系统。然而，从本章学到的主要经验和教训对提供其他类型的密码学服务具有借鉴意义。

学习本章之后，你应该能够：

- 理解完全保密性的概念。
- 认识到理论上存在“不可破解”的密码系统。
- 理解理论安全的局限性。
- 明确在评估实践安全时涉及的一些问题。
- 认识到（至少）存在两种显著不同的计算复杂度。
- 理解密码学原语的选择应该被视为更广义加密过程的一部分。
- 建立实践安全的概念。

3.1 理论安全

在 1.6 节中，我们描述了密码系统破解的概念。密码系统破解是指在没有合法给定的解密密钥的情况下从密文中求出明文的方法。我们还讨论了一种至少在理论上可以用来破解任何密码系统的方法——密钥穷举攻击。

在本节中，我们将讨论一个可以被证明是不可破解的密码系统，我们甚至会看到，密钥穷举攻击对这种密码系统的作用有限。

3.1.1　完全保密

密码系统“不可破解”的概念是以**完全保密**（Perfect Secrecy）的概念为模型的。

1. 完全保密的动机

对任何密码系统都可以进行密钥穷举攻击。然而，还有一种更基本的对任何密码系统都有效的攻击，此攻击甚至不涉及试图获得解密密钥——攻击方可以简单地尝试猜测明文。

猜测明文是一种永远无法阻止的攻击。当然，当明文长而复杂时，监听者不太可能正确地猜出它，但总会有这样的机会（理想情况下是非常小的机会）。请注意，当可能的明文数量很少时，例如明文是四位数字的PIN码或短口令，猜测明文将成为一种更有效的攻击。

2. 完全保密的定义

因此，我们有必要提出一个新的安全概念来描述密码算法中“监听者能够实施的最佳攻击本质上是猜测明文”的性质。如果监听者在看到密文之后，除了在看到密文之前已经知道的信息之外，没有得到任何关于明文的额外信息，我们就说密码系统具有完全保密性。

这个概念可能会让初学者感到困惑，所以应该多读几遍，然后注意以下几点：

- 我们不是说在一个完全保密的密码系统中，监听者没有关于明文的信息。例如，监听者可能已经知道下一个发送的密文将代表一个四位数PIN码。我们要说的是，监听者不会从看到的密文中获得更多关于明文的信息，换句话说，在看到代表四位数PIN码的密文之后，监听者仍然只知道它代表一个四位数PIN码，并且不会获得关于PIN码值的其他信息。作为对比，假设一个对称密码算法只有50个密钥，监听者在看到密文之后，通过尝试50个可能的解密密钥，就能够推断出PIN码是50种可能的PIN码之一，在这种情况下，通过查看密文，监听者将了解到一些关于明文的有用信息。
- 如果一个密码系统具有完全保密性，那么监听者也可以尝试基于在看到密文之前就已经知道的信息来猜测明文。监听者通常可以尝试猜测密钥而不是明文，但在完全保密的密码系统中，最有效的攻击策略是直接猜测明文，原因如下：

1）监听者可能已经掌握了有关明文的有用知识（例如，一个明文发送的频率比其他明文更高），根据这些信息猜测出明文的可能性比猜测密钥更高。

2）即使监听者没有关于明文的信息，猜测明文的效率仍然要高于猜测密钥，因为监听者在猜测密钥之后还需要执行解密操作。

- 完全保密是一个理论概念，依赖于底层加密算法的一系列特性，即使密码系统具有完全保密性，也无法阻止对密码系统其他部分的攻击。例如，完全保密不能防止一个极端暴力的攻击方带着一个大撬棍向发送者直接索要密钥！我们将稍后再讨论这个问题。

3.1.2　提供完全保密性的简单密码系统

我们现在给出一个非常简单的密码系统，它提供了完全保密性。

1. 密码系统的描述

考虑以下情况。投资者必须做出一个重大的财务决策：是买进额外的股份，还是卖出现有的股份。他打算在 14 点把他的决策告知他的经纪人。该决策高度敏感，因此投资者希望对其进行加密，以防止竞争攻击方了解他的意图。

表 3-1 描述了一个适用于此场景的密码系统。这个密码系统有两个密钥 K_1 和 K_2，两个明文 BUY（买进）和 SELL（卖出），两个密文 0 和 1，符号 $E_K(data)$ 代表用密钥 K 加密明文 *data* 得到的密文。密码系统的工作原理如下：

1）投资者和经纪人事先约定一个随机选择的密钥（K_1 或 K_2）。

2）一旦投资者做出投资决策，他就会查表 3-1 并读取与所选用密钥和所做的决策对应的密文。例如，如果密钥是 K_1，投资者的决定是 SELL，那么对应的密文将是 1。

3）在 14 点，投资者向经纪人发送该密文。

4）经纪人查找表 3-1 中密钥所在的行和密文所在的列，然后推断出该列对应的决策。在上面的例子中，经纪人检查 K_1 所在的行，密文 1 位于与 SELL 对应的列中，所以经纪人推断明文为 SELL。

表 3-1　保护两个明文的简易一次一密密码

密钥	BUY	SELL
K_1	$E_{K1}(\text{BUY})=0$	$E_{K1}(\text{SELL})=1$
K_2	$E_{K2}(\text{BUY})=1$	$E_{K2}(\text{SELL})=0$

2. 攻击方的角度

现在我们从攻击方的角度来考查这个密码系统。需要注意的是，表 3-1 完整定义了所使用的密码系统，因此，我们可以假设攻击方完全了解表 3-1 的细节，但是，攻击方不知道投资者和经纪人选择了哪个密钥（行）。攻击方的情况如下。

- **在看到密文之前**：我们假设攻击方不知道投资者决定买进还是卖出，如果攻击方想根据可能的结果做出财务决策，那么攻击方可以猜测是买进或是卖出。
- **在看到密文之后**：攻击方知道密钥和明文的组合必然对应于表 3-1 中由观察到的密文组成的条目之一，问题是，到底是哪一个？从攻击方的角度来看：

1）如果密文为 0，则

- 密钥为 K_1，明文为 BUY。
- 密钥为 K_2，明文为 SELL。

2）如果密文为 1，则

- 密钥为 K_1，明文为 SELL。
- 密钥为 K_2，明文为 BUY。

从上面的分析中很容易看出，无论发送的是哪个密文，攻击方都没有得到关于明文的任何有用信息，因为每个明文仍然具有相同的可能性。换句话说，即使在看到密文之后，攻击方的最佳策略也只能是猜测明文。因此，这个密码系统是完全保密的。

3. 对该简单密码系统的评价

并不是每个密码系统都能提供完全保密性。假设投资者愚蠢地决定使用简单替换密码，在本例中，BUY 的密文为三个字符，SELL 的密文为四个字符，已知明文是 BUY 或 SELL，任何攻击方看到密文将立即推断出明文。在这种情况下，看到密文就泄露了关于明文的所有信息。

表 3-1 描述了一个简单的密码系统，当只有两个明文时，它提供了完全保密性。当然，它不是一个安全的密码系统，因为任何人都有可能猜测出正确的明文，然而，重要的是密文不提供任何对攻击方有用的信息。因此，攻击方也能在没有看到密文的情况下猜测明文，这是任何密码系统能达到的最佳安全目标。

3.1.3　一次一密

我们刚才描述的提供完全保密性的简单密码系统就是一个**一次一密**（One-Time Pad）的例子。

1. 一次一密的性质

虽然有许多不同的版本和方法来描述一次一密，但它们都具有三个相同的基本性质。

- **可能的密钥数量大于或等于可能的明文数量**：如果密钥数量小于明文数量，那么猜测密钥比猜测明文更容易，因此密码系统不能提供完全保密性。在大多数一次一密系统中，可能的密钥数量等于可能的明文数量。
- **从密钥空间中均匀地随机选择密钥**："均匀"的意思是每个密钥被选中的概率相等。否则，回想一下我们在 3.1.1 节中介绍的用于加密四位 PIN 码的密码系统的例子。假设 PIN 码本身是均匀地随机选择的，但是监听者知道某些密钥比其他密钥被选中的可能性更大，那么监听者的最佳策略就是猜测其中一个更有可能的密钥，因为这种策略比猜测明文更有可能成功。尽管该密码系统仍然很好，但它不提供完全保密性。
- **密钥只能使用一次**：我们将马上解释为什么会这样。此性质就是"一次一密"被称为"一次"的原因。注意，这并不意味着在使用了一个密钥后，就不能再次使用该密钥。而是意味着每次使用一次一密时，都应该丢弃当前密钥，并从密钥空间中均匀地随机选择一个新密钥。如果碰巧在两次加密中选择了相同的密钥，那也没有问题，因为攻击方无法预测这种情况何时会发生。

注意，这三个性质并不能定义一次一密，因为有些密码系统具有这些性质，但并不具有完全保密性。定义一次一密的性质是完全保密的。然而，如果密码系统是一次一密，那么它必须具有这三个性质。

在20世纪40年代末的两篇开创性论文中，克劳德·香农（Claude Shannon）论证了一次一密本质上是唯一完全保密的密码系统。然而，描述一次一密有各种不同的方法。我们来看其中的三个。

2. 基于Vigenère密码的一次一密

回想一下，在2.2.4节的最后，我们讨论了在一种特殊条件下Vigenère密码是一种安全的密码系统。在这种特殊条件下，它是一个完全保密的密码系统。换句话说，它是一次一密的。其条件是：

1）关键字的长度与明文的长度相同。

2）关键字是随机生成的一串字母。

3）关键字只使用一次。

如果这三个条件都成立，那么显然这个特殊的Vigenère密码具备一次一密的三个性质。我们来说明Vigenère密码具备一次一密的第一个性质。如果关键字由n个随机生成的字母组成，则可能存在26^n个密钥；另一方面，最多有26^n个可能的明文，如果明文是诸如英语这样语言，那么它的数量将远远少于26^n个可能的值，因为许多由n个字母组成的字符串是没有意义的。

通过对一次一密的解释，我们可以展示这个密码系统的强大功能。假设使用它和关键字CABBDFA来加密明文LEOPARD（猎豹），根据2.2.4节中对Vigenère密码的描述，我们可以很容易地确定密文是NEPQDWD。

现在把我们自己想象成攻击方。看到密文NEPQDWD后，我们知道使用了Vigenère一次一密，关键字长度为7，并且是随机选择的，这时我们无从着手进行破解，因为对于每一个可能的7个字母的明文，都存在一个对应的关键字。即使我们已经知道明文是由七个字母组成的一种野生猫科动物的名字，它仍然有多种可能值：

- CHEETAH（猎豹，关键字LXLMKWW）
- PANTHER（黑豹，关键字YECXWSM）
- CARACAL（狞猫，关键字LEYQBWS）

密钥穷举攻击是徒劳的，因为所有可能的明文都可能是有效的，我们只能试着猜测一下明文。

注意，当攻击方看到密文时，他们确实会得到一些有用信息，因为他们知道了密文的长度，攻击方就可能得知明文的长度，这当然是关于明文的信息，除非我们很小心地避免这一点。可以从两个不同的角度来应对这个问题。

- **固定明文长度**：这个角度已经用在我们上面的例子中，即攻击方已经知道明文的长度，在这种情况下，攻击方没有从密文的长度中获得进一步的信息。

- **使明文长度有最大值**：这个角度可能更有现实意义，即攻击方已经知道明文的最大可能长度。我们假设发送方和接收方使用这个密码系统发送的明文的最大长度（在本例中，明文字母的最大数量是 m 个）是一个公开的参数，攻击方也知道这个参数。发送方加密明文的步骤如下：

  1）与接收方约定长度为 m 个字母的关键字。

  2）如果明文长度小于 m 个字母，那么发送方就会添加一些额外的字母，使明文长度变为 m 个字母。这种向明文添加冗余信息的做法通常称为*填充*（padding），我们将在 4.3.2 节进一步讨论它。

  3）使用 m 个字母的关键字加密填充后的明文。

  这样做的结果是，攻击方总是看到长度为 m 的密文，攻击方从密文的长度中并没有得到关于明文长度的任何新信息，原因如下：

  - 最大长度 m 是公开参数，因此攻击方从 m 个字母的密文中得不到任何信息，除了他们已经知道的“明文不能超过 m 个字母的长度”。
  - 隐藏了真正的明文长度。

这个一次一密的例子显示了凯撒密码的一个可取之处（但不是很有用）。由于凯撒密码可以被看成是一个长度为 1 的 Vigenère 密码，如果我们只发送一个密文字母，随机选择凯撒密码的密钥，并且只使用该密钥一次，那么凯撒密码就具有完全保密性。遗憾的是，使用该密码系统的应用并不多！

3. 在一次一密中重用密钥的后果

要记住，一次一密的一个重要属性是密钥只能使用一次，我们现在说明其原因。为了简单起见，我们用一次一密的凯撒密码加密单字母明文的例子来说明这个问题。

假设两个明文字母 P_1 和 P_2 使用相同的一次一密密钥 K（换句话说，密钥 K 被使用了两遍）加密，生成两个密文字母 C_1 和 C_2。这意味着攻击方知道 C_1 和 C_2 是通过对 P_1 和 P_2 移动相同的位置而产生的，因此，攻击方知道 C_1 和 C_2 之间的字母数与 P_1 和 P_2 之间的字母数相同。这并不能立即告诉攻击方 P_1 或 P_2 是什么，但这肯定是攻击方以前不知道的信息。

我们可以通过使用 2.1.1 节中凯撒密码的数学描述使这个说明更加精确（这需要对模运算有基本的理解，我们要到 5.1.3 节才介绍它，读者可以先跳过本节内容）。我们有：

$$C_1 = P_1 + K \mod 26$$

$$C_2 = P_2 + K \mod 26$$

由于攻击方可以看到 C_1 和 C_2，因此攻击方可以从 C_2 中减去 C_1，得到：

$$\begin{aligned} C_2 - C_1 &= (P_2 + K) - (P_1 + K) \mod 26 \\ &= P_2 - P_1 \mod 26 \end{aligned}$$

因为密钥 K 相互抵消了，所以攻击方知道了明文字母 P_2 和 P_1 之间的差值。

P_1 和 P_2 之间的差值关系对攻击方有什么实际用处吗？下面这个例子将说明它可能有用。假设这两个单字母明文表示一个月中 26 天内的两个不同日期，在这两个日期将周期性地举办大型广告活动。Alice 使用相同的密钥 K 加密这两个日期，并将密文发送给她的同事 Bob。攻击方来自一家竞争公司，该公司希望知道活动日期。通过了解 P_2 和 P_1 之间的差值，攻击方并不会知道活动的日期，而是知道了两个日期之间间隔的天数，这本身可能是有用的。此处的重点是，看到两个使用相同密钥加密的密文会泄露一些关于明文的信息。因此，如果我们重复使用一次一密密钥，就会失去完全保密性。

一旦第一个广告活动在 P_1 日举办，事情就会变得更加严重。由于攻击方知道举办日期之间间隔的天数，所以他们现在可以计算出第二个活动举办的日期 P_2。更糟糕的是，由于攻击方现在知道了一个明文 / 密文对，他们就可以通过计算所使用的移位来确定密钥，这可以用公式表示为：

$$C_1 - P_1 = (P_1 + K) - P_1 = K \mod 26$$

攻击方现在就可以解密使用密钥 K 加密的任何其他密文。

上面的攻击是已知明文攻击的一个例子（参见 1.5.2 节）。注意，这并不表示完全保密的概念存在问题，因为完全保密要求监听者只进行唯密文攻击。然而，这种攻击确实强化了一次一密中密钥只能被使用一次的观点。

4. 基于拉丁方的一次一密

我们可以从 3.1.2 节中归纳出的简单密码系统得到另一种一次一密密码。它由一个包含 n 行、n 列和 n 个不同条目（表中出现的值）的正方形表格表示，表 3-1 中的密码系统就是一个例子。如表 3-1 中的密码系统一样，我们可以进行以下处理：

- 将 n 个密钥与表中的 n 行相关联。
- 将 n 个明文与表中的 n 列相关联。
- 将 n 个密文与表中 n 个不同的条目相关联。
- 使用表中某行里的密钥加密表中某列里的明文，得到的密文是表中的一个条目，该条目所在的行即密钥所在的行，该条目所在的列即明文所在的列。

这个表是公开的，它代表了对密码系统的完整描述。它本质上是一个**查找表**（Look-up Table），在这个表中可以查到使用任何密钥加密任何明文得到的密文。发送方 / 接收方与攻击方之间的唯一区别是，发送方和接收方知道要查找该表的哪一行，而攻击方不知道，这是根本性的区别。

注意，每个可能的明文都与表的一列相关联，因此，明文 LOIN 可能是第 17 列，而明文 TIGER 可能是第 149 列，具体实现方式并不重要，重要的是建立这种联系。于是，在这个一次一密算法中，我们不必担心密文长度会泄露任何信息，因为明文长度不再反映在密文中，从明文到列的“映射”对此提供了保护。

可以为任何密码系统（包括使用AES算法的现代密码系统，见4.5节）构造这样一个查找表。然而，这个表（行和列的数量）将非常大，以至于考虑将AES之类的算法表示为这样的表是无意义的，对于AES算法，这个表将有2^{128}列和至少2^{128}行！

要使这样的表成为一次一密的基础，从而提供完全保密性，需要具备以下两个属性。

（1）每个表条目在每一行中出现一次且仅出现一次

不具备此属性的表就不是密码系统。因为不具备此属性的表中的某行（密钥）K必须至少两次包含某个表条目（密文）C，如果Alice和Bob选择密钥K，Alice发送密文C，那么Bob将不知道K行中出现的两个C哪个是Alice发送的，因此Bob将不确定Alice发送的是哪个明文，换句话说，Bob不能解密这个密文。

（2）每个表条目在每一列中出现一次且仅出现一次

没有此属性的表不能提供完全保密性。如果某列（明文）P包含了某个表条目（密文）C两次，因为有n行和n个可能的密文，于是必然会有某个表条目（密文）C'不会出现在列P中，如果Alice将密文C'发送给Bob，那么攻击方就会知道对应的明文不能是P。换句话说，看到密文后，攻击方能获得一些关于对应明文的信息。

具有上述两种属性的正方形表格被数学家称为**拉丁方**（Latin Square），也被谜题破解者称为数独方块（数独方块是具有附加属性的拉丁方）。表3-2提供了一个拉丁方的例子。

表 3-2　基于拉丁方的一次一密，可保护五种明文

	P_1	P_2	P_3	P_4	P_5
K_1	1	2	3	4	5
K_2	2	3	4	5	1
K_3	3	4	5	1	2
K_4	4	5	1	2	3
K_5	5	1	2	3	4

对于表3-2中的拉丁方，要真正实现一次一密，需要确保密钥是均匀随机选择的，并且密钥只被使用一次。

5. Vernam 密码

最常见的一次一密是应用于二进制明文和密钥的版本（与我们刚才描述的应用于字母表中的字母和应用于从1～n的数字的版本不同），这个版本通常被称为Vernam密码。

Vernam密码的加密过程如下：

1）将明文表示为一个二进制位串P_1，P_2，…，P_n（其中P_i表示明文的第i位）。

2）随机生成一个n位二进制密钥K_1，K_2，…，K_n。

3）将明文位P_i与密钥位K_i进行异或运算，得到密文位C_i（有关异或的解释，请参阅1.6.1节和本书的附录）。换句话说：

$$C_1 = P_1 \oplus K_1$$
$$C_2 = P_2 \oplus K_2$$
$$\vdots$$
$$C_n = P_n \oplus K_n$$

这个过程如图 3-1 所示。解密过程几乎是相同的，接收方计算 $P_i = C_i \oplus K_i$，以便从每个密文位恢复每个明文位。

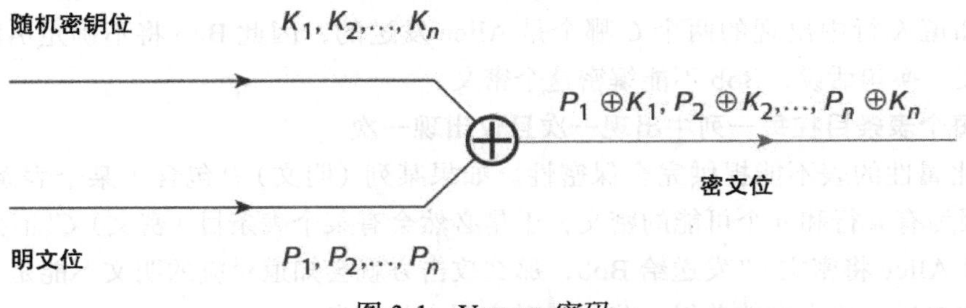

图 3-1　Vernam 密码

Vernam 密码是一次一密密码，每个密钥位串只被使用一次。当然，我们不能保证将来某个时候不会生成相同的密钥位串，只要这些位是随机生成的，那么在生成一个新的密钥串位时，它就不太可能被使用过，我们将在 8.1 节中更详细地讨论随机生成问题。

Vernam 密码与之前的所有一次一密紧密相关：

1）回想一下，两个二进制数的异或运算其实与加法运算是一回事，异或运算实际上就是模 2 的加法运行。我们看到，Vernam 密码与一次一密的凯撒密码的数学描述是一样的，只不过前者是模 2 的运算，后者是模 26 的运算（详情参见本书的数学附录和 5.1.3 节）。

2）我们也可以用一个巨大的拉丁方来描述 Vernam 密码，但是没有必要这样做，因为上面已经给出了简单而有效的描述。

当我们在本书后面的任何地方提到一次一密时，理论上，我们可以讨论此密码系统的任何版本。然而，所有的现代密码系统都是用来处理比特串的，所以最好把一次一密看作 Vernam 密码。

3.1.4　理论安全总结

我们总结了以下要点来结束对理论安全的讨论：

- 完全保密的概念对“不可破解”的密码系统给出了基本定义。
- 一次一密提供了完全保密性。
- 描述一次一密有许多不同的方法，但底层密码系统本质上是相同的。
- 一次一密始终具有 3.1.3 节中描述的三个性质。
- 具有 3.1.3 节描述的三个性质的密码系统不一定是一次一密，因为它还必须具有完全保密性。本章的习题之一是尝试设计这样一个密码系统。

3.2 实践安全

在 3.1 节中，我们介绍了完全保密的概念，并指出它提供了一个理想的保密概念，从这个意义上说，没有任何密码系统的保密性可以做得比完全保密更好。我们接着给出了各种一次一密，它们是提供完全保密性的密码系统。我们对密码学的研究，至少在提供保密性方面，到现在是不是已经足够用了呢?

答案是否定的，虽然听起来不好理解，但事实上的确如此。在本节中，我们首先解释为什么一次一密不能解决所有问题。本节全部内容将用来讨论以下谜题：**理论上安全的密码系统在实践中可能不安全，而理论上易被破解的密码系统在实践中可能是安全的。**

我们从实践中一次一密的安全性说起。

3.2.1 实践中的一次一密

使用一次一密加密数据在实践中存在许多问题，它们在很大程度上与密钥管理有关。这些问题很重要，因为密码学在实际系统中有效工作的最大挑战之一是如何正确地管理密钥，我们将在第 10 章和第 11 章中更详细地讨论这一点。

1. 一次一密的密钥管理问题

有三个密钥管理方面的问题使得一次一密成为一个非常不切实际的密码系统，无法在实际应用中使用，这三个问题与一次一密的三个基本性质（见 3.1.3 节）直接相关。

（1）密钥长度

一次一密要求密钥长度与明文长度相同，这使它在大多数应用中无法使用。一次一密的密钥长度在两个方面对密钥管理有特别的要求：

- 在密钥存储方面，必须在高度机密的环境中存储可能的大量密钥（参见 10.5 节）。
- 可能的大量密钥必须提供给任何需要访问它们的人（在 1.4.3 节的基本通信模型中，这将是发送方和接收方），这个过程称为**密钥建立**（Key Establishment，见 10.4 节）。因为建立一次一密密钥必须使用安全的不泄露任何密钥信息的技术，常用的密钥建立技术（如使用另一个密钥进行加密）均不能使用。如果使用另一个密钥来加密一次一密的密钥，就要求这种加密也使用一次一密来完成，这样我们面临的问题是如何安全地建立用于加密我们的第一个密钥的密钥！

（2）密钥随机生成

一次一密密钥必须是真正随机生成的，因此不能使用确定性随机数生成器来生成（请参阅 8.1 节），而使用确定性随机数生成器是在实践中生成大多数密钥的方式。因此，为一次一密生成密钥是一个代价昂贵的密钥管理过程（参见 10.3 节）。

（3）密钥一次性使用

在经历了代价高昂的密钥生成、建立和存储过程之后，生成的密钥只能使用一次。

注意，如果存在一种用于与明文一样长的一次一密密钥的密钥建立机制，就没必要使用一次一密了，还不如直接用该机制安全地传输明文本身。然而，有时可能存在更容易的途径来安全方便地提前分发密钥，甚至可能在知道明文之前进行。在历史上，一次一密密钥是通过精心设计的暗号（例如，在预先安排好的时间在维也纳的公园长椅上会面）分发给对方的，拿到密钥之后，一个特工就可以在将来的任何一个时间接收到秘密消息。我们将在10.4节中讨论密钥建立技术的更现代版本。然而，它们往往与这个历史示例相似，因为它们依赖于预先执行的相对复杂的密钥建立操作，从而允许随后进行动态加密。

2. 一次一密的应用

支持一次一密所需的密钥管理开销对于常规密码应用来说显然太大了。然而，在两种情况下，一次一密可能会有应用价值。

（1）高度机密的环境

如果昂贵的密钥管理技术与受保护数据的价值相匹配，那么使用一次一密是可行的。事实上，人们普遍相信，华盛顿与美国驻莫斯科的大使馆之间的热线曾经受到一次一密的保护。一次一密这个术语原来是指在执行高度机密任务时，专业人员用来存储一次性密钥的物理介质。然而，一次一密不太可能在许多此类应用中继续使用，这主要是因为传统密码已被更先进的现代密码取代，一次一密的密钥管理成本和不便不再是合理的。我们有可能在未来支持量子密钥建立的环境中看到更多一次一密的使用（进一步讨论请参见10.4.3节）。

（2）非常短的信息

当明文较短时，一次一密的密钥管理问题大大减少。如果Alice希望向Bob发送10个随机生成的比特，那么她可以轻松地手动（例如抛硬币）随机生成一个10位的密钥。密钥的安全建立和存储问题仍然存在，但是与加密硬盘所需的位数相比，10位的密钥更易于管理。

虽然一次一密在现代应用中很少使用，但是一次一密的一些特性非常有吸引力，尤其是其加密的简单性。一次一密的最实际的例子——Vernam密码使用起来非常快，因为加密和解密由异或运算组成。我们将在4.2节中看到，有一类重要的对称密码算法（即流密码）本质上是"模拟"一次一密以获得此属性。

3.2.2　保护时限

除了那些基于一次一密的密码系统外，我们将讨论的所有密码系统，以及在实践中遇到的所有密码系统，都是理论上可破解的。乍一看，这可能相当令人担忧，但是，考虑到一次一密的缺陷，这种说法是务实的，而不是令人不安的。

那么“理论上可破解”是什么意思呢？或者，从另一个角度来看，我们所谓的“实践安全”是什么意思？这是一个非常复杂的问题，我们将试图在本书后面的章节中回答。我们会看到，大多数现代密码系统在实践中被认为是安全的，因为已知的理论攻击需要花费的时间太多。换句话说，任何可以想象到的密码系统攻击方都不具备在“合理”的时间内进行这些攻击所需要的资源。

实践安全尚没有对所有可能的应用环境都有普遍定义。但是，有一些有用的概念可以帮助我们在特定的应用上下文中实现实践安全。

第一个问题涉及明文的预期生存期。**保护时限**（Cover Time）是明文必须保密的时间长度。显然，不同明文数据的保护时限差别很大。例如：

- 日用密码的保护时限可能是 24 小时。
- 有些财务记录法律上规定应保存 7 年，因此这很可能也是它们的保护时限。
- 一些政府档案的保护时限可能是 100 年。

因此，确定实践安全的一个基本的设计原则是确保在明文的保护时限内没有已知的攻击对密码系统奏效。我们在 1.6.4 节中看到，密钥穷举攻击是一种已知的攻击，可以应用于任何密码系统，因此，这个设计原则当然包括密钥穷举攻击成功需要的时间要超过保护时限。

用这种术语定义实践安全的一个缺点是，它是以已知的攻击为框架的。如果在对某些数据进行加密之后出现了一种新的攻击，使得在少于明文保护时限的情况下攻击密文成为可能，那么我们就遇到了一个问题。当然，我们可以重新加密明文数据，但是任何获得了原始密文的攻击方现在都是危险的。

尽管如此，保护时限是一个有用的概念，它是可以帮助数据保护者决定如何以最佳方式应用密码学的若干有用概念之一。

3.2.3 计算复杂度

实践安全的下一个值得正式关注的概念是进行攻击所需的时间。这需要了解两条独立的信息：

1）对密码系统的已知攻击涉及哪些计算过程。

2）执行这些过程需要多少时间。

第 1 条是密码分析家的任务。然而，对于已经经过严格分析的现代成熟密码系统，已知攻击所涉及的计算过程应该相当清楚，这是因为，为了证明安全性，精心设计的密码系统通常是围绕一个普遍被认为难解的计算问题构建的。一个密码系统的核心至少包含一个计算过程，这个过程被人们所理解，而且普遍认为执行起来非常耗时。

要想确定攻击密码系统所需的时间，我们需要一种形式化的方法来度量破解密码系统所需计算过程的运行时间。因此，我们需要一种度量运行过程所需时间的方法。

1. 简单过程的复杂度

现在我们来看看最常见的运行时间度量。包括加密的过程在内的所有过程都是通过某种算法实现的，该算法指定执行该过程所需的机器操作。算法复杂度对于算法的每个可能输入值的长度，给出了算法运行所需的时间。

输入值的长度可以用输入的位数来度量。时间是根据运行算法所需的基本机器操作的数量（例如将两个位相加，或比较两个值）来度量的。这种度量通常是近似值，而不是试图精确地度量操作的数量。

我们通过例子来说明，表 3-3 给出了一些基本过程的复杂度。

表 3-3 一些基本过程的复杂度

操作	复杂度	注释
将两个 n 位二进制数相加	n	当忽略进位时，计算机把两个数字相加，需要为输入数字中的每一位进行一次加法操作
将两个 n 位二进制数相乘	n^2	计算机用与我们手工计算乘法相同的原理来计算乘法，因此，对输入数字中的每一位，需要计算 n 次不同的加法
求一个 n 位数的 n 位数次方	n^3	此过程包括 n 步，每步是一次乘法运算，或者是一次平方运算，这两种运算的复杂度都是 n^2，所以总复杂度为 n^3（这里使用的是重复平方法）
对 n 位密钥进行穷举搜索	2^n	此过程须遍历 n 位密钥的每个可能取值，此值为 2^n

2. 多项式时间和指数时间

研究算法的复杂度本身就是一个完整的数学领域，我们只要了解由过程的复杂度决定的两类非常重要的过程就足够了。

如果一个过程在输入值大小为 n 时的运行时间不大于 n^r（r 为常数），则称这个过程可以在**多项式时间**（Polynomial Time）内执行，非正式地说，多项式时间过程对所有“合理”大小的输入都是“快速”的。从表 3-3 可以看出，两个 n 位数相乘的复杂度为 n^2，可以在多项式时间内进行。因此，乘法是一个容易执行的过程。同样，我们看到加法和求一个数的幂也是容易执行的过程。

如果一个过程在输入值大小为 n 时的运行时间近似为 a^n（a 为常数），则称该过程可以在**指数时间**（Exponential Time）内执行。非正式地说，对于大小“合理”的所有输入，指数时间过程都是“慢”的。随着 n 的增加，运行算法所需的时间急剧增加，直到实际上不可能计算出结果为止。如果选择较大的 a 值，则会加剧这种趋势。从表 3-3 可以看出，密钥穷举攻击的复杂度为 2^n，可以在指数时间内执行。因此，无论在什么计算机上进行密钥穷举攻击，都需要很长时间。

注意：

1）**不能仅仅因为过程易于执行，就认为它是有效的。**例如：

- 输入的数不大时，乘法总是可以在较短的时间内计算出来，但是随着输入数字大小的增加，计算乘法所需的时间可能会变得不可接受。

- 求一个数的幂（指数运算，它在多项式时间内运行）也容易执行，但通常认为其计算成本相对较高。

事实上，有许多致力于降低常见多项式时间过程（如乘法和指数运算）的复杂度的研究，以使它们的计算速度更快。

2）**通常很难执行的过程并不总是很难执行。**例如，如果 n 足够小，密钥穷举攻击是容易进行的。关键是，如果一个过程以指数时间运行，随着 n 的增大，执行这个过程所需的时间呈指数级增长。因此，在某个时间点之后，使用当前的计算能力实际执行该过程需要的时间太长。

就密码系统的设计而言，显然加密和解密过程必须在多项式时间内运行。理想情况下，不能访问解密密钥的攻击方应该进行指数时间的操作，才能从密文中获得明文或解密密钥。

注意，表 3-3 过于简化了。对 n 位密钥的现代对称密码算法进行密钥穷举攻击的过程中实际上涉及解密，其中每一步应该由多项式时间的操作组成，因此，其复杂度实际上为 $2^n \times n^r$（r 为某未知常数），这个复杂度是非常高的。然而，2^n 的增长速度比 n^r 快得多，因此我们不妨忽略解密每个密钥所花费的时间。因此，我们用更重要的计算需求来描述复杂度，即要搜索的密钥的巨大数量。

这些关于复杂度的思想非常有用，它们揭示了算法的一般行为。请注意，随着时间的推移，计算机变得越来越快，计算机速度提升的趋势可以用著名的摩尔定律（Moore's Law）来描述，曾经被认为是不可行的对特定的输入值 n 进行穷举搜索的过程，可能在未来成为可行的，我们将在 4.4 节中讨论 DES 算法是如何出现这种情况的。然而，密钥穷举攻击在指数时间内运行这一事实告诉我们，如果计算机继续以现在的方式工作，那么总会有一个（相对较小的）n 值，超过这个值后，在实践中就不可能进行密钥穷举攻击。

3. 计算实际攻击时间

复杂度提供了一个基于计算机操作的时间的抽象概念。为了把它转换成一个真实的时间，我们需要知道运行这些基本的计算机操作需要多少时间。当然，这取决于计算机的处理器速度。为了计算实际攻击时间，我们进行如下工作：

1）估计计算机速度（用每秒执行的操作数来表示）。

2）通过以下公式计算对 n 位输入进行处理的实际时间：

$$\frac{n\text{ 位输入时过程的复杂度}}{\text{计算机速度}}$$

单位为秒。例如，密钥穷举攻击的复杂度为 2^n，因此，如果我们估计计算机每秒能够处理 100 万次操作，那么穷举 30 位密钥将需要：

$$\frac{2^{30}}{10^6}\text{（秒）}$$

由于 2^{30} 约等于 10^9，大约需要：

$$\frac{10^9}{10^6} = 10^3 = 1000\text{（秒）}$$

即不到18分钟。

通过观察一些过程的实际计算时间增长率，可以感受到多项式时间和指数时间之间的巨大差异。表3-4中假设计算机的速度是每秒执行100万次操作，所有数据均采用上述公式计算得到。

表3-4　一些复杂度的实际计算时间

复杂度	$n = 10$	$n = 30$	$n = 50$
n	0.000 01秒	0.000 03秒	0.000 05秒
n^3	0.001秒	0.027秒	0.125秒
2^n	0.001秒	17.9分钟	37.7年
3^n	0.095秒	6.5年	20亿世纪

4. 复杂度的局限性

我们刚刚看到，复杂度理论对求特定过程的实际计算时间很有价值。因此，它可以用来估计攻击方使用最有效的技术成功攻击密码系统所需的时间。如果最有效的技术是密钥穷举攻击，那么我们已经详细讲解了如何计算这个时间。

因此，我们可以将密码系统的安全性建立在一个计算问题的基础之上，然后让这个计算问题的复杂度超过攻击方使用的计算机系统的实际能力。通过风险管理确定攻击方计算能力的大小，包括攻击方目前计算能力的大小和在被保护的数据保护时限内的计算能力的大小。风险管理是信息安全的一个组成部分，但它超出了本书的研究范围。

注意，正如前面提到的，在没有密钥的条件下，密文的破解应该涉及指数时间过程。然而，回到我们关于实践安全的定义，必须指出，确定任何已知攻击的复杂度都是重要和有用的，但不能保证实践安全。原因有以下几点：

1）**可能存在未被发现的理论攻击**。如前所述，我们只能确定已知的理论攻击的复杂度超出了任何攻击方的实际计算能力，可能还有其他一些攻击有待发现，它们的复杂度更低，而且易于实施。

2）**复杂度只能处理一般情况**。复杂度可以用来表示实施攻击需要的平均时间，然而，它并不能保证特定形式的攻击不会在更短的时间内成功。例如，在第一次解密尝试中，密钥穷举攻击就有可能（尽管可能性很小）找到正确的密钥。

3）**实现问题**。某些做法可能会降低攻击的复杂度。例如，假设一个消息流通不畅的组织决定每天更换密钥，并使用了一种简单的技术，即每天早晨请求对明文oo…o加密，以确认接收方是否拥有当天的正确密钥。攻击方知道这种做法后，就可以花费大量时间和内存空间来建立一个巨大的数据库，其中包含密钥空间中每个可能的密钥加密oo…o得到的密文（对于每一个可能的明文建立这样的数据库是不可行的，但对特定明文可行）。然后，攻击方可以等待接收方在早晨将确认消息发送到组织，然后查询这个数据库，以确定使用的密钥。这里的重点是，对密钥的穷举仍然很困难，但是糟糕的实现让使用不同的技术搜索密钥成为可能。

4）**密钥管理**。很多对密码系统的最有效攻击都利用了错误的密钥管理实践，复杂度理论没有告诉我们利用错误密钥管理进行攻击的可行性。

任何实际的安全概念都需要考虑以上这些问题。

3.2.4 密码系统的设计过程

下面几章将重点描述密码学原语及其工作原理。然而，从实践安全的角度来看，认识到必须始终将原语本身视为过程的一部分，而不是孤立的机制，这一点非常重要。围绕密码学原语的过程包括以下内容。

1. 密码学原语的选择或设计

密码学原语的选择取决于应用的需求。例如，在选择加密算法时可能涉及以下问题：

- 应该使用对称密码还是公钥密码？
- 对密钥长度存在哪些要求和 / 或限制？
- 应该采用公开的加密算法，还是开发我们自己的专有加密算法？

在我们讨论密码学原语的过程中，我们将研究影响这个选择（设计）过程的一些属性。注意，在许多情况下，财务或操作上的限制可能要求使用某些基本类型的原语。例如，为了符合相关的应用标准，组织可能不得不使用特定的原语。

2. 密码学原语的使用方式

为了实现不同的安全目标，可以以不同的方式使用密码学原语。例如，对称密码算法可以是：

- 以特定的方式实现，从而获得特定的属性（我们将在 4.6 节中讨论这些不同的操作模式）。
- 用作设计其他密码学原语的基础（例如，我们将在第 6 章中看到，分组密码可用于设计哈希函数和消息认证代码）。
- 用在加密协议中以提供不同的安全服务（我们将在 9.4 节中看到，加密算法可以用在提供实体身份认证的协议中）。

3. 密码学原语的实现

任何具有实践安全经验的人都非常清楚，离开精心设计的实现，安全技术是没有价值的。开发人员并不总是能够理解密码学及其使用方式。过去，在实现阶段发生了许多错误，这些错误后来造成了灾难性的后果。密码学原语的实现有两个潜在问题：

1）**实现技巧**。所有密码学原语都会降低应用的速度，而一些密码学原语（尤其是公钥密码学原语）会显著降低应用的速度。这导致了各种实现“技巧”的提出，以加快某些密码学原语的速度。重要的是，这些操作的方式不能在不经意间影响原语本身的安全性。

2）**向后兼容性措施**。开发人员有时提供**向后兼容性**（Backwards Compatibility），这允许应用与软 / 硬件版本遗留系统一起使用，这种做法有时会导致密码机制的某些部分被绕过。

密码系统的软硬件实现对密码系统的安全性也有重要的影响。基于软件的密码技术更容易受到攻击，因为原语及其密钥通常驻留在内存中，容易受到计算平台上的攻击。例如，平台上的恶意代码可能尝试定位和导出密钥。基于硬件的密码技术通常更安全，通过部署专门的硬件安全模块提供最佳保护。我们将在 10.5 节中更详细地研究这个问题。

在本书中，我们不会详细讨论实现问题。实现安全，包括安全软件的开发，是一个具有更广泛意义的课题，应该作为更广泛的信息安全知识体系的一部分进行研究。

4. 密钥管理

如何管理密码学原语使用的密钥是加密过程的重要组成部分。我们将在第 10 章和第 11 章详细讨论这个主题。

3.2.5 安全性评估

密码学最困难的部分之一是准确地评估给定密码系统的安全性。我们将其分为密码算法的安全评估、密码协议的安全评估和密码系统的安全评估三部分来讨论。

1. 密码算法的安全评估

从历史上看，密码算法（和协议）的安全性依赖于一种非正式的方法，这种方法考虑对算法的已知攻击，例如密钥穷举攻击，然后设计算法使这些攻击无效。通常，为证明由此产生的“安全性”而提出的论据并不是特别严格，而且在许多情况下都是实验性的。这是因为密码算法的设计不仅涉及数学，而且涉及工程。

这种非正式方法的问题在于，它没有提供任何证明密码算法安全的真正证据。考虑到这一点，密码学研究人员逐渐研究和采用可以更有力地证明密码算法安全性的方法学。可证明安全（Provable Security）的概念试图从对攻击环境（用一个安全模型描述）的某些假设出发，评估密码算法的安全性，然后密码算法的安全性可以被正式*归约*（Reduce）到一个更容易理解的计算问题。

这种方法有两个潜在的问题：

1）**最初的假设可能并不正确**。例如，可能存在安全模型中没有考虑到的攻击。

2）**计算问题可能不像想象的那么难**。可证明安全本质上是将一个不好理解的概念（密码算法）转换为一个更好理解的概念（计算问题）。然而，在计算问题没有最初认为的那么难的情况下，这并不能保证任何安全性。

因此，可证明安全并不是真正的密码算法安全性的证据。尽管如此，与过去的非正式方法相比，这种方法要好得多。因此，在合理的安全模型内的安全证明应被视为有利于加密算法整体安全的重要证据。

可以说，加密算法的最佳评估基准仍然是公开和广泛采用。正如我们在1.5节中看到的，最受推崇的密码算法往往是那些经过广泛研究和实现的算法。为此，包括ISO/IEC、NIST和IEEE在内的几个标准化机构都有关于密码算法的标准，这些算法已被专家广泛研究并推荐应用。这些密码算法中有一些（但不是所有）在特定的安全模型中具有安全性的证明。

2. 密码协议的安全评估

我们将在第9章中看到，密码协议是分析起来非常复杂的对象。可使用非正式分析和更严格的正式方法来评估它们的安全性。除了为密码协议提供可证明安全的技术外，还尝试定义逻辑方法来讨论密码协议的安全性，这种方法建立与安全相关的基本逻辑语句，并试图构建一个某些安全真值（Truth）成立的密码协议。

密码协议分析的形式化方法的主要问题之一是，在实际应用中使用的密码协议通常非常复杂，很难描述为形式化模型。然而，即使能够正式地分析密码协议的一部分，也是对非正式分析技术的重大改进。

除了针对特定类型的密码协议的一般标准之外，还有许多密码应用，它们的底层密码协议是行业标准，并且已经得到了行业协会的批准，我们将在第12章讨论其中几个协议。如果标准机构具有足够的密码技术，其建议可以作为安全评估的合理方法。然而，在12.2节中，我们将讨论一种情况，此时行业标准的开发似乎没有涉及适当级别的密码技术。

3. 密码系统的安全评估

最难评估的是整个密码系统的安全性。由于这不仅涉及密码算法和协议，还涉及更广泛的基础设施，因此我们必须理性地看待此类评估可以被严格执行到什么程度。许多密码系统组件（例如密钥管理）都有标准，这些标准可作为密码系统安全评估的测试基准。安全产品也有正式的评估标准，也有组织被授权根据这些基准进行评估。研究人员还在研究整个基础设施中特定组件的安全性的正式评估方法，例如，对特定加密算法或协议的实现进行正式评估。

我们无法用短短几句话对密码系统的安全性进行评估。到本书结尾时，我们希望读者对评估密码系统安全性可能包含的范围建立起清晰的概念。

3.2.6 适度安全

在考虑实际密码系统的安全性时，我们将反复（特别是在第12章中）强调以下观点：在许多应用环境中，采用不“理想”的安全级别是可以接受的。这是因为**适度安全**（Adequate Security）的潜在好处可能超过过度安全的好处，例如在效率方面。

显然，这种在安全和效率之间的权衡决策必须基于充分了解信息，要考虑密码系统面临的现实威胁环境，特别是有必要仔细考虑潜在的攻击方为了从攻击中获益可能要经历哪些过程。

1. 动机

首先，攻击方必须有攻击密码系统的动机。实际上，对许多应用，攻击方都没有攻击它们的动机。例如，绝大多数电子邮件用户都不加密他们的电子邮件，如果这些用户相信存在一个经常想要阅读他们的电子邮件的攻击方，他们中的许多人可能会使用安全的电子邮件工具（见 13.2 节）。

2. 知识

具有攻击动机的攻击方还必须具有进行攻击的知识。即使是一个很大程度上可以通过“自动化”方式实施的攻击（例如，通过下载一个软件攻击工具），仍然需要大量的专业知识才能实现。可能有许多具有足够知识的潜在攻击方，但只有当其中一人有攻击动机时，才会构成威胁。

3. 行动

攻击方必须真正实施攻击。即使有动机和知识，也可能存在一些障碍阻止攻击方的行动。这可能是逻辑上的障碍，例如，攻击方需要合适的机会，可能需要访问特定的计算机终端，但这些条件可能永远不会出现；也可能是理念性的障碍，例如，攻击方可能希望访问同事的文件，并且也知道如何访问这些文件，但是知道这样做会违反公司的计算机使用策略，从而导致攻击方失去工作。

4. 成功

攻击方必须成功地进行攻击。许多对密码系统的攻击手段还远远不能成功攻击，例如，访问用户 ATM 卡的攻击方通常只能在卡账户被锁定之前猜三次密码。

5. 受益

攻击方必须从攻击中获益。即使攻击方成功地攻击了密码系统，结果对攻击方可能也没有多大用处。例如，保护时限短的明文可以使用较弱的加密算法进行加密，攻击方很可能进行密钥穷举攻击，但是如果搜索花费的时间超过了保护时限，那么在攻击方发现明文时，它就不再有价值了。我们将在 6.2 节更详细地讨论另一个例子，攻击方可能成功地为哈希函数找到碰撞，但是只有当碰撞有意义时，攻击方才会受益。

在某些应用环境中，只要存在一个有动机的攻击方，就足以要求使用高级密码系统为应用保驾护航。在另一些情况下，只要保证容易实施的攻击不会给攻击方带来什么好处就行了。最重要的是，在判断密码系统的安全级别是否适度时，要仔细考虑上述攻击过程。

3.2.7 迈向实践安全

我们希望读者明白，“实践安全”一词描述的是一个抽象的概念，很难给出明确的定义。在定义实践安全时，存在以下几个基本问题。

1. 覆盖面

实践安全包含很多独立因素，无法用一个清晰的概念来概括。例如，为了评估实践安全，我们需要进行以下活动：

- 评估潜在攻击方的存在性及其能力。
- 评估攻击方可能的计算能力。
- 确定已知攻击的复杂性。
- 考虑密码系统软硬件实现的安全性。
- 评估密钥管理流程的有效性。
- 估计可接受的风险水平。

2. 主观性

实践安全是一个主观的问题。从某个角度被认为是实践安全的系统，从另一个角度看可能就不安全了。例如：

- 学者关于密码系统的研究论文中会设置极其苛刻的安全条件，以至于经常出现从学术角度破解了密码系统，但对其在真实环境中的安全性影响较小的情况（见1.6.6节）。
- 不同的应用领域面对风险时的态度是不一样的。例如，1988年美国国家安全局（National Security Agency）不再推荐使用DES算法，但在同一年，美国国家标准局（National Bureau of Standards）重申在金融部门使用DES。这表明，这两个组织可能在实践安全上有不同的理念。

3. 动态性

尽管在任何给定时刻都很难评估实践安全，但更复杂的是，评估实践安全需要的大多数基础信息（如攻击能力和风险模型）都会随着时间而变化。因此，需要对实践安全不断进行重新评估。

因此，为了评估实践安全，有必要充分理解特定环境的全部安全性和业务需求，这远远超出了本书的范围。实际上，这里需要的技能不仅在密码系统中有更广泛的应用，而且需要更多的信息安全训练。

最后，即使在提出了实践安全的概念之后，在实际环境中也可能无法提供确定程度的实践安全。更现实的安全目标是“安全性不够，但这是我们能承受的最高水平”。然而，实践安全概念的提出至少会使这种目标能够放在适当的背景下讨论。

3.3 总结

在本章中，我们研究了理论上提供安全与实践中提供安全的区别。我们引入了完全保密的概念，这在某种意义上是密码系统所能提供的最高安全性。我们描述了唯一具有完全保密性的密码系统的各种版本，解释了为什么它们通常不能在实际应用中使用。然后，我们探讨了实践安全的概念。我们研究了根据攻击密码系统的难度来衡量密码系统强度的方法。最后，我们讨论了对实践安全给出一个精确定义的困难性。

我们在讨论中提出了一些重要的问题：

- 不可能保证密码系统的安全性。即使它在理论上是安全的，在实践中也可能是不安全的。
- 理论上易破解的密码系统在实践中使用是可以接受的（实际上也是必要的）。
- 应尽一切努力为特定环境确定实践安全的概念。这必然会涉及权衡、估计和评估要接受的风险水平，确定这一概念是困难的。

3.4 进一步的阅读

几乎在任何一本密码学书籍中都能找到对一次一密的其他解释。信息论和完全保密的基础最早由克劳德·香农（Claude Shannon）在两篇重要论文［218, 219］中提出。香农被认为是这个领域的奠基人，他的生平和作品（包括这些论文）都可以在网上找到。Kahn［132］讨论了一次一密的历史用途。Venona 项目［19］的故事包括一个有趣的例子，说明了在实践中实现一次一密的风险。

关于实践安全，Harel［103］值得一读，其中介绍了现代计算机计算能力的局限性，包括复杂度理论和密码学。Talbot 和 Welsh［235］从复杂度理论的角度介绍了密码学。对于更广泛的加密过程一些方面，我们并没有展开介绍，读者可以参考以下文献：Anderson［5］提供了几个例子，说明在实际系统中如果没有仔细考虑更广泛的加密过程会出现的问题；Anderson 关于这个主题的另一篇文章［4］讨论了密码系统为什么会失败，Schneier 关于密码学中的安全陷阱的类似文章［212］也讨论了这一点。在密码学的理论和实践之间可能产生"鸿沟"的例子有很多，例如，Paterson 和 Yau［187］。在实现方面，McGraw［148］提供了对安全软件开发的很好的介绍，Ferguson、Schneier 和 Kohno［72］专门用了一章来介绍密码学的实现。

安全模型的建立是目前密码算法安全评估的一个研究热点。Katz 和 Lindell［134］对密码算法最重要的形式化可证明安全模型进行了很好的介绍。安全产品（包括密码系统）的评估是一项非常困难的任务，公认的评估框架是 CC 标准（Common Criteria）［44］。

3.5 练习

1. 使用基于字母表中字母（令 A=0，B=1，以此类推）的一次一密算法时，截取密文 DDGEXC：

（1）如果明文是 BADGER，那么密钥是什么？

（2）如果明文是 WOMBAT，那么密钥是什么？

（3）如果明文不一定是英文单词，那么产生这种密文的明文可能有多少种？

（4）如果明文是英文单词，那么产生这种密文的明文可能有多少种？

2. 设计一个基于拉丁方的一次一密算法，可以用来加密 7 个明文：今天买，明天买，后天买，今天卖，明天卖，后天卖，什么也不做（BUY TODAY, BUY TOMORROW, BUY THE DAY AFTER TOMORROW, SELL TODAY, SELL TOMORROW, SELL THE DAY AFTER TOMORROW, DO NOTHING）。

3. 以下三个方阵表都表示用来保护 4 个明文的密码系统，表中第 i 行的密钥为 K_i，第 j 列的明文为 P_j，用密钥 K_i 加密明文 P_j 得到的密文为表中第 i 行与第 j 列交叉处的数字。

	P_1	P_2	P_3	P_4
K_1	2	1	4	3
K_2	4	3	1	4
K_3	1	2	3	1
K_4	3	4	2	2

	P_1	P_2	P_3	P_4
K_1	2	1	4	3
K_2	4	3	1	2
K_3	1	2	3	4
K_4	3	4	2	1

	P_1	P_2	P_3	P_4
K_1	2	1	4	3
K_2	4	3	1	2
K_3	3	2	4	1
K_4	1	4	2	3

（1）哪个密码系统是一次一密？

（2）对于不是一次一密的每一个密码系统，请至少用一个例子解释为什么它不是一次一密。

4. 通过一个表来说明，满足 3.1.3 节的三个性质的密码系统可能不具有完全保密性。

5. 解释一下为什么有理由说一次一密对密钥穷举攻击“免疫”。

6. 在一个密码系统中，当密文的字母个数超过一定的值后，可能就只有唯一有意义的明文和密钥与这个密文相对应，此值称为密码系统的**唯一解距离**（Unicity Distance）。一次一密的唯一解距离是多少？

7. 假设为了方便起见，一个对称密码系统的用户决定记住每一个加密密钥，加密密钥是三个字母（在英语中不一定有任何含义，如 ASF、ZZC、BED）。

（1）他们可以使用的密钥空间最大为多大？

（2）以二进制表示的密钥有多少位？

（3）假设你得到的问题 2 的答案是 n 位，那么很容易将这个密码系统的密钥长度说成 n 位（因为从密钥的二进制形式来看，确实如此）。因此，其他听到这句话的人就会认为密钥空间为 2^n。但是在这个例子中，实际密钥空间是多大？

（4）我们得到了哪些重要的实际经验？

8. 在维诺纳项目（Venona Project）中，苏联是如何误用一次一密，从而极大地帮助了美国国家安全局的？

9. 计算用 100 万台计算机（每台计算机每秒处理 100 万次操作）完成以下任务需要多长时间（单位可以是年、天、小时、秒）：

（1）将两个 1000 位数字相乘。

（2）穷举搜索 128 位密钥。

（3）通过穷举搜索 128 位密钥找到正确的密钥所需的平均时间。

10. 假设我们想为一个特定的明文设置 10 年的保护时限。你看到一则 Cqure Systems 的密码产品广告，广告中说："我们的加密产品非常强大，甚至考虑到未来计算机能力的发展，对密钥空间进行穷举攻击需要 40 年！"你认为应该购买这个产品吗？

11. 浏览最新的安全产品时，你会看到一则 MassiveDataProtect 密码产品的广告，广告中说："我们的密码产品基于一次一密不可破解的加密，为您的数据提供 100% 的安全。"你认为应该购买该产品吗？

12. 考虑以下三种设计现代密码算法的可能策略：

（1）基于一个经过充分研究的计算问题，此问题被认为不可能在多项式时间内解决。

（2）基于一个已知但研究不足的计算问题，此问题被认为不可能在多项式时间内解决。

（3）使加密算法的描述足够复杂，以至于不清楚需要解决什么问题才能破解它。

讨论上述每种方法的优缺点。记住，大多数现代加密算法都是使用第一种策略设计的。

13. 人们经常提到摩尔定律（Moore's Law），它表明计算机能力随着时间的推移而不断提高。

（1）此定律是以谁的名字命名的？

（2）摩尔最初究竟"预测"了什么？

（3）在预测未来的计算机能力时，应考虑到计算机性能的哪些方面？

（4）人们如何看待摩尔定律未来是否还会成立，摩尔定律对未来的预测是什么？

14. 假设你在工作中被要求推荐保护数据库内容所需的加密强度，列出一些在尝试为此应用建立有意义的实践安全概念之前，你认为需要弄清楚的问题。

15. 要保护密码系统不受未知攻击是不可能的，然而，不可预见的攻击很可能会成为现实（例如，通过密码分析技术的改进）。在你可能做的事情或可能实施的流程方面，你会采取什么策略来尽量降低不可预见的攻击的风险？

第二部分

密码学工具包

第 4 章　对称密码

第 5 章　公钥密码

第 6 章　数据完整性

第 7 章　数字签名方案

第 8 章　实体身份认证

第 9 章　密码协议

第4章

对称密码

我们现在已经完成了对密码学基础的讨论。回顾第1章，我们将密码技术解释为一个工具包，密码学原语是这个工具包中的基本工具。在本章中，我们将研究密码学中用作安全机制的各种基本原语（工具）。我们从研究对称密码算法开始。

学习本章之后，你应该能够：

- 认识流密码和分组密码之间的基本区别。
- 确定流密码和分组密码最合适的应用场景。
- 了解DES在现代密码学历史上所扮演的重要角色。
- 掌握AES的开发历史和基本特征。
- 比较几种不同分组密码操作模式的性能。

4.1 对称密码算法分类

本节我们将介绍一类重要的对称密码算法。请注意以下几点：

- 加密算法是大多数人最容易想到的密码学原语，因为它们主要提供机密性。必须认识到，尽管加密算法很重要，但它只是密码工具包的众多组件之一。
- 本章讨论加密算法中的一类，即对称密码算法，第5章将讨论公钥密码算法。
- 虽然（对称）加密算法主要为保密机制设计，但它们可以直接或作为组成部分用于提供其他安全服务。我们将在后面的章节中看到这方面的例子。

由于数字数据由二进制字符串组成，我们可以将对称密码算法看作是将一个二进制位序列转换成另一个二进制位序列的过程。因此，对称密码算法必须：

1）以明文二进制位序列为输入。

2）对这些二进制位执行一系列操作。

3）输出组成密文的二进制位序列。

我们可以粗略地将对称密码算法分为以下两种：

- **流密码**（Stream Cipher）：明文每次被处理一位。换句话说，该算法选择一位明文，对其进行一系列操作，然后输出一位密文。
- **分组密码**（Block Cipher）：明文一次被处理多位，一次被处理的明文位序列被称为一个分组（或块）。换句话说，该算法选择一个明文分组，对其执行一系列操作，然后输出一个密文分组。每次处理的位数通常是一个固定值，称为分组密码的分组长度。例如，对称密码算法 DES 和 AES 的分组长度分别为 64 位和 128 位。

这种粗略的分类如图 4-1 所示，其中分组密码的分组长度（有意画得较小）为 12。我们说此分类“粗略”是因为：

- 流密码可以看作分组长度为 1 的分组密码。
- 一些通常被称为流密码的对称密码算法实际上是以字节为单位处理数据的，因此可以被视为分组长度为 8 位的分组密码。
- 分组密码常用于可将其有效转换为流密码的操作模式中。分组密码用于生成密钥流，然后使用简单的流密码对数据进行加密。我们将在 4.6 节中更详细地讨论这个问题。

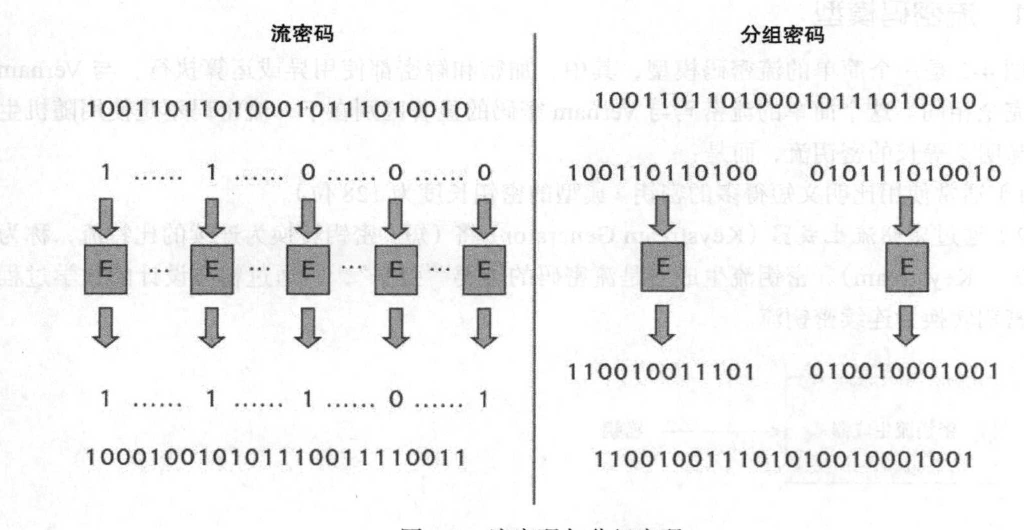

图 4-1 流密码与分组密码

尽管如此，这种分类仍被广泛采用，因为具有“小”分组长度的对称密码算法的性质与具有“大”分组长度的对称密码算法的性质存在显著差异。大致可以认为，如果对称密码算法被称为分组密码，那么它的分组长度至少为 64 位。

请注意，至少在理论上，我们也可以将这种分类应用于公钥加密算法。我们之所以不这样做，是因为公钥加密算法往往不直接处理二进制数据。相反，它们：

1）首先将二进制数据转换为不同的数字表示形式，这通常需要使用多个二进制位来表示每个明文“数字”。

2）对这些“数字”进行加密处理。

3）将结果“数字”转换回二进制数据。

我们将在第 5 章中看到具体的例子。通过这种方式操作，所有公钥加密算法本质上都是分组密码。因此，术语流密码和分组密码通常只用于对称密码算法。

4.2 流密码

我们已经在 3.1.3 节中学习了一种重要的流密码——Vernam 密码。回想一下，Vernam 密码是一次一密密码，它对二进制位串进行操作。我们称它为流密码，是因为它按位操作，使用异或运算加密每个位。

我们在 3.2.1 节中讨论过 Vernam 密码是不实用的，因为它存在密钥管理工作繁重的问题。可以认为流密码是通过使用短密钥来生成较长的一次性密钥来“模拟”Vernam 密码，这样我们可以获得一次一密的一些理想特性，同时降低密钥管理的难度。

4.2.1 流密码模型

图 4-2 是一个简单的流密码模型，其中，加密和解密都使用异或运算执行，与 Vernam 密码完全相同。这个简单的流密码与 Vernam 密码的显著区别在于，流密码不是使用随机生成的与明文等长的密钥流，而是：

1）通常使用比明文短得多的密钥（典型的密钥长度为 128 位）。

2）通过密钥流生成器（Keystream Generator）将（短）密钥转换为连续的比特流，称为密钥流（Keystream）。密钥流生成器是流密码的主要“引擎”，它通过精心设计的数学过程将短密钥转换为连续密钥流。

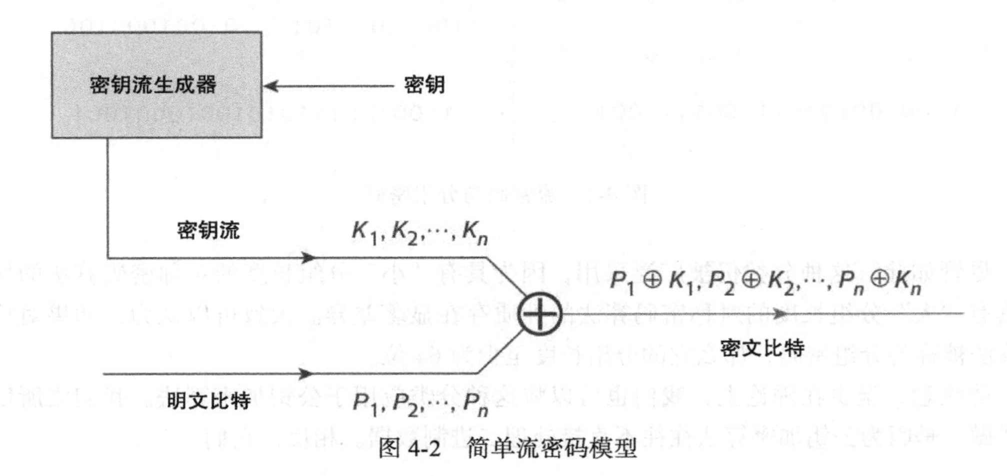

图 4-2 简单流密码模型

为解密流密码的密文，接收人须持有：

- 相同的短密钥。
- 相同的密钥流生成器。

密钥流生成器是流密码规范的一部分。如果双方约定使用某个流密码，那么默认情况下，他们就约定使用该流密码的密钥流生成器。实际上，从技术上讲，在这个简单的流密码中，加密明文就是将密钥流与明文异或，解密密文就是将密钥流与密文异或。因此，设计流密码的核心工作是设计密钥流生成器。因此，当我们提到流密码时，实际上是在谈特定密钥流生成器的设计。请注意以下几点：

- 密钥流生成器是确定性生成器的例子（参见8.1.4节）。密钥流生成器的输出看起来是随机生成的，但实际上并不是随机生成的。我们通常称之为伪随机（Pseudorandom）。
- 可以认为Vernam密码的密钥流是真正随机生成的（参见8.1.3节）。
- 我们之所以称图4-2中的流密码“简单”，是因为许多现代流密码要比它复杂一些。例如，一些流密码使用几个不同的密钥流生成器，然后通过比简单的异或更复杂的方式组合它们的密钥流。但是，它们的设计与这个简单模型并没有太大的不同，仍然保持了简单流密码的基本属性，所以这个简单模型足以满足我们讨论的需要。

4.2.2 流密码密钥管理

我们认为流密码是Vernam密码的“实际”模拟。回顾一下我们在3.2.1节中给出的关于在实践中使用一次一密的三个密钥管理问题，可以找到支持这一结论的证据。

1）**密钥长度**。在一次一密中，密钥必须与明文一样长。尽管流密码的密钥流需要与明文一样长，但是用于生成它的实际密钥（必须分配和存储的密钥）要短得多。

2）**随机生成密钥**。在一次一密中，密钥必须是真正随机生成的，这涉及昂贵的随机生成技术。流密码中的密钥流是伪随机的，因此生成它要便宜得多。

3）**一次性使用**。我们需要小心，密钥流生成器是一个确定性过程，因为每次将相同的密钥输入密钥流生成器时，都会产生相同的密钥流输出。因此，如果我们重用一个相同的流密码密钥产生两个相同的密钥流，然后用这两个密钥流中相同的部分加密两个明文，那么就像在一次一密中一样，两个密文之间的“差异”会告诉我们两个对应的明文的差异（见3.1.3节）。这个问题可以通过以下方法（或它们的组合）来避免：

- 流密码密钥仅使用一次。
- 永远不要重用密钥流的相同部分。
- 每次使用流密码时，都从初始密钥派生出一个唯一密钥，而不是直接使用初始密钥。例如，我们可以整合一些时变数据（我们将在10.3.2节中讨论密钥派生）。
- 使密钥流本身依赖于一些时变数据（我们将在4.6节中看到几个这样的例子）。
- 使明文和密钥流的结合方法更加复杂。

因此，流密码的密钥管理与任何对称密码学原语一样，都是管理相对较短的对称密钥。这不是一项简单的任务，但通常认为它比管理一次一密密钥容易。

4.2.3 错误影响

流密码和分组密码的区别之一是错误影响不同。因此，有必要首先讨论通信系统中可能发生的不同类型的错误：

- **传输错误**（Transmission Error）：是指发生在信道中的错误。如果在信道上的某处 0 变成 1，或者 1 变成 0，就会发生 1 位传输错误，这种错误有时被称为**位翻转**（bit-flip）。
- **传输损耗**（Transmission Loss）：当数据位在信道中丢失时，就会发生传输损耗。如果在信道中丢失了一位数据，则会发生 1 位传输损耗，但是前一位和后一位都被正确接收。
- **计算错误**（Computational Error）：是指在密码计算过程中发生的错误。如果密码计算过程把 0 误算为 1，或者把 1 误算为 0，就会发生 1 位的计算错误。

传输错误和传输损耗是最常见的。实际上，在数据通过可能存在噪声的信道或不可靠的信道发送时，这两种错误都是可能发生的。

这些类型的错误对密码系统来说都是不利的。然而，这些错误在密码系统中引起的问题的严重程度是不同的。如果密文中的许多错误（无论错误类型如何）导致解密后的明文中存在更多错误，就会发生**错误传播**。在密文中只有一位错误的情况下，如果解密后的明文中有多位错误，也会发生错误传播。

一般来说，错误传播被认为是一件坏事，因为当我们将损坏的密文解密为明文时，错误传播意味着错误数量的增加。然而，在某些情况下，这种影响可能有积极意义。例如，假设使用加密来保护一些金融数据，但是没有使用其他数据完整性机制，如果没有错误传播，那么密文中的 1 位错误可能会导致明文中的 1 位错误。对于接收方来说，这可能不太容易被注意到，却可能对明文的含义产生巨大的影响（例如，资产负债表上的一些关键交易数字可能会被更改）。如果发生错误传播，则更容易让接收方注意到明文错误（例如，资产负债表上的数字明显超出了预期范围）。但是，请注意，依赖错误传播提供非常弱的数据完整性保护是极不可取的，使用适当的数据完整性机制比依赖错误传播要安全得多，我们将在第 6 章讨论适当的机制。

错误传播与从一开始就防止错误发生没有任何关系。当错误发生时，错误传播与纠正错误也没有任何关系。这需要使用特殊的纠错码，而纠错码不是密码学原语（参见 1.4.4 节）。

4.2.4 流密码的性质

流密码有许多优点，使它们成为许多重要应用的首选加密机制：

- **没有错误传播**。由于流密码对明文进行逐位加密，因此 1 位传输错误只会导致明文中的 1 位错误。因此，流密码在通信应用中很受欢迎，特别是在信道质量差、错误不可避免的情况下。例如，流密码经常用于保护移动通信（见12.3节）。流密码也适合用于保护私人移动无线电系统，如紧急救援和出租车运营商使用的系统。

- **快速**。简单的加密过程（基于异或运算）导致流密码操作非常快，对于需要对数据进行实时加密的应用来说，流密码非常有吸引力，这也是移动通信中的情况，简单性也使得流密码相对容易实现。
- **动态加密**。按位加密意味着在加密之前不需要在寄存器中准备好大块的明文。这使得流密码非常适合安全终端等应用，在这些应用中，数据输入时应立即保护单个按键信息。
- **实现效率**。一些流密码可以在硬件中非常高效地实现（具有较低的门数），这将带来非常高的加密速率。

流密码的主要问题是**同步需求**。由于流密码按位处理数据，因此发送方和接收方保持密钥流的完全同步是至关重要的。1位传输损耗的后果可能是灾难性的，因为后续解密将使用错误的密钥流位进行。因此，需要周期性地对密钥流重同步。有几种不同的方法可以做到这一点：

- 一种方法是定期使用新密钥重启密钥流。可以按固定的时间间隔重启密钥流，也可以在发送一个特殊的重同步指令之后重启密钥流。
- 另一种方法是通过使密钥流不仅依赖于密钥，而且依赖于密文中最近的几个位，从而不断地重新同步，这些位会不断地反馈给密钥流的产生过程，如图4-3所示。假设这个反馈包含 m 个密文位，如果接收方暂时失去同步（无论什么原因），那么只要他随后收到正确的 m 个连续密文位，就可能恢复同步。因此，这种类型的流密码有时被称为自同步流密码。注意，正如我们将在4.6.3节中看到的，引入这种反馈可能会造成小范围的错误传播。

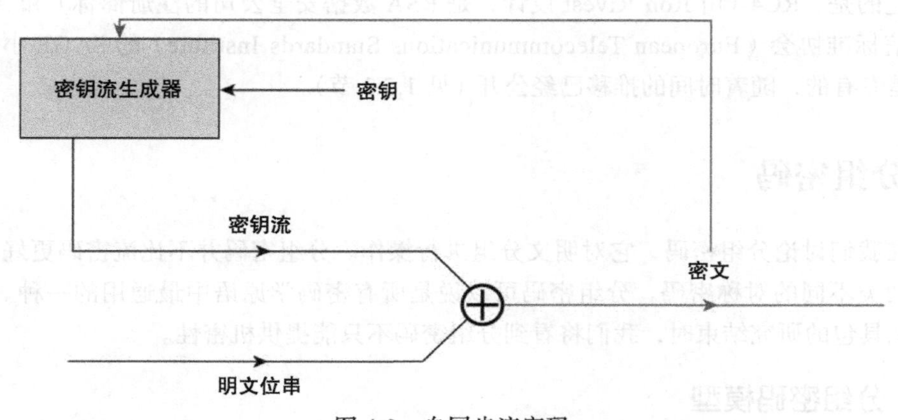

图4-3 自同步流密码

正如我们将在4.6节中看到的，分组密码通常部署在某种操作模式中，这些操作模式本质上将分组密码转换为流密码，使其具有上面的一些优点。

4.2.5　流密码示例

尽管有许多优点，但流密码从未像DES和AES之类的分组密码一样，获得过普遍的认可和广泛的应用。在某种程度上这会让人觉得很奇怪，其原因可能有如下两个：

- **专有设计**。有许多专有的流密码算法。事实上，历史上的流密码大多是专用的，而分组密码大多是公开的（尽管也有许多例外）。造成这一趋势的原因有很多，包括：

1）在容易解决兼容性问题的封闭网络环境或商业领域采用流密码。

2）在高安全性的应用中采用流密码，在这些应用中，内部密码设计专业知识是合理且可用的。

- **功能单一**。流密码被认为是密码工具包中的通用组件，它可能比分组密码用途更少，但更专业。流密码通常只用于加密，分组密码可以用于其他密码学原语的设计，如哈希函数和消息认证码。值得注意的是，正如我们将在4.6节中看到的，分组密码可以用作密钥流生成器，这本质上是将分组密码转换为流密码。后一个原因很可能是最根本的，因为许多应用实际上实现了流密码，尽管用于实现流密码的算法是分组密码！

不过，也有一些著名的流密码，它们有的是应用广泛，有的是被通用应用采用。例如：

- RC4：这是一种简单、快速的流密码，安全性相对较低。它可能是软件中使用最广泛的流密码，并得到SSL/TLS（见12.1节）、WEP（见12.2节）和Microsoft Office等软件的支持。
- A5/1：GSM中的一种流密码算法，用于保护从移动电话到最近基站的无线信道。
- E0：用于加密蓝牙通信的流密码算法。

有趣的是，RC4（由Ron Rivest设计，是RSA数据安全公司的注册商标）和A5/1（由欧洲电信标准协会（European Telecommunications Standards Institute）的SAGE小组设计）最初都是专有的，随着时间的推移已经公开（见1.5.3节）。

4.3　分组密码

现在我们讨论分组密码，它对明文分组进行操作。分组密码并不比流密码更好或更差，它们是两类不同的对称密码。分组密码可以说是所有密码学原语中最通用的一种。在我们对密码工具包的研究结束时，我们将看到分组密码不只能提供机密性。

4.3.1　分组密码模型

分组密码的基本模型如图4-4所示。分组密码接受一个明文分组和一个密钥作为输入，然后输出一个密文分组。通常分组长度是固定的，由分组密码产生的密文分组的长度通常与明文分组的长度相同。

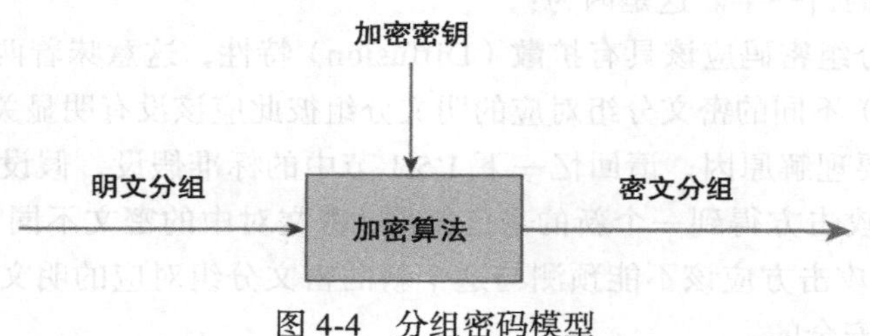

图 4-4 分组密码模型

分组长度对于分组密码的安全性并不像密钥长度那么重要，但是也有一些与分组长度直接相关的安全性问题：

1）如果分组长度太小，那么可以加密的不同明文分组的数量就非常少（如果分组长度为 m 位，则可能的明文分组数量为 2^m）。如果攻击方能够发现与之前发送的一些密文分组对应的明文分组，那么，正如我们在前面（见 1.6.5 节）讨论的那样，攻击方可以通过构建一个明文 / 密文对字典发起字典攻击。分组长度越大，这种攻击将更加困难，因为字典将更大。

2）如果分组长度太大，那么分组密码就会变得低效，尤其是当明文小于分组长度时，明文在加密之前需要进行填充（见 4.3.2 节）。

3）出于方便实现的目的，分组长度最好是 8 位的倍数，如果是 16 位、32 位或 64 位就更好了，因为这些数字是最常见的**字长**（Word Length，现代计算机处理器使用的基本信息原子单位）。

因此，选择分组长度涉及安全性和效率之间的折中。DES 的分组长度为 64 位，现代分组密码算法（如 AES）的分组长度往往为 128 位。

4.3.2 分组密码的性质

与流密码不同，分组密码往往没有统一的性质。这是因为分组密码在技术设计上有很大的差异。然而，一般来说，分组密码都具有以下特点：

- **多功能性**。分组密码不仅用于加密，还作为其他加密原语（如消息认证码和哈希函数）的组件使用。
- **兼容性**。备受推崇的分组密码（如 AES）是实现和使用最广泛的加密算法，因此它们成为许多应用的默认加密算法，这增加了其兼容性。
- **适应性**。分组密码可以在不同的操作模式下实现（参见 4.6 节），以实现不同的属性。

分组密码的以下两个方面可能并不总是可取的。

1. 错误传播

如果以图 4-4 中描述的简单方式使用分组密码，误差传播是不可避免的。例如，一个

1 位的传输错误只会改变一个密文分组的一位，但是解密这个错误的密文分组得到的明文分组，其平均出错位约占一半。这是因为：

1）一个好的分组密码应该具有**扩散**（Diffusion）特性，这意味着两个仅有一位（实际上是任意数量的位）不同的密文分组对应的明文分组彼此应该没有明显关系（即这两个明文分组彼此独立）。要理解原因，请回忆一下 1.5.1 节中的标准假设，假设攻击方已知一个明文 / 密文对，如果攻击方得到一个新的与已知明 / 密文对中的密文不同（即使只相差一位）的密文分组，那么攻击方应该不能预测与这个新的密文分组对应的明文分组的任何位，否则分组密码就是不安全的。

2）如果两个明文分组 P_1 和 P_2 没有明显的关系，那么意味着给定 P_1 中的每一位，P_2 中对应的位应该是“不可预测的”，也就是说，P_2 中对应的位有一半的概率是不同的，有一半的概率是相同的（如果总不同，P_2 中对应的位也是非常容易预测的）。因此，平均而言，P_1 和 P_2 有一半的位是相同的，而这些相同位的位置是随机的。然而，重要的是，尽管攻击方可以预期平均有一半的位是相同的，但他们无法确切地预测哪些位是相同的。

2. 需要填充

分组密码以固定的分组长度（例如 128 位）进行操作，但是大多数明文的长度不是分组长度的倍数。例如，一个 400 位的明文可占满三个 128 位的分组，但是还剩下 16 位，即

$$400-(3\times128)=400-384=16$$

最后一个分组需要用冗余信息“填满”，以便最终明文的长度是分组长度的倍数。在我们的示例中，剩下的 16 位需要添加 112 个冗余位来组成一个完整的分组。填满最后一个分组的过程称为**填充**（Padding）。这似乎没什么难度，但关于填充，要注意几个问题：

1）填充会在一定程度上降低效率。例如，如果我们只想发送一个 ASCII 字符（8 位）的明文，那么以图 4-4 的方式使用 AES 将需要把消息从 8 位扩展到 128 位。

2）填充会给密码系统带来不安全性。过去曾有过利用填充方案来破解密码系统的例子。因此，只能通过后文介绍的公认**填充方案**（Padding Scheme）进行填充。这些填充方案通常包括引入固定的位模式或将诸如明文长度之类的信息编码到填充的位中。

4.3.3 分组密码算法

与流密码相比，有几十种公开的分组密码可供使用。分组密码算法的选择似乎令人望而生畏。然而，1.5.4 节中概述的选择公开已知加密算法的基本规则在这里非常适用。虽然有许多公开的分组密码算法，但根据 1.5.4 节的术语，可以被分类为公认的或默认的分组密码算法相对较少。一些杰出的分组密码算法如下：

- AES 一种基于 Rijndael 加密算法的默认分组密码（在 AES 设计竞赛中获胜）。我们将在 4.5 节中更详细地讨论 AES。
- DES 20 世纪 80 年代和 90 年代的默认分组密码，但现在是一个“坏的”分组密

码，主要是因为它的密钥长度太小。尽管现在有更快的分组密码可用，但基于多重DES（通常称为三重DES）的两种变体仍然是重要的分组密码。我们将在4.4节中更详细地讨论DES和三重DES。

- IDEA 一种受人推崇的分组密码，分组长度为64位，密钥长度为128位，其出现可以追溯到1991年。IDEA已经得到了许多应用的支持，包括PGP的早期版本，但是由于专利问题，它的应用受到了限制。
- Serpent 一种受人欢迎的分组密码，分组长度为128位，密钥长度为128、192或256，是AES竞赛最后一轮评审中的候选算法。通常认为Serpent的设计者在安全性和效率之间做出了与AES略有不同的权衡，他们选择了较慢但被认为更安全的设计。
- Twofish 这种分组密码的分组长度为128，密钥长度可变，也是AES的最终候选算法之一。它基于早期的分组密码Blowfish（分组长度为64位）而设计。

设计分组密码有几种不同的方法。接下来的两节内容不仅会讨论两个最有影响力的现代分组密码，而且将深入剖析两种不同分组密码的设计方法。

4.4 DES密码

到目前为止，最著名、研究最充分、使用最广泛的分组密码是**数据加密标准**（Data Encryption Standard），简称DES。由于DES的历史重要性和对现代密码学的影响，我们有必要熟悉DES。DES基于一个有趣且有影响力的设计理念。虽然DES不再是推荐的分组密码，但其原始版本的重要变体仍在广泛使用，我们将在4.4.4节中讨论。

4.4.1 Feistel密码

DES基于已知的Feistel密码。Feistel密码不是一个特定的密码，而是一个设计蓝图，可以从中派生出许多不同的分组密码。DES只是Feistel密码的一个例子，但它是迄今为止最著名的一个。

1. Feistel密码的加密

图4-5给出了一个Feistel密码。尽管Feistel密码的分组长度不一定是64位，但我们用64位的分组长度来描述这个算法。使用Feistel密码加密的步骤如下：

1）将64位明文拆分为左32位 L_0 和右32位 R_0。

2）应用精心设计的数学函数 f，以密钥 K 和 R_0 为输入，计算输出 $f(R_0, K)$。

3）将数学函数 f 的输出结果与 L_0 异或，计算一个新的32位序列 $X=f(R_0, K)\oplus L_0$。

4）令新的右32位 $R_1=X$。

5）令新的左 32 位 $L_1 = R_0$。

6）用 R_1 代替 R_0，L_1 代替 L_0，重复步骤 2 到步骤 5。这一系列操作（步骤 2 到步骤 5）称为分组密码的**一轮**（Round），所使用的函数 f 通常称为**轮函数**（Round Function）。

7）按照算法设计指定的轮数重复步骤 6，最后一轮（轮数 m）完成后，将最后一个"左 32 位" L_m 与最后一个"右 32 位" R_m 连接（顺序为 R_m 在左 L_m 在右）起来，形成 64 位的密文。

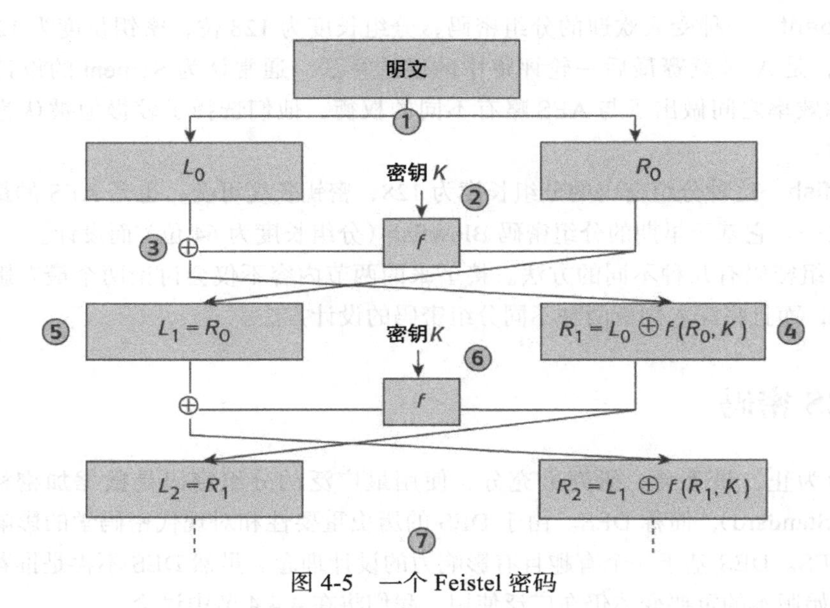

图 4-5　一个 Feistel 密码

2. 轮函数的选择

虽然看起来很复杂，但是使用 Feistel 密码加密明文分组所涉及的算法步骤实际上非常简单且易于实现（我们刚刚描述了算法，可以轻松地将其转换为计算机程序）。设计一个 Feistel 密码的难点是轮函数 f 的选择，这个函数有几个重要的性质，这超出了我们讨论的范围。实际上，任何 Feistel 密码（如 DES）的大部分设计工作都与轮函数的选择有关。

3. Feistel 密码的解密

只有当我们考虑解密时，才能清晰地看出 Feistel 密码设计的过人之处。无论选择什么样的轮函数 f，Feistel 密码的加密 / 解密过程几乎一样。解密时，我们将 64 位的密文（而不是 64 位的明文）输入 Feistel 密码算法，然后经过与图 4-5 中描述的完全一样的过程处理后，最终的结果将是正确的 64 位明文。这极大地方便了 Feistel 密码的实现，因为可以用几乎相同的算法实现加密和解密，特别是，可以为两个过程使用相同的硬件实现。

我们之所以说"几乎相同"，其原因是在实际的 Feistel 密码（例如 DES）中，在每轮中并不是使用整个加密密钥，而是从加密密钥派生出一个依赖于轮的密钥，通常称为子密钥（subkey）。这意味着每轮使用一个不同的密钥，而所有子密钥都与原始密钥相关。解密与加密的唯一的区别是解密时这些子密钥必须按照与加密相反的顺序使用。

在 Feistel 密码的第 7 步中，L_m 和 R_m 的最后交换是至关重要的。如果我们在步骤 7 的末尾没有交换这些内容，那么生成的密文就不能使用相同的算法解密。

4. 轮数

在 Feistel 密码中使用的轮数是特定 Feistel 密码的设计规范的一部分。例如，DES 使用 16 轮。轮数的设计原则相当简单，轮数越多，分组密码通常就越安全。这是显然的，因为轮数越多，明文就变得“越混乱”，密钥穷举攻击就会需要更长的时间。然而，轮数越多，加密（和解密）过程的效率就越低，这个设计决策再次涉及效率 – 安全的权衡。

4.4.2 DES 规范

DES 是 Feistel 密码的一个例子，它的分组长度为 64 位，密钥长度为 64 位，轮数为 16 轮。注意，DES 的有效密钥长度为 56 位，因为密钥的 64 位中有 8 位没有被加密算法使用（它们是校验位）。我们已经知道 DES 是基于 Feistel 密码设计的，要想完整描述 DES，还需要以下内容：

- **轮函数**。轮函数的核心是取一组输入比特，根据被称为 S – 盒（S-box）的一组表中指定的规则来替换它们。
- **密钥编排**。负责指定任意轮的子密钥是由密钥的哪些位组成的。
- **额外的处理步骤**。例如，DES 在第一轮加密开始之前对所有输入位进行初始排列，最后一轮加密之后对所有输出位执行与初始排列相反的操作。

DES 规范的细节是技术性的，我们在这里不需要关注。DES 是一种公开的分组密码，其技术细节很容易查到。

4.4.3 DES 简史

DES 是一种非常重要的分组密码，不仅是因为它的变体至今仍在大量使用，还因为它有一段有趣且重要的历史，我们将在本节加以简要介绍。这里讨论的意义在于，DES 发展过程中出现的许多问题将来可能再次出现。

1. DES 历史上的里程碑事件

1973 年，美国国家标准局（NBS）发布了一份关于征集加密算法标准的提案。这是一个历史性的时刻，在此之前，密码学在 20 世纪曾是一种“黑箱艺术”（black art），主要由军事和国家安全组织实施。美国国家标准局认识到，需要一种加密算法来保护日益商业化的计算机通信。

最初没有公司回应这一征集，但是在 1974 年第二次征集发出之后，IBM 提交了他们正在开发的一种加密算法。该算法提交后，经过美国国家安全局（NSA）的修改，于1975年公开发表，供公众评审。经过适当的磋商，该算法于1976年作为联邦标准被采用，并于1977年作为DES发布。

1977年，联邦机构强制要求使用DES，在银行标准ANSI X3.92中采用DES之后，DES在整个国际金融业得到了广泛使用，成为事实上的国际标准加密算法。直到AES出现之前，DES一直保持着这种地位。尽管DES的预期寿命为15年，但美国国家安全局在1988年就取消了对DES的支持。然而，美国国家标准局在同年重申使用DES，主要是为了安抚当时严重依赖DES的金融业。

美国国家标准局（现在被称为美国国家标准与技术协会，即National Institute of Standards and Technology，简称NIST）最终承认DES不能再提供足够的密码保护，并于1998年发布了一个新的算法的征集，在这个过程中产生了AES，我们将在4.5节中讨论。

2. 早期设计的批评

DES已被证明是一种设计非常好的分组密码，因为迄今为止，除了密钥穷举攻击之外，还没有对DES成功进行过有效的密码分析攻击。虽然有一些学术突破，涉及**差分密码分析**（Differential Cryptanalysis）和**线性密码分析技术**（Linear Cryptanalysis），但这些攻击在实践中并没有威胁到DES。

然而，DES多年来一直在设计上受到批评：

1）**秘密的设计标准**。虽然规范完整地描述了DES，包括轮函数和密钥编排表，但是它们的设计原则（换句话说，为什么选择这样做）并没有发布。这导致一些人开始怀疑可能存在"后门"（见14.2节），通过了解一些秘密技术，设计者可以很容易地破解DES。这些担心现在看来似乎捕风捉影的，特别是在20世纪90年代发表的差分密码分析技术揭示了DES的设计似乎可以防止这种类型的密码分析攻击，有趣的是，DES的设计者肯定早在这种技术之前发表之前就知道它了。

2）**潜在的弱密钥**。有人指出，某些DES密钥不适合使用。例如，有些密钥被描述为"弱"密钥，因为使用这些密钥进行加密和解密具有相同的效果。这到底是不是一个问题还有待商榷。好在这样的密钥只有几个，可以很容易地避免使用它们。

3）**密钥长度不足**。即使在1975年，对DES的主要批评仍然是56位的有效密钥长度不够。事实上，有消息（从未证实）称，美国国家安全局为了在其能力范围内穷举DES密钥，选择了相对较小的有效密钥长度。这些说法是否属实可能永远无法得知，真实的情况是，目前56位密钥对大多数应用来说是不够安全的。

3. DES密钥搜索

DES的安全性分析从一开始就集中在难以穷举DES密钥上。为了让后面的讨论有一个切入点，回顾一下我们在3.2.3节中对实际攻击时间的计算。假设我们有一台由100万个处理器组成的机器，每个处理器每秒可以测试100万个密钥。那么，在密钥穷举攻击中找到

DES 密钥可能需要多长时间？

实际上，DES 密钥长度为 56 位，需要 2^{56} 次测试才能穷举密钥空间。因为 2^{56} 近似等于 7.2×10^{16}，每秒可以检验 $10^6 \times 10^6 = 10^{12}$ 个密钥，所以密钥穷举需要的时间为：

$$\frac{7.2 \times 10^{16}}{10^{12}} = 7.2 \times 10^4 \text{（秒）}$$

换句话说，需要大约 20 个小时。这意味着我们可能在大约一半的时间内（即大约 10 个小时内）找到正确的密钥（参见 1.6.4 节）。

这些都是简单的数学事实。真正的问题是，攻击方使用这么强大的机器来穷举 DES 密钥的可能性有多大。关于 DES 安全性的历史争论本质上是关于强大计算设备的潜在可用性和成本的争论。表 4-1 总结了此争论中的一些里程碑事件。

- **1977 年**：部分是为了回答他们对 DES 密钥长度的担忧，Whit Diffie 和 Martin Hellman 估计，可以用 2000 万美元建成一台密钥搜索机器，他们不排除这个预算在政府安全机构（如美国国家安全局）的能力范围内。公平地说，在 1977 年，没有人真的相信会有人投资这么多钱来建造这样一台机器。同样值得怀疑的是，那个时候是否真的能制造出这种机器。
- **1993 年**：Mike Wiener 提出表 4-1 中的指标用于开发专门的 DES 密钥搜索机器，结果又多花了 50 万美元。没有证据表明有人真的制造过这样的机器，这些指标只让少数人感到担忧，但大家都承认，至少在概念上，这样的机器已经开始可以建造了。
- **1997 年**：在一项杰出的工作中，通过大规模团队协作找到了一个 DES 密钥，该团队利用了全世界 10 000 多台计算机的空闲时间进行并行处理。在高峰时期，这项工作每秒处理 70 亿个密钥（注意，这比我们上面讨论的理论速度要慢得多）。从对密码学的贡献来看，这个结果并不令人惊讶，因为此种速度的密钥搜索时间是在预期范围内的。但让如此多的计算机以这种合作的方式进行协调并成功地运行，这是一项管理壮举。同样重要的是，人们从一开始就有动机参与这项研究。
- **1998 年**：真正的突破是电子前沿基金会（Electronic Frontier Foundation，EFF）为了推动美国政府密码学政策的改变，制造了一个名为“深裂”（Deep Crack）的硬件来寻找 DES 密钥。这台机器的设计成本为 8 万美元，制造成本为 13 万美元。它每秒只处理不到 10^{11} 个密钥，比我们上面讨论的理论速度慢十倍。其设计细节全部公布，但实际的机器并没有提供给公众使用。然而，它确实成功地说服了大多数人，DES 对大多数应用来说已经不是足够安全的了。
- **2007 年**：能够以极低的成本构建功能强大的 DES 破解机器，这说明对于现代应用而言，DES 是多么不安全。设计出专用硬件的意义不在于速度，而在于大大降低了成本。例如，在 2007 年，硬件设备 COPACOBANA 的价格不到 1 万美元，并且可以在不到一周的时间内搜索到 DES 密钥。

表 4-1　DES 密钥搜索结果

年份	来源	是否实现	成本（美元）	密钥搜索时间
1977	Diffie & Hellman	否	2000 万	12 小时
1993	Wiener	否	1050 千万	21 分钟
1993	Wiener	否	150 万	3.5 小时
1993	Wiener	否	60 万	35 小时
1997	Internet	是	未知	140 天
1998	EFF	是	21 万	56 小时
2007	OPACOBANA	是	1 万	6.4 天

现在很好理解，任何决心足够大的人都可以穷举搜索 DES 密钥。尽管 DES 仍然在许多遗留应用中使用，但我们可以预期它的应用将随着时间推移不断减少。注意，对于保护时限很短的应用，使用 DES 没有什么问题，因为除了理论攻击（学术攻击）之外，没有任何针对算法本身的攻击。然而，在大多数现代应用中，DES 在很大程度上已被三重 DES 和 AES 之类的密码算法取代。

4.4.4　三重 DES

针对 DES 的密钥穷举攻击的进展在 20 世纪 90 年代开始引起主流用户的不安，如在金融行业，DES 算法已经广泛应用，且已内嵌在大型安全架构中，要更换算法需要大量的时间和资金。

实际的对策不是完全放弃使用 DES，而是改变 DES 的使用方式，这催生了三重 DES（Triple DES，有时称为 3DES[⊖]）。麻烦的是，三重 DES 有两种变体，称为三密钥三重 DES（3TDES）和二密钥三重 DES（2TDES）。我们将分别描述它们。

1. 三密钥三重 DES

图 4-6 描述了称为 3TDES 的三重 DES 的变体。

在使用 3TDES 之前，我们首先生成并分发一个 3TDES 密钥 K，它由三个不同的 DES 密钥 K_1、K_2 和 K_3 组成。这意味着实际的 3TDES 密钥长度为 3 × 56 = 168 位。使用 3TDES 加密 64 位明文步骤如下：

1）首先使用密钥为 K_1 的单重 DES 加密明文。

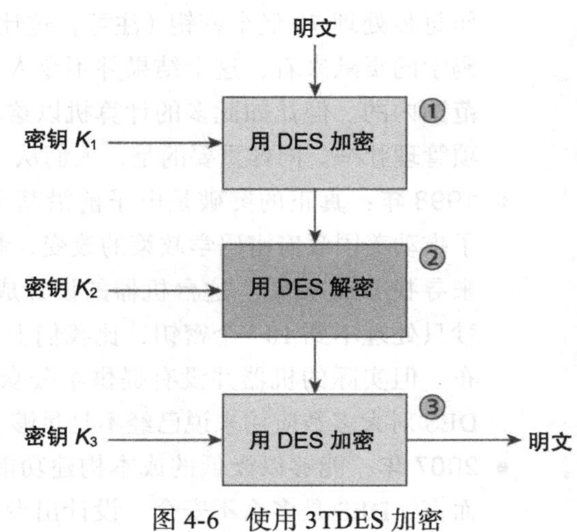

图 4-6　使用 3TDES 加密

⊖ 原文为 ₃DES，据中文文献的惯例改成 3DES。——译者注

2）使用密钥为 K_2 的单重 DES 解密步骤 1 的结果。

3）使用密钥为 K_3 的单重 DES 加密步骤 2 的结果，加密的结果就是密文。

对 3TDES 密文的解密与上面的过程相反。换句话说，我们首先使用 K_3 解密，然后用 K_2 加密，最后用 K_1 解密。

第一次遇到 3TDES 时，读者可能会感到相当困惑，因为第二步实际上是一个单重 DES 解密过程，我们可以用一个单重 DES 加密过程来代替第二步，从而使 3TDES 成为使用单重 DES 的三重加密过程。但是，出于实现的原因，不推荐这样做。通过将三重 DES 构造为加密 – 解密 – 加密过程，可以将 K_1、K_2 和 K_3 设置为相同的值，从而可以使用 3TDES（硬件）实现单重 DES。这提供了向后兼容性，因为一个组织可以转换为 3TDES，同时能够继续安全地连接到其他仍然使用基于单重 DES 的遗留系统的组织。

2. 二密钥三重 DES

三重 DES 的变体 2TDES 与 3TDES 相同，只是 K_3 被 K_1 取代了。换句话说，我们用 K_1 加密，然后用 K_2 解密，然后再用 K_1 加密。因此，2TDES 的密钥长度为 112 位。请注意，尽管第一步和第三步都涉及使用 K_1 加密，但每个步骤的结果是不同的，因为执行加密操作输入的“明文”是不同的。

3. 三重 DES 实践

从 DES 密钥搜索取得实质突破到采用 AES 之间的这段时间，三重 DES 曾短暂地成为默认的全局加密算法。

由于缺乏对底层 DES 机制的攻击，导致了三重 DES 的出现，因此作为一种加密算法，三重 DES 受到了人们的高度重视。但是，请注意，这两个版本的三重 DES 的密钥长度具有一定的欺骗性。由于加密是作为三个独立的过程进行的，因此有几种攻击技术可以利用这一点。**中途相遇攻击**（Meet in the Middle Attack）存储单个加密数据表和解密数据表，并寻找合适的匹配项，这些匹配项可能指示哪些单重 DES 密钥已作为三重 DES 密钥的一部分使用。由于存在这种针对 **DES 双重加密**（Double Encryption of DES）的攻击，因此双重 DES 没有得到应用。

效果最好的中途相遇攻击将 3TDES 的**有效安全性**（Effective Security）降低到 112 位。也就是说，3TDES 的真正安全性大致相当于对 112 位密钥进行密钥穷举攻击。另一种攻击将 2TDES 的有效安全性降低到大约 80 位。因此，尽管 3TDES 和 2TDES 都比单个 DES 安全得多，但它们的安全性低于密钥长度所建议的安全性。有效安全性还意味着三重 DES 的两种变体的安全性都明显低于 AES。然而，3TDES 具有足够有效的安全性，适合当前的应用。

使用三重 DES 加密显然比使用单重 DES 加密慢得多。我们即将讨论的 AES 的设计规范之一，就是 AES 应该比三重 DES 快。事实上，据报道，在软件实现中，AES 的速度大约是 DES 的 6 倍。

因此，除非存在使用三重 DES 的历史原因（历史原因可能是非常重要的原因），否则不用 AES 而使用三重 DES 是不合理的，因为 AES 提供了更好的安全性和性能。然而，毫无疑问，三重 DES 在未来许多年内仍将是一种重要的加密技术，因为它支撑着许多重要应用的安全，例如支持电子支付的 EMV 标准（见 12.4 节）。

4.5 AES 密码

目前在新应用中最可能遇到的对称密码算法是**高级加密标准**（Advanced Encryption Standard，AES）。在本节中，我们将简要介绍 AES。

4.5.1 AES 的开发

1998 年，NIST 发出了一项提议，要求建立一个新的分组密码标准，称为 AES。NIST 对候选算法的三个要求如下：

1）分组长度应为 128 位。

2）应提供 128 位、192 位和 256 位的可变密钥长度，以便在将来对抗密钥穷举攻击。这些密钥长度目前都远远超出了最先进的密钥穷举攻击技术的能力。

3）必须以比三重 DES 更快的速度在一系列不同的计算平台上运行。

与 DES 的发展形成对比的是，它规定了算法选择过程将通过公开“竞争”进行，所选择的算法和设计细节将完全公开。做出这样的决定可能有两个原因：

1）**信心**：减轻公众对 DES 发展过程的疑虑，从而最大限度地提高公众对最终加密标准的信心，并在国际上采用该标准。

2）**专业知识**：20 世纪 70 年代至 90 年代，密码学的公共专业知识急剧增加，主要受益于：

- 鼓励最好的密码设计师参与。
- 对候选算法进行最广泛的审查。

这次算法征集的结果是获得了 15 个候选提案，很快就减少到 11 个。1999 年，经过公开评审，候选提案数目减至五个。在 2000 年，最终选择了算法 Rijndael。Rijndael 是由比利时密码学家 Joan Daemen 和 Vincent Rijmen 设计的，他们当时分别在一家比利时信用卡支付机构和一所比利时大学工作。因为 Rijndael 是择优录取的，而且经过了国际专家的严格审查，所以虽然最终选中的方案并非来自美国，而是由商业和学术部门合作设计，但是并没有影响人们对它的信心。Rijndael 最终被选中，主要是出于性能方面的考虑，而不是安全方面的考虑。在 AES 评选过程中，其他四个最终候选方案也得到了高度评价，它们是 MARS、RC6、Serpent 和 Twofish。

联邦信息处理标准（Federal Information Processing Standard）FIPS 197 是 AES 的标准，它于 2001 年发布，包含一个稍微修改过的 Rijndael 版本。该标准将 AES 指定为美国政府机构（和其他机构）用来保护敏感信息的对称密码算法。

4.5.2 AES 的设计

与 DES 不同的是，AES 没有被设计成 Feistel 密码这样的结构。AES 是基于被称为**替换 – 置换网络**（Substitution Permutation Network，简称 SP 网络或 SPN）而设计的。它意味着该设计基于一系列操作链，其中一些操作涉及用特定的输出替换输入（替换），而另一些操作涉及打乱位（置换）。AES 规范的细节超出了本书讲授的范围，但是，我们将对加密过程的概念进行介绍。

1. AES 加密

值得注意的是，AES 的所有计算都是在字节而不是位上执行的。因此，AES 首先将明文分组的 128 位看成 16 字节，然后进行若干**轮**（Round）加密操作。与 DES 类似，这些轮使用不同的 128 位**轮密钥**（Round Key），这些轮密钥是从原始 AES 密钥计算出来的，详细信息可以在 AES 密钥编排中找到（这是 AES 算法的一部分，我们不再进一步讨论）。与 DES 不同，AES 轮数是可变的，这取决于 AES 密钥的长度，128 位密钥的 AES 轮数为 10，192 位密钥的 AES 轮数为 12，256 位密钥的 AES 轮数为 14。

图 4-7 中描述了 AES 的一轮操作。每轮输入 16 字节，并通过应用以下四个过程产生 16 字节的输出。

1）**字节替换**（Byte Substitution）：通过查找一个固定表（S – 盒）来替换 16 个输入字节，S – 盒的详细信息是算法的一部分，产生的 16 个新字节被安排在一个 4 行 4 列的正方形矩阵中。

2）**行移位**（Shift Row）：由字节替换过程产生的矩阵的四行中的每一行都向左移动，任何移到界外的字节都会被重新插入到右边。更准确地说，矩阵的第一行保持不变，第二行向左移动一个字节，第三行向左移动两个字节，第四行向左移动三个字节。结果得到一个由相同的 16 个字节组成的新正方形矩阵，其性质是所有曾经在一列中的条目都被移动了，它们现在位于不同的列中。

3）**列混合**（Mix Column）：现在使用一个特殊的数学函数对每一列（4 个字节）进行转换，其中的细节是算法的一部分。该函数将一个列的 4 个字节作为输入，并用输出的 4 个新字节替换原来的列。结果得到另一个由 16 个新字节组成的新正方形矩阵㊀。

4）**轮密钥相加**（Add Round Key）：将由列混合过程生成的 16 字节的正方形矩阵看成 128 位，并与 128 位的轮密钥做异或。如果这是最后一轮，那么输出就是密文。否则，产生的 128 位被看成 16 字节，从一个新的字节替换过程开始开始下一轮处理。

需要注意的最重要的问题是，整个 AES 加密过程基于一系列的查表和异或运算，这些操作非常适合在计算机上执行，在许多不同的计算平台上的处理速度都很快，这使原始的 Rijndael 算法在 AES 评选过程中占了优势。

㊀ AES 算法的最后一轮中没有列混合过程。——译者注

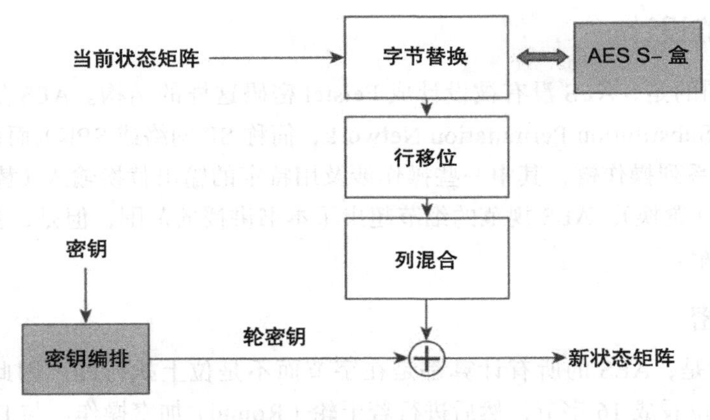

图 4-7　一轮 AES 加密

2. AES 解密

AES 密文的解密只是以相反的顺序执行加密过程。特别需要注意以下几点：

- 每轮由四个按顺序执行的过程组成：轮密钥相加、列混合、行移位和字节替换。
- 每个过程“反转”相应的加密过程。例如，轮密钥相加涉及将密文和适当的轮密钥异或，而列混合则涉及应用加密期间使用的函数的逆函数。
- 轮密钥的使用顺序与加密时相反。

因此，与 Feistel 密码不同的是，AES 的加密和解密算法必须分别实现，尽管它们之间关系非常密切。

4.5.3　AES 的今天

AES 在硬件和软件中已得到广泛采用和支持，包括在 RFID 等低成本环境中。虽然对 AES 进行了大量的详细检查和分析，但到目前为止还没有发现针对 AES 的实用密码分析攻击。对密钥长度为 192 位和 256 位的 AES 存在一些学术攻击，它们比密钥穷举攻击更有效。尽管如此，人们普遍认为 AES 在可预见的未来可以提供良好的安全性。由于 AES 的设计使用了一种比 DES 更有效的过程，在出现任何颠覆性的密码分析技术突破之前，以上结论都是站得住脚的。

与 DES 不同的是，AES 的密钥长度天生具有灵活性，这在一定程度上可抵抗未来密钥穷举攻击能力的提高。

然而，就像使用任何加密算法一样，只有正确实现 AES 并安全地管理密钥，使用 AES 才能保证安全性。特别是，针对 AES 实现的一些非常巧妙的侧信道攻击（请参阅 1.6.5 节），支持了我们在本书中想要强调的一个观点：实际的密码设计是加密过程中相对“容易”的一部分，最难的部分是在实际系统中安全地实现密码技术。

4.6 操作模式

分组密码是非常通用的密码学原语，可用于提供许多不同的安全属性。正如我们在3.2.4节中提到的那样，密码学原语的使用方式会影响其功能。

以“非常规”方式（指不严格遵循1.4.3节中的密码系统基本模型）使用分组密码的一个例子是三重DES。在这种情况下，分组密码以一种不同的方式被使用，以增加它抵抗密钥穷举攻击的能力。

在本节中，我们将介绍分组密码的几种不同**操作模式**（Mode of Operation）。当同一分组密码以不同的操作模式来加密由多个分组组成的明文时，得到的结果具有不同的性质。理论上，任何分组密码都可被用于这些操作模式。在实践中，使用哪种操作模式取决于应用和所需性质。

当然，我们将研究的几种操作模式不能涵盖分组密码的所有操作模式，但它们都是成熟的操作模式，足以说明在实际应用分组密码之前选择适当的操作模式的重要性。

4.6.1 ECB模式

第一种操作模式是ECB（Electronic Code Book，电码本）模式。ECB模式是一种容易理解的操作模式，即按照图4-4中描述的方式直接使用分组密码。我们之所以要讨论ECB模式，是要指出其不足之处。

1. ECB模式的原理

在ECB模式中，我们用密钥加密第一个明文分组，生成第一个密文分组；然后，用密钥加密第二个明文分组，生成第二个密文分组，以此类推。

这种操作模式的名称来源于这样一个事实：一旦确定了密钥，就可以（至少在理论上）使用一个巨大的代码本进行加密，这个代码本可以用来查找哪个密文分组替换哪个明文分组。回顾一下我们在3.1.3节中讨论一次一密的拉丁方版本时提到的拉丁方查找表，请注意，这里的代码本对应于拉丁方查找表的一行，可以为任何分组密码构造拉丁方查找表。

2. ECB模式的问题

ECB模式很少用于加密由多个分组组成的长明文，主要出于以下几个原因。

（1）密文操纵（Ciphertext Manipulation）

如果在ECB模式下使用分组密码，那么一些密文操纵是无法检测到的。也就是说，攻击方可以改变密文，使接收方在解密被操纵的密文之后仍然可以得到有意义的明文。例如，攻击方可以：

- 重放（部分）旧密文。
- 删除某些密文分组。

- 重新排列密文分组的顺序。
- 将某些密文分组复制后重新插入到密文中。

当然，要想在不被检测到的情况下进行这些攻击，攻击方必须设法使被操纵的密文对应的明文有意义，但在很多情况下，这是完全可能的。例如，如图 4-8 所示，假设攻击方可以访问数据库中的两个字段 P_1 和 P_2 的密文值 C_1 和 C_2，并且可以交换 C_1 和 C_2 的位置。虽然攻击方可能不知道此更改的确切结果，但是攻击方可能会预见可能的结果。例如，如果加密项是学生的考试成绩，学生的姓名以明文形式存储在数据库中，攻击方可能事先知道学生的能力，从而将好学生 A 的成绩密文与差学生 B 的成绩密文交换，结果就提高了差学生 B 的成绩。

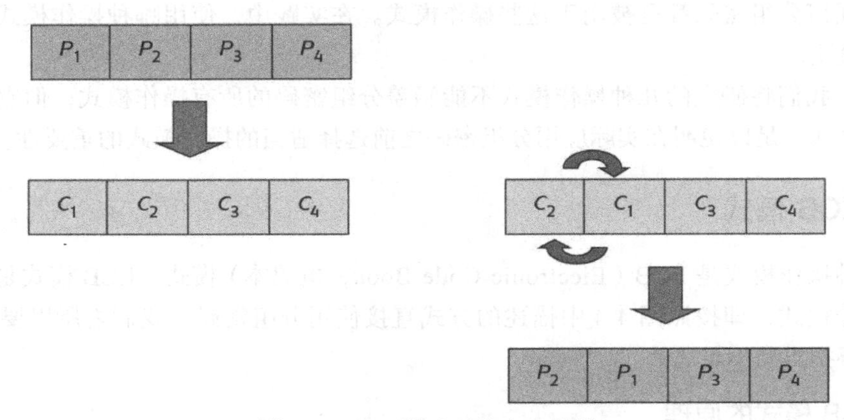

图 4-8　ECB 模式下的密文操纵

（2）统计攻击（Statistical Attack）

在 2.1 节中，我们看到，可以很容易地对单表密码进行字母频率分析。在某种意义上，我们可以将在 ECB 模式中使用的分组密码视为“单块”（mono-block-ic）密码，因为相同的明文分组总是被加密为相同的密文分组。这使得有可能使用密文分组统计数据来分析在 ECB 模式下使用的分组密码，虽然这种方式执行起来比字母频率分析困难得多。如果经常使用分组密码加密一组少量明文，统计分析将特别有效。同样，上面提到的那个部分加密的考试成绩数据库就是一个很好的例子，其中考试成绩字段中只可能有 100 个不同的明文，因此能计算出 100 个不同的密文。

（3）字典攻击（Dictionary Attack）

在 4.3.1 节中曾经提到，字典攻击的攻击方需要制作一个字典，字典中包含使用特定密钥生成的已知明文 / 密文对，为了防范字典攻击，需要相对较长的分组长度。在定期发送某些固定明文的应用中，字典攻击尤其危险。一个极端例子是我们在 3.2.3 节中描述的情况，每天的开始发送固定的明文。虽然选择长的分组长度使字典攻击变得更复杂（见 4.3.1 节），但如果在 ECB 模式下使用分组密码，那么理论上总是有可能发生字典攻击。

出现这三个问题的原因是，当在ECB模式下使用相同的密钥时，明文分组总是被加密为相同的密文分组。注意，使用更强（更安全）的分组密码无法减少ECB模式的这些问题，因为它们与加密算法的强度无关。相反，这些问题是分组密码的使用方式造成的。

由于我们刚才讨论的统计攻击是字母频率分析的概括，因此有必要回顾我们在2.2.1节中确定的三个设计原则，以应对字母频率分析，并考虑如何将这些原则应用于现代分组密码。

1）**增加明文和密文字母表的大小**。这对应于增加分组长度，因为分组密码的“字母表”由所有可能的分组组成。这表明从安全性的角度来看，分组长度越大越好，这是我们在4.3.1节中已经看到的。

2）**允许将相同的明文字母加密为不同的密文字母**。当我们在2.2.4节中研究Vigenère这类密码时，已经看到了这个原则的重要性。因此，将相同的明文分组加密为不同的密文分组是一个好主意，这正是在ECB模式中不会发生的。

3）**用于加密明文字母的密文字母取决于明文字母在明文中的位置**。这种位置依赖关系是实现上一条设计原则的一种方法。实现它的一种方法（翻译成我们的分组密码术语）是使密文分组不仅依赖于当前明文分组，也依赖于以前的明文分组或密文分组。具有此属性的加密机制称为具有**消息依赖性**（Message Dependency）。

第一个原则体现在分组密码的设计中。因此，最好有一些可选的操作模式，将后两个设计原则所建议的特性结合起来。现在，我们将研究三种不同的操作模式，它们正是这样做的。前两种操作模式使用消息依赖来实现位置依赖，而第三种操作模式使用不同的技术。这些操作模式都优于ECB模式，除了加密仅由一个分组组成的明文，ECB模式在实践中很少使用。

4.6.2 CBC模式

本节要介绍的操作模式是CBC（Cipher Block Chaining，密码块链接）模式。在这种模式下，每个密文分组在被发送给接收方的同时，都作为后续明文分组加密过程的输入值。因此，所有的密文分组都在计算上“链接”在一起。

1. 使用CBC模式加密

CBC模式加密如图4-9所示，其中E表示分组密码的加密算法。我们将在讨论中假设E的分组长度为128位（但是，它可以是任何值）。图中的两行框

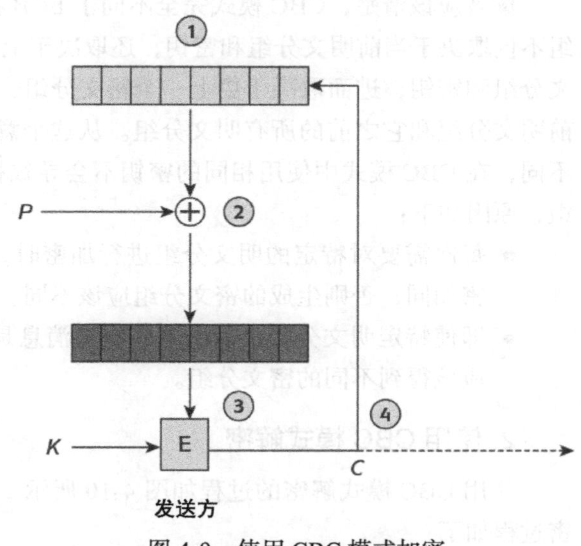

图4-9 使用CBC模式加密

表示 128 位的临时寄存器，用于存储加密过程所需的中间值，这些寄存器中的内容将在整个加密过程中发生变化。

CBC 模式加密过程如下。

1）首先，我们必须把一段数据放到上面的寄存器里，这段数据必须是 128 位，它通常被称为**初始向量**（Initialization Vector，IV），它的作用只是初始化加密流程。IV 要满足的条件如下：

- 发送方和接收方必须都知道 IV，它们可以在公共信道上协商 IV，或者发送方将其包含在发送给接收方的数据的前 128 位中。
- IV 的值最好是"不可预测的"，而不是攻击方可以预测到一个 128 位值。
- 对同一密钥，一个 IV 只能被使用一次。

2）将第一个明文分组 P_1 与上面的寄存器中的内容异或，将结果存入下面的寄存器。

3）用密钥加密下面的寄存器中的内容，结果为 C_1，即第一个密文分组。

4）将 C_1 发给接收方，并用 C_1 替换上面的寄存器中的内容。

5）重复步骤 2。换句话说，将下一个明文分组与上面的寄存器中的内容（现在是 C_1）进行异或，将结果存入下面的寄存器；用密钥加密下面的寄存器中的内容，得到下一个密文分组 C_2，将 C_2 发给接收方，并用 C_2 替换上面的寄存器中的内容。以这种方式继续处理，直到处理完最后一个明文分组。

本质上，上面的加密过程是将上一个密文分组与当前的明文分组异或，然后使用密钥对结果加密。对于那些喜欢符号而不喜欢文字的人，我们用 $E_K(X)$ 表示用密钥 K 加密 X，就可以推出另一种表示 CBC 模式加密的方法：

$$C_i = E_K(P_i \oplus C_{i-1})$$

读者应该清楚，CBC 模式完全不同于 ECB 模式。因为与给定的明文分组对应的密文分组不仅取决于当前明文分组和密钥，还取决于上一个密文分组（该密文分组取决于上一个明文分组和密钥，进而取决于更上一个密文分组，以此类推）。换句话说，密文分组依赖于当前明文分组和它之前的所有明文分组。从这个意义来说，它具有消息依赖性。与 ECB 模式不同，在 CBC 模式中使用相同的密钥不会导致相同的明文分组总是被加密为相同的密文分组，原因如下：

- 每次需要对特定的明文分组进行加密时，除非前面的整个明文消息与之前的某次加密相同，否则生成的密文分组应该不同。
- 即使特定明文分组之前的整个明文消息是相同的，通过每次选择不同的 IV，我们也应该得到不同的密文分组。

2. 使用 CBC 模式解密

使用 CBC 模式解密的过程如图 4-10 所示，其中 D 表示分组密码的解密算法。CBC 解密过程如下：

1）把协商好的IV存入上面的寄存器中。

2）取第一个密文分组 C_1，用密钥对其解密，将结果存入下面的寄存器。下面的寄存器现在包含的值与第一次加密之前发送方下面的寄存器中的值完全相同。

3）将下面的寄存器中的内容与上面的寄存器中的内容异或，结果是 P_1，即第一个明文分组。

4）用 C_1 替换上面的寄存器中的内容。

5）重复步骤2。换句话说，解密下一个密文分组 C_2，并将结果存入下面的寄存器（下面的寄存器现在包含的值与第二次加密之前发送方下面的寄存器中的值完全相同）；将下面的寄存器中的内容与上面的寄存器中的内容异或，结果即为下一个明文分组 P_2，并用 C 替换上面的寄存器中的内容。以这种方式继续处理，直到处理完最后一个密文分组。

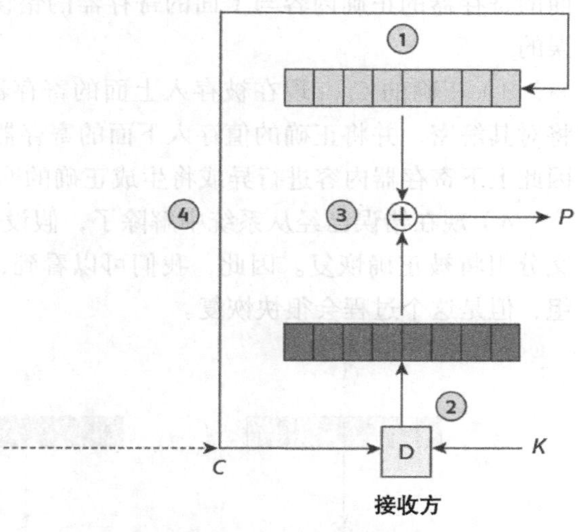

图4-10 使用CBC模式解密

更简洁地说，解密包括解密当前的密文分组，然后将结果与上一个密文分组异或。换句话说：

$$P_i = D_K(C_i) \oplus C_{i-1}$$

3. CBC模式下传输错误的影响

回想一下，为了克服ECB模式的缺点，CBC模式特意引入了消息依赖。使一个明文分组的加密依赖于前面的整个加密过程，这种方式带来的一个缺点是传输错误可能会传播。例如，如果一个密文位在传输过程中从1变为0，那么从这个密文分组解密出来的明文分组显然是不正确的。由于链接过程，所有后续的密文分组看起来似乎也将被错误解密，但事实上却不是这样，随后我们将看到CBC模式设计的巧妙之处。

假设使用CBC模式（如图4-9和图4-10所示）和一个分组长度为128的分组密码，并假设在密文分组 C_i 中发生了1位传输错误，但是之前所有的密文分组都被正确接收。显然，之前所有的明文分组 P_1 到 P_{i-1} 都不受影响，因为它们是在 C_i 到达之前解密的。现在我们考虑当错误的分组 C_i 被处理时会发生什么，处理过程如图4-11所示。

1）当接收到 C_i 时，它将被解密，从而导致一个错误的值被放置在下面的寄存器中。上面的寄存器的当前内容 C_{i-1} 是正确的，因为 C_{i-1} 被正确地接收了。然而，当下面的寄存器的错误内容与上面的寄存器的正确内容进行异或后，生成的明文分组 P_i 是错误的。

2）错误的 C_i 现在被存入上面的寄存器。当接收到下一个正确的密文分组 C_{i+1} 时，解密后将正确的值存入下面的寄存器中。然而，上面的寄存器中的内容仍然不正确。当将下面的寄存器的正确内容与上面的寄存器的错误内容进行异或时，生成的明文分组 P_{i+1} 是错误的。

3）正确的 C_{i+1} 现在被存入上面的寄存器。当接收到下一个正确的密文分组 C_{i+2} 时，将对其解密，并将正确的值存入下面的寄存器中。上面的寄存器中的内容现在也是正确的，因此上下寄存器内容进行异或将生成正确的明文分组 P_{i+2}。

4）现在错误已经从系统中解除了，假设后续的密文分组不再包含传输错误，剩余的明文分组将被正确恢复。因此，我们可以看到，尽管密文中的一位错误会传播到两个明文分组，但是这个过程会很快恢复。

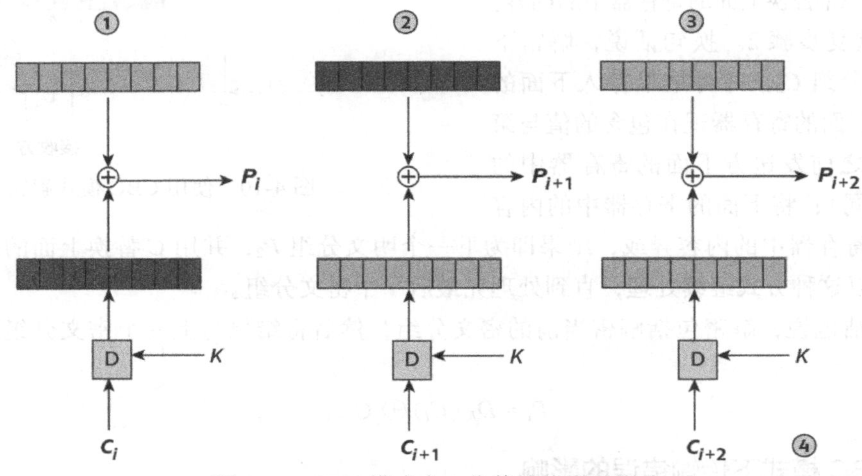

图 4-11　CBC 模式中 1 位传输错误的影响

对于这两个受影响的明文分组究竟有多少错误，我们有必要更精确地说明一下。

- C_i 只包含一个错误的位，当 C_i 被解密时，得到的 128 位值是“非常错误的”。这是因为，正如 4.3.2 节中所讨论的，即使错误的 C_i 只有一个位是错误的，解密后得到的 128 位值中应该有大约一半是错误的。然后，这些错误的值与上面的寄存器中正确的值 C_{i-1} 进行异或，导致 P_i 也有大约一半的位错误。
- 正确的值 C_{i+1} 被解密为一个正确的值，然后与 C_i（只有一个错误的位）进行异或，得到错误的 P_{i+1}，P_{i+1} 中也只有一个错误的位，位置与 C_i 中的错误的位的位置完全相同（当然，一位明文错误是否严重取决于明文的性质）。

假设所有后面的密文分组都没有传输错误，这确实是一个很好的结果，说明 CBC 模式巧妙地包含了传输错误，并且错误传播非常有限。

4. CBC 模式的特点

CBC 模式的主要特点可概括如下。

1）**位置依赖**：通过引入消息依赖关系，在CBC模式下使用分组密码可以防止密文操纵、频率分析和字典攻击。

2）**有限的错误传播**：虽然错误传播确实可能发生，但它受到严格控制，并不比ECB模式差多少。

3）**不需要同步**：即使CBC模式有位置依赖关系，它也不需要同步，因为接收方可能会错过密文的开头，但仍然可以从接收密文的地方成功解密。这是因为反馈（以及上下寄存器中的内容）仅由最近接收到的密文分组决定。

4）**效率**：CBC模式的实现效率略低于ECB模式，额外的开销来自执行速度非常快的异或运算。

5）**填充**：CBC模式需要处理完整的明文分组，因此在加密前必须先填充明文。

6）**实现方面**：值得注意的是，CBC模式构成了我们将在6.3.3节中讨论的著名数据源身份认证机制的基础，这为需要对称加密和数据源身份认证的应用带来了实现上的好处，这也许就是为什么CBC模式在历史上一直很受欢迎的原因。

4.6.3 CFB模式

提供消息依赖关系的另一种方法是使用CFB（Cipher Feedback，密码反馈）模式。它与CBC模式具有高度相似的属性，但在操作方式上略有不同。

1. 使用CFB模式加密

CFB模式有几种变体，但CFB模式加密的基本过程如图4-12所示。CFB加密过程如下：

1）将初始向量（IV）存入上面的寄存器。与在CBC模式中一样，发送方和接收方必须知道IV（有关如何实现这一点的讨论，请参阅4.6.2节）。

2）用密钥加密上面的寄存器中的内容，并将结果存入下面的寄存器中。不过，即使我们刚刚使用分组密码进行了加密，也请注意以下两点：

- 我们刚刚加密的“明文”分组不是我们试图加密的真正明文分组（我们尚未对真正的明文加密）。
- 我们刚刚生成的“密文”分组也不是最终的密文分组（显然不是，因为它不是使用真正的明文分组加密得到的）。

3）将第一个明文分组 P_1 和下面的寄存器中的内容进行异或，得到的结果即 C_1——我们的第一个密文分组。

4）将 C_1 发送到接收方，并用 C_1 替换上面的寄存器中的内容。我们刚刚反馈了密文！

5）现在重复步骤2。换句话说，用密钥加密上面的寄存器中的内容（现在是 C_1），将结果存入下面的寄存器，将下一个明文分组 P_2 与下面的寄存器中的内容进行异或，得到下一个密文分组 C_2，将 C_2 发送到接收方，并用 C_2 替换上面的寄存器中的内容。以这种方式继续处理，直到最后一个明文分组与下面的寄存器中的内容进行异或后传递给接收方为止。

正如我们对 CBC 模式所做的那样，可以将 CFB 模式加密过程简洁地表达为：

$$C_i = P_i \oplus E_K(C_{i-1})$$

显然，CFB 模式同样引入了消息依赖关系，因为每个密文分组都依赖于当前的明文分组和以前的密文分组（密文分组本身又依赖于以前的明文分组）。

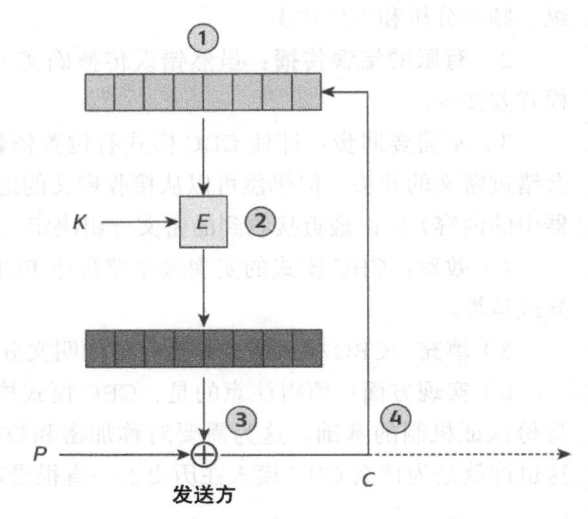

图 4-12　使用 CFB 模式加密

2. 使用 CFB 模式解密

使用 CFB 模式解密类似于加密，如图 4-13 所示。CFB 解密过程如下：

1）首先将协商好的 IV 存入上面的寄存器中。

2）用密钥加密上面的寄存器中的内容，并将结果存入下面的寄存器中。下面的寄存器现在包含的值与发送方生成第一个密文分组时其下面的寄存器中的值完全相同。

3）将第一个密文分组 C_1 与下面的寄存器中的内容进行异或。因为下面的寄存器中的内容与发送方加密 P_1 之前下面的寄存器中的内容一样，所以异或结果是 P_1，即第一个明文分组。

4）用 C_1 替换上面的寄存器中的内容（我们刚刚又反馈了密文）。

5）重复步骤 2。换句话说，用密钥加密上面的寄存器（现在是 C_1）中的内容，将结果存入下面的寄存器，将下个密文分组 C_2 和下面的寄存器中的内容进行异或（因为下面的寄存器中的内容与发送方发送加密的 P_2 之前下面的寄存器中的值一样，所以异或结果是 P_2），并将上面的寄存器中的内容替换为 C_2。以这种方式继续处理，直到将最后一个密文分组与下面的寄存器中的内容进行异或，得到最后一个明文分组为止。

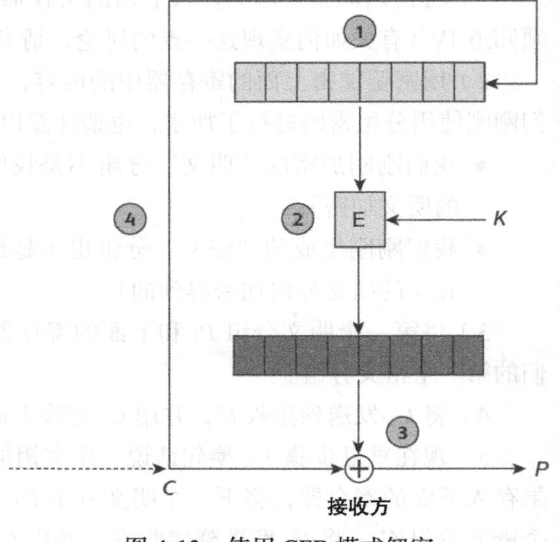

图 4-13　使用 CFB 模式解密

更简洁地说，解密过程可以描述为：

$$P_i = C_i \oplus E_K(C_{i-1})$$

CFB 模式的一个非常有趣的特性是，

我们实际上只使用分组密码的加密过程来解密密文。当使用CFB模式时，我们从不使用分组密码的解密算法来“解密”任何东西！

乍一看，这似乎自相矛盾。然而，从另一个角度考虑CFB模式，会发现CFB模式实际上是将分组密码转换为自同步流密码（参见4.2.4节）。加密算法从来没有直接用于加密明文，而是作为密钥流生成器用于生成存入下面的寄存器中的密钥流。然后，以流密码的形式将这个密钥流与明文异或。因此，接收方同样使用加密算法生成解密密文所需的相同密钥流。这一结论对于理解CFB等操作模式设计背后的部分动机至关重要。通过使用CFB模式将分组密码转换为流密码，我们可以获得4.2.4节讨论的流密码的一些优点，同时保留4.3.2节讨论的分组密码的优点。

3. 减位反馈的CFB模式（Reduced Feedback CFB Mode）

4.2.4节中确定的流密码的优点之一是能够执行即时加密，现在我们简要说明如何使用CFB模式来提供此功能。

前文提到过CFB模式存在几种变体。CFB模式的大多数实际实现与图4-12和图4-13中描述的流程略有不同。主要的区别是，这些变体倾向于以比加密算法的分组长度更小的比特组处理明文。

例如，在8位CFB模式下使用分组长度为128位的加密算法时，一次只加密8位明文。因此，下面的寄存器中的128位中只有8位被与明文进行异或，产生8位密文。这8位密文随后被反馈回上面的寄存器，因为它们不足以替换上面的寄存器的全部当前内容，所以它们被插入上面的寄存器的一端，并且寄存器中现有的内容向另一端平移，另一端最后的8位全部被删除。

这种减位反馈的CFB模式在特定类型的应用中具有显著的优势。例如，如果我们正在处理输入到安全终端的8位ASCII字符，那么可以立即加密这些字符，而不必等到在终端输入了完整的数据分组（在示例中是128位）。这减少了输入数据以未加密的形式保存在输入寄存器中的时间。

4. CFB模式的特点

CFB模式的主要特点可以概括为以下几点：

1）**位置依赖**：这类似于CBC模式。

2）**有限的错误传播**：与CBC模式类似，CFB模式下的一位传输错误会影响两个明文分组。具体影响情况与CBC模式相反：第一个错误的明文分组 P_i 只在与 C_i 出错位相同的位置上是错误的，而第二个错误的明文分组 P_{i+1} 则“非常错误”（大约有一半位是错误的）。与CBC模式一样，CFB模式也能从一位传输错误中快速恢复。

3）**不需要同步**：这类似于CBC模式。

4）**效率**：当使用完全反馈时，CFB模式的实现效率仅略低于ECB模式，因为额外的开销是执行速度非常快的异或运算。然而，减位反馈的CBF模式效率较低，因为它们涉及对每个明文分组重复多次加密。例如，使用128位分组密码的8位CFB模式需要对每个128位明文进行16个加密操作。

5）**填充**：CFB模式的一个优点涉及填充。回想一下4.3.2节的例子，使用128位分组长度的分组密码加密的400位明文，如果使用ECB模式，需要将明文分成4个单独的分组，最后一个分组只包含16位明文。因此，我们必须向第4个分组添加112个冗余的填充位。然而，如果我们使用CFB模式，就不需要这样做。我们如前所述处理前三个128位分组。当加密第4个分组时，我们只需将剩余的16个明文位与下面的寄存器中最右边16位进行异或，然后发送16个产生的密文位，而不需填充。同样，当解密最后16位时，接收方只使用下面的寄存器的最右16位。

6）**实现方面**：在CFB模式下，无须实现分组密码解密，可以节省一些实现成本。

4.6.4 CTR模式

我们将详细描述的最后一种操作模式是CTR（Counter，计数器）模式。

1. 使用CTR模式进行加密和解密

计数器模式可以看作基于计数器的CFB模式，它没有反馈。两者的主要区别在于，假设发送方和接收方都可以访问一个可靠的计数器，每次交换密文分组时，计数器都会计算一个新的共享值。这个共享值不一定是一个秘密值，但是双方必须保持计数器的值同步。图4-14描述了CTR模式下的加密和解密。

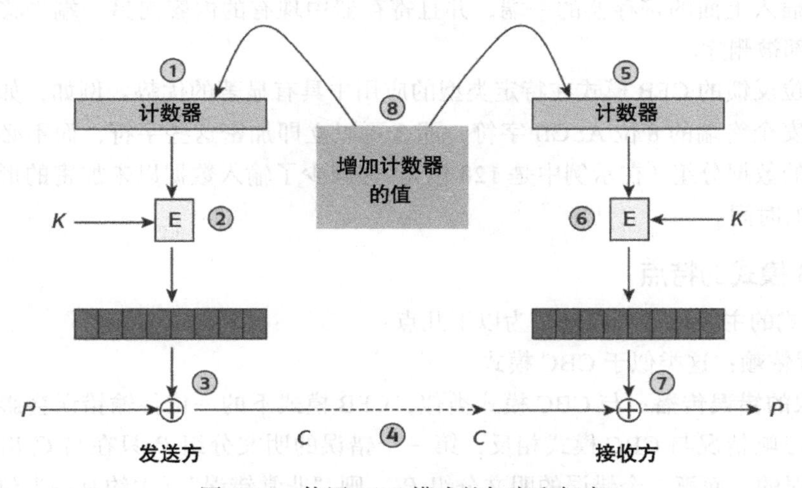

图4-14　使用CTR模式的加密和解密

加密可按以下步骤进行：

1）上面的寄存器中的初始值是初始计数器值，这个值在发送方和接收方中是相同的，作用与CFB（和CBC）模式中的IV相同。

2）与 CFB 模式一样，使用密钥加密上面的寄存器中的内容（计数器值），并将结果存入下面的寄存器中。

3）与在 CFB 模式中一样，将第一个明文分组 P_1 与下面的寄存器中的内容进行异或，结果即 C_1，得到第一个密文分组。

4）将 C_1 发送到接收方，并更新计数器，将新的计数器值存入上面的寄存器（因此，CFB 模式下的密文反馈被换成了计数器更新），重复步骤 2。继续以这种方式进行，直到最后一个明文分组与下面的寄存器中的内容进行异或并传递给接收方（事实上，这整个过程可以并行化，我们稍后将对此进行讨论）。

因此，CTR 模式不具有消息依赖关系（密文分组不依赖于以前的明文分组），但它具有位置依赖关系，因为密文分组依赖于消息中当前明文分组的位置。

解密（与加密类似）的过程如下：

1）首先将初始计数器值存入上面的寄存器中。

2）与在 CFB 模式中一样，使用密钥加密上面的寄存器的内容（计数器值），并将结果存入下面的寄存器中。

3）与在 CFB 模式中一样，将第一个密文分组 C_1 与下面的寄存器中的内容进行异或，结果是 P_1，即我们的第一个明文分组。

4）更新计数器，将新的计数器值存入上面的寄存器中。

5）重复步骤 6。以这种方式继续，直到最后一个密文分组与下面的寄存器中的内容进行异或，以生成最后一个明文分组。

因此，与 CFB 模式一样，CTR 模式不涉及分组密码的解密过程。这是因为，与在 CFB 模式中一样，CTR 模式实际上使用分组密码来生成密钥流，而加密过程是采用异或运算进行的。换句话说，CTR 模式也是分组密码转换为流密码，区别在于 CTR 是一个普通的流密码，而 CFB 是一个自同步的流密码。

2. CTR 模式的特点

CTR 模式最明显的缺点是需要对计数器进行同步。如果该计数器失去同步，则后续的明文都将被错误地解密。

然而，CTR 模式保留了 CFB 模式的大多数优点，包括不需要填充。此外，与 CFB 模式和其他两种操作模式相比，它还有一些显著的优势：

1）**错误传播**：与专用流密码一样，CTR 模式具有无错误传播的优点。如果传输中出现一位错误，那么对应的明文也只在相同的位上出错。因为错误的密文分组不会反馈到任何影响后续解密的临时寄存器中。

2）**并行**：CTR 模式非常适合在并行计算环境中实现，因为用来产生密钥流的较慢的分组密码加密运算与对明文实施真正加密的较快的异或运算是独立的，即密钥流可以在不知道明文的条件下预先计算出来，而不需要像 CFB 和 CBC 模式那样等待任何数据被“反馈”。这个特点使得 CTR 模式成为一种流行的操作模式。

4.6.5　操作模式的比较

我们刚才讨论的四种操作方式有细微的差别，各有优缺点。它们都应用在实际系统中，特别是 CBC 和 CTR 模式。表 4-2 总结了它们的主要特点。表中的 CFB 模式是指完全反馈的 CFB 模式，而不是减位反馈的 CFB 模式，尽管完全反馈的 CFB 模式的大多数特点类似于减位反馈的 CFB 模式。

表 4-2　不同操作模式在加密过程中的特征比较

特征项	ECB	CBC	CFB	CTR
位置依赖	否	是	是	是
1 位传输错误的影响	1 个分组	1 个分组加 1 位	1 个分组加 1 位	1 位
需要同步	否	否	否	是
需要同时实现相应分组密码的加密和解密过程	是	是	否	否
需要填充明文	是	是	否	否
容易并行	是	否	否	是

除了上述四种操作模式外，还有许多其他的操作模式被提出，其中一些已经标准化。大致可分为以下几类。

1）**机密性模式**：正如我们在本章中讨论的四种操作模式一样，这些模式的设计目的只是提供机密性。机密性模式的另一个例子是 OFB（Output Feedback，输出反馈）模式。

2）**身份认证模式**：与我们刚才讨论的操作模式不同，这些操作模式旨在提供数据源身份认证，而不是机密性。本质上，这些模式使用分组密码生成消息认证码，这是 6.3 节的主题。我们将在 6.3.3 节中看到这样的例子。

3）**认证 - 加密模式**：这些操作模式同时提供机密性和数据源身份认证，认证加密模式正变得越来越流行，我们将在 6.3.6 节中进一步讨论它们。

4）**专业模式**：有些类型的应用有特殊的要求，需要为其设计特殊的操作模式。这方面的一个例子是全磁盘加密，我们将在 13.1 节中详细讨论。

那么，在给定的应用中应该使用哪种操作模式呢？在本章中我们试着提供一些基本信息，但是，与密码学的所有方面一样，在选择和实现任何特定的操作模式之前，最好查阅最佳实践指南和标准。

4.7　对称密码的使用

对称密码不仅是最成熟的密码类型（如我们在第 2 章中看到的），而且是现在最常用的密码类型，特别适合用于保护大容量数据。的确，这就是它相对于公钥密码的优势。一般情况下，如果有人在没有指定类型的情况下提到"加密"，那么他的意思就是"对称加密"。我们将在5.5.1节中讨论其原因。我们还将在5.5.2节中看到，即使使用公钥密码，也倾向于与对称密码一起使用。

4.7.1 其他对称密码类型

有几个针对对称密码的基本思想的扩展值得一提。它们还没有被普遍应用，但是它们都有很强的应用背景，很可能会得到更广泛的应用。

(1) 可搜索加密（Searchable Encryption）

我们经常需要对数据库中的字段加密，然而，数据库基本的需求之一是可搜索。如果数据库中的数据是加密的，那么这个任务本质上要求在执行搜索之前对数据库进行解密（因为存储的密文本身不应该显示对应明文的信息），这样做除了低效，更大的问题是，如果不完全信任加密数据库所在的平台，那么此种解密过程是非常不可取的。实际上，在这种情况下，搜索查询和结果本身也可能是敏感的，因为它们有可能泄露对应明文的信息。可搜索加密是为了解决这个问题而提出的，允许数据与特殊索引一起加密，从而提供有限的搜索能力。这些索引通常表示与数据关联的可搜索关键词。已有多种可搜索的加密方案被提出，这些方案在允许的搜索查询形式和对查询的隐私提供的保护程度方面各不相同。

(2) 保留格式加密（Format Preserving Encryption）

数据库应用的另一个常见需求是数据字段要遵循特定的格式规则。一个明显的例子就是支付卡号（例如，信用卡号往往由16位数字组成）。如果数据库中的数据字段格式有特定的限制，那么加密这种数据库时就会遇到困难。例如，如果我们要加密一个现有的数据库，但又不能对它重新设计以适应字段格式的更改，就会出现这种问题。如果数据库要求信用卡号是16位数字，那么使用分组密码加密将会有问题，因为密文不是16位数字（密文通常由十六进制字符串表示）。保留格式加密使格式化的明文数据能够对称地加密为与明文具有相同的格式规则的密文，从而解决这个问题。

4.7.2 未来的对称密码

除非有人破解了AES（这种情况基本上是不可能发生的），否则，在不久的将来只有一项技术的发展可能对我们目前使用的对称密码产生重大影响，这就是量子计算机。量子计算机是基于量子力学原理的计算机，量子计算机能够并行计算，其速度之快远远超过经典计算机。在本书成稿时，量子计算机只能处理非常少的比特，而且目前还不清楚实际的量子计算机何时才能建成。

量子计算机对对称密码的主要影响是，在量子计算机上进行密钥穷举攻击的速度可以大大加快。原则上，量子计算机穷举密钥空间所需时间是经典计算机的平方根。因此，需要将现有的密钥空间扩大为其平方，以保持其安全级别。例如，当前大小为2^{128}的密钥空间需要增加到$(2^{128})^2 = 2^{256}$。

回顾 1.6.2 节中关于密钥空间大小和密钥长度之间的关系的讨论，这意味着密钥长度需要加倍才能保持当前的安全级别。

值得注意的是，AES 提供了 128 位密钥的安全性，也支持 256 位密钥。然而，随着量子计算机变得更加实用，可能会出现新的对称密码算法，其密钥长度将比现在的更长。

4.8 总结

在本章中，我们主要讨论了对称密码算法。我们研究了两种主要的对称密码算法——流密码算法和分组密码算法。简单的流密码速度快，不会出现错误传播，因此适合低质量的信道和容错性差的应用。分组密码确实会在有限的范围内传播错误，但是非常灵活，可以以不同的方式使用，从而提供不同的安全属性，在某些情况下，可以实现流密码的一些好处。特别地，我们研究了两个著名的分组密码——DES 和它的“后继”AES。然后讨论了分组密码的不同操作模式及其不同的性质。

本章最重要的两项内容如下：

- 流密码和分组密码是不同类型的对称密码算法。它们的性质略有不同，因此适用于不同的应用。
- 密码算法的性质不仅受到算法设计的影响，还受到算法使用方式的影响。不同的操作模式下的分组密码的性质大相径庭。

4.9 进一步的阅读

对于那些寻求更多关于对称密码算法资料的人来说，有大量的密码学文献。我们在本章中讨论的所有对称密码算法都是众所周知的，详细信息可以在大多数推荐的密码学书籍中找到。Dent 和 Mitchell [48] 是关于对称密码标准（包括操作模式）的一个很好的概述。有关加密机制的 ISO 系列标准参见 ISO/IEC 18033 [123]。

直到最近，公开的流密码还很少。即使像 RC4 这样使用广泛的流密码最初也是专有设计，维基百科 [250] 可能是获取它的进一步信息的最佳来源。流密码的一个重要的发展是欧洲 eSTREAM 项目 [203]，该项目开发了一些流密码，重点放在那些在软件中运行速度快或在硬件中资源利用率高的流密码上。

DES 的最新官方正式规范是 FIPS 46-3 [74]。Levy [145] 很好地总结了 DES 发展的有趣历史。关于 DES 的密钥穷举攻击的进展，可进一步阅读 Diffie 和 Hellman 对 DES 的原始分析 [53]、Wiener 的 DES 密钥搜索机器蓝图 [246]、Curtin 和 Dolske 用来公开寻找 DES 密钥的分布式技术 [46]、电子前沿基金会的硬件设计突破 [83]（这本书包括对这项工作背后的动机的讨论），以及专用硬件设备 COPACOBANA [41]。三重 DES 的最新官方 NIST 规范是 NIST 800-67 [169]。

AES 以 FIPS 197 [75] 的形式发布。在 Daeman 和 Rijmen [47] 中可以找到 AES 背后的设计方法学的完整技术解释。Enrique Zabala 关于 Rijndael（本质上是 AES 算法）的 Flash 动画 [255] 是可视化 AES 加密过程的优秀工具。我们在本章中提到的其他分组密码的更多细节可以在 IDEA [144]、Twofish [216] 和 Serpent [6] 中找到。

与所有分组密码都相关的通用操作模式，包括 ECB、CFB、CBC、CTR 和 OFB（我们还没有讨论过），都在 NIST 的特别出版物 800-38A [163] 和 ISO/IEC 10116 [115] 中进行了描述。NIST 也有关于我们稍后将讨论的模式的特别出版物，包括 CCM 模式 [164] 和 XTS 模式 [173]。NIST 网站 [160] 还详细介绍了正在审查的各种操作模式。中途相遇攻击以及差分和线性密码分析都在 V audenay [239] 中进行了详细的解释。几种不同的填充技术已经标准化，包括 ISO/IEC 9797 [127]，维基百科 [249] 是研究当前建议的好地方。Blaze 等人的报告 [23] 为现代对称密码密钥长度提供了一个基准，而 Giry [90] 的信息丰富的 Web 网站提供了专家指导，可以用来确定合适的对称密码密钥长度。

[27] 中提供了对各种可搜索加密方案的回顾。NIST 有一份关于保留格式加密的特别出版物草案 [177]。量子计算机和密码学的简要介绍可以在 Mosca [153] 中找到（参见第 5 章的进一步的阅读）。

本章中提到的大多数对称密码算法，以及几种操作模式，在 CrypTool [45] 中都提供了实现。我们强烈建议使用 CrypTool 模拟 CBC 模式加密中的 1 位传输错误，以生成支持 4.6.2 节分析的示例。

4.10 练习

1. 解释流密码的主要优点，并在下列两种应用环境中说明你的结论：
   - 流密码是合适的加密机制。
   - 流密码是不合适的加密机制。
2. 现在已经有一些在合理范围公开的流密码了。请列举出一些作为国际标准发布的公开流密码和被商业应用采纳的公开流密码，除了密码名以外，最好再提供一些具体信息。
3. 找出同步和自同步流密码之间的区别，使用本章中的示例解释你的答案。
4. Feistel 密码的设计非常巧妙。

   （1）验证“使用 Feistel 密码解密与加密本质上相同”这个说法。可以使用简单方程描述每轮处理过程，也可以用文字描述。

   （2）从实际实现的角度看，Feistel 密码设计结构的显著优点是什么？
5. 三重 DES 是一种应用广泛的分组密码，其设计基于实际考虑。

   （1）解释“向后兼容”的意思。

   （2）说明选择密钥使三重 DES 向后兼容单重 DES 的三种不同方法。
6. 三重 DES 和很弱的“双重 DES”都会受到中途相遇攻击。

（1）找出并（大致）解释这类攻击的工作原理。

（2）解释为何这类攻击对 AES 不那么有效。

7. 三重 DES 只是使用 DES 创建更强的分组密码的一种思想，另一种思想是 DES-X。DES-X 是一种基于 DES 的加密算法，具体方法如下：

- 设 K_1 和 K_2 是两个 64 位密钥，K 是 DES 密钥。
- 使用 DES-X 加密明文 P 的过程定义为：

$$C = K_2 \oplus DES_K(P \oplus K_1)$$

（1）DES-X 的有效密钥长度是多少？

（2）解释如何使用 DES-X 解密密文。

（3）DES-X 向后兼容单重 DES 吗？

8. 假设我们使用 AES 和一个 128 位随机生成的密钥来加密一个 128 位的明文分组，并且密钥只使用一次，这是一次一密的例子吗？

9. AES 是一种流行的对称密码算法。

（1）你使用的哪些密码学应用支持 AES，它们建议使用哪种密钥长度？

（2）AES 正受到密码学研究团体的密切关注，请简要介绍针对 AES 的最新密码分析攻击，并评价它们的实际有效性。

（3）假设有一天发现 AES 太不安全，不能广泛使用，你认为受影响的不同社区的可能反应是什么？

10. 如果在 ECB 模式下使用分组密码，那么至少理论上可以进行分组频率分析。

（1）给出一些使用了特定加密应用的场景，攻击方有可能对 ECB 模式下使用的分组密码进行有效的分组频率分析攻击。

（2）如果攻击方不知道所使用的分组密码，是否仍可进行分组频率分析？

11. 至少在理论上，通常可以通过以下方法提高分组密码设计的安全性：

- 增加分组密码中使用的轮数。
- 使用具有较大分组长度的分组密码。

（1）分别解释为什么这两种技术可以使分组密码更安全。

（2）每一种技术的实际缺点是什么？

（3）对于每一种技术，分别解释 4.6.1 节所指出的 ECB 模式的三个重大问题中哪一个可以减少。

（4）解释为何不宜将上述任何一项技术应用于已发布的（标准化）分组密码，例如 AES。

12. 有些分组密码是针对特殊类型的应用提出的，PRESENT 就是一个例子。给出 PRESENT 的基本属性（分组长度、密钥长度等），并说明它是为哪些应用设计的，并确定它的设计是如何满足这些应用的要求的。

13. 随着时间的推移，分组密码的操作模式越来越多。

（1）分组密码为什么要有不同操作模式？

（2）越来越多的分组密码操作模式被提出和标准化，你如何评价这一事实？

14. 至少在理论上，没有什么可以阻止将操作模式应用于公钥加密算法，因为公钥密码处理的也是明文的比特分组。如果我们使用公钥密码算法而不是对称密码算法，那么可以使用 4.6 节描述的哪种操作模式？
15. 分组密码的许多操作模式本质上是使用分组密码的加密过程构造密钥流生成器，将分组密码转换为流密码。这需要分组密码的输出（密文）看起来是随机产生的，解释为什么这是分组密码的一个合理的（实际上也是我们想要的）属性。
16. 虽然 CFB 模式不像其他操作模式那样被广泛采用，但它有助于我们理解常用的模式。
    （1）为什么可以将 CFB 模式描述为 CBC 模式和 CTR 模式的“混合”？
    （2）解释在 CFB 模式下使用分组密码时，1 位传输错误会带来什么影响（在 4.6.3 节中提到，但没有解释）。
    （3）CFB 模式可采用减位反馈模式。画图说明当使用的分组密码的分组长度是 32 位时，8 位 CFB 模式如何工作。
    （4）解释如果使用上述减位 CFB 模式发送的密文中出现 1 位传输错误会发生什么情况。
17. 对于 4.6 节讨论的每一种操作模式，如果出现两个错误位，分别就以下情况解释错误位的影响：
    （1）两个错误位在同一密文分组上。
    （2）两个错误位分别属于两个连续的密文分组。
    （3）两个错误位分别属于两个的密文分组，但这两个密文分组之间至少有一个无错误的密文分组。
18. CFB 和 CBC 等操作模式要求使用初始向量 IV，发送方和接收方都必须知道 IV。讨论以下 IV 取值方案的利弊：
    （1）随机产生每个 IV。
    （2）使用一个计数器，该计数器在每条消息之后递增，以产生新的 IV。
    （3）使用前一条消息的最后一个密文分组作为 IV。
19. 对于 4.6 节讨论的每一种操作模式：
    （1）一个完整的密文分组在传输过程中丢失（换句话说，该密文分组被“丢弃”）会造成什么影响？
    （2）由于加密过程本身的计算错误而导致的 1 位错误的影响是什么（换句话说，当发送方 Alice 计算密文分组 C_i 时，计算过程产生了 1 位错误）？
20. 分组密码还有几种操作模式，我们还没有详细讨论，选择这类操作模式的一个例子。
    （1）所选择的该操作模式是为什么用途而设计的？
    （2）该操作模式有什么特点？
    （3）该操作模式中，1 位传输错误的影响是什么？
21. 讨论量子计算机对本章和前面几章中讨论的各种对称密码算法可能产生的影响。

第5章

公钥密码

在本章中，我们将首次详细介绍公钥密码。就像介绍对称密码一样，本章主要关注使用公钥密码进行加密。在整个讨论过程中，我们将倾向于使用公钥**密码系统**（Cryptosystem）。这是因为描述如何进行公钥加密涉及如何生成必要的密钥以及如何进行加密和解密过程。在本章中，我们将默认使用**公钥密码系统**（Public-key Cryptosystem）来提供加密。在后面的章节中，我们有时会选择用术语**公钥加密方案**（Public-key Encryption Scheme）。

我们首先考虑公钥密码概念背后的产生动机，并确定在有效使用它之前需要解决的一些问题。然后，我们将把注意力转向两个著名的公钥密码系统。注意，与我们对对称密码的处理不同，我们将尝试解释这两个公钥密码系统背后的数学细节。这样做主要有两个原因：

1）公钥密码不如对称密码直观，因此它有几个概念值得去证明。认真读下去，一定能理解它们！

2）公钥密码使用的算法比对称密码使用的算法更容易描述，因为它们依赖于简单的数学思想，而不是相对复杂的工程。

然而，读者完全可以忽略这些公钥密码系统的数学细节，这无关宏旨。对于那些希望了解这些基本的数学思想背后的更多基础知识的人，我们在本书的数学附录中包含了背景材料。

学习本章之后，你应该能够：

- 理解公钥密码的基本原理。
- 认识在有效使用公钥密码之前需要解决的基本问题。
- 描述一个简单版本的RSA密码系统。
- 描述一个简单版本的ElGamal密码系统。
- 比较RSA、ElGamal和基于椭圆曲线的公钥密码的基本特点。
- 确定公钥密码的主要用途。

5.1　公钥密码学

本章首先概述公钥密码学的基本原理。

5.1.1　发明公钥密码学的动机

公钥密码学最初是为了克服对称密码学的一些问题而发明的。我们首先要清楚地了解这些问题。

1. 对称密码学的问题

回想一下，在对称密码系统中，相同的密钥用于加密和解密。这个要求在概念上没有问题，但是其影响可能并不总是符合预期的。之所以提出公钥密码学的概念，源于克服对称密码学的两个最大的限制性的含义。

（1）对称的信任

由于发送方和接收方必须共享相同的对称密钥，这意味着在某种程度上，发送方和接收方必须“信任”彼此。这种“信任”源自发送方可以执行的任何密码操作（通过部署对称密钥）接收方也可以执行（通过部署相同的密钥）。我们将在第7章中看到，这种要求对于至少一个密码服务存在极大的问题。

（2）密钥建立

在使用对称密码系统之前，发送方和接收方需要就对称密钥达成一致。因此，发送方和接收方需要访问安全密钥建立机制（参见10.4节）。

这两方面的限制影响都很大。举个例子，对于一个应用，比如在线商店，首次浏览该商店的潜在客户没有理由信任商店，也没有任何预先存在的与商店的关系，然而，他可能希望从该商店中购买商品，并使用密码技术来保护在交易期间与商店交换的任何数据。对称密码学本身不适用于这种情况。

我们将很快看到，可以使用公钥密码学来克服这些问题。但必须特别注意，在我们可以放心地宣称公钥密码学确实克服了这些问题之前，有一些问题需要解决。我们将在第11章中看到，公钥密码学仍然需要使用它的实体之间的间接信任关系。我们将在5.5节中看到，公钥密码学最引人注目的用途之一实际上是支持建立对称密钥。

2. 公钥密码学的历史

公钥密码学直到20世纪的最后25年才出现。因此，从密码学的历史来看，公钥密码学是一个相对较新的概念。然而，其发明的时机绝非巧合。这是因为，在20世纪70年代以前使用密码技术的应用环境中，我们刚刚提到的与对称密码学相关的问题比较容易克服。这些组织通常是大型的、封闭的组织，如政府、军方和大型金融公司。对称密码学非常适合在这类组织中使用，现在仍然如此，原因如下：

- 用户之间存在信任关系，因为他们通常属于相同的组织或组织联盟。

● 对称密钥可以通过组织的内部流程和策略来建立和管理。

只有随着更加开放的计算机网络的普及，才真正需要在使用对称密码学带来重大挑战的环境中部署密码技术。

公钥密码学的发明本身就是一个有趣的故事。有趣之处在于，在 20 世纪 70 年代中期美国“公开”公钥密码学的发明数年后，英国政府的研究人员也早在之前几年提出了这个想法。但令人遗憾的是，出于实际实施方面的考虑，英国政府的研究人员搁置了这个想法。其中的一些问题将在第 11 章讨论。

5.1.2 公钥密码系统的性质

现在，我们将给出公钥密码系统的蓝图，该蓝图可以描述公钥密码系统的性质。

1. 公文包协议

我们刚刚注意到，使用对称密码来保护信道需要两个通信实体之间的信任关系，并且需要事先建立对称密钥。事实上，我们将从下面的公文包协议的示例中看到，这并不完全正确。我们从一个现实生活中的类比开始。

假设 Alice 希望向 Bob 发送一条安全消息，她以前没有见过 Bob，也没有与 Bob 建立信任关系。由于这是一条物理消息，Alice 可以把它锁在公文包里以确保它的安全。所谓“安全”，是指我们希望确保在传输过程中没有人能看到此消息（换句话说，我们希望确保信道上的机密性）。由于 Alice 之前没有与 Bob 建立任何信任关系，我们假设 Bob 没有与 Alice 共享密钥。如图 5-1 所示，在这种条件下建立某种类型的安全通道是可能的，这也许令人惊讶。

1）Alice 先取一把挂锁，只有 Alice 有这把挂锁的钥匙。

2）Alice 把消息放进公文包，用挂锁锁好公文包，然后把锁上的公文包交给快递员，快递员把它交给 Bob。

3）Bob 取一把他自己的挂锁。Bob 一收到公文包，就在公文包上加上第二把锁（他自己的挂锁），把公文包还给快递员，快递员把公文包还给 Alice。

4）Alice 打开她的挂锁，把公文包递给快递员，快递员又把公文包交给 Bob。

5）Bob 取下他自己的挂锁，打开公文包，读取信息。

公文包协议实现了我们的上述目标，消息在 Alice 和 Bob 之间的三次传递中都是保密的，因为公文包总是被 Alice 或 Bob 的至少一个挂锁锁住。虽然这个版本可以保护物理消息，但是可以改造成与图 5-1 中所示协议等价的加密协议。

然而，任何事情都是有代价的，公文包协议有两个主要问题：

1）**身份认证**。能够安全地与从未建立信任关系的实体通信，给了我们很大的自由，但这种自由也有很大的脆弱性，因为无法保证与我们进行安全通信的对象就是我们想与之进行安全通信的那个对象。Alice 不能保证（除了快递员的话）第二次加锁的人就是 Bob。公文包协议中没有任何形式的身份认证。虽然我们确实没有在需求中指定身份认证，但是公文包协议说明了在这种场景中忽略身份认证的危险。

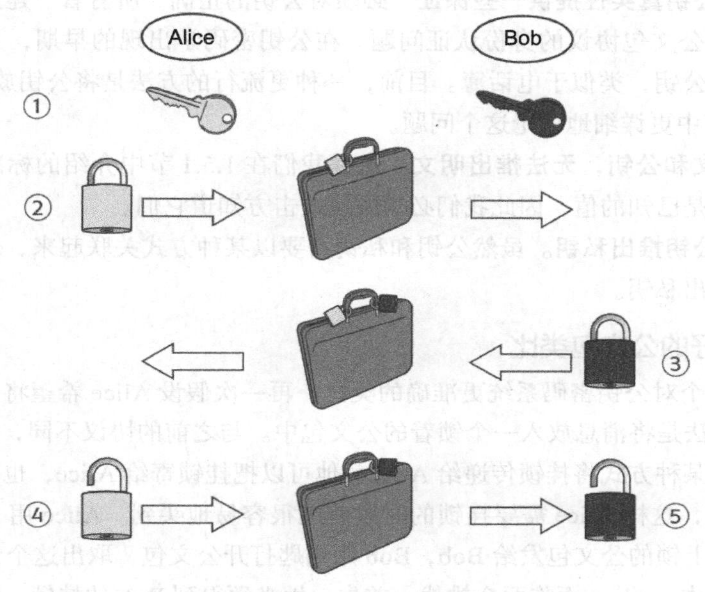

图5-1 公文包协议

2）**效率**。利用公文包协议时，消息在Alice和Bob之间传递了三次。这显然是低效的，因为我们通常需要用一次通信就能安全地传递消息。我们要找到更好的方案，因为在许多应用中，通信带宽是很昂贵的。

2. 公钥密码系统的蓝图

公文包协议向我们展示了在从未建立共享密钥的双方之间安全地交换消息的可能性。因此，我们可以参照公文包协议，从中派生出一个蓝图（如果你愿意，也可以称之为“愿望列表”），以获得公钥密码系统应具有的性质。这是通过整合公文包协议的一些吸引人的性质和一些公文包协议没有提供的性质而形成的。

1）**用于加密和解密的密钥应该不同**。公文包协议实现了这一点，因为Bob用于“解密”的密钥与Alice用于“加密”消息的密钥不同，如果我们要克服5.1.1节中讨论的对称密码的问题，必须具备这个性质。

2）**任何想成为接收方的人都需要一个唯一的解密密钥**。我们通常将此密钥称为**私钥**（Private Key），我们更倾向于用术语私钥，而不是模糊地使用**秘密密钥**（Secret Key），因为秘密密钥是一个与对称密码学共享的术语。公文包协议实现了这一点，因为每个人都使用他们自己的挂锁，挂锁的钥匙就是私钥，因为只有钥匙的持有者才能解锁。

3）**任何想成为接收方的人都需要发布加密密钥**。我们通常将此密钥称为**公钥**（Public

Key)。公文包协议的一个问题是，没有显式地提出公钥的概念。由于我们没有“公钥”，所以无法为公文包中的消息指定特定的收件人。

4）**需要对公钥真实性提供一些保证**。必须对公钥的正确“所有者”建立信心，否则我们仍然无法避免公文包协议的身份认证问题。在公钥密码学出现的早期，人们设想可以通过“目录”发布公钥，类似于电话簿。目前，一种更流行的方法是将公钥放在公钥证书中，我们将在 11.1 节中更详细地讨论这个问题。

5）**已知密文和公钥，无法推出明文**。这是我们在 1.5.1 节中介绍的标准安全性假设之一。公钥和密文是已知的值，因此我们必须假设攻击方知道它们。

6）**无法从公钥推出私钥**。虽然公钥和私钥需要以某种方式关联起来，但是我们必须确保不能从公钥推出私钥。

3. 一个更好的公文包类比

下面给出一个对公钥密码系统更准确的类比。再一次假设 Alice 希望将一条消息安全地发送给 Bob，方法是将消息放入一个锁着的公文包中。与之前的协议不同，Bob 现在获得了一个挂锁，并以某种方式将挂锁传递给 Alice。他可以把挂锁寄给 Alice，也可以在世界各地分发数千份挂锁，这样 Alice 需要挂锁的时候就能很容易地买到。Alice 用 Bob 的挂锁锁上公文包，然后把上锁的公文包发给 Bob，Bob 用钥匙打开公文包，取出这个信息。

在这个类比中，Alice 面临两个挑战。首先，她必须得到 Bob 的挂锁。我们提出了两种方法，但是一个真正的公钥将更容易地提供给 Alice！其次，更重要的是，Alice 必须确定她使用的是 Bob 的挂锁。这就是公钥的**真实性**（Authenticity）问题。在这个类比中，我们不清楚如何解决这个问题（也许 Bob 需要把他的挂锁刻成 Alice 很容易辨认的样子）。我们将在第 11 章中用大量篇幅讨论如何在公钥密码系统的实践中做到这一点。

5.1.3　一些数学基础知识

为了在本章中解释公钥密码系统，我们需要介绍一些基本的数学知识。花些时间来理解这些相当基本的思想将帮助我们更好地理解公钥密码系统的工作原理。如果你觉得这些知识困难，不妨试试以下几个办法：

1）抽出一小段时间来学习本书的数学附录中的背景材料。它们不会花费你很长时间，而且这些知识对理解本书足够用了。这是我们推荐的方法，因为我们相信，即使对那些害怕数学的人来说，完全理解这些优雅的公钥密码系统也并不困难。

2）跳过数学部分，试着抓住问题的本质。这是一个非常有效的选择，尽管对公钥密码系统的细节可能仍然不完全理解。

我们需要了解的主要数学思想如下。

1. 素数

素数（Prime Number，可简写成 Prime），是指除自身和 1 之外，不能被其他数整除的数。整除时的除数称为**因子**（Factor）。例如，17是素数，因为它只能被1和17整除。相反，14不是素数，因为它能被2和7整除，因此2和7是14的因数。素数是无限的，最小的10个素数是2、3、5、7、11、13、17、19、23和29。素数在数学中起着非常重要的作用，在密码学中尤其重要。

2. 模运算

我们将描述的公钥加密系统不直接对二进制字符串进行操作，而是对**模数**（Modular Number）进行运算。与我们熟悉的数字类型相比，模数只有有限的几种。模运算为模数的加法、减法和乘法等常见运算提供了规则。模数和模运算其实是大多数人都熟悉的概念，即使他们从未用这样的术语描述过它们。本书的数学附录中介绍了模数和模运算。

3. 一些符号

我们还将介绍一些简单的符号。关于符号要记住的重要一点是它只是单词的缩写。我们可以用一个意思相同的句子来代替任何数学方程。然而，由此产生的句子往往变得冗长和笨拙。符号有助于保持语句的精确和清晰。

首先，符号 × 通常用来表示"乘"，因此 $a \times b$ 是"a 乘以 b"的缩写。然而，有时将其写得更简洁会更方便，因此，我们有时会省略 × 符号，只写 ab。因此，a 乘以 b、$a \times b$、ab 三者的意思完全相同。如果我们写一个方程 $y=ab$，那么意味着"y 等于 a 乘以 b"。

其次，当我们在括号里写两个数字，中间用逗号隔开，就表示这两个数字是一组，它们彼此不能分开。因此，如果我们说一个密钥是（a，b），意味着这个密钥是由数字 a 和 b 组合而成的，密钥不只是 a，也不只是 b，而是由 a 和 b 两者组成。不过，请注意，我们在数学中使用括号有时只是为了将符号"放在一起"（就像我们在此句中所做的一样）。因此，下面的两种表示法有着截然不同的含义：

- $(p-1)(q-1)$ 表示数字 $p-1$ 与数字 $q-1$ 的乘积（此处没有括号会让人混淆）。
- $(p-1, q-1)$ 表示数字 $p-1$ 和数字 $q-1$ 应该被视为一对数字，它们作为一组一起出现（例如，它们形成一个加密密钥）。

注意，在其他数学文献中，括号有时用于表示不同的意思。

5.1.4 公钥密码学的单向函数

在阐述了公钥密码系统的蓝图之后，我们现在考虑如何设计这样一个公钥密码系统。朝着这个方向迈出的第一步是更精确地描述我们对公钥密码的期望属性。

1. 单向陷门函数

公钥密码可以看作是任何人都应该能够计算的函数，因为加密密钥是公钥。这个函数有两个明显的性质：

1）**这个函数应该易于计算**。换句话说，它应该在多项式时间内可计算。如果不是这样，那么加密任何东西都是不可行的。

2）**这个函数应该是“很难”求逆的**。换句话说，任何从输出中查找输入的算法都应该在指数时间内运行。如果不是这样，那么攻击方就可能根据密文和公钥的知识有效地确定明文。

具有上述属性的函数通常称为**单向函数**（One-Way Function，请参阅 6.2.1 节）。

然而，公钥加密不应该总是一个单向函数。相反，它应该几乎总是一个单向函数。我们忽略了一个重要的方面。虽然就大多数实体而言，加密操作应该是单向的，但是应该有一个实体能够从密文中确定明文，即密文的目标接收方！如果加密函数完全是单向的，那么它当然是安全的，但是对于大多数应用来说是不切实际的（请参阅 6.2.2 节了解一个著名的例外）。

我们需要的是一种特殊的技术“魔法”，它将允许真正的接收方打破加密功能的单向性。存在这种类型的**陷门**（Trapdoor）的单向函数称为**单向陷门函数**（Trapdoor One-Way Function），即知道陷门就能从密文获得明文。

因此，为了设计公钥密码系统，我们需要找到一个单向陷门函数。接收方需要知道陷门，并且接收方是唯一知道陷门的实体。这个陷门将构成接收方的私钥。

2. 两个大素数的乘法

我们将暂时把对陷门的需求放在一边，研究两个单向函数，我们可能在此基础上建立一个公钥密码系统。第一个单向函数是两个大素数的乘法。

计算两个素数相乘很容易。如果数字很小，我们可以心算，可以用纸笔来算，还可以用计算器来算。一旦它们变得越来越大，编写计算机程序来计算乘积仍然是很容易的。正如我们在 3.2.3 节中观察到的那样，乘法可以在多项式时间内进行。两个素数的乘法在计算上很容易。

然而，给定两个素数的乘积，计算出这两个素数是什么（此问题称为因子分解，因为它涉及求一个合数的因子）的问题非常困难。我们说的“困难”，当然适用于一般情况。表 5-1 显示了分解两个素数乘积的难度，分别就不同规模的乘积给出了对应的难度。注意，这种因子分解是唯一的，每个乘积只有一对可能的素因子，这解释了表 5-1 中的最后两行的结论。最后一行是因为因子分解算法可以将目标数从最小的素数开始除以每个素数，如果目标数的素因子很大，那么这个算法就不能在多项式时间内找到一个素因子，但是如果其中一个素因子很小，那么会很快找到这个素因子。

表 5-1　两个素数乘积的因子分解难度

乘积规模	分解难度
15	每个人都可以立即做到
143	稍加思考就能做到
6887	不会超过几分钟

（续）

乘积规模	分解难度
31897	计算器现在很有用
20 位的数字	现在需要一台计算机
600 位的数字	在实践中是不可能的
600 位偶数	一个因子是 2，另一个因子容易计算
有小因子的 600 位数字	一个因子容易找到，另一个因子容易计算

两个大素数的乘法被认为是单向函数。我们说“被认为”是因为没有人能够证明两个大素数的乘积是很难分解的。然而，大批专家花了足够多的时间来研究这个问题，却没有取得明显的进展，因此这似乎是一个合理的假设。

也许有一天，有人会找到一种有效分解因子的方法，他除了变得出名，或许还会变成富翁。更普遍的含义是，任何依赖于分解两个素数乘积作为单向函数的公钥密码系统的安全性，都将立即被破坏。RSA 就是这样一个公钥密码系统，我们将在 5.2 节中对它进行研究。

3. 大模数的模幂运算

我们要看的第二个单向函数是**模幂**（Modular Exponentiation）。在 1.6.1 节中，我们注意到求幂就是求一个数的某次方。因此，模幂就是求一个数的幂，然后再模另一个数的余数（后一个数称为**模数**，Modulus）。本书的数学附录中提供了模运算的更详细的解释。

因此，模幂运算涉及求一个数 a 的 b 次方，然后对某一个数 n 取模的结果，一般写成：

$$a^b \bmod n$$

例如，3 的 5 次方模 7，需要首先计算：

$$3^5 = 3\times3\times3\times3\times3 = 243$$

然后计算：

$$243 \bmod 7 = 5$$

我们在 3.2.3 节已经注意到，求幂可以在多项式时间内进行。由于这对于模幂也是成立的，因此模幂被认为是一个简单的操作。

然而，给定一个模幂的结果，已知 a 和 n（其中 n 是素数），当 n 很大时，求指数 b（译者注：还需要保证 b 存在）的问题被认为是一个困难的问题，通常被称为离散对数问题。

换句话说，已知数字 a 和 n（其中 n 是素数），函数

$$f(b) = a^b \bmod n$$

被认为是单向函数，因为计算 $f(b)$ 很简单，但是，已知 $f(b)$，计算出 b 似乎很难。

4. 不带模的幂运算

如果没有模运算的额外复杂度，离散对数问题看起来已经足够困难了。然而，计算普

通对数（给定 a 和 a^b，求 b）和计算离散对数（做同样的事情，但要模 n）之间有很大的区别。要理解这一点，考虑一个密切相关的问题：求平方根。

我们试着求 1369 的平方根。一个很好的策略如下：

1）试猜一个数，比如 40。40 的平方（即 40×40）很容易计算，是 1600，结果太大了。

2）试试小一点的数，比如 30。30 的平方是 900，这个结果太小了。

3）现在尝试一个中间值，比如 35。35 的平方是 1225。这个结果仍然太小，但已经相当接近了。

4）现在试试稍微大于 35，但小于 40 的数，比如 37。37 的平方是 1369，这是我们的目标。因此，1369 的平方根是 37。

很明显，上面的“策略”实际上是一个简单的算法，我们可以用它来求任意数的平方根。这个迭代算法本质上是对答案进行有根据的猜测，并根据前一个猜测的结果修改下一个猜测。它的运行效率很高，因此计算平方根显然很容易。

但是计算带模的平方根呢？我们试着求 56 模 101 的平方根，不妨试试上面的策略。

1）试猜一个数，比如 40。40 的平方是 1600，1600 模 101，得到 85。40 模 101 的平方是 85，太大了。

2）试试小一点的，比如 30。30 的平方是 900，模 102 是 92。这个更大，这很奇怪，因为 30 比我们最初的猜测数要小。

我们刚刚观察到 30 模 101 的平方大于 40 模 101 的平方。因此，我们设计的基于直观的数字顺序的计算平方根的算法不再奏效。一般来说，计算一个数的带模的平方根被认为比计算正常平方根困难得多。因此，对于正整数来说，平方是一个容易计算和求逆的函数，但是当使用模运算计算时，它可以被看作是一个单向函数。由于类似的原因，模幂可以看作是单向函数。

这段简短的讨论的含义是，如果我们想设计单向函数，那么模运算是一个很好的工具，可以作为我们设计的基础，因为它使某些类型的计算比不使用模时困难得多。

5.2 RSA

RSA 密码系统是最早被提出的密码系统之一，至今仍是最常用的公钥密码系统之一。它是以三位研究人员 Ron Rivest、Adi Shamir 和 Len Adleman 的名字命名的。如果能够掌握 RSA 背后的简单数学原理，那么它就非常容易理解。在继续学习之前阅读 5.1.3 节是很重要的。

5.2.1 RSA 密钥生成

RSA 的所有奥秘都存在于密钥生成期间。这并不奇怪，因为任何公钥密码系统的“聪明”之处在于设计两个密钥之间的关系，允许其中一个密钥逆转另一个密钥的影响，同时允许其中一个公开。注意，在生成对称密钥时，我们不需要这种数学技巧，因为只需要随机生成数字的能力（参见8.1节）。与密钥生成相关的更广泛的问题将在10.3节中详细讨论。

生成RSA密钥对

现在我们准备生成RSA密钥对。在本例中，“我们”是建立RSA密钥对的任何人，可以指为自己生成密钥对的人，也可以指为客户生成密钥对的可信密钥中心。如果我们希望建立一个用户网络，其中的用户可能希望使用RSA彼此通信，那么网络中的每个用户都需要运行这个密钥对生成过程，或者让可信密钥中心为他们运行这个过程。我们的程序如下。

1）**生成模数**。设n是两个大素数p和q的乘积，换句话说，设$n=p\times q$。通常，n至少为512位，最好更长。因此，p、q是非常大的素数，n更大。寻找这种大小的素数并不简单，但是有一些已知的生成算法。在这个步骤中产生的数字n通常称为RSA模数（RSA Modulus）。

2）**生成e**。我们选择一个“特殊”的整数e。这个整数e不是普通整数，它必须大于1并且小于$(p-1)(q-1)$。e必须具有的另一个数学性质是，除1外，不能有任何整数可以整除e和$(p-1)(q-1)$，这个性质用数学术语表述就是e和$(p-1)(q-1)$是**互素的**（Coprime）。考虑以下简单的例子：

- 让$p=3$，$q=7$。在这种情况下，$(p-1)(q-1)=2\times 6=12$。e的任何可能取值都必须具有以下属性：除了1之外，没有任何整数可以整除e和12。
- $e=2$不行，因为2是2和12的因数。出于类似的原因，我们也可以排除2的所有倍数，即$e=4$、$e=6$、$e=8$和$e=10$。
- $e=3$也不行，因为3是3和12的因数。出于类似的原因，我们也可以排除3的所有倍数，即$e=6$和$e=9$。
- 剩下的选项是$e=5$，$e=7$和$e=11$。在每一种情况下，除1之外没有整数可以整除e和12，这三种e的取值都是有效的。

这只是一个简单示例，我们在实际的RSA实现中使用的p和q都很大，会存在很多小于$(p-1)(q-1)$的整数满足e的性质要求。

3）**生成公钥**。整数对(n, e)构成RSA公钥，可以将其交给任何准备向私钥持有者（我们还没有生成私钥）发送加密消息的人。素数p和q不能被公开。回想一下，虽然n是公钥的一部分，但是两个素数相乘是单向函数（参见5.1.4节），这一事实应该可以防止任何没有资格知道p和q的人发现它们。请注意，在已知RSA模数n的值时，我们偶尔会简单地将公钥称为e。

4）**生成私钥**。我们从参数p，q和e中计算出私钥d。私钥是由公钥(n, e)唯一确定的，也就是说，给定e和n，d只有一个可能的值。这就是RSA的巧妙之处，因为e和d之间的数学关系使得RSA得以工作。因此，我们必须精确地求出d的值。

在数学术语中，私钥 d 是 e 模（$p-1$）（$q-1$）的**逆元**（Inverse，其详细信息请参阅本书的数学附录）。这意味着 d 是唯一小于（$p-1$）($q-1$）且乘以 e 模（$p-1$)($q-1$）等于 1 的数。可以用数学公式简单地表示为：

$$ed = 1 \bmod (p-1)(q-1)$$

只要接受这一点就足够了，如果我们正确地选择 e，d 的值是存在并且唯一的。方便的是，有一个简单的算法可以计算 d，该算法被称为**扩展的欧几里德算法**（Extended Euclidean Algorithm），算法输入 p、q 和 e，输出 d。只要知道 p 和 q，扩展的欧几里德算法可以在多项式时间内完成计算，然而，不知道 p 和 q 时不能运行该算法求 d。这就是为什么需要 $n=pq$ 难以分解，如果 n 很容易分解，那么攻击方可以计算 p 和 q，然后运行扩展的欧几里德算法来得到 d。

为了清晰地说明这个问题，有必要给出一个 RSA 密钥生成的例子。当然，这个示例使用的数字太小，无法在实际中使用。请注意，我们使用的素数只有 6 位长，而不是 RSA 实现通常推荐的数千位长。

1）**生成模数**：取 $p=47$ 和 $q=59$，因此

$$n = pq = 47 \times 49 = 2773$$

2）**生成 e**：取 $e=17$，这是一个有效的取值，因为除 1 之外没有整数可整除 17 和 $(p-1)(q-1)=46\times 48=2668$。

3）**形成公钥**：数字对（2773，17）构成公钥，可以提供给任何我们希望能够向我们发送加密消息的人。

4）**生成私钥**：输入 $p=47$、$q=59$ 和 $e=17$，运行扩展的欧几里德算法，输出 $d=157$。我们可以通过计算来验证这个结果是否正确：

$$de = 17 \times 157 = 2669 = 1 \bmod 2668$$

私钥是 $d=157$，这是一个只有我们才知道的值。

5.2.2　RSA 加密和解密

一旦建立了 RSA 密钥对，最麻烦工作就完成了。加密和解密是比较容易理解的过程。

1. RSA 加密

假设我们希望向公钥为（n，e）的人发送一些明文。

需要注意的第一点是，RSA 并不直接作用于数据位，而是作用于模 n 的数字。因此，我们的首要任务是将明文转换为一系列小于 n 的数字。我们不打算讨论如何做到这一点，但它并不比将英文明文转换为比特串（以方便 AES 等分组密码处理）的过程更难，只要每个使用 RSA 的人都使用相同的转换规则，那么一切都会正常工作。

我们现在可以假设每个明文是一个小于 n 的数字了。注意，表示明文的数字必须小于 n，如果允许明文大于 n，那么我们将无法保证明文的唯一性。例如，明文 5 和明文 $n+5$

这两个数会被 RSA 认为相等（因为 $n + 5 = 5 \bmod n$）。

假设我们现在要加密第一个明文 P，它是一个模 n 的数，求密文 C 的加密过程非常简单：

$$C = P^e \bmod n$$

换句话说，密文 C 等于明文 P 的 e 次方模 n，这意味着 C 也是一个小于 n 的数。

举个例子，如果明文 $P = 31$，使用公钥（2773，17）加密明文得到密文：

$$C = 31^{17} = 587 \bmod 2773$$

从表 3-3 中可以看出，求幂具有多项式复杂度，这意味着计算效率很高。不过，还要注意，表 3-3 说明了幂运算不如加法和乘法的处理效率高。这意味着加密是快速的，但没有那些构成大多数对称密码算法基础的简单运算那么快，这一事实具有重要的意义，我们将在 5.5 节中讨论。

2. RSA 解密

RSA 的解密过程同样简单。假设公钥（n，e）的持有者接收到密文 C，他只需计算 C 的 d 次方模 n，结果就是明文 P，换句话说：

$$P = C^d \bmod n$$

再回到我们刚才的例子，密文 $C = 587$ 可以使用私钥 157 解密，得到：

$$P = 587^{157} = 31 \bmod 2773$$

最重要的问题当然是，原因是什么？我们建议读者要么选择接受这个结论，要么阅读本书的数学附录以获得解释。

5.2.3　RSA 的安全性

有两种方法可以破解 RSA。事实上，它们适用于任何公钥密码系统。攻击方可以尝试：

1）在不知道私钥的情况下解密密文。

2）直接从公钥求私钥。

显然，第二种攻击方法比第一种攻击方法更强大，因为能够执行第二种攻击就可以解密随后的密文。我们现在分析这两种攻击方法。

1. 在不知道私钥的情况下解密密文

回想一下，我们在 5.1.4 节中规定了公钥加密函数应该是一个单向陷门函数。假设我们不知道私钥，就等于假设我们不知道陷门。因此，为了评估直接从密文求明文的难度，我们需要评估 RSA 核心单向函数的有效性。

我们需要仔细研究用于 RSA 加密的函数。RSA 的加密过程包括计算函数：

$$C = P^e \bmod n$$

一个截获了 C，并且知道 e 和 n（但不知道 d）的攻击方需要求出 P 的值。幸运的是，从 C、e 和 n 求 P 被认为是一个困难的问题，因此 RSA 的加密函数被认为是一个单向函数。

虽然这个难题看起来很熟悉，但实际上这是我们第一次遇到它，它通常被称为 RSA 问题（RSA Problem）。它表面上类似于我们在5.1.4节中讨论的离散对数问题，然而，有两个细微的区别：

1）在离散对数问题中，我们已知C、P、n，试着找到e；在RSA问题中，我们已知C、e、n，试着找到P。

2）在我们在5.1.4节中讨论的离散对数问题中，模是一个素数；而在RSA问题中，模是两个素数的乘积。

这些是重要的区别。因此，RSA加密函数和模幂函数被看作两个不同的单向函数。事实上，RSA加密函数与我们在5.1.4节中提到的由数n模的平方组成的单向函数关系更密切。在RSA加密函数中，我们不是求平方，而是求e次方，所以RSA加密函数求逆的难点不是求模n的平方根，而是求模n的e次方根。

没有人确切地知道RSA问题有多难解，但人们普遍认为它与因子分解的难度相当。因此，RSA加密函数被广泛认为是一个单向陷门函数，其中陷门是私钥d。

2. 直接从公钥求私钥

攻击方可以通过RSA公钥（n，e）求RSA私钥d，方法是：

1）对n进行因子分解，也就是计算出p和q。

2）运行扩展欧几里德算法，从p、q、e求d。

事实上，可以证明因子分解问题和直接从RSA公钥求RSA私钥的问题是等价的，如果我们能解决其中一个问题，那么就能解决另一个问题。

因此，为了从数学上获得私钥（而不是做一些更为简单的事情，例如窃取包含私钥的硬件令牌），必须能够分解RSA模数n。只要没有有效的分解$n = pq$的方法，直接从RSA公钥求RSA私钥就被认为是困难的。

3. RSA的特定实例攻击

还有一些针对RSA特定实例的攻击，我们将在这里简单列出，但不做详细介绍。例如：

- d很小时的攻击。
- e很小时的攻击。
- 如果相同的消息以相同的小e值加密后发送给多个接收方，则易受攻击。
- 各种侧信道攻击（见1.6.5节）。

4. RSA的安全性总结

由以上的讨论可知，RSA的安全性依赖于两个单向函数：

1）**RSA加密函数**。RSA加密函数是一个单向陷门函数，它的陷门是私钥。在没有陷门知识的情况下求这个函数的逆的难度被认为（但未被证明）相当于因子分解。

2）**两个素数的乘法**。从RSA公钥求RSA私钥的难度相当于对模数n进行因子分解，因此攻击方不能使用RSA公钥的知识来求RSA的私钥，除非他们对n进行因子分解。因为两个素数的乘法被认为是一个单向函数，从RSA公钥求RSA私钥被认为是非常困难的。

如果这两个函数都不是单向的，那么RSA就会被破解。特别是，如果有人开发了一种快速分解因子的技术（攻破了第二个单向函数），那么RSA将不再安全。如果能够建造一台实用的量子计算机，就会出现这种情况（参见5.5.4节）。正是由于这个原因，在预测安全灾难的文章中经常引用有关因子分解算法设计进展的最新结果。就像执行密钥穷举攻击的机器的设计人员与对称密钥的推荐长度之间的竞争一样，因子分解算法的设计人员与RSA中使用的模数n的推荐长度之间也存在类似的竞争。我们将在5.4.3节中讨论n应该有多大。

5.2.4 RSA在实践中的应用

与我们讨论的大多数密码学原语一样，为了强调主要的设计原理，我们对RSA的解释已经进行了简化。重要的是，RSA没有按照我们描述的方式部署在任何实际实现中。相反，应该参考和遵循相关标准中介绍的最新最佳实践指南。也许实践中经常对“教科书”版本RSA做的关键的修改是在加密过程中引入随机化。现在我们来看看其必要性。

1. 概率加密

我们在5.2.2节中介绍的RSA版本是**确定性加密**（Deterministic Encryption）的一个例子，这意味着每次使用相同的公钥加密相同的明文时，得到的密文将是相同的。

确定性公钥加密的一个显著缺点是可能会发生以下攻击。假设发送给已知接收方的密文被攻击方发现，攻击方接着进行如下操作：

1）攻击方对明文的值做出有根据的猜测。

2）攻击方使用已知的接收方公钥加密所猜测的明文。

3）如果结果与观察到的密文匹配，则猜测是正确的；如果不匹配，则攻击方尝试对明文进行另一种猜测。

这种攻击在明文可能值有限的情况下尤其有效（例如，如果明文是来自有限范围的数据库条目）。我们把这种攻击称为**有根据的明文穷举**（Informed Exhaustive Plaintext Search）。

注意，此攻击不适用于对称加密，因为对称加密密钥是秘密的。即使攻击方知道明文来自一小组可能值（可能只有两个），攻击方也不能进行此攻击，因为可能使用了加密密钥。这就是为什么攻击方必须知道所有可能的对称密钥。

在实践中，公钥加密通常应该以一种防止有根据的明文穷举的方式实现。抵抗这种攻击的一种方法是在加密过程中包含一个新的随机数（在特定加密过程中生成的用于单个用途的随机数）。这样，每次使用相同的公钥对相同的明文进行加密时，得到的密文将是不同的，因为密文也依赖于新的随机数。具有此特性的加密过程通常称为**概率加密**

(Probabilistic Encryption)。

概率加密使得有根据的明文穷举攻击无法进行，因为攻击方必须尝试所有可能的随机数来进行对明文的猜测。如果随机数是使用安全过程生成的，如 8.1.4 节所讨论的那样，那么几乎可以肯定此攻击是不可行的。

概率加密的明显代价是它需要生成一个随机数。然而，在实践中，概率加密的安全性优势足以证明这种额外的成本是合理的。

2. RSA-OAEP

以提供概率加密的方式部署 RSA 的一种著名方案是 RSA-OAEP。RSA-OAEP 的基本思想是在加密之前引入明文格式的随机性。

我们将再次通过简化来扼要介绍一下 RSA-OAEP 如何工作。假设我们要使用 RSA 公钥（n，e）加密明文 P，并且假设有两个哈希函数 h_1 和 h_2。6.2 节将详细讨论哈希函数，在这里将它们视为单向函数就足够了（参见 5.1.4 节）。我们还假设有一个随机数生成器，它生成了一个新的随机数 r，用于这个加密过程。

简化后的 RSA-OAEP 加密过程如下（我们的主要简化是选择忽略 P 的长度和哈希函数的输出长度，所有这些在 RSA-OAEP 的标准版本中都经过了仔细的调整）：

1）用 h_1 计算随机数 r 的哈希值，然后与明文 P 异或，结果用 A 表示结果，即

$$A = h_1(r) \oplus P$$

2）用 h_2 计算 A 的哈希值，然后与 r 异或，结果用 B 表示，即

$$B = h_2(A) \oplus r$$

3）将 A 和 B 连接在一起（记为 $A||B$），然后使用 RSA 公钥（n，e）加密它们，换句话说：

$$C = (A \,||\, B)^e \mod n$$

在使用公钥加密随机数 r 之前，上述过程以两种不同的方式将随机数 r 绑定到明文 P。这是一种聪明的方式，它使接收方解密密文时不需要预先知道 r。当接收方解密 C 时，他将首先恢复 A 和 B 的值，有了 A 和 B，就可求出 r；有了 r 和 A，就可求出明文 P。更准确地说，RSA-OAEP 解密过程如下：

1）使用 RSA 私钥 d 解密 C。结果将是 $A||B$，于是同时得到了 A 和 B。

2）用 h_2 计算 A 的哈希值，然后与 B 异或，结果是 r，因为：

$$h_2(A) \oplus B = h_2(A) \oplus (h_2(A) \oplus r) = r$$

3）用 h_1 计算 r 的哈希值，然后与 A 异或，结果是 P，因为：

$$h_1(r) \oplus A = h_1(r) \oplus (h_1(r) \oplus P) = P$$

5.3 ElGamal 和椭圆曲线的变体

尽管 RSA 的知名度较高，但它并不是唯一的公钥密码系统，只是最完善的一个。RSA

的安全性被认为是基于因子分解的难度。在其他公钥密码体制中，有几个是基于不同版本的离散对数问题。其中一些重要的变体用到了椭圆曲线（参见5.3.5节），并且比RSA提供了一些更重要的优势。我们将不直接描述基于椭圆曲线的方法，而是讨论ElGamal密码系统，原因有几个：

1）ElGamal是一种基于椭圆曲线变体的公钥密码系统。

2）ElGamal不需要进一步的重要数学概念。

3）ElGamal构成了其他几个重要的密码学原语的基础，比如数字签名算法（参见7.3.6节）。

5.3.1 ElGamal的密钥生成

现在，我们将描述如何生成在ElGamal中使用的密钥对。每个希望使用ElGamal密钥对的用户执行以下过程：

1）**选择一个较大的素数p。**我们将展示一个简化版的ElGamal，它工作在模p运算下。“大”指的是与RSA模数大小相似的素数。因此，一个合理的长度可以是3072位。

2）**选择一个特殊的数字g。**这个特殊的数字g必须是一个被称为模p的**原根**（Primitive Element）的数字。g介于1和$p-1$之间，但不能是此范围内的任意数字，因为不是在这个范围内的所有数字都是p的原根。现在理解g是“特殊的”就足够了，但是如果你想了解更多关于原根的含义，请看本书的数学附录。

3）**选择私钥。**私钥x可以是大于1和小于$p-1$的任何数字。我们假设私钥是使用适当的随机过程生成的，这导致同一系统的两个用户拥有相同的私钥的可能性非常小。

4）**计算公钥的最后一部分。**由参数p、g和私钥x计算值y的方法如下：

$$y = g^x \bmod p$$

ElGamal公钥由三个参数（p，g，y）组成。

举个例子，假设$p=23$且$g=11$（我们从本书的数学附录中得知，11是一个模23的一个原根）。私钥x可以是任何大于1且小于22的数，所以我们选择$x=6$。然后计算值y如下：

$$y = 11^6 = 9 \bmod 23$$

因此，私钥是6，公钥是（23，11，9）。

5.3.2 使用ElGamal进行加密/解密

虽然ElGamal密钥对的生成可能比RSA的密钥生成过程更简单，但是其加密和解密比RSA稍微复杂一些。

1. ElGamal加密

假设我们希望向ElGamal公钥为（p，g，y）的人发送消息。ElGamal加密是通过对数字进行模p运算完成的，因此，首要的任务是将明文表示为一系列模p的数字，就像我们对 RSA 所做的那样，我们假设存在约定的方法来实现这一点。

现在要加密第一个明文 P，我们已经将其表示为一个模 p 的数字。计算密文 C 的加密过程如下：

1）随机生成一个数 k。

2）计算两个值 C_1 和 C_2，其中：

$$C_1 = g^k \bmod p$$

$$C_2 = Py^k \bmod p$$

3）发送密文 C，其中 C 由两个单独的值（C_1，C_2）组成，二者一起发送。

现在我们更仔细地研究 C_1 和 C_2，以确定它们在密文中扮演的角色。

- k 是为该密文随机生成的，且只在本次加密中使用。加密下一个明文时，即使它与之前的明文完全相同，也应该随机生成一个新的 k。k 的使用意味着 ElGamal 提供了概率加密（参见 5.2.4 节），我们可以把 k 看成一个临时的（一次性）“密钥”。密文的第一部分 C_1 是 $g^k \bmod p$，请回顾 5.1.4 节，模幂（C_1 就是一个例子）被认为是一个单向函数，这意味着计算 C_1 很简单，但是从 C_1 求 k 是困难的。因此，最好将 C_1 看作临时密钥 k 的单向表示。
- 密文的第二部分 C_2 是明文 P、公钥 y 和临时密钥 k 的函数，更准确地说，是 P 乘以 y^k 再模 p，因此，C_2 可被看作是使用公钥 y 和临时密钥 k 对 P 进行加密得到的。

通过上面的解读可以看出，C_2 在某种意义上是使用 y 和临时密钥 k 加密 P 得到的“真”密文。接收方知道与公钥 y 对应的私钥 x，所以有理由假设他可以解密任何使用公钥 y 加密的密文。然而，k 是接收方不知道的一次性值，因为 k 是发送方在特定的加密过程中现场生成的。因此，接收方必须有某种方法“清除”临时密钥 k 的影响。

C_1 的重要性现在就清楚了，它将关于临时密钥 k 的信息以一种不允许攻击方（攻击方可以观察到 C_1，因为它是密文的一部分）获得的方式传递给接收方。当然，接收方也不能直接从 C_1 中求 k，但是我们很快就会看到这并不重要。ElGamal 的设计非常巧妙，它允许私钥持有者逆推加密过程中 y 和 k。

使用前面例子中生成的 ElGamal 密钥对，明文 $P = 10$ 的加密过程如下：

1）生成一个随机数 k，例如 $k = 3$。

2）计算 C_1 和 C_2，其中：

$$C_1 = 11^3 = 20 \bmod 23$$

$$C_2 = 10 \times 9^3 = 10 \times 729 = 10 \times 16 = 160 = 22 \bmod 23$$

3）发送密文 $C = (C_1, C_2) = (20, 22)$。

2. ElGamal 的解密

要使用私钥 x 解密密文，需要以下两个步骤：

1）计算 $(C_1)^x \bmod p$。

2）C_2 除以步骤 1 的结果：

$$P = \frac{C_2}{(C_1)^x} \bmod p$$

这两个步骤都有很好的理由。第 1 步允许接收方使用他们的私钥 x 作用于 C_1，从而允许在第 2 步中“清除”临时密钥 k 的影响。接收方永远不会确切地知道发送方使用的临时密钥 k 的值，但是他们可以清除它对密文的影响。在第 2 步中，使用私钥 x 从密文中提取明文。

为什么会这样？就像我们在 RSA 中做的一样，我们在本书的数学附录中解决了这个问题，请允许我们先接受这个结论！然而，值得注意的是，原因仅仅依赖于对上述公式的简单重新排列，并不需要任何数学上的重要结论。

在看一个简单的例子之前，我们先做一个观察。第 2 个解密步骤是用一个数字除以另一个数字模 p，模数运算中不存在“除法”，用数字 a 除以数字 b 模 p 的过程是用 a 乘以 b 的**模逆元**（Modular Inverse，这是一个数字，通常用 b^{-1} 表示，在本书的附录中有更详细的讨论）。因此，将使用私钥 x 解密的过程严格地描述为：

1）计算（C_1）^{x} mod p。

2）先计算（C_1）^{x} 模 p 的模逆元，我们写成（（C_1）^{x}）$^{-1}$。

再计算 $P = C_2 \times ((C_1)^x)^{-1} \bmod p$。

因此，解密计算唯一麻烦的地方是计算模逆元。

然而，使用我们用来生成 RSA 密钥对的扩展欧几里德算法，可以很容易地计算出模逆元（参见 5.2.1 节）。

继续我们的示例，使用私钥 $x = 6$ 解密密文 $C =(C_1, C_2)=(20, 22)$。

1）计算 $20^6 = 16 \bmod 23$。

2）首先计算 16 模 23 的模逆元，即 16^{-1}；使用扩展的欧几里德算法，我们得到 $16^{-1} = 13 \bmod 23$。

再计算 $P = 22 \times 13 = 10 \bmod 23$。

这确实是我们开始时的明文，说明解密已经成功。

5.3.3 ElGamal 的安全性

正如我们在 5.2.3 节中对 RSA 所做的那样，我们将考虑两种不同的方法来破解 ElGamal。

1. 在不知道私钥的情况下解密密文

对 ElGamal 密文（C_1，C_2）最有效的攻击是求临时密钥 k。能够求 k 的攻击方可以计算 y^k，然后用 C_2 除以 y^k 即可得到明文 P。攻击方可以通过以下两个公式求 k：

1）$C_1 = g^k \bmod p$。

2）$C_2 = Py^k \bmod p$，这很困难，因为攻击方不知道 P。

因此，第一个公式看起来是最佳选择，因为攻击方知道 C_1 和 g。然而，根据 $g^k \bmod p$

求 k 涉及求解 5.1.4 节中讨论的离散对数问题。因此，人们普遍认为（但没有得到证明），为了直接从 ElGamal 密文中获得 ElGamal 明文，需要求解离散对数问题。

2. 直接从公钥确定私钥

要执行更强大的攻击，直接从 ElGamal 公钥确定 ElGamal 私钥，我们需要根据 $y = g^x \bmod p$ 求出 x。同样，这是一个求解离散对数问题的过程。因此，直接确定私钥也被认为是困难的。

3. ElGamal 的安全性的总结

我们刚刚看到，只有找到有效的求解离散对数问题的方法，对 ElGamal 的两种“明显的”攻击才似乎是可行的。因此，ElGamal 被认为是一种安全的公钥密码系统。

5.3.4　ElGamal 在实践中的应用

ElGamal 有几个重要方面值得进一步讨论。

1. 系统参数的使用

ElGamal 的一个有趣的方面是，可以将值 p 和 g 作为**系统参数**（System-Wide Parameter），这些参数是系统所有用户共享的公共已知值。在这种情况下，我们可以将特定用户的公钥简单地看作值 y，这样做的主要代价是用户必须同意使用相同的系统参数，但好处是密钥生成会变得简单一些。

2. 概率加密

ElGamal 默认提供概率加密，正如我们在 5.2.4 节中讨论的，这是一个理想的特性。需要生成随机数这个小缺点可以通过提前执行一些工作并存储结果来加以克服。ElGamal 加密计算 $C_1 = g^k$ 不涉及明文 P，因此可以提前计算并在加密时从表中查找。

3. 消息扩展

我们研究过的大多数加密算法都是将明文加密为长度相同的密文。ElGamal 具有多名码的特性（参见 2.2.3 节），即密文比明文长。我们之前将此属性称为消息扩展。更准确地说，ElGamal 密文的长度是对应的明文长度的两倍，因为每个明文都是一个模 p 的数字，而对应的密文则由两个模 p 的数字组成。这带来了潜在的带宽和存储成本。

由于这个原因，ElGamal 在实践中很少以我们刚才描述的形式实现。然而，正如我们将要讨论的，基于椭圆曲线的 ElGamal 变体密钥可以足够小，因此，尽管存在消息扩展，但出于效率的原因，它们通常比 RSA 更受欢迎。

5.3.5　椭圆曲线密码学

椭圆曲线密码学（Elliptic Curve Cryptography，ECC）是一个用来描述一套密码学原语和协议的术语，其安全性基于离散对数问题的特殊版本。ECC 不是使用模 p 的数，而是基于不同的数字集。这些数字与称为**椭圆曲线**（Elliptic Curve）的数学对象相关联。这些数字的倍数和加法运算是有规则的，就像模 p 的运算是有规则的一样。这里我们并不关心椭圆曲线的任何细节，也不关心如何把椭圆曲线上的点组合起来。

ECC 包含许多密码学原语的变体，这些原语最初是基于模数设计的。除了 ElGamal 加密的变体之外，这些变体还包括基于椭圆曲线的 Diffie-Hellman 密钥协议变体（参见 9.4.2 节）和基于椭圆曲线的数字签名算法变体（参见 7.3.6 节）。

从模 p 的数转换到椭圆曲线上的点的优点是，当应用于椭圆曲线上的点时，离散对数问题要困难得多。重要的是，如果我们使用基于椭圆曲线的变体，那么使用较短的密钥可以获得等效的安全级别。我们将在 5.4 节中说明这种密钥长度减少的大致程度。

在密钥管理和高效计算方面（参见 10.2 节），较短密钥的许多优点使得基于椭圆曲线的变体对许多应用环境非常有吸引力。ECC 原语被越来越多地采用，特别是在资源受限的环境中。

5.4 RSA、ElGamal 和 ECC 的比较

由于 RSA 和基于椭圆曲线的 ElGamal 变体是最常用的公钥密码系统，因此在本节中我们对其进行简要的比较。

5.4.1 RSA 的普及

从历史上看，RSA 无疑是迄今为止最流行的公钥密码系统。有几个可能的原因：

1）**成熟**。RSA 是第一个被提出的公钥密码系统，也是第一个得到广泛认可的公钥密码系统。因此，从很多意义上说，RSA 是公钥密码品牌的领导者。

2）**消息扩展小**。默认情况下，ElGamal 包含消息扩展，这使得它的使用可能不受欢迎。RSA 的“教科书”版本没有消息扩展，而 RSA-OAEP 只有有限的消息扩展。

3）**市场营销**。RSA 的使用从早期就得到一个商业公司的营销支持。事实上，它在世界的某些地区曾一度受到专利保护。ElGamal 还没有获得如此成功的商业支持。然而，ECC 有这样的商业支持，并且有许多 ECC 原语的专利。

5.4.2 性能问题

与大多数对称密码算法相比，RSA 和 ElGamal 的任何变体都不是特别高效。主要问题是，在每种情况下，加密都涉及求幂运算。我们在 3.2.3 节中看到，求幂的复杂度为 n^3。这意味着虽然它很容易计算，但不像其他更直接的运算（如复杂度为 n 的加法和复杂度为 n^2 的乘法）那样高效。

在这方面，RSA 能够比 ElGamal 变体更有效地进行加密，因为它只需要一次求幂运算（通过选择指数 e 具有某种特殊格式，可以使其比平均求幂运算更快），而 ElGamal 变体需要

两次求幂运算。然而，我们在 5.3.4 节中已经注意到 C_1 的计算可以提前完成，因此有人认为计算效率差别不大。

相反，ElGamal 变体的解密效率略高于 RSA。这是因为 ElGamal 解密时用到的指数通常比 RSA 解密时用到的指数要小。如果谨慎选择了指数，那么，ElGamal 解密中即使运行扩展欧几里得算法需要额外的成本，其结果通常比基于大得多的指数的 RSA 解密更有效。

为了使 RSA 和 ElGamal 变体更高效，已经投入了大量的工作来尝试加速求幂过程。工程学和数学专业知识的结合使得实现速度更快，但是它们都比对称密码慢。因此，这些公钥密码系统通常都不用于大批量数据加密（请参阅 5.5 节）。

5.4.3　安全问题

为了比较不同的公钥密码系统，我们首先需要建立比较两种公钥密码系统的安全性的方法。

1. 公钥密码系统的密钥长度

与对称密码系统一样，私钥（解密密钥）长度是公钥密码系统的一个重要参数，可以用来比较不同的公钥密码系统。复杂的是公钥密码系统的密钥：

- 首先是以数字的形式存在的。
- 然后转换成二进制字符串进行实现。

因此，与对称密码系统不同，私钥的实际长度（以位为单位）会有所不同，因为较小的数字在转换为二进制后，其位数更少。因此，我们倾向于将私钥的长度视为私钥的最大可能长度。

为了确定私钥的（最大）长度，我们必须考虑公钥密码系统的细节。例如，在 RSA 中，解密密钥 d 是一个模 n 的数字，这意味着解密密钥可以是任何小于 n 的数字。因此，RSA 私钥的最大位数是满足以下不等式的最小 k：

$$2^k \geqslant n$$

这听起来可能有点复杂，因为给定模数 n，在确定 RSA 私钥长度之前，我们似乎必须执行一些计算。然而，好消息是，密钥长度具有足够的重要性，因此我们通常以另一种方式处理这个问题。换句话说，在提到一个公钥密码系统时，我们通常要标明它的最大私钥长度。当有人提到 3072 位 RSA 时，是指模数 n 的二进制是 3072 位长，因此最大私钥长度也是 3072 位，这意味着实际模数 n 被认为是一个数字时要比 3072 大得多。更准确地说，模数 n 满足以下公式：

$$2^{3071} \leqslant n < 2^{3072}$$

因为模数 n 的二进制有 3072 位。

2. 比较公钥密码系统的安全性

比较两种不同公钥密码系统的安全性，特别是基于不同计算难题的公钥密码系统的安全性，最好交给专家去做。通常很难对它们的相对安全性进行直接比较。正如我们在 10.2 节中所讨论的，由于评估往往是主观的，相对安全性可能会随着时间的推移而改变，例如，如果解决一个难题的研究取得进展，而解决另一个难题的研究未取得进展，这个问题就会变得更加复杂。

安全性比较通常用密钥长度表示。换句话说，对于给定的**感知安全级别**（Perceived Level of Security)，确定每个公钥密码系统实现此安全级别所需的密钥长度。“感知安全级别”的一个常见基准是使用密钥穷举搜索来攻击给定密钥长度的对称密码的难度。例如，由 128 位对称密钥长度定义的安全感知级别意味着，解决给定公钥密码系统的底层难题被认为与对 128 位对称密钥进行密钥穷举攻击一样困难。

3. 对私钥进行密钥穷举攻击

注意，我们几乎从未考虑过对公钥密码系统的私钥进行穷举搜索。有如下几个原因：

1）对所有可能的私钥进行盲目穷举搜索通常是不可能的，因为公钥密码系统的私钥长度比对称密码系统的密钥长度大得多。穷举搜索一个 3072 位 RSA 私钥将涉及尝试 2^{3072} 个密钥，这显然是一个不可能的任务。记住，搜索 128 位对称密钥在可预见的未来已经是不可行的！

2）如果了解公钥密码系统的原理，穷举搜索私钥时就可以只尝试具有特定数学性质的私钥。例如，不是所有的 3072 位数字都是 RSA 可能的 d 值。要执行这样的搜索，我们需要一种方法来确定哪些密钥是私钥的有效候选值。但问题是，找到这种特定候选值的方法往往与解决底层的难题有关。在 RSA 的例子中，为了确定一个数字是否是 d 的候选值，我们首先需要知道 n 的因子。

3）最重要的是，私钥穷举搜索通常不是攻击公钥密码系统的最有效方法。对公钥密码系统的等效“基准”攻击是求解底层的难题（在 RSA 中是因子分解）。

因此，更合适的做法是集中精力解决底层的难题，而不是尝试穷举搜索公钥密码系统的私钥。

4. 相对密钥长度

表 5-2 显示了专家估计的不同公钥密码系统之间的等效密钥长度，其中 RSA 密钥长度由模数 n 的位数表示，ElGamal 的密钥长度由群大小 p 的位数表示，基于椭圆曲线的 ElGamal 变体的密钥长度由底层椭圆曲线群大小的位数表示。该表还给出了对称密钥的密钥长度，密钥穷举攻击为对称密钥提供了感知安全级别。

表 5-2 ECRYPT II 等效密钥长度推荐值（2012）[110]

RSA 模数	ElGamal 群大小	椭圆曲线	等效对称密钥
816	816	128	64
1008	1008	144	72

（续）

RSA 模数	ElGamal 群大小	椭圆曲线	等效对称密钥
1248	1248	160	80
1776	1776	192	96
2432	2432	224	112
3248	3248	256	128
15424	15424	512	256

请注意，表 5-2 中的值代表了在某一特定时期应遵循的指导原则，审慎的做法是核查关于此类问题的最新资料。

关于表 5-2 中的密钥长度，有一个有趣的问题需要注意：相同密钥长度的 RSA 和 ElGamal 具有相同的安全级别。例如，模数 n 为 1776 位的 RSA 的安全级别与模数 p 为 1776 位的 ElGamal 的安全级别相同。最重要的是，在相同的安全级别下，使用基于椭圆曲线的 ElGamal 变体只需要 192 位密钥，这明显更短。

目前，RSA 广泛使用 2048 位的密钥长度，越来越多的人推荐使用 3072 位。而对于那些想要额外安全余量的人，建议使用 15 360 位。对于基于椭圆曲线的 ElGamal 变体，广泛推荐的密钥长度是 256 位，推荐使用 512 位以获得额外的安全性。然而，这些建议可能会随着时间的推移而改变。我们将在 10.2 节从密钥管理的角度再次讨论密钥长度。

5.5　使用公钥密码

在本章开始时，我们讨论了引入公钥密码系统的动机，然后介绍了两个公钥密码系统的例子。在本节中，我们将考虑如何在实践中使用公钥密码系统来进行公钥加密。在第 7 章中，我们将考虑使用公钥密码系统来提供其他的安全服务。

5.5.1　限制因素

尽管公钥密码有很多好处，但有两个重要的因素会限制公钥密码的应用：

1）**计算成本**。正如 5.4.2 节所指出的，公钥加密和解密的计算成本相对较高。这意味着，在处理速度非常重要的应用（换句话说，几乎每个应用！）中，通常需要限制公钥加密和解密操作的数量，这是迄今为止对使用公钥密码最重要的限制。

2）**长明文安全问题**。我们在本章的所有讨论都涉及单个明文的加密，它可以由一个公钥“加密单元”表示。例如，使用 RSA 公钥（n，e）加密的明文可以表示为小于 n 的数字。如果想加密较长的明文，首先必须将明文分割成独立的“单元”，然后分别加密。如果将每个明文“单元”看成一个“分组”（这是一个合理的类比），在默认情况下，这将等价于使用分组密码的 ECB 模式加密这些独立的分组。这会导致 4.6.1 节中讨论的几个安全问题，所有这些问题都可以通过使用分组密码的不同操作模式来解决。然而，公钥加密没有其他的操作模式（当然，这主要是因为需求不足，因为刚刚讨论的计算成本问题）。因此，从安全的角度来看，将公钥加密的使用限制在单个明文可能也是明智的，这里的“单个”指的是整个明文可以在一次计算中加密。

因此，从效率和安全性的角度来看，有充分的理由将公钥加密的使用限制为“偶尔用于”加密短明文。

5.5.2 混合加密

在许多应用中，我们希望使用公钥加密来实现 5.1.1 节中讨论的优点，但是在明文很长的情况下，由于 5.5.1 节中讨论的原因，无法使用公钥加密。对这个难题的巧妙而简单的解决方案被称为**混合加密**（Hybrid Encryption）。如果 Alice 想加密（长）明文并发送给 Bob，可以进行如下操作：

1）生成对称密钥 K，使用 Bob 的公钥加密对称密钥 K。

2）使用 K 通过对称密码加密明文。

然后，Alice 将这两个密文发送给 Bob。收到两个密文后，Bob 进行如下操作：

1）使用其私钥解密第一个密文来恢复对称密钥 K。

2）使用 K 解密第二个密文恢复原始明文。

图 5-2 描述了这种混合加密过程。

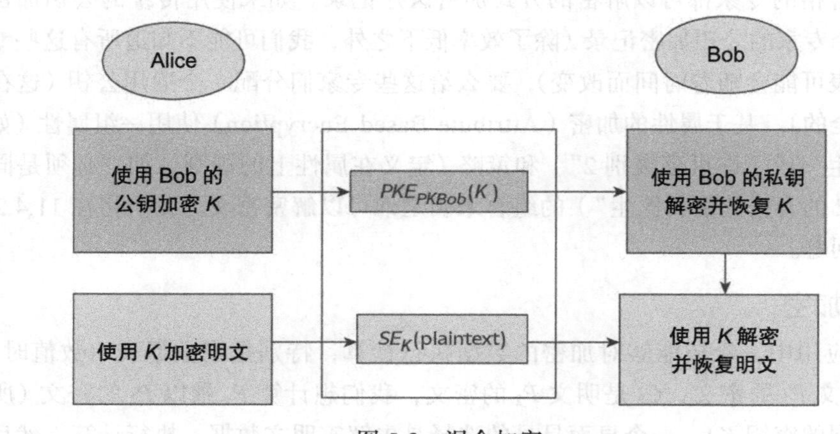

图 5-2　混合加密

从表 5-2 中可以注意到，对称密钥始终可以表示为一个短明文，其长度与公钥密码系统推荐的安全参数长度有关。事实上，128 位 AES 密钥可以作为一个明文使用表 5-2 中任何参数的公钥密码加密，包括只提供 64 位对称密码安全级别的基于椭圆曲线的公钥密码（尽管这样做相当奇怪，因为混合加密的有效的安全级别将会减少到 64 位）。

通过这种方式，混合加密在以下两个方面具有优势，从而获得了两种加密策略的最佳效果：

1）**速度**。用快速的对称密码加密明文。

2）**方便**。公钥密码系统的密钥管理便利性使得两个没有直接信任关系的实体能够安全地通信。

对于开放网络中的加密，混合加密本质上是默认技术。我们将在第12章和第13章看到这方面的例子。

5.5.3 其他类型的公钥密码系统

公钥密码的基本思想有几个有趣的扩展，它们已经引起了人们的兴趣。

1. 基于身份的加密

基于身份的加密（Identity Based Encryption）背后的思想是，发送方可以指定任意的身份字符串（例如，用户名或电子邮件地址）作为接收方的公钥。这与RSA和ElGamal等密码系统形成了鲜明对比，在这些系统中，不能如此明确地选择公钥。基于身份的加密具有一些非常有趣的密钥管理特性（正面和负面的），我们将在11.4.2节中更详细地研究这个概念。

2. 基于属性的加密

有一些潜在的加密应用可能无法（或不需要）识别密文的预期接收方。例如，我们可能希望以任何合格的专家都可以解密的方式加密医疗记录。如果使用传统的公钥加密，我们要么使用每个专家的公钥加密记录（除了效率低下之外，我们可能不知道所有这些专家的身份，专家列表可能会随着时间而改变），要么给这些专家们分配一个通用公钥（这在实践中肯定是不安全的）。基于属性的加密（Attribute Based Encryption）使用一组属性（如“合格的放射科医生”或“许可证级别2”）和策略（定义在属性上的规则，如“必须是同时具有许可证级别2的合格放射科医生”）的组合来确定谁可以解密密文。我们将在11.4.2节中重新讨论这个问题。

3. 同态加密

在某些应用中，希望能够对加密的数据执行计算，特别是当数据表示数值时。例如，假设C_1是明文P_1的密文，C_2是明文P_2的密文，我们想计算P_1乘以P_2的密文（所有的加密都使用相同的密钥K）。一个显而易见的选择是先解密明文数据，执行计算，然后对结果加密。但是，这个方案要求进行解密和计算的人都是信得过的，因为他们会同时知道明文数据和计算结果。例如，在云计算环境中就不是这样。在云计算环境中，云存储提供商通常是可以存储加密数据的可信第三方，但不知道明文数据。如果与P_1乘以P_2相关的密文可以直接从C_1和C_2计算出来（无须先解密），那就太好了，遗憾的是，对于大多数传统加密方案，情况并非如此。**完全同态加密**（Fully Homomorphic Encryption）方案允许直接对密文执行任何计算，目前已知的这类方案很少，而且效率非常低。**部分同态加密**（Partially

Homomorphic Encryption）方案允许直接在密文上执行某些特定的计算（通常是加法或乘法），而不允许执行其他计算。有趣的是，我们在 5.2.2 节中介绍的“教科书”版本 RSA 是部分同态的。它支持乘法，因为：

$$C_1 \times C_2 = (P_1^e \times P_2^e) \mod n = (P_1 \times P_2)^e \mod n$$

所以 $C_1 \times C_2$ 是 $P_1 \times P_2$ 的密文。遗憾的是，在实践中部署的更安全的 RSA 版本并不是部分同态的，如 RSA-OAEP（参见 5.2.4 节）。ElGamal 在明文对乘法运算也是部分同态的。

5.5.4 公钥密码系统的未来

正如我们所看到的，好的对称密码系统的安全性主要依赖于密钥穷举攻击的难度。另一方面，公钥密码系统的安全性是建立在一些底层数学难题之上的。正如我们在 5.2.3 节中所讨论的，RSA 的安全性是基于整数分解的困难性，而 ElGamal 的安全性则基于求解离散对数问题是困难的。如表 5-2 所示，这两个问题都被认为是困难的，没有一个比另一个更容易。

确保我们根据不同的数学难题来建立有效的公钥密码系统，可以获得相当大的优势。如果有一天有人发明了一种分解大整数的有效方法，那么离散对数问题至少在理论上仍然是安全的。也有一些专家认为，如果出现了突破，导致其中一个问题不再被认为是困难的，那么另一个问题可能也会有类似情况，只有时间才会揭晓最终的真相。

更令人担忧的是，如果攻击方能够访问量子计算机，这两个问题就不再被认为是困难的（参见 4.7.2 节）。众所周知，量子计算机可以在多项式时间内分解大整数和计算离散对数。目前，人们对开发安全性建立在量子计算机无法有效解决的难题之上的公钥密码系统非常感兴趣。有几个候选的难题正在研究中，基于它们开发的算法被称为**后量子密码学**（Post Quantum Cryptography）。

5.6 总结

在本章中，我们研究了公钥密码，分析了设计公钥密码系统的一般问题，并对两个公钥密码系统进行了详细讨论。我们还研究了如何在应用中有效地利用公钥密码系统的特性。

我们讨论的主要问题如下：

- 公钥密码系统为不共享对称密钥的两个实体提供了使用密码技术保护它们交换的数据的可能性。
- 公钥密码需要使用单向陷门函数。
- RSA 是一个广泛使用的公钥密码系统，其安全性基于大整数分解的困难性。
- ElGamal 是一个公钥密码系统，其安全性基于求解离散对数问题的困难性。
- 基于椭圆曲线的 ElGamal 变体提供了一个显著的优势，即密钥比 RSA 或基本

ElGamal 中的密钥更短。

- 公钥密码系统的运行效率低于大多数对称密码系统。因此，公钥密码通常在称为混合加密的过程中使用，该过程用公钥密码交换对称密钥，然后用于批量数据加密。

公钥密码系统为应用带来的显著优势导致了 20 世纪 70 年代中期密码学的一场革命，随着 20 世纪 90 年代因特网的发展，人们对它的兴趣进一步提高。然而，目前使用的公钥密码系统对使用量子计算机的破解者而言并不安全。因此，人们对开发新的后量子公钥密码系统非常感兴趣，这一领域的发展是可以预期的。

公钥密码学在一定程度上解决了对称密钥建立的问题。然而，正如我们将在 10.1.3 节中更详细地指出的，它用一个公钥认证问题"替换"了对称密钥建立的问题。除非我们能够在一定程度上保证公钥确实与它所属的实体相关联，否则就不能充分利用公钥密码系统的任何优势。我们将在第 11 章详细讨论这一主题。

5.7　进一步的阅读

公钥密码学的发展历史是引人入胜的，它不仅提供了进一步研究本章内容的动机，而且值得进一步学习。Levy [145] 和 Singh [222] 中有很好的描述。同样值得一读的是 Ellis 对英国早期发现公钥密码的描述 [64]。

在本章中，我们试图在理解公钥密码系统所需的最低数学背景知识方面做到自给自足。大多数密码学的数学介绍，如 Menezes、van Oorschot 和 V anstone [150] 以及 Stinson [231]，都提供了更多的技术细节，包括扩展欧几里德算法的细节。一些密码学的数学介绍，如 Pipher、Hoffstein 和 Silverman [106] 以及 Smart [224]，都特别关注公钥密码学。这些书还提供了关于如何生成用于实际公钥密码系统的大素数的介绍，这是一个我们没有讨论过的主题。

Diffie 和 Hellman [52] 的论文首次向世界介绍了公钥密码的概念，这篇论文相当容易理解。从历史的角度来看，Diffie 对公钥密码技术 [51] 前十年的描述也很吸引人。RSA 的思想最早由 Rivest、Shamir 和 Adleman 于 1978 年发表 [202]。Boneh [26] 提供了 RSA 攻击的综述。如何实现 RSA 的技术细节由公钥密码标准（PKCS）提供 [208]。第一个标准 PKCS#1 包含了 RSA-OAEP 的详细信息，这是实现 RSA 的流行的方法之一。ISO/IEC 18033 [123] 包括公钥加密和混合加密标准。Dent 和 Mitchell [48] 包括以上标准及其相关标准的精彩概述。CrypTool [45] 实现了 RSA，并对混合加密进行了较好的仿真。

ElGamal 密码系统是由 ElGamal 发表的 [63]。椭圆曲线密码学的数学背景知识可以在许多普通文献中找到，如 Mollin [152] 和 Stinson [231]。Koblitz [138] 和 Washington [242] 有非常详细的介绍。关于椭圆曲线密码学实现信息，应参考 Hankerson、Menezes 和 Vanstone [102]。另一种文献是来自 Certicom [35] 的 ECC 教程。椭圆曲线密码学的商业标准由高效密码学组标准（Standards for Efficient Cryptography Group，SECG）[217] 开

发，并在 ISO/IEC 15946 [121] 中进行了定义。Giry [90] 提供了一个门户网站，用于比较关于公钥密码系统密钥长度的建议。

对技术感兴趣的人，[131] 提供了基于身份的密码学的综述。同态加密及其应用的综述可在 [253] 中找到。Moses [154] 是一篇关于量子计算对密码学未来可能产生的影响的短文。NISTIR 8105 [179] 是 NIST 2016 年关于后量子密码学现状的内部报告。关于量子计算机的一些影响的讨论可以在 ETSI 的白皮书中找到 [69]，而对抵抗量子计算机的公钥密码系统的更技术性的综述是 Perlner 和 Cooper [189]。标准草案 IEEE P1363.1 [108] 描述了一种称为 NTRU 的方案。

5.8 练习

1. 图 5-1 中描述的公文包协议表明，在没有共享密钥的两个实体之间交换机密消息是可能的。
   (1) 设计与公文包协议类似的密码协议，使用对称加密而不是用挂锁锁住公文包。
   (2) 这种与公文包协议类似的密码协议并不总是有效的，对称密码系统需要具备什么特性才能工作？
   (3) 给出一个具有这种性质的对称密码系统的例子。
2. 下列哪个陈述是正确的？
   (1) 如果能分解大素数的积，RSA 密码系统就会被破解。
   (2) 由于安全问题，ElGamal 密码系统实际上没有使用。
   (3) RSA 加密计算效率高，而 ElGamal 加密则不然。
   (4) RSA 加密不涉及显著的消息扩展。
   (5) ElGamal 密码系统的安全性相当于求解离散对数问题。
3. RSA 操作的明文是模数，因此我们必须有一些方法将明文和密文转换成模数。本题提出了不同的转换方法。
   (1) 使用 ASCII 将明文 CAT 写成 21 位的位串。
   (2) 将这个位串分成 7 个块，每个块由 3 个位组成，并将每个块写成从 0 ～ 7 的整数。
   (3) 使用 RSA 加密这 7 个块，其中 $p=3$，$q=5$ 且 $e=3$，并将结果密文写成 0 ～ 14 范围内 7 个整数的序列。
   (4) 每个数字使用四位二进制表示，将密文转换为二进制位串。
   (5) 用十六进制写出密文。
4. 考虑在 RSA 中 $p=7$ 且 $q=11$。
   (1) e 可以取什么样的值？
   (2) 如果 $e=13$，d 的值是多少？
   (3) 使用这些参数进行 RSA 加密时，我们可以使用的以位为单位的最大分组长度是多少？
5. ElGamal 密码系统可以实现为所有用户共享相同的系统参数 p 和 g。这就提出了一个问题：RSA 密码系统的所有用户是否可以共享一个公共参数模 n。

（1）假设 Alice 和 Bob 各自生成了自己的 RSA 公钥，其模数 n 相同，但公开指数 e_A 和 e_B 不同。解释为什么 Alice 能够解密发送给 Bob 的加密消息（反之亦然）。

（2）假设可信第三方为 Alice 和 Bob 生成 RSA 密钥对。查阅资料，解释 Alice 和 Bob 共享一个公共模数 n 是否可以接受。

6. 多年来，各种整数分解挑战赛应运而生。

（1）你认为这些挑战赛的目的是什么？

（2）已被分解的最大 RSA 挑战数是多少？

7. 某些 RSA 加密指数 e 经常被选择，因为它们有一种特殊的格式。一个例子是 $e = 2^{16} + 1$。

（1）具有这种格式的 RSA 指数的优点是什么？

（2）解释为何多个用户可以使用相同的加密指数 e。

（3）为何一般不建议选择具有类似格式的 RSA 解密密钥 d？

（4）在什么样的特殊情况下，可能有理由允许解密密钥 d 具有特殊格式（类似于上述示例，但不一定相同）？

8. 在一个简单的 ElGamal 密码系统中，Alice 的两个公钥组件是 $p = 17$ 和 $g = 3$。

（1）如果 Alice 的私钥是 $x = 5$，她的公钥是什么？

（2）如果使用随机产生的数字 $k = 2$ 加密明文 $P = 4$，得到的密文是什么？

9. 通常认为 ElGamal 比 RSA 的解密效率更高，因为它使用的指数更小。解释为什么 ElGamal 用于解密的指数比 RSA 更小。

10. 椭圆曲线密码学对于许多应用是一种有吸引力的技术。

（1）为什么基于椭圆曲线的公钥密码变体比以原始的 ElGamal 密码更受欢迎？

（2）提供一些支持 ECC 原语的应用示例（用于加密或其他安全服务）。

（3）考虑到基于椭圆曲线的方法的优点，你认为 RSA 的未来前景如何？

11. RSA 和 ElGamal 都需要使用大素数。了解如何生成足够大的素数，以便在实际的公钥密码系统中使用。

12. 给出一些实现了混合加密的应用。

13. 解释为什么一般来说公钥密码的密钥长度大于对称密码的密钥长度。

14. 为什么没有针对公钥密码提出相关的操作模式？

15. 在 Diffie 和 Hellman 于 1976 年公开发明公钥密码之前，公钥密码至少被发明过一次。

（1）什么是非保密加密（Non-Secret Encryption）？

（2）谁是英国的 Rivest、Shamir 和 Adleman？他们是什么时候想到这个想法的？

（3）为什么没有发表这个想法？

16. 针对公钥密码系统的各种侧信道攻击层出不穷。

（1）简要说明这种攻击。

（2）为什么公钥密码系统特别容易受到某些类型的攻击？

17. 根据定义，公钥密码学通常假定公钥是公共信息。然而，有些人认为，在某些情况下，将公钥保密是有意义的。这意味着只有那些需要知道公钥的人才能通过某种安全的方式获得它，并要求秘密地存储公钥。
    （1）使用秘密公钥的潜在成本和效益是什么？
    （2）这种做法在什么应用环境中有价值？
18. 同态加密可能适合某些应用。
    （1）证明 ElGamal 加密对密文乘法是部分同态的。
    （2）解释为何典型的分组密码（例如 AES）不是同态的。
    （3）你建议哪些应用采用同态加密？
19. 量子计算机将对密码学的实践产生重大影响。
    （1）如果能够建造一台实用的量子计算机，对公钥密码学可能产生什么影响？
    （2）新的公钥密码算法如何抵抗量子计算机？它们的安全性是基于哪些难题的？
    （3）关于何时可建造实用量子计算机，最新预测是什么？
20. 有两种不同类型的基于属性的加密，称为基于密钥策略属性的加密（Key-Policy Attribute-based Encryption）和基于密文策略属性的加密（Ciphertext-Policy Attribute-based Encryption）。说明这两种加密方案有何不同之处。

第 6 章

数据完整性

到目前为止，我们一直关注使用密码学来提供机密性。在本章中，我们将开始研究旨在提供其他安全服务的加密机制。需要注意的是，要认识到我们之前围绕加密进行的许多讨论也适用于密码学更广泛的应用。特别是，1.5 节关于安全假设的讨论和 1.6 节关于破解密码系统的讨论都是直接适用的。

本章的重点是提供数据完整性。我们将只研究提供“轻量级”数据完整性的机制，以及提供更强的数据源身份认证的机制。本章只讨论基于对称密码或无密钥的数据完整性机制。在第 7 章中，我们将考虑基于非对称密码的数据完整性机制。

学习本章之后，你应该能够：

- 了解不同级别的数据完整性。
- 识别哈希函数的不同属性。
- 评价哈希函数的不同应用，以及这些应用所需要的属性。
- 认识到哈希函数输出长度的重要性。
- 区别构造哈希函数的不同技术。
- 解释如何使用 MAC 提供数据源身份认证。
- 描述构造 MAC 的两种不同方法。
- 比较提供机密性和数据源身份认证的不同方法。

6.1 不同级别的数据完整性

数据完整性是一个令人困惑的安全服务，因为它经常在不同的上下文中使用。区别不同上下文的最佳方法是考虑对某些数据完整性的潜在“攻击”的强度。就我们的目的而言，我们会考虑四个不同级别的数据完整性，而这四个级别的数据完整性对应于四个不断增加的攻击级别。

- **意外错误**

第一级数据完整性仅提供对意外错误的保护。这种错误最有可能是由于通信信道中存在噪声而造成的。此级别的数据完整性机制包括纠错码（请参阅 1.4.4 节）和简单的校验和，如循环冗余校验码（Cyclic Redundancy Check, CRC）。这些技术都计算原始数据的摘要，并将其附加到原始数据之后。摘要是基于数据利用简单数学计算得来的。由于任何人都可以计算摘要，因此这些机制无法提供针对主动攻击者的保护。我们之后将不再进一步讨论这类机制，因为它们的完整性保护能力较为薄弱。

- **简单操纵**

第二级数据完整性提供对简单操纵的保护。仅针对意外错误提供的保护机制通常具有这样的特性：如果数据以特定的方式更改，则不需要重新计算即可预测新的完整性摘要。例如，两个消息执行异或运算后的完整性摘要可能与两个消息对各自的完整性摘要执行异或运算后的结果相同。哈希函数是一种能够防止简单操纵的机制，因为它们具有能够检测此类操纵的固有的安全属性。然而，由于任何人都可以计算完整性摘要，因此主动攻击者仍然可以破坏此类完整性机制。第二类完整性机制与第一类完整性机制的唯一区别在于，在第二类完整性机制中，主动攻击者不能通过操纵旧的摘要来“简化”新摘要的计算。我们将在 6.2 节中讨论哈希函数。

- **主动攻击**

第三级数据完整性提供对主动攻击的保护。与前两类数据完整性不同，此类机制能够防止攻击者对以前没见过其完整性摘要的数据创建“有效的”完整性摘要。这种强大的数据完整性概念通常需要数据源身份认证，因为防止此类主动攻击的最自然方法是绑定数据和数据源。提供这种数据完整性级别的主要密码机制是 MAC 码，我们将在 6.3 节中讨论。

- **否认攻击**

第四级数据完整性针对完整性摘要的创建者试图否认创建了该摘要来提供保护。在需要第三方验证数据完整性的应用中，这个级别是必要的。这对应于数据源的不可否认性。我们将关于这类机制的讨论推迟到第 7 章，那一章将主要讨论数字签名方案。但是请注意，在某些情况下，MAC 码也可以提供此级别的数据完整性（参见 7.2 节）。

6.2 哈希函数

哈希函数可能是所有密码学原语中最常用的。它们非常有用，会出现在各种令人惊奇的应用中。作为一个独立的工具，它们几乎没有什么用途。然而，它对于任何密码设计人员而言都是必要的！它们无处不在，以至于当 2004 年几个使用得最广泛的哈希函数遭到意料之外的攻击时，引起了公众的极大关注。哈希函数具有许多重要的用途，包括：

1）**作为强单向函数。**哈希函数有时用于“加密”那些不需要“解密”的高度机密数据，例如口令（参见 6.2.2 节）。

2）**提供数据弱完整性保证。**哈希函数可用于检查数据是否被意外更改，在某些情况下，还可检查是否有对数据的故意操纵（参见 6.2.2 节）。因此，它们有时被称为**更改检测码**（Modification Detection Code）或**操纵检测码**（Manipulation Detection Code）。

3）**作为构建其他密码学原语的组件。**哈希函数可用于构造不同的密码学原语，如 MAC（参见 6.3.4 节）和带附件的数字签名方案（参见 7.3.4 节）。

4）**作为绑定数据的一种方法。**哈希函数通常用于密码协议中，将数据绑定到单个密码承诺中。

5）**作为伪随机源。**哈希函数有时用于生成密码方案使用的伪随机数，一个重要的例子是生成密钥（参见 10.3 节）。

注意，哈希函数这个术语在计算机科学领域还有其他更广泛的含义。我们将使用术语*哈希函数*，因为我们的上下文语境是明确的，但本书中的哈希函数有时会更具体地被称为*密码哈希函数*。

6.2.1 哈希函数的属性

*哈希函数*是一个数学函数（换句话说，它是一个将输入数值转换为输出数值的过程），它具有两个重要的实用属性和三个安全性属性。在我们介绍这些属性之前，应记住以下几点：

1）**哈希函数没有密钥。**哈希函数的安全性属性都是在没有使用密钥的情况下提供的。在这方面，它们并不是寻常的密码学原语。注意，术语**带密钥的哈希函数**（Keyed Hash Function）有时用于 MAC 码，我们将在 6.3 节中讨论。

2）**哈希函数是公开的。**我们总是假设攻击者知道哈希函数的细节。就像加密算法一样，这是最安全的安全假设，原因我们在 1.5.3 节中讨论过。由于哈希函数不涉及密钥，这意味着任何人（特别是攻击者）都可以为任何输入值计算有效的哈希值。

实用属性 1：将任意长度的输入值压缩为固定长度的输出值

这意味着无论输入多长的数据，哈希函数都会生成一个长度相同的输出值（或哈希值）。将哈希函数应用于输入数据的过程一般称为对数据的哈希。通常，得到的哈希值长度要比输入的数据短得多，因此，哈希函数有效执行了数据压缩的任务，具有此属性的函数有时称为**压缩函数**（Compression Function）。因为哈希值是表示较大数据块的小段数据，所以被称为**摘要**（Digest），而哈希函数则被称为**消息摘要函数**（Message Digest Function）。

我们在密码学中可能遇到的大多数哈希函数都将二进制输入转换为二进制输出。如果某个哈希函数的二进制输出值为 n 位，那么我们将此哈希函数称为 n 位哈希函数。n 的常用取值在 160 位到 512 位之间（我们将在 6.2.3 节进一步讨论这个问题）。

哈希函数的输出比输入小（得多）的一个直接结果是，对于任何一个给定的哈希函数，有许多输入有可能被压缩为相同的哈希值。要理解这一点，可以考虑信用卡使用的PIN码。四位数的PIN码是将客户的个人信息（姓名、地址、银行详细信息）通过PIN派生函数这个压缩函数生成的。实际上，PIN派生函数可以是哈希函数，也可以不是（请参阅10.6节），但它必须是压缩函数。如果一个国家有6000万个银行用户，而PIN码仅由四位数字组成（最多1万个不同的PIN码），那么最终将有许多人拥有相同的PIN码。如果此过程完全随机，那么平均来说，将会有6000个人拥有相同的PIN码。

实用属性2：易于计算

这意味着计算哈希函数的计算过程应该是容易的（就效率和速度而言）。换句话说，对于一个哈希函数 h 和输入值 x，计算 $h(x)$ 应该是一个快速的操作。如果哈希函数没有此属性，则此哈希函数不适合普遍使用。

注意，在3.2.3节中，我们提供了一个简单的计算复杂性分类。在复杂性理论方面，实用属性2要求哈希函数的计算可以在多项式时间内完成。事实上，任何有用的哈希函数都必须是一个计算速度非常快的函数（不只是“简单”，实际上是“非常简单”）。一般来说，哈希函数的实际计算速度比对称密码要快得多。

安全属性1：抗原像性（Preimage Resistance）

哈希函数应该是抗原像的，这意味着哈希函数的逆运算应该是困难的（就效率和速度而言）。换句话说，对于哈希函数 h，给定输出（哈希）值 z，要找到这个值对应的任何输入值 x（也就是 $h(x)=z$）是不可能的。“抗原像”这个术语来源如下：函数 h 的输出 $h(x)$ 通常称为 x 的像（image），因此 x 被称为 $h(x)$ 的原像（Preimage）。

注意，抗原像性通常被广义定义为：给定 $h(x)$，很难确定 x。这是广义的定义，因为抗原像性实际上是一个更强的属性。回想一下，因为哈希函数是一个压缩函数，所以会有许多具有哈希值相同的输入值。抗原像性是指如果我们得到了 x 的哈希值 $h(x)$（但我们不知道 x 的值），那么不仅很难找到 x，也很难找到任何哈希值为 $h(x)$ 的输入值。

在复杂性理论中，安全属性1要求哈希函数的逆运算涉及一个以指数时间运行的过程。实际上，对于所有应用，我们都要求哈希函数在任何实际意义上都是不可逆的。具有实用属性2和安全属性1的函数通常称为*单向函数*，我们在5.1.4节中已经介绍过这一概念。

安全属性2：抗第二原像性（Second Preimage Resistance）

第二个安全属性与抗原像性类似，但略有不同。哈希函数应该是抗第二原像的，这意味着给定一个输入值及其哈希值，应该很难找到具有相同哈希值的另一个不同输入值。换句话说，对于一个哈希函数 h，给定一个输入值 x 和它的输出（哈希）值 $h(x)$，很难找到任何满足 $h(y)=h(x)$ 的其他输入值 y。

这两个安全属性之间的本质差异是前提条件不同。抗原像性抵抗的是具有哈希值（没有输入值）并试图进行哈希函数的逆运算的攻击者。抗第二原像性抵抗的是具有输入值及其哈希值，希望找到导致相同哈希值的不同输入值的攻击者。

考虑这个问题的另一种方法是回到我们前面所说的银行卡 PIN 码的例子。回想一下，我们观察到很多银行客户都会使用相同的 PIN 码。考虑你的银行和你的 PIN 码，所有与你拥有相同 PIN 码的其他客户都可以看作是你的银行的 PIN 码派生函数的第二个原像，PIN 派生函数最好是抗第二原像性的，因为这会使你很难找到与你有相同 PIN 码的人！（严格地说，这个类比假定 PIN 码派生函数是公开的，但它可能不是。）

安全属性 3：抗碰撞性

第三个安全属性是哈希函数的抗碰撞性（Collision Resistance），这意味着很难找到两个哈希值相同的不同的输入值（任何长度的）。此属性有时被描述为要求哈希函数无碰撞，换句话说，对于哈希函数 h，很难找到两个不同的输入值 x 和 y，使得 $h(x)=h(y)$。

正如我们在讨论实用属性 1 时所看到的，哈希函数不可能没有碰撞，关键是这些碰撞应该很难被发现，使得攻击者很难找到具有相同哈希值的两个输入值。

回到我们的 PIN 码类比，安全属性 3 意味着即使许多人共享相同的 PIN 码，也应该很难找到两个拥有相同 PIN 码的人。

三个安全属性之间的关系

图 6-1 总结了哈希函数的三个安全属性。虽然这三个安全属性是相关的，但是它们相互之间仍然存在差异。要了解这一点，最好的方法是查看一些不同的哈希函数应用，并确定它们所需的安全属性，我们将在 6.2.2 节中对此进行介绍。

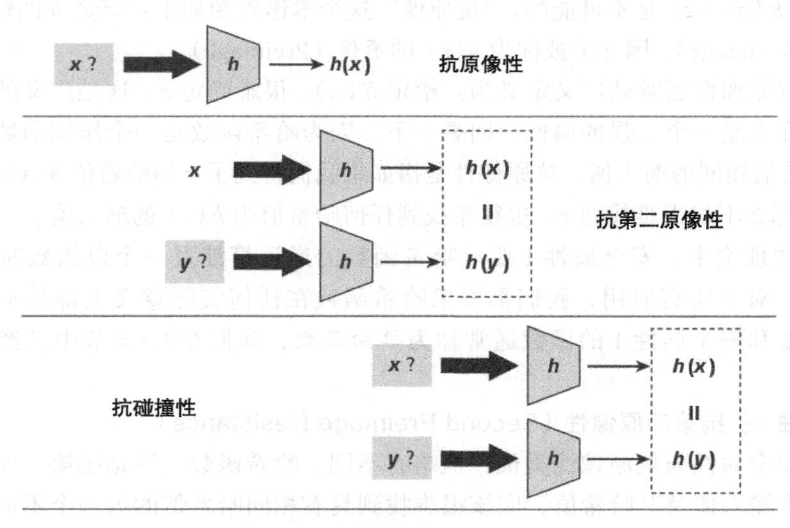

图 6-1　哈希函数的三个安全属性

安全属性之间只有一个明确的关系：如果一个函数是抗碰撞的，那么它就是抗第二原像的。如果函数 h 是抗碰撞的，那么很难找到一对输入值 x 和 y，使得 $h(x)=h(y)$。因为这个属性对任何一对输入值都成立，所以给定一个输入值 x 很难找到另一个输入值 y。换句话说，函数 h 具有抗第二原像的能力。显然，如果寻找任何碰撞是困难的，那么寻找一个特定的碰撞也将是困难的（事实上更困难）。

我们再做一个类比。考虑一群人，其中每个人都与一个输入值 x 关联，我们可以将人 x 的名字视为此人身份的哈希值 $h(x)$，在此人群中寻找任何两个具有相同名字的人，要比选择一个人（假设其名字是 Bart）然后寻找另一名字也是 Bart 的人容易。生日也是如此，我们将在 6.2.3 节中更正式地讨论此类情况。

从攻击者的角度来看，哈希函数的碰撞总是比第二原像更容易找到。因此，哈希函数的攻击者倾向于寻找碰撞，同样，哈希函数的设计者也试图使碰撞尽可能难以被发现。

最后，值得注意的是，虽然这三个安全属性是互不相同的，而且我们很快就会看到，不同类型的应用往往需要不同的属性，但是历史上密码学家设计的哈希函数均具有三个安全属性。这主要有三个原因：

1）**潜在的重用。**虽然哈希函数可以用于只需要三种安全属性之一的应用，但是如果以后需要在要求不同安全属性的应用中使用哈希函数，那些具有三个安全属性的哈希函数是很有用的。哈希函数通常被认为是密码工具箱中的“瑞士军刀”，因为它具有这种多功能性。

2）**需要多个属性。**一些使用哈希函数的应用要求不止一个安全属性。

3）**属性的相似性。**针对这三个安全属性中的任何一个（而不针对其他安全属性）专门设计一个哈希函数是相当困难的。某种程度上说，这是因为到目前为止还不可能从数学上证明一个函数仅具有上述三种安全属性中的任何一种，只可能设计一个同时具有这三个安全属性的函数。正如我们将在 6.2.4 节中讨论的那样，这对哈希函数的设计产生了极大的影响。

6.2.2　哈希函数的应用

现在我们来看三个哈希函数的应用示例，每个应用都需要不同的安全属性。

1. 抗原像性的应用

哈希函数提供了一种简单且被广泛采用的实现口令存储保护的方法，就是将口令以“伪装”的形式存储在口令文件中，这样可以检验口令，但是任何访问口令文件的人（可能包括系统管理员）都不能从中恢复口令。在这种应用中，哈希函数用于为存储的数据提供一种不同寻常的机密性。不寻常之处在于，数据本身（口令）永远不需要恢复。因此，这种类型的机密性可以由不使用密钥的密码模型提供。

在尝试登录之前，用户的标识 I 存储在口令文件中，与之相邻的是通过哈希函数 h 计算出来的用户口令 P 的哈希值 $h(P)$。换句话说，口令文件由二元组表 $(I, h(P))$ 组成。注意，口令本身并不存储在表中。

对于试图访问设备上的资源的用户，我们将在 8.4 节中更详细地讨论基于口令的登录过程，图 6-2 描述了基于口令的登录过程，其操作如下：

1）当登录屏幕提示时，用户输入身份标识 I。

2）当登录屏幕提示时，用户输入口令 P。

3）在设备上运行的身份认证程序将密码 P 输入哈希函数并计算 $h(P)$。

4）在设备上运行的身份认证程序在对应的口令文件中查找表身份标识 I，并将对应的口令哈希值与步骤 3 中计算出的 $h(P)$ 进行比较。如果两者匹配，则身份认证通过，否则用户将被拒绝。

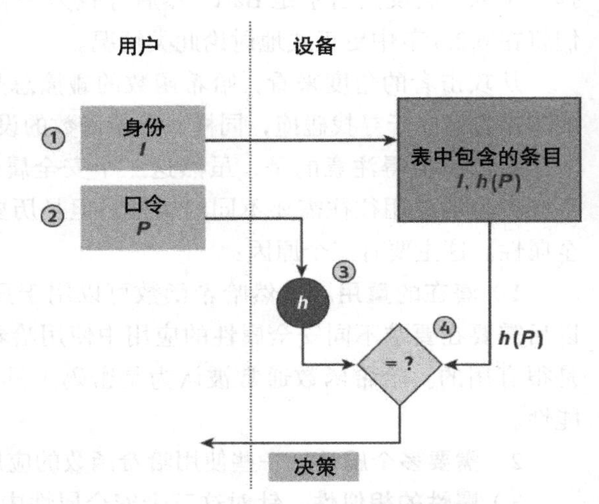

图 6-2 使用哈希函数保护存储的口令

要理解此应用所需的哈希函数的安全性，我们需要从攻击者的角度考虑。哈希函数的作用是保护口令文件中的数据。我们将暂时忽略这类系统的真正弱点，即用户的口令管理（该话题将在 8.4 节讨论）。访问口令文件的攻击者可以看到口令的哈希值。我们不希望攻击者可以通过此信息确定口令。因此，我们需要的重要属性是抗原像性。另外两个安全属性与我们关系不大。

1）**抗第二原像性**。如果攻击者不知道系统的有效口令，那么抗第二原像性就不是问题。如果攻击者确实已经知道系统的一个有效口令 P，那么这个口令的哈希值的第二原像仍不是一个很重要的问题：

- 如果所有用户都登录到一个共享资源中，那么攻击者就不需要使用已知的哈希值来寻找另一个口令，因为他可以使用已知的口令登录系统。
- 如果用户登录到私人账户，攻击者发现另一个用户具有相同的口令哈希值 $h(P')=h(P)$，则攻击者知道输入已知口令 P 也可以访问该用户的账户。因此，攻击者不需要确定第二原像 P'。

2）**抗碰撞性**。为哈希函数寻找碰撞（换句话说，寻找具有相同哈希值的两个口令）并不会使攻击者真正受益。唯一可能的受益者是一个恶意用户，他发现了一个碰撞，使用其中一个口令，然后说服另一个用户使用另一个口令。恶意用户现在可以用相同的口令登录两个账户。但是，具有这种操作能力的用户可以很容易地破解系统，而不需要努力寻找哈希函数碰撞。

因此，保护口令文件需要的主要是抗原像性。在我们结束这个例子之前，有两个值得进一步讨论的问题：

1）**口令文件保护并不真正需要哈希函数的压缩属性，因为口令往往很短**。这个应用在技术上只需要一个单向函数。也就是说，在这里，哈希函数的作用趋向于大多数应用中的缺省单向函数。在 8.4 节中，我们给出了一个单向函数的例子，它并不是一个压缩函数。

2）**哈希函数提供了防止具有访问口令文件权限的攻击者级别的保护**。为了防止我们讨论的关于第二原像的攻击，通常最好的方法是通过对攻击者“隐藏”口令文件来提供更强的安全性。加密口令文件是一种合适的技术方案。此技术方案还可以防止攻击者利用字典进行攻击，即计算常见口令的哈希值，并在口令文件中查找匹配项，以攻击口令文件（请参阅 1.6.5 节）。

2. 抗第二原像性的应用

哈希函数最引人注目的应用之一是生成校验和，它提供了轻量级的数据完整性校验。这种校验属于 6.1 节中提及的防止简单操纵的数据完整性保护。

哈希函数通常用于向用户提供一定程度的保证，确保他们正确下载了文件。图 6-3 给出了这个过程的一个例子，其工作原理如下：

1）文件下载站点显示有关软件的信息（在本例中为 mediaCam AV 2.7）和可执行代码（在本例中是 install.exe）的连接。它还显示了一个 MD5 哈希值，该值标识哈希函数的名称（MD5），并提供可执行代码的哈希值。MD5 是一个 128 位的哈希函数，所以哈希值通常显示为 32 个十六进制值字符串。

2）下载可执行代码的用户可以通过 MD5 哈希函数重新计算哈希值。然后，根据文件下载站点上显示的哈希值校验计算结果。如果两者匹配，那么用户可以确保他们下载的代码与下载站点希望他们拥有的代码是一致的。

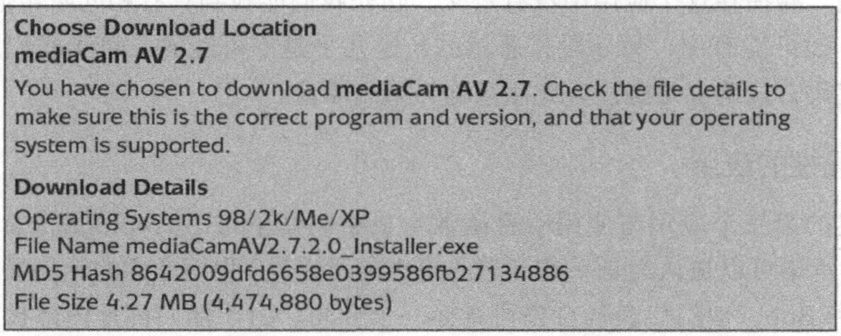

Choose Download Location
mediaCam AV 2.7
You have chosen to download **mediaCam AV 2.7**. Check the file details to make sure this is the correct program and version, and that your operating system is supported.

Download Details
Operating Systems 98/2k/Me/XP
File Name mediaCamAV2.7.2.0_Installer.exe
MD5 Hash 8642009dfd6658e0399586fb27134886
File Size 4.27 MB (4,474,880 bytes)

图 6-3　对文件校验和使用哈希函数

我们将此描述为“轻量级”数据完整性校验，因为哈希函数永远不能单独用于提供针对主动攻击者的完整性保证。由于哈希函数没有密钥，攻击者总是可以修改文件，然后重新计算与修改后的文件匹配的新哈希值。在上面的示例中，这将要求攻击者设法让文件下载站点显示这个修改后的代码及其新的哈希值（或者攻击者需要修改文件下载站点上的信息）。然而，如果我们相信文件下载站点的安全性，那么就可以增强对下载文件数据完整性的“信心”。如果下载站点是完全可信的，并且其过程被认为是安全的，那么我们就会知道，文件和哈希值都不能在站点本身上被更改，从而获得强大的数据完整性保证。总而言之：

1）如果单独使用哈希函数，则哈希函数只能提供轻量级数据完整性。它只能防止意外错误和简单的操纵（参见 6.1 节）。

2）如果与其他安全机制结合使用，哈希函数可用于提供更强大的数据完整性，特别是哈希值本身受到另一种安全机制的保护时。在上面的例子中，网站的安全性可能提供这种保证，或者可以通过安全信道将哈希值发送给任何需要更强大的数据完整性保证的用户。

要分析对此应用来说最重要的安全属性，我们需要考虑应防范哪种类型的攻击。这里我们主要关注的是防范攻击者用篡改的文件（可能是恶意软件）替换合法文件。虽然可以通过对文件下载站点进行全面的安全检查和处理来防范这种情况，但是可以合理地假设在某些应用环境中这些防范措施是不可能实现的。为了在不被检测到的情况下成功替换文件，攻击者必须尝试找到另一个哈希值与下载站点上的哈希值匹配的文件，并尝试将 install.exe 的下载链接替换为恶意代码。一种途径是，如果攻击者确实为下载站点提供了一些代码，但随后又提供了恶意代码的链接供下载站点引用，这可能是下载站点的一个错误流程，但它确实可能会发生。在本例中，攻击者拥有一些代码及其哈希值，并试图找到具有相同哈希值的不同代码段。为了防止这种情况的发生，我们需要的安全属性是抗第二原像性。其他两项安全属性均不特别相关，原因如下：

- **抗原像性**。因为可执行代码并不是口令，所以我们并不关心抗原像性。实际上，因为应用的需要，我们希望知道哈希值的原像。
- **抗碰撞**。碰撞在这个应用中没有意义，除非我们能找到具有相同哈希值的两段代码，其中一段可能有用，另一段是恶意的，这几乎是不可能的。对于我们所关心的一段已知代码，这确实是碰撞，此碰撞称为第二原像。

3. 抗碰撞性的应用

我们描述的第三个应用与使用哈希函数生成**密码学承诺**（Cryptographic Commitment）有关，密码学承诺可以被认为是一种“有约束力的承诺”。我们考虑的示例场景涉及两个供应商：Alice 和 Bob，他们代表各自公司竞标一个合同。由于他们都是内部投标人，所以他们决定直接进行谈判，而不通过第三方。在现实世界中，这种情况可以通过将标书密封在一个信封中并同时交换来解决。然而，我们需要通过电子方式来实现，不能假设消息是同时交换的。

显然，如果 Alice 说，“我们可以以 7000 欧元的价格完成这项工作”，她就会把主动权交给 Bob，然后 Bob 就可以以低于她的价格，选择出价 6999 欧元。解决办法是由各方决定他们的出价，提前交换承诺，然后，他们就可以从容地公布自己的出价。此流程如图 6-4 所示。

1）Alice 决定她的出价，然后计算其哈希值。这是她的承诺。她将出价的哈希值（但不是出价本身）发送给 Bob。Bob 存储 Alice 出价的哈希值。

2）Bob 确定他的出价，然后计算哈希值。这是他的承诺。他向 Alice 发送他的出价哈希值（但不是出价本身）。Alice 存储 Bob 的出价哈希值。竞标阶段现已结束。

3）Alice 把她的出价发送给 Bob。Bob 计算 Alice 出价的哈希值，并检查它是否与步骤 1 中 Alice 发来的哈希值匹配。如果匹配，那么他就认为 Alice 的出价是真实的，并接受 Alice 的出价。

4）Bob 把他的出价发送给 Alice。Alice 计算 Bob 出价的哈希值，并检查它是否与步骤 2 中 Bob 发来的哈希值匹配。如果匹配，那么她就认为 Bob 的出价是真实的，并接受 Bob 的出价。

5）双方现在都知道了这两个出价并接受它们。如果他们愿意，公司现在可以自由接受较低的出价。

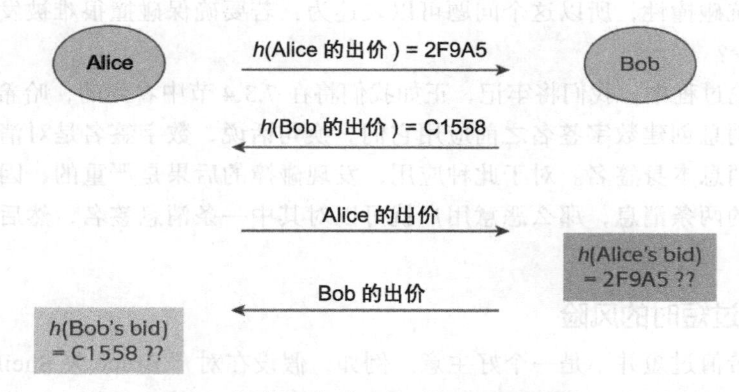

图 6-4　使用哈希函数进行密码学承诺

在任何使用哈希函数提供承诺的应用中，主要的安全问题是任何一方是否可以通过某种方式“摆脱”承诺。摆脱承诺的方法是找到能产生相同承诺的另一个哈希输入值。在上述应用中，作弊方可以根据竞标协议中出现的情况选择任何一种输入值。如果 Bob 可以找到两个具有相同承诺的出价，那么他可以等待 Alice 公布她的出价，然后做出决策。他可以选择一个较低的出价（如果它比 Alice 的报价低）来赢得合同，他甚至可以选择一个更高的出价达到故意失败的目的，以使竞标过程更为曲折（如果 Alice 的出价太高，Bob 觉得让她把所有的钱都花光更有战略优势）。

这个应用和文件下载应用的不同之处在于，在本应用中，哈希函数中存在许多不同的碰撞，这些碰撞可能对作弊方有用。作弊方不仅关心为特定的输入寻找一个碰撞，而且实际上是为一系列输入寻找碰撞。因此，我们需要哈希函数来提供抗碰撞能力。注意，此应用需要三个安全属性：

- **抗原像性**。我们需要抗原像性，否则每一方都可能从哈希承诺中确定另一方的出价。

- **抗第二原像性。**我们需要第二抗原像性的原因与我们需要抗碰撞性的原因相同（正如我们在6.2.1节中看到的，第二原像只是特殊类型的碰撞）。

当然，这个例子在其简单性和适用性方面都仅仅是一个假设场景。然而，这些承诺构成了许多更复杂的加密协议的真正组成部分，包括电子投票方案等复杂应用。

依赖于哈希函数的抗碰撞性的另一个重要应用是数字签名方案。我们将在7.3.4节中更详细地研究它。

6.2.3　哈希函数的理论攻击

在6.2.1节中，我们注意到，从攻击者的角度来看，最容易进行的攻击通常是寻找碰撞。实际上，正是对抗碰撞的需求从根本上决定了哈希函数的实际输出长度。因此，在讨论对哈希函数的攻击时，我们将重点寻找碰撞。

我们将关注以下问题：一个消息的哈希值应该有多少位才能被认为是安全的？因为我们真的很担心抗碰撞性，所以这个问题可以表述为：若要确保碰撞很难被发现，哈希值的长度应该是多少？

在整个讨论过程中，我们将牢记，正如我们将在7.3.4节中看到的，哈希函数的一个广泛应用是在对消息创建数字签名之前应用它们。换句话说，数字签名是对消息的哈希值签名，而不是对消息本身签名。对于此种应用，发现碰撞的后果是严重的，因为如果可以找到哈希值相同的两条消息，那么恶意用户就可以对其中一条消息签名，然后声称该签名是另一条消息的。

1. 哈希值过短时的风险

显然，哈希值过短并不是一个好主意。例如，假设在对“Bruce欠Sheila 10美元”这个消息进行数字签名之前，我们使用一个2位的哈希函数求其哈希值。最终计算出的此消息的哈希值只有4种可能的取值：00，01，10，11。

Sheila现在收到了这条经过数字签名的信息，由于是可操纵类型，由此她决定把这条信息改成“Bruce欠Sheila 100美元”，当然，Sheila没有正确的签名密钥，所以她不能对这条消息进行数字签名。然而，由于只有四种可能的哈希值，修改后的消息的哈希与原始消息的哈希完全相同的概率为25%。如果相同，Sheila就不必再做任何进一步的攻击了。只要

$$h\text{(Bruce 欠 Sheila 10 美元)} = h\text{(Bruce 欠 Sheila100 美元)}$$

那么，消息“Bruce欠Sheila 100美元”上的签名与消息“Bruce欠Sheila 10美元”上的签名会完全相同。所以，若现在Sheila声称她收到的是第二条信息，那么Bruce就会凭空增加了债务。因此，对于哈希值过短的风险，如果我们有足够长的哈希值，比如10位的哈希值，那么就能合理地认为“巧合”是不太可能的。

2. 哈希值较短时的风险

如果我们有稍长的哈希值，比如10位哈希值，那么我们可以合理地认为“巧合”是不

可能的。在这种情况下，可能有 2^{10} 种不同的哈希值，即大约是 1000 种。因此，仅凭猜测找到哈希值相同的消息的成功机会仅有 0.1%。

然而，现在假设某员工代表其公司使用 10 位哈希函数通过数字签名来同意付款。Fred C. Piper[㊀]打算向该员工提出 200 美元的付款请求，并且他相信对方一定会同意。已知哈希值为 10 位，他可以进行以下攻击：

1）首先，他通过调整付款请求的格式，生成"请求支付 200 美元"的 1000 个不同版本的消息。例如：

① Pay Fred Piper $200

② Pay F . Piper $200

③ Pay F .C. Piper two hundred dollars

④ Pay F .C. Piper two hundred dollars only

⑤ Pay two hundred dollars to Mr Fred Piper

⑥……

2）他现在以类似的方式生成"请求支付 8000 美元"的 1000 个不同版本的消息：

① Pay Fred Piper $8000

② Pay F . Piper $8000

③ Pay F .C. Piper eight thousand dollars

④ Pay F .C. Piper eight thousand dollars only

⑤ Pay eight thousand dollars to Mr Fred Piper

⑥……

3）他计算上述 2000 条不同消息的哈希值。由于哈希值只有 1000 个不同的可能值，所以很有可能（虽然不是 100%）他会发现一条请求支付 200 美元消息的哈希值与一条请求支付 8000 美元消息的哈希值相同。我们假设他成功了（几乎肯定他能成功），他发现：

h(Pay Fred Piper the sum of $200) = *h*(We agree to pay F. C. Piper $8000)[㊁]

4）他向该员工提出" Pay Fred Piper the sum of $200"的支付请求。员工同意，并通过数字签名（包括计算支付请求消息的哈希值，然后签名）授权此请求的支付。

5）Fred 现在把" Pay Fred Piper the sum of $200"的数字签名发送给他的银行，但声称此消息的内容为" We agree to pay F. C. Piper $8000"，Fred 现在就有了该消息的正确数字签名。

此攻击能够成功的原因有两个：

- 在这个例子中，存在许多潜在的碰撞。这个例子比实际情况更具说服力。减少有意

㊀ Fred C. Piper 是一位著名密码学家，出版过 *Secure Speech Communications*、*Cryptography: A Very Short Introduction* 等教材，此处使用 Fred C. Piper 先生的名字举例，应该是一种幽默笔法。——译者注

㊁ " Pay Fred Piper the sum of $200"是请求支付 200 美元的消息，" We agree to pay F. C. Piper $8000"是请求支付 8000 美元的消息。——译者注

义的碰撞数量的一个好方法是，像许多组织一样，坚持以特定的方式格式化付款请求单，而不是像这个例子一样使用没有格式的付款请求单。

- 哈希值的长度仍然太短。尽管与我们的第一个示例相比，使用哈希实现“巧合”会稍微困难一些，但是通过少量的工作（在本例中是计算 2000 个哈希值），仍然能很容易地找到碰撞。

因此，我们得到的教训是，哈希值必须足够长，从而使发现碰撞是不可行的。接下来，我们将讨论这个哈希值应该有多长。

3. 生日攻击

实用的哈希值长度由一个被称为**生日悖论**（Birthday Paradox）的著名统计学结果来确定。之所以称为“生日悖论”，是因为此问题通常描述为一个房间有多少人时，其中两人生日相同的可能性大于一半。“悖论”是指该人数比大多数人预期的要小（尽管这实际上是一个“惊喜”，而不是悖论）。

我们不用担心生日悖论背后的数学问题，但是我们需要知道生日悖论在哈希函数碰撞问题中的意义。因此，我们将以一个更通用的方式来解释这个问题，而不仅从人和生日的方面来解释。

考虑一个（看起来奇怪且无意义的）实验，我们将 m 个球随机扔进的 w 个盒子中，其中 w 比 m 小得多。这种情况如图 6-5 所示。

我们感兴趣的是：在扔了多少次之后，一个盒子中至少有两个球的概率大于一半？

我们对于这个问题有一些疑问是合理的！但是，如果我们将球视为消息，将盒子视为哈希值，那么这个问题就变成：在随机选择了多少条消息之后，其中一个哈希值至少匹配两条消息的概率大于一半？在更熟悉的密码术语中，问题可描述为：在哈希碰撞的可能性超过一半之前，我们需要随机选择多少条消息？这是一个非常有用的数字，因为它表示攻击者在执行以下简单攻击以寻找碰撞时必须进行的工作：

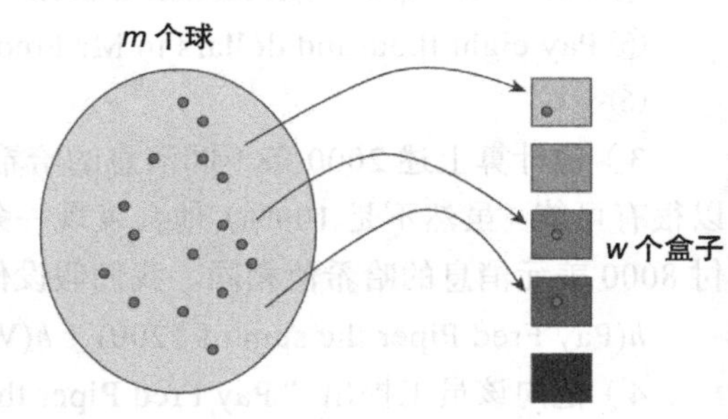

图 6-5　实验将 m 个球扔进 w 个盒子

1）随机选取一条消息，计算其哈希值，并且将结果保存在数据库中。

2）随机选择一条新消息，计算其哈希值，然后检查该哈希值是否已经存在于数据库中。

3）如果此哈希值已经存在于数据库中，那么说明已经找到碰撞；否则，将此哈希值加入数据库中，重复步骤 2。

这是一个简单但强大的攻击，适用于任何哈希函数。实际上，它可以被看作对称密钥穷举攻击的“哈希函数版本”，因为它构成了测量哈希函数抗攻击能力的基准，就像密钥穷举攻击对对称密码的作用一样。由于其有效性与生日悖论有关，因此这种攻击通常被称为**生日攻击**（Birthday Attack）。

我们提出的问题的答案是，平均而言，在扔了大约 w 的平方根个球（计算完哈希值的消息）之后，两个球出现在同一个盒子中（发生碰撞）的概率大于一半。为了正确地解释这一点，我们注意到一个 n 位哈希函数有 2^n 个可能的哈希值。这意味着 $w = 2^n$，所以上面的结果说明，在尝试了 2^n 的平方根个消息之后，发现碰撞的概率大于一半，2^n 的平方根通常用数学符号 $2^{n/2}$ 表示。

上面的讨论告诉我们，平均而言，攻击者进行 $2^{n/2}$ 次哈希值的计算就有可能发现碰撞。因此，哈希值的实际长度需要足够长，以至于这项工作被认为是不可接受的。表 6-1 说明了生日攻击与哈希值长度的关系。例如，一个设计良好的 160 位哈希函数（换句话说，一个被认为满足我们在 6.2.1 节中确定的所有属性的哈希函数），攻击者平均只需要执行 $2^{160/2} = 2^{80}$ 次哈希函数计算，就有大于一半的概率发现碰撞。

表 6-1　哈希值长度与生日攻击工作量的关系

生日攻击的工作量	确保安全所需要的哈希值长度
2^{64}	128
2^{80}	160
2^{112}	224
2^{256}	512

“哈希值长度需要多长，哈希函数才能抵抗生日攻击”的问题，与一个相似的问题“对称密码的密钥需要多长，才能抵抗密钥穷举攻击”紧密相关。其相似性源于哈希函数和加密都被视为快速计算。我们将在 10.2 节中进一步探讨这个问题。正如我们即将讨论的，现代哈希函数的哈希值通常不小于 160 位。事实上，通常推荐使用更长的哈希值。

最初的生日悖论也可以用类似的论点来解决。在这种情况下，球相当于人，盒子相当于生日。由于可能有 365 个生日，因此可以预计，若要两人生日相同的概率大于一半，则大约需要 365 的平方根（约 19）个人。事实上，这是一个相当粗略的估计，更准确的计算表明答案接近 23。不管怎样，这都是不直观的，而且看起来数量很少。这个惊喜出现的原因是，我们往往不关注房间里的**任何**两个人生日相同的可能性，而是关注他们中的两个人有一个**特定**的生日（比如我们自己的生日）的可能性。这告诉我们，人类有一个习惯，用碰撞混淆第二原像。因此，生日悖论本身就为我们理解哈希函数提供了重要的参考。

6.2.4　哈希函数实践

我们已经详细讨论了哈希函数应该具有的各种属性，并研究了哈希函数的几种应用。现在我们将讨论一些在实际中应用的哈希函数。

1. 哈希函数的设计

我们不会详细讨论任何特定的哈希函数设计，因为哈希函数通常要用相对复杂的密码学原语来描述。下面简要说明了哈希函数通常是如何设计的。

- 一种流行的设计技术是构建迭代哈希函数。这种类型的哈希函数设计为多轮操作，与分组密码极为相似。每一轮接受固定大小的输入（通常是新消息分组和上一轮的输出的组合），并利用压缩函数生成所需哈希长度的输出值。这个过程会重复多次，以计算整个消息的哈希值。
- Merkle-Damgard 结构是一种特殊类型的迭代哈希函数，许多现代哈希函数都是基于这种结构的。这种设计很受欢迎，因为可以证明，如果每一轮使用的压缩函数具备我们希望哈希函数拥有的安全属性，那么整个哈希函数将具备这些安全属性。
- 哈希函数可以是专门设计的（意味着它们被明显地设计为哈希函数），也可以基于分组密码。后一种结构通常在设计压缩函数时使用一个分组密码，然后对其进行迭代，如上所述。

2. 现代哈希函数简史

在讨论哈希函数的一些具体实例之前，有必要回顾一下生日攻击提供了对哈希函数的基准攻击。生日攻击告诉我们，平均而言，*n* 位哈希函数在 $2^{n/2}$ 次哈希计算后被发现碰撞的概率大于一半。因此，任何可以通过较少的计算找到碰撞的攻击都会引起关注。如果攻击者可以发现比 $2^{n/2}$ 次哈希计算小得多的碰撞，那么建议不要再使用此哈希函数。

现在我们简要回顾一些比较知名的哈希函数（或哈希函数系列）。

- **MD 系列**：哈希函数 MD5 是应用最广泛的哈希函数之一，被作为 Internet 标准 RFC 1321 采用。它是一个 128 位的哈希函数，经常用于文件完整性检查（如我们在 6.2.2 节中所讨论的）。1991 年，MD5 取代了 MD4，MD4 是一个早期使用的被发现有缺陷的 128 位哈希函数。2004 年，在 MD5 中发现了碰撞，随后人们改进了这种用于发现碰撞的技术，MD5 不再被推荐使用。
- **SHA-1 系列**：安全哈希算法（Secure Hash Algorithm）SHA-0 于 1993 年由美国国家标准与技术研究所（NIST）作为 160 位哈希函数发布。它很快被改进版本 SHA-1 所取代，SHA-1 在 20 世纪 90 年代末、21 世纪初成为默认的哈希函数。SHA-1 用于许多安全应用，包括 SSL/TLS（参见 12.1 节）和 S/MIME（参见 13.2 节）。2004 年，在 SHA-0 中发现了一种寻找碰撞的技术，大约需要 2^{40} 次计算。这种技术后来得到了改进，其计算量比 2^{80} 的生日攻击要少得多，因此 SHA-0 被认为不适合用于大多数场合。2005 年，一项利用 2^{63} 次计算寻找 SHA-1 碰撞的方法被提出，这比生日攻击要快得多。自那以后，一些改进的攻击方法也相继被提出，因此人们对 SHA-1 的长期应用前景产生了强烈质疑。
- **SHA-2 系列**：NIST 发布了另外四个 SHA 变体版本，每个版本都由哈希值的位数标记：SHA-224、SHA-256、SHA-384 和 SHA-512（统称为 SHA-2）。该系列在设计上与 SHA-0 和 SHA-1 有显著差异。尽管 SHA-256 是许多应用建议的最低安全级别，SHA-2 系列目前仍被美国联邦机构批准用于所有哈希函数应用。

- **RIPEMD 系列**：这是一个由开放研究社区设计的欧洲哈希函数系列，包括 RIPEMD-128 和 RIPEMD-160。在 2004 年，找到了一种对原始版本 RIPEMD 寻找碰撞的技术，该版本已被 RIPEMD-128 取代。
- **Whirlpool**：这是一个 512 位的哈希函数，它基于 AES 的修改版本（一位设计者参与了 AES 的设计）。Whirlpool 已被多个标准机构采用，并在开源加密工具包中提供。

由于在 2004 年之前，被广泛使用的哈希函数设计相对较少，因此 MD5 和 SHA-1 都得到了广泛的部署。2004 年发现 MD5 和 SHA-1 中的碰撞技术为哈希函数的设计者和用户提供了一个强烈的“警示”。需要注意的是，一些碰撞发现技术被视为“学术攻击”（见 1.6.6 节），因为与哈希函数的用户相比，密码设计者更关注这些技术。尽管如此，密码分析攻击会随着时间的推移而改进，任何可以在比生日攻击少得多的计算次数中找到碰撞的哈希函数都不太可能有长远的未来。尽管 SHA-2 哈希函数系列似乎比以前的哈希函数强大得多，并且与 SHA-1 有显著不同，但它们的设计方式与 SHA-1 相似。因此，2006 年，NIST 发起了一场“AES 风格”（见 4.5 节）的 SHA-3 的评选，以获得新的哈希函数，这将真正替代 SHA-2 系列的方案。

6.2.5 SHA-3

NIST 强调，SHA-3 评选的目标不是取代 SHA-2 标准，而是使可用哈希函数的范围多样化。与 AES 一样，它还通过一个公开的过程建立了标准，每个提案的设计都要经过全面的公开审查。SHA-3 评选过程带来的一个附加作用是，密码社区积累了更多关于设计哈希函数的知识，在此之前，哈希函数一直是一个被忽视的研究领域。

NIST 收到了 64 个哈希函数设计方案，其中 51 个被广泛分析，并选出 14 个方案。经过进一步分析，选出了五个最终候选方案，并对其进行了更为详细的审查。2012 年，Keccak 算法最终胜出，Keccak 由一个欧洲工业研究团队（包括 AES 的设计者之一 Joan Daemen）设计，具有设计合理、安全、灵活和高性能的优点。值得注意的是，与其他仅在软件方面运行良好的方案相比，Keccak 的性能在软件和硬件方面都表现优异。2015 年，SHA-3 正式发布为 FIPS 202。

1.SHA-3 的设计

考虑到哈希函数的特性和应用的多样性，从一开始，NIST 就鼓励 SHA-3 设计者提供灵活性，从而可在安全和效率之间达到不同程度的平衡。作为现在的 SHA-3，Keccak 通过一种被称为**海绵结构**（Sponge Construction）的设计技术实现了这一点。

海绵结构有两个重要组成部分。

- **内部状态**。这是海绵结构操作的基本临时内存寄存器。海绵结构的每一轮计算都转换了内部状态的内容。在最初的 Keccak 方案中，这个内部状态由一个可变的位数 s 组成。最终的 SHA-3 方案将其修正为 $s = 1600$。内部状态分为两部分。**容量**（capacity）由 c 位组成，c 通常是所需哈希函数输出长度 l 的两倍。内部状态的其余部分称为**比特率**（rate），位数为 r，$r = s - c$，因为它定义了每一轮处理的消息位数。
- **置换**。置换（见 2.1.2 节）是海绵结构的核心，负责内部状态每一次的转换。置换 f 的设计是海绵结构的具体实例化。因此，SHA-3 中指定了一个精心设计的函数 f，每次应用它时，将处理 1600 位消息。我们在此不详细描述 SHA-3 中使用的 f 函数。

假设我们希望哈希的消息 M 已经被分成长度为 r 位的分组 M_1、M_2、⋯、M_n（填充后）。M 的哈希值 $h(M)$ 的计算过程如图 6-6 所示。

1）内部状态的 s 位被初始化为全 0。

2）第一个消息分组 M_1 与内部状态的最高 r 位异或，此时的内部状态为 M_1 后面连接了 c 位的 0。

3）s 位的内部状态经由置换函数 f 转换为一个新的 s 位的内部状态，记为 $R_1||C_1$（其中 $||$ 表示连接，R_1 由内部状态的最高 r 位组成）。

4）第二个消息分组 M_2 与 R_1 异或，此时的内部状态为 $R_1^*||C_1$（其中 $R_1^* = R_1 \oplus M_2$）。

5）s 位的内部状态通过置换函数 f 进行转换，此时新的 s 位内部状态可以表示为 $R_2||C_2$。

6）重复上述过程，直到最后一个消息块 M_n 被处理完，并且利用函数 f 将得到的内部状态 $R_{n-1}^*||C_{n-1}$ 转换为最终的内部状态 $R_n||C_n$。

7）SHA-3 哈希函数输出值 $h(m)$ 即 R_n 的最高 l 位（我们稍后将讨论，在 SHA-3 的各种标准实例化中 l 小于 r）。

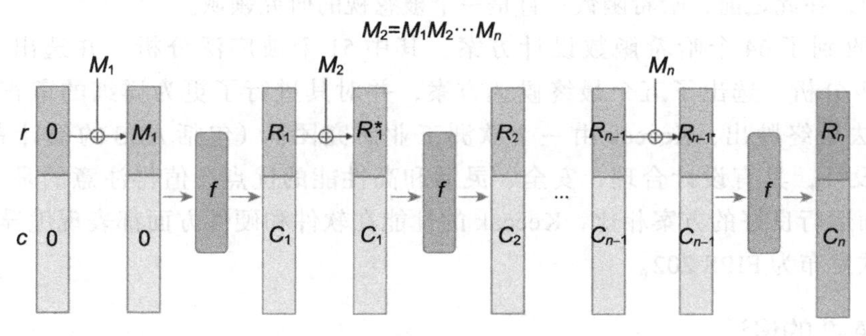

图 6-6 哈希函数 SHA-3 的海绵结构

2.SHA-3 系列

SHA-3 评选鼓励候选哈希函数具有灵活性，且最终胜出者 Keccak 是高度可配置的。发布的 SHA-3 标准通过特定的推荐参数设置限制了这种灵活性。与 SHA-2 一样，SHA-3 本质上是一个哈希函数系列。根据所需的输出长度 l 的不同，SHA-3 有四种规格：SHA3-224、SHA3-256、SHA3-384 和 SHA3-512。例如，SHA3-256 产生 256 位输出，容量 c 为 512 位，比特率 r 为 1600 − 512 = 1088 位。需要注意的是，这些 SHA-3 的输出长度与 SHA-2 系列的输出长度精确匹配。

安全与效率之间的取舍应该是明确的。例如，SHA3-512 提供了比 SHA3-256 更高的安全性，但比特率为 1600 − 1024 = 576 位，由于比特率是每轮处理的消息位数，这意味着如果使用 SHA3-512 对消息进行哈希处理，那么与安全性较低的 SHA3-256 相比，它需要计算轮函数 f 的次数几乎是 SHA3-256 的两倍。

SHA-3 系列还包括两个名为 SHAKE128 和 SHAKE256 的版本。它们对应于图 6-6 所示的海绵结构过程的扩展形式，允许任意长度的哈希函数输出（虽然这并不符合 6.2.1 节中定义的哈希函数的第一个实用属性，但一些特殊应用需要这样的可扩展输出函数）。对于 SHAKE128 和 SHAKE256，海绵结构过程将在图 6-6 的结尾处继续进行，即反复将置换函数 f 应用于内部状态，每次提取固定数量的位，直到达到所需的输出长度。这就是"海绵结构"这个名称的由来，因为这个过程中，先"吸收"了大量的数据，然后逐渐地"挤压出来"。（SHA3-224、SHA3-256、SHA3-384 和 SHA3-512 的海绵构造只在末端快速"挤压"了一下！）

3.SHA-3 的使用

针对 MD 系列和 SHA-1 系列的攻击非常令人担忧，因为这些哈希函数在当时是无处不在的。随后开发了 SHA-2 系列，而 SHA-3 系列进一步扩展了可供选择的可用哈希函数。目前没有关于从 SHA-2 过渡到 SHA-3 的建议，但美国联邦机构已批准了使用 SHA-3 系列。尽管尚不清楚 SHA-3 系列的使用范围有多广，但其开放式设计过程以及由此产生的对构建安全哈希函数的信心是一个非常积极的进步。基于 SHA-3 的海绵结构技术在其他密码模型的设计中也有着广泛的应用。

6.3　消息认证码

在 6.2.2 节中，我们注意到，只有将哈希函数与其他保护哈希值不受操纵的安全机制结合起来，哈希函数才能提供高度的数据完整性。一种方法是在生成哈希值的过程中引入一个密钥。当然，这意味着我们将不再仅关注哈希函数。

在本节中，我们将讨论**消息认证码**（Message Authentication Code），通常简称为 MAC。MAC 是对称密码学原语，旨在提供数据源身份认证，正如我们在 1.3.2 节中提到的，这是一个比数据完整性更强大的概念。MAC 是提供数据源身份认证（数据完整性）的常用机制之一，也是最常用的对称密码技术。另一种常用机制是数字签名方案，我们将在第 7 章中讨论此公钥原语。

6.3.1　对称加密是否提供数据源认证

考虑以下针对消息的主动攻击：

1）未经授权更改部分信息。

2）未经授权删除部分信息。

3）未经授权发送虚假信息。

4）试图让接收方相信这条信息来自非真实发送方。

在大多数安全的环境中，我们显然希望能防止这些攻击（或者更实际地说，在它们发生时能进行检测）。人们通常认为，如果 Alice 和 Bob 共享一个对称密钥 *K*，Alice 加密一条消息并将其发送给 Bob，就可以防范这些攻击。毕竟，从 Bob 的角度来看，**Alice 是唯一知道密钥 *K* 的人**，所以肯定没有其他人以任何方式篡改过消息，因为它是加密的。但这种观点是否正确？

也许对这个问题最准确的回答是：**它可能正确，但它肯定不总是正确**。以下三种情况可以说明这一点。

（1）ECB 模式

假设 Alice 和 Bob 使用 ECB 模式（参见 4.6.1 节）来加密他们的消息（这可能不是最明智的选择）。在消息发送到 Bob 的过程中，拦截密文的攻击者无法确定明文，因为他不知道密钥 *K*。但是，攻击者可以将密文分组按另一种顺序重新排列，或者删除一个或多个密文分组。如果消息是一个英语句子，那么 Bob 在解密修改过的密文分组序列时很可能会注意到一些奇怪的情况（尽管他也可能不会注意到这些情况）。但是，如果密文由一系列数据条目组成，每个分组对应一个数据条目，那么就不容易检测到。

（2）流密码

假设 Alice 使用流密码来加密她发送给 Bob 的消息。攻击者知道更改密文的一位（位翻转）将更改明文的相应位。虽然攻击者通常不知道对明文进行更改究竟会产生什么影响，但在许多应用中，攻击者会对可能的影响有一定的了解。例如，如果攻击者知道消息的第一部分是日期，那么翻转密文位有可能将其更改为其他日期。

（3）随机生成的明文

假设 Alice 希望向 Bob 发送一个明文，在 Bob 看来它是“随机”生成的，因为它不是任何自然语言，也不包含任何明显的结构。这并不是一个奇怪的假设，因为正如我们将在 10.4 节中学习到的，分配对称密钥的一种常见技术是使用另一个（更高级别的）对称密钥来加密它们。攻击者现在处于非常有利的地位，因为他们可以以任何喜欢的方式修改 Alice 的密文分组，并且很可能成功地欺骗了 Bob。这是因为明文看起来是“随机”生成的，所以 Bob 无法区分有效的明文和修改的明文。更糟糕的是，如果攻击者知道 Bob 正在等待这条消息，那么攻击者可以向 Bob 发送一个虚假的数据分组（在 Alice 向 Bob 发送任何数据之前）。当 Bob 解密这个数据分组时，他会认为这是 Alice 发来的消息并解密。当然，攻击者并不会获得显著的收益，因为即使是攻击者也不知道与修改的（或错误的）密文分组相对应的明文是什么。在这两种情况下，Bob 将被欺骗，并相信某些数据来自 Alice，而它们实际上来自攻击者。

因此，应该清楚的是，**加密通常不提供数据源身份认证**。因此，如果需要机密性和数据源身份认证，最好使用单独的加密机制（见 6.3.6 节）。

6.3.2　MAC 的属性

从本质上讲，MAC 是一个密码学校验和，它与消息一起发送，以提供数据源身份认证的保证。MAC 的基本模型如图 6-7 所示。在这个模型中，发送方和接收方共享一个对称密钥 k，MAC 以消息和密钥 K 作为输入，发送方发送的消息中包含 MAC。注意，我们假定此消息是以明文形式发送的，因为我们只尝试提供数据源身份认证，而不是机密性。如果还需要机密性，则要对消息进行加密，我们将在 6.3.6 节考虑这些问题。

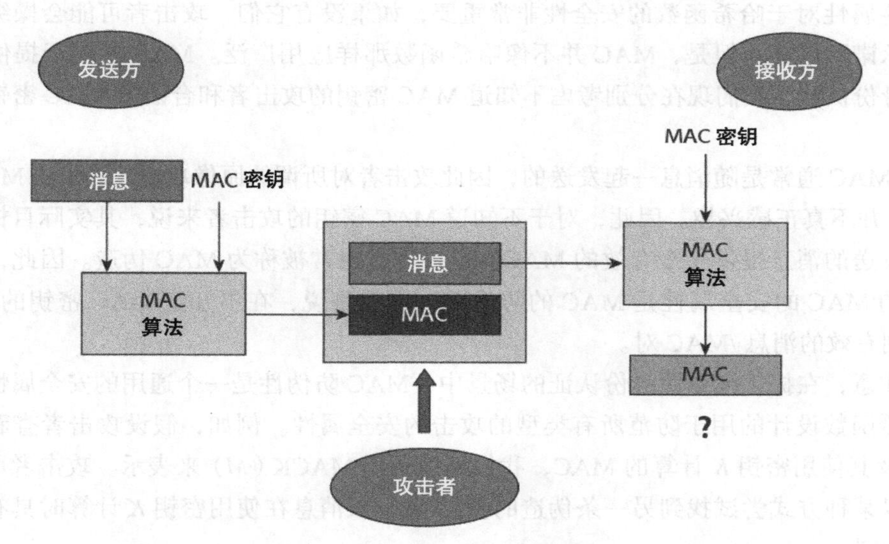

图 6-7　MAC 的基本模型

接收到消息和 MAC 后，接收方将接收到的消息和密钥输入 MAC 算法并重新计算 MAC。然后，接收方检查重新计算的 MAC 是否与发送方发送的 MAC 匹配。如果它们确实匹配，则接收方接受消息，并认为已经提供了数据源身份认证。我们将在 6.3.3 节中详细讨论为什么这是合理的。正如在 1.4.3 节中讨论的密码系统的基本模型中一样，我们总是假设攻击者知道 MAC 算法，但不知道 MAC 密钥。

需要注意的是，如果接收方计算的 MAC 与发送方发送的 MAC 不匹配，则接收方无法确定是更改了消息还是伪造了消息的来源。他们也不知道消息是被意外修改的还是故意修改的。接收方只是知道，由于某种原因，这些事件中的某一个一定发生了。

在应该具有的属性方面，MAC与哈希函数本质上相似。但是，由于涉及对称密钥，就会出现一些关键的差异。这就是为什么MAC能够提供数据源身份认证，而哈希函数不能。作为比较，我们来回顾哈希函数所需的属性，并讨论MAC提供这些属性的程度。

（1）压缩

MAC确实将任意长的输入压缩为固定长度的输出，因为无论输入消息有多长，它都生成固定长度的消息摘要。

（2）容易计算

在哈希函数中，这适用于任何函数。不过，这个属性在MAC上受到严格限制。对于任何知道对称MAC密钥的人来说，MAC一定很容易计算，而对称MAC密钥通常只有MAC的合法发送方和接收方知晓。但是，对于不知道MAC密钥的人来说，在消息上计算正确的MAC一定很难。

（3）抗原像/第二原像/碰撞

这些属性对于哈希函数的安全性非常重要，如果没有它们，攻击者可能会操纵哈希函数的“承诺”属性。但是，MAC并不像哈希函数那样应用广泛。MAC仅用于提供消息的数据源身份认证。我们现在分别考虑不知道MAC密钥的攻击者和合法的MAC密钥持有者的情况。

1）MAC通常是随消息一起发送的，因此攻击者对所谓的原像攻击（试图从MAC中找出消息）并不真正感兴趣。因此，对于不知道MAC密钥的攻击者来说，其实际目标是尝试为非法发送的消息提供一个有效的MAC。这种攻击通常被称为MAC伪造。因此，我们真正想要的MAC的安全属性是MAC的防伪性，也就是说，在不知道MAC密钥的情况下，很难找到有效的消息/MAC对。

请注意，在提供数据源身份认证的场景中，MAC防伪性是一个通用的安全属性，它涵盖了哈希函数设计的用于防范所有类型的攻击的安全属性。例如，假设攻击者查看合法的消息m及其使用密钥K计算的MAC，我们可以利用MACK（M）来表示。攻击者可以使用此信息以某种方式尝试找到另一条伪造的消息M'，该消息在使用密钥K计算时具有相同的MAC。因为

$$MAC_K(M) = MAC_K(M')$$

攻击者现在可以将消息M'与观察到的MAC一起发送，并欺骗接收方接受它。这种类型的攻击正是哈希函数所具有的抗第二原像性要防范的。MAC的防伪性也可以防范这种攻击，因为进行这种攻击需要在不知道K的情况下找到消息/MAC对。

2）合法的MAC密钥持有者（发送方和接收方）与所有人在哈希函数中的地位相似。也就是说，他们能够在自己选择的任何消息上生成有效的MAC。由于合法的MAC密钥持有者具有相同的能力，因此我们必须假设他们彼此“信任”，对于任何对称加密原语都是如此。因此，我们不关心它们是否可以找到碰撞或者MAC值的第二个原像。因为我们永远无法单独使用这种密码技术来解决合法发送方和接收方之间的任何争议。我们将在6.3.5节中

讨论这一点。

注意，对于哈希函数，具有与 MAC 防伪性相同的通用安全属性会更简单。遗憾的是，这是不可能的，因为等价的属性必须防止攻击者计算消息的哈希值。由于哈希函数没有密钥，我们无法阻止攻击者执行此操作。

哈希函数和 MAC 之间的另一个细微差别是数据完整性的保证。MAC 的保证仅提供给 MAC 的合法接收方，这个接收方是唯一能够验证 MAC 正确性的其他实体。与之相反，哈希函数的弱数据完整性保证可提供给每个人。

希望上述广泛的讨论已经说明了将密钥引入一个类似于哈希函数的函数是多么有用。现在我们将详细地介绍如何使用这个密钥来提供数据源身份认证。

6.3.3 CBC-MAC

最著名的 MAC 算法基于分组密码或哈希函数。我们将给出每种技术的一个例子，先从分组密码开始。

我们介绍的第一个 MAC 设计可能看起来很熟悉。这种 MAC 通常被称为 CBC-MAC，它基于分组密码。早期的银行业标准使用 DES 定义了 CBC-MAC，因此 MAC 在 64 位分组上运行。我们以一种更普遍的形式介绍 CBC-MAC 结构。任何分组密码（如 AES）都可以使用。

1. 计算 CBC-MAC

我们假设发送方和接收方事先都同意使用对称密钥 K，并假设消息将按分组密码所要求的长度划分分组（对 DES 是 64 位，对 AES 是 128 位），然后对其进行处理。

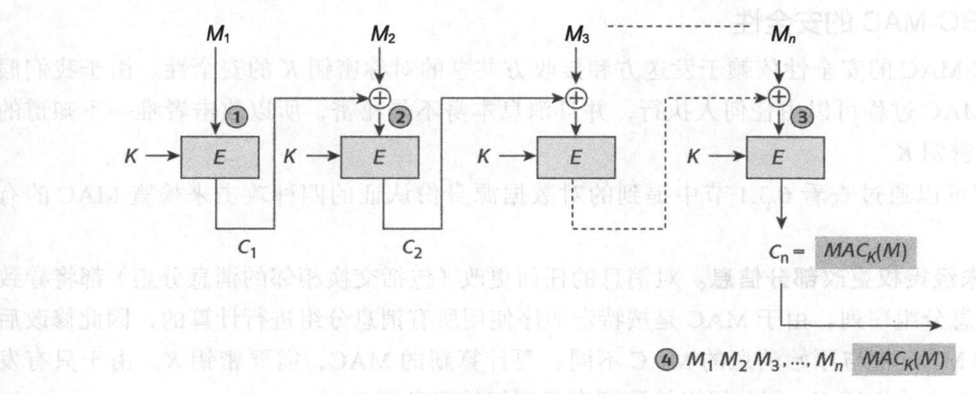

图 6-8　CBC-MAC

如图 6-8 所示，发送方计算 MAC 的过程如下：

1）取第一个消息块 M_1，并用密钥 K 加密它（使用分组密码），得到 C_1。

2）将 C_1 与 M_2 异或，并用密钥 K 加密其结果，得到 C_2。

3）重复这个过程，直到倒数第二个密文分组 C_{n-1} 与最后一个消息分组 M_n 异或，并使用密钥 K 对异或结果进行加密以得到 C_n。

4）将消息 M_1，M_2，…，M_n 与最后一个密文分组 C_n 一起发送到接收方。最后一个密文分组 C_n 就是 MAC，记为 $MAC_K(M)$。

这个过程之所以让人觉得熟悉（CBC-MAC 这个名称应该提供了一个重要的线索），是因为 CBC-MAC 中的 MAC 是计算的最后一个密文分组，它类似于使用我们在 4.6.2 节中讨论的 CBC 加密模式。事实上，CBC-MAC 可以被视为分组密码的一种身份认证操作模式（见 4.6.5 节）。

CBC 加密与 CBC-MAC 的主要区别在于加密过程的开始。对于 CBC 加密，我们需要人为地生成一个初始分组，收发双方都同意使用 IV 作为初始分组。对于 CBC-MAC，明文（即消息）本身是公开的，因此，我们可以使用第一个消息分组来启动整个流程，而不是创建一个 IV。随后，CBC 加密和 CBC-MAC 都将执行相同的"异或然后加密"过程。

需要注意的是，在 CBC-MAC 中，我们丢弃了所有中间的密文分组 C_1，C_2，…，C_{n-1}，因为它们只是计算最终 MAC 值的过程中生成的临时值。

2.CBC-MAC 的验证

$MAC_K(M)$ 的计算可以由任何知道 MAC 的密钥 K 的人来执行。接收方得到消息 M_1，M_2，…，M_n 和 MAC 值 $MAC_K(M)$，然后进行如下简单操作：

1）重复图 6-8 的计算过程。

2）检查输出值是否与收到的 $MAC_K(M)$ 相同。如果相同，则消息认证通过，否则将被拒绝。

3.CBC-MAC 的安全性

CBC-MAC 的安全性依赖于发送方和接收方共享的对称密钥 K 的安全性。由于我们假设 CBC-MAC 过程可以由任何人执行，并且消息本身不是秘密，所以攻击者唯一不知道的信息就是密钥 K。

我们可以通过查看 6.3.1 节中提到的对数据源身份认证的四种攻击来检查 MAC 的有效性。

1）**未经授权更改部分信息。**对消息的任何更改（包括交换相邻的消息分组）都将导致不同的消息分组序列。由于 MAC 是按特定顺序使用所有消息分组进行计算的，因此修改后的消息的 MAC 将与原始消息的 MAC 不同。要计算新的 MAC，需要密钥 K。由于只有发送方和接收方才知道 K，因此可以检测到未经授权的消息更改。

2）**未经授权删除部分信息。**这和上面的论证是一样的。

3）**未经授权发送虚假信息。**攻击者可以很容易地发送一条假消息，但是如果不知道密钥 K，他们就无法在此消息上计算正确的 MAC。因此，CBC-MAC 可以检测这种类型的攻击。

4）**试图让接收方相信这条信息来自真实发送方之外的人。**假设攻击者 Archie（与接收方 Bob 共享一个 MAC 密钥 K'）声称消息来自他，而不是真正的发送方 Alice（与 Bob 共享 MAC 密钥 K）。因为消息 M 与 $MAC_K(M)$ 一起被发送，所以如果 Bob 相信此消息来自 Archie 并计算 $MAC_{K'}(M)$，那么他将拒绝 MAC，因为 $MAC_K(M) = MAC_{K'}(M)$ 是完全不可能的。

注意，在最后一个场景中，攻击者 Archie 可以拦截 Alice 发送的消息：

$$M, MAC_K(M)$$

并将其替换为：

$$M, MAC_{K'}(M)$$

然后声称信息来自他自己（Archie）。然而，这不是对数据源身份认证的攻击，因为这个新消息确实来自 Archie！

因此，CBC-MAC 提供数据源身份认证。特别需要注意的是，6.3.1 节中给出的两个未能提供数据源认证的加密例子，现在都可以使用 CBC-MAC 或任何有效的 MAC 算法检测到。

- 如果攻击者交换相邻消息分组，那么我们可以利用 MAC 来检测。
- 如果消息由随机生成的数据组成，那么对它的修改可以利用 MAC 来检测。

在不知道密钥 K 的情况下，攻击者的最佳策略就是尝试猜测 MAC。如果 MAC 只有 1 位长，那么攻击者有一半的机会猜对 MAC。然而，一般来说，如果 MAC 的长度是 n 位，那么就有 2^n 种可能的 MAC 值，因此攻击者猜中的可能性只有 $1/2^n$。对于图 6-8 中描述的基于 AES 的分组长度为 128 位的 CBC-MAC，攻击者必须非常幸运才能猜中 MAC。

4.CBC-MAC 的实际应用

我们对 CBC-MAC 的描述给出了总体思路，但实际应用总是更加复杂。以下这几点非常重要：

- 我们对 CBC-MAC 的描述过于简化。标准中指定的 CBC-MAC 版本通常会进行一些额外的处理（通常与 MAC 计算的最后阶段相关），以防止一些已知的伪造攻击，CMAC 就是一个例子。它按照图 6-8 中的描述计算最终的 MAC，但消息块 M_n 最初没有被填充，而是在与 C_{n-1} 异或之前被修改。更准确地说，CMAC 修改包括：

1）使用密钥 K 加密全零分组，得到 $E_K(0)$。

2）从密钥 K 派生两个密钥 K_1 和 K_2（这里我们不提供详细信息，有关密钥派生的更多讨论参见 10.3.2 节）。

3）计算修改后的 M'_n 来替换 M_n：

①如果 M_n 不需要填充，则 $M'_n = K_2 \oplus M_n$。

②如果 M_n 需要填充，则 $M'_n = K_2 \oplus M^*_n$，这里 M^*_n 是 M_n 填充一个 1 后面跟着一串适当数量的零，从而构造一个分组。

这样的修改是出于技术原因，但它们很重要，实践中实现 MAC 时不应被忽略。

- 可以使用CBC-MAC的一部分输出（而不是整个输出）作为MAC。最后一个分组中有多少位作为MAC发送并不重要，只要发送方和接收方就使用多少位的MAC达成一致，而且MAC的位数要使猜测MAC变得不可能。这是另一种效率 – 安全的权衡。在CBC-MAC的原始版本（基于DES）中，64位输出中只有一半被用作MAC，其余的部分被称为MAC余数。注意，MAC余数是有用的，我们将在10.4.2节中加以介绍。

6.3.4 HMAC

现在，我们将简要介绍另一个众所周知且广泛使用的MAC，它基于哈希函数。我们在6.3.2节的讨论中已经清楚地表明，设计MAC的一种非常自然的方法是从哈希函数开始，然后以某种方式使用密钥构建。这正是**基于哈希的消息认证码**（Hash-based Message Authentication Code，HMAC）背后的思想。至少在理论上，这种类型的MAC可以由任何密码学哈希函数构造。例如，HMAC- MD5，其中后缀标识了底层哈希函数的名称。

HMAC的设计非常简单。设h是一个哈希函数，K_1和K_2是两个对称密钥，则消息M的MAC值可以通过如下过程计算出来：

1）计算K_2与消息连接后的哈希值（见1.6.1节），换句话说，计算$h(K_2||M)$。

2）计算步骤1的输出与K_1连接后的哈希值，换句话说，计算

$$h(K_1 \| h(K_2 \| M))$$

因此，计算MAC涉及底层哈希函数的两次应用，首先是K_2和消息，然后是K_1和第一个哈希输出。HMAC的实现简单、快速。那么其缺陷是什么？

从某种意义上说，它是没有缺陷的。然而，必须认识到HMAC的安全性取决于以下三个独立的因素：

1）**密钥的安全性**。HMAC使用两个对称密钥。因此，可以将HMAC密钥的长度视为这两个密钥的长度之和。

2）**哈希函数的安全性**。HMAC的安全性取决于底层哈希函数的安全性。因此，在HMAC中使用的哈希函数应该是由专家批准且公认的。

3）**MAC输出的长度**。正如我们在6.3.3节中讨论的，可以只使用HMAC输出的一部分作为实际的MAC，但是减少它的长度会降低安全性。

也许这三种依赖中最“微妙”的是第二种。正如我们在6.2.4节中讨论的，与分组密码的安全性相比，哈希函数的安全性可以说是一个不够“成熟”的课题。如果在哈希函数中发现了一个缺陷，该缺陷可能（或非常可能）会影响使用该哈希函数的HMAC。当然，HMAC仍然可以与另一个底层哈希函数一起使用以保证其正确性。

值得注意的是：

- 我们再次展示了一个“教科书”版本的密码学原语，它不是能够直接实现的。实际上，在HMAC中，通常在密钥之后引入一些填充，对输入进行格式化，以便哈希函数进行处理。

- HMAC 普遍被视为“过度工程”（over-engineered）。仅将步骤 1 中的输出 $h(K_2||M)$ 视为消息 M 的 MAC 也是合适的。这种方法的问题是，对于大部分哈希函数，攻击者可以在消息 M 上附加一些额外的信息得到 M'，且其生成的 MAC 与原 MAC 相同。这是一个 MAC 伪造的例子，因为攻击者可以在不知道密钥的情况下计算 M' 有效的 MAC。因此，如果我们要从哈希函数生成一个安全的 MAC，那么步骤 2 是必要的。

6.3.5　MAC 和不可否认性

回顾 1.3.1 节，不可否认性是一个实体不能否认任何先前的承诺或行动的保证。MAC 最重要的限制是它们不提供不可否认性服务。要了解这一点，请考虑如果发送方和接收方卷入有关特定 MAC 是否应附加到特定消息的争议中会发生什么。MAC 是否提供了一个证据以证明消息是由发送方发送给接收方的？

至少在大多数情况下，答案是否定的。除了发送方和接收方之外，没有人能计算 MAC。这意味着消息的 MAC 或者是由发送方计算出来的，或者是由接收方计算出来的，而不可能由任何第三方计算出来，但 MAC 不能防止发送方和接收方之间的否认。发送方可以否认发送了 MAC，并声称接收方伪造了它，反之亦然。由于无法确定哪一方计算了 MAC，因此无法提供不可否认性。

MAC 的这种“限制”之所以会出现，是因为它们基于对称密码技术，因此需要发送方和接收方之间的信任才能使用 MAC。如果需要不可否认性，那么我们通常需要研究基于公钥加密的技术。也就是说，在某些情况下，MAC 可以用来提供不可否认服务。我们将在 7.2 节中讨论这些情况。

6.3.6　将 MAC 和加密一起使用

在对 MAC 的分析中，我们假设只希望为消息提供数据源身份认证。因此，我们假设消息是以明文形式发送给接收方的。然而，在许多应用中，这不是一个合理的假设。

大多数需要保密的加密应用程序往往需要数据源身份认证。事实上，有些人认为真正的机密性永远不能由加密本身提供，因此机密性总是需要与数据源身份认证一起提供。我们将安全服务的这种组合称为**认证加密**（Authenticated Encryption）。

在需要经过身份认证的加密应用中经常出现的一个实际问题是，可能存在一些不是必须要加密但应该经过身份认证的消息数据。例如，包含路由信息的数据包头，或包含密钥标识符的头，该标识符通知接收方要使用哪个密钥进行身份认证和解密。在下面的讨论中，我们将使用术语**消息**（Message）来指代需要保密和数据源身份认证的数据，使用**关联数据**（Associated Data）指代只需要数据源身份认证的附加数据，以及使用**完整消息**（Full Message）指代消息和关联数据组合。

提供认证加密有两种可能的方法，第一种方法是使用单独的密码学原语来分别提供，另一种方法是使用显式设计的密码学原语来提供这两种安全服务。

1. 使用单独的密码学原语

我们在 6.3.1 节中看到，加密通常不提供数据源身份认证。因此，当需要两个安全服务时，最显而易见的解决方案是使用两个单独的密码学原语。在对称设计中，实现这一点的最自然的方法是使用对称密码和 MAC。但是这些密码学原语应该按什么顺序应用呢？

（1）先 MAC 后加密（MAC-then-Encrypt）

1）计算完整消息的 MAC。

2）加密消息和 MAC（但不加密相关数据）。

3）将密文和相关数据发送到接收方。

接收方首先解密密文以恢复消息和 MAC。然后，接收方组装完整消息并检查 MAC。从“纯粹主义者”的角度来看，先计算 MAC 的顺序可能是最完善的解决方案，因为我们想要进行数据源身份认证的对象是消息本身，而不是消息的加密形式。然而，这并不一定意味着它是最安全的解决方案。实际上，这种方案存在一些安全问题。类似的方案称为 Encrypt-and-MAC，其区别仅在于 MAC 本身没有与消息一起加密，而是以明文形式发送。

（2）先加密后 MAC（Encrypt-then-MAC）

在这种情况下：

1）将消息加密。

2）将密文和相关数据结合起来计算 MAC。

3）密文、相关数据和 MAC 被发送到接收端。

这似乎不是执行这两种密码操作的直观顺序，但它具有明显的优势。接收方首先要检查密文上的 MAC。如果检查失败，则接收方将拒绝接收到的数据，而不需要解密，从而减少一些计算工作。在先 MAC 后加密的情况下，接收方必须先解密，然后再检查 MAC。**先加密后 MAC** 也得益于存在一个理论上的安全性证明，这表明它是结合这两种操作的一个好方案。

注意，无论使用哪种顺序，加密操作和 MAC 操作都应该使用不同的密钥进行计算。因为它们是不同的加密操作，提供不同的安全服务。关于使用不同的密钥以遵循密钥分离的最佳实践原则，我们将在 10.6.1 节中进行更详细的讨论。

2. 认证加密原语

使用两个单独的原语来提供加密认证存在很多问题。

1）**密钥管理**。使用单独的原语实现认证加密的一个可能成本是需要两个不同的密钥。如果我们可以使用带有单个密钥的单个原语来实现这一点，那么密钥管理可能会更简单。实际上，使用密钥派生（见 10.3.2 节）可以缓解这个问题。

2）**处理成本**。使用两个独立的原语需要运行两个独立的密码操作。如果可以设计一个提供这两种服务的专用原语，则可以更高效地处理数据。

3）**安全**。正如我们所观察到的，并不是所有组合两个独立原语的方法（理论上）都像我们希望的那样安全。组合的原语提供了一个设计具有强大安全保证的认证加密技术的机会。

4）**易于实现**。缺少专用的认证加密原语使得开发人员更难实现认证加密。因此，在一些著名的应用中，单独的原语以某种特殊的方式组合在一起会导致一些后续的安全问题。

5）**认证加密原语**（Authenticated-Encryption Primitive）是一个提供消息机密性和数据源身份认证的单一密码学原语。当前使用的大多数认证加密原语都是具有身份认证的分组密码加密模式（见 4.6.5 节）。目前提出了几种不同的认证加密模式。我们现在将介绍其中一种——GCM，然后简单地介绍其他一些值得注意的地方。

3.GCM

GCM（Galois Counter Mode）是分组密码的一种认证加密操作模式，本质上是 CTR 模式（见 4.6.4 节），添加了一种提供数据源身份认证的特殊类型的 MAC。

我们假设消息 M 被分成分组 M_1，M_2，…，M_n，关联数据 A 被分成分组 A_1，A_2，…，A_m。每个分组长度与分组密码 E 的分组长度相对应，必要时需要对 M_n，A_m 进行填充（在这种情况下，用 0 进行填充）。我们还假设发送方和接收方都同意使用一个对称密钥 K。GCM 输出两项加密数据：

1）**密文**：这是使用分组密码 E 和密钥 K 以 CTR 模式加密消息 M 的结果，其过程正如我们在 4.6.4 节中的描述。我们用 C_1，C_2，…，C_n 表示这个密文 C。

2）**MAC**：这是一个使用关联数据 A 和密文 C 计算的 MAC。由于这是 GCM 的新增内容，我们现在将介绍这个 MAC 是如何计算的。

GCM 的 MAC 组件是使用类似 CBC-MAC 的过程计算的（参见 6.3.3 节）。两者主要的区别是，这个 MAC 不是基于分组密码 E，而是使用一个特殊的函数 F 计算的。函数 F（我们省略了它的细节）将一个与分组密码 E 的分组长度相同的分组和一个密钥作为输入，这个密钥被表示为 $E_k(0)$（由全零的分组加密得到）。图 6-9 中描述了这个过程（为简单起见，我们省略了函数 F 的密钥）如下：

1）利用函数 F 计算关联数据的第一个分组 A_1。

2）将结果与关联数据的第二个分组 A_2 异或，并利用函数 F 计算其结果。

3）按上述方式继续执行，直到关联数据的最后一个分组 A_m 处理完毕。

4）将结果与密文的第一个分组 C_1 进行异或，并利用函数 F 计算其结果。

5）按上述方式继续执行，直到处理完密文的最后一个分组 C_n。

6）将结果与一个特殊的分组 X_1 进行异或，它是关联数据 A 和消息 M 长度的编码，并利用函数 F 计算其结果。

7）将结果与一个特殊的分组 X_2 进行异或，该分组由一个初始变量（即起始计数器的值，CTR 模式中使用的所有计数器值都在这个值的基础上产生）加密得到，最后的结果就是 MAC。

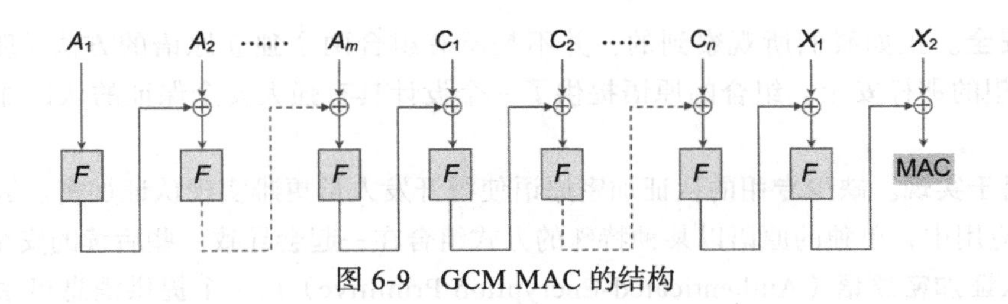

图 6-9　GCM MAC 的结构

将密文 C、关联数据 A 和 MAC 发送给接收方，接收方验证 MAC（通过重新计算），然后解密密文（按照 4.6.4 节中描述的方式），以恢复消息。

GCM 可以说是先加密后 MAC（Encrypt-then-MAC）的一个版本，只是 MAC 组件使用相对快速的函数 F，并且只需要一个密钥 K 来计算密文和 MAC（函数 F 的密钥来自密钥 K）。GCM 具有高度并行性，专为需要快速数据处理的硬件平台而设计。虽然它没有某些认证加密操作模式（如 OCB 模式）那么快，但它的使用并不受专利的限制，并且其应用已经非常流行。然而，鉴于 MAC 组件中使用的函数 F 的性质，GCM 比 CCM 模式更复杂。

4. 其他认证加密操作模式

当前使用的分组密码有许多可供选择的认证操作模式。这些模式与 GCM 之间的差异相当微妙，主要与实现和知识产权问题有关。下面给出几个例子。

1）**CCM（Counter with CBC-MAC）模式**。这是用于加密的 CTR 模式和用于数据源身份认证的一种 CBC-MAC 的组合。它本质上遵循先 MAC 后加密的结构，使用 CTR 模式加密消息和 CBC-MAC。CCM 模式现已由 NIST 标准化，成为因特网标准，并已被许多重要应用程序采用，包括 WPA2（见 12.2.5 节）。它要求对每个消息分组执行两个分组密码加密操作（一个用于 CTR 模式加密，一个用于 CBC-MAC），但不受专利限制。

2）**EAX 模式**。这种操作模式同样基于 CTR 模式和一种称为 OMAC 的特殊类型的 CBC-MAC。EAX 相比 CCM 模式做了许多改进，其中最显著的是 EAX 不需要预先知道消息的长度（CCM 在计算过程中使用消息的长度），从而允许进行动态处理。

3）**OCB（Offset Codebook）模式**。OCB 模式下的加密包括使用分组密码在加密前和加密后用一种计数器对每个消息分组进行异或运算。与 CTR 模式一样，密文的计算也很容易并行化。数据源身份认证是通过对基于消息分组的**校验和**（Checksum）进行类似的加密操作来提供的，然后与基于关联数据计算的单独的 MAC 执行异或运算。同样的，这里所使用的技术也很容易被并行化。与 GCM 一样，OCB 只需要对每个消息分组执行一个分组密码加密操作。虽然 OCB 因为速度优势具有很高的吸引力，但与我们讨论过的其他模式不同，美国的一些专利限制了 OCB 模式的商业使用。

与我们在 4.6 节中讨论的加密操作模式相比，经过认证的加密操作模式相对较新。因此，其设计从严格的形式化的安全性证明中获益（见 3.2.5 节）。

由于机密性和数据源身份认证通常需要在应用中一起使用，认证加密原语已经被一系列应用所采用（如我们将在第 12 章中看到），并且对它们的需求将不断增加。为此，国际研究界发起了名为“CAESAR”的“AES 风格”的评选，以得到一个适合将来使用的认证加密原语，CAESAR 将其称为**认证密码**（Authenticated Cipher）。

6.4 总结

在本章中，我们讨论了提供不同数据完整性级别的密码学机制。哈希函数是具有多种用途的密码学原语，我们讨论并分析了它们的不同属性和应用，而不仅仅是那些与数据完整性有关的内容。哈希函数本身是一个数据完整性较弱的机制，但它们可以用作更强机制的一部分。在 6.3.4 节中，生成 MAC 时使用了哈希函数。同样，在 7.3.4 节中，哈希函数被用作数字签名方案的组件。MAC 提供了更强的数据源身份认证概念，我们介绍了构造它们的两种通用技术。

在许多现代应用中，数据完整性，特别是数据源身份认证，可以说是比机密性更重要的要求。很少有需要机密性但不需要数据源身份认证的应用。因此，我们研究了通过认证加密过程来实现这两种服务的不同方法。实际上，我们还没有完成对数据源身份认证的讨论，因为第 7 章也将专门讨论提供这一重要服务的机制。

6.5 进一步的阅读

关于哈希函数的一般性介绍可以在大多数密码学书籍中找到，从 Ferguson、Schneier 和 Kohno [72] 的初步介绍到 Katz 和 Lindell [134] 的更形式化的介绍。关于生日攻击背后的理论的更多细节也可以在大多数书籍中找到，例如在 Vaudenay [239] 中有详细解释。

在 FIPS 180-2 [77] 中描述了 SHA-2 系列标准。SHA-3 标准为 FIPS 202 [80]，其开发过程的详细信息参见 [161]，其中还提到了其他哈希函数，包括 RIPEMD-160 [57] 和 Whirlpool [13]。许多哈希函数也包含在 ISO/IEC 10118 [116] 中。关于学术攻击和现实世界影响之间关系的一个很好的例子是 2005 年对 SHA-1 进行密码分析的结果。Bruce Schneier [209] 的评论不仅指出了直接影响的重要性，也指出了其在某种程度上缺乏重要性。关于哈希函数、其安全属性以及一些应用的有趣解释可以在 Friedl [86] 上找到。

本章所讨论的 MAC 算法的更多信息可以通过 ISO/IEC 9797 [127] 中的 CBC-MAC、NIST 特别出版物 800-38C 中的 CMAC 以及 FIPS 198 [78] 和 RFC 2104 [142] 中的 HMAC 的完整规范获得。在 Handschuh 和 Preneel [101] 中提供了实现 MAC 时需要注意的一系列实际问题。Ferguson，Schneier，Kohno [72] 对加密和 MAC 的顺序进行了讨论。有关认证加密模式的更多详细信息，请参阅 GCM [168]、CCM [164]、EAX [17] 和 OCB [204] 模式。认证加密模式也在 ISO/IEC 19772 [124] 中标准化。关于 CAESAR 评选的详细情况见 [34]。

通过 CrypTool [45]，可以轻松地使用本章中提到的许多哈希函数。建议使用此哈希演示，它允许对输入文件进行细微更改，然后测量得到的哈希输出的相似性。

6.6　练习

1. 有一类弱数据完整性机制（我们没有详细讨论）只能检测数据的意外修改。
   （1）单个奇偶校验位由数据中所有位的异或组成。这个简单的完整性机制能检测哪些类型的意外错误？
   （2）循环冗余校验（CRC）在哪些方面优于奇偶校验位的数据完整性机制？
   （3）解释为什么 CRC 不是强数据完整性机制。
   （4）找出两种使用 CRC 提供数据完整性的应用，并解释为何它们不需要更强的数据完整性机制。
2. 我们将生日比作一个人身份的“哈希”，解释以下术语：
   （1）抗原像性
   （2）抗第二原像性
   （3）抗碰撞性
   （4）生日悖论
3. 哈希函数这个术语在计算机科学中有更一般的解释，我们讨论的哈希函数通常被称为密码哈希函数。
   （1）密码哈希函数和更一般的计算机科学中的哈希函数有哪些相同的属性？
   （2）这些一般哈希函数有什么用途？
4. 解释哈希函数的哪些实用属性和安全属性在下列应用中最有用：
   （1）存储口令。
   （2）通过哈希长期密钥来产生短期密钥。
   （3）HMAC。
   （4）带附件的数字签名方案。
   （5）检测计算机病毒。
5. 下列数学函数具有哈希函数的哪些实用属性和安全属性：
   （1）将一个数对 n 取模数。
   （2）两个素数相乘。
6. 详细说明哈希函数可被用于提供数据完整性的程度。
7. PIN 是一种常用的安全机制。
   （1）在一个由 120 名学生组成的班级中，银行已经为每个学生分配了 4 位的 PIN（并且没有更换），那么，两个学生使用相同的 PIN 保护其银行卡的可能性是大还是小？
   （2）如果银行使用 5 位的 PIN，那么当有两个学生使用相同 PIN 的可能性与问题 1 相同时，大约需要多少名学生？
8. 穷举哈希搜索是一种攻击，它会反复计算大量输入的哈希函数的输出。
   （1）穷举哈希搜索会带来什么威胁？
   （2）有什么对策可彻底防止穷举哈希搜索？

9. 哈希函数有时被用于生成伪随机数字。
（1）为什么期望哈希函数生成“随机”输出是合理的？
（2）使用哈希函数作为伪随机数生成器可能有哪些优势？
10. SHA-3 是通过 AES 风格的评选设计的。
（1）SHA-3 哈希函数的评选标准是什么？
（2）在这个过程中出现了哪些备受关注的哈希函数（但没有被选中），它们与 SHA-3 有什么不同？
11. SHA-3 设计的 SHAKE128 和 SHAKE256 是具有任意输出长度的可扩展输出函数，有哪些应用使用了此功能特性？
12. 在 ECB 模式中使用一个未知密钥的分组密码来加密明文：The order is Karl, Andy, Fred and Ian. Ian and Andy have left。关于该分组密码的所有已知信息如下：
- 两个字母组成的明文分组加密为两个字母组成的密文分组。
- 忽略标点符号和空格。

假设原始密文是 C_1，C_2，…，C_{23}。
（1）找出 i 和 j，使得 $C_i = C_j$。
（2）解密以下密文：

$$C_1, C_2, C_3, C_4, C_5, C_{10}, C_{11}, C_6, C_7, C_8, C_9, C_{12}, C_{13}, C_{14}, C_{15}, C_{16}, C_{17}, C_6, C_7, C_{20}, C_{21}, C_{22}, C_{23}$$

（3）解密以下密文：

$$C_1, C_2, C_3, C_4, C_5, C_{10}, C_{11}, C_{12}, C_{13}, C_{14}$$

（4）解密以下密文：

$$C_{10}, C_8, C_6, C_{17}, C_6, C_7, C_{20}, C_{21}, C_{22}, C_{23}$$

（5）找到另一个密文分组序列，将其解密成一个可读的明文。
（6）这个例子说明了关于提供安全服务的什么经验教训？
13. 解释 MAC 在何种程度上防范了以下攻击：
（1）未经授权更改部分信息。
（2）未经授权删除部分信息。
（3）未经授权发出虚假信息。
（4）未经授权重新发送先前发出的信息。
14. Alice 和 Charlie 是一家食品加工公司的调味师。Alice 和老板 Bob 共享密钥 K_A，Charlie 和 Bob 共用密钥 K_C。假设：
- Alice 给 Bob 发了一封电子邮件，其内容（message）为：我的下一种薯片味道的创意是鸡肉咖喱，并且在消息后附加了 MAC_{K_A}(message)。
- Charlie 截获了这封电子邮件，认为这个想法非常好。Charlie 有不诚实的倾向，所以他从 Alice 的消息中删除了 MAC，并用自己的 MAC_{K_C}(message) 替换了它。换句话说，Charlie“窃取”了 Alice 的信息，然后用他自己的 MAC 把信息传给了 Bob，从而提出了这个想法。

因此，Bob 收到一条消息，上面有一个正确的 MAC，看起来来自 Charlie。然而，Bob 并不知道最初的信息来自 Alice。

（1）这是一个使用 MAC 而没有提供数据源认证的例子吗？

（2）Alice 如何避免这个问题？

15. MAC 算法的一个简单想法是让消息 M（由消息分组 M_1，M_2，…，M_n 组成）的 MAC 等于由 AES 使用密钥 K 对所有消息分组的异或结果加密，即

$$\mathrm{MAC}_K(M)=E_K(M_1 \oplus M_2 \oplus \cdots \oplus M_n)$$

解释为什么这不是一个好的想法。

16. 我们注意到 6.3.3 节中对 CBC-MAC 的描述过于简单，CMAC 是一个更安全的版本。说明为什么我们的 CBC-MAC 简化版在实践中被认为是不安全的。

17. HMAC 描述了一种从哈希函数创建 MAC 的方法。

（1）简要地解释为什么利用哈希函数 $h(K \| M)$ 构造 MAC 被认为是不安全的，其中：

- h 是底层哈希函数
- K 是对称密钥
- M 是一个消息

（2）给出一种利用 MAC 创建哈希函数的直观方法。

（3）为什么上面的技术不能提供一个安全的哈希函数？

（4）HMAC 的标准化版本与本章的简化版本有何不同？

18. 假设 Alice 希望向 Bob 发送一封以送货地址开头的机密邮件。Alice 决定在 CBC 模式下使用分组密码，并将 IV 发送给 Bob，然后发送密文。

（1）解释为何修改 IV 的攻击者很有可能更改投递地址。

（2）此次攻击可以得到的普遍事实是什么？

（3）为防止上述攻击的发生，给 Alice 几个建议方案。

19. 认证加密可以通过加密并 MAC（Encryption-and-MAC）结构，使用单独的操作来提供（参见 6.3.6 节）。

（1）解释接收方使用这种结构解密和检查接收数据的过程。

（2）将这种方法与先加密后 MAC（Encrypt-then-MAC）和先 MAC 后加密（MAC-then-encrypt）结构进行比较。

20. 给你的老板写一份备忘录，说明使用认证加密原语的好处，并比较当前可用的方案，附上当前使用认证加密的应用程序。

21. 如果建立了实用的量子计算机，预期会对下列各项的安全性产生什么影响：

（1）哈希函数

（2）MAC

22. 在本章中，我们看到了一些密码“重用”的例子（从其他密码机制构建密码机制）。从效率的角度来看，这可能是有意义的，但从安全的角度来看，这在多大程度上是有意义的？（同时提出“赞成”和“反对”的案例。）

第 7 章
数字签名方案

在本章中，我们将讨论数字签名方案，它是提供不可否认性的主要密码机制。首先，我们将介绍数字签名方案的一般要求，然后研究几种实现数字签名的方法。此外，我们还将讨论有关数字签名的选择和使用的重要问题。

学习本章之后，你应该能够：

- 解释数字签名方案的一般要求。
- 明白并非所有数字签名方案都依赖于公钥密码。
- 理解哈希函数在创建某些类型的数字签名方案中的重要作用。
- 解释基于 RSA 构造数字签名方案的两种不同方式。
- 比较数字签名和手写签名的不同特性。
- 认识实际应用中每种数字签名方案的脆弱性。

7.1 数字签名

数字签名（Digital Signature）是指对手写签名的数字模拟，因而这个术语有点颠覆传统的意味。稍后我们将讨论这种说法在多大程度上是正确的。现在我们利用两者之间松散的联系引出一个密码学视角：提供不可否认性是什么意思。

7.1.1 基本思路

在 1.3.1 节中，我们将不可否认性定义为确保实体不能否认先前的承诺或行为。对于一些应用程序而言，不可否认性是一项至关重要的服务，因为它们需要证据表明特定实体在特定时刻生成过某些数据。在通信场景中，这通常意味着数据接收方想要证明数据是由发送方创建的。不可否认性要求在商业性的应用中尤为重要，因为通信方对所交换的数据可能存在争议。

请注意，不可否认性至少在理论上要求具有可以提交给第三方进行独立评估的证据。这比确保特定实体生成过某些数据的要求更强，而确保特定实体生成过某些数据是我们定义数据源身份认证的方式。此外，数据源身份认证可以向接收方提供保证，但通常不提供可以呈现给第三方的证据，这正是使用 MAC 时通常会发生的情况，MAC 的基本应用可说服接收方，而不是第三方，如 6.3.5 节所述，第三方无法判断是发送方创建了 MAC，还是接收方使用共享密钥伪造了它。在 7.2 节中我们将讨论 MAC 能够提供一定程度的不可否认性。

数字签名的主要目的是通过第三方独立检查的方式将实体绑定到某些数据上。请注意，绑定到数据的实体可以是以下类型：

- 数据的创建者。
- 数据的拥有者。
- 数据的“批准”使用者。

签名方（Signer）即创建数字签名的实体（不管其与数据的精确关系），**验证方**（verifier）即任何接收数字签名数据并尝试检查数字签名是否“正确”的实体。验证方验证数字签名时，是通过检查它是否对给定数据和声称的签名方有效来进行的。

7.1.2　电子签名

将签名与不可否认机制相关联是很自然的，因为手写签名是物理世界中使用的最重要的不可否认机制。然而，在使用这个类比时也需谨慎，因为手写签名具有复杂的特性，这些特性并不一定都能转化为电子属性。其中一些属性很独特，难以模仿。另外一些属性则很普通，并且可以通过使用数字技术来“改进”。我们将在 7.4.3 节中更详细地讨论这些问题。

这意味着，电子技术显然可以应用于与手写签名在现实世界中的应用场景类似的场景。基于此认识，欧共体（European Community）将**电子签名**（Electronic Signature）定义为附加在其他电子数据或与其他电子数据逻辑连接的电子数据，并将其作为一种身份认证方法。

这个定义刻意模糊并且没有表明这种机制的目标是不可否认性。因此，根据这一模糊的定义，电子签名可以是以下例子：

- 需要在 Web 表单中输入的名称。
- 手写签名的电子表示。
- 生物学特征。
- 能够识别特定计算机的网络信息。
- 密码学意义上的数字签名。

在 Web 表单中输入的名称显然是一个非常弱的电子签名。它确实暗示了签名方的一些意图，但也很容易伪造。尽管如此，在有些应用中使用这种电子签名可能就足够了。但是，该定义还包括需要更强的电子签名，以提供不可否认性服务，因此提出了**高级电子签名**（Advanced Electronic Signature）的概念。高级电子签名除了满足一般电子签名的定义外还有以下特点：

1）与签名人有着唯一的联系。

2）能够识别签名人。

3）在签名人的唯一控制的方法下创建。

4）能够链接到与其相关的数据，以便检测到数据的后续变化。

这一概念更接近于我们对密码的不可否认机制的期望，并且可能已经考虑了密码学数字签名。我们将在 7.4 节中讨论与高级电子签名概念相关的一些实际问题。

7.1.3　数字签名方案的基础

虽然我们在上一节中指出可以使用不同类型的机制提供电子签名，但我们现在将重点讨论可以通过加密机制提供的电子签名。因此，我们将术语*数字签名*限定为使用加密原语生成的电子签名。

1. 数字签名方案的要求

我们将数字签名方案定义为加密原语，它提供以下功能：

- **签名方的数据源身份认证**。数字签名可保证数据完整性和签名方的身份。
- **不可否认性**。任何接收到数字签名的人都可以存储数字签名，并作为将来可以提交给第三方的证据，供第三方用来解决与被签名数据的内容和来源有关的任何争议。

请注意，数字签名方案通常仅用于提供数据源身份认证。它是用于提供数据源身份认证的主要公钥密码学原语，对于需要数据源身份认证但通常由于密钥管理等原因不能使用 MAC 的应用程序来说，数字签名是首选。

为了提供这两种安全服务，计算数字签名需要用到以下内容：

- **待签名数据**。由于数字签名提供数据源身份认证（和不可否认性），很明显数字签名本身必须依赖于待签名的数据，而不是完全不相关的信息。注意，尽管数字签名的计算必须涉及待签名数据，但数字签名可以与待签名数据分开传输和存储。这与 7.4.3 节中讨论的手写签名形成对比。
- **一个仅由签名方知道的秘密参数**。由于数字签名提供了不可否认性，因此其计算必须涉及仅由签名方知道的秘密参数。如果任何其他实体知道该秘密参数，就无法判断是签名方还是伪造数字签名的其他实体生成了该数字签名，唯一可能被接受的情况是，此实体完全被生成和验证数字签名的各方信任，我们将在 7.2 节中讨论这种情况。

2. 数字签名方案的基本性质

数字签名方案通常具备以下三个基本性质：

- **签名方易于生成签名**。从实用角度来看，如果一个方案要求签名方进行复杂计算操作以便生成数字签名，那么这个方案是没有意义的。签名过程应尽可能高效。

- **验证方易于验证签名**。同样，数字签名的验证应该尽可能高效。
- **任何人都难以伪造签名**。换句话说，合法签名方之外的任何人都不可能对某些数据生成一个似乎有效的签名值。“似乎有效”意味着任何试图验证数字签名的人都会被误导，认为他们刚刚在此数据上成功验证了一个有效的数字签名。

7.2　使用对称密码技术提供不可否认性

根据定义，不可否认性是一种“非对称”需求，因为它是需要与特定实体建立联系的功能，而不是与任何其他实体共享的功能（例如，与机密性不同）。因此，数字签名方案通常使用与公钥密码相关的技术也就不足为奇。然而，在一些特殊的情况下，也可以使用基于 MAC 的对称密码技术来提供不可否认性。

7.2.1　仲裁数字签名方案

第一种情况发生在存在可信的第三方（即**仲裁员**）时，仲裁员参与数据的传输并产生可用于解决任何争议的证据。签名方和验证方都信任仲裁员。基于仲裁员的评判来解决争议。

仲裁数字签名方案（Arbitrated Digital Signature）的示例如图 7-1 所示。在使用图 7-1 中的方案之前，我们假设所有相关方都协商好一种计算 MAC 的方法。此外，签名方和仲裁员共享 MAC 的对称密钥 *KS*，并且验证方和仲裁员共享 MAC 的对称密钥 *KV*。要在某数据上生成数字签名，步骤如下：

1）签名方使用密钥 *KS* 计算消息的 MAC。然后，发送方将消息和 MAC 发送给仲裁员（此消息包含识别签名方和预期验证方的标识）。

2）仲裁员使用密钥 *KS* 来验证来自签名方的 MAC 的正确性。如果 MAC 正确，则仲裁员将继续，否则该过程将被终止。

3）仲裁员根据来自签名方的所有内容计算一个新的 MAC。换句话说，使用密钥 *KV* 在签名方发来的消息和签名方使用 *KS* 计算的 MAC 上重新计算一个 MAC。然后，仲裁员将签名方发送的所有内容以及此新 MAC 发给验证方。

4）验证方使用密钥 *KV* 验证从仲裁员接收到的 MAC 的正确性。如果正确，则验证方将其接受为消息上的数字签名，否则验证方拒绝该签名。验证方不能也无须验证第一个 MAC，因为仲裁员已经为他验证了这个 MAC。

我们现在考查这个方案确实可提供数字签名所需的安全服务。

- **数据源身份认证**。第二个 MAC（使用 *KV* 计算得到）向验证方提供了仲裁员转发的消息的数据源身份认证。第一个 MAC（使用 *KS* 计算得到）向仲裁员提供来自签名方的消息的数据源身份认证。验证方信任仲裁员，因此验证方通过对第二个 MAC 的认证间接确保第一个 MAC 的消息来自签名方。在该模型的信任假设下，验证方确实具有签名方的数据源身份认证。

- **不可否认性**。如果之后发生争议，签名方拒绝承认对消息进行过数字签名，验证方可以呈现从仲裁员接收的完整数据作为数据交换的证据。事实上，两个有效 MAC 的存在表明验证方从仲裁员那里收到了来自签名方的信息。虽然验证方可伪造第二个 MAC（使用 *KV* 计算得到），但验证方不能伪造第一个 MAC（使用 *KS* 计算得到），因为验证方不知道密钥 *KS*。在这种情况下，仲裁员（或实际上被授予访问 MAC 密钥权限的司法者）将支持验证方。

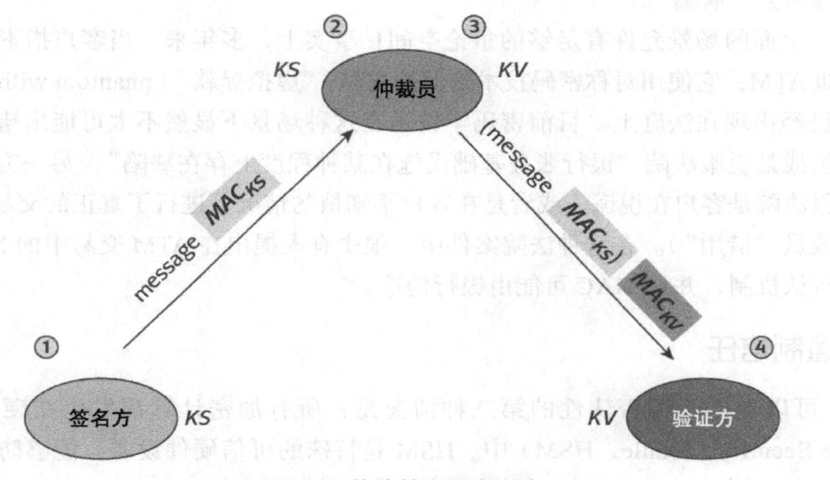

图 7-1　仲裁数字签名方案

因此，图 7-1 中的方案提供了我们需要的两种安全服务。在效率方面，生成数字签名是一个非常高效的过程，因为它涉及创建两个 MAC，并且它们都可以高效地计算出来。验证过程也很高效，因为它仅涉及检查一个 MAC，只有与仲裁员具有信任关系（共享密钥）的验证方才能验证 MAC。假设使用了安全的 MAC 算法，唯一能够伪造数字签名的实体是仲裁员，这就是该方案的所有用户必须信任仲裁员的原因。

图 7-1 所示的仲裁数字签名方案确实符合数字签名方案的概念。然而，这一方案在实践中并不常用，原因是该方案在实现时有一个潜在的瓶颈：要求仲裁员参与每个签名生成过程。值得注意的是，在现实世界中，有许多过程具有与仲裁数字签名方案类似的消息流，例如许多法律程序。

7.2.2　不对称信任关系

下面讨论在签名方和验证方的可信任程度悬殊的情况下使用 MAC 提供不可否认性的一个简单例子。例如，假设签名方是银行的客户，验证方是银行。客户使用基于 MAC 密钥的 MAC 对数据进行签名，MAC 密钥由银行生成并通过智能卡发送给客户。我们假设控制该系统密钥管理的银行在其底层基础设施方面具有良好的信誉。

现在假设客户试图拒绝“签署”过（生成 MAC）一些似乎有效的 MAC 数据。如果 MAC 算法很强并且底层安全架构得到了正确实施，那么客户的唯一理由就是银行伪造了此 MAC 并试图栽赃客户。但是，在这种情况下，法官给出有利于客户的判决的可能性有多大？尽管理论上两个实体都可以生成 MAC，但在这种情况下银行是一个更强大的实体，并且通常存在更高的可信任度。因此，这可以被视为在相对不可信实体（客户）和可信实体（银行）之间的关系。在这种情况下，可能有争议的是 MAC 是否足以提供不可否认性，因为一方永远不会“欺骗”。

当然，上面的场景允许有足够的争论空间！事实上，多年来，当客户指责银行从自动柜员机（即 ATM，它使用对称密码技术来保护交易）“虚拟提款”（phantom withdrawal）时，这种争论已经出现在法庭上。目前密码学技术在这种场景下显然不太可能出错。因此，客户面临的挑战是说服法院“银行账务基础设施在某种程度上存在缺陷”。另一方面，银行也将试图说服法院是客户在说谎，或者是在客户不知情的情况下进行了真正的交易（例如，该卡被家庭成员“借用”）。在这种法院案件中，很少有人提出在 ATM 交易中的 MAC 不是真正的不可否认机制，并且 MAC 可能由银行伪造。

7.2.3　强制信任

MAC 可以提供不可否认性的第三种情况是：所有加密计算都发生在**硬件安全模块**（Hardware Security Module，HSM）中。HSM 是特殊的可信硬件设备，能够防篡改，我们将在 10.5.3 节中详细讨论。然后，我们可以使用由特殊密钥生成的 MAC，这些密钥仅用于一个签名方创建 MAC 且仅用于一个验证方验证 MAC（反过来不行）。例如：

- MAC 密钥 K_{AB} 仅允许用 Alice 的 HSM 来创建可由 Bob 的 HSM 验证的 MAC。
- 另一个单独的 MAC 密钥 K_{BA} 仅允许用 Bob 的 HSM 来创建可由 Alice 的 HSM 验证的 MAC。

只要这些使用规则由 HSM 强制执行，法官就能够决定某个数据及其相应的 MAC 是否由其声称的签名方生成。如果 Alice 否认她对某数据使用 K_{AB} 生成过有效 MAC，法官将否决她，因为大家相信 HSM 实现了如下使用规则——只有 Alice 的 HSM 能够使用 K_{AB} 创建 MAC。该判决还依赖于另一个事实：尽管 Bob 的 HSM 包含 K_{AB}，但他只能使用 K_{AB} 来验证 Alice 发送给它的 MAC，却从不创建 MAC。通过这种方式，我们将对称密钥转换为仅由签名方知道的提供不可否认性所需的秘密参数。

7.3　基于 RSA 的数字签名方案

我们现在讨论大多数人公认的“真正的”数字签名方案，即基于公钥密码的方案。事实上，公钥密码学的开创性研究者之一 Whit Diffie 表示，他提出这一想法的主要动机是希望找到一种生成“数字签名”而非公钥加密的手段。我们将提出数字签名方案的基本模型，并描述基于 RSA 的两种数字签名方案。

7.3.1　互补要求

考虑对 7.2.2 节中的仲裁数字签名方案的改进，最好避免第三方直接参与数字签名的生成。这促使我们对数字签名方案提出一些非常简单的要求，如表 7-1 所示。可以看出，这些要求与 5.1.2 节中讨论的公钥加密方案的基本要求有很多相似之处。

表 7-1　数字签名的要求和公钥加密方案的要求的比较

数字签名方案要求	公钥加密方案要求
只有秘密持有者才能对数据进行数字签名	任何人都可以加密数据
任何人都可以验证数字签名是否有效	只有秘密持有者才能解密某些加密数据

这二者的要求非常相似，所以我们可以尝试通过某种方式借助公钥密码系统来产生数字签名方案。最原始的方法是，从一个公钥密码系统开始，公钥密码系统中的每个用户完成以下工作：

- 使用公钥密码系统的私有解密密钥来创建数字签名。
- 使用公钥密码系统的公共加密密钥来验证数字签名。

在某些情况下，这种方法是可行的。然而，这种方法的原始性体现在以下几方面：

- **技术限制**。我们必须检查技术细节（底层数学原理）是否允许两个密钥交换使用。特别是，如果加密和解密操作差异很大，可能就无法用这种方式交换使用密钥。
- **计算限制**。当技术细节允许时，可能只有在“教科书”版本的密码学原语中允许密钥交换使用。基于实际的公认标准版本中，通常涉及额外的处理步骤（例如，添加填充），这将使交换使用密钥的操作变得复杂。
- **密钥管理限制**。在两种不同的应用中使用相同的密钥是不明智的，我们将在 10.6.1 节中更详细地讨论这个问题。这个问题可以通过两对密钥轻松解决，一对用于解密 / 加密，一对用于签名 / 验证。

尽管如此，这种原始的做法看起来依然很有前景。我们很快就会看到，对于“教科书”式的 RSA 密码系统，基础数学原理实际上确实允许密钥角色的反转。因此，这种方法确实构成了 RSA 数字签名方案的基础。

7.3.2　数字签名方案的基本模型

我们假设任何希望对数据进行数字签名的人都拥有一个公 / 私钥对。只有签名方知道其中的“私钥”，相应的“公钥”对任何想要验证签名方数字签名的人公开，这可以通过将公钥公开的方式实现。然而，非常重要的是，这个密钥对不能既用来解密 / 加密，又用来签名 / 验证（参见 10.6.1 节）。因此，我们将这里的私钥称为*签名密钥*，公钥称为*验证密钥*。

数字签名方案的基本模型如图 7-2 所示。

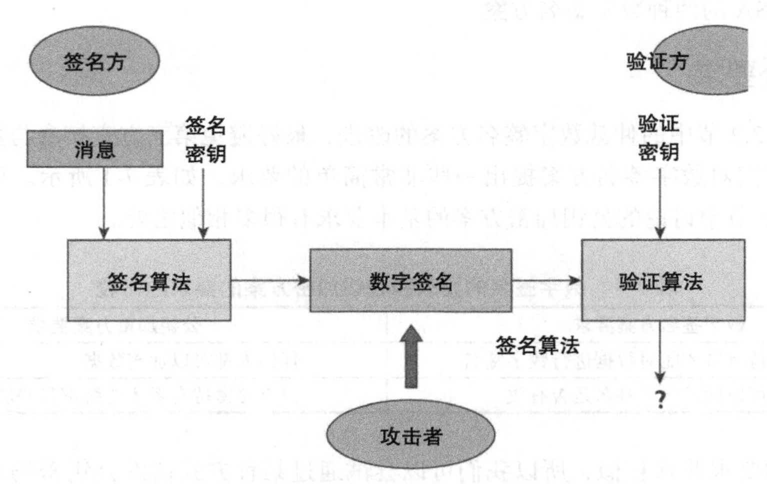

图 7-2　数字签名方案的基本模型

签名算法的输入是被签名的数据和签名密钥，输出是发送给验证方的数字签名。验证方将数字签名和验证密钥输入验证算法。验证算法输出一些数据，这些数据应该与经过数字签名的数据相同。据此，验证方可以确定数字签名是否有效。

7.3.3　两种不同的方法

设计数字签名方案有两种不同的方法。数字签名本质上是根据待签名数据和仅由签名方知道的秘密参数计算出来的一个密码学的值。验证方通过运行验证算法，根据其计算结果来确定数字签名是否有效。一个重要的问题是：验证方如何判断这个数字签名对应的是哪个数据？

如果被签名的数据没有明显的可识别结构（例如，它可能是加密后的密钥），则该问题尤其重要。由于数字签名本身是加密算法的输出，因而它也没有任何明显的结构。这种数字签名很可能遭到攻击者的篡改。当验证方运行验证算法时，输出的结果（假设这类似于被签名的数据）也没有明显的结构。那么验证方如何确定输出的是否是正确的数据呢？

有两种不同的方法可为验证方提供这种保证。

- **将签名后的数据发送给验证方**。默认情况下，被签名的数据均未经加密。可以将数据与其数字签名一起发送。此时，验证方验证数字签名，并且能够看到被签名的原始数据。因为数据作为数字签名的“附件”发送，所以使用这种技术的数字签名方案称为**带附件的数字签名方案**（digital signature schemes with appendix）。
- **为被签名的数据增加冗余**。一种更巧妙的技术是，在计算数字签名之前添加冗余，从而使得被签名的数据“可识别”。在这种情况下，只发送数字签名即可。验证时，验证方从数字签名中恢复一些数据。如果恢复的数据具有正确的冗余格式，则验证方将认为此数据正确，否则拒绝它。使用这种技术的数字签名方案被称为**带消息恢复的数字签名方案**（digital signature schemes with message recovery），因为数据可以从数字签名本身中“恢复”。

我们接下来看看这两种技术的实例。两种数字签名方案都基于 RSA，并且在某种程度上基于 7.3.1 节中提出的原始数字签名方案。但是，我们需要认识到 RSA 在这方面的特殊性，因为原始的方法通常不适用于任意的公钥密码系统。

7.3.4　带附件的 RSA 数字签名方案

我们要求所有签名方和验证方同意使用特定的哈希函数作为该签名方案的一部分。在下文中，我们将故意在引号中使用术语“加密”和“解密”，因为虽然它们指的是应用 RSA 加密和解密算法，但它们并未涉及数据机密性中的加密和解密。

1. 签名过程

图 7-3 说明了带附件的 RSA 数字签名的创建过程。

1）签名方首先计算待签名数据的哈希值，我们稍后将解释原因。

2）签名方对待签名数据的哈希值进行签名。此过程仅需使用 RSA 加密算法，并利用签名方的签名密钥作为“加密”密钥来“加密”数据哈希值。签名需要使用签名方的“私钥”进行“加密”，作为对比，使用 RSA 提供机密性服务时，我们使用接收方的公钥来加密数据（参见 5.2.2 节）。对哈希值的签名即为数字签名。

3）签名方向验证方发送两条信息：

①数据本身。

②数字签名。

它们不必一起发送，但验证方在验证数字签名之前需要这两条信息。

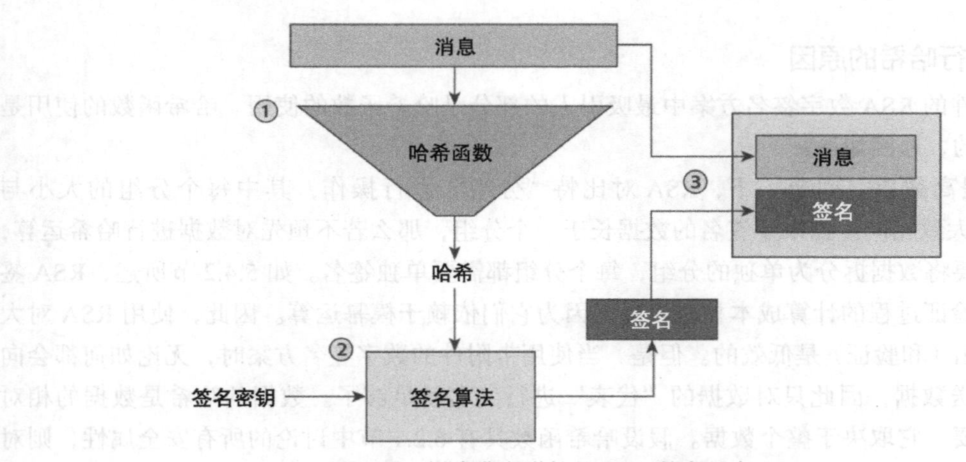

图 7-3　创建带有附件的 RSA 数字签名

2. 验证过程

图 7-4 说明了带附件的 RSA 数字签名的验证过程。

1）验证方的任务是比较两个独立的信息。为了计算其中之一，验证方将哈希函数应用于所接收的数据以计算所接收数据的哈希值。

2）验证方使用 RSA 解密算法以签名方的验证密钥作为“解密”密钥来“解密”数字签名。注意，与使用 RSA 提供机密性服务相比，此处是使用签名方的“公钥”进行“解密”。其结果应该是数据的哈希值，因为验证密钥应该“撤销”了使用签名密钥进行的加密。

3）验证方比较两个结果。如果来自步骤 1 中的接收数据的哈希值与步骤 2 中恢复的哈希值匹配，则验证方认为数字签名有效，否则验证方拒绝数字签名。

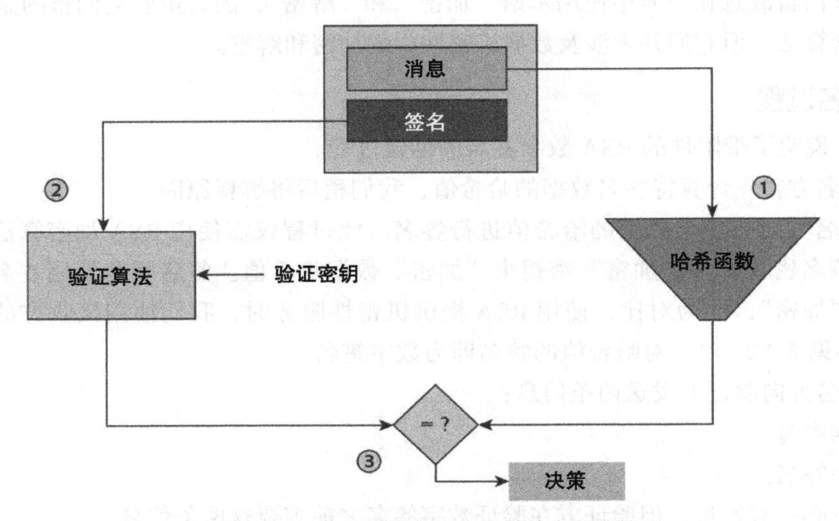

图 7-4 验证带附件的 RSA 数字签名

3. 进行哈希的原因

带附件的 RSA 数字签名方案中最吸引人的部分是哈希函数的使用。哈希函数的使用是必不可少的，原因如下：

1）**提高效率**。回想一下，RSA 对比特“分组”进行操作，其中每个分组的大小与 RSA 模数大致相同。如果要签名的数据长于一个分组，那么若不预先对数据进行哈希运算，我们就需要将数据拆分为单独的分组，每个分组都需要单独签名。如 5.4.2 节所述，RSA 签名创建和验证过程的计算成本相对较高，因为它们依赖于模幂运算。因此，使用 RSA 对大量数据签名（和验证）是低效的。但是，当使用带附件的数字签名方案时，无论如何都会向验证方发送数据，因此只对数据的“代表”进行签名就足够了。数据的哈希是数据的相对较小的摘要，它取决于整个数据。假设哈希函数具有 6.2.1 节中讨论的所有安全属性，则对数据哈希值进行数字签名与对数据本身进行数字签名的效果一样好。

2）**防范篡改攻击**。假设数据由多个分组组成，不预先使用哈希函数，而是对每个分组按如上所述进行单独签名。然后，由于这些签名分组没有以任何方式链接在一起，攻击者可以对数字签名执行各种主动攻击。例如，如果数据 $m_1||m_2$（即 m_1 和 m_2 的连接）已被拆分为分组 m_1 和 m_2，则数字签名的形式如下：

$$m_1 \| m_2 \| sig\ (m_1) \| sig\ (m_2)$$

攻击者可以交换分组及每个分组对应的签名，以在数据 $m_1||m_2$ 上伪造签名（以与原始数据相反的顺序重排这两个分组）：

$$m_2 \| m_1 \| sig\ (m_2) \| sig\ (m_1)$$

使用哈希函数 h 可以防止这种攻击。在这种情况下，数字签名是：

$$m_1 \| m_2 \| sig\ (h\ (m_1 \| m_2))$$

攻击者仍然可以交换数据分组 m_1 和 m_2，但是，在不知道签名方的签名密钥的情况下通过计算 $sig(h(m_2 \| m_1))$ 来伪造签名是不可能的。

3）**防止存在性伪造（existential forgery）**。如果攻击者有可能在以前未签名的某些数据上创建有效的数字签名，则说攻击者可以创建*存在性伪造*。上述的修改攻击就是一个例子。但是，如果攻击者能够从头开始创建存在性伪造，则后果更加严重。如果我们不使用哈希函数，那么攻击者可以创建这种伪造，如下所示：

①生成一个随机值 r（这将是伪造的数字签名）。

②将签名方的验证密钥应用于 r 以计算值 m（这将是数据）。

r 看似是数据 m 的有效数字签名。但是，攻击者无法控制 m 的内容（m 的值是根据 r 和验证密钥用 RSA 加密公式计算出来的，因此攻击者只能控制 r 的取值，但难以控制 m 的取值。m 的取值是一个随机数，而不是一个有意义的字符串），因此可以认为这不是一种严重的攻击。然而，如果待签名的数据没有明显的结构（例如，它是加密后的加密密钥），那么这是一种潜在的严重攻击。无论如何，攻击者如此轻易地生成存在性伪造的事实非常危险。使用哈希函数可以防止这种类型的伪造。这是因为伪造过程中的值 m 现在是某些数据的哈希值，因此攻击者需要对哈希函数进行逆运算（寻找哈希值的原像），以便找出攻击者想在其之上伪造数字签名的数据。

4.RSA 的特殊性

我们已多次提到 RSA 的特殊性，因为允许通过在 RSA 密码系统中互换私钥和公钥的角色来实现原始的数字签名方案。通常，我们不能以这种方式从任意公钥密码系统构建数字签名方案。同样，我们无法通过交换任何数字签名方案的签名密钥和验证密钥的角色来构建公钥密码系统。

RSA 有一个特殊的属性为此提供便利。令签名方的验证密钥为 (n, e)，签名密钥为 d。为了对数据 m 进行签名，签名方首先计算 $h(m)$，然后通过计算 $h(m)$ 的 d 次幂模 n 得到数字签名：

$$sig\ (m) = h\ (m)^d \mod n$$

签名方然后将 m 和 $sig(m)$ 发送给验证方。为了验证这个数字签名，验证方计算 $h(m)$，然后通过计算 $sig(\mathrm{m})$ 的 e 次模 n 来验证 $sig(m)$。验证方现在检查是否满足下列等式：

$$h(m)=sig(m)^e \mod n$$

如果是，则验证方接受数字签名。

接下来我们分析其工作原理。首先，根据一个基本的幂运算规则（参见 1.6.1 节）：

$$sig(m)^e=(h(m)^d)^e=h(m)^{de} \mod n$$

由于乘法满足交换律，因而有以下结果：

$$h(m)^{de}=h(m)^{ed}=(h(m)^e)^d \mod n$$

但是，我们从 5.2.2 节中将 RSA 作为公钥加密方案的研究中了解到，对某个数据进行模 n 的 e 次方运算，然后再进行模 n 的 d 次方运算，相当于用“公钥”来“加密”它，然后再使用“私钥”来“解密”它。我们看到，对于 RSA，对加密明文的解密操作恢复了原始的明文。因而：

$$(h(m)^e)^d=h(m) \mod n$$

这也正是我们想要的结果。

那么 RSA 到底有什么特别之处呢？事实上，有以下两点：

- **过程的相似性**。第一个特殊属性是加密和解密过程基本相同。加密和解密都使用简单的模幂运算。
- **求幂的对称性**。第二个特殊属性是对数字进行 d 次方运算，然后再进行 e 次方运算，其结果与对数字进行 e 次方运算，然后再进行 d 次方运算的结果相同。这使得可以互换加密和解密密钥的角色，从而将加密方案转换为数字签名方案。大多数其他公钥密码系统和数字签名方案并没有这样的对称性来支持这种交换。

但是，需要再次强调 7.3.1 节的注意事项。以上结论仅适用于 RSA 的“教科书”版本。实际的 RSA 加密方案和带附件的 RSA 数字签名方案并不像我们刚才描述的那样简单，这里“实际”是指遵循 PKCS 等既定标准。我们在 5.2.4 节中看到，RSA 加密通常使用概率变量（如 RSA-OAEP）进行计算。以类似的方式，RSA 数字签名通常使用诸如 RSA-PSS 的概率版本来实现，这里我们将不再描述。RSA-OAEP 和 RSA-PSS 之类的额外处理阶段意味着简单的“教科书”版本的对称性不存在了。

7.3.5 带消息恢复的 RSA 数字签名方案

我们现在介绍一个基于 7.3.3 节中第二种方法的 RSA 数字签名方案。在描述这个方案之前，我们明确第二种方法可能的优点。

1. 具有消息恢复的数字签名方案的优点

带附件的数字签名方案存在以下缺点：

1）它需要使用哈希函数，因此设计不需要哈希函数的方案可能更有效。

2）数据和数字签名都需要发送给验证方。这在一定程度上造成消息的扩展，因为发送的消息必然长于要进行数字签名的数据。

我们之所以引入哈希，而不直接在原始数据上签名，主要是希望将其应用于需要分成多个分组的长数据，以便使用 RSA 进行直接处理。但是，如果要签名的数据长度小于一个 RSA 分组（换句话说，小于 RSA 模数的长度），那么签名前进行哈希运算就没有必要了。针对这种情况，提出了具有消息恢复的数字签名方案。这就是它有时也被称为**短消息的数字签名方案**（Digital Signature Schemes for Short Messages）的原因。

回忆一下 7.3.3 节，如果数据随数字签名一起发送，则验证方面临识别与数字签名相关的正确数据的问题。具有消息恢复的数字签名方案通过在数据被签名之前向数据添加冗余来解决该问题，以便其被验证方识别。因此，要进行数字签名的数据必须足够短，以便在添加此冗余后，其长度仍小于一个 RSA 分组。

2. 使用带消息恢复的数字签名方案进行签名和验证

我们假设该方案的每个潜在用户都分配了 RSA 签名 / 验证密钥对。图 7-5 说明了创建和验证带消息恢复的 RSA 数字签名的过程。

1）在签名之前，将一些预定义的冗余添加到数据中。它们没有具体值，主要用于验证方识别恢复数据是否正确。

2）使用 RSA 对格式化数据（数据加冗余）进行签名。换句话说，使用签名方的签名密钥对格式化数据进行“加密”。这种“加密”的结果是数字签名。将数字签名发送给验证方（这次不需要发送数据）。

3）验证方通过用签名方的验证密钥“解密”来检查数字签名。如果一切顺利，结果就是格式正确的数据。

4）验证方删除冗余以从格式化数据中提取数据。如果冗余具有预期格式，则验证方认为数据上的数字签名有效，否则验证方拒绝它。

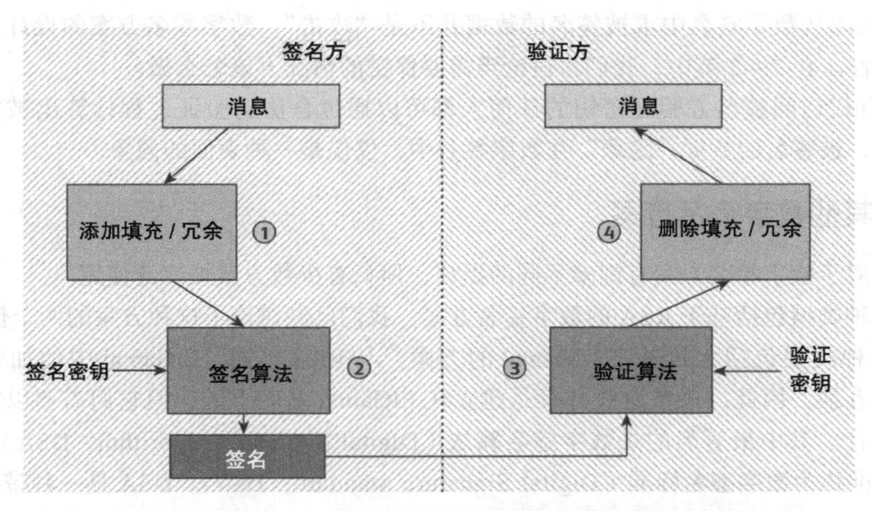

图 7-5　使用带消息恢复的 RSA 数字签名方案进行签名和验证

要了解其工作原理，假设攻击者在数据到达验证方之前截获数字签名，并在将其发送给验证方之前对其进行了修改。当验证方用签名方的验证密钥“解密”这个修改过的数字签名时，由于与 4.3.2 节中讨论过的分组密码错误传播相同的原因，其结果应该与原始的格式化数据没有明显的关系。因此，冗余不会具有预定义的格式，因此验证方将拒绝数字签名。基于相同的理由，攻击者也无法尝试直接伪造带消息恢复的数字签名。

3. 冗余技术

我们在创建数字签名过程中添加的预定义冗余究竟应该是什么样的？冗余的基本组成包括：

- 将数据复制一份，添加在原始数据之后。
- 添加一个固定的字符串。
- 添加描述数据长度的计数器。
- 添加数据的哈希值。

只要得到数字签名方案的所有可能用户的同意，就可以在理论上使用这些技术中的任何一种。但是，就像在密码学的其他领域一样，在采用添加冗余的技术之前，最重要的是要参照适当的标准。针对采用了较差冗余技术的密码系统，研究者已经提出了一些复杂攻击。关于如何采用适当的方法来添加冗余，目前人们需要合适的建议。

4. 具有消息恢复和机密性的数字签名方案

值得注意的是，具有消息恢复的数字签名方案不提供机密性。我们可能很难接受这个结论，因为我们不会将数据与数字签名一起发送，我们对攻击者“隐藏”了被签名的数据。数字签名值并没有明显的结构，它本质上是使用 RSA 生成的一段“密文”，这一事实可能强化我们对其机密性的信心。但此处有两个谬论：

1）试图从数字签名中求被签名的数据并不是“攻击”，数字签名方案的设计并未考虑提供机密性。在 7.4.2 节中，我们将讨论当需要保密的情况下该怎么做。

2）有权访问签名方验证密钥的任何人都可以通过合法的验证过程计算出被签名的数据。因此，被签名的数据“隐藏”在数字签名中，仅仅是一种表面的假象。

7.3.6　其他数字签名方案

虽然对于数字签名方案有许多不同的提议，但只有少数方案被广泛使用。

第一种类型包括基于 RSA 的数字签名方案。我们已经讨论了这种方案的两个例子。

第二种类型包括大致基于 ElGamal 的方案。与 RSA 不同，ElGamal 中的加密和解密操作不易互换。因此，虽然这些方案是建立在 ElGamal 基础上的，但它们需要以完全不同的方式设计。其中最著名的是**数字签名算法**（Digital Signature Algorithm，DSA），它被美国政府标准化为**数字签名标准**（Digital Signature Standard，DSS）。DSA 是一种带附件的数字签名方案，它基于 ElGamal，但以不同的方式工作。还有一个基于椭圆曲线的重要变体

ECDSA，与 DSA 相比，它提供了与基于椭圆曲线的 ElGamal 加密变体相似的优点（参见 5.3.5 节）。

还有其他一些数字签名方案被使用。例如 **Schnorr 签名算法**（Schnorr Signature Algorithm），其安全性基于离散对数问题难解性假设。Schnorr 签名算法是快速且有效的，同时具有 **Edwards 曲线数字签名算法**（Edwards-curve Digital Signature Algorithm，EdDSA）的椭圆曲线变体。

将数字签名方案与底层哈希函数结合起来，使用带附件的数字签名方案是很常见的。RSA-MD5 是使用 MD5 为底层哈希函数的 RSA 数字签名方案。类似地，ECDSA-SHA2 是使用 SHA2 作为底层哈希函数的 ECDSA 签名方案。由于带附件的数字签名方案在理论上可以与任何底层哈希函数组合，因此该命名法主要是提供信息的，因为 RSA-MD5 和 RSA-SHA2 本质上是相同的 RSA 数字签名方案。

7.4　数字签名方案实践

在本节中，我们将考虑与数字签名方案有关的实际问题，而不针对任何特定的方案。

7.4.1　数字签名方案的安全性

假设我们正在使用一个可信任的数字签名方案，并且使用数字签名方案的平台也是“可信任的”。数字签名方案中有三个密码组件可能被攻击者利用。

1. 签名密钥的安全性

我们在 7.1.3 节中注意到，为了让用户对某些数据进行签名，用户需要知道一个私密的签名密钥。因此，签名密钥在某种意义上是签名方的隐含“身份”。为了计算数字签名，签名方将该“身份”与要签名的数据相结合。

数字签名方案提供的两种安全服务都基于只有签名方知道签名密钥的假设。如果发现使用特定签名密钥创建数字签名的证据（成功验证数字签名就是充分证据），则认为数字签名是由该签名密钥的所有者创建的。更确切地说，这提供了：

1）**签名方的数据源身份认证**，因为创建有效数字签名的能力表明签名数据的发送者必然知道签名密钥。

2）**不可否认性**，因为我们假定唯一知道签名密钥的用户是签名方，因此允许将数字签名作为数据由签名方签名的证据呈现给第三方。

这意味着任何知道签名密钥的人都可以使用它来对数据进行签名。数字签名方案认为签名方与他们的签名密钥是一体的。如果攻击者成功获取了某个人的签名密钥，则只要攻击者使用签名密钥创建数字签名，攻击者就能够冒充这个人。这是*身份盗用*的一个例子。

通过使用可信的数字签名方案，我们可以安全地假设攻击者无法通过利用底层加密技术获取签名密钥。真正的危险来自不安全的密钥管理流程或对物理保护机制的破解（例如，绕过存储签名密钥的智能卡的物理保护机制）。在某些情况下，没有必要去窃取签名密钥，只要获得存储签名密钥的设备并设法让设备使用密钥就足够了。

基于以上讨论，无论何时使用数字签名方案，用适当的方式保护用户的签名密钥都至关重要。虽然密钥保护在密码学中始终很重要，但基于以上原因，签名密钥尤为重要。我们将在 10.5 节中研究保护签名密钥的方法。

2. 验证密钥的安全性

验证密钥不像签名密钥那样敏感，因为它们是公钥，可以提供给需要验证数字签名的任何人。然而，假设攻击者可以让 Charlie 相信，Alice 的验证密钥实际上是 Bob 的验证密钥。现在，当 Alice 对某些数据进行数字签名时，Charlie 将对其进行验证并认为数据是由 Bob 进行数字签名的。此时，攻击者无须获取 Alice 的签名密钥，也无法使用此攻击伪造任何数字签名。因此与获取签名密钥相比，它是一种不太严重（但可能更容易）的攻击。

一种与手写签名相关的有趣攻击是：邮政系统的攻击者截获邮寄给用户的新银行卡，攻击者可以在卡片背面以攻击者手写的方式签署用户名，并伪装成用户（在收到第一个月的账单前一直伪装），攻击者能够在不知道受害者的手写签名的情况下进行此攻击。

为了防止这种类型的攻击发生在验证密钥上，有必要对验证密钥进行可靠性验证。用于公钥加密的公钥同样会出现此问题。我们将在第 11 章讨论这个主题。

3. 哈希函数的安全性

带附件的数字签名方案也可能受到攻击，至少在理论上可以通过在底层哈希函数中查找碰撞来攻击，我们在 6.2.3 节中讨论了这种攻击。因此，任何用于支持带附件的数字签名方案的哈希函数都要提供抗碰撞能力（请参阅 6.2.1 节）。发生任何争议后，使用这个哈希函数创建的所有数字签名都是可作为证据的。

7.4.2　使用带加密的数字签名方案

回忆一下 6.3.6 节，许多应用程序都需要机密性和数据源身份认证，这是我们在对称加密环境中讨论的话题。在使用公钥加密的环境中，对这两种安全服务的需求甚至更强。这是因为公钥的容易获得性使任何人都可以轻松地向公钥所有者发送加密消息，而不必清楚消息来自谁。

因此，在许多应用中，需要对一些数据同时进行加密和数字签名。在应用中将加密和数字签名结合使用的主要问题是，“直观地”结合使用这两个单独加密原语的方法都存在基本的安全问题。这些安全问题与使用的数字签名方案无关。在下面的讨论中，我们假设使用带附件的数字签名方案。

1）**先签名后加密**。Alice 对数据进行数字签名，然后使用 Bob 的公钥加密数据和数字签名。但是，在这种情况下，恶意的收件人 Bob 可以进行以下操作：

①解密并恢复数据和数字签名。

②使用 Charlie 的公钥加密数据和数字签名。

③给 Charlie 发送该密文，Charlie 对其进行解密并验证 Alice 的数字签名。

问题是 Charlie 收到了一条由 Alice 发送的加密的数据和数字签名。Charlie 希望该证据能够证明 Alice 是数据的生成者，并且没有其他人能够查看从 Alice 到 Charlie 的发送过程中的数据。但正如我们刚才所看到的，情况并非如此。

2）**先加密后签名**。Alice 使用 Bob 的公共加密密钥加密数据，然后对密文进行数字签名。然后将密文和数字签名发送给 Bob。但是，在这种情况下，拦截消息的攻击者可以进行以下操作：

①在密文上创建自己的数字签名。

②将密文和攻击者的数字签名转发给 Bob，Bob 验证攻击者的数字签名，然后解密密文。

在这种情况下，Bob 会认为他解密的数据的是攻击者发给他的。但是，情况肯定不是这样，因为攻击者自己都不知道数据是什么。

上述问题在 6.3.6 节中没有出现，因为对称密钥的使用隐含指定了消息的发送方和预期接收方。而使用公钥时，在本质上这一保证不再成立，提供此保证的最简单方法是确保：

- 加密的数据始终包含发送方的身份。
- 数字签名的数据始终包含接收方的身份。

如果这样做，那么就不可能对先签名后加密和先加密后签名进行攻击。

另一种解决方案是使用专用的加密原语，它以安全的方式同时进行加密和数字签名。这种原语通常被称为**签密方案**（Signcryption Scheme），它被认为是公钥版的认证加密原语（见 6.3.6 节）。签密方案尚未广泛采用，但它们已开始标准化，因此这种情况可能在未来发生变化。

7.4.3 与手写签名的关系

在 7.1.2 节，我们指出不能将数字签名视为手写签名的直接电子等效物。目前我们已经详细讨论了数字签名，接下来需要仔细研究这两个概念之间的关系。

我们继续考虑二者在不同方面的差异。差异的数量是惊人的。希望这种广泛的比较能够清晰地展示手写签名和数字签名在许多方面的巨大差异。虽然一些数字签名的应用确实类似于手写签名的物理应用，但数字签名提供了更精确的安全属性，当然其代价是实现起来更复杂。

1. 环境差异

1）**形式方面**：手写签名是物理对象，而数字签名是电子数据。这种差异是显而易见的，但它具有重要意义，例如，在法律方面（见后文）。

2）**签名方方面**：手写签名的签名方必须是人，数字签名的签名密钥不必与人相关联。它们可以由一个人群（例如，一个组织）持有，或者可以属于设备或软件过程。

3）**签名创建方面**：创建手写签名需要人的存在，数字签名只要有设备即可创建，如用于存储签名密钥的安全设备和用于执行签名创建的计算机。

4）**可用性方面**：除非患有严重疾病或发生意外，否则手写签名始终可供使用。数字签名的可用性取决于数字签名方案的基础结构中各种组件的可用性，包括计算机系统和签名密钥存储设备。

2. 安全性差异

1）**消息一致性**：理论上，手写签名在每次使用时都大致相同，即使是签署在不同的消息上。数字签名和手写签名之间的关键区别在于，不同数据上的数字签名是不一样的。数字签名值取决于被签名的数据。用密码术语来描述就是**数字签名依赖于消息**（Message Dependent）。

2）**时间一致性**：虽然手写签名具有一定程度的一致性，但它们往往随着签名方的身体状态（健康、情绪和注意力）而变化。他们也倾向于逐渐改变。相反，使用特定参数集生成的数字签名是加密计算的结果，并且每次输入相同的参数集时生成的签名值将是相同的。

3）**个体唯一性**：手写签名是由生物控制的，因此可以合理地认为特定签名方的签名值是唯一的。许多人手写的签名看起来相似，但专家可以准确地区分手写签名。另一方面，数字签名取决于签名密钥和被签名数据。因此，如果我们考虑对固定消息进行数字签名，则“唯一性”问题才有意义。在这种情况下，数字签名对个人的唯一性取决于签名密钥对个人的唯一性。如果正确生成签名密钥，则它们应该是唯一的。例如，RSA 的推荐参数应至少提供与 128 位对称密钥等效的安全性，这意味着签名密钥应至少有 10^{40} 种可能。由于这个数字远远超过地球上的人口数量，因此任何两个人都不太可能生成相同的签名密钥。

4）**验证精确性**：手写签名需要专家（借助先前提取的样本）来精确验证，并且验证通常是非常不精确的。但可以通过应用正确的验证密钥来精确地验证数字签名。

5）**易伪造性**：手写签名很容易被伪造，至少在大多数情况下会骗过大多数人，但在专家面前难以伪造。如果有功能健全的安全基础设施，数字签名很难伪造。但是，如果基础设施失效，那么它们可能很容易被伪造（例如，如果攻击者获得了其他人的签名密钥）。数字签名方案的这一特征令人非常担忧。

6）**安全服务**：手写签名是否能正式提供我们需要的密码学安全服务令人怀疑。手写签名通常是签名方在某个时刻看到和批准被签名数据的声明，在使用手写签名后更改数据可能很简单。缺少消息依赖性还可能使手写签名很容易从一个文档转移到另一个文档（参见易伪造性）。数字签名不存在这些问题，假设支撑的公钥管理系统到位，它们的底层消息依赖性提供了数据源身份认证和不可否认性。

7）**安全等级**：通过使用不同长度的签名密钥并在底层公钥管理系统中应用不同级别的

过程检查，可以将数字签名方案的安全性设置为不同的等级（参见第 11 章）。手写签名尽管也可以接受不同级别的检查（例如，见证或公证的签名），但却没有这么灵活。

8）**人机屏障**：手写签名带有一个暗示，即签名方已经看过整个签名文件，即使他们只签署封面或最后一页。但是，数字签名没有这样的含义。由于签名功能通常由计算机执行，因此人很可能对他们从未见过的数据进行数字签名。因此，人类需要“信任”计算机的所有组件都能正常运行。这种“人机屏障”允许签名方声称他没有创建或不知道创建了数字签名。

3. 实际差异

1）**成本**：手写签名使用起来很便宜。数字签名方案需要提供技术、密钥管理等的支撑基础设施，这使得数字签名方案使用起来成本更高。

2）**时效**：手写签名可以在签名方的生命周期内创建，并且通常在签名方的生命周期内有效。通过在被签名数据中陈述这些限制，可以限制使用手写签名签署的协议的有效期。可以在相关密钥对到期之前创建和验证数字签名（参见 10.2.1 节）或撤销验证密钥（参见 11.2.3 节）。数字签名在此之后也可被视为有效（取决于具体应用）。为了延长数字签名的生存期，可以在数据上重新签名以创建新的数字签名，或者由可信的第三方存档（参见 12.6.5 节）。

3）**可接受性**：手写签名被广泛接受并且理解其局限性。尽管它们未能提供强大的安全服务，但由于成本和可用性的原因，它们被部署在全世界的应用中。数字签名尚未获得这种使用水平，其固有的复杂性为挑战他们提供的安全服务提供了多种可能性。

4）**法律认可**：手写签名在全世界都受到法律的尊重和认可。数字签名越来越受到认可，与之相关的法律正在制订中，但许多司法管辖区尚未认可这些法律，而其他司法管辖区仅在特定情况下承认这些法律。

4. 灵活性差异

1）**关联到被签名数据**：手写签名在某种程度上与它们所涉及的对象物理关联，通常是一张纸。但此关联可能是“松散的”，例如，当手写签名仅应用于文档的封面或最后一页时。相反，数字签名可以与被签名数据分开发送和存储。

2）**支持多个签名**：有些人为不同的目的签署不同的手写签名，但任何人只能可靠地签署少量的不同手写签名。另一方面，一个人可拥有的签名密钥的数量是没有限制的（可以针对不同的应用生成不同的签名密钥），因此对一个人可以为固定消息生成不同数字签名的数量没有限制。

3）**特殊签名**：手写签名有几种重要的专门形式，如公证和见证签名，在法律中具有不同的地位。可以设计这些形式的数字等价物。实际上，可以创建更多专门的数字签名。如上所述，数字签名的签名方不必是单个人。例如，对于各种类型的**群签名**（Group Signature），可以产生签名并且证明该签名来自一组实体而不揭示实际签名方的身份。此外，可以生成**盲签名**（Blind Signature），即签名方对他们看不到的数据签名。密码学家已经提出了各种专门化的数字签名方案，尽管这些方案较少在应用中实现。

7.4.4 与高级电子签名的关系

在结束对数字签名方案的讨论之前，有必要回到 7.1.2 节中对高级电子签名的定义，思考数字签名与这一概念的符合程度。高级电子签名的四个特殊属性如下：

1）**与签名人唯一地关联**。我们在 7.4.3 节中讨论了这个问题。精心设计的数字签名方案应具有与签名方唯一关联的签名密钥。

2）**能够识别签名人**。能够通过验证数字签名来识别签名方。此功能主要通过安全基础设施来提供，验证方利用安全基础设施来确认验证密钥所有权的真实性。这种安全基础设施由公钥管理系统提供，我们将在第 11 章讨论这一主题。

3）**在签名人的唯一控制下创建**。这可能是这些属性中最难的。想要确信数字签名只能由指定签名人创建，必须将许多不同的因素结合起来。它需要对起支持作用的公钥管理系统的信任，特别是签名密钥生成的过程的信任。它还需要对签名密钥的持续管理的信任，以及对用于计算数字签名的计算设备的安全性的信任。其中任何一个方面的弱点都可能导致数字签名在签名人不知情的情况下被创建。其中最重要的是密钥管理问题，我们将在第 10 章和第 11 章中讨论。

4）**与数据相关联，以便可以检测数据的后续更改**。根据定义，数字签名提供此属性，因为它们提供数据源身份认证。

7.5 总结

在本章中，我们讨论了数字签名，它是提供数据的不可否认性服务的主要密码机制。虽然在特殊情况下可以使用对称密码技术产生“数字签名”，但数字签名方案通常被认为基于公钥密码。我们讨论的主要问题包括：

- 数字签名方案在某种意义上是对公钥加密方案的补充，基于只有签名人拥有签名密钥的假设，提供了数据源认证和数据不可否认性服务。
- 设计数字签名方案有两种通用技术：带附件的数字签名方案和带消息恢复的数字签名方案。
- 最流行的数字签名方案是基于 RSA 或 DSA（ECDSA）设计的。
- 数字签名具有不同的属性，并从不同的角度模拟了手写签名。

我们还看到，对于所有密码学原语，数字签名方案的安全性本质上与它们所依赖的密码学密钥的管理有效性有关。我们将在第 10 章和第 11 章中更详细地讨论这些挑战。

7.6 进一步的阅读

数字签名是密码学与法律密切相关的领域之一。关于不同国家使用数字签名的方法，可以查阅维基百科关于数字签名和法律的条目［247］。关于电子签名的欧洲议会指令［184］是该领域最具影响力的文件之一，也是我们明确提及的文件之一。

数字签名方案的想法最初是由 Diffie 和 Hellman［52］提出的。RSA 数字签名方案（包括 RSA-PSS）在 PKCS#1［208］中有详细说明。数字签名标准在 FIPS 186-3［79］中有所描述。这也包括 ECDSA 的规范，在 Johnson，Menezes 和 Vanstone［130］中可以找到有效的替代描述。带附件的数字签名方案是 ISO/IEC 14888［119］的主题，而带消息恢复的数字签名方案参见 ISO/IEC 9796［126］。基于椭圆曲线的数字签名方案在 ISO/IEC 15946［121］中定义。ISO/IEC 13888［118］是一个有趣的标准，它涉及基于对称密码技术的不可否认性，以及使用可信第三方的许多不可否认机制。该标准还涵盖了更普遍意义上的不可否认性，以及其他类型的不可否认性，例如不可否认传递信息。Dent 和 Mitchell［48］提供了相关数字签名标准的全面综述。

尽管数字签名与手写签名有相似之处，但它们从根本上说是不同的。此观点的另一个版本出现在 Bruce Schneier 的 Crypto-Gram Newsletter［210］中。Ford 和 Baum［81］也提供了有关数字签名方案问题的概述。使用 CrypTool［45］可以计算和验证数字签名，并且利用其中的附件可以对 RSA 数字签名方案进行模拟。

7.7　练习

1. 7.1.2 节中提出的“电子签名”的定义非常开放。

（1）你认为哪些流程或技术可能满足此定义？

（2）你的观点在多大程度上符合高级电子签名的定义？

2. 默认情况下，MAC 不提供不可否认性。

（1）解释其原因。

（2）在什么条件下可以使用 MAC 来提供不可否认性？

3. RSA 的不寻常之处在于加密算法可以作为生成数字签名过程的一部分。

（1）写出 RSA 加密中涉及的数学运算和带附件的 RSA 数字签名的验证过程。

（2）说明使 RSA 可用于加密和数字签名的“特殊”属性。

（3）解释为什么 RSA 加密和数字签名之间明显的“对称性”在实践中并不那么重要。

4. RSA 数字签名依赖于底层哈希函数的安全性。

（1）解释为什么哈希函数具有抗碰撞性是很重要的。

（2）讨论哈希函数的抗原像性是否重要。

5. 对于带附件的 RSA 数字签名方案的以下不同应用环境，请在安全隐患及其发生可能性方面评估以下风险：

- 攻击者分解 RSA 模数。
- 包含签名密钥的智能卡被盗。

- 在底层哈希函数中发现了碰撞。
- 攻击者说服验证方使用不正确的验证密钥。
- 为底层哈希函数找到第二原像。
- 攻击者从存储签名密钥的智能卡中提取签名密钥。
- 攻击者说服签名方对某些欺诈性数据进行数字签名。
- 发现 RSA 算法存在缺陷，这会破坏数字签名方案的安全性。

6. 区分 RSA 数字签名所用的密钥对和 RSA 加密所用的密钥对是合理的，有几个原因。
   （1）如果 Alice 正在使用相同的 RSA 密钥对进行数字签名和加密，请解释如果 Alice“愚蠢”到帮助 Bob，Bob 可以如何在他选择的消息上伪造 Alice 的签名。
   （2）为什么这是比 7.3.4 节中描述的存在性伪造更强大的攻击？
   （3）保持这两种密钥对分离的其他原因是什么？
7. 与本章中描述的教科书版本相比，找出创建 RSA-PSS 数字签名所需的其他处理步骤。
8. 数字签名算法（DSA）与 ElGamal 有关。
   （1）DSA 是带有附件的数字签名方案还是带消息恢复的数字签名方案？
   （2）解释如何生成 DSA 签名 / 验证密钥对。
   （3）描述创建 DSA 签名的过程。
   （4）描述验证 DSA 签名的过程。
   （5）DSA 的安全基础是什么？
   （6）简要比较 DSA 和 RSA 数字签名方案。
9. Schnorr 签名算法被认为是简单、快速和有效的。
   （1）了解如何创建和验证 Schnorr 签名。
   （2）为什么这种数字签名方案被认为是快速、有效的？
   （3）找出已实施 Schnorr 签名算法或其椭圆曲线变体 EdDSA 的密码技术的实际应用。
10. 使用以下数字签名算法时，请推荐目前合适的哈希值长度和密钥长度：
    （1）RSA
    （2）DSA
    （3）ECDSA
    （4）EdDSA
11. 带消息恢复的数字签名方案依赖于被签名的数据，被签名的数据在输入签名算法之前添加了一些结构化冗余。
    （1）解释为什么需要这种冗余。
    （2）说明如何为已经由公认标准机构标准化的带消息恢复的数字签名方案添加此冗余。
12. 使用公钥加密的应用程序可能需要提供消息的机密性和数据源身份认证。一种可能的解决方案是使用签密方案。准备关于签密方案的简短报告，其中包括有关它们如何工作、它们被标准化的程度以及潜在应用的信息。

13. 使用对称加密的应用可能还需要基于数字签名方案的不可否认性。比较组合这两个密码学原语的不同方法。
14. 在 7.4.3 节中，我们讨论了数字签名和手写签名不同的一系列问题。为你的部门经理准备一份两分钟的讨论摘要，概述你认为基本的差异。
15. 确定你当前所在国家 / 地区的法律目前支持的数字（电子）签名的范围。
16. Bob 已经成功验证了一个似乎来自 Alice 的数字签名。但是，Alice 确信她没有创建这个数字签名。Alice 在否认数字签名时会使用哪些辩护论据？
17. 人们提出了许多具有附加属性的数字签名。其中一个是盲签名。试说明：

    （1）什么是盲签名？

    （2）为盲签名提供物理世界的类比。

    （3）盲签名有哪些潜在的应用？

    （4）描述一种基于 RSA 生成盲签名的方法。

第8章

实体身份认证

我们将详细讨论的最后一个安全服务是**实体身份认证**（Entity Authentication）。这可能是由多样化的机制提供的安全服务，包括一些本身不是密码的机制。当然，我们的重点是使用密码技术来提供实体身份认证。由于许多密码实体身份认证机制依赖于随机生成的数字，因此我们将在本章中讨论随机数生成。我们还将讨论在密码学中提供**时效**（Freshness）这一更广泛的概念。

学习本章之后，你应该能够：

- 掌握密码中随机数的不同生成机制。
- 比较提供时效的不同技术。
- 认识多种提供实体身份认证的不同方法。
- 了解基于密码学提供实体身份认证的方法的局限性。
- 解释动态口令方案的原理。

8.1 随机数生成

密码学和随机性之间的关系非常重要。如果没有随机性，许多密码学原语就不能安全运行。实际上，有很多密码系统失败的例子不是因为底层密码学原语的问题，而是因为它们的随机性来源的问题。因此，理解什么是随机性以及如何产生随机性是至关重要的。

8.1.1 随机性的需求

大多数密码学原语采用结构化输入并将其转换为没有结构的东西。例如：

- 由分组密码或流密码产生的密文应该没有明显的结构。如果不是这样，那么可能会向监听密文的攻击者提供（泄露）有用的信息。的确，在许多应用中，密文被作为随机性的一个来源。我们在 4.6.3 节中已经看到了这一点，当时我们注意到密文可以为流密码生成密钥流。

- 哈希函数的输出应该没有明显的结构。虽然我们没有将其显式地声明为哈希函数的属性之一，但我们在 6.2.2 节中指出，哈希函数通常用于生成加密密钥。

同样重要的是，许多密码学原语需要随机源才能运行。例如：

- 基于对称密钥的任何密码学原语都需要随机源以生成这些密钥。对称密码的安全性依赖于这些密钥无法以任何方式预测的事实。
- 许多密码学原语需要输入其他类型的随机生成的数字，例如盐（salt，参见 8.4.2 节）和初始变量（参见 4.6.3 节）。我们在 5.3.4 节中也看到，公钥密码系统通常是概率性的，因为它们在每次使用时都需要新的随机性。
- 我们将在第 9 章中看到，随机性的来源对于在密码协议中提供时效非常重要。

考虑到这种复杂的关系，在审查实现安全服务的机制时，我们几乎在任何地方都可以对随机数生成进行一般性讨论。但是，我们选择现在讨论它，因为许多用于提供实体身份认证的加密机制都需要随机生成的数字作为提供时效的一种方法。我们将在 8.2 节中讨论时效机制。我们将在 10.3 节中讨论密钥生成的特定上下文中的随机性。

8.1.2 什么是随机性

几百年来，人们一直在试图准确定义“随机”一词。事实上，随机性本身是难以定义的。尽管如此，我们对“随机”的意思都有一个直观的感觉。这些概念都与“不可预测性”和“不确定性”等概念有关。我们一般希望随机生成的数字很难预测，并且看起来与之前的随机生成的数字没有关系。同样，我们希望随机生成的多个比特可以构成不可预测的比特序列。

然而，有趣的是，尽管随机性很难定义，但我们希望随机性以易于识别的方式表现。随机数生成过程通常是通过一系列统计检验来评估的。这些检验中有许多相当直观，包括在多个随机比特的输出过程中检查以下内容（平均来看）：

- 1 在输出过程中出现的频率大约与 0 相同吗？
- 在输出过程中，0 跟在 1 后面的频率是否和 1 跟在 1 后面的频率差不多？
- 字符串 000 在输出过程中出现的频率是否与字符串 111 一样多？

人类的直觉常常把随机性与均匀分布混淆起来。例如，许多人认为二进制串 10101010 比二进制串 11111111 更可能是由真正均匀的随机源生成的。事实上，一个均匀随机源产生这两个输出的概率是完全相同的，并且等于产生一个没有明显模式的字符串的概率，比如 11010001。出于同样的原因，当银行向一些客户发放的 PIN 码为 3333 时，客户会感到担心，而实际上，这种情况应该与 PIN 为 7295 一样不太可能发生。（当然，银行客户更有可能将 PIN 更改为 3333，因此在实践中确实有理由认为 3333 是一个不太安全的 PIN，但这并不是银行 PIN 随机生成过程的失败！）统计检验为评估随机生成过程提供了严格的方法，这比人类的直觉更可靠。

8.1.3 非确定性生成器

生成随机性有两种通用方法。首先，我们将研究**非确定性**（Non-Deterministic）生成技术，它依赖于物理世界中不可预测的随机源，这是产生随机性的一种引人注目但通常成本高昂的方法。另一方面，在许多情况下，我们愿意妥协并使用更便宜的随机源。在这种情况下，可以采用我们在 8.1.4 节中研究的*确定性*（Deterministic）生成技术。

非确定性生成器（Non-deterministic Generator）基于物理现象产生的随机性，因此提供了一个真正随机性的来源，因为这个来源很难控制和复制。非确定性生成器可以基于硬件或软件。

1. 基于硬件的非确定性生成器

基于硬件（Hardware-Based）的非确定性生成器依赖于物理现象的随机性。这种类型的生成器需要专门的硬件。一般来说，这些是真随机性的最佳来源。例如：

- 测量核原子放射性衰变的时间间隔。
- 半导体热噪声（约翰逊噪声），它是由电子的热运动产生的。
- 自由运行振荡器的不稳定性测量。
- 电器发出的白噪声。
- 单光子反射到镜子中的量子测量。

只要运行生成器所需的电源持续存在，或者直到进程停止生成输出为止，基于硬件的生成器就可以提供连续的随机生成输出。然而，由于需要专门的硬件，这些类型的生成器相对昂贵。在某些情况下，随机生成的输出值产生得太慢，没有太多实际用途。

2. 基于软件的非确定性生成器

基于软件（Software-Based）的非确定性生成器依赖于计算设备中包含的可由硬件检测到的物理现象的随机性。例如：

- 捕获击键时间。
- 系统时钟输出。
- 硬盘寻道时间。
- 捕捉中断之间的时间（比如鼠标点击）。
- 鼠标移动。
- 基于网络流量的计算。

与基于硬件的技术相比，这些随机源更便宜、更快速且更易于实现。但它们的质量也较低，攻击者更容易访问或破解。当使用基于软件的技术时，最好组合一些不同的基于软件的非确定性生成器一起使用。

3. 实用的非确定性生成器

非确定性生成器的工作原理是测量物理现象，然后将测量值转换为一串比特。在某些情况下，生成的初始二进制串可能需要做进一步处理。例如，如果源是基于鼠标单击的，那么可能必须丢弃用户不活动的时间段。

无论使用何种底层技术，非确定性生成器都存在两个问题：

1）它们的实施成本往往很高。

2）从本质上讲，不可能在两个不同的地方产生两个完全相同的字符串（实际上，这正是使用物理现象作为随机源的关键）。

由于这些原因，在许多密码应用中，确定性随机源往往是首选的。

8.1.4　确定性生成器

确定性随机生成器的想法可能听起来有点矛盾，因为任何可以确定的东西都不能实现真正的随机。**伪随机**（Pseudorandom，我们在 4.2.1 节中介绍）这个术语通常用于描述确定性生成器及其输出。

1. 确定性生成器的基本模型

确定性生成器（Deterministic Generator）是一种输出伪随机位串（即没有明显结构的位串）的算法。然而，正如我们刚刚提到的，确定性生成器的输出肯定不是随机生成的。事实上，任何知道确定性生成器输入信息的人都完全可以预测输出。每次使用相同的输入运行算法，都会产生相同的输出。至少在某种意义上，这种可预测性与随机性是对立的。

然而，如果我们在确定性生成器中使用一个秘密（Secret）输入，那么，经过对生成过程的仔细设计，我们可能生成没有明显结构的输出。因此，对于不知道这个秘密输入的任何人，它似乎是随机生成的。这正是确定性生成器背后的思想。确定性生成器的基本模型如图 8-1 所示。

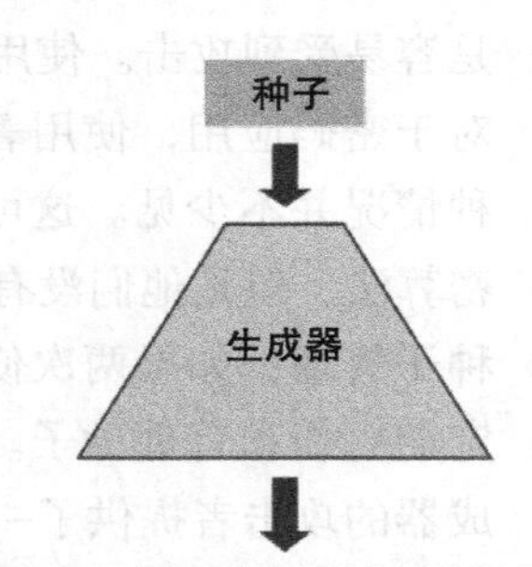

图 8-1　确定性生成器的基本模型

这个模型有如下两个组件：

- **种子**：输入确定性生成器中的秘密信息通常称为种子（Seed）。这本质上是一个加密密钥。种子是攻击者不知道的唯一信息。因此，为了保持伪随机输出序列的不可预测性，既要保护该种子，又要经常改变它。
- **生成器**：这是密码算法，它从种子产生伪随机输出。按照 1.5.1 节中的标准假设，我们通常假定生成器的细节是公开的（即使它们并不公开）。

2. 实用的确定性生成器

确定性生成器克服了非确定性生成器的两个问题：

1）它们的实现成本低，运行速度快。确定性生成器与流密码（参见 4.2.4 节）都具有这些优势并非巧合，因为流密码的密钥流生成器就是确定性生成器，其输出用于加密明文（参见 4.2.1 节）。

2）两个相同的伪随机输出可以在两个不同的位置产生，所需要的只是相同的确定性生成器和相同的种子。

当然，在某种意义上，确定性生成器有点欺骗性。它们生成伪随机输出，但需要种子形式的随机输入来操作。所以，我们仍然需要种子的随机性。如果有必要，我们还需要一种安全的分发种子的方法。

然而，种子相对较短。它通常是一个标准推荐长度的对称密钥，比如 128 位。我们仍然面临生成这个种子的问题，但是一旦我们解决了这个问题，就可以使用它来生成很长的伪随机输出流。使用相对昂贵的非确定性生成器适合于*短种子*（Short Seed）的生成。或者，可以使用更安全的确定性生成器来实现这一目的，例如安装在安全硬件中的生成器（参见 10.3 节）。

使用确定性生成器的情况类似于我们在 4.2.2 节中使用流密码的情况。

因此，确定性生成器提供了一种有吸引力的方法，可以将相对昂贵的随机种子生成转换为更可持续的伪随机输出源。然而，如前所述，确定性生成器通常是真实密码系统的弱点。确定潜在的弱点是很重要的。

- **生成器的密码分析**：确定性生成器是一种密码算法，因此，其设计中潜在的弱点总是容易受到攻击。使用著名的确定性生成器可能是减少相关风险的最佳方法。然而，对于密码应用，使用著名的加密算法，而使用自制的确定性生成器来生成密钥，这种情况并不少见。这可能是因为一些系统设计人员足够明智不去尝试构建自己的加密算法，但是他们没有认识到设计安全的确定性生成器也一样复杂。
- **种子管理**：如果两次使用相同的种子，那么将生成相同的伪随机输出。因此，需要定期更新和管理种子。种子的管理面临的挑战与管理密钥大致相同，并为确定性生成器的攻击者提供了一个可能的目标。因此，第 10 章中讨论的大多数与密钥管理有关的问题也与种子管理有关。

通过总结表 8-1 中非确定性生成器和确定性生成器的不同属性，我们来结束对生成随机性的简短讨论。

表 8-1　非确定性和确定性生成器的属性

非确定性生成器	确定性生成器
接近真随机输出	伪随机输出
物理源的随机性	来自（短）随机种子的随机性
随机源难以复制	随机源易于复制
安全取决于对源的保护	安全取决于对种子的保护
相对昂贵	相对便宜

注意，在密码应用中，将非确定性生成器和确定性生成器组合在一起是很常见的。非

确定性生成器首先用于从物理源中提取随机性。确定性生成器（通常基于加密）用于对来自非确定性生成器的输出进行后处理。进行这种后处理的原因之一是对不确定性生成器中未检测到的故障提供一种保险措施。

8.2 提供时效

在讨论实体身份认证机制之前，需要将一组重要的机制添加到我们的加密工具包中。这些并不是真正的密码学原语，因为它们本身并没有实现任何安全目标。**时效机制**（Freshness Mechanism）是一种技术，用来确保给定的消息是新的，它不是以前发送的消息的*重放*（Replay）。这种机制的主要威胁是对手捕获消息，然后在某个有利的时间重放它。在提供与时间相关的安全服务（其中最重要的是实体身份认证）时，时效机制尤其重要。

注意，实体身份认证主要需要的是**活跃度**（Liveness）的概念，这表示实体当前处于活动状态。缺省情况下，时效机制不提供此功能，因为消息是新的并不意味着发送方是活动的。例如，攻击者可以拦截一条新消息，然后延迟一段时间，直到将来的某个时刻才将其转发到预期的接收方。当接收方最终接收到消息时，他们很可能能够确定消息是新的（而不是重放），但是他们不一定能够确保发送方仍然处于活动状态。然而，如果管理得当，所有的时效机制都可以用来提供活跃度，特别是通过控制时间窗，在这个时间窗内时效的概念被认为是可以接受的。

有三种常见的时效机制，我们总结如下。

8.2.1 基于时钟的机制

基于时钟（Clock-based）的时效机制是一个依赖于生成一些数据的过程，这些数据标识了数据创建的时间，有时称为*时间戳*（Timestamp）。它要求存在一个时钟，数据的创建者和任何检查数据的人都可以依赖它。例如，假设Alice和Bob都有这样一个时钟，Alice在向Bob发送消息时包括时钟。当Bob收到消息时，他检查时钟上的时间，如果与Alice的时间戳匹配，那么Bob将其作为新消息接受。不同的应用程序涉及的时间粒度可能会有很大的差异。对于某些应用程序，日期可能就足够了，但通常需要更精确的时间（可能是最接近秒级的时间）。

基于时钟的时效机制似乎是一个自然的解决方案，然而，它们带来了四个潜在的实现问题：

1）**时钟的存在**：Alice和Bob必须有时钟。对于许多设备，例如个人计算机和移动电话，这是非常合理的。对于其他设备（例如某些类型的智能令牌）可能不太合理。

2）**同步**：Alice和Bob的时钟需要读取相同的时间，或者接近相同的时间。两台设备上的时钟不太可能完全同步，因为时钟通常会出现**时钟漂移**（clock drift）。即使它们每天只漂移几分之一秒，这种漂移也会逐步累积。在Bob拒绝与消息关联的时间之前，可以接受多少漂移？一种解决方案可能是只使用高度可靠的时钟，例如，基于广泛接受的时间源（如通用时间）的时钟。另一个解决方案可能是定期运行重新同步协议，最明显的解决方案是定义一个时间窗口，在这个时间窗口内可以接受时间戳。这个*可接受窗口*（Window of Acceptability）的大小取决于应用程序，它是可用性和安全性之间经过权衡得到的参数。

3）**通信延迟**。Alice 发送的消息和 Bob 接收的消息之间不可避免地会有一定程度的通信延迟。与时钟漂移相比，这往往是微不足道的，也可以使用可接受窗口来管理。

4）**基于时钟的数据的完整性**：Bob 通常需要某种保证，以确保从 Alice 接收到的时间戳是正确的。这可以通过传统的加密方法提供，例如使用 MAC 或数字签名。但是，只有当 Bob 能够访问验证时间戳所需的加密密钥时，才可以提供这种保证。

8.2.2 序列号

在不适用基于时钟机制的应用中，可以使用*逻辑*（Logical）时间机制。逻辑时间维护消息或会话发生的顺序，通常表示为*计数器*（Counter）或*序列号*（Sequence Number）。

这个想法最好通过一个例子来说明。假设 Alice 和 Bob 定期通信，并希望确保他们交换的消息是最新的。Alice 可以通过维护与 Bob 通信的两个序列号来做到这一点，这两个序列号是用 N_{AB} 和 N_{BA} 表示的计数器。Alice 使用序列号 N_{AB} 作为发送给 Bob 的消息的计数器，使用序列号 N_{BA} 作为接收 Bob 消息的计数器。两个序列号的工作方式相同。我们举例说明 N_{AB} 的情况。

当 Alice 向 Bob 发送消息时：

1）Alice 查找她的数据库以找到序列号 N_{AB} 的最新值。假设在这个时刻 $N_{AB} = T_{new}$。

2）Alice 将消息连同最新的序列号值（T_{new}）一起发送给 Bob。

3）Alice 将序列号 N_{AB} 增加 1（换句话说，她设置 $N_{AB} = T_{new} + 1$），并将更新后的值存储在她的数据库中。这个更新后的值将是她下次向 Bob 发送消息时使用的序列号。

当 Bob 收到 Alice 的消息时：

4）Bob 将 Alice 发送的序列号 T_{new} 与数据库中的序列号 N_{AB} 的最新值进行比较，假设 $N_{AB} = T_{old}$。

5）如果 $T_{new} > T_{old}$，那么 Bob 将刚收到的消息作为最新的消息接受，并将其存储的 N_{AB} 值从 T_{old} 更新为 T_{new}。

6）如果 $T_{new} \leqslant T_{old}$，那么 Bob 拒绝 Alice 发布的最新消息。

这只是序列号工作方式的一个例子。基本原则是，如果最新的序列号之前没被使用过，那么消息作为新消息接收。达到此目标的最简单的方法是确保每次发送新消息时，序列号都会增加。

请注意，另一种技术是将每个新消息与唯一标识号相关联，但不一定要比最后发送的消息大。在这种情况下，Bob 必须维护一个数据库，该数据库包含以前发送的所有标识号（而不仅仅是最近的标识号）。每当收到新的消息时，Bob 必须搜索这个数据库，以便检查以前没有使用过的标识号。显然，这在时间和存储空间方面是低效的。

在上面的例子中，注意 Alice 每次发送消息时都会将序列号 N_{AB} 增加 1，但是 Bob 只检查 $T_{new} > T_{old}$ 是否成立，而不是检查 $T_{new} = T_{old} + 1$ 是否成立，这正是我们所期望的。如果 $T_{new} > T_{old} + 1$，表明在 Bob 收到的最后一条消息和当前消息之间，Alice 给 Bob 的一些消息丢失了。这本身可能是一个问题，因此 Bob 需要确定是否存在丢失消息这一事实很重要。然而，序列号主要用于提供时效。$T_{new} > T_{old}$ 这个事实足以获得这种保证。它还允许 Bob 通过将其 N_{AB} 版本更新为最新序列号 T_{new} 来重新同步。

我们有必要考虑一下序列号在多大程度上解决了我们在基于时钟的机制中提出的四个问题：

1）**时钟的存在**：通信各方不再需要时钟。

2）**同步**：为了保持同步，通信各方需要维护一个包含最新序列号的数据库。我们的简单示例包括一种确保数据库保持最新的机制。

3）**通信延迟**：这些仅适用于发送消息的频率太高，导致两个消息有可能以与它们发送的相反顺序到达目的地的情况。如果存在一种可能性，那么仍然需要维护一个可接受的窗口，只不过这将根据可接受的序列号差异而不是时间来度量。例如，Bob 不仅接受 $T_{new} > T_{old}$ 的消息，而且接受 $T_{new} = T_{old}$，因为有可能 Alice 之前发送给 Bob 的消息还没有到达。注意，如果出现以下任何一种情况，这个问题就无关紧要了。

- 此类延迟不太可能（或不可能）。
- Bob 更关心重放的可能性，而不是拒绝真实消息的可能性。

4）**序列号的完整性**：就像基于时钟的时间一样，能够自由操纵序列号的攻击者也会在依赖序列号的任何协议中引发各种问题。因此，序列号在发送时应该具有某种程度的密码完整性保护。

显然，使用序列号的成本是需要维护保存其最新值的数据库。如果序列号的大小有限并最终再次循环，则可能会出现另一个问题。然而，序列号机制通常用在不太可能维护同步时钟的应用中，最引人注目的例子可能是移动电话网络，依靠整个网络中的数百万部手机来精确同步基于时钟的时间是不切实际的（参见 12.3.4 节）。

8.2.3 基于 Nonce 的机制

基于时钟的机制和序列号都需要一些集成基础设施。对于前者，需要一个共享的时钟机制；对于后者，需要序列号的同步数据库。基于 Nonce（Nonce-based）的机制没有这种需求，其唯一的要求是能够生成 nonce（nonce 的字面意思是"仅使用一次的数字"，英文为"numbers used only once"），nonce 是随机生成的数字，仅被使用一次。请注意，有时使用术语 nonce 来表示绝对仅使用一次的数字。我们将以一种不太严格的方式使用它来表示那些高概率（high probability）只使用一次的数字。

一般原则是，Alice 在通信会话（协议）的某个阶段生成一个 nonce。如果 Alice 接收到包含此 nonce 的后续消息，则 Alice 可以确保新消息是新鲜的，这里的"新鲜"指的是接收到的消息必须是在生成 nonce 之后创建的。

要查看 nonce 为什么提供时效，请回忆一下 nonce 是为一次性使用而随机生成的。从 8.1 节我们知道，一个好的随机数生成器不应该产生可预测的输出。因此，对手应该不可能提前预测一个随机数。如果相同的 nonce在稍后的消息中重新出现，那么这个稍后的消息一定是在 nonce 生成之后由某人创建的。换句话说，后面的消息是新鲜的。

我们通过考虑最简单的例子再次强调这一重要观点。假设 Alice 生成一个 nonce，然后将其以明文形式发送给 Bob。Bob 直接将其发送回去。考虑关于这个简单场景的以下三个结论。

1）**Alice 不能从这样一个简单的场景中推断出任何东西**。事实并非如此，尽管她确实无法感觉到这一点。Alice 刚刚收到一条消息，内容是来自某人的 nonce，该消息可能来自任何人。但是，消息由她刚刚生成的 nonce 组成。这肯定不是巧合！这意味着几乎可以肯定的是，无论是谁把 nonce 发回给她（也可能不是 Bob），对方一定看到了 Alice 发送给 Bob 的 nonce。换句话说，Alice 刚刚收到的这条消息几乎肯定是在 Alice 将 nonce 发送给 Bob 之后由某人发送的。换句话说，Alice 刚刚收到的消息没有经过身份认证，但是它是新的。

2）**此 nonce 也有可能是以前生成过的**。这当然是真的。这是有可能的，但是如果我们假设 nonce 是使用安全机制生成的，并且允许 nonce 足够大，那么这种可能性非常小。其实，任何密码学原语都存在相同的问题。如果 Alice 和 Bob 共享一个随机生成的对称密钥，那么对手就有可能生成相同的密钥并能够解密他们交换的密文。我们可以保证的是，通过使用安全机制生成 nonce，nonce 是以前生成过的概率非常小，因此我们可能会忽略这一点。

3）**由于使用了 nonce，Bob 确信来自 Alice 的消息是新的**。这不是真的，Bob 当然不能。对 Bob 来说，这个 nonce 只是一个数字。它可以是几天前发送的消息的副本。由于 Alice 生成 nonce 时 Bob 并没有站在 Alice 身后盯着，所以 Bob 并没有因为看到 nonce 而获得时效的保证。如果 Bob 有自己的时效要求，那么他还应该生成一个 nonce 并请求 Alice 在稍后的消息中包含它。

基于 nonce 的机制不会遇到前面提到的几种时效机制所面临的任何问题，只是需要设置一个接受窗口，在此窗口之外，nonce 将不再被认为是有时效的。毕竟，在我们的简单例子中，我们说 Bob 将 nonce 直接返回了。在发送和接收 nonce之间有多少延迟，Alice 才应该认为是直接返回？基于 nonce 的机制确实带来两个代价：

1）任何需要时效的实体（而不是应用）都需要访问合适的生成器。

2）时效至少需要两次消息交换，因为只有当一个实体接收到之前发送了 nonce 的另一个实体返回的消息时，才能获得时效。相反，基于时钟的机制和序列号可以在一个消息的交换中直接提供时效。

8.2.4　时效机制的比较

选择合适的时效机制取决于应用程序。适当的机制取决于在部署这些问题的环境中，哪些问题能够得到最好的解决。表8-2简要总结了我们讨论过的三种时效机制之间的主要区别。

表8-2 时效机制的特性

要求	基于时钟	序列号	基于nonce
需要同步?	是	是	否
通信延迟?	需要窗口	需要窗口	需要窗口
完整性要求?	是	是	否
最低消息交换次数	1	1	2
特殊要求	时钟	序列号数据库	随机数生成器

注意，在为应用程序选择合适的时效机制时，可能还存在其他有影响的差异。例如，按照定义，序列号和nonce不受基于时钟的时间概念的约束。因此，如果在需要实时性概念的应用程序中使用这些机制（例如对于实体身份认证），则需要一定程度的管理措施。对于序列号，这种管理包括监控接收到的序列号之间的时间段。对于nonce，包括监控发送和接收nonce之间的延迟。

8.3 实体身份认证基础

请回顾1.3.1节，实体身份认证用于确保给定实体参与通信会话并且当前处于活动状态。这意味着实体身份认证实际上涉及对如下两方面的保证：

- **身份**：声明要经过身份认证的实体的身份。
- **时效**：声明的实体是处于活跃状态，并参与当前会话。

如果我们不能确保身份，那么就不能确定我们要验证的是谁。如果我们不能确保信息是新鲜的，那么可能会遭受**重放攻击**（Replay Attack）。重放攻击是指攻击者捕获在实体身份认证会话期间使用的信息，并在稍后重放这些信息，以冒充他们所捕获信息的实体。

实体（Entity）这个词本身就有问题。我们将避免哲学问题，并且不提出任何正式的定义，只是在后面的讨论中评论一个实体可能是人类用户、设备，甚至是一些数据。要理解定义实体的严格概念的问题，请考虑以下问题：当某人将其口令输入计算机时，被验证的实体是此人还是其口令？这本质上与我们在7.4.3节讨论数字签名时讨论过的人机屏障有关。

如果实体身份认证仅用于确保一个实体对另一个实体的身份（反之则不然），那么我们将其称为*单向*（Unilateral）实体身份认证。如果两个通信实体都为彼此提供身份保证，那么我们将其称为*双向*（Mutual）实体身份认证。例如，当某人在ATM上出示他的银行卡和PIN码时，他是在对银行进行单方面的实体身份认证，银行不对客户进行身份认证。事实上，ATM身份认证的这一弱点经常被攻击者利用，他们向银行客户提供假ATM，以获取他们的银行卡信息和 PIN 码。如果实体身份认证过程是相互的，那么客户就可以拒绝银行。事实上，ATM 只是试图通过看起来像真正的 ATM 来进行弱身份认证，但是一个有心的攻击者很容易通过看起来像真正的 ATM 来做一些事情以突破这一点。

8.3.1　实体身份认证的问题

实体身份认证是一种安全服务，它只在某个时刻实时地提供，认识到这一点非常重要。它在特定的时刻确定了一个通信实体的身份，但仅仅几秒钟后这个实体就可能被另一个实体所取代，但我们并不会感知这一点。

要了解这一点，请考虑以下这个简单的攻击场景。Alice 走到 ATM 前，插入她的银行卡，然后被要求出示她的 PIN。Alice 输入她的 PIN。这是实体身份认证的一个例子，因为卡 /PIN 组合正是她的银行用来识别 Alice 所需的信息。只要输入 PIN，Alice 就会被攻击者推到一边，攻击者会接管通信会话并开始取钱。因此，通信会话被劫持了。注意，本例中实体身份认证机制没有失败。唯一的“失败”是假定（在本例中很合理）在实体身份认证检查后几秒钟仍然与通过 ATM 成功地向银行提交身份信息的实体通信。

实体身份认证的这种实时性表明，对于重要的应用程序，我们将不得不进行几乎连续的实体身份认证，以便在较长时间内确保实体的身份。在 ATM 的场景下，我们将不得不要求 Alice 每次在 ATM 上选择一个选项时都输入她的密码。这确实会惹恼 Alice，甚至不能防御上述攻击，因为攻击者仍然可以在事务结束时将 Alice 推到一边并偷走她的钱（但我们至少可以防止攻击者控制取款的数量）。

幸运的是，密码学可以在许多情况下提供延长实体身份认证检查时间间隔的方法。解决方案是将实体身份认证与建立加密密钥相结合。通过实体身份认证，我们可以确保密钥是与所声明的实体一起建立的。将来每次正确使用密钥时，都应该是被认证的实体参与了该会话，因为其他人不应该知道密钥。虽然这对攻击者站在 Alice 旁边的 ATM 场景的帮助不大，但它确实能帮助我们抵御攻击者，防止这些攻击者攻击 ATM 网络，并试图修改或发送欺骗消息。我们将在 9.4 节中讨论实现此过程的密码协议。

8.3.2　实体身份认证的应用

实体身份认证一般在两种情况下使用：

1）**访问控制**。实体身份认证通常用于直接控制对物理或虚拟资源的访问。实体（有时是人类用户）必须实时提供其身份的保证，以便访问。然后，用户可以在经过身份认证之后立即访问这些资源。

2）**作为更复杂的加密过程的一部分**。实体身份认证也是更复杂的加密过程的一个常见组成部分，通常表现为密码协议（见第 9 章）。在这种情况下，通常在连接开始时进行实体身份认证。实体必须实时提供其身份的保证，以使扩展协议圆满完成。例如，建立对称密钥的过程通常涉及相互的实体身份认证，以确保两个通信实体已经与预期的合作伙伴协商了密钥。我们将在 9.4 节中更详细地讨论这个场景。

8.3.3 身份信息的一般类别

实现实体身份认证的先决条件之一是，有一些方法可以提供关于申请方（我们试图标识的实体）身份的信息。有几种通用技术可以做到这一点。

- 如前所述，提供身份信息通常不足以实现实体身份认证。实体身份认证还需要时效的概念，如 1.3.1 节所述。
- 在实际的安全系统中，提供身份信息的不同技术可以结合使用（通常也是这样做的）。
- 密码学在帮助提供实体身份认证方面具有双重作用：

1）其中一些方法涉及身份信息，而这些信息可能与密码学无关（例如拥有令牌或口令）。密码学仍然可以用来支持这些方法。例如，正如我们在 6.2.2 节中讨论的，密码学可以在口令的安全存储中发挥作用。

2）几乎所有这些方法都需要密码协议（这是第 9 章的主题）作为实现的一部分。

现在我们回顾一下在提供实体身份认证时使用的身份信息的主要类别。

1. 申请方拥有的东西

对于人类用户，身份信息可以基于用户实际持有的东西。这是在物理世界中提供访问控制的一种常见技术。在物理世界中，最常见的标识信息是钥匙。这种技术也可用于在电子世界中提供身份信息。这类机制的例子包括哑令牌、智能卡、智能令牌。

（1）哑令牌（Dumb Token）

“哑”指的是内存有限的物理设备，可用来存储身份信息。哑令牌通常需要一个读取器从令牌中提取身份信息，然后利用该信息对申请方进行身份认证。

哑令牌的一个例子是带有磁条的塑料卡片。其安全性完全取决于从磁条中提取身份信息的难度。对于任何有足够决心构建或购买能够提取或复制此类信息的阅读器的人来说，这是非常容易的。因此，这种哑令牌非常不安全。

为了增强安全性，通常将哑令牌与另一种提供身份标识的方法（例如基于用户所知道的内容的标识）结合使用。例如，在银行系统中，带有磁条的塑料卡片通常与 PIN 结合使用，PIN 是实体身份认证所需的身份信息，但不存储在磁条上。

（2）智能卡

智能卡是一种含有芯片的塑料卡，芯片使智能卡具有有限的内存和处理能力。与哑令牌相比，智能卡可以更安全地存储秘密数据，还可以进行加密计算。然而，与哑令牌一样，与智能卡的接口通常是通过外部读取器实现的。

智能卡得到了银行业的广泛支持。在银行业，大多数支付卡都包括芯片和传统的磁条（例如，见 12.4 节）。智能卡亦广泛应用于其他用途，例如电子购票、物理访问控制、身份证（见 12.6.3 节）等。

（3）智能令牌

智能卡是被称为**智能令牌**（Smart Token）的更广泛技术的一个特例。一些智能令牌有自己的用户界面。例如，可以用于输入诸如挑战号之类的数据，智能令牌可以为这些数据计算密码学响应。我们将在 8.5 节中讨论这种类型的应用。

所有类型的智能令牌（包括智能卡）都需要某种计算机系统的接口。这个接口可以是一个人，也可以是一个连接到阅读器的处理器。与哑令牌一样，智能令牌通常与另一种身份标识方法（通常是基于用户所知道的内容）一起实现。

2. 申请方的物理特征

提供身份信息的最引人注目和最具争议的方法之一是基于申请方的物理特征。在这种情况下，申请方通常是人类用户。*生物识别*（Biometrics）领域正致力于开发基于人体物理特征的用户识别技术。

生物识别机制通常将物理特征转换为存储在数据库中的数字代码。当物理地呈现用户以进行识别时，通常由读取器测量物理特征，进行数字编码，然后与数据库中的模板代码进行比较。生物特征测量通常分为两类。

- **静态的**：测量不变的特征，如指纹、手的几何形状、面部结构、视网膜和虹膜图案。
- **动态的**：每次测量时（轻微）变化的特性，比如语音、书写和键盘响应时间。

基于生物特征的身份识别对人类用户来说是一种令人注目的方法，因为许多生物特征在区分个体方面似乎相当有效。然而，实现上还有许多问题，包括技术上的、实践中的和社会学上的。因此，需要谨慎采用生物识别技术。

我们不会在这里进一步讨论生物识别，因为它们与密码学无关。我们应当认识到，生物识别技术是一个潜在有用的身份信息来源。

3. 申请方知道的信息

基于（或至少部分地基于）申请方已知的信息来识别身份信息是一种常见的技术。此类身份信息的常见示例包括 PIN、口令和口令短语。这是与密码学最直接相关的技术，因为这种类型的身份信息一旦存储在设备上的任何地方，就会带来密码学密钥的许多安全问题。

实际上，在许多应用程序中，这种类型的身份信息通常是一个密码学密钥。然而，强密码学密钥通常太长，人类用户无法记住，因此无法知道。使用密码学密钥作为身份信息有一些有利因素，也有一些潜在的不利因素：

1）大多数信息系统由设备和计算机网络组成。这些机器比人类更善于记忆密码学密钥！因此，如果申请方是一台机器，那么密码学密钥可能就是它“知道的信息”。

2）在需要人类知道密码学密钥的地方，通常通过提供身份信息来激活密钥，身份信息更容易记住，比如 PIN、口令和口令短语。当然，这会由于密钥本身的安全性和用于激活密钥的较短信息的安全性降低，导致密钥的有效安全性降低。我们将在 10.6.3 节中再次讨论这个问题。

我们现在将进一步研究如何利用密码学，根据申请方所知的信息协助提供身份信息。

8.4 口令

口令（Password）尽管有许多明显的缺陷，但它仍然是提供身份信息的最流行技术之一。我们将简要地介绍其中的一些缺陷，以便增强技术。我们还将重新研究密码学用于口令保护的用法。注意，在本节中，我们将在相对宽泛的范围内使用口令这个术语，因为我们的大部分讨论同样适用于 PIN 和**口令短语**（Passphrase）。

8.4.1 口令的问题

口令最吸引人的特性是简单和熟悉，这也是它们被广泛用作身份信息的原因。然而，它们有几个缺陷，严重限制了使用它们的任何应用的安全性。

1）**长度**：由于口令是为人类记忆而设计的，所以口令的长度自然是有限制的。这意味着口令空间（Password Space，即所有可能的口令）的大小是有限的，因此限制了对所有口令进行穷举搜索所需的工作量。

2）**复杂性**：在应用中很少使用完整的口令空间，因为人们感觉随机生成的口令很难记住。所以，我们经常在高度受限的口令空间中工作，这大大降低了安全性。这为实施字典攻击提供了可能，攻击者只需试遍所有可能的口令，最终能够找到正确的口令（参见 1.6.5 节）。聪明的助记技术可以增加可用口令空间的大小。用户被要求采用复杂的口令时，很快就会在可用性和安全性之间达成平衡，因为一个复杂的口令很可能将被转换为“申请方拥有的东西”，然后被写在纸上，在很多情况下，这首先就违背了使用口令的目标。从口令变为口令短语可以通过显著增加口令空间来改善这种情况，然而，口令的许多其他问题仍然存在。

3）**可重复性**：在口令的生命周期中，每次使用口令时，口令都是完全相同的。这意味着，如果攻击者能够获得口令，那么就有一段时间（通常很长）可用该口令欺骗性地声明原始所有者的身份。可以限制这种威胁的一个措施是强制定期更改口令。然而，这再次提出了一个可用性问题，因为定期更改口令会让人感到困难，并可能导致口令存储出现不安全性。

4）**脆弱性**：我们已经注意到口令被窃取的后果可能很严重。但是，攻击者可以很容易地获取口令。

- 口令在输入时最容易受到攻击，攻击者可以通过监视口令持有者来查看口令，这种技术通常被称为**肩窥**（Shoulder Surfing）。
- 口令可以在社会工程活动中被攻击者获得。在社会工程活动中，口令持有者可能被欺骗，向声称自己是系统管理员的攻击者（有时称为网络钓鱼攻击）透露口令。
- 攻击者可以通过监听网络流量或破解口令数据库来获得它们。

由于后一种原因，口令应该在任何时候都受到密码技术的保护，我们稍后将讨论这一点。最好将口令视为提供身份信息的一种相当脆弱的手段。特别是，可重复性问题意味着口令本身并不能像我们定义的那样提供实体身份认证，因为没有强的时效概念。在需要强实体身份认证的应用程序中，最好将口令与其他实体身份认证技术结合使用。然而，口令的优势意味着，它们可能总是在安全性相对较低的应用中使用。

8.4.2　加密口令保护

假设一个大型组织希望使用口令在内部系统中验证许多用户的身份。实现此目的的一种显而易见的方法是使用将输入的口令与集中存储口令数据库中的口令进行比较的系统。这使口令数据库成为对攻击者极具吸引力的目标，因为该数据库可能包含账户名和口令的完整列表。即使小心地管理此数据库，系统管理员也可能有权访问此列表，但这是不可取的。

密码学可用于帮助实现基于口令的身份认证系统的一个领域是保护口令数据库。这是因为，为了对用户进行身份认证，系统实际上不需要知道用户的口令。相反，设备只需要知道所提供的口令是否正确。重点是，虽然用户确实需要输入正确的口令，但是系统不需要存储该口令的副本来验证它是否正确。

在 6.2.2 节中，我们描述了实现口令数据库保护的哈希函数的应用。其思想是将口令的哈希值存储在口令数据库中，而不是存储实际的口令。这允许口令被检查，同时防止任何访问口令数据库的人自己恢复口令。我们注意到，理论上任何被认为具有单向性的函数（包括哈希函数）都可以用来提供这种服务。

1.UNIX 口令保护的传统方法

图 8-2 中展示了一个用于创建单向函数的密码学原语示例。许多早期 UNIX 操作系统都使用该函数来保护口令数据库。

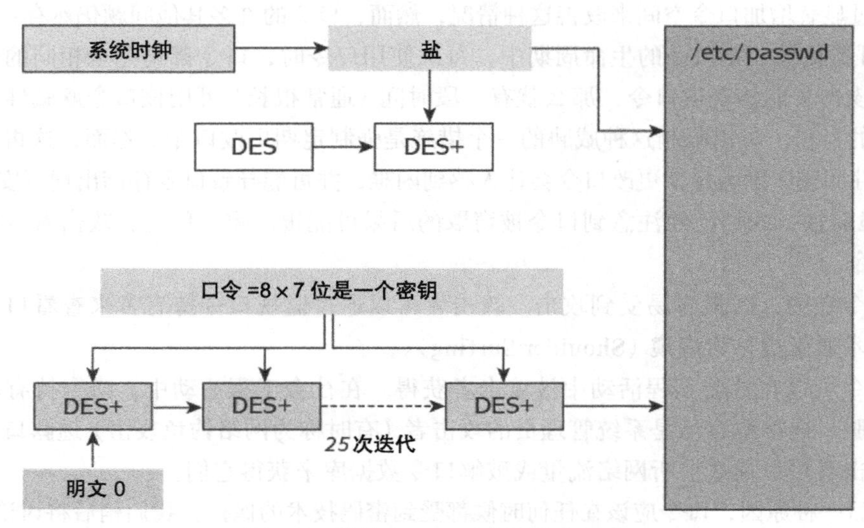

图 8-2　保护 UNIX 口令的单向函数

在 UNIX 系统的口令数据库（通常是 /etc/passwd 文件）中，每个用户都对应一个条目，其中包含两段信息：

1）**盐（Salt）**：这是一个使用系统时钟随机生成的 12 位数（参见 8.1.3 节）。盐用于以一种巧妙的方式唯一地[㊀]修改 DES 加密算法（参见 4.4 节）。我们用 DES+ 表示这个唯一修改结果。

2）**口令镜像**。这是执行以下操作后输出的结果：

①将 8 个 ASCII 字符口令转换为 56 位 DES 密钥。这很简单，因为每个 ASCII 字符由 7 位组成。

②利用从口令转换来的 56 位密钥，采用特别修改的算法 DES+ 加密由全零（64 个零位）组成的明文。

③使用 DES+ 对结果重新加密 25 次。这个过程的目的是降低操作的速度，这样做用户不会感到不方便，但是对于进行字典攻击的攻击者来说就会困难得多。

当用户输入口令时，系统查找盐，生成修改后的 DES+ 加密算法，从口令中生成加密密钥，并进行多次加密以生成口令镜像。然后，与存储在 /etc/passwd 中的口令镜像对比，如果匹配，则接受口令。

2. 密钥扩展

注意，图 8-2 中的函数有两个目的：

1）生成一个抗原镜像的随机口令镜像。

2）稍微减慢计算速度以阻止字典攻击。

这是一个被称为密钥扩展（Key Stretching）的过程的例子。这个过程有几个不同的应用程序，但都与加强相对较弱的密钥（如口令和 PIN）的安全性有关。我们将在 10.3.2 节中看到密钥扩展的另一种用法。

不同的应用通常采用自己定制的密钥扩展技术来保护口令。UNIX 操作系统的一些现代版本部署了与图 8-2 类似的密钥扩展，但是使用了更新的加密算法和更大的盐值。我们将在 10.3.2 节中讨论其他应用使用的密钥扩展技术。还有一些人使用不同密钥扩展技术的定制组合。

为了给密钥扩展的设计提供更坚实的基础，使其能够抵御使用专用硬件进行口令恢复的攻击，2013 年，密码研究人员推出了一项独立的“AES 风格”的口令哈希评选，用于选出新的密钥扩展技术。这个工作在 2015 年完成，评选出了 Argon2 函数，并大力推荐了其他一些技术。Argon2 包含一个减慢计算时间的参数。还可以指定 Argon2 实现所需的最小内存量，这可以防止在只有少量内存的设备上进行穷举搜索。

8.5　动态口令方案

正如刚才所看到的，口令的两个主要问题是脆弱性（它们很容易被窃取）和可重复性（一旦

㊀ 指用不同的盐值修改 DES 算法后得到的结果不同。——译者注

被盗，它们就可以被重用）。**动态口令方案**（Dynamic Password Scheme）通常也称为**一次性口令方案**（One-time Password Scheme），它保留了口令的概念，但通过以下方式极大提高了安全性：

1）限制口令的暴露，从而减少脆弱性。

2）使用口令生成动态数据，每次身份认证时都会更改这些数据，从而防止口令重用。

动态口令方案是重要的实体身份认证机制，广泛应用于基于令牌的技术中，用于访问网上银行或电话银行等服务。

8.5.1　动态口令方案背后的思想

动态口令方案的核心是使用口令函数而不是口令。如果申请方（假设是人类用户）希望向设备（例如身份认证服务器）提供身份认证，那么用户将向函数中输入一些数据来计算发送到设备的值。我们需要指定三个组件。

1）**口令函数**：这个函数是某种对称密码算法，它将服务器和用户共享的密钥（通常嵌入到用户拥有的令牌上）作为输入。这可以是一种加密算法，更常见的是某种密钥派生函数（参见 10.3.2 节）。

2）**令牌**：口令函数通常在硬件令牌上实现。在我们即将讨论的示例中，将假设这个令牌类似于一个小型计算器，并且具有一个输入接口，但是这些令牌在不同的方案中有所不同。在一些方案中，令牌由运行在用户手机上的应用程序表示。

3）**输入**：我们希望用户和设备就口令函数的输入达成一致，其结果将用于对用户进行身份认证。由于输入必须是新鲜的，因此可以使用 8.2 节中讨论的时效机制。所有这些技术都部署在不同的商业设备中，即

- **基于时钟**：用户和设备具有同步时钟，因此当前时间可以用来生成用户和设备都能理解的输入。
- **序列号**：用户和设备都保持同步的序列号。
- **基于 nonce**：该设备随机生成一个数字，称为**挑战**（Challenge），并将其发送给用户，用户计算一个密码学响应（Response）。这种机制通常称为**挑战 – 响应机制**（Challenge-Response Mechanism）。

8.5.2　动态口令方案示例

现在我们给出一个动态口令方案的例子。

1.动态口令方案描述

在进行任何身份认证之前，给用户准备一个采用对称密码算法 A 与对称密钥 K 实现的口令函数。虽然算法 A 可以是整个系统的标准，但是密钥 K 只由服务器和用户持有的令牌共享。注意，使用不同令牌的不同用户将与服务器共享不同的密钥。因此，就服务器而言，密钥 K 的正确使用与特定用户相关。

该示例方案的另一个特征是用户可以通过某种方式向令牌标识自己，否则任何窃取令牌的人都可以冒充用户。在我们的示例中，此过程将使用 PIN 实现。只有在用户输入正确的 PIN 时，才会激活令牌。

图 8-3 显示了使用此动态口令方案的身份认证过程：

1）服务器随机生成一个挑战并将其发送给用户。用户首先需要向服务器发送一条消息，请求服务器向他们发送一个挑战。

2）用户使用 PIN 对令牌进行身份认证。

3）如果 PIN 是正确的，则激活令牌。然后，用户通过键盘使用令牌接口将挑战输入令牌。

4）令牌使用口令函数来计算对挑战的响应。如果算法 A 是一种加密算法，那么挑战可以看作明文，而响应则是使用密钥 K 应用加密算法 A 所产生的密文。令牌将结果显示在用户的屏幕上。

5）用户将此响应发送回服务器。此步骤可能涉及用户从令牌屏幕上读取响应，然后将其输入到用于访问身份认证服务器的计算机中。

6）服务器检查挑战是否仍然有效（回想一下我们在 8.2.3 节中关于基于 nonce 的时效机制的接受窗口的讨论）。如果仍然有效，服务器将挑战输入口令函数并根据相同的算法 A 和密钥 K 计算响应。

7）服务器将自己计算出来的响应与用户发送的响应进行比较。如果它们是相同的，则服务器接受用户进行身份认证，否则服务器拒绝用户。

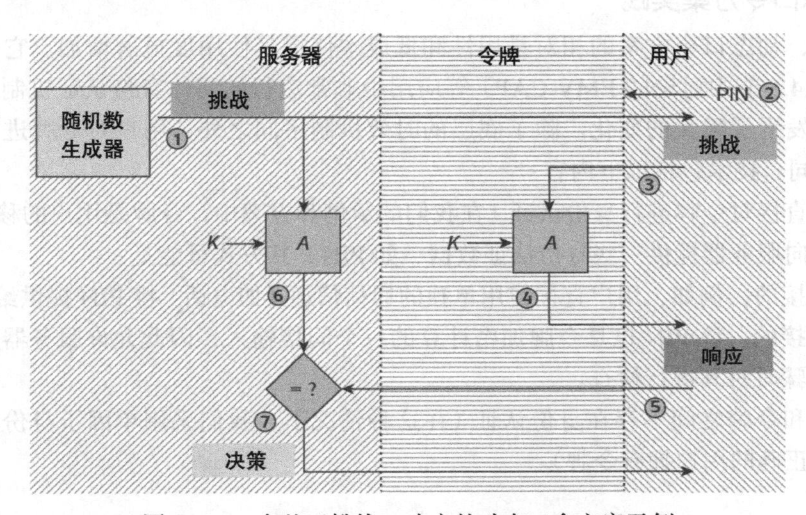

图 8-3　一个基于挑战 – 响应的动态口令方案示例

2. 动态口令方案的分析

图 8-3 中的动态口令方案值得仔细研究，以确保我们了解与传统口令相比获得了什么，以及这种思想的局限性。

首先，我们建立了确保用户是他们声称的那个人的基础（安全底线）。从服务器的角度来看，除了它自己，唯一能够计算正确响应的实体是唯一同时拥有算法 A 和密钥 K 的实体。知道 K 的唯一其他实体是令牌。访问令牌的唯一方法是输入正确的 PIN。因此，PIN 的知识是确保身份认证的基础。只要正确的用户知道正确的 PIN，这个动态口令方案就可以成功地为用户提供实体认证。

这听起来并不是基于口令的实体身份认证的重大改进，因为本质上我们使用传统的口令方案对用户进行令牌身份认证。不过，还是有如下几个显著的改进：

1）**本地使用 PIN**：关于用户端安全性，主要的区别是用户使用 PIN 对他们控制的小型便携设备进行身份认证。当 PIN 被输入时，攻击者能够查看到它的机会要比用户为某些应用必须在他们控制之外的设备（如 ATM）上输入 PIN 要低。而且，PIN 只从用户的指尖传输到令牌，不会传输到任何远程服务器。

2）**双因子**：没有访问令牌，PIN 是无用的。因此，另一个改进是我们已经从单因子身份认证（申请方知道的信息，即口令）转变为双因子身份认证，双因子是指申请方知道的信息（即 PIN）和申请方拥有的信息（即令牌）。

3）**动态响应**：最大的安全改进是每次进行身份认证时，都会发出不同的挑战，因此需要不同的响应。当然，由于挑战是随机生成的，所以在两个不同的场合发出相同的挑战的可能性极小。但是，假设使用了良好的随机源（参见 8.1 节），这种可能性非常低，我们可以忽略它。因此，任何成功地观察到挑战及其响应的人都不能使用它在以后伪装成用户。

3. 动态口令方案实践

近年来，动态口令方案的相对易用性和低成本使得其使用度显著增加。它们是在线银行（例如 12.4.5 节中讨论的 EMV-CAP）等应用中非常流行的实体身份认证机制。这些方案的运作方式发生了很大的变化。除了底层的时效机制不同之外，用户对令牌进行身份认证的程度也不同。技术包括以下内容：

- 用户直接对令牌进行身份认证（在我们的示例和方案中，令牌是用户的移动电话）。
- 用户向服务器提供一些身份认证数据，如 PIN。其方式可能是：
  - 直接的，例如，用户直接使用单独的通信信道（如电话）将 PIN 提供给服务器。
  - 间接的，该 PIN 也是令牌加密计算的一个间接输入，因此允许服务器在执行验证步骤时对其进行检查。
- 用户和令牌之间不存在身份认证（在这种情况下，我们采用单因子身份认证，它依赖于正确的用户拥有令牌）。

8.6　零知识机制

现在我们简要讨论一个更强大的密码学原语，它可以用于支持实体身份认证。**零知识机制**（Zero-knowledge Mechanism）带来了安全上的好处，但也会有实际的成本。尽管如此，至少有必要讨论它们背后的思想，以表明它们是可行的，尽管它们在实际系统中并不像前面讨论的技术那样被普遍实现。

8.6.1　零知识的动机

到目前为止，我们所研究的实体身份认证技术有两个可能不需要的属性。

1）**相互信任的要求**。首先，它们都是基于相关实体之间的某种程度的信任。例如，口令通常要求用户同意服务器使用口令，即使服务器只存储口令的哈希值。另一个例子是，基于挑战–响应的动态口令方案需要智能令牌和服务器共享密钥。然而，在某些情况下，可能需要在两个实体之间进行实体身份认证，而这两个实体可能是潜在的对手，并且彼此不信任，无法共享任何信息。

2）**泄露信息**。其次，他们都会在每次使用时泄露一些可能有用的信息。在这方面，传统口令风险极大，因为口令在输入时是完全暴露的，并且在某些情况下甚至可能在通过网络传输时仍然暴露。我们的动态口令方案示例要好得多，但每次运行时都会显示有效的挑战–响应对（请参阅 10.2.1 节中关于密钥暴露的说明）。

似乎不太可能以下面的方式提供实体认证：在身份认证期间不需要共享信任并且*根本不提供任何知识*，但令人惊讶的是，零知识机制恰好可以做到这一点。

对零知识机制的要求是，一个实体（证明者，prover）必须能够以下面的方式向另一个实体（验证者，verifier）提供其身份的保证：验证者以后不可能冒充证明者，即使在验证者观察并验证了许多不同的成功验证尝试之后。

8.6.2　零知识类比

我们将避免讨论任何零知识机制的细节，而是提出一个流行的类比。在这个类比中，我们将扮演验证者的角色。假设有一个环形的洞穴，其中有一个分叉的入口，如图 8-4 所示。洞穴的后面被一个石门堵住了，只能使用密语来打开。我们希望聘请一名向导带我们对整个洞穴进行一次完整的游览，但需要事先确保向导知道密语，否则我们将无法通过石门。向导将是我们的证明者（实体身份认证申请方），他不愿意告诉我们密语，否则我们就可以不雇用他而独自游览了。因此，在我们同意雇用向导之前，我们需要对他的知识进行测试。

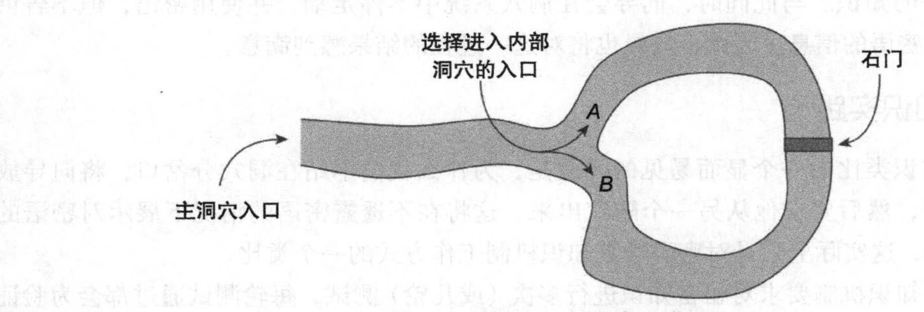

图 8-4　零知识机制的常见类比

向导还有一个更深层次的担忧。据他所知，我们来自一家竞争对手的向导公司，正努力学习这一密语。他想要确保无论一个测试运行得多么严格，我们都不会学到任何可以帮助我们找出密语的信息。换句话说，他想要确保测试是一个零知识的机制，以验证他所声称的"他知道密语"。

所以如下就是我们要做的：

1）我们在主洞穴入口处等待，然后将向导沿着洞穴送到洞穴分叉处，标记为 A 隧道和 B 隧道。我们从主入口无法看到隧道分开，所以我们派一名值得信赖的观察员跟向导一起入洞，以确保在测试期间向导不会作弊。

2）向导随机选择了一个隧道入口，继续向石门走去。

3）我们掷硬币。如果是正面，我们就对着洞穴大喊，希望向导从隧道 A 出来。如果是反面，我们就对着洞穴大喊，希望向导从隧道 B 出来。

4）观察者观察向导从哪个隧道出来。

假设我们喊"A 隧道"，如果导游从 B 隧道（错误的入口）出来，我们决定不雇用他，因为他似乎不知道密语。然而，如果他从隧道 A（正确的入口）出来，那么发生了两件事之一：

- 向导很幸运，从开始就选择了 A 隧道。在这种情况下，不管他是否知道密语，他只要转身出来即可。在这种情况下，我们什么也没学到。
- 向导选择了隧道 B，当我们让他从隧道 A 出来的时候，他用密语打开门，穿过隧道 A。在这种情况下，向导已经展示了对密语的知识。

所以，如果向导从 A 隧道出来，有 50% 的可能性他刚刚展示了他的密语知识。问题是，他也有可能很走运。

于是我们再次进行测试。如果他通过了第二次测试，他两次幸运的机会现在降到了 25%，因为他需要在两次独立测试中都保持幸运。然后，我们一次又一次地进行测试。如果我们运行 n 个这样的独立测试，向导通过了所有测试，那么向导不知道密语的概率是：

$$\frac{1}{2}\times\frac{1}{2}\times\cdots\times\frac{1}{2}=\left(\frac{1}{2}\right)^{n}=\frac{1}{2^{n}}$$

因此，我们需要坚持运行 n 个测试，使得 $1/2^n$ 足够小，以至于我们愿意接受向导几乎肯定拥有密语的知识。与此同时，向导会在洞穴系统中不停走动，并使用密语，但不告诉我们任何有关密语的信息。因此，向导也将对这一过程的结果感到满意。

8.6.3　零知识实践

关于零知识类比的一个显而易见的问题是，为什么我们不站在洞穴分岔口，将向导放在一个隧道中，然后要求他从另一个隧道出来。这将在不透露密语的情况下展示对密语的知识。原因是，这实际上只是对密码学零知识机制工作方式的一个类比。

密码学零知识机制要求对秘密知识进行多次（或几轮）测试，每轮测试通过都会为验证者提供更大的保证，即证明者知道秘密知识。然而，每一轮还涉及更多的计算，并增加了做出实体身份认证决策所需的时间。零知识机制通常使用与公钥密码类似的技术，正如我们在 5.4.2 节中讨论的，这些技术通常比对称密码的计算开销更大。因此，使用零知识原语的机制比前面讨论的实体身份认证机制代价更高。

8.7 总结

在本章中，我们讨论了提供实体身份认证的机制。由于强实体认证机制需要保证时效，我们首先回顾了时效机制。由于提供时效机制的一个重要手段是挑战 – 响应，它依赖于随机数生成，所以我们从随机数生成开始讨论。因此，本章的一些内容涉及比实体身份认证更广泛的问题。

但是，我们对实体身份认证的处理也不完整。提供实体身份认证的最重要的一类加密机制是身份认证和密钥建立（Authentication and Key Establishment, AKE）协议。我们选择将对 AKE 协议的讨论推迟到 9.4 节。我们之所以推迟讨论，是因为考虑 AKE 协议前确实需要更好地理解什么是加密协议。

最后，我们注意到实体身份认证通常是与其他服务一起提供的服务。虽然有些应用程序只需要一个实体向另一个实体标识自己，但在许多应用程序中，需要实体身份认证的真正原因是提供一个平台，在这个平台上可以构建其他安全服务。因此，实体身份认证机制通常是更复杂的加密协议的组件。同样，AKE 协议将提供一个例子。

8.8 进一步的阅读

产生良好的随机性是许多密码系统最基本的需求之一。相关技术的系统概述可以在 RFC 4086［59］中找到。另一个可靠的信息来源是 ISO/IEC 18031［122］。NIST 800-22［174］提供了一套随机性的统计检验，可以用来衡量任何随机数生成器的有效性。NIST 800-90A 修订版 1［178］提供了确定性生成器的建议。Ferguson、Schneier 和 Kohno［72］中有一个关于实际随机生成的有趣章节。Mads Haahr［100］维护了一个关于随机性及其在密码学之外的应用的信息丰富且有趣的站点，该站点还提供来自非确定性生成器的输出。CrypTool［45］实现了各种统计随机性测试。

Ferguson、Schneier 和 Kohno［72］也有关于使用时钟作为时效机制的内容丰富的章节。在 Menezes、van Oorschot 和 Vanstone［150］、Dent 和 Mitchell［48］中也有不同的关于时效机制的讨论。网络时间协议提供了一种在分组交换网络（如因特网）中同步时钟的方法，并在 RFC 1305［151］中指定。

实体身份认证是一种安全服务，可以以多种方式实现，其中许多涉及与其他技术一起使用的密码学技术。Mayes 和 Markantonakis [147] 提供了智能卡、智能令牌及其应用的全面综述。Jain、Flynn 和 Ross [129] 对不同的生物识别技术进行了详细的研究，而 Gregory 和 Simon [99] 则对生物识别技术进行了更深入浅出的介绍。

Yan 等 [252] 对作为实体身份认证机制的口令的可记忆性和安全性进行了一组有趣的实验。在 Anderson [5] 中有一个很好的关于口令安全性的章节。FIPS 181（即自动口令生成器）[73] 从 DES 创建可读的口令，说明了使用密码学原语作为伪随机性的来源。Suo、Zhu 和 Owen [234] 对基于图形技术的传统口令替代品进行了调查。Ducklin [58] 提供了一个关于如何不使用密码学来保护口令的有趣说明。

最常用的密钥扩展技术之一是 PBKDF2（参见 10.3.2 节和第 10 章中的链接）。口令哈希竞赛网站 [190] 提供了整个过程和参赛作品的详细信息，包括获奖作品 Argon2 的详细信息。RSA 实验室是实现动态口令方案产品的主要供应商之一，他们维护了对其产品的几个有趣的模拟，并为一次性口令规范（One-Time Password Specifications，OTPS）提供了一个主站点 [207]。维基百科提供了一个关于动态口令方案的很好的介绍 [248]，包括生成动态口令的不同方法的比较，并提到了实现动态口令方案的其他供应商。

与实体身份认证相关的主要 ISO 标准是 ISO/IEC 9798 [128]，其中包括与零知识机制相关的部分。零知识机制的例子可以在 Stinson [231] 和 Vaudenay [239] 中找到。描述的零知识协议类比的最初灵感来自 Quisquater 等人 [196]。

8.9　练习

1. 密码学和随机性以许多不同的方式联系在一起：
   （1）举例说明为何密码学需要随机性。
   （2）举例说明如何利用密码学提供随机性。
2. 为在下列应用中生成随机性提供适当的建议：
   （1）在笔记本电脑上产生加密密钥，供电子邮件安全应用程序使用。
   （2）为硬件安全模块生成主密钥。
   （3）为移动电话上的流密码生成密钥流。
   （4）为高安全性的应用程序生成一次性密钥。
   （5）在服务器上生成一个 nonce，用于动态口令方案。
3. 在 8.1.3 节中，我们提供了一些基于软件的非确定性随机数生成技术的例子。从不同角度找出目前建议采用哪些（组合）技术：
   （1）安全角度。
   （2）实际的角度。
4. 一种证明时效的技术是使用基于时钟的机制。
   （1）提供国际公认的基于时钟的时间概念有哪些标准方法？

（2）解释为什么保护时间戳的完整性很重要。

（3）详细说明如何为时间戳提供完整性保护。

5. 在实践中，我们在实施安全控制时往往要比理论建议更加务实：

（1）即使最近收到的序列号不大于先前接收的序列号，在什么情况下让应用接受序列为“新鲜序列号”也是有意义的？

（2）给出管理这类情况的简单策略。

6. 正如我们在 8.2.3 节中定义的那样，nonce 在大多数情况下是一个伪随机数。

（1）解释为什么这意味着我们不能保证以前没有使用过某种 nonce。

（2）如果要求保证每个 nonce 最多使用一次，我们该怎么办？

（3）术语 nonce 和 salt 在密码学的不同领域中使用（而且用法并不总是一致的）。对这些术语的使用进行一些研究，并大致说明它们之间的区别。

7. 对于以下每一种情况，请解释如果我们根据建议的组件建立时效机制，可能会出现什么问题：

（1）时钟不准。

（2）有规律循环的序列号。

（3）从一个小空间随机产生的 nonce。

8.时效和活跃度是密切相关的概念。

（1）提供需要两个略有不同的概念的应用实例，解释时效和活跃度之间的差别。

（2）对于本章讨论的每一种时效机制，解释如何使用该机制来检查活跃度。

9. 如果我们只容许口令由以下内容组成，口令空间的大小是多少？

（1）八个字母（不区分大小写）。

（2）八个字母（区分大小写）。

（2）六个字母或数字字符（区分大小写）。

（3）八个字母或数字字符（区分大小写）。

（4）十个字母或数字字符（区分大小写）。

（5）八个字母数字字符和键盘符号（区分大小写）。

10.FIPS 181 描述了一个自动口令生成器的标准。

（1）使用 FIPS 181 生成的口令有哪些期望的口令属性？

（2）FIPS 181 如何产生所需的随机性。

11. 设 E 为对称加密算法（如 AES），K 为公开的对称密钥，P 为口令。下面的函数 F 被建议为适合存储口令的单向函数：

$$F(P) = E_K(P) \oplus P$$

（1）解释如何从 P 计算 $F(P)$。

（2）由于密钥 K 是公开的，请解释为什么攻击者不能通过 $F(P)$ 的逆运算来获得 P。

（3）与 8.4.2 节中描述的 UNIX 口令函数相比，这个单向函数有哪些优点和缺点？

12. 另一种存储口令的函数是 LAN Manager 哈希。

（1）哪些应用使用 LAN Manager 哈希？

（2）解释 LAN Manager 哈希如何使用对称加密来保护口令。

（3）如何评价 LAN Manager 哈希的安全性？

13. 以加密形式存储在计算机上的口令是潜在的攻击目标。解释如何使用以下方法攻击加密口令：

（1）穷举搜索。

（2）字典攻击。

（3）彩虹表。

14. 一些实际应用最终使用分层密钥扩展技术来保护口令，随着时间的推移，新的密钥扩展技术将应用于旧的密钥扩展技术之上。你认为为什么会发生这种情况，而不是旧的关键扩展技术被新技术取代？

15. 口令哈希评选推动了一些新的关键扩展技术的发展。

（1）谁是这项评选的幕后推手，谁对其进行评估？

（2）举办这项评选的理由是什么？

（3）获胜的算法 Argon2 在哪些方面改进了以前已知的密钥扩展技术？

16. 生物识别技术提供了身份信息的来源，可以作为基于使用电子身份证的实体身份认证机制的一部分。

（1）哪种生物识别技术可能适用于这种应用？

（2）使用你所选择的生物识别技术可能会引起什么问题（技术的、实践的和社会学的）？

（3）在这种方案的全面实施中，还可以在何处部署密码机制？

17. 有几种商业技术可以实现基于安全令牌的动态口令，这些令牌使用基于时钟的机制。找到一个基于这种机制的商业产品。

（1）你所选择的产品依靠什么因素提供身份认证？

（2）你选择的技术在哪些方面比基本（静态）口令更强？

（3）解释你所选择的技术的基本机制与我们在 8.5 节中介绍的挑战 – 响应机制有何不同。

（4）说明你所选择的技术如何处理 8.2.1 节中提出的关于基于时钟的机制的问题。

18. 说明如何实现基于序列号的动态口令方案。

19. 电话银行服务使用动态口令方案，该方案使用基于时钟的机制，但不使用用户和令牌之间的任何身份认证。

（1）若令牌被盗，会有什么潜在影响？

（2）银行如何通过令牌管理控制和认证程序来处理这一风险？

20. 解释为什么在基于挑战 – 响应的动态口令方案中，将流密码加密机制用于计算对挑战的响应是一个糟糕的选择。

21. 一些网上银行实施以下动态口令方案：

- 当用户希望登录时，他们发送一次性口令请求，以便访问银行服务。
- 银行生成一次性口令，并通过短信发送到用户的手机。

- 用户读取短信并输入一次性口令即可访问服务。
- 如果提供的一次性口令是正确的，用户就可以访问该服务。

从以下角度将此方法与本章讨论的动态密码方案进行比较：

（1）安全角度。

（2）效率角度。

（3）业务角度（成本、流程和业务关系）。

22. 我们在 8.3.3 节中列出的一般类别的身份标识信息并非详尽无遗。

（1）另一类可能的身份标识信息是申请方所在的位置。请给出一个基于位置信息的实体身份认证示例。

（2）你能否想到其他类型的身份标识信息？

23. 在第 1 章的表 1-2 中，我们提供了一个密码学原语的映射，这些密码学原语可以用于帮助提供不同的密码服务（但不是全靠这些密码学原语本身来提供这些服务）。现在我们已经完成了对这些密码学原语的阐述，针对每个密码学原语在所提供的服务中的作用，举例解释该表中所有为“是”的条目。

第9章

密码协议

我们已经学习了构成密码学工具包的最基本的密码学原语，每个原语都提供了应用于数据的特定安全服务。但是，大多数安全应用需要将不同的安全服务应用于不同的数据项上，它们通常以复杂的方式集成。我们现在必须要做的是考虑如何将密码学原语组合在一起，以匹配实际应用的安全需求。这是通过设计密码协议来完成的。

本章首先简要介绍密码协议的概念，然后设计和分析一些简单的密码协议。最后，我们讨论提供实体认证和密钥建立的两种重要的密码协议。

学习本章之后，你应该能够：

- 解释密码协议的概念。
- 分析简单的密码协议。
- 了解设计安全的密码协议的难度。
- 了解身份认证协议和密钥建立协议的典型属性。
- 理解 Diffie-Hellman 协议及其变体的重要性。
- 比较两种身份认证和密钥建立协议的特征。

9.1 协议基础

我们首先介绍两个需要密码协议的动机，它们不同但彼此相关。

9.1.1 协议的操作动机

很少出现部署单个密码学原语来为单个数据项提供单个安全服务的情况，其原因是多方面的。在许多应用程序中：

1）**有复杂的安全需求**。例如，如果我们希望通过不安全的网络传输一些敏感信息，那么就需要机密性保证和数据源身份认证的保证（参见6.3.6节和7.4.2节）。

2）**涉及具有不同安全需求的不同数据项。**大多数应用涉及不同的数据项，每个数据项可能有不同的安全需求。例如，处理在线交易的应用可能对采购的详细信息（产品、成本）进行身份认证，但不对它们进行加密，以便这些信息被广泛可用。但是，付款细节（卡号、到期日）则需要保密。由于所有的加密计算（特别是公钥计算）都有相应的效率成本，因此也可能因效率原因而产生这些不同类型的需求。所以最好只将密码学原语应用于那些严格要求特定类型保护的数据项。

3）**涉及多个实体之间的信息流动。**加密应用很少只涉及一个实体，例如一名用户对本地计算机上存储的文件进行加密。大多数应用至少涉及两个交换数据的实体。例如，银行卡支付可能涉及客户、商户、客户银行和商户银行（可能还包括其他实体）。

4）**由一系列逻辑（条件）事件组成。**实际应用通常涉及多个需要按特定顺序执行的操作，每个操作都可能有自己的安全需求。例如，对于从客户账户中扣除一笔款项，并从取款机中发放一笔款项的情况，在用户进行实体认证之前提供机密性保护是没有任何意义的。

因此，我们需要一个精确地指定如何在实体数据交换中应用密码学原语的过程，从而达到必要的安全目标。

9.1.2 协议的环境动机

需要密码协议的另一个动机可能来自部署它们的环境。

我们对**协议**（Protocol）的概念应该非常熟悉，日常生活中的许多方面都包含协议。例如，当两个以前没有见过面的人被介绍给彼此时，协议就会运行（例如微笑、握手，然后交换名片）。外交协议更是被正式描述的协议类的一个例子。这些外交程序独立于参与国和外交官的文化和语言，旨在实现外交目标。事实上，正是由于国家、语言和外交官都不同，才有必要使用外交协议。协议的一个更为常见的例子是在特定法律辖区内出售或购买财产所涉及的一系列流程和法律程序。

出于类似的原因，协议对于电子通信也很重要。不同的计算设备运行在不同的硬件平台上，使用不同的软件，并用不同的语言进行通信。在考虑诸如因特网这样的环境时，如此多样的设备彼此实现通信在最初似乎是不可思议的。其秘密就是协议，在这种情况下是指通信协议。TCP/IP通信协议允许连接到因特网的设备和任何其他连接到因特网的设备通信。TCP/IP提供了一个通用的过程，可以将数据分成小数据包，对它们进行寻址，通过网络路由，重新组装，最后检查它们是否正确到达。然后，它们可以被接收设备解释和处理。

密码协议以类似的方式提供了一个通用过程，该过程允许在多个设备之间实现安全目标，而不管涉及的设备的性质如何。

9.1.3 密码协议的构成

密码协议（Cryptographic Protocol）是为实现某些必要的安全目标而需要发生的所有事

件的规范。特别是密码协议需要指定以下内容：

1）**协议假设**——与运行协议的环境有关的任何先决条件假设。虽然在实践中这涉及对整个环境的假设（例如，协议中使用的设备的安全性），但我们通常会重点关注阐明密码学假设，例如所使用的密码学原语的强度以及参与实体是否拥有加密密钥。*在运行协议之前需要做什么？*

2）**协议流**——协议中涉及的实体之间需要进行的通信序列。每条消息通常被称为协议的一个**步骤**（Step）或**环节**（Pass）。*谁向谁发送消息，以什么顺序发送？*

3）**协议消息**——协议中的两个实体之间交换的消息的内容。*在每一个步骤中，交换什么信息？*

4）**协议行为**——实体在接收协议消息之后或发送协议消息之前需要执行的任何行为（操作）的详细信息。*两个步骤之间需要做什么？*

如果正确地遵循了密码协议，换句话说，如果所有协议消息都是格式正确的并以正确的顺序发生，而且所有行为都成功完成，那么就能够实现安全目标。如果在某个阶段没有正确接收协议消息，或者行为失败，则认为协议本身已经失败，并且任何安全目标都不能被认为已经实现。明智的做法是使用预先指定的规则来决定在协议失败后如何继续进行。在最简单的情况下，可能涉及重新运行协议。

即使在简单的应用中，例如一个实体将受完整性保护的信息发送到另一个实体，我们仍然需要详细说明为实现所需的安全目标需要采取的精确步骤。因此，密码学总是在某种类型的密码协议中使用，尽管有时相当简单。

然而，大多数密码协议的设计和分析都很复杂。失败的密码协议的设计和实现会导致真实加密应用程序中的许多安全漏洞。在本章中，我们将解释协议设计中涉及的一些细微之处，并展示“理解”密码协议所需的一些基本技能。

9.2　从目标到协议

密码协议的设计过程包括从需要解决的实际安全问题到密码协议的规范的全部内容。

9.2.1　协议设计阶段

设计密码协议有三个阶段：

1）**定义目标**。这是问题陈述阶段，它确定了协议旨在解决的问题。虽然我们重点关注安全目标，但重要的是要认识到可能还有其他重要的目标，特别是与性能相关的目标。

2）**定义协议目标**。此阶段将目标转换为一组明确的密码学需求。协议目标通常是协议末尾的声明表单，*实体 X 将确保安全服务 Y*。稍后我们将看到一些示例。

3）**制定协议**。这个过程将协议目标作为输入，并涉及确定一些密码学原语、消息流和实现这些目标的行为。

下面是这三个阶段的一个非常简单的例子：

1）**定义目标**。商人 Bob 希望确保他从 Alice 处收到的合同以后不会被 Alice 否认。

2）**定义协议目标**。在协议结束时，Bob 要求从 Alice 那里收到的合同具有不可否认性。

3）**制定协议**。图 9-1 给出了实现这个简单目标的协议。在这个协议中只有一条消息，是由 Alice 发送给 Bob 的。这条消息包括具有 Alice 的数字签名的合同。符号 Sig_{Alice} 表示一种通用数字签名算法。我们没有指定使用哪种算法，也没有规定数字签名方案是否带有附件和消息恢复（见 7.3.3 节）。我们假设，如果使用带附件的数字签名方案，那么 Sig_{Alice}（合同）中的一部分是合同的明文版本。

图 9-1　一个简单的提供不可否认功能的密码协议的例子

9.2.2　协议设计阶段的挑战

我们刚才讨论的示例非常简单，它隐藏了密码协议每个设计阶段的复杂性。虽然我们将很快研究一个稍微复杂一些的协议，但值得注意的是，大多数应用有更复杂的安全需求。这增加了整个设计过程的复杂性。

1. 定义目标

提前准确地确定特定应用的安全需求会非常困难。但如果从一开始就没有厘清这一点，可能会产生严重的后果。因此，需要非常谨慎地提前进行足够严格的风险分析工作，以便实现预定的安全目标。

2. 定义协议目标

从理论上讲，将安全目标转换成密码需求是最直接的一个设计阶段。然而，和其他转换活动一样，这需要由足够专业的人士来完成，以便准确地进行转换过程。

3. 制定协议

设计满足指定目标的密码协议是一项非常困难的任务。对于希望设计自己的密码协议但没有专业密码知识的系统设计人员来说，他们通常会觉得密码协议太困难了。即使使用了强大的密码学原语，不安全的协议也无法达成预期的安全目标。

对于最基本的安全目标也是如此。在 9.4 节中，我们将讨论为满足双向实体身份认证和密钥建立这一相对简单的安全目标而设计的密码协议。为了满足这些安全目标，现在已经有了数百种密码协议，但许多协议都存在设计缺陷。

因此就像密码学原语的设计一样，三个设计阶段（最重要的是最后一个阶段）都最好由专家完成。事实上，即使对这些专家来说，设计可被证明实现了特定密码学目标的密码协议的过程仍然具有挑战性（见 3.2.5 节）。

4. 密码协议标准

鉴于刚才讨论的设计密码协议的困难性，一个明智的策略是只使用相关标准中采用的密码协议。例如：

- PKCS 标准包括一些用于实现公钥加密的密码协议。
- ISO/IEC 11770 规定了一组用于双向实体认证和密钥建立的密码协议。
- SSL/TLS 规定了用于部署安全通信信道的协议（见 12.1 节）。

本书强烈建议采用标准化的密码协议。但是存在两个潜在问题：

1）**应用的复杂性**。许多应用都有相当复杂的安全目标，因此可能没有一个已经批准的密码协议能精确地满足应用的安全目标。对于大部分应用而言，可能需要设计一个全新的专用标准。例如，可信计算组织（Trusted Computing Group，TCG）必须为实现可信计算设计和标准化自己的一组密码协议。事实上，这一过程需要设计一个新的密码学原语以及一类密码协议。

2）**配合精度**。如果考虑使用标准协议，那么应用的安全目标必须正好是标准协议的安全目标。如果对一个标准协议稍加修改，那么该协议可能不再满足其最初的安全目标。这个问题也适用于密码学原语本身，因为如果我们对 AES 的密钥编排表稍加修改，那么得到的算法就不再是 AES 了。

9.2.3　假设和行为

我们现在重新考虑图 9-1 所示的简单密码协议。回顾 9.1.3 节中确定的密码协议的四个组成部分，即假设、流、消息和行为。实际上，图 9-1 只描述了流（从 Alice 到 Bob 的一条消息）和消息（由 Alice 数字签名的合同），它可能会出现几个问题：

1）如果 Alice 和 Bob 没有就他们将要使用的数字签名方案达成一致，那么 Bob 将不知道要使用哪种签名验证算法。

2）如果 Alice 没有签名密钥，那么她将无法对合同进行数字签名。

3）如果 Bob 无法访问与 Alice 的签名密钥对应的有效验证密钥，那么他将无法验证数字签名。

4）如果 Bob 没有验证从 Alice 收到的数字签名，那么他就不能保证 Alice 向他提供了格式正确的数据（这些数据可以在以后用来解决潜在的争议）。

1. 假设

图 9-1 中的简单协议只有在我们对运行协议的环境做出以下假设时才有意义。在协议运行之前：

- Alice 和 Bob 同意使用一个强数字签名方案，这解决了第一个问题。
- Alice 已获得签名密钥，这解决了第二个问题。
- Bob 可以访问与 Alice 的签名密钥对应的验证密钥，这解决了第三个问题。

实际上，将以上假设概括为这样一种假设可能是合适的：在协议运行之前，存在一个公钥管理支持系统，用于监督所有需要的加密密钥的管理（参见第 11 章）。

2. 行为

图 9-1 对简单协议的描述只有在我们指定了以下行为（作为协议的一部分执行）时才完整。收到 Alice 的信息后：

- Bob 验证从 Alice 收到的数字签名。这解决了第四个问题。

这个行为应该被指定为协议本身的一部分。在密码协议的描述中会保留某些动作是隐式的，然而这是危险的。例如，通常采用 SSL/TLS 来保护客户端和 Web 服务器之间的通信信道（参见 12.1 节）。在此协议期间，Web 服务器向客户端提供数字签名的公钥证书（见 11.1.2 节），以便 Web 服务器进行实体身份认证。验证从 Web 服务器接收到的公钥证书这一隐式行为通常被忽略，从而使该协议暴露在一系列攻击下。

9.2.4　更广泛的协议设计过程

虽然本章的重点是密码协议的设计，但重要的是要认识到设计只是更广泛过程中的一个阶段。正如我们在 3.2.4 节中讨论的密码学原语一样，安全问题更可能是由于未能正确实现密码协议而引起的。这有多种表现方式，包括：

- 协议使用的特定密码学原语的实现存在缺陷。
- 通过弱密码算法实现协议中使用的密码学原语。
- 未能正确地实现整个协议（例如，忽略了重要行为）。
- 底层的密钥管理过程存在缺陷。

再加上 9.2.2 节中讨论的设计安全密码协议的困难性，很明显，密码协议的整个部署过程需要非常谨慎。

9.3　分析一个简单的协议

在本节中，我们将介绍另一个简单的密码协议，它比 9.2 节中的示例具有更多的安全目标。我们在 9.2 节中讲到，最好把密码协议的设计留给专家来完成，因此，研究这个简单的应用是为了深入了解密码协议设计的复杂性，而不是为了提高开发效率。深入研究这样一个例子还有以下两个原因：

1）我们将看到，设计符合某些特定安全目标的密码协议有许多不同的方法，每种方法都有其优点和缺点。

2）虽然通常不建议设计专有的密码协议，但有能力分析（至少在高层次上）给定的密码协议是否达到其目标对认识密码协议是很有帮助的。

9.3.1　一个简单的应用

我们现在描述一个安全场景。这可能是一个非常简单的场景，没有任何实际的应用；但是，这个场景有足够的复杂性，为我们提供了一个可分析的示例。

1. 目标

在这个场景中，我们假设Alice和Bob可以访问一个公共网络。Bob希望定期在他选择的时间里检查Alice是否还“活动”并连接到网络。这是我们的主要安全目标，并将其称为*活动状态检查*（参见8.2节）。

为了使这个例子稍微有趣一点，我们假设Alice和Bob只是由许多这样的实体组成的网络中的两个实体，可能每隔几秒，这些实体就会定期检查彼此的活动状态。为此，我们设置了一个次要的安全目标，即每当Bob收到任何关于Alice活动状态的确认时，他应该能够准确地确定自己正在响应哪个活动状态查询。

2. 协议目标

我们现在将这些目标转化为具体的协议目标。每当Bob想要检查Alice是否还活动时，他都需要向Alice发送*请求*，而Alice需要对该请求进行*回复*。在设计协议目标以实现上述期望时，应该考虑可能出现的错误，如果某个协议目标没能达到，协议可能会失败。

在任何合适的密码协议运行结束时，都应该达到以下三个目标：

1）**Alice的回复的数据源身份认证**。如果没有提供，则Alice可能不再是活动的，因为响应消息可能是由攻击者创建的。

2）**Alice的回复是新鲜的**。如果没有提供，那么即使回复有数据源身份认证，也可能是先前回复的重放。换句话说，攻击者可以监听到Alice在活动时所做的回复，然后在Alice的活动状态过期后的某个阶段将回复的副本发送给Bob。回复的副本是由Alice创建的真实回复，但Alice此时不再活动，因此协议无法实现其目标。

3）**保证Alice的回复对应于Bob的请求**。如果没有提供，则Bob可能会收到对应于不同请求的回复（他自己的一个请求或网络中的另一个实体的请求）。

请注意，上述前两个目标的组合提供了Alice处于活动状态的基本保证。但是我们将看到，第三个目标不仅提供了更高的精度，而且在某些情况下是必不可少的。

3. 候选协议

我们现在将研究七种候选密码协议，并讨论它们满足三个安全目标的程度。最重要的是，我们将会看到：

- 有多个密码协议可以实现这些目标。
- 只有当我们做出一些额外的假设时，某些协议才能达到这些目标。
- 看起来实现了目标的一些协议，实际上并没有实现。

表9-1显示了描述七种候选协议时用到的符号。

表9-1　协议描述中使用的符号

r_B	Bob生成的nonce
$\|\|$	连接

（续）

Bob	Bob的标识符（可能是他的名字）
MAC_K（数据）	使用密钥 K 对数据计算得到的MAC
E_K（数据）	使用密钥 K 对数据进行对称加密
Sig_A（数据）	Alice计算的数据的数字签名
T_A	Alice生成的时间戳
T_B	Bob生成的时间戳
ID_S	会话标识符

9.3.2 协议1

图9-2展示了第一个候选协议的协议流和消息。我们对该协议进行了详细的描述以阐明用到的符号。

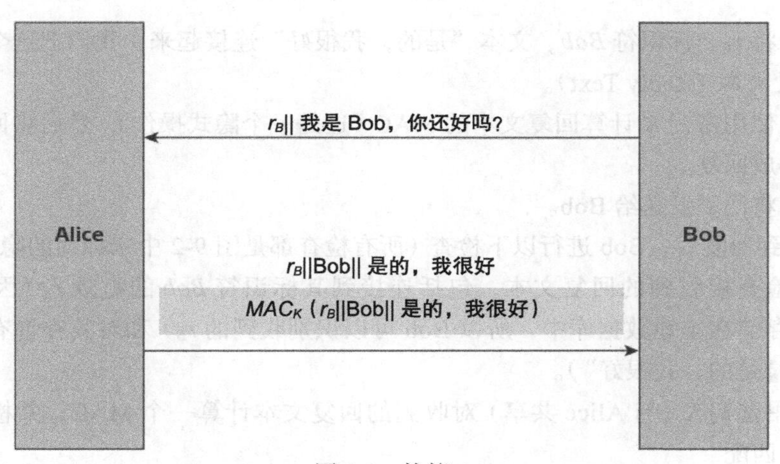

图9-2 协议1

1. 协议假设

在运行协议之前，有三个假设：

1）**Bob可以访问随机源。**这是必要的，因为协议要求Bob能够生成nonce。我们自然也假设这个生成器是"安全的"，以保证其输出的不可预测性。

2）**Alice和Bob已经共享了一个只有他们知道的对称密钥K。**这是必要的，因为协议要求Alice能够生成Bob可以验证的MAC。

3）**Alice和Bob同意使用一种足够安全的MAC算法。**这是必要的，因为如果MAC算法存在缺陷，那么它就不能提供数据源身份认证。

如果Alice和Bob还没有共享一个对称密钥，那么他们需要首先运行一个不同的协议来建立一个通用的对称密钥 K。我们将在9.4节中讨论合适的协议。从技术上讲，如果

Alice 和 Bob 还没有就计算 MAC 使用的足够安全的 MAC 算法达成一致，那么 Alice 可以指出她在回复中使用的 MAC 算法。

2. 协议描述

协议 1 包括以下几个步骤：

1）Bob 执行以下步骤以形成请求：

① Bob 生成一个 nonce r_B（这是图 9-2 中没有描述的一个隐式操作，事实上，Bob 将 r_B 存储起来以备日后检查使用）。

② Bob 将 r_B 与文本“我是 Bob，你还好吗？”连接起来，这个组合数据字符串就是请求。

③ Bob 将请求发送给 Alice。

2）假设 Alice 还处于活动状态并且能够做出回复，那么 Alice 将执行以下步骤以形成回复：

① Alice 将 r_B、标识符 *Bob*、文本“是的，我很好”连接起来，我们把这个组合数据字符串称为*回复文本*（Reply Text）。

② Alice 使用密钥 K 计算回复文本的 MAC（这是一个隐式操作），然后将回复文本连接到 MAC 以形成回复。

③ Alice 将回复发送给 Bob。

3）在收到回复后，Bob 进行以下检查（所有检查都是图 9-2 中未标明的隐式操作）：

① Bob 检查接收到的回复文本，包括连接到其标识符 *Bob* 的有效 r_B（因为他生成了该 r_B 并将其存储在本地数据库中，所以 Bob 可以识别收到的 r_B）和对其查询有意义的响应（在本例中是“是的，我很好”）。

② Bob 用密钥 K（与 Alice 共享）对收到的回复文本计算一个 MAC，并检查它是否与收到的 MAC 匹配。

③如果上述两项检查的结果均令人满意，则 Bob 接受回复并终止协议。这种情况下，我们认为协议成功完成了。

3. 协议分析

如果协议 1 成功完成，现在我们检查它是否满足所需的目标：

1）**Alice 的回复的数据源身份认证**。在我们的第二个假设下，除了 Bob 之外，唯一能够在回复文本上计算出正确 MAC 的实体是 Alice。因此，如果接收到的 MAC 是正确的，那么接收到的 MAC 必须是由 Alice 计算的。因此 Bob 有把握确定回复（其中包括回复文本）是由 Alice 生成的。

2）**Alice 的回复是新的**。回复文本包括 nonce r_B，它是 Bob 在协议开始时生成的。因此，根据 8.2.3 节讨论的原则，可以确定回复是新的。

3）**保证 Alice 的回复对应于 Bob 的请求**。回复中有两项证据证明了这一点：

①首先，最重要的是回复中包含了 nonce r_B，这是 Bob 为这次协议运行生成的。根据我们的第一个协议假设，这个 nonce 不太可能用于另一次协议运行，因此如果在回复中出现了 r_B，Bob 几乎可以确定该回复对应于他的请求。

②回复包含标识符 *Bob*。

同时需要 nonce r_B 和标识符 *Bob* 这两个数据项的原因好像不太充分（第一个似乎已经足够了）。在协议 3 中，我们将讨论如果从该协议中删除标识符 *Bob* 会发生什么。因此，我们推断协议 1 确实满足简单应用的三个安全目标。请注意，我们在 9.1.3 节中描述的密码协议的四个组件在协议 1 中都起着关键作用：

1）**协议假设**。如果协议假设不成立，那么即使协议成功完成，也无法达成安全目标。例如，如果第三方 Charlie 也知道 MAC 的密钥 *K*，那么 Bob 就不能确信回复是来自 Alice 的，因为它可能来自 Charlie。

2）**协议流**。本协议中的两条消息必须以特定的顺序出现，因为在收到请求之前无法形成回复。

3）**协议消息**。如果两条消息的内容发生任何变化，则协议目标可能无法实现。例如，我们将在协议 3 中看到，如果回复文本中遗漏标识符 *Bob* 的话会发生什么。

4）**协议行为**。如果任何一个行为都没有发生，则协议目标无法实现。例如，如果 Bob 没有检查回复文本的 MAC 是否与收到的 MAC 匹配，那么他就无法保证回复的来源。

Alice 确实处于活动状态的非正式保证来自这一事实，即在包括新生成的 nonce 的消息上产生有效的 MAC。只有 Alice 可以生成 MAC，并且因为她要用到 nonce，所以她必须在 Bob 提出请求之后才能计算 MAC。但是，这种非正式的分析在密码分析中是无效的，因为细节更重要。稍后，我们将研究一些似乎满足类似的非正式分析但不满足安全目标的协议。

4. 小结

我们已经看到，协议 1 能够满足安全目标，因此它是一个适合在我们的简单应用中使用的协议。我们将协议 1 作为“基准”协议，后面提到的协议将与之进行比较。我们对协议 1 的描述比对后续协议的描述更详细。通过上述内容，我们希望能够阐述清楚符号以及如何解释表示协议消息和流的数字。

9.3.3 协议 2

图 9-3 展示了第二个候选协议的协议流和消息。

1. 协议假设

如图 9-3 所示，协议 2 与协议 1 很相似。事实上，它们的主要区别体现在协议假设上：

1）**Bob 可以访问随机源**。与协议 1 相同。

2）**Alice 已获得签名密钥，Bob 可以访问与 Alice 签名密钥对应的验证密钥**。这是数字签名方案，相当于协议 1 的第二个假设。

3）Alice 和 Bob 同意使用一种足够安全的数字签名方案。

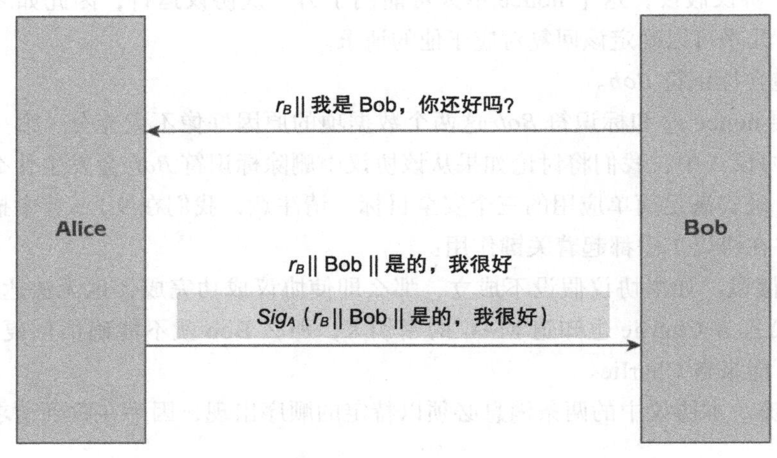

图 9-3　协议 2

2. 协议描述

对协议 2 的描述与协议 1 基本相同，除了以下两点不同：

- Alice 使用签名密钥对回复文本进行数字签名，而不是计算其 MAC。
- Bob 使用他的验证密钥验证 Alice 在回复文本上的数字签名，而不是计算和比较收到的回复文本上的 MAC。

3. 协议分析

对协议 2 的分析与协议 1 相同，除了以下不同：

- **Alice 的回复的数据源身份认证**。在我们的第二个假设下，唯一能够在回复文本上计算出正确数字签名的实体是 Alice。因此，如果她的数字签名被验证，那么接收到的数字签名必然是由 Alice 计算的。由此，Bob 确信回复（以及隐含的回复文本）是由 Alice 生成的。

因此，我们推断协议 2 也满足那三个安全目标。

4. 小结

协议 2 可以被认为是协议 1 的公钥版本。那么哪个更好呢？

- 可以说，特别是在资源受限的环境中，协议 1 具有更高的计算效率，因为计算 MAC 通常比签名和验证数字签名涉及的计算更少。
- 然而，协议 2 的优势是，只要 Bob 可以访问 Alice 的验证密钥，协议 2 就可以在未预先共享密钥的 Alice 和 Bob 之间运行。

这两种协议之间的真正区别在于由不同假设引起的密钥管理问题。我们将在第 10 章和

第 11 章中更详细地讨论这些问题。值得注意的是，这是一个依赖于应用的问题，许多密码协议都有两种不同的“风格”，分别是协议 1 的“风格”和协议 2 的“风格”。一个很好的例子是在 ISO 11770 中标准化的一套认证和密钥建立协议。ISO 11770 第 2 部分中提出的许多采用对称技术进行的协议，在标准的第 3 部分中都有对应的公钥版本协议。

9.3.4 协议 3

从图 9-4 中可以很明显地看出，第三个候选协议的协议流和消息几乎与协议 1 相同。

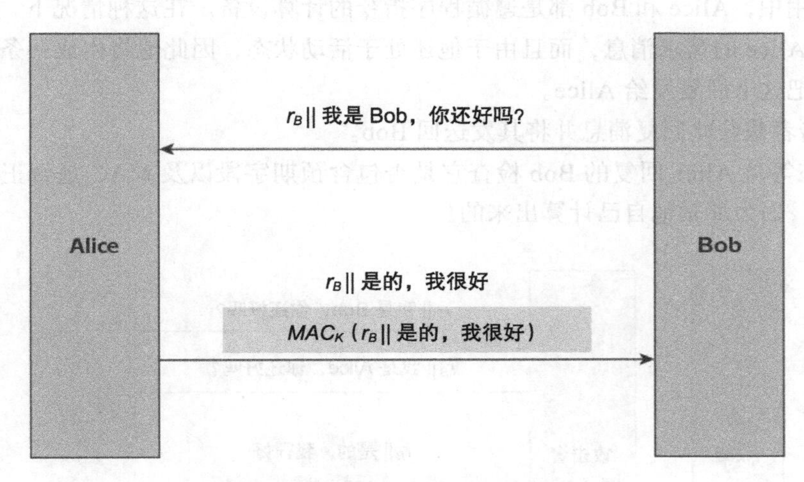

图 9-4 协议 3

1. 协议假设

与协议 1 相同。

2. 协议描述

与协议 1 相同，只是协议 3 省略了回复文本中的标识符 *Bob*。

3. 协议分析

与协议 1 相同，但有如下一点不同：

- **保证 Alice 的回复对应于 Bob 的请求**。如协议 1 所述，因为 r_B 在某种意义上是 Bob 请求的唯一标识符，所以在回复中加入 nonce r_B 似乎可以提供这种保证。但是，有一种攻击可以在某些环境中针对协议 3 发起，这表明上述情况并不总是正确的。在这种攻击中，由于攻击者扮演“镜子”的角色，所以我们称之为针对协议 3 的*反射攻击*（Reflection Attack），如图 9-5 所示。

为了说明反射攻击的工作原理，我们假设攻击者能够拦截并阻止 Alice 和 Bob 之间的所有通信，我们还假设 Bob 通常通过信道而不是显式标识符以识别来自 Alice 的信息。这也许是一个不合理的假设，但我们试图保持假设的简单性。因此，即使 Alice 不再是活动的，攻击者也可以通过在这个信道上发送消息来假装 Alice。反射攻击的工作原理如下：

1）Bob 通过发出请求消息来启动协议 3。

2）攻击者截获请求消息并将其直接发送回 Bob，但将文本“我是 Bob”替换成“我是 Alice”。

3）这时，有人觉得 Bob 会认为接收到包含自己的 nonce r_B 的消息很奇怪，并且肯定会拒绝它。然而，我们必须避免对密码协议的分析进行拟人化，并且回想一下，在这类协议的大多数应用中，Alice 和 Bob 都是遵循程序指令的计算设备。在这种情况下，Bob 只会看到一条来自 Alice 的请求消息，而且由于他还处于活动状态，因此他将生成一条相应的回复消息，然后把这个回复发给 Alice。

4）攻击者截获此回复消息并将其发送回 Bob。

5）正在等待 Alice 回复的 Bob 检查它是否包含预期字段以及 MAC 是否正确。结果当然是正确的，因为那是他自己计算出来的！

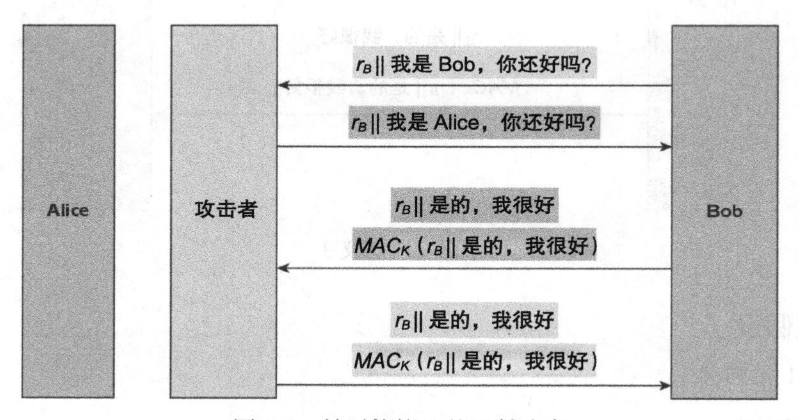

图 9-5　针对协议 3 的反射攻击

我们可以将图 9-5 中描述的反射攻击视为协议 3 的两个嵌套运行：

- 第一次运行由 Bob 发起，询问 Alice 是否还处于活动状态。他以为自己是在和 Alice 一起运行协议，但实际上与他一起运行协议的人是攻击者。
- 第二次运行由攻击者发起，攻击者询问 Bob 是否还处于活动状态。Bob 认为这个请求来自 Alice，但其实来自攻击者。请注意，这次协议 3 的运行开始于第一次运行之后，但在第一次运行结束之前完成。这就是为什么我们将这两次运行描述为“嵌套”。

因此，如果这种反射攻击是可行的，那么协议 3 就不能满足第三个安全目标。需要指出的是，如果反射攻击不可行，那么协议 3 就是安全的。然而，在密码研究的这个阶段，我们应该清楚这不是一个明智的密码设计师应有的态度。如果在某些情况下密码协议可能会失败，那么我们就应该认为该协议是不安全的。

更好的做法是修复协议 3。以下两种修复方案是可行的：

1）**加入一个检查此攻击的操作**。这需要 Bob 记录他目前开启的所有协议 3 会话。然后，他应该检查收到的请求消息是否与他自己启动的任何请求匹配。这是一个麻烦的解决方案，会降低协议 3 的效率。此外，Bob 在协议运行期间需要执行的这些额外操作并不“醒目”，尽管可以在协议描述中清楚地指定它们，但是一些实现可能会忽略它们。

2）**加入一个标识符**。更好的解决方案是在回复中包含某种标识符以防止反射攻击。在请求中这样做是没有意义的，因为它是不受保护的，攻击者可以在不被检测到的情况下更改它。可供使用的标识符很多，最简单的标识符之一是在回复中包含预期收件人的名称。换句话说，在回复文本中添加标识符 *Bob*。这样做，我们就将协议 3 转换成了协议 1。

4. 小结

协议 3 提出了一个重要问题。即使在考虑这样一组简单的协议目标时，我们也遇到了一种巧妙的攻击。设计密码协议时，在协议消息中加入收件人的标识符以防止这类反射攻击通常被认为是一种良好的实践。

还有其他几种常见的针对密码协议的攻击。这些攻击包括**交错攻击**（interleaving attack），即利用多个并行协议会话将消息从一个协议转移到另一个协议上。

我们在 9.2.2 节中曾提到，没有经验的设计者发明自己的密码协议是很危险的，这一说法现在看起来更加合理。

9.3.5 协议 4

图 9-6 展示了第四个候选协议的协议流和消息。

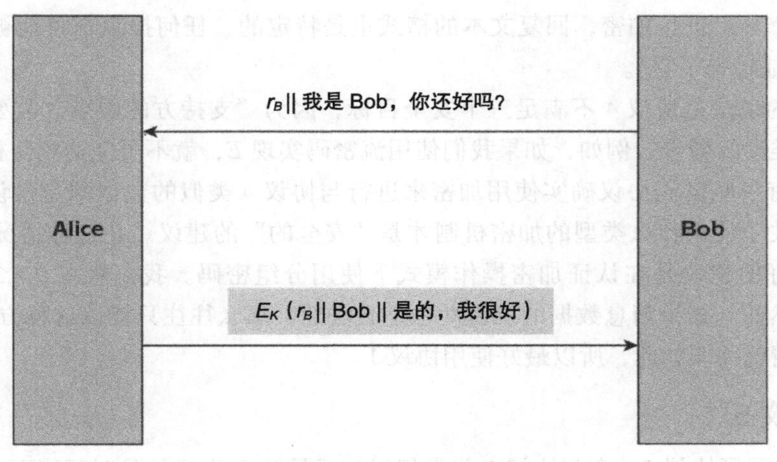

图 9-6 协议 4

1. 协议假设

与协议 1 相同，只是这里我们假设 Alice 和 Bob 已经同意使用某种足够安全的对称加密算法 E（而不是使用 MAC）。请注意，与前面的协议一样，该假设并没有精确地指定应该如何实例化这种加密算法。因此，它可以是流密码或分组密码等。如果它是分组密码，那么它可以使用任何操作模式。我们将很快看到这种含糊不清可能会引起一些问题。

2. 协议描述

对协议 4 的描述与协议 1 相同，但有以下不同：

- Alice 使用 E 和密钥 K 对回复文本进行加密，而不是计算回复文本的 MAC。
- Alice 不向 Bob 发送回复文本。
- Bob 只需解密接收到的加密回复文本，而不用计算和比较回复文本的 MAC。

3. 协议分析

协议 4 的分析与协议 1 的分析完全相同，但 Alice 回复的数据源身份认证问题除外。我们需要考虑是否可以在此上下文中使用加密来提供数据源身份认证。关于这个问题，有两个观点：

1）**反对方的观点**。这也许是纯粹主义者的观点。协议 4 不提供数据源身份认证，因为加密通常不提供数据源身份认证。我们在 6.3.1 节中提出过这个论点。还可以通过密钥管理的纯粹性来说明使用加密提供数据源身份认证存在的固有危险，因为相同的密钥 K 稍后可能用于加密，这违反了密钥分离的原则（参见 10.6.1 节）。

2）**支持方的观点**。在 6.3.1 节中，我们概述了如果使用加密提供数据源身份认证可能出现的一些问题，它们主要出现在无格式的长文本中。但是在这里，回复文本很短，并且具有特定的格式。因此，如果使用诸如 AES 这样的分组密码，回复文本的长度可能小于一个分组，因此不可能进行“分组操纵”。即使回复文本有两个分组的长度，并且使用 ECB 模式对这两个分组进行加密，回复文本的格式也是特定的，任何操纵都可能被 Bob 注意到（当然，假设他检查了它）。

最安全的说法是协议 4 不满足三个安全目标，因为“支持方的观点”需要一些关于所用加密机制类型的警告。例如，如果我们使用流密码实现 E，就不可能达到目标。

标准中有一些密码协议确实使用加密来进行与协议 4 类似的数据源身份认证。这些标准通常包括关于使用什么类型的加密机制才是“安全的”的建议。在这种情况下，如 6.3.6 节所述，最好的建议是在认证加密操作模式下使用分组密码。我们将在 9.4.3 节中看到这样的例子。然而，如果消息数据的机密性也是必需的，那么往往只能以这种方式进行加密。在协议 4 中情况并非如此，所以最好使用协议 1。

9.3.6　协议 5

图 9-7 展示了协议 5，它与协议 1 非常相似，只是 Bob 生成的是时间戳而非 nonce。

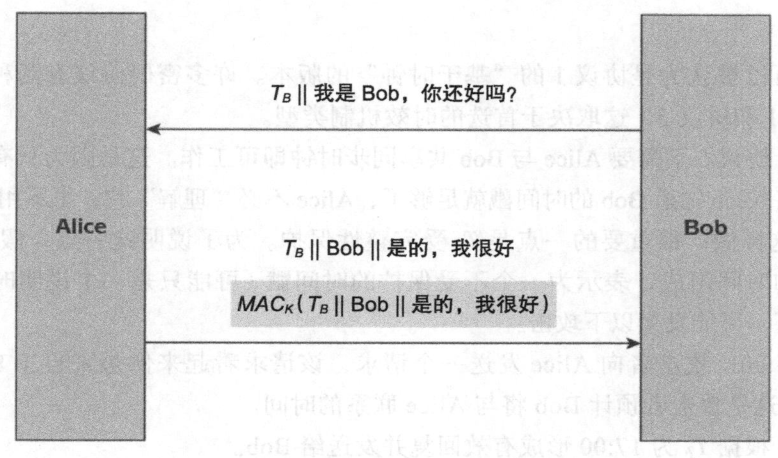

图 9-7 协议 5

1. 协议假设

与协议 1 的假设相同，只是 Bob 不需要具有随机源，而是需要以下内容：

- **Bob 可以生成和验证受完整性保护的时间戳**。这要求 Bob 有一个系统时钟。要求 T_B 受完整性保护意味着，如果没有 Bob 随后检测到这一点，攻击者就不能对其进行操作。我们在 8.2.1 节中讨论了这样做的机制。

2. 协议描述

协议 5 的描述与协议 1 完全相同，只是有以下两个不同：

- Bob 不生成 nonce r_B，而是生成一个受完整性保护的时间戳 T_B，它将包含在（由 Bob 生成的）请求和（由 Alice 生成的）回复中。
- 作为检查回复的一部分，Bob 检查回复文本中是否包含 T_B。

3. 协议分析

对协议 5 的分析与协议 1 类似。

1）**Alice 的回复的数据源身份认证**。与协议 1 相同。

2）**Alice 的回复是新鲜的**。回复文本包括 Bob 在协议开始时生成的时间戳 T_B。因此，根据 8.2.1 节讨论的原则，可以确定回复是新鲜的。

3）**保证 Alice 的回复对应于 Bob 的请求**。回复中有两个证据可以证明这一点：

①回复中包含 Bob 为了这次协议运行生成的时间戳 T_B。假设时间戳具有足够的精度，Bob 不可能为不同的协议会话分配相同的时间戳（或者说，协议会话具有唯一的会话标识符），则 T_B 的存在可确保回复与请求匹配。

②回复中包含防止反射攻击的标识符 *Bob*。

因此，协议 5 满足三个安全目标。

4. 小结

协议 5 可以被认为是协议 1 的“基于时钟”的版本。许多密码协议有两种不同的“风格”，如协议 1 和协议 5，这取决于首选的时效机制类型。

请注意，协议 5 不需要 Alice 与 Bob 共享同步时钟即可工作。这是因为只有 Bob 需要时效机制，因此 Alice 知道 Bob 的时间戳就足够了，Alice 不必“理解”它，更不用验证它。

如果要这样做，很重要的一点是 T_B 受完整性保护。为了说明这一点，假设 T_B 只是由 Bob 时钟上的时间组成，表示为一个不受保护的时间戳（可能只是一个说明时间的文本）。在这种情况下，可能发生以下攻击：

1）在 15:00，攻击者向 Alice 发送一个请求，该请求看起来像是来自于 Bob，但设置 T_B 为 17:00，这是攻击者预计 Bob 将与 Alice 联系的时间。

2）Alice 根据 T_B 为 17:00 形成有效回复并发送给 Bob。

3）攻击者拦截并阻止回复到达 Bob，然后将其存储起来。

4）攻击者用钝器击中 Alice 的头部。（本次攻击也可能会有较不暴力的版本！）

5）17:00 时，Bob 向（最近去世的）Alice 发出一份诚挚的请求。

6）攻击者截获请求并发回先前从 Alice 那里截获的回复。

7）Bob 接受了回复是真实的（事实也确实如此），并假定 Alice 没事（事实上她肯定不是这样）。

只有允许攻击者“操纵”T_B 时，这种攻击才是可能的。如果 T_B 不能用这种方式被操纵，这种攻击就不可能实现。

9.3.7　协议 6

图 9-8 展示了协议 6。

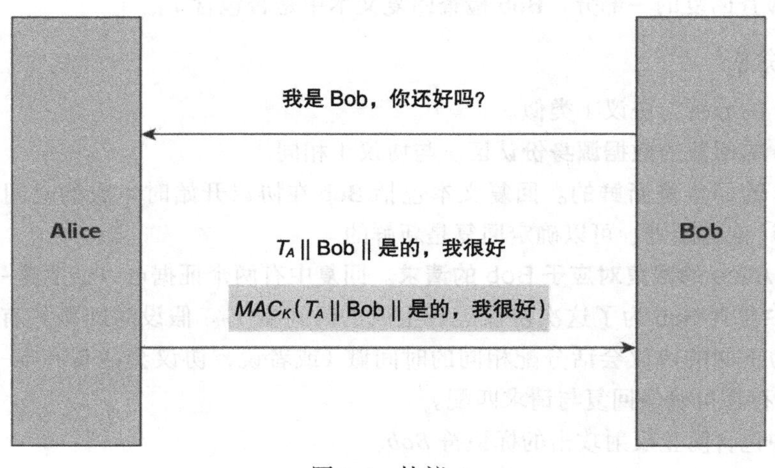

图 9-8　协议 6

1. 协议假设

与协议 1 相同，只是 Bob 不需要具有随机生成器，而是具有以下内容：

- **Alice 可以生成 Bob 可验证的时间戳**。作为这一假设的一部分，我们进一步要求 Alice 和 Bob 具有同步时钟。

2. 协议描述

对协议 6 的描述与对协议 1 的描述稍有不同，所以我们会介绍得更详细一些。

1）Bob 执行以下步骤来形成请求：

① Bob 形成一个简化的请求消息，由文本“我是 Bob，你还好吗？”组成。

② Bob 将请求发送给 Alice。

2）假设 Alice 还处于活动状态并且能够做出回应，Alice 将执行以下步骤来形成回复：

① Alice 生成时间戳 T_A 并将其连接到标识符 *Bob* 和文本“*是的，我很好*”以形成回复文本。

② Alice 使用密钥 *K* 计算回复文本的 MAC，然后将回复文本连接到 MAC 以形成回复。

③ Alice 将回复发送给 Bob。

3）在收到回复后，Bob 将进行以下检查：

① Bob 检查接收的回复文本是否包括与其标识符 *Bob* 连接的时间戳 T_A 以及对其查询有意义的响应（在本例中是“*是的，我很好*”）。

② Bob 验证 T_A，并用自己的时钟检查 T_A 是否包含新鲜的时间。

③ Bob 用密钥 *K* 对收到的回复文本计算 MAC，并检查它是否与收到的 MAC 匹配。

④如果这两项检查都通过了，则 Bob 接受回复并终止协议。

3. 协议分析

对协议 6 的分析与协议 1 相同。

1）**Alice 的回复的数据源身份认证**。与协议 1 相同。

2）**Alice 的回复是新鲜的**。回复文本包括时间戳 T_A，因此，根据 8.2.1 节讨论的原则，可以确定回复是新鲜的。

3）**保证 Alice 的回复对应于 Bob 的请求**。遗憾的是，因为请求不包含任何可用于唯一标识它的信息，所以协议 6 无法保证这一点。

因此，协议 6 不符合所有三个安全目标。

4. 小结

协议 6 只是在技术上失败了。通过在请求消息中添加唯一的会话标识符（该标识符可包含在回复文本中），可以很容易地“修复”它。然而，协议 6 需要比协议 1 更复杂的假设，它对于这个简单的应用来说似乎是不必要的。

9.3.8 协议 7

协议 7 与协议 6 密切相关，如图 9-9 所示。

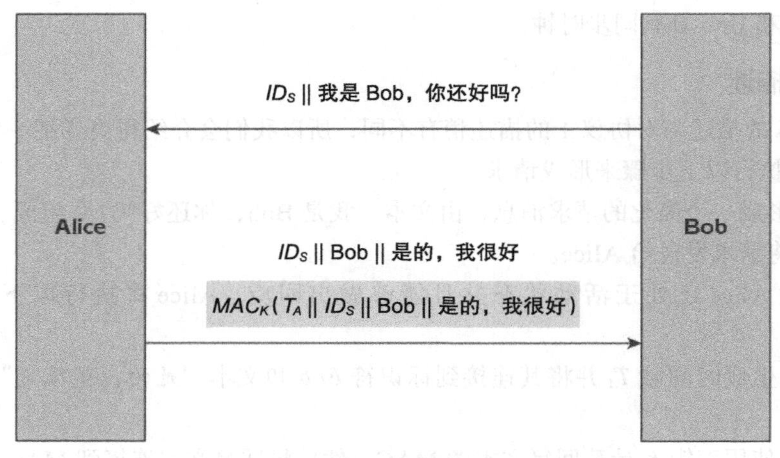

图 9-9　协议 7

1. 协议假设

与协议 6 的相同。

2. 协议描述

对协议 7 的描述与协议 6 几乎相同，不同的是：

- Bob 在请求中包含唯一的会话标识符 ID_S，Alice 在回复文本中包含该 ID_S。这个标识符不一定是随机生成的（不像以前的一些变体中使用的 nonce）。
- Alice 以明文发送的回复文本与 Alice 计算 MAC 的回复文本不同。区别在于后者包含 T_A，前者不包含。

3. 协议分析

对协议 7 的分析与协议 6 类似。包含会话标识符 ID_S 的目的是消除关于回复与请求之间对应关系的顾虑。最初以明文发送的回复文本省略 T_A 只是节省了带宽，原因如下：

- 根据我们的假设，Alice 和 Bob 的时钟是同步的。
- 只要 Bob 接收到检查 MAC 所需的所有关键数据，计算 MAC 的数据就不必与回复文本匹配。

但是存在一个问题，Bob 不知道 T_A。即使他们具有完全同步的时钟，由于通信延迟，Alice 发出 T_A 的时间也不会与 Bob 收到消息的时间相同。因此 Bob 不知道计算 MAC 的所有回复文本，因此无法验证 MAC 以完成数据源身份认证。唯一的选择是 Bob 在一个合理的窗口内检查所有可能的时间戳 T_A，并希望找到一个匹配的时间戳。虽然这样做很低效，但值得注意的是，实际应用有时会使用这种技术，以应对时间延迟和时钟漂移（参见 8.2.1 节）。

4. 小结

和协议 6 一样，协议 7 很容易通过在两条回复文本中都包含 T_A 来修复。尽管如此，这个协议缺陷证明了密码协议对于它们的构成中即使是最轻微的“错误”也是如此敏感。

9.3.9　简单协议的总结

现在我们已经有足够多的协议变体了！上述分析强调了以下几个重点：

1）**没有设计密码协议的正确方法**。在我们研究的七个变体中，其中三个提供了所有三个安全目标，尽管它们有所不同。因此，协议设计的选择取决于对给定的应用环境最合适的假设。

2）**设计密码协议是很困难的**。其中几个协议变体的缺陷是非常微小的。即使此应用是有意简化的，但也可以从中感受到为更复杂的应用设计协议的复杂性。

9.4　认证和密钥建立协议

我们的简单协议的安全目标相当基本，在实际应用中未必会用到这样的协议。然而，对简单协议变体的剖析展示了分析具有更实际的安全目标且更复杂的密码协议所需的技能。

我们现在重新考虑在第 8 章末尾介绍的 AKE 协议（Authentication and Key Establishment，身份认证和密钥建立）。由于 AKE 协议通常必须根据应用的精确需求进行定制，因此实际上已有数百种 AKE 协议被提出。但 AKE 协议的两个主要安全目标始终是：

1）**双向实体认证**，偶尔只是单向实体认证。

2）**建立共享对称密钥**，既可以使用对称密码技术也可以使用公钥技术来实现这一点。

这两个目标需要结合在一个协议中，这并不奇怪。

1）**需要对密钥持有人进行身份认证**。没有实体身份认证，密钥建立就没有意义。很难想象在没有至少一方确定另一方身份的情况下，如何在双方之间建立一个共享对称密钥的应用。实际上，在许多应用中都需要双向实体身份认证。不在密钥建立协议中加入实体身份认证的唯一理由是，在运行密钥建立协议之前已经完成了身份认证。

2）**延长身份认证时间**。同时建立对称密钥可以延长实体身份认证的有效时间。8.3.1 节中曾介绍过，实体身份认证的一个问题是它只在一个瞬间实现。在实践中，我们通常希望这一结果能够持续一段较长的时间（即一次会话）。实现方法之一是将对称密钥的建立与实体身份认证过程绑定。这种方式可以为稍后在会话期间使用密钥提供可信性，即通信是在密钥建立时完成了身份认证的实体之间进行的。因此，我们可以至少在一段时间内维护实体身份认证期间实现的安全上下文。当然，这段时间到底能维持多久是一个主观的和依赖于应用的问题。

9.4.1　典型 AKE 协议目标

现在，我们将 Alice 和 Bob 之间运行的 AKE 协议的一般安全目标分解为更精确的安全目标。它们不是所有 AKE 协议的通用目标，因此我们将其称为“典型”安全目标，在实现 AKE 协议时将达成这些目标：

1）**相互实体认证**。Alice 和 Bob 能够互相验证对方的身份，以确保他们知道是在和谁建立密钥。

2）**相互数据源身份认证**。Alice 和 Bob 可以确定所交换的信息来自对方，而不是攻击者。

3）**共享密钥建立**。Alice 和 Bob 建立一个共享对称密钥。

4）**密钥保密性**。除了 Alice 和 Bob 之外，任何一方都不能在任何时候访问已建立的密钥。

5）**密钥时效**。Alice 和 Bob 应该以较高的概率确保建立的密钥不是以前使用过的密钥。

6）**双向密钥确认**。Alice 和 Bob 应该有一些证据证明他们最终得到的是同一个密钥。

7）**无偏的密钥控制**。Alice 和 Bob 应该确信，任何一方都不能过度影响密钥的生成。

前五个安全目标的动机应该是不言而喻的。最后两个目标较难理解，而且并不总是必需的。

共享密钥建立的目标是 Alice 和 Bob 最终得到相同的密钥。在许多 AKE 协议中，密钥确认是隐式（Implicit）的，Alice 和 Bob 假设他们建立了相同的密钥，因为他们相信协议成功地完成了。通过请求证据证明已建立相同的密钥，相互密钥确认更进了一步。这些证据通常是使用已建立的密钥进行的密码学计算。

共享密钥建立不会对如何生成特定的密钥强加任何要求。因此，在许多情况下，Alice（比如说）生成对称密钥并在 AKE 协议期间将其传输给 Bob 是可以接受的，在这种情况下，Alice 完全控制了密钥的选择。在 Alice 和 Bob 对密钥生成彼此不信任的应用中，需要无偏的密钥控制。例如，Alice 可能会认为 Bob 有可能不小心或故意地选择一个以前用过的密钥。无偏的密钥控制通常通过以下方式实现：

- 使用来自 Alice 和 Bob 的“随机”组件生成密钥，这样他们都无法预测将生成的密钥。这通常被称为**联合密钥控制**（Joint Key Control）。
- 使用可信的第三方生成密钥。

我们选择 AKE 协议的两个系列进行区分。我们认为 AKE 协议有两种不同的运行基础：

1）**密钥协商（Key agreement）**：密钥是根据 Alice 和 Bob 各自提供的信息建立的，我们将在 9.4.2 节中讨论基于密钥协商的 AKE 协议。

2）**密钥分发（Key distribution）**：密钥由一个实体（可以是可信的第三方）生成，然后分发给 Alice 和 Bob，我们将在 9.4.3 节中讨论基于密钥分发的 AKE 协议。

9.4.2 Diffie-Hellman 密钥协商协议

Diffie-Hellman 密钥协商协议（Diffie-Hellman Key Agreement Protocol，以下简称 Diffie-Hellman 协议）是最具影响力的密码协议之一。它不仅早于 RSA 的公开发现，而且现在仍是大多数基于密钥协商的现代 AKE 协议的基础。我们将解释 Diffie-Hellman 的思想，然后介绍一个基于它的 AKE 协议示例。

1. Diffie-Hellman 协议的思想

Diffie-Hellman 协议需要以下两个部分：

- 一个具有特殊性质的公钥密码系统，我们稍后将对此进行讨论。在这个密码系统中，我们分别用（P_A, S_A）和（P_B, S_B）表示 Alice 和 Bob 的公钥与私钥。它们可能是专门为此协议运行生成的临时密钥对，也可能是用于多个协议运行的长期密钥对。
- 一个具有特殊性质的组合函数 F，我们稍后将对此进行讨论。通过一个“组合”函数，我们指的是这样一个数学过程：以两个数字 x 和 y 为输入，输出第三个数字。加法 $F(x, y) = x + y$ 是组合函数的一个例子。

Diffie-Hellman 协议是为还不具备安全信道的环境设计的。实际上，它通常用于建立对称密钥，然后可以使用该对称密钥来保护这样的信道。重要的是，除非另有说明，否则我们假设所有消息的交换都发生在一个不受保护的（公共）信道上，攻击者可以监听该信道，并可能进行修改。Diffie-Hellman 协议背后的基本思想是：

1）Alice 将她的公共密钥 P_A 发送给 Bob。

2）Bob 将他的公共密钥 P_B 发送给 Alice。

3）Alice 计算 $F(S_A, P_B)$。注意，只有 Alice 可以进行此计算，因为这个计算包含 Alice 的私钥 S_A。

4）Bob 计算 $F(S_B, P_A)$。注意，只有 Bob 可以进行此计算，因为这个计算包含 Bob 的私钥 S_B。

公钥密码系统和组合函数 F 的特殊性质是：

$$F(S_A, P_B) = F(S_B, P_A)$$

协议结束时，Alice 和 Bob 将共享这个值，记为 Z_{AB}。正如我们稍后将讨论的，这个共享值 Z_{AB} 可以很容易地转换为所需长度的密钥。由于 Alice 和 Bob 计算 Z_{AB} 都需要私钥，因此它只能由 Alice 或 Bob 计算出来，而不能由监听到协议消息的任何其他人（攻击者）计算出来。请注意，这是真的，尽管攻击者会看到 P_A 和 P_B。

Diffie-Hellman 协议的一个令人惊讶之处在于，在不共享任何机密信息的情况下，Alice 和 Bob 能够仅通过公共信道进行通信而共同创造一个秘密值。它在 1976 年被首次提出时是一个具有革命性的想法，直到现在它仍然稍微违反直觉。但正是这个性质使得

Diffie-Hellman 协议非常有用。

2.Diffie-Hellman 协议的示例

为了完全确定 Diffie-Hellman 协议，我们需要找到合适的公钥密码系统和函数 F。幸运的是，我们不需要任何新的公钥密码系统来描述 Diffie-Hellman 协议最常见的实例。这是因为 ElGamal 密码系统（见 5.3 节）正好具备我们需要的属性。同样幸运的是，所需的函数 F 非常简单。

正如 5.3.4 节对 ElGamal 的描述，我们可以选择两个公共的系统参数：

- 一个大素数 p，通常长度至少为 2048 位。
- 一个特殊的数字 g（原根）。

Diffie-Hellman 协议如图 9-10 所示，其过程如下（请注意，所有的计算都是模 p 进行的，因此为方便起见，我们在每个计算中都省略了 mod p。关于求幂的基本规则，请参见 1.6.1 节）：

1）Alice 随机生成一个正整数 a 并计算 g^a。这实际上是一个临时的 ElGamal 密钥对。Alice 把她的公钥 g^a 发给 Bob。

2）Bob 随机生成一个正整数 b 并计算 g^b。Bob 把他的公钥 g^b 发给 Alice。

3）Alice 用 g^b 和她的私钥 a 来计算 $(g^b)^a$。

4）Bob 使用 g^a 和他的私钥 b 来计算 $(g^a)^b$。

5）我们需要的特殊组合函数的性质是：先计算一个数的 a 次幂，然后计算结果的 b 次幂，其结果与先计算一个数的 b 次幂，然后计算结果的 a 次幂相同，这意味着：

$$(g^a)^b=(g^b)^a=g^{ab}$$

此时，Alice 和 Bob 在这个协议结束时得到了相同的值。

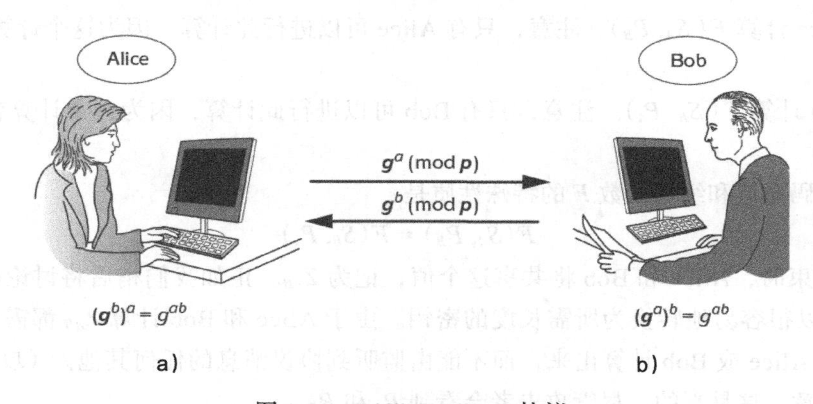

图 9-10　Diffie-Hellman 协议

有几个重要问题需要注意：

1）人们普遍认为，不知道 a 或 b 的人无法计算出共享值 $Z_{AB}=g^{ab}$。监听通信信道的攻

击者只能看到 g^a 和 g^b。5.3.3 节介绍过，由于离散对数问题的困难性，攻击者无法根据该信息计算出 a 或 b。

2）Diffie-Hellman 协议的主要目的是建立一个通用的加密密钥 K_{AB}。共享值 $Z_{AB}=g^{ab}$ 本身不太可能在实际应用中作为密钥，原因如下：

- Z_{AB} 的长度不太可能等于加密密钥的正确长度。如果我们使用具有 2048 位的 p 运行 Diffie-Hellman 协议，那么共享值也将是 2048 位，这比典型的对称密钥要长得多。
- 在经过运行 Diffie-Hellman 协议来计算 Z_{AB} 的努力后，Alice 和 Bob 可能希望使用 Z_{AB} 来建立几个不同的密钥。因此，他们可能不想直接将 Z_{AB} 用作密钥，而是将其用作派生几个不同密钥的种子（见 10.3.2 节）。这背后的基本原理是，在计算和通信方面，Z_{AB} 的生成成本相对较高，而派生密钥 K_{AB} 的生成成本相对较低。

3）我们所描述的协议只是 Diffie-Hellman 协议的一个实例。从理论上讲，对于任何具有特定属性的公钥密码系统，只要能找到合适的组合函数 F，就可以用来生成 Diffie-Hellman 协议的一个版本。在这种情况下：

- ElGamal 的特殊属性是不同用户的公钥是模 p 后相同的数字，这意味着它们可以以不同的方式组合。
- 组合函数 $F(x, g^y)=(g^y)^x$ 具有特殊的性质，即按照哪个顺序求幂是无关紧要的，因为

$$F(x, g^y)=(g^y)^x=(g^x)^y=F(y, g^x)$$

并非使用任何公钥密码系统中的密钥对都可以实例化 Diffie-Hellman 协议。特别是不能使用 RSA 密钥对，因为在 RSA 中，每个用户都有自己的模数 n，这使得很难以上述方式组合 RSA 密钥对。所以，与 7.3.4 节的介绍相反，这次 ElGamal 是“特殊的”。请注意，Diffie-Hellman 协议的另一个重要表现形式是使用基于椭圆曲线的 ElGamal 变体（见 5.3.5 节），从而产生具有较短密钥和占用较低通信带宽的协议。

3. Diffie-Hellman 协议的分析

现在我们将针对在 9.4.1 节中确定的典型 AKE 协议的安全目标测试 Diffie-Hellman 协议。

1）**相互实体认证**。Diffie-Hellman 协议中没有任何内容可以保证任何一方在与谁通信。协议运行生成的值 a 和 b（和生成的 g^a 和 g^b）不能绑定到 Alice 和 Bob。而且，没有任何措施保证这些值是新鲜的。

2）**相互数据源身份认证**。无法提供，理由与上述相同。

3）**共享密钥建立**。Alice 和 Bob 确实在 Diffie-Hellman 协议的末尾建立了一个共享的对称密钥，因此这一目标得以实现。

4）**密钥保密性**。共享值 $Z_{AB}=g^{ab}$ 和由 Z_{AB} 生成的密钥 K_{AB} 不能由 Alice 或 Bob 之外的任何人计算得到。因此这一目标得以实现。

5）**密钥时效**。假设 Alice 和 Bob 选择新鲜的私钥 a 和 b，那么 Z_{AB} 也应该是新鲜的。

实际上，只要 Alice 和 Bob 中的一方选择一个新鲜的私钥就足够了。

6）**双向密钥确认**。无法提供，因为任何一方都没有获得明确的证据证明另一方构建了相同的共享值 Z_{AB}。

7）**无偏的密钥控制**。Alice 和 Bob 都为 Z_{AB} 的生成做出了贡献。从技术上讲，如果 Alice 在 Bob 生成 b 之前将 g^a 发送给 Bob，那么 Bob 可以"自由挑选"多个 b 的候选选项，直到找到一个 b 使 $Z_{AB}=g^{ab}$ 是他喜欢的值为止。这种类型的"攻击"在某种程度上只在理论层面可行，因为实践中所涉及的数值太大以至于很难实施（Bob 可能不得不尝试非常多的 b）。因此，似乎有理由认为实现了联合（因此是无偏的）密钥控制，因为 Bob 可以进行的任何"操纵"在大多数情况下都是不自然的。

从上述分析来看，Diffie-Hellman 协议实现了与密钥建立相关的目标，而不是与认证相关的目标。现在我们将证明这存在很大的问题，如果不进一步修改，Diffie-Hellman 协议的基本版本通常不会被使用。

4. 针对 Diffie-Hellman 协议的中间人攻击

中间人攻击（Man-in-the-Middle Attack）适用于攻击者（参见图 9-11 中的 Fred）可以截获和更改 Alice 与 Bob 在通信信道上发送的消息的情况。这可以说是针对密码协议的最著名的攻击，任何密码协议的设计者都需要采取措施来防止这种攻击。

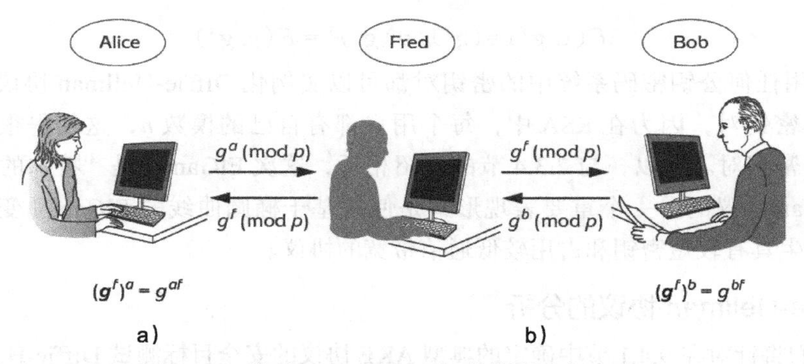

图 9-11　针对 Diffie-Hellman 协议的中间人攻击

中间人攻击的工作流程如下（其中所有计算均模 p）：

1）Alice 开始正常运行图 9-10 中描述的 Diffie-Hellman 协议。她随机生成一个正整数 a 并计算 g^a。Alice 将 g^a 发送给 Bob。

2）Fred 在消息到达 Bob 之前截获该消息，生成正整数 f，并计算 g^f。Fred 声称自己是 Alice，并把 g^f 而不是 g^a 传给 Bob。

3）Bob 继续执行 Diffie-Hellman 协议，好像没有任何事情发生。Bob 随机生成一个正整数 b 并计算 g^b。Bob 将 g^b 发送给 Alice。

4）Fred 在这条消息到达 Alice 之前截获了它。然后 Fred 声称自己是 Bob，并把 g^f 而

不是 g^b 发给 Alice。

5）Alice 现在相信 Diffie-Hellman 协议已经成功完成。她用 g^f 和她的私有整数 a 来计算 $g^{af}=(g^f)^a$。

6）Bob 也认为协议已经成功完成。他用 g^f 和 b 来计算 $g^{bf}=(g^f)^b$。

7）Fred 计算 $g^{af}=(g^a)^f$ 和 $g^{bf}=(g^b)^b$。现在，他有两个不同的共享值：与 Alice 共享的 g^{af} 和与 Bob 共享的 g^{bf}。

在这个中间人攻击结束时，三个实体持有不同的观点：

- Alice 认为她与 Bob 建立了共享值。但她错了，因为她建立的是与 Fred 的共享值。
- Bob 认为他与 Alice 建立了共享值。但他也错了，因为他建立的是与 Fred 的共享值。
- Fred 正确地认为，他建立了两个不同的共享值，一个与 Alice 共享，另一个与 Bob 共享。

请注意，在这个中间人攻击结束时，如果 Fred 没有干涉，他无法确定 Alice 和 Bob 建立的共享值 g^{ab}，因为受到离散对数问题难度的保护，a 和 b 对他来说都是秘密的。尽管如此，Fred 现在仍处于一个强势地位：

- 如果 Fred 的目标只是破坏 Alice 和 Bob 之间的密钥建立过程，那么他已经成功了。如果 Alice 从 g^{af} 中派生出一个密钥 K_{AF}，然后使用该密钥加密一条消息发给 Bob，Bob 将无法成功解密，因为他从其共享值 g^{bf} 派生出的密钥 K_{BF} 不同于 K_{AF}。
- 如果 Fred 仍处于通信信道中，就会出现更加严重的情况。在这种情况下，如果 Alice 使用密钥 K_{AF} 对发送给 Bob 的明文加密，Fred（唯一可以同时获得 K_{AF} 和 K_{BF} 的人）可以使用 K_{AF} 对密文进行解密以获得明文。然后他可以使用 K_{BF} 重新加密明文并将其发送给 Bob。通过这种方式，Fred 可以在不被发现的情况下"监视" Alice 和 Bob 之间的加密通信。

这种中间人攻击只有在 Alice 和 Bob 都无法确定在 Diffie-Hellman 协议运行期间从谁那里接收了消息的情况下才能成功。为了解决这个问题，我们需要加强 Diffie-Hellman 协议，使其满足 9.4.1 节中的认证目标以及密钥建立目标。

5. 基于 Diffie-Hellman 的 AKE 协议

尽管我们在 9.4.2 节中描述的基本 Diffie-Hellman 协议不提供身份认证，但仍有许多不同的方法可以对其进行调整。

我们现在描述一种构建身份认证的方法。*站到站*（Station To Station，STS）协议进一步假设 Alice 和 Bob 各自建立了长期签名 / 验证密钥对，并且他们的验证密钥已经证书化（参见 11.1.2 节）。简化的 STS 协议如图 9-12 所示，步骤如下（其中所有计算均模 p）：

1）Alice 随机生成一个正整数 a 并计算 g^a。Alice 将 g^a 连同用于她的验证密钥的证书 *CertA* 一起发送给 Bob。

2）Bob 验证证书 *CertA*。如果验证通过，那么 Bob 随机生成一个正整数 b 并计算 g^b。

然后，Bob 对一条由 Alice 的名字、g^a 和 g^b 组成的消息进行数字签名。接下来，Bob 向 Alice 发送 g^a，以及他的验证密钥的证书 *CertB* 和经过签名的消息。

3）Alice 验证证书 *CertB*。如果验证通过，那么她使用 Bob 的验证密钥来验证签名的消息。如果验证通过，她会对一条由 Bob 的名字、g^a 和 g^b 组成的消息进行数字签名，然后将其发送给 Bob。最后，Alice 使用 g^b 和她的私钥 a 计算 $(g^b)^a$。

4）Bob 使用 Alice 的验证密钥来验证他刚刚收到的签名消息。如果验证通过，那么 Bob 使用 g^a 和他的私钥 b 计算 $(g^a)^b$。

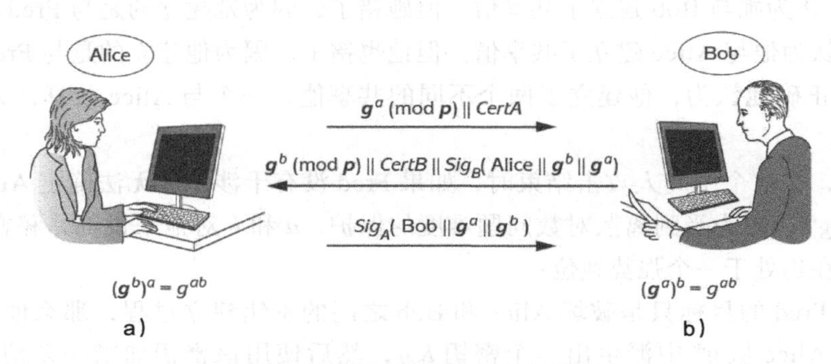

图 9-12　站到站（STS）协议

除前两项外，STS 协议实现 9.4.1 节目标的程度与基本的 Diffie-Hellman 协议相同（换句话说，除了密钥确认外，其他都满足）。现在还需要检查前两个身份认证目标是否已经实现：

1）**相互实体认证**。由于 a 和 b 是随机选择的私钥，因此 g^a 和 g^b 也是有效的随机生成的值。因此，我们可以将 g^a 和 g^b 视为 nonce（见 8.2.3 节）。在第二个 STS 协议消息的末尾，Alice 在包含 "nonce" g^a 的消息上收到 Bob 的数字签名。同样，在第三个 STS 协议消息的末尾，Bob 在包含 "nonce" g^b 的消息上收到 Alice 的数字签名。因此，根据我们在 8.2.3 节中讨论的原则，相互实体认证得到支持，因为 Alice 和 Bob 都使用只有自己才知道的密钥在对方生成的 nonce 上进行密码学计算。

2）**相互数据源身份认证**。这是支持的，因为在主消息中交换的重要数据是经过数字签名的。

因此，与基本的 Diffie-Hellman 协议不同，STS 协议满足 9.3.1 节的前五个典型 AKE 协议目标。事实上，STS 协议的完整版本（我们在图 9-12 中提供了一个简化版本）还通过使用由 g^{ab} 生成的密钥 K_{AB} 加密两个数字签名来提供双向密钥确认。通过正确地解密每个签名，Alice 和 Bob 就可以保证对方已经建立了 K_{AB}。

6. Diffie-Hellman 协议的版本

Diffie-Hellman 协议可以通过几种不同的方式实现，因此有必要熟悉一些相关术语。

1）**静态 Diffie-Hellman 协议**。在静态版本中，Alice 和 Bob 在每次运行协议时，使用固定（“长期”）私钥生成 Diffie-Hellman 的共享秘密值 Z_{AB}。在这种情况下，Z_{AB} 在每个场合下都是相同的（“静态的”）。注意，这并不一定意味着每次运行时从 Z_{AB} 计算出的密钥都是相同的，因为 Alice 和 Bob 可以从相同的共享秘密值 Z_{AB} 中派生出不同的密钥。

2）**暂态（Ephemeral）Diffie-Hellman 协议**。在暂态版本中，Alice 和 Bob 在每次运行协议时，使用临时私钥生成 Diffie-Hellman 的共享秘密值 Z_{AB}。在这种情况下，Z_{AB} 在每个场合下都是不同的。暂态 Diffie-Hellman 的主要优点是它提供了完全前向保密性（Perfect Forward Secrecy，见 9.4.4 节）。请注意，一般来说，如果一个密码学密钥仅在一个场合中（或在一个会话中）使用，然后就被丢弃，那么它就是暂态的。

3）**椭圆曲线 Diffie-Hellman（ECDH）协议**。这包括基于椭圆曲线（而不是本章使用的模 p 运算）的 Diffie-Hellman 协议的任何版本（见 5.3.5 节）。注意，ECDH 本身可以实现为协议的静态版本或暂态版本。

9.4.3 基于密钥分发的 AKE 协议

STS 协议是一种基于密钥协商和公钥密码技术的 AKE 协议。我们现在将研究一个基于密钥分发和对称密码的 AKE 协议。本协议是 ISO 9798-2 的简化版，涉及使用**可信的第三方**（Trusted Third Party，TTP）。

1. 协议描述

这个 AKE 协议背后的思想是 Alice 和 Bob 都信任 TTP。当 Alice 和 Bob 希望建立一个共享密钥 K_{AB} 时，他们会要求 TTP 为他们生成一个密钥，然后再将该密钥安全地分发给他们。协议涉及以下假设：

- Alice 已经与 TTP 建立了长期共享对称密钥 K_{AT}。
- Bob 已经与 TTP 建立了长期共享对称密钥 K_{BT}。
- Alice 和 Bob 都能随机生成 nonce。

关于使用的加密机制的类型还有一个进一步的假设，我们将在考虑数据源身份认证时讨论这一点。该协议如图 9-13 所示，其过程如下：

1）Bob 随机生成一个 nonce r_B 并将其发送给 Alice 来启动协议。

2）Alice 随机生成一个 nonce r_A，然后向 TTP 发送对称密钥请求。这个请求包括 Alice 和 Bob 的名字，以及两个 nonce r_A 和 r_B。

3）TTP 生成一个对称密钥 K_{AB}，然后对其进行两次加密。第一个密文是为 Alice 设计的，使用 K_{AT} 加密。明文由 r_A、K_{AB} 和 Bob 的名字组成。第二个密文是为 Bob 设计的，使用 K_{BT} 加密。明文由 r_B、K_{AB} 和 Alice 的名字组成。这两个密文被发送给 Alice。

4）Alice 使用 K_{AT} 解密第一个密文，并检查它是否包含 r_A 和 Bob 的名字。然后，提取 K_{AB}，再产生一个新的 nonce r_A'。接下来，她用 K_{AB} 加密 r_A' 和 r_B 生成一个新的密文。最后，她将从 TTP 收到的第二个密文和她刚刚创建的新密文转发给 Bob。

5）Bob 使用 K_{BT} 解密他收到的第一个密文（即 Alice 从 TTP 处收到的第二个密文），检查它是否包含 r_B 和 Alice 的名字，并提取 K_{AB}。然后，他用 K_{AB} 解密第二个密文，检查它是否包含 r_B，并提取 r_A'。最后，他用 K_{AB} 加密 r_B、r_A' 和 Alice 的名字，并把这个密文发送给 Alice。

6）Alice 用 K_{AB} 解密密文，检查明文是否由 r_B、r_A' 和 Alice 的名字组成。如果是，协议将成功结束。

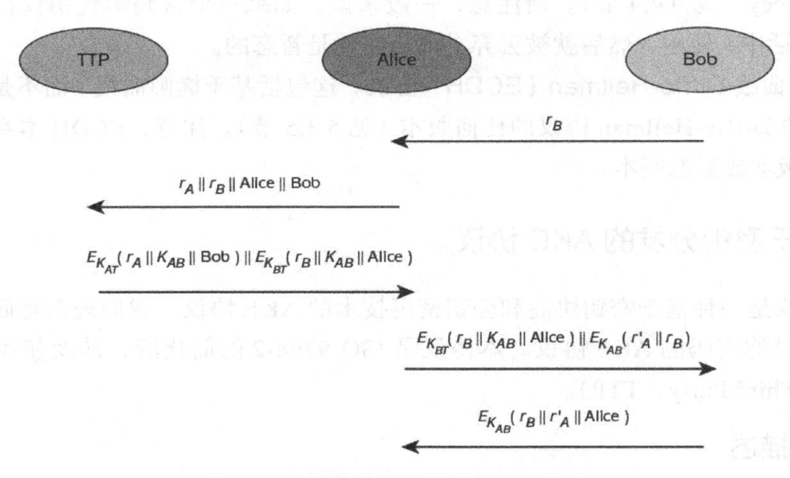

图 9-13　ISO 9798-2 中的 AKE 协议

2. 协议分析

我们现在分析该协议是否满足 9.3.1 节中指定的 AKE 协议的典型目标。

（1）相互实体认证

我们将把它分为两个独立的部分。

1）首先，我们站在 Bob 的立场上分析。在第四个协议消息的末尾，Bob 收到的第二个密文包含加密版本的 nonce r_B。因此，这个密文是新鲜的。但是由谁加密呢？加密它的人一定掌握密钥 K_{AB}。Bob 成功地使用 K_{BT} 解密了密文，从而获得了此密钥，进而得到由 r_B、K_{AB} 和 Alice 的名字组成的格式正确的明文消息。因此，Bob 可以确定这个密文来自 TTP，因为除了 Bob 之外，TTP 是唯一知道 K_{BT} 的实体。此明文的格式本质上是一个 TTP 的“断言”，即密钥 K_{AB} 是新发行的（因为包含了 r_B），用于 Bob（因为它是使用 K_{BT} 加密的）和 Alice（因为包含了 Alice 的名字）之间的通信。因此，加密第四个协议消息中第二个密文的实体一定是 Alice，因为 TTP 声称只有 Alice 和 Bob 可以访问 K_{AB}。因此 Bob 可以肯定他刚刚在和 Alice 通信。

2）从 Alice 的立场上分析是类似的。在最后一条协议消息的末尾，Alice 收到了一个加密版本的 nonce r_A'。因此，使用 K_{AB} 加密的这个密文是新鲜的。在第三个协议消息中，Alice 从 TTP 处接收到一个断言，即 K_{AB} 是新发行的（因为包含 r_A），用于 Alice（因为它使用 K_{AT} 加密）和 Bob（因为包含了他的名字）之间的通信。因此，加密最后一条协议消息的实体一定是 Bob，因为 TTP 已经声明只有 Alice 和 Bob 可以访问 K_{AB}。因此，Alice 可以肯定他刚刚在和 Bob 通信。

请注意，我们断言只有 Alice 和 Bob 可以访问 K_{AB}。当然，前提是假设 TTP 不是"假冒的"，因为 TTP 也知道 K_{AB}。然而这个协议的要点是，TTP 是值得信任的，不会做出这种不当行为。

（2）相互数据源身份认证

这很有趣，因为我们在整个协议中使用对称加密，并且显然没有使用任何机制来显式地提供数据源身份认证，例如 MAC。虽然对称加密通常不提供数据源身份认证，但请回忆一下我们在 9.3.5 节中对协议 4 的分析中提到的"支持方的论点"。在我们当前的协议中，明文的格式是严格的，而且相当短，因此只要使用像 AES 这样足够安全的分组密码，就可以合理地声称仅仅通过加密就提供了数据源身份认证。然而，标准 ISO 9798-2 更进一步地规定了在本协议中使用的"加密"必须确保基本上提供了数据源身份认证。一种方法是使用认证加密原语，如 6.3.6 节中讨论的那些。因此这一目标也得以实现。

（3）共享密钥建立

协议结束时，Alice 和 Bob 建立了 K_{AB}，实现了这个目标。

（4）密钥保密

只有知道 K_{AT}、K_{BT} 或 K_{AB} 的实体才能访问密钥 K_{AB}，即（可信的）TTP、Alice 或 Bob。所以这个目标得以实现。

（5）密钥时效

只要 TTP 生成一个新鲜的密钥 K_{AB}，这个目标就得以实现。同样，我们相信 TTP 会做到这一点。

（6）双向密钥确认

Alice 和 Bob 都通过使用 K_{AB} 加密明文来证明他们掌握 K_{AB}（Alice 在第四个协议消息中；Bob 在最后一个协议消息中）。因此，两者都确认他们知道共享密钥。

（7）无偏的密钥控制

因为 K_{AB} 是由 TTP 生成的，因此这一目标得以实现。

由此我们得出结论，9.4.1 节的所有目标都得到实现。广泛部署的 Kerberos 协议使用类似的 AKE 协议。

9.4.4 完全前向保密性

9.4.1 节中提到的典型 AKE 协议目标不是通用的，因为许多应用都有特定的需求，这些需求导致要指定更加精确的要求。在涉及长期和短期密钥的协议中，都可能出现需要其他附加目标的情况。如果长期密钥的泄露不影响在长期密钥泄露之前使用的短期密钥的安全性，则这种协议提供了完全前向保密性。此属性可以防御攻击者进行下面的攻击：

1）记录先前的协议运行和随后在先前建立的短期密钥保护下传输的所有加密通信。

2）一段时间后，（无论以何种方式）成功地获得了一个重要的长期密钥。

3）尝试使用此长期密钥来确定以前的短期密钥。

4）使用这些短期密钥来解密之前记录的受其保护的加密流量。

因此，完全前向保密设计是为了防止敌方监视和存储加密通信，并希望在将来某个时刻获得长期密钥，从而使他们可以访问受保护的数据。

我们有必要反思一下前面提到的一些协议，考虑它们是否提供完全前向保密性：

- 图 9-12 中的 STS 协议涉及长期签名密钥，并根据新生成的共享值 g^{ab} 建立短期密钥。由于长期密钥仅用于在协议运行期间对值进行签名，所以长期密钥的泄露将不会影响先前协议运行时由共享值 g^{ab} 生成的密钥的信息。因此，STS 协议提供了完全前向保密性。
- 一般来说，Diffie-Hellman 协议的暂态版本提供了完全前向保密性，而静态版本则没有。
- 图 9-13 中的 ISO 9797-2 协议通过使用长期密钥 K_{AT} 和 K_{BT} 对短期密钥 K_{AB} 进行加密以保护 K_{AB}。这些长期密钥中的任何一个被泄露都将导致攻击者解密使用过去的 K_{AB} 加密的所有先前记录的密文。因此，该 AKE 协议不提供完全前向保密性。

9.5　总结

在本章中，我们讨论了密码协议，它为密码学原语提供了一种组合方式，能够针对特定的应用环境对复杂的安全目标集进行定制。我们重点介绍了一个简单但人为设计的应用，以证明可以用许多不同的方法来设计密码协议，以及密码协议的安全性有多敏感。然后，我们研究了 AKE 协议的重要家族。

本章的目的是介绍设计和分析密码协议的技术。有两个重要的注意事项：

1）除了专家之外，我们不建议任何人尝试设计自己的密码协议。除非没有可用的方案，否则应使用标准密码协议。众所周知，设计一个安全的密码协议是非常困难的，因为正如我们所看到的那样，即使对安全的协议进行细微的更改也会导致协议变得不再安全。

2）我们所有的协议分析都是非形式化的。有许多可用的技术试图正式证明密码协议的安全性。虽然它们需要与自己的一些警告相关联（见 3.2.5 节），但与我们在本章中进行的非形式化分析类型相比，使用它们更可取。当然，正如我们所看到的，非形式化分析通常足以确定密码协议的不安全性。

9.6 进一步的阅读

所有关于密码学的书都以密码协议为重点，但提供协议的导引或讨论协议的应用的书却很少。有关应用密码协议的介绍可在 Ferguson, Schneier 和 Kohno [72] 中找到。

大多数重要的密码协议本质上都是 AKE 协议。Boyd 和 Mathuria [28] 对设计 AKE 协议的不同方法进行了全面概述。Menezes、Van Oorschot 和 Vanstone [150] 用一章介绍了 AKE 协议。Dent 和 Mitchell [48] 总结了 AKE 协议的最重要的标准，包括基于实体身份认证的 ISO/IEC 9798 [128] 和基于密钥建立的 ISO/IEC 11770 [117] 中出现的标准。流行的 Kerberos 协议在 RFC4120 [158] 中被标准化。SSL/TLS 是使用最广泛的 AKE 协议之一（见 12.1 节）。Diffie 和 Hellman [52] 首次提出了具有广泛影响力的 Diffie-Hellman 协议，在 RFC 2631 [198] 和 PKCS# 3 [208] 中都有所涵盖。CrypTool [45] 包括了 Diffie-Hellman 的模拟。STS 协议由 Diffie、Van Oorschot 和 Wiener [54] 制定。基于 Diffie-Hellman 的一个流行的 AKE 协议是 Internet 密钥交换协议（IKE），它在 RFC 4306 [135] 中被制定。

密码学的每一个应用都涉及某种类型的密码协议。我们引用的一组有趣的密码协议是可信计算协议，例如 Mitchell [61]。O'Mahony、Peirce 和 Tewari [181] 描述了一系列用于电子支付方案的密码协议。手动身份认证（Manual Authentication）协议涉及人类用户的操作，这些功能在 ISO/IEC 9798 [128] 中体现，并用于蓝牙安全 [24]。在第 12 章中讨论密码应用时，我们将研究另外几种密码协议。

9.7 练习

1. 在日常生活中，我们必须执行许多协议，一个例子是购买房产。解释此协议（如果你不熟悉购买协议，可以选择不那么复杂的租赁房屋协议），请确保你提到了以下内容：
   - 涉及的实体。
   - 协议假设。
   - 协议流。
   - 协议消息。
   - 协议行为。
2. 一个常见的安全目标是用以下方式从 Alice 向 Bob 发送一条消息，即没有其他人能够阅读该消息，并且 Bob 可以确保他收到的消息确实来自 Alice。
   （1）确定一个简单的密码协议的目标，以满足这个安全目标。
   （2）指定仅基于对称加密的简单密码协议，该协议旨在满足这些目标，包括协议中涉及的假设、流、消息和行为。
3. 提供一些密码协议由于以下原因未能提供其预期安全服务的例子：
   （1）协议假设。

（2）协议消息。

（3）协议行为。

4. 根据 9.3.2 节中的协议 1 设计一个协议，除了现有的协议目标外，该协议还允许 Alice 确认 Bob 处于活动状态。

5. 密码协议的安全目标是使 Alice 能够以如下方式向 Bob 发送高度机密的电子邮件：

- Bob 可以向 Charlie 证明电子邮件来自 Alice。
- Alice 收到 Bob 收到的确认邮件。

（1）确定协议目标。

（2）提出实现这些目标的简单密码协议（包括假设、流、消息和行为）。

6. 设 $p = 23$ 和 $g = 11$ 为 Diffie-Hellman 协议的系统参数。

（1）证明如果 Alice 选择 $a = 2$，Bob 选择 $b = 4$，那么按照 Diffie-Hellman 协议，他们建立了相同的秘密值。

（2）Alice 和 Bob 可以直接从这个共享秘密值中安全生成的对称密钥的最大长度是多少？

（3）解释攻击者 Fred 如何使用 $f = 3$ 进行中间人攻击。

7. 中间人攻击不仅适用于 Diffie-Hellman 协议。

（1）解释中间人攻击如何攻击一般密码协议。

（2）是否有可能根据 8.5 节所述的挑战 - 响应对动态密码方案进行有意义的中间人攻击？

8. 对于 9.4.1 节中定义的每个典型 AKE 协议目标，解释如果 AKE 协议未能提供该目标，会出现什么问题。

9. 了解有关 Kerberos 协议的知识。这个协议有不同的版本，但是它们以大致相似的方式工作。

（1）使用 Kerberos 协议的目的是什么？

（2）Kerberos 协议中涉及哪些实体？

（3）在使用 Kerberos 协议之前，需要进行哪些假设？

（4）非形式化地描述 Kerberos 协议的协议流和消息。

（5）解释 Kerberos 协议满足 9.4.1 节中典型 AKE 协议目标的程度。

10. 重点考虑 9.4.3 节中的协议，使用基于时钟的时效机制而不是 nonce 来设计类似的 AKE 协议。

11. 假设两个不同的密码协议实现了相同的协议目标，因此可以从安全的角度论证它们是等效的。从效率的角度来看，你建议使用什么标准比较这两个协议？

12. 如果某些协议消息接收不正确或协议行为失败，则通常认为密码协议一定失败。继续进行的一个选择是简单地重新运行协议。通过一些说明性的例子，解释为什么直接重新运行协议并不总是最好的方法。

13. 众所周知，设计密码协议是很难的。提供对试图建立密码协议的形式化安全性所采取的不同方法的非形式化解释。

14. 本章讨论的大多数密码协议都是 AKE 协议，其主要目标是实体认证和密钥建立。找到至少两个不是 AKE 协议的密码协议示例。对于每种协议：

（1）确定主要协议目标。

（2）简要说明实现这些目标所使用的密码机制。

15. 完全前向保密性提供了一些保护，以防将来某个时候长期密钥被泄露。

（1）你认为密码学中的哪些应用从完全前向保密性中获益最多？

（2）描述在实际应用中发生的事件，如果提供了完全前向保密性，该事件可能会被阻止。

（3）举例说明当前广泛使用的支持完全前向保密性的密码协议。

（4）在问题3确定的示例中，是否默认启用完全前向保密性，或者你必须选择使用它？

16. 在9.3.4节中，我们提到了对密码协议的交叉攻击，可以针对协议的并行执行发起该攻击。

（1）找到一个针对密码协议的简单交叉攻击的示例。

（2）解释如何防范这种类型的攻击。

第三部分

密 钥 管 理

第 10 章 密钥管理基础

密钥管理对于任何密码系统的安全性都是至关重要的。在密钥的整个生存期中，如果没有安全的过程来处理密钥，那么使用强密码学原语的好处可能就不复存在。事实上，如果没有正确执行密钥管理，那么使用密码技术就没有任何意义。

密码学原语很少因其设计中的弱点而受到损害，但常常由于密钥管理不善而受到损害。因此，从实践的角度来看，有充分的理由相信这是本书最重要的一章。

本章旨在使读者理解密钥管理的基本原则。然而，密钥管理是任何密码系统中最复杂和最困难的方面。由于密钥管理本质上是密码机制和真实系统安全性之间的接口，因此必须根据特定应用或组织的需要进行定制。例如，管理银行、军事组织、移动电话网络和家庭个人电脑的密钥需要不同的解决方案。没有一种绝对正确的管理密钥的方法。因此，本章的讨论并不是“处方式”的。尽管如此，下面对密钥管理的处理有望解释一些主要的问题并提供有用的指南。

学习本章之后，你应该能够：

- 确定密钥管理的一些基本原则。
- 解释密钥生存期中的主要阶段。
- 讨论实现密钥生存期中不同阶段的一些技术。
- 为特定的应用环境确定适当的密钥管理技术。
- 理解安全密钥管理策略、实践和流程的必要性。

10.1 密钥管理的概念

在本节中，我们将介绍密钥管理。最重要的是，我们将确定密钥管理的范围，并介绍密钥生存期，我们将使用它来组织本章其余部分的讨论。

10.1.1 什么是密钥管理

密钥管理的范围最好描述为密码学密钥的安全管理。这是一个宽泛的定义，因为密钥管理涉及范围很广且完全不同的过程，如果要安全地管理密码学密钥，所有这些过程必须协调一致。

重要的是要记住，密码学密钥只是特殊的数据片段。因此，密钥管理涉及与信息安全相关的大多数不同流程。这些流程包括：

1）**技术控制**。可以用于密钥管理的各个方面。例如，可能需要特殊的硬件设备来存储密码学密钥，并且需要特殊的密码协议来建立密钥。

2）**过程控制**。策略、实践和流程在密钥管理中起着至关重要的作用。例如，可能需要业务连续性流程来处理重要密码学密钥的潜在丢失问题。

3）**环境控制**。密钥管理必须根据实际环境进行调整。例如，密码学密钥的物理位置在确定用于管理密钥的密钥管理技术方面起着重要作用。

4）**人为因素**。密钥管理通常涉及人来做事。每个安全从业人员都知道，无论何时涉及人为的因素，出现问题的可能性都很高。许多密钥管理系统在最高级别上都依赖于手工流程。

因此，尽管密码学密钥只在组织需要管理的数据中占据很小的比例，但组织必须处理的许多信息安全问题（例如物理安全、访问控制、网络安全、安全策略、风险管理和灾难恢复）都与密钥管理相关。矛盾的是，虽然密钥管理存在的价值是支持密码学的使用，但是我们还需要密码学来提供密钥管理。

好消息是，大部分密钥管理都是关于运用“常识”的。当然，坏消息是，运用“常识”往往比我们最初想象的要复杂得多。这对于密钥管理当然是正确的。回顾3.2.1节，如果密钥管理很简单，那么我们可能会使用一次一密进行加密！

注意，虽然所有密码学密钥都需要管理，但本章的讨论主要针对需要保密的密钥。换句话说，我们关注对称密钥和公钥对中的私钥（即解密私钥或签名密钥）。公钥对中的公钥具有特殊的密钥管理问题，我们将在第11章中进行讨论。也就是说，本章讨论的许多更广泛的问题也适用于公钥。

10.1.2 密钥生存期

定义密钥管理范围的另一种方法是考虑**密钥生存期**（Key Lifecycle），它标识了在整个生存期中与密钥相关的各种进程。密钥生存期的主要阶段如图10-1所示。

- **密钥生成**（Key Generation）涉及密钥的创建。我们将在10.3节中讨论密钥生成。
- **密钥建立**（Key Establishment）是确保密钥到达将要使用它们的终端的过程。这可以说是密钥生存期中最难实现的阶段。我们将在10.4节中讨论密钥的建立。
- **密钥存储**（Key Storage）处理涉及密钥的安全保管。进行**密钥备份**（Key Backup）也很重要，以便在密钥丢失时能够恢复密钥，并最终恢复**密钥存档**（Key Archival）。这些都将在 10.5 节中讨论。

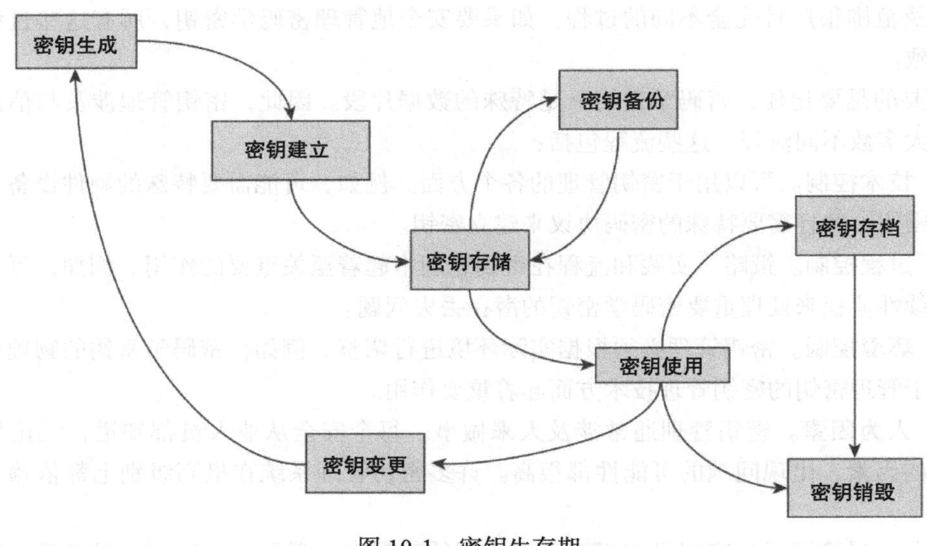

图 10-1 密钥生存期

- **密钥使用**（Key Usage）是关于如何使用密钥的。作为讨论的一部分，我们将考虑**密钥变更**（Key Change）。我们还将研究一个密钥的生命如何以**密钥销毁**（Key Destruction）而结束。这些都将在 10.6 节中讨论。

注意，密钥生存期中的各个阶段并不总是完全分开的。例如，我们在 9.4.2 节中看到了密钥协商协议（如 Diffie-Hellman 协议）如何同时生成和建立对称密钥。此外，有些阶段并不总是相关的。例如，在某些应用程序中可能不需要密钥备份和密钥存档。

10.1.3 基本密钥管理要求

有两个基本的密钥管理需求，适用于密钥生存期的各个阶段。

1）**密钥的保密性**。在密钥的整个生存期中，秘密密钥（换句话说，对称密钥和私有密钥）必须对所有各方保密，除非获得授权知道它们。这显然会影响密钥生存期的所有阶段，例如：

- 如果使用弱密钥生成机制，那么可能比预期更容易确定关于密钥的信息。
- 密钥在传输时很容易受到攻击，因此，必须使用安全密钥分发机制。
- 但密钥被存储在设备上时，可能是它们最脆弱的时候。因此，密钥存储机制必须足够强大，以抵御能够访问其所在设备的攻击者。
- 如果密钥没有被正确销毁，那么它们可能在预定的销毁时间之后被恢复。

2）**密钥目的的保证**。在整个密钥生存期中，依赖于密钥的各方必须确保密钥的用途。

换句话说，拥有密钥的人应该有信心使用这个密钥达到他们的目的。这里所说的“目的”可能包括以下部分或全部内容：

- 关于与密钥关联的实体的信息（在对称密码中，可能有多个实体，而对于公钥密码，每个密钥通常只与一个实体关联）。
- 使用密钥的密码算法。
- 密钥使用限制。例如，某个对称密钥只能用于创建和验证 MAC，或者某个签名密钥只能用于对交易额小于某个值的事务进行数字签名。

这些“保证”必须包括一定程度的数据完整性，将上述信息链接（理想情况下是绑定）到密钥本身，否则就不能依赖于它。有时（可能相当随意地），对目的的保证被称为密钥的**身份认证**（Authentication）。然而，对目的的保证常常比标识与密钥关联的实体重要得多。目的的保证影响着密钥生存期的所有阶段，例如：

- 如果在没有提供目的保证的情况下建立了密钥，那么以后可能会将其用于其他目的，而不是最初的目的（我们将在 10.6.1 节中说明如何实现这一点）。
- 如果密钥被用于错误的目的，那么可能会产生非常严重的后果（我们将在 10.6.1 节中看到这个例子）。

在某些应用程序中，我们需要一个更强的要求，即对目的的保证可以向第三方证明（provable to a third party），这可能是数字签名方案的验证密钥的情况。

密钥的保密性要求是不言而喻的，我们后续关于密钥生存期的许多讨论都将以达到这种目标为目的。密钥用途的保证更为微妙，通常是隐式提供的。例如，在 9.4.3 节讨论的 ISO 9798-2 中的 AKE 协议中，Alice 和 Bob 使用 TTP 建立一个共享的 AES 加密密钥，在这种情况下，接收使用只有 Alice 或 Bob 和 TTP 知道的密钥加密的密钥。在本例中，通过以下事实的组合隐含地提供了对目的的保证：

1）密钥在对共享 AES 密钥的特定请求之后不久到达。

2）密钥显然来自 TTP（在 9.4.3 节的协议分析中对此进行了讨论）。

3）另一个通信方的名称包含在相关的密文中。

在上面的例子中，对目的的保证在很大程度上依赖于使用密钥的双方——Alice 和 Bob，它们都是一个封闭系统的一部分，与 TTP 共享长期对称密钥。在使用对称密钥加密的大多数环境中，通过类似的隐式参数提供了目的的保证。相反，公钥密码技术促进了在没有密钥用途隐式保证源的开放环境中使用密码。从字面上讲，公钥可以是公共的数据项。默认情况下，不能保证公钥是否正确、可以与谁关联或用于什么目的。因此，公钥的密钥管理需要更明确地关注确保公钥的用途。这是第 11 章的主题。

最后，密钥的目的并不总是直观的。例如，我们在 7.2.3 节中曾介绍过，不允许拥有 MAC 密钥的用户同时将其用于 MAC 创建和验证。类似地，用户可能不允许同时使用对称密钥进行加密和解密。我们还将在 10.6.1 节中看到对称密钥的示例，该密钥只能用于加密，而不能用于解密。

10.1.4 密钥管理系统

我们将使用术语**密钥管理系统**（Key Management System）来描述任何用于管理 10.1.2 节中介绍的密钥生存期的各个阶段的系统。虽然在讨论密码学原语的过程中，我们一直警告不要使用公认的、标准化的密码学原语之外的任何技术，但是在涉及密钥管理系统时，我们必须采取更实用的观点。这是因为一个密钥管理系统需要与实现它的组织的功能和优先级保持一致（“组织”这个术语的意义非常宽泛，它可以是一个个体）。例如，密钥管理系统可能依赖于：

1）**网络拓扑结构**。如果密钥管理只需要支持希望安全通信的双方，而不是希望在任何两名员工之间建立安全通信能力的多方组织，则密钥管理要简单得多。

2）**密码机制**。我们将在本章和第 11 章中看到，对称密钥密码和公钥密码的一些密钥管理系统需求有所不同。

3）**合规的限制**。例如，根据应用的不同，可能对密钥恢复机制或密钥存档有法律要求（参见 10.5.5 节）。

4）**历史遗留问题**。大型组织的安全性在一定程度上取决于其他相关组织的安全性，它们可能会发现，它们对密钥管理系统的选择受到与业务伙伴兼容的需求的限制，其中一些业务伙伴可能正在使用较老的技术。

因此，一个组织几乎不可避免地要仔细考虑如何设计和实现一个满足其特定需求的密钥管理系统。也就是说，有一些与密钥管理有关的重要标准提供了有用的指导。不可避免地会有许多专有密钥管理系统，其中一些与这些标准密切相关，而另外一些则完全是非标准化的。同样值得注意的是，大多数密钥管理的国际标准都有冗长的文档，涵盖了许多密钥管理领域，因此很难完全遵守这些标准。许多组织遵循着标准的精神，而不是标准的内容。

密钥管理很困难，有许多不同的方法可以解决这个问题。这就提出了一个重要的问题：我们如何才能在一定程度上保证一个密钥管理系统正在有效地工作？我们将在 10.7 节中简要说明这个问题。

10.2 密钥长度和生存期

在讨论密钥的生存期之前，我们需要考虑密钥本身的几个属性，最重要的是密钥长度。

我们已经知道，通常（当然不是默认情况下），从安全性的角度来看，使用长密钥更好。较长的对称密钥需要更多的时间来进行穷举搜索，而较长的密钥对往往使作为公钥密码系统基础的底层计算问题更难解决。因此，尽可能制造长密钥当然是有理由的。

然而，密钥越长，加密计算花费的时间也越长。此外，密钥越长，存储和分发的开销就越大。因此，长密钥在几个重要方面的效率较低。密钥长度往往取决于效率和安全性之间的权衡。我们通常希望密钥“足够长”，但不要超过这个权衡点。

10.2.1 密钥生存期

密钥长度的问题与密钥的预期生存期（通常也称为 cryptoperiod）密切相关。这里，我们指的是密钥只能在指定的时间内使用，在此期间，密钥被认为是**可用的**（Live）。一旦超过这个生存期，密钥将被视为**过期**（Expire），不应再被使用。此时，它可能需要**存档**（Archieve）或**销毁**（Destroy，我们将在 10.6.4 节中更详细地讨论这一点）。

给密钥设置有限生存期的原因有很多，下面列出一些原因。

1）**降低密钥泄露的危害**。使用有限的生存期可以防止密钥使用超过合理的时间，超过此生存期限制后，密钥可能会被泄露，例如，通过密钥穷举搜索泄露或通过存储介质泄露。

2）**减少密钥管理的失败**。有限的密钥生存期有助于减少密钥管理中的失败。例如，强制每年更换密钥，将确保那些在一年内离开组织但由于某种原因保留了密钥的人员在下一年无法使用有效的密钥。

3）**降低未来受攻击的风险**。有限的密钥生存期有助于降低攻击环境中的未来进展带来的风险。由于这个原因，密钥通常在当前知识表明它们应该设置为过期之前很久就被设置为过期。

4）**强制实施管理周期**。有限的生存期强制一个密钥的变更过程，这对于管理周期来说可能很方便。例如，如果密钥提供对按年付费的电子资源的访问，那么一年的密钥生存期允许可访问密钥的人直接打开订阅服务。

5）**灵活性**。有限的密钥生存期引入了一个额外的变量，可以根据应用的需求进行调整。例如，当密钥生存期较短时，可以采用长度较短的密钥（生成、分发和存储相对便宜）。我们将在 10.4.1 节中讨论这方面的一个例子，其中*数据密钥*（Data Key）较短，但是与*主密钥*（master key）相比，会很快过期。

6）**限制密钥暴露**。至少在理论上，每当攻击者看到使用该密钥计算的密码值时，就会设法获得一些与密钥相关的信息。这是因为每次加密计算的结果都会向攻击者提供他们在看到密文之前没有的信息。我们称之为*密钥暴露*（Key Exposure）。然而，如果加密算法很强大，攻击者通常很少（或者不会）使用这些信息，因此在许多应用程序中，密钥暴露不是一个严重问题。然而，有限的密钥生存期会限制密钥暴露，这是值得注意的。

10.2.2 密钥长度的选择

密码学密钥的长度与密钥的生存期相关，而密钥的生存期又与密码需要被保护的时限有关。关于保护时限的概念，我们在 3.2.2 节中讨论了这个问题的一个方面。但是，请注意，在密钥长度和密钥生存期之间的关系中存在着“先有鸡还是先有蛋”的问题：

- 在理想情况下，将先选择密钥生存期，然后选择合适的密钥长度。

- 在现实世界中，密钥长度可能已被指定（例如，密钥管理系统基于 128 位 AES 密钥的使用），因此可以将密钥生存期设置为适当的时间长度。

幸运的是，由于标准密码算法的数量有限，而标准密码算法又提供了有限的密钥长度选项，因此对密钥长度的选择要简单得多。尽管如此，仍然需要做出选择，特别是对于一些流行的加密算法，其密钥长度是可变的，如 AES（请参阅 4.5 节）和 RSA（请参阅 5.2 节）。

关于如何选择密钥长度，最重要的建议是听取专家的意见。有影响力的机构会不时就建议的密钥长度发布指导意见，我们应该认真遵守这些建议。请注意以下的要点：

- 对称密码的密钥长度的建议往往与算法无关，因为备受推崇的对称密码算法的安全性应该以密钥穷举搜索的难度为基准。值得注意的是三重 DES，因为三重 DES 的安全性远远低于其密钥长度所建议的安全性，如 4.4.4 节所述。
- 对公钥密码的密钥长度的建议往往是与算法有关的，因为公钥密码系统的安全性取决于算法所基于的计算难题的已知难度（例如，RSA 中的大数分解问题）。

密钥长度的建议通常根据潜在的攻击环境和保护时限给出。表 10-1 提供了一个很好的例子，说明如何匹配保护配置和推荐的对称密钥长度。

表 10-1 ECRYPT II 保护概要及对称密钥长度（2012）[110]

	保护	说明	密钥长度
1	容易遭受个人发起的“实时”攻击	有限情况下使用	32
2	对抗小型组织的非常短期的保护	不可用于新的应用系统	64
3	对抗中型组织的短期保护；对抗小型组织的中期保护		72
4	对抗（情报）机构的非常短期的保护；对抗小型组织的长期保护	保护到 2012 年	80
5	传统标准级别	保护到 2020 年	96
6	中期保护	保护到 2030 年	112
7	长期保护	保护到 2040 年	128
8	“可预见的未来”	对抗量子计算机的良好保护	256

注意到以下事实是极其重要的：

1）**关于密钥长度的建议并不一致。**尽管最终这些建议都是有根据的，但也都是主观的观点。在选择密钥长度之前，建议从多个来源寻求建议，并了解这些来源的优先次序。

2）**关于密钥长度随时间变化的建议。**在决定密钥长度之前，必须寻求最新和最准确的信息。表 10-1 中的建议和表 5-2 中的密钥长度比较可能已经过时。

10.3 密钥生成

现在我们开始讨论密钥生存期中的各个阶段。密钥生存期从密钥生成开始，即创建密码学密钥。这是密钥生存期的一个关键阶段。正如我们在 8.1 节开始时指出的，许多密码系统都有弱点，因为它们不能以足够安全的方式生成密钥。

对称密码和公钥密码的密钥生成过程是完全不同的。我们将首先研究生成对称密钥的方法。

10.3.1　直接生成密钥

对称密钥只是随机生成的数字（通常是位串）。因此，生成密钥最明显的方法是随机生成一个数字，更常见的是伪随机数。我们已经在 8.1 节中讨论过随机数生成，其中讨论的任何技术都适用于密钥生成。技术的选择将取决于应用。显然，确定所使用的技术的强度时应该考虑待生成密钥的重要性。例如，使用一个基于硬件的不确定生成器适合生成一个主密钥，而基于软件的非确定性生成器基于鼠标移动可生成主要用于保护存储在个人家庭电脑上的文件的本地密钥（参见 8.1.3 节）。

唯一需要进一步注意的问题是，对于某些加密算法，存在一些零星的密钥选项，有些人认为不应该使用这些密钥。例如，如 4.4.3 节所述，DES 有一些密钥被定义为弱密钥。在罕见的情况下，密钥生成过程可能生成这种密钥，一些指导建议应该拒绝这种密钥。这类问题是与算法相关的，应该咨询相关标准。

10.3.2　密钥派生

密钥派生（Key Derivation）这一术语用于描述从其他密码学密钥或秘密值派生出密码学密钥。派生出密钥的秘密值有时被称为**基密钥**（Base Key）。乍一看，这种密钥操作似乎是一件奇怪的事情，但密钥派生既常见又实用。

1. 密钥派生的优点

派生密钥有几个显著的优点：

1）**效率**。密钥的生成和建立可能是相对昂贵的过程。生成和建立一个密钥，然后使用它派生出多个密钥，可以有效地节省成本。例如，许多应用同时需要机密性和数据源身份认证。如果使用单独的密码机制来提供这两种安全服务，则需要同时使用加密密钥和 MAC 密钥（6.3.6 节中对这个问题进行了更深入的讨论，并有其他选项）。与其生成并建立两个对称密钥，不如生成并建立一个密钥 K，然后从中派生出两个密钥 K_1 和 K_2，后者的成本更低。

2）**生存期长**。在某些应用中，在部署之前会将长期对称密钥预加载到设备上。使用这些长期密钥直接加密数据会将它们暴露给密码分析者（如 10.2.1 节所示）。然而，生成一个新密钥需要使用密钥建立机制，这并不总是可能的或实用的。一个好的解决方案是使用长期密钥作为派生密钥的基密钥。这样，只要需要访问密钥的各方都理解密钥派生过程，就不需要进一步的密钥建立机制，长期密钥也不会因为直接使用被暴露。

3）**形式多样**。共享秘密在形式上并不总是符合作为密码学密钥的要求，但可以用作基密钥。我们在 9.4.2 节中看到了一个例子，其中 Diffie-Hellman 协议建立了一个共享的秘密值，它本身并不适合直接用作密钥，但可以用作派生密钥的基密钥。其他的例子包括口令和 PIN。

2. 密钥派生函数

密钥派生函数（Key Derivation Function）是一种用于从基密钥派生密钥的函数。密钥派生函数应该是单向的（参见 6.2.1 节），这将在派生密钥被泄露的情况下保护基密钥。这一点很重要，因为通常许多不同的密钥都是使用一个基密钥派生的，因此基密钥泄露的影响可能是巨大的（请参阅我们在 9.4.4 节中对完全前向保密的讨论）。

前面我们讨论过的一些密码学原语，如哈希函数和 MAC，可以作为密钥派生函数。与往常一样，在选择密钥派生函数时，最好遵循标准中的指导。例如，一个流行的密钥派生函数是 HKDF，它基于 HMAC（参见 6.3.4 节）。NIST 还推荐了一系列密钥派生函数，这些函数本质上是 MAC 的特殊操作模式。

3. 基于口令派生密钥

在某些情况下，我们需要派生一个比基密钥更随机的密钥。当我们希望从弱（但更容易记住）的基密钥（如口令或 PIN）派生密钥时，更容易发生这种情况。这样的密钥很容易受到字典攻击，因为攻击者可以在计算派生密钥之前尝试猜测基密钥。在这种情况下，我们使用密钥扩展技术，如 8.4.2 节所述。

密钥派生中常用的密钥扩展技术的一个例子是来自标准 PKCS#5 的函数 PBKDF2，该函数定义了如何从口令或 PIN 派生密钥。派生的密钥计算为 $f(P, S, C, L)$，其中：

- f 是 PBKDF2 函数，它将各种输入组合起来，得到一个密钥。
- P 为口令或 PIN。
- S 是一串伪随机位（不一定都是秘密的），允许将 P 用于派生许多不同的密钥。
- C 是一个迭代计数器，它指定要计算的轮数（就像 8.4.2 节中讨论的口令保护一样，这可以用来减慢密钥派生的速度，以防止字典攻击）。
- L 是派生密钥的长度。

不同的参数实现了灵活性，其中参数 C 支持在效率和安全性之间进行权衡。

10.3.3 从组元生成密钥

直接密钥生成和密钥派生都是可以执行的过程，前提是可以信任一个实体来完全控制特定的密钥生成过程。在许多情况下，这是一个完全合理的假设。

然而，对于非常重要的密钥，可能不希望信任具有密钥生成功能的实体。在这种情况下，我们需要在一组实体之间分配密钥生成过程，这样组中的任何成员都不能单独控制该过程，但是它们可以共同控制该过程。达到该目标的一种技术是以**组元形式**（Component Form）生成密钥。我们通过考虑一个包含三个实体的简单场景来说明这一点：Alice、Bob

和 Charlie。假设我们希望生成一个 128 位的密钥。

1）Alice、Bob 和 Charlie 各自随机生成128 位的**组元**（Component）。这个组元本身就是一种密钥，所以可以用任何密钥生成机制来生成它。然而，由于基于组元形式的密钥生成只可能用于敏感密钥，因此应该尽可能安全地执行组元的生成。我们分别用 K_A、K_B 和 K_C 表示得到的组元。

2）Alice、Bob 和 Charlie 安全地将它们的组元转移到一个安全的组合器（Combiner）中。在大多数应用程序中，这个组合器将由硬件安全模块表示（参见 10.5.3 节）。在许多情况下，这些组元的安全转移将通过手工交付完成。对于一些大型国际组织来说，这些组元甚至可能需要通过飞机运往世界各地。安全组合器的组元输入通常按照严格的协议进行，采用**密钥仪式**（Key Ceremony）的形式（见 10.7.2 节）。

3）安全组合器根据这些组元来派生密钥 K。在这个例子中，最好的派生函数是异或（XOR）。换句话说：

$$K = K_A \oplus K_B \oplus K_C$$

4）注意，密钥 K 只在安全组合器中重构，而不输出到密钥派生过程中涉及的实体。异或是最好的密钥派生函数，因为即使知道两个组元也不会泄露派生密钥 K 的任何信息。为了说明这一点，考虑 Alice 和 Bob 密谋试图获得关于密钥 K 的信息的情况。假设 Alice 和 Bob 对他们的组元进行异或来计算 $R = K_A \oplus K_B$。注意，$K = R \oplus K_C$，这意味着 $R = K \oplus K_C$。因此，R 可以被认为是使用密钥 K_C 对 K 进行一次一密加密得到。我们从 3.1.3 节得知，一次一密提供了完美的保密性，这意味着知道 R（密文）不会泄露任何关于 K（明文）的任何信息。

因此，Alice、Bob 和 Charlie 能够联合生成一个密钥，该密钥的所有三个组元都是完成流程所必需的。如果只有两个组元，那么即使将组元组合在一起，也不能推导出关于密钥的信息。这个过程很容易推广到任意数量的实体，所有这些实体都必须提交它们的组元才能得到密钥。甚至可以使用更巧妙的技术来实现更复杂的密钥生成策略。例如，**Shamir 秘密共享协议**（Shamir Secret Sharing Protocol）就是以组元的形式生成密钥，其密钥可以从 n 个组元中的任意 k 个组元派生出来，其中 k 可以是小于 n 的任意数字（在前面的示例中 $k = n = 3$）。

组元形式还可以用于密钥生存期的其他阶段，我们将在 10.4 节和 10.5 节中看到这一点。

10.3.4 公钥对的生成

由于公钥密码学的密钥生成是特定于算法的，所以我们不在这里详细讨论它。与对称密钥生成类似：

- 公钥对生成通常需要随机生成的数字。
- 在生成公钥对之前，应该参考相关的标准。

但是，与对称密钥生成相反：

- 在公钥密码系统的密钥空间范围内，并非每个数字都是有效的密钥。例如，对于RSA，密钥d和e需要具有特定的数学属性（参见5.2.1节）。如果我们选择RSA模数为3072位，那么e或d有2^{3072}个候选项。然而，这2^{3072}个数字中只有一部分可以充当e或d，其他的选择都被排除了。
- 公钥密码系统中的一些密钥取值具有特定的格式。例如，RSA公钥有时采用特定的格式，当使用这些密钥进行模幂运算时，其运算速度比一般情况下要快，从而提高了RSA加密速度（如果该公钥是验证密钥，则会提高RSA签名验证速度）。这样精心地选择公钥并没有什么坏处，因为公钥不是一个秘密值。显然，如果对私钥施加类似的限制，那么可供选择的候选私钥将很少，这会使攻击者有机可乘。
- 密钥对的生成可能是缓慢而复杂的。一些设备，例如智能卡，可能没有计算资源来生成密钥对。在这种情况下，可能需要从卡上生成密钥对并导入它们。

因此，尽管密钥生成始终是密码生存期中一个棘手的部分，但是需要特别注意公钥对的生成。我们还将在11.2.2节中讨论这个问题。

10.4　密钥建立

密钥建立是将密钥放到将要使用它们的位置的过程。密钥生存期的这个部分的管理要么相对简单，要么极为困难。与大多数对称密钥一样，当密钥需要由多方共享时，密钥建立通常比较困难。下面的几种情况比较简单：

1）**密钥不需要共享。**这适用于任何可以在本地生成且不需要任何传输的密钥，例如用于加密本地机器上的数据的对称密钥。当然，如果这样的密钥不是本地生成的，那么密钥的建立就会变得很困难！我们将在11.2.2节中考虑私钥的这个问题。

2）**密钥不需要保密。**这主要适用于公钥。在这种情况下，密钥的建立更多的是一个组织问题，而不是安全问题。我们将在11.2.2节中对此进行讨论。

3）**密钥可以在受控环境中建立。**在某些加密应用程序中，在部署包含密钥的设备之前，可以在受控环境中建立所有必需的密钥。这通常被称为**密钥预分配**（Key Predistribution）。尽管这使得密钥的建立相当容易，但仍然存在以下一些问题：

- 将一些密钥的建立问题转化为设备的建立问题。然而，这些问题可能不那么敏感。例如，密钥预分配可用于将密钥预加载到移动电话（参见12.3.6节）或数字电视服务的机顶盒（参见12.5.4节）。在这种情况下，提供者仍然需要跟踪哪个客户接收了哪个设备，但是这可能比试图将密钥加载到客户手中的设备上要简单得多。
- 在适合密钥预分配的环境中，执行部署后密钥管理操作（如密钥变更）可能很有挑战性（请参阅10.6.2节）。在这种情况下，可能有必要建立全新的设备。

我们已经讨论了建立密钥的一些重要技术：

- 在9.4节中，我们讨论了AKE（Authentication and Key Establishment，身份认证和密钥建立）协议。许多对称密钥是通过某种类型的AKE协议建立的。我们注意到，AKE协议可以分为密钥分发协议和密钥协商协议。
- 在9.4.2节中，我们讨论了Diffie-Hellman协议，它构成了大部分基于密钥协商协议的AKE协议的基础。
- 在5.5.2节中，我们讨论了混合加密，这是在支持公钥加密的环境中建立密钥的一种非常常见的方法。

本节的其余部分将重点介绍一些用于进行对称密钥建立的特殊技术，这些技术都可以被视为特定类型的AKE协议。

10.4.1 密钥分级

管理对称密钥最常用的技术之一是使用**密钥分级**（Key Hierarchy）。这包括对密钥进行排序，高级别密钥比低级别密钥更重要。上一级别的密钥用于加密下一级别的密钥。我们将很快看到如何使用这个概念来建立对称密钥。

1. 密钥分级背后的哲学

分级部署密钥有两个明显的优势：

1）**安全分发和存储**。通过使用一个高级别的密钥加密低级别的密钥，系统中的大多数密钥都可以由高级别的密钥保护。这允许以加密的形式安全分发和存储密钥。

2）**方便可扩展的密钥变更**。正如我们将在10.6.2节中进一步讨论的，密钥可能因为很多原因而需要变更。其中一些原因与密钥被泄露的风险有关，而这更有可能发生在直接用于执行加密计算（如加密传输的数据）的“一线密钥”上。使用密钥分级可以相对容易地变更这些低级别密钥，而不需要替换高级别密钥，因为建立高级别密钥的成本很高。

然而，仍然有一个重要的问题：如何分发和存储最高级别的密钥？密钥分级结构的使用将密钥管理问题集中在这些顶级密钥上。因此，可以将精力集中在顶级密钥的密钥管理解决方案上。其结果是，如果我们正确地管理了顶级密钥，则可以使用密钥分级来管理其余密钥。

2. 一个密钥分级的简单例子

我们通过一个简单的例子来说明密钥分级的概念。图10-2中的简单示例给出了一个密钥分级结构，对于大多数应用程序来说，这个密钥分级结构已经足够好了（可能比必要的还要复杂）。这个分级结构的三个级别的构成如下：

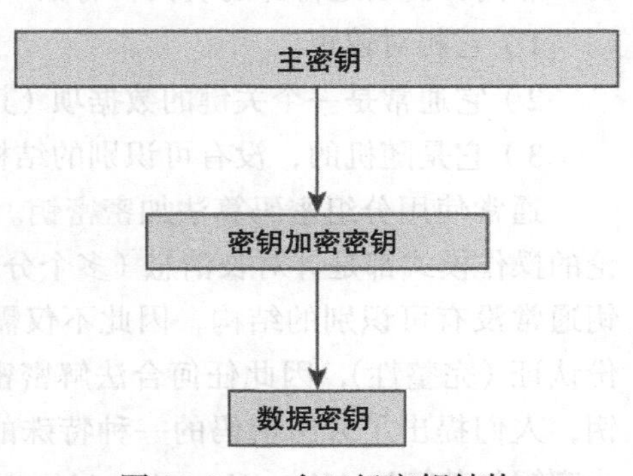

图10-2 一个三级密钥结构

1）**主密钥**（Master Key）：是需要认真管理的顶级密钥。它们只用来加密“密钥加密密钥”。由于主密钥的密钥管理非常昂贵，因此它们的使用生存期相对较长（可能几年）。

2）**密钥加密密钥（Key Encrypting Key）**：它们以使用主密钥加密的形式分发和存储。它们只用于加密“数据密钥”。密钥加密密钥的生存期将比主密钥短，因为它们具有更大的暴露度，并且更容易变更。

3）**数据密钥（Data Key）**：它们以使用密钥加密的形式分发和存储。这些是工作密钥，将用于执行密码计算。它们具有高暴露度和短生存期。这可能仅仅对应于单个会话的生存期，因此数据密钥通常被称为**会话密钥**（Session Key）。

由于分级密钥的生存期随着级别的上升而增加，因此通常情况下，对应密钥的长度也会增加。当然，一个级别的密钥*至少应该*与其下一级别的密钥一样长。注意，对于许多应用来说，中间层的密钥加密密钥很可能是不必要的，在这些应用中，只有主密钥和数据密钥就足够了。

3. 顶级密钥的管理

顶级密钥（主密钥）需要安全地进行管理，否则将危害整个密钥分级结构。大多数使用密钥分级的密钥管理系统将使用硬件安全模块（HSM）来存储主密钥。这些顶级密钥永远不会以不受保护的形式离开 HSM。我们将在 10.5.3 节中更详细讨论 HSM。

生成主密钥是一项极其关键的操作。主密钥通常以组元形式生成、建立和备份。我们在 10.3.3 节中讨论了组元形式，并将在 10.7.2 节中讨论从组元创建主密钥的过程。如果一个主密钥需要在两个不同的 HSM 之间共享，那么一种做法是在每个 HSM 上分别从组元生成相同的主密钥，另一种做法是在两个 HSM 之间运行密钥协商协议（参见 9.4.2 节），以建立共享的主密钥。

4. 密钥包装

密钥分级中（实际上更普遍的范围内）的一个常见需求是，一个密钥必须在另一个密钥的保护下传输或存储。在本例中，受保护的密钥是我们希望加密的明文。人们很容易将此密钥视为普通的明文（就像其他文本一样），并使用我们前面讨论过的标准技术对其进行加密。然而，密钥是特殊的明文，有如下几个原因：

1）它相对较短。

2）它通常是一个关键的数据项（其他数据的安全性将取决于此数据项）。

3）它是随机的，没有可识别的结构。

通常使用分组密码算法加密密钥。除了（不安全的）ECB 模式外，我们在 4.6.1 节中讨论的操作模式都是针对长消息（多个分组）设计的，因而它们不适合用于密钥加密。由于密钥通常没有可识别的结构，因此不仅需要提供机密性，还需要提供受保护密钥的数据源身份认证（完整性），因此任何合法解密密钥的人都可以确保它是正确的。为了加密和认证密钥，人们提出了分组密码的一种特殊的认证加密操作模式（见 6.3.6 节）。这些算法有时称为**密钥包装算法**（Key Wrapping Algorithm）。

密钥包装算法的一个例子是**AES密钥包装**（AES Key Wrap）。这允许任何长度的AES密钥在一个需要多重AES评估和计算完整性检查值的过程中加密。其他一些密钥包装算法（如SIV模式）也允许对与密钥相关的其他数据进行身份认证，但不进行加密。我们将在10.6.1节中进一步讨论这个问题。

5. 可伸缩的密钥分级结构

密钥分级结构的概念在相对简单的网络中工作得很好，但在大型网络中很快就变得不可管理。考虑一个简单的由主密钥和数据密钥组成的两级分级结构。如果我们有一个由 n 个用户组成的网络，那么可能的用户对的数量为 $n(n-1)/2n$。这意味着，如果有100个用户，那么可能有4950对用户（$\frac{1}{2}\times100\times99$）。因此，在最坏的情况下，我们需要在网络中的100个HSM中建立4950个单独的主密钥，这是不实际的。

或者，我们可以在所有的HSM中安装相同的主密钥。然后，可以从公共主密钥和Alice和Bob的标识派生用于Alice和Bob之间通信的数据密钥。然而，Alice的HSM的泄露不仅会导致Alice和Bob之间使用的数据密钥的泄露，还会造成网络中任意一对用户之间的数据密钥的泄露。这通常是不可接受的。

在这种情况下，通常部署所有用户都信任的可信第三方的服务，我们将其称为**密钥中心**（Key Centre，KC）。其思想是，网络中的每个用户都与KC共享一个密钥，KC在任何一对用户需要共享密钥的时候充当一个中间人。通过这种方式，我们将100个用户的网络中对4950个主密钥的需求减少到仅需要100个主密钥，每个主密钥由特定的用户和KC共享。

有两种密钥分发方法可以从KC获取共享密钥。我们通过一个非常简单的场景来说明这两种方法。在每种情况下，我们假设Alice希望与Bob建立一个共享的数据密钥 K。我们还假设Alice和Bob分别与KC建立了主密钥 K_{AC} 和 K_{BC}，并且使用了一个简单的两级密钥分级结构。这两种方法是：

- **密钥翻译**。在这种方法中，KC只是将密钥从使用一个密钥形式的加密转换为使用另一个密钥的加密形式。在本例中，KC充当了开关的作用。这个过程如图10-3所示，运行过程如下：

1）Alice生成一个数据密钥 K，使用 K_{AC} 加密它，并将其发送给KC（一个密钥包装算法是执行此加密的一个很好的选择）。

2）KC使用 K_{AC} 解密已加密的 K，然后使用 K_{BC} 重新加密它，然后将其发送给Bob。

3）Bob使用 K_{BC} 解密已加密的 K。

- **密钥分派**。在这种方法中，KC生成数据密钥并生成它的两个加密副本，每个用户一个。我们已经在9.4.3节中介绍过这个过程，它的描述见图10-4，运行过程如下：

1）KC生成一个数据密钥 K，使用 K_{AC} 加密其中一个副本，使用 K_{BC} 加密另一个副本，然后将两个加密副本发送给 Alice。

2）Alice 使用 K_{AC} 解密第一个副本，并将另一个副本发送给 Bob。

3）Bob 使用 K_{BC} 解密第二个副本。

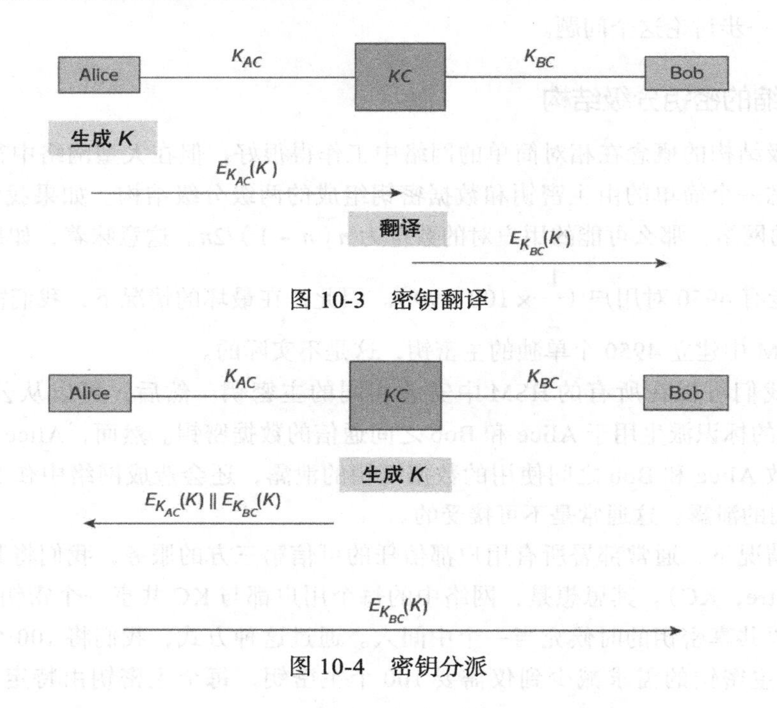

图 10-3　密钥翻译

图 10-4　密钥分派

这两种密钥分发方法之间唯一的区别是谁生成数据密钥。这两种方法都已在实践中应用。

为包含许多用户的网络部署密钥分级结构的另一种方法是使用公钥密码技术并拥有一个主公钥对。我们可以将混合加密（如 5.5.2 节所讨论的）视为一个两级密钥分级结构，其中公钥扮演主密钥的角色，然后将主密钥用于加密数据密钥。然而，重要的是要认识到这种做法有其自身的问题，而且并不能消除对某种可信第三方的需求。现在采用证书颁发机构的形式，我们将在 11.1.2 节中对此进行讨论。

10.4.2　单交易唯一密钥

现在我们来看看另一种建立密码学密钥的方法。顾名思义，**单交易唯一密钥**（Unique Key Per Transaction，UKPT）方案是指每次使用它们时都会建立一个新密钥。

1. UKPT 方案的动机

我们之前讨论的大多数密钥建立机制都涉及以下一种或两种机制：

- 使用长期（顶级）密钥，例如，在密钥分级中使用主密钥或密钥加密密钥。
- 为建立密钥而显式地传输专门的数据。这适用于我们到目前为止讨论过的所有技术，但密钥预分配除外。

虽然这些特性在许多环境中都是可接受的，但在有些环境中可能并不理想。第一种方法需要能够安全存储和使用长期密钥的设备，第二种方法则引入了通信开销。

以前的大多数方案需要这些特性的原因之一是，正在建立的新密钥是*独立生成的*，因为它与任何现有数据（包括现有密钥）没有关系。另一种方法是从Alice和Bob已经共享的信息中派生出新的密钥。我们在10.3.2节中讨论了派生，其中共享信息是Alice和Bob已知的一个现有秘密。然而，重要的是，这些共享的信息不需要成为长期的秘密。相反，它可以是一个短期的密钥、其他数据或两者的组合。

使用密钥派生从Alice和Bob之间已经共享的短期秘密生成新密钥有两个明显的优势：

1）Alice和Bob不需要存储长期密钥。

2）Alice和Bob不需要仅仅为了建立密钥而进行任何专门通信。

2. UKPT方案的应用

UKPT方案采用我们刚刚描述的方法，在每次使用密钥之后通过密钥派生过程更新密钥。UKPT方案的一个很好的例子是零售销售终端，商家使用它来验证PIN和批准支付卡交易。UKPT方案的优点让它适用于以下场景：

1）终端的安全控制能力有限，因为它们必须足够便宜才能广泛部署。此外，它们通常位于不安全的公共环境中，如商店和餐馆。它们携带方便，因此很容易被盗（这就是我们将在10.5.3节中介绍的区域1密钥存储环境）。因此，不希望它们包含重要的顶级密钥。

2）应该快速处理事务以避免延迟，因此效率很重要。

3. UKPT方案的例子

考虑一个在*商户终端*和*主机*（银行或信用卡支付服务器）之间运行的UKPT方案。终端维护一个*密钥寄存器*，它本质上是一个正在运行的密钥，在每次事务之后都会更新这个密钥。我们将根据事务期间在终端和主机之间运行的协议来描述一个通用的UKPT方案。请注意以下几点：

- 我们假设在协议开始时，终端和主机共享存储在终端密钥寄存器中的初始值。这可能是一个秘密值，也可能不是（它可能只是一个用于启动流程的种子）。
- 我们将描述一个简单的协议，使用单个*事务密钥*来计算交换消息上的MAC。实际上，这类协议可能稍微复杂一些，例如，加密支付卡的口令也需要一个加密密钥。

图10-5说明了我们的通用UKPT方案：

1）终端使用密钥寄存器的内容和与主机共享的信息来派生交易密钥。

2）终端向主机发送一条*请求*消息。交易密钥用于计算请求消息上的MAC。

3）主机派生交易密钥（执行此操作的技术在不同的模式中有所不同，我们将在稍后进行说明）。

4）主机验证请求消息上的MAC。

5）主机向终端发送响应消息。交易密钥用于计算响应消息上的 MAC。

6）终端验证响应消息上的 MAC。

7）终端更新密钥寄存器的内容。

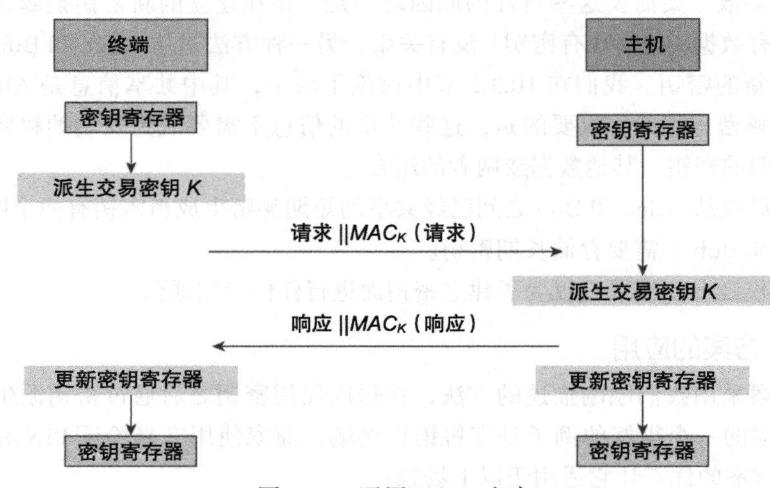

图 10-5　通用 UKPT 方案

为了从图 10-5 的通用 UKPT 方案中生成一个真实的 UKPT 方案，我们需要回答三个问题：

1）终端密钥寄存器的初始值是多少？

2）如何派生交易密钥，使终端和主机派生出相同的密钥？

3）如何更新终端密钥寄存器，使终端和主机更新到相同的值？

这些操作可以通过多种方式进行，使终端和主机保持同步。下面是两个真实的 UKPT 方案示例：

（1）Racal UKPT 方案

这个方案回答了以下三个问题：

1）初始值是一个秘密种子，它在终端和主机之间达成一致。

2）主机维护与终端相同的密钥寄存器。交易密钥派生自密钥寄存器和支付卡数据（更准确地说，是卡上的主账号），终端和主机都知道交易密钥。

3）协议结尾处，新密钥寄存器的值通过一个函数从旧密钥寄存器值、支付卡数据（主账号）和事务数据（更准确地说，是两个 MAC 余数，分别对应请求消息和响应消息 MAC，主机和终端都可以计算它们，但它们都不在协议上传输，MAC 余数的概念参见 6.3.3 节）中计算出来。终端和主机都执行相同的计算来更新它们的密钥寄存器。

（2）派生 UKPT 方案

该方案得到 Visa 等机构的支持，并回答了以下三个问题：

1）初始值是安装在终端中的唯一初始密钥。

2）交易密钥由终端从终端密钥寄存器、事务计数器和终端唯一标识符的内容中派生。主机有一个特殊的基密钥（主密钥）。主机不需要维护密钥寄存器，但是可以从基密钥、事务计数器和终端标识符计算相同的交易密钥。

3）在协议的最后，从旧的密钥寄存器值和事务计数器中派生出新的终端密钥寄存器值。如前所述，主机不需要存储这个值，因为它可以直接计算交易密钥。

Racal UKPT 方案最吸引人的特性之一是它有内置的审计跟踪。如果一个事务成功了，由于它依赖于所有以前的事务，那么就可以确认以前的事务也成功了。Racal UKPT 方案的一个潜在问题是在事务未能成功完成时的同步问题。

派生 UKPT 方案的显著优点是，主机不需要维护密钥寄存器，可以直接派生交易密钥。但是，攻破终端的攻击者（因而能在密钥寄存器中获得值）将能够为该终端计算未来的交易密钥，这就带来了问题。在 Racal UKPT 方案中，这样的攻击者还需要捕获所有未来的支付卡数据。派生的 UKPT 方案还需要谨慎的初始化过程，因为终端初始密钥的泄露会导致所有未来交易密钥的泄露。

这些 UKPT 计划的问题都可以通过严谨的管理来解决。UKPT 计划是一种非常有效的密钥管理系统，用于解决在其工作的特定类型的环境中与密钥建立有关的困难。

10.4.3 量子密钥建立

在结束对密钥建立的讨论时，我们简要介绍了一种技术——量子密钥，它已经引起了公众的注意，但其适用性仍有待考察。

1. 量子密钥建立的动机

在 3.1.3 节中，我们讨论了一次一密，并认为它们代表了提供完全保密的理想密码系统。然而，在 3.2.1 节中，我们指出了实现一次一密的实际问题。这些问题本质上都是密钥管理问题，最严重的问题是需要在两个不同的地点建立随机生成的长对称密钥。

如果能够找到一种有效的方法，在双方之间安全地建立随机生成的长对称密钥，那么在实践中可以使用一次一密。这是量子密钥建立（quantum key establishment）的动机之一。

请注意，量子密钥建立经常被描述为量子密码学，这是不恰当的。量子密码学这个名称表明它与新的密码算法有关，这些算法适用于保护免受量子计算机的攻击（参见 5.5.4 节）。量子密钥建立实际上是一种建立传统对称密钥的技术，然后可以在任何对称密码系统中使用，包括一次一密。当然，它确实与量子计算机有一些关联，因为如果攻击者有幸拥有一台量子计算机，一次一密仍然可以提供完美的保密性，而许多现代加密算法将不再是安全的（参见 5.5.4 节）。然而，量子密钥建立如它所声称的一样，只是一种密钥建立技术。

2. 基本思想

量子密钥建立是在**量子信道**（Quantum Channel）上进行的。这通常由光纤网络或空闲空间（Free Space）来实例化。Alice 和 Bob 必须有能够发送和接收被编码为量子态的信息的设备，这种量子态被称为**量子位**（Qubit），相当于传统通信信道上的比特。这些量子位可以用**光子**（Photon）的量子态来表示。在传统的通信信道中，建立对称密钥的一种简单方法是让Alice生成密钥，然后发送给Bob。这种方法的问题是，攻击者可能正在监听通信，从而截获密钥。更糟糕的是，Alice和Bob都不知道发生了这样的事。

量子密钥建立背后的基本思想是利用了这样一个事实：在量子信道中，如果不更改信道中的信息，攻击者就无法监听。这是一个非常有用的属性，Alice和Bob可以利用它来测试攻击者是否一直在监听他们的通信。

最著名的量子密钥建立协议是BB84协议。虽然以下对该协议的概念介绍进行了简化，并省略了重要的背景信息，但它大致说明了基本思想。BB84协议包括以下步骤：

1）Alice随机产生一串量子位，并将这些量子位以极化光子的形式发送给Bob。

2）Bob使用偏振探测器测量它们，每个光子返回0或1。

3）Bob通过传统的经过身份认证的通道（可能是安全的电子邮件、电话或密码学认证通道）与Alice联系，然后Alice向他提供一些信息，这些信息可能导致Bob丢弃了他刚刚进行的大约50%的测量。这是因为Bob可以使用两种不同类型的偏振探测器来测量每个光子，如果他选择了错误的类型，那么结果测量只有50%的概率是正确的。Alice使用经过认证的通道来告诉Bob，她使用的是哪种偏振探测器来编码每个量子位，Bob则丢弃所有被错误测量了的光子的返回值。

4）Alice和Bob现在通过身份认证的信道检查他们认为刚刚达成一致的比特流。他们随机选择一些位置，然后检查这些位置上的位是否一致。如果没有发现任何差异，那么他们就丢弃用于进行检查的比特，并利用他们还没有检查过的比特形成一个密钥。

要理解此协议的工作原理，请考虑攻击者的情况。攻击者可以在量子信道上测量光子，并且可以监听经过身份认证的信道上的所有讨论。然而，如果攻击者选择在量子信道上测量光子，当攻击者使用了错误的探测器（这将在大约50%的测量中发生）时，这个过程将改变光子的极化方向，从而导致Bob接收到不正确的输出位。因此，当Alice和Bob对达成一致意见的比特进行抽查时，他们将以很高的概率检测到这种活动。Alice和Bob可以将这个概率设置为任意高，他们只需增加检查的比特数。

3. 量子密钥建立实践

量子密钥建立背后的理论很有趣。然而，量子密钥建立的动机完全是为了克服实际问题。量子密钥建立本身实用吗？

量子密钥建立有许多实质性的限制，如下所示：

1）**距离限制**。量子密钥建立的实现一直在改进。尽管如此，它仍然只能在有限的距离内发挥作用。例如，在1988年，它被证明可以在30厘米的距离内工作。到2015年，已经提高到可以在300公里左右的光纤网络内工作，并使用量子密钥建立构建了几个示范网络。人们相信，如果要在光纤网络中实现400公里以上的距离，就必须大大扩展基本机制。光纤的另一种替代方案是使用自由空间。人们已经开始进行实验，以测试量子密钥建立在地面和空间卫星之间的有效性。与这些形成对比的是，大多数传统的密钥建立技术可以使用的距离没有技术限制。

2）**数据速率**。密钥材料在量子信道上交换的速度是有限制的，这也与正在进行密钥建立的距离有关。

3）**成本**。使用量子密钥建立需要昂贵的硬件设备和合适的量子信道。虽然随着时间的推移，相关费用无疑会减少，但大多数传统的密钥建立技术并不需要这种特殊技术。

4）**对传统身份认证的需要**。量子密钥建立需要使用传统的认证方法。例如，在BB84协议中，Alice和Bob必须建立一个经过身份认证的信道。他们将如何做到这一点？当然，一种方法是使用对称密码技术。那么，如何建立用于身份认证的密钥呢？如果使用传统的密钥建立技术，那么量子密钥建立的安全性依赖于传统密钥建立的安全性。在这个方面，我们几乎没有取得任何进展。

然而，量子密钥建立最大的不确定性是我们是否真的需要这种复杂的技术。我们讨论过的大多数其他密钥建立机制在与强大的加密算法（如AES）一起使用时都是有效的。量子密钥建立的成本真的合理吗？

然而，值得注意的是，量子密钥建立确实允许随机生成密钥的连续建立。量子密钥建立被认为是一种具有高安全性应用潜力的技术，在这种应用中，使用一次一密是值得的。虽然它确实依赖于传统的身份认证，但这不是一个大问题，因为经过身份认证的信道只需要持续较短的时间。相比之下，使用结果密钥保护的数据需要长期保持安全。尽管如此，我们似乎不太可能看到量子密钥建立被广泛采用。

10.5 密钥存储

密钥需要得到保护，使其不会暴露给目标所有者以外的其他人。因此，安全地存储它们是非常重要的。在本节中，我们将考虑如何存储密钥。我们还将讨论如何管理密钥的潜在丢失或不可用性。

10.5.1 避免密钥存储

最好的解决方案是不要在任何地方存储密码学密钥，而是在需要的时候动态生成它们。这在某些应用中是可行的。由于相同的密钥每次需要使用时必须动态生成，因此我们需要一个确定性密钥生成器（请参阅8.1.4节）来生成密钥。回想一下8.1.4节，确定性生成器需要一个种子，所以我们将要求每次生成密钥时都使用这个种子。但是种子也需要被保护，那么我们把种子存放在哪里呢？

对于大多数使用这种技术的应用，种子以口令或强口令的形式存储在人脑中。这正是一些加密软件用来保护私钥的技术，私钥是使用密钥加密密钥来加密（参见13.1节），然后存储的。用户生成一个需要记住的口令。口令用于动态地派生密钥加密密钥（请参阅 10.3.2 节），然后使用密钥加密密钥解密加密的私钥。这个过程的明显缺点是，密钥存储的安全性依赖于用于派生密钥加密密钥的口令的安全性。但这是一个实用的解决方案，它体现了安全性和可用性之间的权衡，适用于许多类型的应用。

但是，不可能总是避免密钥存储。例如：

- 假设使用对称密钥来保护处于不同位置的 Alice 和 Bob 之间的通信。在某些应用中，Alice 和 Bob 能够在需要时精确地在本地生成密钥。然而，在许多其他应用中，密钥需要被存储在某个地方，至少需要存储一小段时间（例如，如果 Alice 和 Bob 都预先得到由相互信任的第三方发出密钥）。
- 密码学的许多应用都需要长期访问某些密钥。例如，用于安全数据存储的密钥本身可能需要存储很长时间，以便将来访问受保护的数据。
- 生成公钥对非常昂贵。在需要时精确地生成它们是很低效的。在许多情况下，这是不可能的，因为私钥所在的设备（例如智能卡）可能没有用户界面。因此，私钥几乎总是需要安全地存储。

10.5.2 密钥存储于软件中

密钥存储的一种方法是将密钥嵌入软件。如 3.2.4 节所述，在软件中执行密码过程的任何部分都存在固有的风险。然而，将密钥存储在软件中要比将密钥存储在硬件中便宜得多，因此，通常情况下，必须在安全性风险与成本收益之间进行权衡。

1. 存储明文密钥

到目前为止，最便宜、风险最大的方法是在软件中用明文存储密钥。换句话说，将密钥视为存储在硬盘驱动器上的数据片段，即不受保护的数据。虽然听起来很疯狂，但这种情况经常发生。一种常见的方法是尝试将密钥隐藏在软件的某个地方。这就是隐藏的安全性，这种方式很危险，因为它依赖于密钥的隐藏者比任何攻击者都要聪明。此外，在软件中隐藏密钥存在两个问题：

1）设计软件的开发人员将知道密钥在哪里，因此至少有一个潜在的攻击者知道在哪里查找密钥。

2）假设隐藏密钥是与软件的不同版本（用户）相关的，那么获得两个版本的软件的攻击者可以对它们进行比较。任何存在差异的位置都可能是与密钥有关的信息的位置。

即使这些基本问题不适用于特定的应用，在软件中存储不受保护密钥的潜在问题也非常严重，因此最好避免使用这种方法。事实上，许多密钥管理系统和标准都明确禁止软件明文存储密钥。

2. 存储密文密钥

幸运的是，我们已经非常熟悉一种技术，可以用来保护计算机软件中的数据。我们可以加密它！虽然这看起来是一件显而易见的事情，但它只移动了目标，而没有移除它们。为了得到密钥，我们需要用来加密密钥的密钥。那么，密钥加密密钥存储在哪里呢？如果它是一个公钥，那么我们在哪里存储相应的私钥？

实际上，我们只有四种选择：

1）*用另一个密钥加密它*。那么我们把这个密钥放在哪里呢？

2）*动态生成它*。这是10.5.1节中讨论的一种相当常见的方法，通常在无法使用基于硬件的解决方案的应用中使用。

3）*存储在硬件中*。这可能是最常见的方法，但显然需要访问合适的硬件设备。密钥加密密钥保留在硬件设备上，所有使用此密钥的加密和解密都在硬件设备上执行。我们将在10.5.3节中讨论密钥的硬件存储。

4）*以组元形式存储*。我们在10.3.3节中介绍了组元形式的概念。它还可以用于密钥存储。通过使用组元，获取密钥的任务会变得更加困难，因为为了恢复密钥，要获得所有必需的组元。然而，我们只解决了部分存储问题，因为我们仍然必须将组元存储在某个地方。由于组元本质上是密钥本身，它不容易记忆，因此最常见的存储组元的方法是将其保存在硬件（例如智能卡）上。因此，组元形式实际上是基于硬件的解决方案的增强，而不是替代方案。

10.5.3 密钥存储于硬件中

存储密钥的最安全的介质是硬件。当然，不同类型的硬件设备对应着不同级别的安全性。

1. 硬件安全模块

用于密码学密钥的最安全的硬件存储介质是**硬件安全模块**（Hardware Security Module，HSM）。这些专用硬件设备提供密钥管理功能，有时也称为**防篡改设备**（Tamper-resistant Device）。许多HSM还可以执行批量加密操作，通常速度很高。HSM可以是外围设备，也可以整合到更通用的设备中，比如销售终端。

虽然我们选择引入HSM作为密码学密钥的安全存储机制，但重要的是要认识到，HSM通常用于保护密钥生存期的其他阶段。

存储在HSM上的密钥受到硬件的物理保护。例如，如果有人试图通过HSM从设备中提取密钥，就会触发防篡改电路，密钥通常会从HSM内存中删除。有各种各样的技术可以用来阻止篡改，包括：

1）*微开关*。这是一个简单的装置，HSM被打开时会释放开关。它不是特别有效，因为一个聪明的攻击者可以想办法钻一个洞，并使用胶水粘住开关。

2）*电子网*。这是一种精密的电子网，可以安装在HSM的内部，包围着敏感元件。它被损坏时，会激活篡改检测电路。这种机制可以防止渗透攻击，如钻洞。

3）*树脂*。树脂是一种很硬的物质，如环氧树脂，可用于封装敏感元件，有时电子网也嵌在树脂中。任何试图钻穿树脂或使用化学物质溶解树脂的尝试，通常都会损坏元件并触发篡改检测电路。

4）温度探测器。这是用于检测温度变化是否超出正常工作范围的传感器。温度异常可能是受到攻击的征兆。例如，有一种攻击会涉及冻结设备内存。

5）光敏二极管。可用于检测对 HSM 外壳进行穿透或开口操作的传感器。

6）运动或倾斜探测器。可以检测到是否有人试图从物理上移除 HSM 的传感器。一种方法是使用水银倾斜开关，如果 HSM 的物理排列发生变化，这种开关会断开电流。

7）电压或电流检测器。可检测电压或电流超出正常工作范围的传感器。这些异常现象可能意味着受到攻击。

8）常安全芯片。一种特殊的安全微处理器，可用于 HSM 内的密码处理。即使攻击者已经穿透了 HSM 的所有防御机制，密钥仍可能在安全芯片中受到保护。

不同的 HSM 可以使用不同的技术组合，以构建针对攻击的分层防御。HSM 通常会有备用电池，因此不能简单地通过切断电源来攻击 HSM。

2. 密钥存储于 HSM 中

至少有一个密钥会始终驻留在 HSM 中。这个密钥通常称为本地主密钥（Local Master Key，LMK）。一些 HSM 可能存储多个 LMK，每个 LMK 都有特定用途。需要存储的任何其他密钥都可以：

1）存储在 HSM 上。

2）存储在 HSM 外，用 LMK 加密。

在后一种情况下，当需要使用存储在 HSM 外部的密钥时，首先将其提交给 HSM，然后使用 LMK 对其进行恢复后再使用。

这种方法在很大程度上依赖于 LMK。因此，备份 LMK（见 10.5.5 节）以防止其丢失是极其重要的。如果 HSM 失败，或者受到攻击，就会发生这种损失，因为防篡改控制可能会删除 HSM 内存。实际上，任何仅存储在 HSM 中的密钥都需要备份。因此，无论将密钥存储在 HSM 内部还是外部，都涉及对以下两者的权衡：

1）效率——在 HSM 中存储密钥在处理速度方面更有效，因为它们在使用前不需要被导入并恢复。

2）备份需求——仅存储在 HSM 中的每个密钥都需要安全备份，可能以组元形式备份。

3. 其他类型的硬件

虽然 HSM 是最安全的存储密钥的硬件设备，但是还有许多其他硬件设备可提供低级别的安全性。其中一些设备可能也用到我们在描述 HSM 时提到的一些防篡改措施，而另一些设备只是依赖硬件本身来提供一些抗攻击能力。

一类硬件设备是智能令牌（包括智能卡），我们在 8.3.3 节中首先讨论了智能卡。智能令牌被设计成便携的，且价格便宜，因此用于保护它们的安全措施很有限。虽然智能令牌通常适合存储特定于用户的密钥（例如8.5节中用于生成动态口令的令牌类型），但它们通常不够安全，无法存储对整个系统（例如系统主密钥）至关重要的密码学密钥。

4. 与硬件的交互

使用硬件是保护存储密钥的好方法。但是，它依赖于硬件外部程序和硬件内部程序之间的安全接口。例如，如果没有安全的接口，可能会有未经授权的一方从硬件外部的数据库中获取加密的密钥，并“说服”硬件解密它，然后使用该密钥来破解密钥学计算的结果。问题出在硬件要响应外部调用，而外部调用可以来自任意数量的不同应用程序。大多数硬件需要一个**应用程序编程接口**（Application Programming Interface，API），其中包含大量不同的命令，如生成密钥、验证PIN、验证MAC等。因此，攻击者可能会使用这些命令。

该接口的安全性依赖于对应用程序和设备的访问控制，而访问控制又与硬件计算平台的安全性和它周围的物理安全性有关。因此，重要应用程序（如银行系统）的HSM总是位于逻辑和物理上受到严格控制的环境中。

为了利用API中的弱点，攻击者需要编写应用程序并对硬件具有通信访问权。这样的攻击者可能是需要特权的内部人士。尽管如此，一些针对商用HSM的API的概念性验证攻击已经被公开。我们将在10.6.1节中给出一个API攻击的示例。

5. 硬件评估

由于硬件经常用于密钥管理系统的关键组件，因此必须确保它们有足够安全地履行其使命的高机密性。显然，生产不安全的产品不符合安全硬件供应商的利益，因此他们通常对产品的安全性保持高度警惕。他们还花费大量的时间来审查和分析相关的API。有几个组织能够对硬件提供的物理保护进行独立评估，特别是HSM。HSM安全也有标准，其中最重要的是FIPS 140，大多数HSM都是根据这个标准进行评估的。

10.5.4　密钥存储的风险因素

密钥存储介质的风险不仅取决于存储密钥的设备，还取决于设备所处的环境。这种关系如图10-6所示，它根据不同的环境和设备控制确定了四个区域。

图10-6中描述的两个维度含义如下。

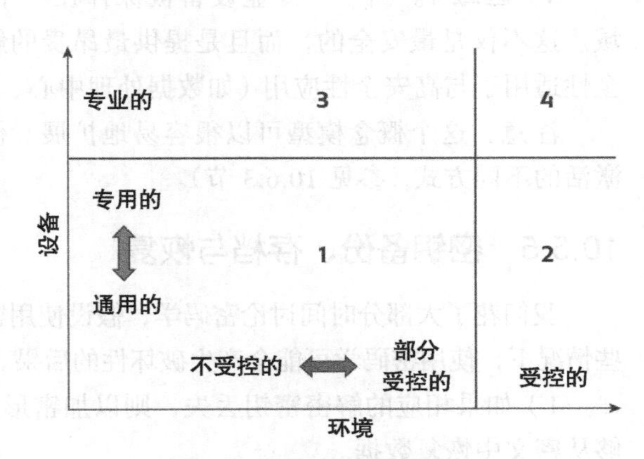

图10-6　密钥存储风险区域

1. 环境

有以下几个范围：

- **不受控的**：公共环境，如商店和餐馆，在这种环境下不可能实现严格的访问控制机制。
- **部分受控的**：例如一般的办公室

和家庭中的环境，在这种环境下可以实现基本的访问控制机制（例如，房门钥匙）。

- 受控的：高度安全的办公室和军事设施，在这些环境中可以实现强大的访问控制机制（例如，生物特征扫描卡）。

2. 设备

有以下几个范围：

- 通用的：运行默认内置安全控制的常规操作系统的通用设备（例如笔记本电脑）。
- 专用的：提供一些特殊安全控制的专用设备，如有限的抗篡改能力（例如销售终端或移动电话）。
- 专业的：主要功能是提供安全性（例如 HSM）的专业设备。

图 10-6 中确定的四个区域主要是概念性的，但说明了这两个维度的重要性。

1）**区域 1**。这是安全系数最低的区域，因此风险最高。然而，对于许多应用程序，这可以提供足够的安全性。例如，以加密形式存储在家用电脑硬盘上的密钥足以保护用户的个人文件。同样，任何存储在便携式销售终端的处于有限保护下的密钥，只要不受到专家的攻击，仍然是安全的。

2）**区域 2**。当区域 1 的设备被移动到受控环境中时，它们所提供的安全性将显著提高。在极端的情况下，如果个人电脑没有联网，并且被保存在一个物理安全的房间里，门口有一个武装警卫，那么存储在通用电脑软件中的明文密钥也能有足够高的安全性！更现实的情况是，存储在具有强大物理安全性（如对房间采用智能卡访问控制）和良好的网络安全控制的办公室的个人电脑上的加密密钥比存储在公共图书馆或网吧的个人电脑上的加密密钥更安全。

3）**区域 3**。由于应用的性质，专用设备有时必须位于不安全的环境中。自动柜员机（Automated Teller Machine，ATM）就是一个很好的例子，它需要面向客户。因此，这些设备暴露在一系列潜在的严重攻击之下，而这些攻击风险是由于它们所处的环境造成的，比如攻击者试图移走这些设备，目的是在实验室中提取密钥。

4）**区域 4**。当一个专业设备被保存在一个受控的环境中时，就处于安全性最高的区域。这不仅是最安全的，而且是提供最昂贵的解决方案的区域。尽管如此，这种级别的安全性适用于与高安全性应用（如数据处理中心、金融机构和认证机构）相关的重要密钥。

注意，这个概念模型可以很容易地扩展。例如，我们没有考虑存储在设备上的密钥被激活的不同方式（参见 10.6.3 节）。

10.5.5 密钥备份、存档与恢复

我们花了大部分时间讨论密码学，假设使用密码学可以带来安全方面的好处。然而，在某些情况下，使用密码学可能会产生破坏性的后果。如果密钥丢失，就会出现这种情况。例如：

1）如果相应的解密密钥丢失，则以加密形式存储的数据本身也将丢失，因为没有人能够从密文中恢复数据。

2）如果丢失了相应的验证密钥，消息上的数字签名将失效，因为没有人能够验证它。

第一个场景说明了对关键密钥进行密钥备份的潜在需求。第二个场景更广泛地说明了密钥存档的潜在需求，即密钥过期后的长期存储。

注意，由于密钥存档倾向于在密钥过期后应用于密钥，因此它出现在图10-1的密钥生存期中，作为密钥使用之后发生的一个过程。但是，鉴于它与密钥备份密切相关，所以我们将它包含在本节中。

1. 密钥备份

关键的密码学密钥非常“容易”丢失。正如我们在10.5.3节中讨论的，重要的密钥通常存储在HSM中。对区域3（参见图10-6），HSM的一个常见攻击是物理攻击，导致它的一个抗篡改触发器被激活，设备擦除其内存。攻击者不知道存储在设备上的密钥，但是，如果没有备份，这种攻击对依赖HSM的组织的潜在影响是很大的。处于区域4的HSM也有风险，比如员工不小心撞到设备上，会导致设备的内存被擦除。

正如本章开头所指出的，密码学密钥只是数据的一部分，因此从技术上讲，密钥的备份并不比一般的数据备份困难多少。很明显但很重要的一点是，密钥备份过程的安全性必须与密钥本身的安全性一样强。例如，通过使用DES密钥加密AES密钥来备份它是不明智的。备份密钥需要存储在至少与密钥本身相同级别的设备和环境安全控制的介质上。实际上，对于最高级别的密钥，使用组元形式是密钥备份唯一合适的方法。

2. 密钥存档

密钥存档本质上是一种特殊类型的备份，在密钥过期和销毁之间这个时段仍然需要密钥的情况下，这种备份是必要的。这样的密钥将不再有效，因此不能用于任何新的密码学计算，但它们可能仍然是必需的。例如：

- 法律上可能要求将数据保存一段时间。如果该数据以加密的形式存储，则法律要求保留密钥，以便能够恢复数据。举个例子，伦敦证券交易所（London Stock Exchange）要求将密钥存档7年。
- 经过数字签名的文件（例如合同）要求可验证数字签名的期限远远超过签名时所用密钥的有效期。因此，需要对相应的验证密钥进行归档，以备未来的查询请求。例如，比利时法律要求在线银行应用程序中用于电子签名的验证密钥应存档5年（见12.6.5节）。

管理存档密钥的存储与密钥备份一样重要。一旦密钥不再需要存档，就应该销毁它。

3. 密钥恢复

密钥恢复是从备份或存档中恢复密钥的密钥管理过程。从技术上讲，这并不比从其他类型的存储中检索密钥困难，因此所有的挑战都与围绕密钥恢复的管理过程有关。显然，除非有适当授权进行恢复，否则不应该恢复密钥。

请注意，密钥恢复这个术语还与实施“强制”备份的动机有关，这也称为**密钥托管**（key escrow）。我们将在14.3.2节中更详细地讨论密钥托管。

10.6　密钥的使用

在考虑了密码学密钥的生成、建立和存储之后，我们现在继续研究密钥生存期中与密钥使用相关的问题。其中最重要的是密钥分离。我们还将讨论密钥变更、密钥激活和密钥销毁的机制。

10.6.1　密钥分离

密钥分离的原则是，密码学密钥只能用于它们的预期用途。在本节中，我们将考虑为什么密钥分离是一个好办法，并讨论如何强制执行密钥分离。

1. 密钥分离的需求

如果不强制执行密钥分离，可能会出现严重的问题。在许多应用中，密钥分离的需求可能非常明显。例如，加密和实体身份认证可能由不同的程序执行，每个程序对密钥长度都有自己的特定要求。我们将在12.2节讨论WLAN安全性时给出这方面的一个示例。在WLAN安全性中，所有应用的加密过程都是锁定的，但是实体身份认证过程可以根据特定的应用环境进行定制。

然而，在其他应用中，很容易将已经建立的密钥用于某个目的，然后为了方便起见，再将其用于其他目的。我们用两个例子来说明这样做的潜在危险。

【例1】和口令一样，PIN也不应该在任何地方以明文形式存储。因此，通常使用对称的PIN加密密钥（PIN Encrypting Key）以加密的形式存储PIN[⊖]。此密钥只能用于加密PIN，不应该用于解密加密的PIN。相反，普通对称数据密钥既能用于加密又能用于解密。如果这两种密钥在HSM内以某种方式互换了，会带来两个严重问题：第一，有可能解密并显示一个PIN；第二，可能无法恢复任何使用PIN加密的正常数据。

【例2】假设我们有一个具有以下两个安全功能的HSM。

功能1　通过以下方式为支付卡生成一个四位数字的PIN：

- 使用PIN生成密钥加密卡的16位账号，并将生成的密文以十六进制形式输出。
- 扫描十六进制输出值中范围在0～9之间的前4个数字，但忽略任何在A～F之间的符号，然后用来形成PIN（在极少的情况下，此过程可能没有足够多的数字来形成一个PIN，此时需要采取额外措施）。
- 以加密的形式输出结果PIN。

功能2　通过以下方式计算输入数据的MAC。

⊖　对PIN的加密是单向加密，参见8.4.2节。——译者注

- 使用 MAC 密钥在输入数据上计算一个简单的 CBC-MAC（使用图 6-8 中描述的 CBC-MAC 版本，在实践中并不推荐使用该版本）。
- 以十六进制形式输出 MAC。

现在假设攻击者能够说服 HSM 将功能 1 中的密钥用于功能 2。换句话说，攻击者可以使用 PIN 生成密钥在支付卡账号上生成 MAC，结果得到十六进制形式的 MAC 输出。假设两个功能使用同一分组密码（功能 1 加密，功能 2 计算 CBC-MAC），由于账号数据可能很短，小于一个分组长度，输出的 MAC 值将等于功能 1 第一步中输出的账号密文值。然后攻击者可以扫描 MAC，找出前四位 0 ～ 9 范围内的数字，从而确定 PIN。

这两个例子都说明了不进行强制密钥分离的潜在危险。有人可能会认为这些都是人为设计的例子，原因之一是，应该不可能强迫 HSM 中的密钥用于他们预期目的之外的目的，尤其是相关密钥永远不会出现在 HSM 外。我们现在说明这种情况（至少在理论上）如何发生。

我们接下来讨论在 HSM 中强制密钥分离的一种方法，就是将密钥存储在该 HSM 中，而这些密钥在用于某个使用目的的主密钥下加密。这样，对密钥的访问直接绑定到标识密钥使用目的的主密钥。然而，许多 HSM 具有导出和导入功能，允许在不同的 HSM 之间传输密钥。密钥在导出和导入期间使用传输密钥加密。图 10-7 显示了使用这一功能来变更密钥目的的可能性。

1）PIN 生成密钥（PIN Generation Key）*PGK* 存储在 HSM 上，并由存储主密钥（Storage Master Key）SMK_1 加密，SMK_1 是 HSM 上的本地密钥，用于存储 PIN 生成密钥。

2）要求 HSM 导出 *PGK*。它使用 SMK_1 来解密已加密的 *PGK*，然后使用传输密钥（Transport Key）*TK* 重新加密 *PGK*，然后导出。

3）攻击者要求 HSM 导入一个新的 MAC 密钥。攻击者提交由 *TK* 加密的 *PGK*。

4）HSM 使用 *TK* 对加密的 *PGK* 进行解密，然后使用存储主密钥 SMK_2（用于存储 MAC 密钥的 HSM 密钥）对其进行重新加密。因此，HSM 现在将 *PGK* 视为 MAC 密钥。

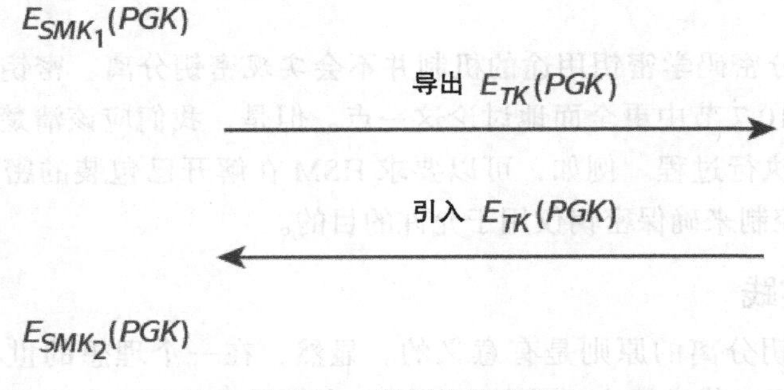

图 10-7 密钥伪装攻击

如果在每个单独的导出和导入功能中采用不同的传输密钥，则不可能进行此攻击。然而，由于不同供应商解决方案之间的互操作性问题，可能不允许采用不同的传输密钥。

上述困难都是由于存储密钥的设备与外部世界之间的接口存在安全缺陷造成的，我们在 10.5.3 节中已经注意到，这是密钥管理中可能存在问题的一个方面。

2. 执行密钥分离

为了避免我们刚刚提到的一些问题，需要使用一些机制来执行密钥分离。这是我们在 10.1.3 节中讨论的密钥用途保证的一部分。

第一个要求是要有一个机制来清楚地标识密钥的用途。密钥通常是非结构化的比特串，因此没有明显的方法从密钥的基本形式来确定密钥的用途。可以采用以下几种不同的方法来区分密钥的用途。

1）**将密钥嵌入更大的数据块中**。这可能是最常用的技术，包括将密钥嵌入到包含密钥用法的较大的数据对象中。下面是一些例子：

- 密钥的包装。如 10.4.1 节所述，一些密钥包装算法（如 SIV 模式）可将与密钥相关的数据（包括密钥的用途）以密码学方式绑定到密钥上。
- 密钥块。格式化的数据字符串，允许将密钥和与密钥相关的其他数据一起表示。一个例子是 ANSI TR-31 密钥块，它包括一个阐明密钥用途的头，以及一个将这个头绑定到密钥的整个密钥块上的 MAC。
- 公钥证书。被广泛部署的密钥块，为公钥的用途提供了保证。公钥证书可以包含定义密钥用途的字段。我们将在 11.1.2 节中更详细地讨论公钥证书。

2）**使用特定的密钥加密密钥变体来加密密钥**。我们前面提到的通过硬件执行密钥分离的方法涉及使用特定的高级别密钥来加密特定目的的密钥。例如，在图 10-7 中，HSM 使用密钥 SMK_1 加密 PIN 生成密钥，使用密钥 SMK_2 加密 MAC 密钥。HSM 可以根据所使用的密钥加密密钥的变体来识别密钥目的。

3）**利用冗余**。这种方法的一个例子是**密钥标记**（Key Tagging），它利用 DES 密钥的 8 个冗余位（回想一下 4.4 节，DES 密钥的有效长度为 56 位，但通常取 64 位值）来定义密钥的用途。

当然，用于区分密码学密钥用途的机制并不会实现密钥分离。密钥分离的实现需要过程控制，我们将在 10.7 节中更全面地讨论这一点。但是，我们应该清楚刚才讨论的技术如何支持密码分离的执行过程。例如，可以要求 HSM 在解开已包装的密钥时检查密钥的用途，然后使用内部控制来确保密钥仅用于允许的目的。

3. 密钥分离实践

直观地看，密钥分离的原则是有意义的。显然，在一个理想的世界中，为不同的目的生成不同的密钥可以使事情变得简单。然而，密钥分离原则正如它所宣称的——是一个“原则”。实施它也有潜在的成本。例如，强制执行密钥分离原则意味着与不强制执行该原则相比，密钥管理系统要管理的密钥更多。因此，为了减少必须管理的密钥的数量，我们倾向于将密钥用于多个目的。当然，如果我们决定同时为加密和计算 MAC 使用一个特定的对称密钥，那么可以说，仍然要强制执行密钥分离的原则，因为该密钥的目的是同时用于加密和计算 MAC！至少，对密钥分离原则的思考使我们认识到密钥的这些不同目的。

密钥分离原则和实际问题之间所做的实用权衡的一个例子是密钥派生，我们在 10.3.2 节中讨论过。在这种情况下，可以存储一个**派生密钥**（Derivation Key），用于派生单独的加密密钥和 MAC 密钥。从技术上讲，同一个密钥被使用了两次，因为派生是通过一个公开的过程进行的，所以加密密钥和 MAC 密钥并不像我们在理想世界中希望的那样。实际上，我们通过为两个不同的密码操作提供两个密钥来实现密钥分离的原则。

本节中的示例说明了不遵循密钥分离原则的危险。在实际应用中，密钥分离原则被遵循的程度自然取决于应用环境的特定优先级。我们将在第 12 章研究密码应用时对密钥分离问题进行讨论。

10.6.2 密钥变更

大多数密钥管理系统都要求能够变更密钥。

1. 密钥变更的需求

在以下两种情况下，往往需要变更密钥：

1）**有计划的密钥变更**。此种密钥变更很可能会定期发生。进行有计划的密钥变更的一个原因是密钥生存期结束（参见 10.2.1 节）。另一个原因可能只是为了防备无计划的密钥变更而定期演习密钥变更流程（相当于消防演习），在一些组织中，这是最常见的有计划的密钥变更，因为它们的密钥生存期非常长。

2）**无计划的密钥变更**。这种密钥变更可能由于各种原因而发生。实际上，我们曾在 10.2.1 节中指出，密钥生存期有限的原因之一是为了减轻意外事件的影响。因此，如果发生了计划外事件，就需要对密钥进行无计划变更。例如：

- 密钥被损坏。
- 发现了安全漏洞，有可能导致密钥泄露（例如，操作系统漏洞、密码分析的突破或 HSM 中防篡改机制失败）。
- 员工意外离开公司。

注意，在某些情况下，**撤销**密钥（使其不可用）足矣，不用变更密钥。但是，在做这类决定之前必须谨慎。例如，当一个与组织关系良好的雇员意外地离开组织时，撤销他持有的所有个人密钥就足够了，比如只由该雇员和中央系统共享的所有对称密钥，或者只与该雇员相关的所有公钥对。然而，该雇员还可能拥有由多个雇员共享的**组密钥**（group key），建议更换这些密钥，因为这些密钥在该雇员离开后可能还会被继续使用。

2. 密钥变更的影响

鉴于密钥变更的重要性，密钥变更可能是一个非常昂贵的过程。无计划的密钥变更尤其有问题，特别是在密钥泄漏的情况下，因为它会给使用受影响的密钥执行的任何密码学操作（例如任何被加密数据的机密性）带来问题。一个可能的结果是，还需要变更使用受影响的密钥加密的其他密钥，这反过来会给使用这些密钥进行任何密码学操作带来问题。

密钥变更的最小影响是需要生成和建立一个新的密钥。然而，可能会有更严重的影响，特别是在高级别密钥泄露的情况下。例如，如果金融系统中的主密钥被泄露，那么由此产生的成本可能包括对泄露进行调查的成本、使用泄露密钥进行任何恶意交易带来的成本、声誉受损和客户信心的丧失。从无计划的密钥变更中恢复，应该是组织更广泛的灾难恢复和业务连续性过程的一部分。

当我们记录了密码操作的时间，并且知道密钥泄露的时间时，密钥泄露造成的损害有限。例如，在一个签名密钥被泄露的情况下，只需要将在泄露之后使用该密钥生成的所有签名视为无效即可。

3. 密钥变更的原理

正如上文提到的，密钥变更的要求为：

- 生成并建立一个新的密钥。
- 撤销旧密钥（并可能对其进行销毁或存档）。

理论上，本章其他部分讨论的那些操作的任何机制都可以用于执行这些过程。理想情况下，有计划的密钥变更应该自动发生，并且不需要太多干预。例如，我们在10.4.2节中看到，UKPT方案在每个事务之后自动执行有计划的密钥变更。在发生无计划的密钥变更时，可能需要更多的干预。

显然，高级别密钥变更的管理更加复杂。例如，如果HSM中的存储主密钥经过有计划的变更，那么所有在旧存储主密钥下加密的密钥都需要解密，然后使用新的存储主密钥重新加密。在本例中，由于存储主密钥没有被破坏，因此不需要变更使用它加密的所有密钥。

请注意，密钥变更并不总是容易实现。实际上，从一个密钥到另一个密钥的转换过程特别具有挑战性，并且在可能的情况下，应仔细规划转换过程，以便使转换过程尽可能顺利。

4. 密钥对变更

一般情况下，变更对称密钥比较简单，这可能有点令人惊讶。之所以令人惊讶，是因为密钥变更强制执行新的密钥建立操作，对于对称密钥，这通常是一个更困难的过程。实际上，变更公钥对通常更具挑战性，原因有两个：

1）**对公钥的了解**。由于对称密钥需要在网络中仔细地被“定位”，以便依赖于它们的实体拥有正确的密钥，因此密钥管理系统往往会完全控制对称密钥的位置。至少在理论上，这使得撤销对称密钥变得很简单。相反，公钥的公共性意味着密钥管理系统可能无法控制哪些实体知道公钥。实际上，在因特网这样的开放环境中，任何人都可以知道公钥。

2）**开放的应用环境**。对称密码倾向于在封闭环境中使用。因此，任何处理对称密钥的密钥管理系统都应该有建立密钥的机制和控制手段，这些机制和控制手段可以在密钥变更时重用。相比之下，公钥密码倾向于在开放环境中使用，这更具挑战性。

由于私钥和公钥是相互依赖的，因此变更其中一个密钥的任何需求都要变更另一个密钥。变更私钥比变更对称密钥更简单。但是，变更公钥需要特殊的机制，我们将在 11.2.3 节中讨论这种机制。

10.6.3　密钥激活

在评估任何密钥管理系统的安全性时，重要的是要注意激活密钥的过程，即授权使用密钥的过程。我们在 8.3.3 节中介绍过，使用基于密码学密钥的身份信息进行实体身份认证的一个问题是，有效的安全性没有预期的那么强。出现这个问题是因为在讨论的场景中，密钥是由不太安全的机制（如口令）激活的。

这个潜在的问题不仅适用于实体身份认证。实际上，在任何密码技术的使用中，我们都必须指示执行加密计算的设备来选择要使用的特定密钥。如果这一切都发生在 HSM 的范围内，那么我们不必担心什么。然而，在许多应用中，密钥激活需要人工交互。

例如，考虑存储在计算机上用于电子邮件数字签名的签名密钥。如果使用 RSA，那么这个签名密钥的长度可能有 2048 位，这显然是密钥所有者无法记住的值。当用户决定对电子邮件进行数字签名时，需要指示电子邮件客户端激活其签名密钥。根据密钥在计算机上的存储方式（如果有的话），现在可以应用几种场景。

1）**以明文形式存放在计算机上的密钥**。在这种情况下，用户可以简单地通过输入一条指令来激活密钥，或者从存储在计算机上的可能密钥列表中选择密钥。因此，任何能够访问计算机的人都能执行密钥激活。在这种情况下，密钥的有效安全性只与访问计算机本身所需的安全性相关联，而访问计算机本身可能只需要一个有效的用户名和口令。

2）**以加密形式存储在计算机上的密钥**。在这种情况下，用户可以通过提示提供一些秘密身份信息（如口令）来激活密钥。然后，将这个口令用于生成用于恢复签名密钥的密钥。在这种情况下，有效的安全性与口令的安全性相关联。

3）**动态生成的密钥**。在这种情况下，密钥不是存储在计算机上，而是动态生成的。因此，密钥的激活与密钥的生成相关联。同样，实现此功能的一种方法是向用户请求一些身份信息，比如口令。因此，密钥的有效安全性也是由该口令的安全性决定的。

4）**未存储在计算机里的密钥**。另一个选项是将密钥存储在外围设备上。当用户将设备连接到计算机时，密钥将被激活。在这种情况下，密钥的有效安全性与外围设备的安全性相关。这个过程也可能需要使用一个口令。

上面的场景只是一些例子，但是，它们都说明，即使使用 2048 位密钥来保护应用，密钥激活过程在确定有效安全性方面也起着至关重要的作用。特别是，2048 位密钥可能会通过以下方式被攻击者激活：

- 用于激活密钥（如口令）的安全机制被破坏。

● 访问存储密钥的设备。

10.6.4　密钥销毁

当密钥不再用于任何目的时，必须以安全的方式销毁它。在遇到以下情况时，需要销毁密钥：

1）当密钥过期时（密钥生存期的自然结束）。

2）当密钥被撤销时（在密钥生存期结束前，如发生10.6.2条所述的意外事件时）。

3）在密钥存档的必要期限结束时。

由于密钥是一种特殊类型的数据，所以可用来销毁密钥的机制正是用于销毁一般数据的机制。由于密钥是敏感数据，所以必须使用安全机制。所采用的技术被称为**数据擦除**（Data Erasure）或**数据清理**（Data Sanitisation）机制。

显而易见，如果要真正销毁密钥，仅仅从设备中删除密钥是不够的。这不仅不会破坏密钥，而且操作系统很可能在不同的位置保存有密钥的其他（临时）副本。即使密钥以加密的形式存储在设备上，对攻击者来说也是有用的。许多安全的数据销毁机制都涉及用随机生成的数据反复覆盖包含密钥的内存。覆盖的数量通常是可配置的。还应指出的是，其他存储密钥信息的介质（例如纸张）也应销毁。相关标准对如何销毁提供了具体的指导。

10.7　密钥管理治理

在本章中，我们反复强调密钥管理是密码学技术与依赖它的用户和系统之间的主要接口。从这个意义上讲，密钥管理是信息系统安全管理的一个小而重要的组成部分。

对于在自己的机器上管理密钥的私人用户，密钥管理只涉及选择适当的技术来执行密钥生存期的每个相关阶段。然而，对于一个组织来说，密钥管理是一个更加复杂的过程，因为影响密钥管理的过程是多种多样的，我们在10.1.1节中对此进行了概述。

因此，组织中的密钥管理需要由规则和流程来实现。在本节中，我们将简要讨论在组织内有效进行密钥管理治理所涉及的一些问题。

10.7.1　密钥管理的策略、实践和流程

在组织中，密钥管理治理的最常见方法是通过以下规范来实现：

1）**密钥管理政策**。这些政策定义了密钥管理的总体需求和策略。例如，策略可能是所有密码学密钥只能存储在硬件中。

2）**密钥管理实践**。这些实践定义了用于实现密钥管理策略目标的策略。例如，所有使用密码学的设备都将内置HSM。

3）**密钥管理流程**。这些文档记录了实现密钥管理实践所需的任务步骤。例如，在两个设备之间使用的有关密钥建立协议的规范。

显然，不同的组织在制定密钥管理策略、实践和流程方面将有不同的方法，但是这个过程的重要结果应该是使密钥管理具有以下特性。

- **设计的**：换句话说，整个密钥管理生存期从一开始就计划好了，而不是在事件发生时仓促提出的。
- **连贯的**：密钥生存期的各个阶段是一个更大的统一过程中相互关联的组件集，并且在设计时考虑到了全局。
- **集成的**：密钥管理生存期的各个阶段与组织更广泛的需求和优先级集成。

对于商业组织来说，公开密钥管理策略和实践也是有意义的，因为这可以用作增强对其安全实践信心的一种机制。这对于提供加密服务的组织（如证书颁发机构）尤其重要（见11.2.3节）。

密钥管理策略、实践和流程的制定还有助于对密钥管理进行审计，这是审计安全性的更广泛过程的一部分。这是因为不仅可以对策略、实践和流程本身进行审查，而且可以测试它们的执行效果。

10.7.2　流程示例：密钥生成仪式

我们将通过一个示例来说明密钥管理治理的潜在复杂性，该示例展示了一个大型组织可能需要的重要密钥管理流程。这是一个**密钥仪式**（Key Ceremony），可用于实现从组元生成密钥（如10.3.3节所讨论的）。注意，所讨论的密钥可以是顶级（主）对称密钥，也可以是需要安装到HSM中的顶级（根）私钥。密钥可以是以下两类：

- 新生成的密钥。
- 正在重新建立的现有密钥（来自备份的存储组元）。

参与者有以下几类。

- **运营经理**：负责实体方面的工作，包括场地、硬件、软件、存储或运输组元的介质。
- **密钥管理人**：负责确保密钥仪式按照相关密钥管理策略、实践和流程进行。
- **密钥保管人**：实际拥有密钥组元的人，负责妥善处理密钥组元并按照规定进行密钥仪式。
- **见证人**：负责观察密钥仪式，并提供独立的保证，确保其他各方按照适当的策略、实践和流程履行其职责（这可能涉及记录密钥仪式）。

密钥仪式本身包含很多阶段：

1）**初始化**。运营经理在受控环境中安装和配置所需的硬件和软件，包括HSM。这一过程可能需要见证人进行记录。

2）**组元检索**。密钥仪式所需的组元由相关的密钥保管人进行保管，并运送到密钥仪式地点。这些密钥保管人可能来自不同的组织（部门），并且不知道彼此的身份。

3）**密钥生成/建立**。在密钥管理人的指导下，将密钥安装到HSM上。这一过程包括各密钥保管人参加密钥仪式，但不一定同时参加（例如，可能要求密钥保管人不要见面）。

在整个密钥仪式中，见证人记录事件，并记录任何偏离既定流程的情况。最后，向密钥管理人提交正式记录。

4）**验证**。如有需要，在完成密钥仪式后，相关人士会仔细审阅正式记录，以确认是否遵循了正确的流程（也许是作为审核的一部分）。

此处提出的密钥仪式只是作为一个说明，密钥仪式的细节将取决于本地要求。但是，重点是要演示密钥管理策略、实践和流程的重要性。无论底层的加密技术和硬件如何，密钥仪式本身的安全性归根结底是人类精心安排的一系列动作，而这些动作只能由这类流程控制。

10.8 总结

在本章中，我们讨论了密钥管理，这是密码学中与用户关系最大的方面，因为它是最有可能需要在单个应用环境中进行决策和流程设计的部分。我们注意到，密钥管理总是必要的，但进行密钥管理并不容易。特别要注意以下几点：

- 强调牢记从密钥生成到密钥销毁的整个密码学密钥生存期的重要性。
- 详细研究了密钥生存期的各个阶段。
- 注意，密钥管理最终必须由策略、实践和流程控制。

本章讨论了需要保密的密钥的管理。在下一章中，我们将研究在管理公钥密码中使用的密钥对时出现的其他问题。

10.9 进一步的阅读

尽管密钥管理非常重要，但在密码学的介绍中，它常常是一个被忽视的主题，并且很少有关于该主题的专门和全面的介绍。也许最好的整体管理方法是 NIST 的《密钥管理的 NIST 建议》（NIST 800-57 [176]），它的第一部分介绍了密钥管理的基础，第二部分包括关于密钥管理治理的建议。NIST 800-130 [171] 涉及密钥管理系统的设计，ISO/IEC 11770 [117] 的第一部分介绍了密钥管理的概述和基本模型。另一个相关标准是 ISO 11568 [111]，它涵盖了零售结算这一重要应用领域的密钥管理，著名的 ANSI X9.24 [8] 标准也涉及这一主题。Dent 和 Mitchell [48] 对以上多数密钥管理标准的内容进行了概述。

关于密钥长度的最好建议参见由 Giry 管理的网站 [90]。我们在表 10-1 中引用了 2012 年欧洲项目 ECRYPT II [110] 的密钥长度建议，这是 [90] 的资源之一。有关密钥长度和参数选择的更一般指导可从 [68] 中获得。NIST 在 NIST 800-108 [170] 中提供了密钥派生指南，在 NIST 800-132 [172] 中提供了从口令派生密钥的指南。密钥派生函数 PBKDF2 的详细信息可以在 PKCS#5 v2.0 [208] 和 RFC 2898 [133] 中找到。基于组元的密钥生成使用简单的秘密共享方案，这在 Stinson [231] 中有很详细的介绍。单交易唯一密钥在零售业应用广泛，并在银行标准中进行了描述。Racal UKPT 方案已在 UKPA Standard 70［238］中标准化，派生的 UKPT 方案可在 ANSI X9.24［8］中找到。密钥包装算法（包括 AES 密钥包装）在 NIST 800-38F［175］中进行了讨论。SIV 模式在文献［205］中进行了相关说明。

我们在第 9 章中提供了几个密钥建立机制的参考，包括 Boyd 和 Mathuria［28］以及 ISO/IEC 11770［117］。BB84 协议最初是由 Bennett 和 Brassard［18］提出的，Singh［222］对其进行了通俗易懂的描述。《科学美国人》刊登过一篇关于 Stix 量子密钥建立的文章［232］。关于量子密钥建立的实用性和可能产生的影响，有相当多的错误信息，建议参阅 Moses［154］、Paterson, Piper 和 Schack［185］中的实际分析，这些资料提供了有趣的视角。

硬件安全模块（HSM）是许多密钥管理系统的基础组件。这一领域最具影响力的标准之一是 FIPS 140-2［76］。银行标准 ISO 11568［111］和 ISO 13491［112］也涉及 HSM。Attridge［11］简要介绍了 HSM 及其在密钥管理中的作用。图 10-6 中描述的密钥存储风险区域基于 ISO 13491［112］。Ferguson、Schneier 和 Kohno［72］包括关于密钥存储的一章，Kenan［136］讨论了在密码学保护的数据库上下文中的密钥存储。Bond［25］描述了对 HSM 的有趣攻击，这种攻击高度遵循 FIPS 140。Dent 和 Mitchell［48］有一章内容是关于密码学 API 的。

ANSI X9 TR-31 密钥块的描述参见［7］。NIST 有一个专门的出版物 NIST 800-88［166］，涉及数据删除（清理）。最后，我们描述的密钥生成仪式大致基于［141］中的描述。

10.10 练习

1. 如果不提供密码学密钥用途保证，提供一些攻击以下密码系统的例子。
   （1）一个部署在政府部门的完全对称的分级密钥管理系统。
   （2）一个开放密钥管理系统，支持公钥（混合）加密，以提供电子邮件安全性。
2. 关于密钥长度随时间变化的建议。
   （1）列出两个可信的关于密钥长度建议的来源（表 10-1 中的 ECRYPT 建议除外），并解释为什么它们是可信的。
   （2）它们对对称密钥长度的建议在多大程度上符合表 10-1 所给的建议？
   （3）给定一个公钥密码系统，解释专家如何确定该算法的何种密钥长度相当于 128 位的对称密钥长度。
3. 你认为以下哪个密钥应该是最长的？
   - 一个在销售终端保护信用卡的 PIN 的密钥。
   - 一个保护两家银行间大额转账的交易密钥。
4. 一种非常简单的从基密钥 K 生成两个对称密钥 K_1 和 K_2 的密钥派生过程可能涉及以下计算：
   $$K_1 = h(K \| 0) \text{ 和 } K_2 = h(K \| 1)$$
   其中 h 为哈希函数，$\|$ 表示连接。你认为这是一个安全的密钥派生过程吗？
5. 对于下面的每一种情况，请给出一个密码学应用的示例（并给出理由），使得有必要在其中部署：

（1）只有一个级别的扁平密钥分级结构。

（2）一个两级密钥分级结构。

（3）一个三级密钥分级结构。

6. UKPT 方案为特殊应用环境中的密钥管理提供支持。

（1）UKPT 方案使图 10-1 所示的密钥管理生存期的哪个阶段变得直观了？

（2）比较攻击者破坏销售终端并访问存储在终端中的任何密钥时，Racal UKPT 方案和派生 UKPT 方案的影响。

（3）比较在交易处理过程中出现通信错误时，Racal UKPT 方案和派生 UKPT 方案的影响。

（4）给出一些密钥管理控制建议，以克服这两个 UKPT 方案的弱点。

7. 量子密钥建立技术还处于初步成熟的早期阶段。通过了解以下内容，探索量子密钥建立的最新技术：

（1）使用量子密钥建立来建立对称密钥的最长距离是多少？

（2）当前最好的数据速率是多少？

（3）哪些商业机构正在销售量子密钥建立技术？

（4）哪些应用正在部署量子密钥建立技术？

8. 硬件安全模块（HSM）通常用于存储密码学密钥。

（1）用于评估 HSM 的安全性的基准是什么？

（2）哪些组织进行这样的评估？

（3）提供当前可用的商业 HSM 技术的一个示例，并提供有关其使用安全性的详细信息。

9. 密钥备份是密码学密钥生存期的重要组成部分。

（1）为什么备份密码学密钥很重要？

（2）密码学密钥的备份与计算机系统中一般数据的备份有什么不同？

（3）作为部署对称密码术以保护本地内部网上所有流量的小型组织的系统管理员，你应该使用哪些技术和流程来备份（以及备份之后的后续管理）密码学密钥。

10. 过去，曾有人提出强制密钥托管的想法，以便在政府授权的调查期间方便访问解密密钥。

（1）解释强制密钥托管的含义。

（2）试图在密钥管理系统中支持强制密钥托管的主要问题是什么？

（3）另一种方法是提供一个法律框架，在这个框架内，经法律“强制”授权的被调查目标披露相关解密密钥。这种方法的潜在优点和缺点是什么？

（4）就你目前居住的司法管辖区而言，你可在调查人员要求查阅已加密的资料时，通过什么机制（如有的话）来支持政府授权进行的调查。

11. 给出一个真实的密码学应用的例子：

（1）“执行”密钥分离原则（解释原因）。

（2）“滥用”密钥分离原则（如果可能的话，说明原因）。

12. 密码学密钥需要在其生存期结束时销毁。找出最新推荐的销毁技术，用于销毁以下类型的密钥：

（1）存储在笔记本电脑上的数据密钥。

（2）存储在银行服务器上的主密钥。

13. 密钥管理必须由适当的策略、实践和流程控制。

（1）针对用于访问办公室个人电脑的口令，就密钥管理的政策声明、实践和流程，分别给出一个适当的例子。

（2）举三个不同的例子，说明如果组织未能正确管理密钥，可能会出现的问题。

（3）对于你选择的每个例子，说明适当的密钥管理治理如何有助于防止所述问题的出现。

14. 假设三个用户 Alice、Bob 和 Charlie 希望使用对称密码来保护在他们个人计算机之间传输的文件。他们决定：

- 不使用任何标准的安全文件传输工具。
- 使用在本地计算机上实现的加密算法直接加密文件。
- 通过适当的不安全信道发送加密文件（不需要考虑使用哪种通道）。
- 设计一个合适的密钥管理系统（包括密钥生存期的所有阶段）来支持这个应用。

15. 密码学应用程序编程接口（API）提供的服务允许开发人员基于加密技术构建安全的应用程序。

（1）现在最流行的密码学 API 是什么？

（2）对于你所选择的密码学 API，请编写 API 提供的主要服务的摘要，包括它支持的密码学原语和算法的范围。

（3）对密码学 API 的潜在滥用会导致哪些漏洞？（可以选择通过提供潜在攻击的例子来回答，媒体已经多次报道过这些例子。）

16. 支付卡机构有一个密钥管理系统来管理客户使用的 PIN。它具有以下特性：

- 所有 PIN 都使用 PIN 生成密钥 *PGK* 生成，这是一个单重 DES 密钥。
- *PGK* 由三个组元 PGK_A、PGK_B 和 PGK_C 生成，它们都存储在一个智能卡上（智能卡保存在保险柜里）。
- 组元 PGK_A 和 PGK_B 经过了备份，但是 PGK_C 没有备份。
- 当 *PGK* 从其组元建立时，密钥生成仪式（Key Generation Ceremony）指定，每个组元的持有者必须将带有其组元的智能卡（在其被安装之后）交给内部审计员。
- 一些支持支付卡系统存储 *PGK* 的零售系统是软件。
- 用户可以使用基于电话的交互式语音识别服务来变更 PIN。

（1）这个密钥管理系统有哪些问题？

（2）针对这些问题，可以对该密钥管理系统进行什么样的改进？

17. 有时建议不要滥用密码学密钥，因为每次使用密钥都会向攻击者“暴露”它的使用。假设有一个密码系统用于加密目的。

（1）每次使用密码学密钥时，攻击者可能了解到什么？

（2）我们对密码系统的标准假设表明，攻击者知道相应的明文和密文对，所以我们的标准假设与“最小密钥暴露原则”存在矛盾吗？

（3）如果密码系统使用 AES，你认为密钥暴露在多大程度上是一个真正的风险？

（4）提供一些减少密钥暴露的密钥管理技术示例。

18. 需要不时地变更密码学密钥有很多原因。对于像主密钥这样的长期密钥（long-term key）来说，这将是个问题。针对组织如何管理从使用一个主密钥到另一个主密钥的变更（迁移）过程，给出一些不同的方法。

19. 在未来，尽可能有效地使用资源（包括计算资源）将变得越来越重要。阐述密钥管理在信息技术“绿色化”中可以发挥的作用。

20. 一个 128 位的分组密码可以被视为有 2^{128} 个不同代码本的集合（参见 1.4.4 节），每个代码本定义了如何将任何明文分组转换为一个特定密钥下的密文分组。避免在特定硬件设备上处理某些密钥管理问题的一种方法是直接在设备上实现对应于特定密钥的代码本。在这种情况下，硬件不与任何分组密码密钥一起使用，而是实现了由一个特定密钥产生的分组密码的唯一版本。

（1）在什么类型的应用环境中，这可能是一个有用的想法？

（2）这种方法的缺点是什么？

（3）这种方法能使密钥管理更容易吗？

第11章 公钥管理

本章将通过考虑与公钥管理相关的特定问题，继续我们对密钥管理的研究。这些问题主要源于确保公钥用途的需求。需要说明的是，本章应该被视为是在公钥密码方面对第10章的扩展，而不是替代。第10章讨论的大多数密钥管理问题也与公钥密码中的密钥对管理有关。

术语**公钥基础设施**（Public Key Infrastructure，PKI）通常与支持公钥密码的密钥管理系统相关。我们避免使用它主要出于以下几个原因：

1）PKI这个术语经常以令人困惑的方式使用。特别是，它经常被错误地用于引用公钥密码本身，而不是支持密钥管理系统。

2）PKI的概念与支持公钥证书的密钥管理系统密切相关。虽然这是设计公钥管理系统最常见的方法，但并不是唯一的选择。我们将在11.4节中考虑其他方法。

3）对PKI概念的关注转移了人们对所有密码系统都需要密钥管理系统支持这一事实的注意力。我们不常听到对称密钥基础设施（Symmetric Key Infrastruture，SKI）这个术语，但是对对称密码的密钥管理的支持与对公钥密码的密钥管理系统的支持一样重要。

学习本章之后，你应该能够：

- 解释公钥证书的用途。
- 描述公钥证书生命周期中的主要阶段。
- 讨论在公钥证书生命周期中实现不同阶段的一些不同的技术。
- 比较几种不同的基于证书的公钥管理模型。
- 了解基于证书的公钥管理的其他方法。

11.1 公钥认证

回顾我们在10.1.3节的讨论，公钥管理的主要挑战是确保公钥的用途。在本节中，我们将介绍提供这种保证的最流行的机制——**公钥认证**。

11.1.1 公钥认证的动机

我们首先回顾一下为什么需要确保公钥的用途，因为这在公钥管理中非常重要。

1. 一个场景

假设Bob接收到一条数字签名消息，该消息声称已由Alice签名，并且Bob希望验证数字签名。从第7章我们知道，这需要Bob访问Alice的验证密钥。假设Bob收到一个密钥（我们不关心这是如何做到的），据称该密钥是Alice的验证密钥。Bob使用这个密钥来验证数字签名，验证结果看起来是正确的。Bob如何保证这是Alice对消息的有效数字签名？

正如安全分析中经常出现的情况一样，解决这个问题的最佳方法是考虑可能出现了什么问题。下面是一些强烈建议Bob考虑的问题，尤其是在重要消息上使用数字签名的情况下更需要考虑这些问题。

1）**验证密钥实际上属于Alice吗？**这是个大问题。如果攻击者能够（错误地）说服Bob相信他们的验证密钥属于Alice，那么签名验证成功的事实将向Bob表明Alice签署了该契约，而实际上它可能是由攻击者签署的。

2）**Alice能否认这是她的验证密钥吗？**即使Bob有Alice正确的验证密钥，Alice也可能否认密钥属于自己。如果Alice否认对消息签名，并且否认验证密钥属于她，那么对于Bob来说，正确验证签名的事实几乎没有用处，因为他无法证明签名者是谁。

3）**验证密钥是否有效？**回想一下10.2节，加密密钥的寿命是有限的。即使Alice确实使用过一次这个验证密钥，它也不再是Alice的有效验证密钥，因为它已经过期了。Alice可能（调皮地）用过期的密钥在消息上签名，她知道该数字签名在法律上是不被接受的，因为她没有使用签名时有效的密钥在消息上签名。

4）**验证密钥是否正确使用？**密码学密钥具有特定的用途通常被认为是一种良好的实践。例如，为了执行10.6.1节中讨论的密钥分离原则，使用不同的RSA密钥对进行加密和数字签名可能是明智的。甚至可以采用更细粒度的使用策略。例如，一个特定的数字签名密钥对可能只被授权用于与交易额低于特定限额的事务相关的消息（超过此限额，需要使用另一个密钥对，可能由更长的密钥组成）。如果Alice的签名密钥使用不当（在上面的第一个例子中，可能是通过使用一个被指定用来解密的RSA私钥来进行数字签名；在第二个例子中，可以是使用一个签名密钥对交易额超过限额的事务进行数字签名），那么即使验证密钥确认结果“在密码学上”通过验证，签名在任何法律意义上也不是有效的。

2. 提供用途的保证

上述场景的前景是悲观的，但重要的是要注意，如果我们能够确保验证密钥的用途，那么就应该消除Bob的所有顾虑。我们尤其需要做到以下两点：

1）在公钥和该密钥的所有者（身份与公钥链接的实体）之间提供“强关联”。

2）在公钥与其他相关数据（如过期日期和使用限制）之间提供“强关联”。

我们再次强调，这些问题并不是公钥所特有的，但是，正如10.1.3节所讨论的，这些问题通常是为秘密密钥隐式提供的。由于公钥通常是公开可用的，因此必须显式地提供用途保证。

3. 提供信任点

提供“信任”的概念将是本章的中心主题。这是因为公钥密码适合在相对开放的环境中使用，在这种环境中，公共信任点在缺省情况下并不总是存在。这与我们在第10章中看到的对称密钥密码不同，对称密钥密码通常要求在密钥管理系统中部署显式的信任点，比如可信密钥中心。

设计任何公钥管理系统的问题在于，我们需要找到一个源，来提供公钥值及其相关数据之间的强关联。在公钥管理系统中，这通常是通过引入可信第三方的信任点来提供的，可信第三方为这种关联提供担保。

4. 使用可信目录

也许为公钥提供用途保证的最简单的方法是使用一个**可信的目录**（Trusted Directory），该目录在其相关数据（包括所有者的名称）旁边列出所有公钥。任何需要确保公钥用途的人都可以在可信目录中查找它。这类似于电话号码簿的概念。

虽然这种方法可以满足公钥密码的一些应用，但是有几个重要的问题：

- **普遍性**。公钥管理系统的所有用户都必须信任该目录。
- **可用性**。目录必须在线，并且对公钥管理系统的用户随时可用。
- **准确性**。目录需要准确地维护，并防止未经授权的修改。

在真正开放的应用环境中，这样一个可信目录可能需要管理与全世界公钥所有者关联的公钥。建立一个每个人都信任的可信目录，让它总是在线的并且总是准确的，这也许是不可能的。

然而，这一基本思想确实为公钥的用途提供了必要的保证。更实际的解决方案是通过以某种方式分发可信目录的功能来提供用途的保证。这激发了我们现在讨论的公钥证书的概念。

11.1.2 公钥证书

公钥证书（Public-Key Certificate）是将公钥绑定到与此公钥的用途有关的数据的数据。它可以被视为分布式数据库中可信的目录条目。

1. 公钥证书的内容

公钥证书包含四个基本信息：

- **所有者的名称**。公钥所有者的名称。这个所有者可以是一个人、一个设备，甚至是一个组织中的一个角色。此名称的格式将取决于应用，但它应该是一个唯一标识，在使用公钥的环境中标识所有者。
- **公钥值**。公钥本身。这通常附带着用于公钥的密码算法的标识符。
- **有效期**。它标识公钥有效的日期和时间，更重要的是，它标识公钥过期的日期和时间。
- **签名**。公钥证书的创建者对构成公钥证书的所有数据进行数字签名，包括所有者的名称、公钥值和有效期。这个数字签名不仅将所有这些数据绑定在一起，而且保证证书的创建者相信所有数据都是正确的。这提供了我们在 11.1.1 节中提到的强关联。

大多数公钥证书包含的信息比上述内容多得多，其精确内容由公钥管理系统选择的证书格式决定。最著名的公钥证书格式是 X.509 V3。X.509 V3 公钥证书的条目（或字段）如表 11-1 所示。公钥证书本身包含表 11-1 中的所有信息，以及由证书创建者签署的内容的数字签名。

表 11-1 X.509 V3 公钥证书的字段

字段	描述
版本	指定当前使用的 X.509 版本（在本例中为 V3）
序列号	证书的唯一标识
签名算法	用于签发证书的数字签名算法
颁发者	证书颁发机构的名称
有效期	证书有效期的起止日期和时间
使用者	证书使用者的名称
公钥信息	（证书使用者的）公钥算法标识符及公钥值
颁发者 ID	证书颁发者的标识符（可选）
使用者 ID	证书使用者的标识符（可选）
扩展字段	包含一系列可选字段：密钥标识符（如果使用者拥有多个公钥）、密钥使用方式（指定密钥使用限制）、密钥撤销信息的位置、与证书有关的政策的标识符、使用者的可选名称

注：以上内容主要参考了 Windows 系统中证书字段的翻译。

2. 公钥证书的解释

重要的是要认识到，公钥证书将与公钥相关的用途保证数据绑定到公钥值，但仅此而已。特别要注意的是：

1）**公钥证书不能用于加密消息或验证数字签名**。公钥证书只是一个声明，声明中包含的公钥属于指定的所有者，并且具有证书中指定的属性。当然，一旦检查了证书，就可以从证书中提取公钥，然后将其用于指定的用途。

2）**公钥证书不是身份的证明**。任何需要使用公钥证书中包含的公钥的人都可以使用公钥证书，因此提供公钥证书并不能证明身份。为了使用公钥证书识别某个人，需要获得他知道公钥证书中与密钥对应的私钥的证据。这种技术通常用于基于公钥密码的实体认证协议中。在学习 STS 协议时，我们在 9.4.2 节中看到了一个示例。

3. 公钥证书创建者

应该清楚的是，公钥证书的创建者扮演着极其重要的角色，因为这个创建者通过签署证书，保证了与公钥相关的所有数据（包括所有者的名称）都是正确的。

公钥证书的创建者称为**证书颁发机构**（Certificate Authority，CA）。证书颁发机构通常扮演三个重要角色：

- **证书的创建者**。CA 负责在创建和签署公钥证书之前确保公钥证书中的信息是正确的，然后将其颁发给所有者。
- **证书的撤销者**。CA 负责在证书失效的情况下撤销证书（参见 11.2.3 节）。
- **证书信任起点（Trust Anchor）**。CA 作为任何一方的信任锚点，依赖于公钥证书中包含的信息的正确性。为履行这一角色，CA 必须积极维持其作为受信任机构的形象。它也可能需要与其他组织建立关系，以便更广泛地获得这种信任（见 11.3.3 节）。

我们接下来将更详细地讨论所有这些角色。

4. 依赖公钥证书

回顾 11.1.1 节，使用公钥证书的动机是为了保证公钥的用途。因此，我们需要准确地确定使用公钥证书如何提供这种保证。

为了确保公钥的用途，希望依赖公钥证书的人（我们称为*依赖方*）需要做三件事：

1）**信任 CA**。依赖方需要能够（直接或间接）信任 CA 在创建证书时正确地执行了其工作。我们将在 11.3 节中详细讨论为什么依赖方会信任 CA。

2）**验证证书上的签名**。为了验证公钥证书上 CA 的数字签名，依赖方需要访问 CA 的验证密钥。如果依赖方不验证此签名，则不能保证公钥证书的内容是正确的。当然，这将问题转移到提供 CA 的验证密钥用途的保证上。但是，正如我们在 10.4.1 节中看到的对称密钥一样，将密钥管理问题转移到“链条的上游”上可以提供更可扩展的解决方案。我们将在 11.3 节中更详细地讨论这个问题。

3）**检查字段**。依赖方需要检查公钥证书中的所有字段。特别是，他们必须检查所有者的名称和公钥证书是否有效。如果依赖方没有检查这些字段，那么他们就不能保证证书中的公钥在目标应用程序中是有效的。

5. 数字证书

值得注意的是，让可信的第三方对特定数据进行数字签名的原则也可以用于其他应用。公钥证书是一种特殊的**数字证书**（Digital Certificate）。另一种类型的数字证书的示例是**属性证书**（Attribute Certificate），它可用于在特定属性和标识之间提供强关联，例如：

- 被标识人是访问控制组“管理员”的成员。
- 被标识人超过 18 岁。

属性证书可能包含几个类似于公钥证书的字段（例如，所有者名、创建者名、有效期），但不包含公钥值。与公钥证书一样，它们包含的数据由创建者进行数字签名，以保证其准确性。

11.2　证书的生命周期

在第 10 章中讨论的密钥生存期（参见图 10-1）的许多阶段的细节对于私钥和对称密钥同样有效。然而，在公钥的生存期方面有几个重要的区别。在本节中，我们将考虑公钥证书的这些生命周期差异，公钥证书本质上是公钥的体现。

11.2.1　证书生命周期中的差异

现在我们回顾一下图 10-1 中所示的密钥生存期的主要阶段，并对不同之处进行讨论。

1）**密钥生成**。这是一个明显不同的阶段。我们在 10.3.4 节中已经注意到，密钥对的生成是特定于算法的操作，而且通常在技术上比较复杂。因此，从流程的角度来看，创建公钥证书就更加困难了，因为它涉及如何确定与公钥相关的信息的有效性。我们将在 11.2.2 节中更详细地讨论这个问题。

2）**密钥建立**。私钥的建立可能比对称密钥的建立更容易，因为私钥只需要由一个实体建立。实际上，这个实体甚至可以自己生成私钥（我们将在 11.2.2 节中讨论这种方法的优缺点）。如果另一个实体生成私钥，则私钥的建立可能涉及使用某种类型的安全信道将私钥分发给所有者，例如安装了私钥的智能卡的物理分发。

公钥证书的建立不是一个敏感的操作，因为公钥证书不需要保密。大多数技术都可以用下面的方式描述：

- **"推"公钥证书**：这意味着公钥证书的所有者在依赖方需要时向其提供证书（例如，在图 9-12 的 STS 协议中，Alice 和 Bob 彼此向对方提供各自的公钥证书）。
- **"拉"公钥证书**：这意味着依赖方必须在第一次需要公钥证书时从某种存储库中检索它们。"拉"公钥证书的一个潜在优势是，可以从只包含有效公钥证书的可信数据库中获取它们。

3）**密钥存储、备份、存档**。我们在 10.5 节中从私钥的角度讨论了这些过程。当应用于公钥证书时，它们都是不那么敏感的操作。

4）**密钥使用**。10.6.1 节中讨论的密钥分离原则同样适用于密钥对。许多公钥证书格式，如表 11-1 中描述的 X.509 V3 证书格式，都包含用于指定密钥用途的字段。

5）**密钥变更**。这是密钥生存期的另一个阶段，密钥对有显著不同。我们在 10.6.2 节中讨论了其原因，并将在 11.2.3 节中讨论用来进行密钥变更的可能技术。

6）**密钥销毁**。10.6.4 节涉及私钥的销毁。销毁公钥证书不那么敏感，甚至可能不需要销毁。

本节的其余部分将讨论密钥对生成和密钥对变更，在密钥生存期中的这两个阶段中，密钥对的管理会出现特定的问题。

11.2.2 证书的创建

我们现在讨论公钥证书的创建。

1. 生成密钥对的位置和证书创建的场景

意识到我们正在处理以下两个独立的过程很重要：

- 生成密钥对本身。
- 创建公钥证书。

密钥对生成可以由密钥对的所有者执行，也可以由可信的第三方（可能是也可能不是 CA）执行。此操作的位置选择将导致不同的证书创建场景：

1）**由可信的第三方生成**。在此场景中，可信的第三方（可能是 CA）生成密钥对。如果这个可信的第三方不是 CA，那么他们必须联系 CA 来安排证书的创建。这种方法的优点是：

- 可信的第三方可能比所有者更适合执行生成密钥对所涉及的相对复杂的操作（参见 10.3.4 节）。
- 密钥对生成过程不需要所有者执行任何操作。

可能的缺点是：

- 所有者应信任第三方能安全地将私钥分发给所有者。唯一的例外是，如果私钥由可信的第三方代表所有者管理，则必须存在进程，以便在所有者需要使用私钥时安全地管理对私钥的访问。
- 私钥分发给所有者后，所有者应信任第三方会销毁私钥。但如果第三方为所有者提供备份和恢复服务（参见 10.5.5 节），这种情况则是一个例外。

这种场景显然更适合于封闭的环境，在这种环境中，可以建立具有上述额外职责的可信的第三方。

2）**联合生成**。在此场景中，密钥对的所有者生成密钥对。然后，所有者将公钥提交给 CA 以生成公钥证书。这种方法的主要优点是：

- 所有者完全控制密钥对的生成过程。
- 私钥可以在本地生成和存储，而不需要进行分发。

可能的缺点主要是：

- 要求所有者具有生成密钥对的能力。
- 所有者可能需要向 CA 证明，他们知道提交给 CA 认证的公钥所对应的私钥（稍后将讨论这一点）。

此场景特别适合于所有者希望自己控制密钥对生成过程的开放环境。

3）**自认证**。在此场景中，密钥对的所有者生成密钥对，并通过自己对生成的证书签名（换句话说，使用属于该所有者的签名密钥）来创建*自认证*（Self-Certified）公钥。自认证的一个特殊情况是，所有者使用与证书中密钥对应的私钥签署证书，在这种情况下，证书通常称为*自验证证书*（Self-Certified Certificate）。自认证似乎是一种奇怪的方法，因为 CA 生成的公钥证书提供了对公钥用途的独立保证，而自认证要求依赖方信任公钥所有者提供的用途保证。然而，如果依赖方信任所有者，那么这种情况可能是合理的。这种情况的例子有：

- 所有者是 CA。CA 对自己的公钥进行自认证的情况并不少见，我们稍后将讨论这个问题。
- 所有依赖方均与所有者建立了关系，因此信任所有者的认证。例如，使用自认证公钥加密内部网站内容的小型组织。

2. 公钥注册

如果由可信的第三方生成密钥对或联合生成密钥对，那么密钥对的所有者必须在颁发公钥证书之前向 CA 进行**注册**（Registration）。这时，所有者将其凭证提交给 CA 进行检查。这些凭证不仅提供了对所有者进行身份认证的方法，还提供了包含在公钥证书某些字段中的信息。可以说，注册是生成公钥证书过程中最重要的阶段。这一过程在不同应用之间变化很大。

需要再次强调的是，注册过程的要求并不是公钥所独有的。向正确的实体发放对称密钥，并通过某种方式将相关信息（如密钥的预期用途、过期日期和使用限制）绑定到密钥值，这一点也非常重要。然而，正如我们在 5.1.1 节和 10.1.3 节中所讨论的，对称密钥的注册往往由底层密钥管理系统隐式地提供。重要的是，要显式地注册公钥，特别是在联合生成密钥对的情况下。

在许多应用环境中，有一个称为**注册中心**（Registration Authority，RA）的单独实体执行此操作。基于以下原因，RA 和 CA 的角色可以分开：

- 注册涉及一组不同的流程，这些流程通常需要大量的人工干预，而证书的创建和颁发可以实现自动化。
- 检查公钥证书申请人的凭证通常是证书创建过程中最复杂的部分。对证书的集中检查可能是这一过程中的一个主要瓶颈，对大型组织来说尤其如此。因此，非常有必要将注册活动分布到多个本地 RA（由这些 RA 进行检查，然后集中报告结果）。另一方面，与 CA 相关联的安全敏感流程（如密钥对生成和证书签名）可能最好在一个定义良好的业务单元内完成。

无论 CA 和 RA 是合并为一个角色，还是完全分开，仍然有一个重要的问题需要解决：注册期间应该向 RA 提交哪些凭证？

当然，这个问题的答案取决于应用。值得注意的是，许多 CA 根据注册过程的完备性颁发不同类型的公钥证书（有时称为公钥证书的*级别*）。不同级别的公钥证书可以在不同的应用中使用。这些证书可能具有完全不同的属性。例如，CA所承担的责任（对于任何依赖方）可能因公钥证书的级别不同而有所不同。现在我们给出一些凭证的例子：

- 非常低级别的公钥证书只需要在注册时提供一个有效的电子邮件地址。注册过程可能包括检查申请人是否能通过指定地址收到电子邮件。这种级别的凭据通常足以用于可在网上免费获得的公钥证书。
- 在封闭的环境（如组织的内部业务环境）中注册使用公钥证书可能需要提供员工编号和有效的内部电子邮件地址。
- 商业公钥证书适用于在因特网上进行交易的企业，可能需要检查域名的有效性，并确认申请企业已合法注册为有限公司。
- 将公钥证书纳入国民身份证计划需要一个明确标识公民身份的注册过程。实现起来可能会非常复杂。凭证可以包括出生证明、护照、家庭水电费账单等。

3. 私钥所有权证明

如果使用联合生成创建公钥及其证书，那么严格地说，攻击者可能尝试注册一个公钥，但他们不知道对应的私钥。对数字签名方案的验证密钥的攻击可能如下所示：

1）攻击者获得Alice验证密钥的副本。这是一条公共信息，因此攻击者可以很容易地获得它。

2）攻击者向RA提供Alice的验证密钥，以及攻击者的合法凭证。

3）RA验证凭证并指示相关的CA以攻击者的名字为他所提供的验证密钥颁发公钥证书。

4）CA向攻击者签发验证密钥的公钥证书。

攻击者现在有一个以他们的名字签发的公钥证书，用于他们不知道对应签名密钥的验证密钥。乍一看，这对攻击者来说似乎不是一个非常有用的结果。然而，如果Alice现在使用她的签名密钥对消息进行数字签名，就会出现问题，因为攻击者将能够说服依赖方：这实际上是攻击者对消息的数字签名。这是因为攻击者的名称位于包含验证密钥的公钥证书上，该密钥成功地验证了消息上的数字签名。

如果CA只是检查一下公钥证书申请人是否知道相应的私钥，就可以防止这种攻击。这种类型的检查通常被称为私钥**所有权证明**（Proof of Possession）。如果公钥是一个加密密钥，那么一个可能的私钥所有权证明如下：

1）RA使用公钥加密测试消息并将其发送给证书申请人，同时请求申请人解密生成的密文。

2）如果申请人是真实的，他们使用私钥解密密文，并将明文测试消息返回给RA。不知道相应私钥的申请人将无法执行解密以获得测试消息。

应该注意的是，只有在上述攻击被认为有可能发生的应用中，才需要进行私钥所有权检查。检查私钥所有权确实需要少量开销，所以我们再次遇到了一个潜在的需要权衡的问题，即执行检查获得的额外安全性与省略检查获得的效率之间的权衡。

4. 生成CA公钥对

公钥证书包括CA对所有者的公钥和相关数据进行数字签名。这反过来要求CA拥有一个公钥对。这就提出了一个有趣的问题：如何保证CA的验证密钥的用途。

最自然的解决方案是为CA的公钥创建一个公钥证书。但是谁来签署CA的公钥证书呢？这是一个绝对关键的问题，因为这个公钥证书的任何漏洞或不准确都可能危及CA签署的所有公钥证书，认证CA的验证密钥最常用的两种方法是：

1）**使用一个更高级别的CA**。如果CA是CA链（我们将在11.3.3节讨论）的一部分，然后CA可以选择将其公钥交由另一个CA认证。当然，这并没有解决更高级别的CA的公钥认证问题。

2）**自我认证**。顶级CA除了自我认证之外别无选择。这一过程包括将公钥刊登在知名媒体（如日报）上，这可能就足够了。有充分的理由认为，顶级CA的业务模型涉及他们所处的非常受信任的地位，以致于他们没有动机提供错误的公钥信息。因此，在他们自己的网站上发布这些信息就足够了。

注意，CA的公钥（证书）的广泛分发也非常重要，因为依赖于CA签署的公钥证书的各方都需要这些信息。例如，那些可以认证Web商业应用中使用的公钥的CA需要将它们的公钥证书整合到主要的Web浏览器中，或者由已经这样做的高级CA认证它们。

11.2.3　密钥对变更

密钥生存期的第二阶段是密钥变更，公钥变更与对称密钥变更有显著的不同。

1. 公钥证书的撤销

我们在10.6.2节中解释了公钥变更困难的主要原因，因为控制谁可以访问公钥几乎是不可能的（在许多情况下也没有这个必要）。这使得撤销现有的公钥非常困难。这个过程通常称为公钥**撤销**（Revoking）。撤销公钥涉及撤回已经发布到公共域（但现在已经不再有效）的信息。相反，建立一个新的公钥相对容易。因此，我们对公钥变更的讨论将集中于公钥撤销。

我们注意到，仅仅建立一个新的公钥是不够的，因为我们不能总是确定谁有权访问旧的公钥，并且我们不能保证所有旧公钥的持有者都能意识到已经建立了一个新的公钥。

撤销公钥本质上意味着撤销公钥证书，记住这一点。值得注意的是，在某些情况下，可能需要撤销一个公钥证书，然后为相同的公钥值创建一个新的公钥证书。我们假定公钥证书的撤销只发生在其到期日期之前。如果公钥证书已经过期，那么任何依赖方都不应该依赖它。

2. 撤销技术

撤销公钥证书只能通过以下三种方法来实现：

1）**黑名单**。这涉及维护一个包含已撤销的公钥证书序列号的数据库。这种类型的数据库通常称为**证书撤销列表**（Certificate Revocation List，CRL）。这些 CRL 需要被小心维护，通常由负责颁发证书的 CA 来维护，并明确声明更新证书的频率。CRL 需要由 CA 进行数字签名，并提供给依赖方。

2）**白名单**。这涉及维护一个包含有效公钥证书序列号的数据库。然后，依赖方可以查询此数据库，以确定公钥证书是否有效。一个例子是**在线证书状态协议**（Online Certificate Status Protocol，OCSP），它已经标准化为 RFC 2560。这对于需要有关公钥证书撤销状态的实时信息的应用特别有用。

3）**快速失效**。为公钥证书分配非常短的生存期，可以消除撤销公钥证书的需求。当然，这要求定期重新颁发证书。

当不需要实时撤销信息时，黑名单是一种常用的技术。黑名单的实现方法有很多，通常涉及分布式 CRL 网络，而不是一个中央 CRL。黑名单的主要问题是同步。特别是，很可能会包括以下情况：

- 在公钥证书应被撤销的时间（例如，私钥泄露的时间）和 CA 被通知的时间之间的报告延迟。
- 从通知 CA 撤销公钥证书的时间到下一个版本的 CRL 被签名并公开的时间之间的 CRL 发布延迟。

因此，从理论上讲，依赖方可能会在公钥证书应被撤销的时间和新版 CRL 的发布时间之间的间隔期间依赖公钥证书。这是一个必须通过适当的过程和流程来管理的问题。例如：

- CA 应将 CRL 的更新频率通知所有依赖方。
- CA 应明确在这段间隔期间，因滥用公钥而导致的任何损害应由谁负责。通过以下方式也许能合理解决这个问题：
  - ■ CA 在间隔期间承担有限责任。
  - ■ 如果依赖方在依赖公钥证书之前没有检查最新的 CRL，他们将承担全部责任。

向依赖方传达这一信息的方法是公布 CA 的密钥管理策略和实践（见 10.7.1 节）。CA 的相关文档通常称为**证书策略声明**（Certificate Policy Statement）和**证书实践声明**（Certificate Practice Statement）。它们不仅明确了刚才讨论的问题，而且明确了与 CA 认证的公钥相关的更广泛的密钥管理问题。

11.3 公钥管理模型

在本节中，我们将考虑不同的公钥管理模型。我们首先将讨论 CA 的信任问题，特别是联合 CA 域的技术。然后，我们检查依赖方和 CA 之间的关系，并使用它来定义几个不同的管理模型。

11.3.1　CA的选择

在一个封闭的环境中，选择谁来充当CA的角色可能很简单，因为组织内具有中心行政职能的人/部门很适合担任这一角色。但在开放环境中选择一个组织承担CA的角色就不那么简单了。目前，大多数服务于开放环境的CA都是商业组织，它们将承担CA角色作为自己的业务。

虽然为开放环境提供服务的CA在一定程度上受到商业压力的约束（如果它们不能提供有吸引力的服务或信誉受损，那么很可能会遭受经济损失），但鉴于它们的重要性，要求对它们进行更严格的监管。这方面的措施包括：

1）**政府许可**。这种方法要求CA在运行之前必须获得政府许可。因此，政府最终提供CA符合最低标准的保证。

2）**行业自律**。这种方法要求CA组成一个行业协会，并通过建立最佳实践来设置自己的最低操作标准。

在英国，政府许可曾在20世纪90年代被考虑过，但遭到了行业的反对。目前采取的是行业自律的办法。

11.3.2　公钥证书管理模型

公钥证书的所有者必须对颁发证书的CA有一定的信任。这可能是因为所有者与CA属于同一个组织（通常在封闭环境中），或者是因为所有者与CA有直接的业务关系（通常在开放环境中）。

然而，对于某个依赖方来说，情况未必如此。实际上，依赖方和公钥证书所有者的CA之间的关系定义了许多不同的公钥证书管理模型，我们现在来描述这些模型。

1. 无CA的认证模型

图11-1中描述了**无CA的认证模型**（CA-free Certification Model），它适用于无CA的情况。在无CA的认证模型中，所有者生成一个密钥对，然后要么对公钥进行自签名，要么根本不使用公钥证书。任何依赖方都直接从所有者那里获得（自签名）公钥。例如，所有者可以在电子邮件签名中包含他们的公钥，或者将其写在名片上。然后，依赖方必须独立决定是否信任所有者。因此，依赖方承担了该模型中的所有风险。这种思想的一个变体是信任Web模型，我们将在11.4.1节中对此进行讨论。

2. 基于信誉的认证模型

基于信誉的认证模型（Reputation-based Certification Model）如图11-2所示，它适用于所有者取得了CA的公钥证书，但是这个CA和依赖方没有关系的情况。即使依赖方获得CA的验证密钥（这使他们能够验证公钥证书），但因为他们与CA本身没有任何关系，所以他们不会通过验证证书获得默认保证。他们可以选择是否信任CA正确地完成了其工作（即公钥证书中的信息是否是正确的)。在最坏的情况下，他们可能根本不信任 CA，在这种情况下，他们没有理由信任 CA 确认的任何信息。

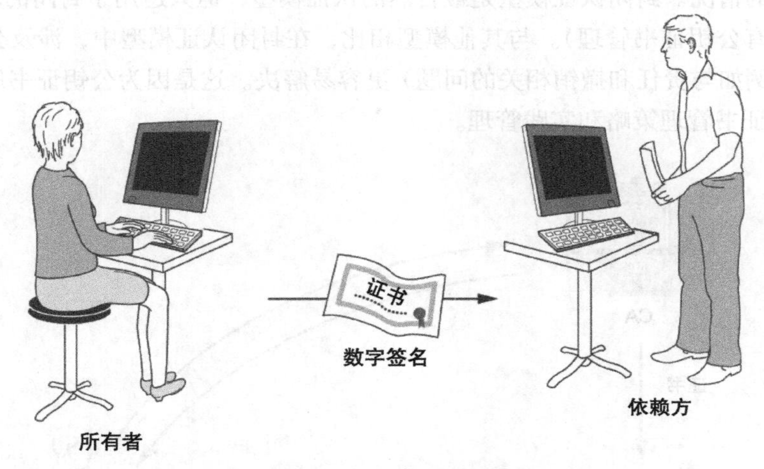

图 11-1　无 CA 的认证模型

图 11-2　基于信誉的认证模型

他们可能获得的唯一保证是签署公钥证书的 CA 的信誉。如果依赖方对 CA 的信誉有一定的信任（例如，这个 CA 是一个著名的组织或可信任的服务提供商），那么依赖方可能愿意接受公钥证书中的信息。

3. 封闭认证模型

封闭认证模型（Closed Certification Model）如图 11-3 所示，它适用于依赖方与所有者的 CA 有关系的情况。封闭认证模型是最自然的认证模型，但只适用于封闭的环境（其中单个 CA 监督所有公钥证书管理）。与其他模型相比，在封闭认证模型中，涉及公钥管理的更繁重的问题（例如与责任和撤销相关的问题）更容易解决。这是因为公钥证书所有者和依赖方都由相同的证书管理策略和实践管理。

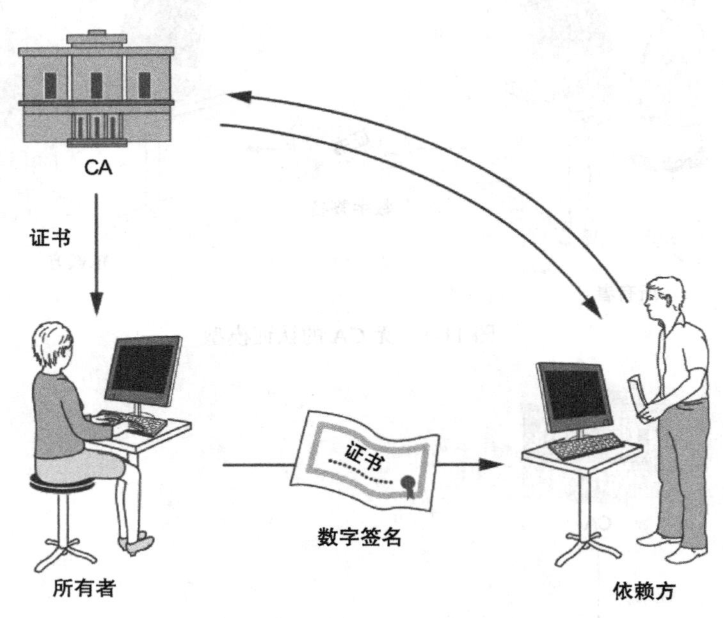

图 11-3　封闭认证模型

4. 连接认证模型

连接认证模型（Connected Certification Model）如图 11-4 所示，它适用于依赖方与一个可信第三方有关系，进而与所有者的 CA 有关系的情况。与依赖方有关系的可信第三方可能是另一个 CA。在图 11-4 中，我们将它描述为**验证机构**（Validation Authority），因为它的作用是协助依赖方验证所有者的公钥证书信息。严格地说，这个验证机构不一定是 CA。

我们没有进一步指定所有者的 CA 和依赖方的验证机构之间关系的性质，因为它可以表现为许多不同的方式。例如，CA 和验证机构都是一个组织联盟的成员，该组织同意在公钥证书的验证方面进行合作，并签署了公共的证书管理策略和实践。关键问题是，因为依赖方与验证机构有关系，所以依赖方本质上将验证公钥证书的任务委托给验证机构。然后，验证机构通过它与所有者的 CA 的关系来实现证书验证。

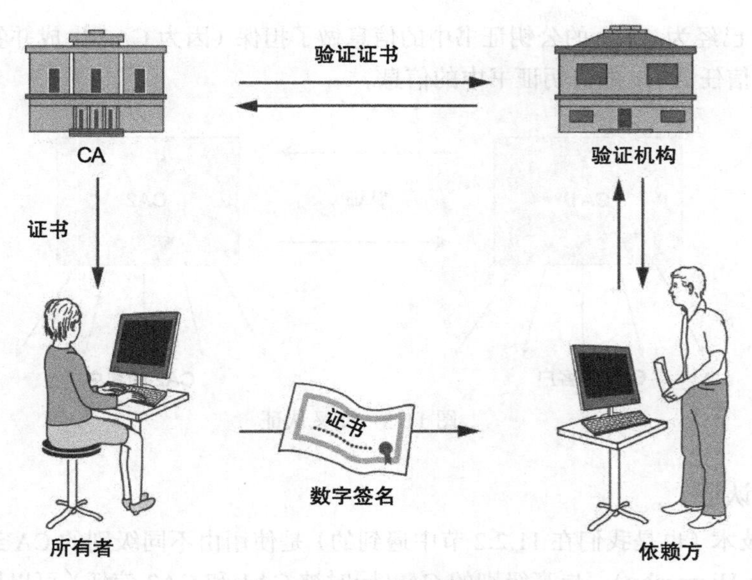

图 11-4 连接认证模型

连接认证模型是封闭认证模型的一种实用扩展，目的是让公钥证书的管理环境或者是开放的，或者是分布式的：

1）**开放式**：即所有者和依赖方不受任何单一管理实体管辖。

2）**分布式**：一个封闭的分布式环境，例如，一个拥有不同分支机构或地区办事处的大型组织。

11.3.3 联合 CA 域

连接认证模型很重要，因为它允许在所有者和依赖方与同一个 CA 没有信任关系的环境中使用公钥证书。现在，我们假设所有者 Alice 和依赖方 Bob 都与各自的 CA（分别记为 CA1 和 CA2）有关系（也就是说，为简单起见，我们假设图 11-4 中的验证机构是一个 CA）。我们现在考虑 CA1 和 CA2 之间关系的本质。特别是，我们将研究联合各自 CA 域（CA Domain）的技术，并允许与 CA2 有信任关系的依赖方信任由 CA1 颁发的证书。

1. 交叉认证

连接两个 CA 域的第一种技术是使用**交叉认证**（Cross-Certification），其中每个 CA 对另一个 CA 的公钥进行认证。图 11-5 描述了这个技术。交叉认证实现了可传递的信任关系。通过交叉认证，CA2 的依赖方 Bob 可以通过以下步骤来信任由 CA1 颁发给 Alice 的公钥证书：

1）Bob 信任 CA2（因为 Bob 与 CA2 有业务关系）。

2）CA2 信任 CA1（因为他们已经同意相互交叉认证）。

3）CA1 已经为 Alice 的公钥证书中的信息做了担保（因为 CA1 生成并签署了它）。

4）Bob 信任 Alice 的公钥证书中的信息。

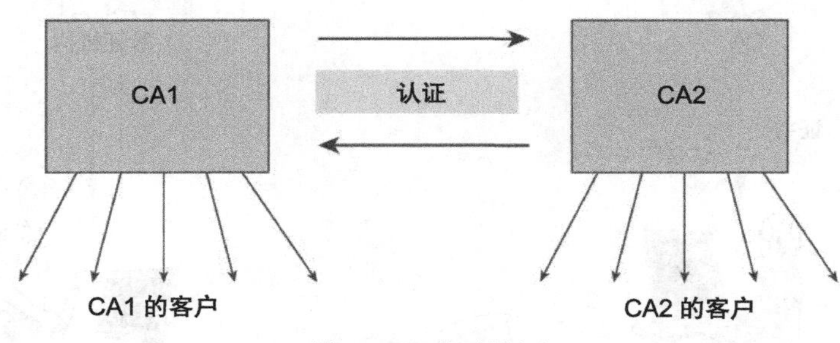

图 11-5　交叉认证

2. 分级认证

第二种技术（也是我们在 11.2.2 节中遇到的）是使用由不同级别的 CA 组成的**分级认证**（Certification Hierarchy）。更高级别的 CA（同时被 CA1 和 CA2 信任）可以用来将信任从一个 CA 域转移到另一个 CA 域。图 11-6 中的简单分级认证使用更高级别的 CA（称为根 CA）为 CA1 和 CA2 颁发公钥证书。CA2 的依赖方 Bob 希望信任由 CA1 颁发给 Alice 的公钥证书，他可以通过以下步骤来做到这一点：

1）Bob 信任 CA2（因为 Bob 与 CA2 有业务关系）。

2）CA2 信任根 CA（因为 CA2 与根 CA 有业务关系）。

3）根 CA 已经为 CA1 的公钥证书中的信息做了担保（因为根 CA 生成并签署了它）。

4）CA1 已经为 Alice 的公钥证书中的信息做了担保（因为 CA1 生成并签署了它）。

5）因此，Bob 信任 Alice 的公钥证书中的信息。

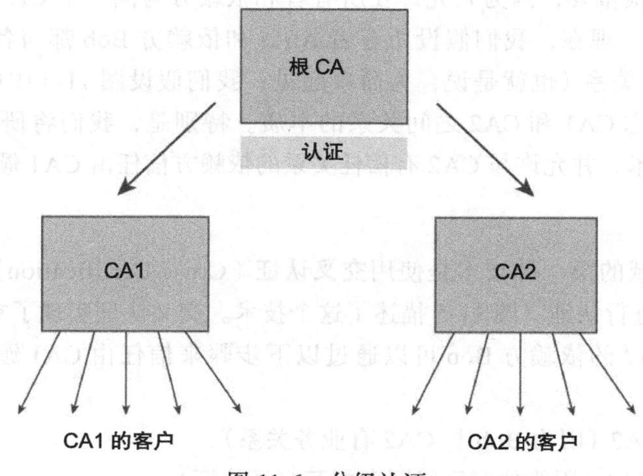

图 11-6　分级认证

3. 证书链

联合 CA 域使公钥证书的验证变得复杂。特别是，它导致了**证书链**（Certification Chain）的创建，证书链由一系列公钥证书组成，必须验证证书链中的所有证书才能获得对证书链最末端的公钥证书的信任。为了说明这种复杂性，请考虑图 11-7 中非常简单的 CA 拓扑结构。在这个拓扑结构中，Alice 与 CA1 有关系，CA1 是一个低级别的 CA，它的根 CA 是 CA2。Bob 与 CA3 有关系，CA3 与 CA2 交叉认证。现在假设 Bob 希望验证 Alice 的公钥证书。为此，他需要验证由表 11-2 中所示的三个公钥证书组成的证书链。

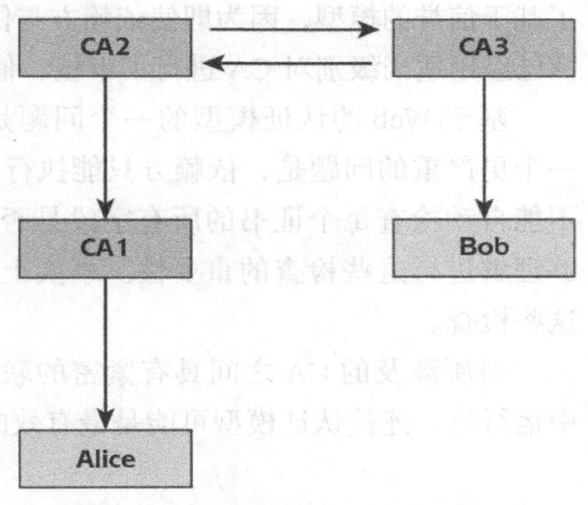

图 11-7　一个简单的 CA 拓扑结构

表 11-2　一个证书链实例

证书	包含谁的公钥	被谁认证
1	Alice	CA1
2	CA1	CA2
3	CA2	CA3

换句话说，Bob 首先验证 Alice 的公钥证书，该证书由 CA1 签名。然后，Bob 需要验证 CA1 的公钥证书，它是由 CA2 签名的。最后，Bob 验证 CA2 的公钥证书，该证书由 CA3 签名。证书链终止于 CA3，因为这是与 Bob 有关系的 CA，因此我们假设 Bob 信任 CA3 的签名。

实际上，为了正确验证上面的证书链，Bob 应该对每个公钥证书进行验证：

1）验证公钥证书上的签名。

2）检查公钥证书中的所有字段。

3）检查公钥证书是否已被撤销。

4. 联合 CA 域实践

虽然这些用于联合 CA 域的技术在理论上有效，但在实践中效果如何就不那么清楚了。当 CA 域以这种方式联合时，诸如责任之类的问题会变得极其复杂。我们对证书链的讨论表明，即使对公钥证书链进行验证也可能是一个复杂的过程。

连接认证模型在实践中最引人注目的例子之一是由主要 Web 浏览器制造商实现的**基于 Web 的认证模型**（Web-based Certification）。可以将其视为一个扁平的认证层次结构，其中商业 CA 将其根证书嵌入到 Web 浏览器中。浏览器制造商并不在这些根 CA 之间进行交叉认证，而是确保它们所接受的根证书的 CA 已经满足某些业务实践标准。这允许依赖方获得一些公钥证书的用途保证，这些证书是由与依赖方没有直接业务关系的CA颁发的。它还实现了基于信誉的模型，因为即使依赖方与任何CA都没有关系，只要他们相信Web浏览器制造商已经用适当级别对CA进行了审核，他们仍然可以在公钥证书中获得一定程度的信任。

基于Web的认证模型的一个问题是，根CA之间的信任链接不是特别紧密。可以说，一个更严重的问题是，依赖方只能执行证书链验证过程的一个重要部分，因为Web浏览器不能自动检查每个证书的所有字段是否都是依赖方所期望的。我们不能总是信任依赖方能够理解进行这些检查的重要性。事实上，即使是知情的依赖方也可能为了方便而选择省略这些检查。

当所涉及的CA之间具有紧密的联系时，例如当它们在11.3.2节中提到的分布式环境中运行时，连接认证模型可能是最有效的。这种环境的一些例子出现在金融和政府部门中。

11.4 替代方法

正如我们在本章的讨论中看到的，在尝试实现基于证书的公钥管理方法时，需要解决许多复杂的问题。有许多替代方法试图通过避免使用公钥证书来解决这些问题。现在我们讨论其中两种方法。

请注意，使用公钥证书比使用这两种替代方法更常见。然而，考虑这些方法不仅表明证书不是公钥管理的唯一选择，而且有助于深入理解公钥证书管理的难点。

11.4.1 信任Web

在11.3.2节的无CA认证模型中，我们注意到，公钥可以由所有者直接提供给依赖方，而无须使用CA。这种方法的问题是，依赖方除了所有者本身之外没有其他信任锚点（Trust Anchor）。

如果实现了**信任Web**（Web of trust），则可以提供更强的保证。假设Alice希望直接向依赖方提供她的公钥。信任Web的概念涉及其他公钥证书所有者通过对Alice的公钥进行数字签名来充当轻量级CA，Alice逐渐开发了一个**密钥环**（Key Ring），由她的公钥加上其他所有者的一系列数字签名组成，这些数字签名证明了公钥值确实是Alice的。

当然，这些其他所有者并不是正式的CA，依赖方与这些所有者之间的关系并不比与Alice本身的关系更多。然而，当Alice建立她的密钥环时，对于依赖方来说有两个潜在的积极影响：

1）依赖方看到其他一些所有者已经愿意对Alice的公钥进行数字签名。这至少是一些证据，证明公钥确实属于Alice。

2）（随着密钥环不断增大）其中一个所有者是依赖方认识和信任的人的机会越来越多。如果是这种情况，那么依赖方可以使用传递信任参数来获得关于Alice公钥的一些保证。

信任Web显然有局限性。但是，它们代表了一种轻量级的、可扩展的方法，可以在其他解决方案不可行时，在开放环境中为公钥的用途提供某种保证。

然而，尚不清楚信任 Web 能产生多大的实际影响力。信任 Web 在开放型应用中最有意义，依赖方往往倾向于选择信任所有者（在许多情况下，他们可能已经建立了信任关系）。

11.4.2　基于身份的加密

回想一下，公钥证书的主要用途是将身份标识和公钥值绑定。因此，消除对公钥证书需求的一种方法是将此绑定内建到公钥本身。

1. 基于身份的加密背后的思想

内建此绑定的一种方法是，从身份标识唯一地派生公钥值，例如，通过为公钥和标识设置相同的值。正如我们在 5.5.3 节中指出的，这是**基于身份的加密**（Identity Based Encryption，IBE）背后的主要动机。

IBE 和基于证书的传统公钥密码管理方法的一个显著区别是，IBE 要求可信的第三方参与私钥生成。我们把这个可信第三方称为**可信密钥中心**（Trusted Key Center，TKC），因为它的主要角色是生成和分发私钥。IBE 的基本思想是：

- 公钥所有者的“标识”就是他们的公钥。存在一个公开的规则可以将所有者的“标识”转换为比特串；同时存在另外一些公开的规则，将这个比特串转换为公钥。
- 公钥所有者的私钥只能由 TKC 计算，TKC 拥有一些额外的秘密信息。

这样，就不需要公钥证书了，因为所有者的身份和公钥之间的绑定是通过公开的规则实现的。尽管任何人都可以很容易地确定公钥，但是私钥只能由 TKC 计算。

2. 一个 IBE 模型

图 11-8 展示了使用 IBE 对 Alice 到 Bob 的消息进行加密的过程。

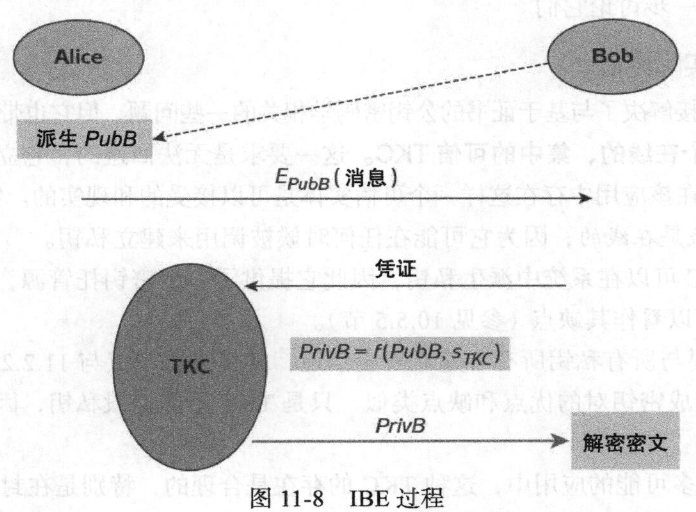

图 11-8　IBE 过程

该模型由以下几个阶段组成：

1）**加密**。Alice 使用公开的规则从 Bob 的标识派生 Bob 的公钥 *PubB*。然后，Alice 使用 *PubB* 加密她的消息，并将生成的密文发送给 Bob。

2）**标识**。Bob 通过提供适当的凭证向 TKC 表明自己的身份，并请求与 *PubB* 对应的私钥 *PrivB*。

3）**私钥派生**。如果 TKC 接受 Bob 的凭证，那么 TKC 将从 *PubB* 和一个只有 TKC 知道的系统秘密值 s_{TKC} 派生出 *PrivB*。

4）**私钥分发**。TKC 使用安全信道将 *PrivB* 发送给 Bob。

5）**解密**。Bob 使用 *PrivB* 解密密文。

这种加密模型最有趣的一个方面是，加密可以在私钥派生和分发之前发生。换句话说，向尚未建立私钥的人发送加密消息是可能的。事实上，接收方甚至可能不知道自己会接收加密消息！这是一个非常出乎意料的属性，传统公钥密码技术肯定不具备该属性。

还应该注意的是，一旦用户获得了自己的私钥，就不需要重复中间的三个阶段，直到 *PubB* 或系统秘密值 s_{TKC} 发生变更。我们稍后再讨论这个问题。

3. IBE 算法

我们在第 5 章中讨论的传统公钥密码系统不能用于 IBE。这主要有两个原因：

1）不是任何值都可能成为公钥。例如，RSA 公钥值需要满足某些特定的数学性质。给定公钥所有者的任意数字化身份，它不太可能对应于一个有效的公钥（也可能会对应，但这是幸运的，而不是必然的）。

2）它们没有一个系统秘密值 s_{TKC} 可用于从对应的公钥“解锁”每个私钥。

由于这些原因，需要为 IBE 专门设计不同的加密算法。目前已经有几种这样的算法，但是我们不会进一步讨论它们。

4. IBE 的实际问题

虽然 IBE 直接解决了与基于证书的公钥密码学相关的一些问题，但它也带来了一些新问题。

1）**需要一个在线的、集中的可信 TKC**。这一要求是无法回避的，它立即将 IBE 限制在特定的应用中，在该应用中存在这样一个可信实体是可以接受的和现实的。特别要注意的是：

- TKC 应该是在线的，因为它可能在任何时候被调用来建立私钥。
- 只有 TKC 可以在系统中派生私钥，因此它提供了一个密钥托管源，这可以看作其优点，也可以看作其缺点（参见 10.5.5 节）。
- TKC 需要与所有私钥所有者建立安全信道，其优点和缺点与 11.2.2 节中讨论的可信第三方生成密钥对的优点和缺点类似，只是 TKC 不能销毁私钥，因为它总是能够生成私钥。

然而，在许多可能的应用中，这种 TKC 的存在是合理的，特别是在封闭的环境中。

2）**撤销的问题**。将公钥值绑定到标识的问题之一是，它会对公钥的撤销（如果公钥需要被撤销的话）产生影响。如果必须变更公钥，那么本质上我们需要变更公钥所有者的身份，这显然是不现实的。对此，一个直观的解决方案是在所有者的标识中引入一个时变元素，该时变元素可用于标识公钥的有效期。例如，在4月3日，用来加密发给Bob的任何消息的公钥可能是*PubB3rdApril*，但在第二天，该公钥将变更为*PubB4thApril*，这需要每天为Bob生成一个新私钥。

3）**多个应用**。另一个问题是，区分不同的应用变得困难。在传统的公钥密码学中，一个所有者可以为不同的应用生成不同的公钥。将标识绑定到公钥值后，这种做法就不可能立即实现了。一种解决方案是在公钥中引入多样性，比如使用*PubBBank*作为Bob的在线银行应用的公钥。但是，应该指出的是，IBE在这方面提供了一个潜在的优势，因为只要使用不同的系统秘密值s_{TKC}生成不同的私钥，就可以在多个应用中使用相同的公钥*PubB*。

必须认识到，这些问题与基于证书的公钥密码技术的问题是不同的。这意味着IBE是传统公钥密码学的一个有趣的替代方案，它对某些应用环境更适用，但不适合其他环境。例如，IBE更适合低带宽应用，因为不需要传输公钥证书，但是对于任何没有可发挥TKC作用的信任中心点的应用，IBE都是不适用的。

同样重要的是要认识到，基于证书的公钥密码技术的一些挑战在IBE中仍然存在。例如，注册公钥证书的需求现在转换为注册以获得私钥的需求。

5. 更广义的IBE概念

IBE背后的想法既引人注目又引人入胜，因为它代表了实现公钥密码的一种完全不同的方法。事实上，可以对IBE的概念进行更有趣的扩展，因为没有必要将公钥限制为与标识相关联。公钥几乎可以以任何数据串的形式出现。

IBE概念最有希望的扩展之一是将IBE系统中的公钥与**解密策略**（Decryption Policy）关联起来。这个想法只涉及对图11-8中描述的过程做微小调整：

1）**加密**。Alice使用公开规则基于特定解密策略派生公钥*PubPolicy*。例如，解密策略可以是“在英国医院工作的有资质的放射医师”。然后，Alice使用*PubPolicy*加密她的消息（例如，健康记录），接下来，将得到的密文连同对解密策略的说明一起存储在医疗数据库中。

2）**标识**。有资质的放射医师Bob希望访问健康记录，他向TKC提交了适当的医学凭证，并请求与*PubPolicy*相对应的私钥*PrivPolicy*。

3）**私钥派生**。如果TKC接受Bob的凭证，那么TKC将从*PubPolicy*和系统秘密值s_{TKC}派生出*PrivPolicy*，只有TKC知道s_{TKC}。

4）**私钥分发**。TKC使用安全信道将*PrivPolicy*发送给Bob。

5）**解密**。Bob使用*PrivPolicy*解密密文。

这个例子展示了在接收方获得私钥之前进行加密的强大功能，因为在这个例子中，Alice甚至不需要知道接收方。**基于属性的加密方案**（Attribute Based Encryption Scheme）实现了这个想法，基于属性的加密方案的解密策略的构建中使用了接收方的某些属性，TKC根据接收方是否拥有解密策略中要求的属性来决定是否向他们分发相应的私钥（参见 5.5.3 节）。

6. IBE 实践

虽然 IBE 为管理公钥密码提供了一个有趣的替代框架，但它仍处于早期发展阶段。实现 IBE 的密码算法相对较新，不过现在已经有了一些很好的应用。一些商业应用，包括安全电子邮件产品（见 13.2 节），已经实现了 IBE。我们讨论 IBE 主要是为了说明不使用公钥证书也可以管理公钥。

11.5 总结

在本章中，我们研究了公钥密码学中使用的与密钥对管理相关的特定密钥管理问题。我们重点讨论了使用公钥证书来保证公钥用途的最常见技术，并讨论了公钥证书生命周期中各个阶段的管理。

Internet 和 WWW 的发展在 20 世纪 90 年代引发了人们对部署公钥密码技术的极大热情，因为许多应用（如基于 Web 的商务应用）需要可以在开放环境中工作的安全技术。然而，公钥密码技术的每个部署都需要正确地管理相关的密钥对。许多安全架构师和开发人员发现，我们在本章中讨论的密钥管理问题比它们最初出现时更难处理。特别是，虽然在纸上设计解决方案相对容易（例如针对密钥撤销问题的 CRL），但这些解决方案很难以工作流程的形式实现。

公钥密码学随后承受了相当大的压力，这可能是由于对其期望过高，以及相应的实现和成本方面的困难。认识到以下两点很重要：

- 与实现公钥密码相关的主要困难都是由于密钥管理问题而不是密码技术本身造成的。
- 与实现公钥密码相关的密钥管理挑战在很大程度上是由实现公钥密码的环境决定的。

后面这一点很重要。我们在本章中已经讨论过，在封闭环境中管理公钥非常简单。然而，这正是可以实现完全对称密钥管理系统的环境，在这种环境中通常首选对称密码技术。因此，可以认为公钥管理困难的唯一原因是，公钥密码往往在具有挑战性的（开放的）环境中实现，在这种环境中不可能使用对称密码来提供需要的安全服务。

最后，在本章中我们讨论了使用公钥证书管理公钥的一些替代方法。我们注意到，这些方法解决了一些问题，但又引入了新的问题。因此，像 IBE 这样的替代方案很可能会找到合适的应用场合，但永远不会完全取代基于证书的公钥管理方法。

11.6 进一步的阅读

Adams 和 Lloyd [3] 是一个很好的基于证书的公钥管理指南。在 Garfinkel 和 Spafford [89]，Ford 和 Baum [81]，Ferguson、Schneier 和 Kohno [72] 中也有关于公钥管理的内容丰富

的章节。在标准方面，最著名的公钥管理标准是X.509，它是ISO 9594［125］的第八部分，该标准包括公钥证书格式和证书撤销列表格式。最常用的公钥证书格式是X.509 V3，它也在RFC 5280［40］中有具体描述，通常称为PKIX证书。属性证书的格式在RFC 3281［70］中提供。其他有关公钥管理的通用标准包括ISO/IEC 15945［120］和银行标准ISO 15782［113］。NIST 800-32［162］介绍了公钥管理，并概述了美国政府所采取的方法。更具体的标准包括RFC 2511［155］和RFC 2560［156］，RFC 2511处理证书请求，并包含一个私钥所有权证明机制（ISO 15945［120］中也有一个），RFC 2560描述了OCSP。ISO 21188［114］讨论了公钥管理系统的治理，包括根密钥对生成仪式。Let's Encrypt［67］提供了一种免费开放的CA服务。

一些组织最初采用了公钥密码技术，但并不一定了解公钥管理的全部复杂性。Ellison和Schneier［65］发表了一份广为流传的谨慎性声明，概述了公钥管理的十大风险。Price［194］对许多组织所经历的公钥管理问题进行了有趣的回顾。对于许多人来说，最熟悉的公钥管理应用是使用公钥证书在Web应用中支持SSL/TLS。毕马威（KPMG）的一份报告［140］概述了这种公钥管理模型的脆弱性，指出了一些弱点，并指出了如何解决这些弱点。

使用基于证书的公钥管理系统的另一种选择是使用信任Web，通过维基百科门户［251］可以了解这种方法的详细信息和人们对它的评价。一些对IBE算法的解释可以在Stinson［231］中找到。Joye和Neven［131］对IBE进行了更详细的研究，包括基于属性的加密方案。IEEE P1363.3［109］是一个标准草案，规定了许多不同的IBE算法。Paterson和Price［186］对实现基于证书和基于身份的加密所涉及的不同问题进行了有趣的比较。

11.7 练习

1. 为下列三种说法提供论据（这三种说法互不矛盾）：
   （1）对称密码和公钥密码之所以都需要密钥管理，其核心原因在本质上是相同的。
   （2）对称密码和公钥密码的密钥生存期中的许多阶段几乎是相同的。
   （3）对称密码和公钥密码的密钥生存期中的许多阶段有着本质上的不同。
2. 术语公钥基础设施（PKI）比术语对称密钥基础设施（SKI）更常被讨论，原因是什么？
3. 图10-1中描述的密钥生存期不仅适用于对称密钥。为以下两种类型的密钥绘制生存期图，在每幅图上标明该种密钥生存期的各个阶段与对称密钥生存期的对应阶段相比，通常是更容易管理还是更难管理？
   （1）私钥。
   （2）公钥证书。
4. X.509只是公钥证书格式的一个例子。找出另一种公钥证书格式的示例，并将其与表11-1中描述的X.509 V3格式进行比较：

（1）哪些字段是相同的？

（2）解释不同的部分。

5. 有几种不同类型的数字证书。

（1）什么是**代码签名证书**（Code-Signing Certificate）？

（2）代码签名证书的重要字段是什么？

（3）讨论在代码签名证书生命周期的不同阶段中管理失败可能造成的影响。

6. 注册是公钥证书生命周期的一个非常重要的阶段。

（1）在选择用于在公钥证书注册过程中进行检查的适当凭证之前，应该考虑哪些一般问题？

（2）对于申请学生智能卡以便使用校园服务时要用到的公钥证书，证书申请人应提供什么凭证？

7. 11.2.2 节中描述的可信第三方生成技术通常被大型应用采用，在这些应用中私钥存储在智能卡上。

（1）为什么这种技术对此类应用具有吸引力？

（2）为什么密钥对生成可能由与此类应用中的 CA 不同的第三方进行？

（3）如果使用这种技术生成具有法律效力的私有签名密钥，可能会出现什么问题？

8. 访问一个著名的商业 CA 网站，找出：

（1）网站颁发哪些级别的公钥证书。

（2）为这些不同级别的公钥证书注册，网站需要提供哪些凭证。

（3）对于这些不同级别的公钥证书，网站承担哪些责任。

（4）网站发布证书撤销列表（CRL）的频率。

（5）客户端如何访问 CRL。

（6）网站为客户提供哪些关于检查 CRL 重要性的建议。

9. 假设 Alice 的 RSA 加密公钥 *PKA* 由根 CA 认证，根 CA 也有自己的 RSA 加密公钥 *PKC*。某密码协议需要进行以下计算：

$$E_{PKA}(E_{PKA}(\text{data}))$$

换句话说，Alice 需要使用 RSA 加密消息，该消息包括 CA 已经使用 RSA 加密的数据。

（1）该协议有什么问题？

（2）对于分级的对称密钥，使用密钥分级结构中不同级别的密钥进行类似的计算，是否会出现相同的问题？

10. Carl Ellison 和 Bruce Schneier 于 2000 年撰写的《PKI 的十大风险》[65] 一文被广泛引用。

（1）简要总结文章中描述的十个风险。

（2）你认为今天这些担忧在多大程度上仍然有效？

11. 提供一个由于公钥证书生命周期的某个阶段出现故障而导致的实际安全事件的例子。针对选择的事件，回答以下问题：

（1）解释哪里出错了。

（2）解释为什么会发生这种情况。

（3）解释一下如何避免这样的事件。

12. 一些组织选择使用中心 CA 来代表用户生成密钥对，但从不向用户分发私钥，用户只能通过激活 CA 本身提供的服务来请求使用私钥。

（1）用户如何“激活”CA 服务器上的私钥？

（2）这种公钥管理方法的优点是什么？

（3）这种方法可能存在什么问题？

（4）你认为这种方法在什么应用环境中最有效？

13. 让不同 CA 之间保持一致性的一种方法是开发通用标准，使用当前最佳实践对 CA 进行评价。找到这种方案的一个例子（无论是全国范围的还是全行业范围的），并介绍其具体做法。

14. Let's Encrypt 是为了鼓励使用基于证书的公钥密码而建立的。

（1）谁创建了 Let's Encrypt？

（2）Let's Encrypt 声称它简化了公钥证书管理的哪些方面？

（3）比较使用 Let's Encrypt 与商业 CA 的优缺点。

（4）Let's Encrypt 的效果如何？

15. Alice 希望安全地向 Bob 发送一条重要消息，Bob 拥有自己生成的公钥。Alice 和 Bob 都不是正式的公钥证书管理系统的一部分，并且 Bob 不打算为他的公钥获取公钥证书。在以下几种情况下，Alice 应该如何获得 Bob 的公钥，并获得此公钥用途的充分保证？

（1）Alice 和 Bob 是好朋友。

（2）Alice 和 Bob 是异地商业伙伴。

（3）Alice 和 Bob 是陌生人。

16. 继续上一题的主题，即使对于大型组织，在某些情况下可以在不创建公钥证书的情况下保证公钥的用途。对于以下两种情况，说明应该如何做到这一点：

（1）CA 的公钥。

（2）将所有公钥嵌入硬件（如 ATM）中的应用。

17. 给出一个应用例子，在该应用中 IBE 比由公钥证书支持的传统公钥密码更适用。对于你选择的应用，解释以下问题：

（1）基于证书的方法的问题。

（2）使用 IBE 的优势。

（3）如何克服与实现 IBE 相关的一些实际问题。

18. 本章只讨论了基于身份的加密。设计基于身份的数字签名方案也是可行的。

（1）描述一个与 11.4.2 节中的 IBE 相似的模型，以解释创建和验证基于身份的数字签名的过程。

（2）与传统的数字签名方案相比，你认为基于身份的数字签名方案具有多大程度的优势？

19. 考虑以下中等规模的在线旅游业务：

- 共有 160 名员工，其中本国办事处有 40 名员工，8 个国际办事处各有 15 名员工。
- 该公司通过因特网销售度假套餐、机票、旅游保险和旅游用品。

- 每个办公室都有自己的内部网，也可以访问连接所有地区办公室的公司内网。
- 该公司通过外部供应商提供许多服务。
- 该公司自己实现信息安全功能（而不是外包）。

如果你是负责安全的IT支持团队的成员，考虑以下问题：

（1）当考虑公司的整体活动时，在各个网络链路上可能需要哪些安全服务？

（2）你选择在何处部署对称密码和公钥密码（如果有的话）？

（3）设计一个简单的密钥管理系统来支持业务，识别所需的不同密钥并支持它们的生存期。

20. 除了电子签名和高级电子签名之外，欧盟电子签名指令（European Union Directive on Electronic Signature）还定义了第三类电子签名，即**合格电子签名**（Qualified Electronic Signature）。

（1）在什么情况下高级电子签名才会成为合格电子签名？

（2）解释**合格证书**（Qualified Certificate）的含义。

（3）解释一个合适的公钥管理系统如何才能提供这些必要的条件。

（4）高级电子签名和合格电子签名分别在多大程度上“等同于”手写签名？

第四部分

应用密码学

第 12 章

密码学的应用

我们已经完成了对加密工具和密钥管理的讨论。我们花了大量篇幅来讨论在选择不同加密类型时所需解决的问题，以及如何实现和支持这些加密类型的问题。值得注意的是，其中许多问题都取决于应用环境。因此，在讨论过程中，我们避免对上述问题给出答案，而是重点介绍相关选择的利弊。

我们现在将研究密码学的一些应用。尽管这些应用的目标不尽相同，但我们研究这些应用的真正原因在于：在特定应用环境中，说明针对我们在前几章中未解决的问题所采取的决策。

我们所选择的应用都很有意义，甚至很有趣，而选择它们为例的目的是展示不同的应用环境以及人们在不同环境中采取的不同决策。通过这一章的讨论，我们可以发现，那些“正确”的决策并非总是被采用，至少刚开始是这样。我们还将看到，许多决策是基于权衡做出的。我们选择的应用如下：

- 因特网中的密码学：SSL/TLS 是使用最广泛的加密协议之一，它为混合加密在开放的应用环境中的使用提供了很好的示例。
- 无线局域网中的密码学：无线局域网标准中密码技术的开发，为实际的密码设计提供了许多重要的经验。
- 移动电信中的密码学：GSM 和 UMTS 为在相对封闭的应用环境中进行密码设计提供了很好的例子。
- 安全支付卡交易中的密码学：银行是运用密码学时间最长的商业用户之一，各种不同的技术被用于支持不同类型的支付交易。
- 视频广播中的密码学：付费电视是一个吸引人的密码学应用，它采用相对简单的密码学方案，其背后是相当复杂的密钥管理。
- 身份证中的密码学：比利时的 eID 卡提供了一个很好的可以使公钥密码学广泛被其他应用所采纳的技术示例。
- 匿名中的密码学：Tor 项目提供了一个示例，说明如何使用加密技术实现因特网上的匿名通信。

● 数字货币中的密码学：比特币是一种利用密码技术以多种有趣的方式建立数字货币体系的技术。

值得注意的是，我们不打算全面介绍这些应用，因为我们只关注密码学在这些应用中所起的作用。对于每个应用，我们将探索下面的问题：

● 它的安全需求是什么？
● 它的影响决策制定的应用限制是什么？
● 它采用了哪些密码学原语？
● 它支持哪些加密算法和密钥长度？
● 它如何进行密钥管理？

我们再次强调，选择这些应用主要是为了展示其中的问题。针对这些应用以及类似的应用所做的一些密码决策可能会随着时间的推移而改变。

在学习完本章之后，你应该能够：

● 了解应用限制对于如何使用密码学方案这一决策的影响。
● 比较不同的应用环境和它们的密码需求。
● 识别密码学在一系列应用中扮演的角色。
● 证明在不同应用环境中所做出的部署密码技术的决策是正确的。
● 为一系列应用环境确定适当的密钥管理技术。

12.1 因特网中的密码学

至少对因特网用户来说，密码学最引人注目的用途之一就是传输层安全协议（Transport Layer Security，TLS）。这是建立安全信道的最重要的加密协议之一。

TLS协议是网景公司（Netscape Communications）在20世纪90年代中期首次开发的，用于它的Navigator浏览器。这些协议的早期版本称为安全套接层（Secure Sockets Layer，SSL）。后来，在因特网工程专责小组（Internet Engineering Task Force，IETF）的支持下，这个项目进一步发展，并采用TLS这个名称。IETF在1999年发布了协议TLS 1.0，在2006年发布了TLS 1.1，在2008年发布了TLS 1.2。最新的版本是TLS 1.3，这一版本与之前的版本有极大不同。

尽管这些协议长期以来被称为TLS，但SSL这个名称仍然被广泛使用。在某些情况下称它们为SSL是正确的，因为现在一部分正在使用的协议仍然是早期的SSL协议版本。然而，目前在绝大多数情况下称其为SSL是不准确的，因为大多数正在使用的协议都是官方命名为TLS的版本。

在本节中，我们统一将这些协议称为TLS。然而，在本书的其他地方，我们用到了

“SSL/TLS”以承认两个名称更广泛的用法。

12.1.1　TLS 协议的背景

当数据在不同地点之间传输时，TLS 可用于保护数据，并且可用于各种不同的通信场景。尽管在许多应用里都用到了它，但大多数用户都是在保护客户端和 Web 服务器之间的 Web 连接时（例如，从在线商店购买时）注意到 TLS 的。

TLS 需要可靠的底层传输协议，因此它适用于在**传输控制协议**（Transmission Control Protocol，TCP）的上层运行的因特网应用。因特网通常被建模为一个**四层因特网协议组**（Internet Protocol Suite）。不仅可以通过在因特网协议组的传输层运行 TLS，安全信道还可以在较高的应用层利用 SSH（Secure Shell）协议和在较低的 Internet 层利用 IPSec 协议（Internet Protocol Security，IPSec）组创建。

与密码学的许多其他应用不同，TLS 的使用对用户来说通常是透明的。在保护 Web 会话时，TLS 连接可能会有明显的标志，如 Web 浏览器上出现的图标（挂锁）和 Web 地址中替换 http 的 https。

12.1.2　TLS 协议的安全需求

TLS 的设计旨在为两个实体建立一个安全信道。为此，它主要的安全需求相对固定：

- **机密性**：通过安全信道传输的数据应该只能被信道两端的实体访问，而不能被监听信道的任何攻击者访问。
- **数据源身份认证**：通过安全信道传输的数据的完整性应被保护，应能防止攻击者对信道的主动攻击，包括伪造数据来源等。
- **实体身份认证**：为了创建安全信道，应为每个通信实体设置身份标识。

需要注意的是，TLS 1.2 之前的版本都是高度可配置的，上面的需求也都是可选的。TLS 1.3 则不同。在 TLS 1.3 中，只有客户端（而不是服务器）的实体身份认证是可选的。

我们必须认识到的很重要的一点是，由 TLS 建立的安全信道只能在两个特定的应用（如 Web 浏览器客户端和 Web 服务器）之间运行。如果 Web 浏览器客户端发送数据的真正目的地是 Web 服务器之外的**后台**（back-end）数据库，那么 Web 服务器和后台数据库之间的传输可能需要其他的保护。

12.1.3　TLS 协议中使用的密码学

TLS 是为开放环境而设计的。在开放环境中，我们不可能期望从通信实体那里获得同意或直接交换与安全相关的信息（如密码学密钥）。此类与安全相关的信息通常称为**安全关联**（Security Association）。例如，一个用户希望从在线商店购物，我们没有理由假设该用户以前一定从该商店购买过东西。因此，必须能够在陌生人之间建立 TLS 会话。

从 5.1.1 节中我们知道，这正是应用公钥密码学最有效的一类场景。然而，我们希望通过安全信道交换的数据量是未知的，如果数据量很大，那么根据 5.5.2 节中的讨论，这种情况使用混合加密自然更适合。这恰恰是 TLS 的工作原理。事实上，TLS 使用了大量的密码学原语，包括以下几类。

1）公钥密码学：用于非对称密钥的建立。

2）数字签名：用于证书签名和实现实体身份认证。

3）对称加密：用于保障机密性。

4）MAC：用于数据源身份认证和实现实体身份认证。

5）哈希函数：用作 MAC 和数字签名的组件，并用于密钥派生。

参与 TLS 会话的不同实体可能对加密算法和密钥长度有不同的喜好，这一点 TLS 也考虑到了。因此，TLS 支持一系列不同的算法，其中包括：

- 众所周知的分组密码，如 AES。
- 使用众所周知的哈希函数（如 SHA-256）实现的 HMAC。
- 数字签名算法，如 RSA Signature 和 DSA。

在 TLS 会话开始时，首先要执行的任务之一就是让两个通信实体就它们将使用的保护会话的算法达成一致。他们一致同意的算法的集合通常被称为**密码套件**（Cipher Suite）。

12.1.4 TLS 1.2 和早期版本

在本节中，我们所说的 TLS 包括 TLS 1.2 以及之前的版本（编写本书时使用最多的 TLS 版本）。由于 TLS 1.3 涉及一些重要的加密算法的改变，我们将在 12.1.5 节中单独讨论。

TLS 本质上由两种加密协议组成。

1）*握手协议*：该协议负责完成在 TLS 安全信道建立前两个实体间达成共识所需的所有工作。具体来讲，这个协议可以用于完成以下工作。

- 就用于建立安全信道的密码套件达成一致。
- 建立实体身份认证。
- 建立确保信道安全所需的密钥。

2）*记录协议*：该协议实现了安全信道，其中包括以下部分。

- 格式化数据（例如，将其进行分组）。
- 计算数据的 MAC。
- 加密数据。

1. 握手协议描述

现在我们介绍握手协议。我们将介绍此协议的一个简单版本，它只向客户端提供到服务器的单向实体身份认证。这是该协议最常见的使用模式，我们后面会说明如何添加双向实体身份认证。我们简化协议描述是因为主要想说明在这个协议中的密码学应用。注意，我们使用的协议消息名称与官方 TLS 消息名称并不完全相同。简化的握手协议的消息流如图 12-1 所示。

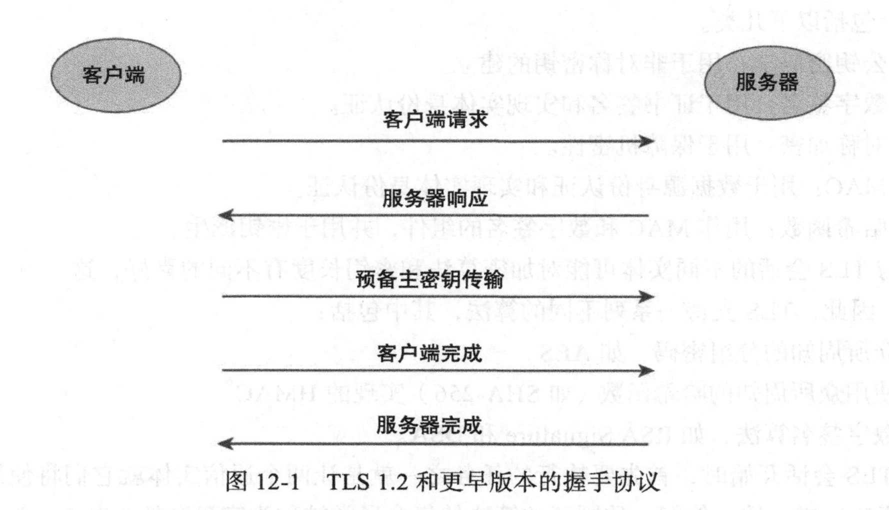

图 12-1　TLS 1.2 和更早版本的握手协议

（1）客户端请求

这个来自客户端的消息开启通信会话，并发起建立 TLS 保护信道的请求。作为请求消息的一部分，客户端发送的数据包括以下部分。

- session ID：会话的唯一标识符。
- 一个伪随机数 r_C：用于保持会话时效。
- 客户端支持的密码套件列表。

（2）服务器响应

服务器发送一些初始化数据作为响应，包括以下部分。

- session ID。
- 一个伪随机数 r_S，它是服务器保持协议时效的方式。
- 服务器决定使用的密码套件（从客户端提供的列表中选出），其中包括客户端和服务器建立共享密钥的方法说明。
- 服务器的公钥证书的副本，包括验证该证书所需的所有证书链的详细信息。
- 如果服务器选择使用暂态（Ephemeral）Diffie-Hellman 协议（见 9.4.2 节）来建立共享密钥，那么服务器会产生一组用于 Diffie-Hellman 协议的新参数（包括一些系统参数和一个临时密钥对），并将其中的公开值及这些参数的数字签名发送出去。

此时，客户端应检查服务器的公钥证书是否有效，包括检查证书链中所有公钥证书的有效性，以及检查所有相关的 CRL，如 11.3.3 节所述。如果使用了暂态 Diffie-Hellman 协议，那么客户端还应验证 Diffie-Hellman 参数上的数字签名。

（3）预备主密钥传输

现在，客户端和服务器需要就共享私钥 K_P 达成一致，该 K_P 将用于派生保护会话的密钥。K_P 被称为预备主密钥（Pre-Master Secret），它的值只有客户端和服务器知道。生成 K_P 最常用的方法如下：

1）如果选择 RSA 建立密钥，则客户端生成伪随机的 K_P，然后使用服务器的公钥加密并发送给服务器。

2）如果选择短暂 Diffie-Hellman 生成密钥，那么客户端会生成一个新的短暂 Diffie-Hellman 密钥对，并将公钥值发送给服务器，然后客户端和服务器都计算共享的 Diffie-Hellman 密钥 K_P。

现在，客户端和服务器都可以派生保护 TLS 会话所需的密钥了。这一过程的第一步是使用密钥派生函数来计算主私钥 K_M。密钥派生函数使用 K_P 作为密钥，并将 K_P、r_C 和 r_S 及其他数据作为函数的输入。然后，客户端和服务器都用 K_M 派生出 MAC 和加密密钥（详细信息请参见对记录协议的描述）。从这一步开始，所有交换的消息都会受到加密保护。

（4）客户端完成

客户端根据到目前为止发送的所有消息的哈希计算一个 MAC（详细过程在不同版本之间有所差异，但大多数基于 HMAC）。这个 MAC 值会被加密并发送到服务器。

（5）服务器完成

服务器检查从客户端接收到的 MAC。然后，服务器根据到目前为止发送的所有消息的哈希计算一个 MAC。该 MAC 进行加密并发送到客户端。

最后，客户端检查从服务器接收到的 MAC。

2. 握手协议分析

我们现在确认一下，简化握手协议是如何实现它的三个主要目标的。

（1）密码算法的一致性

它是在第二个协议消息结束时实现的，也就是当服务器告知客户端它从客户端提供的列表中选择了哪个密码套件的时候。

（2）服务器实体身份认证

服务器实体身份认证依赖于以下论证，假设协议运行成功，并且所有检查（包括证书有效性检查）都正确通过：

1）发送服务器完成消息的实体必须知道主私钥 K_M，因为最后的检查是正确的且依赖于 K_M。

2）任何知道 K_M 的实体，除客户端以外，也必须知道预备主密钥 K_P，因为 K_M 是从 K_P 派生出来的。

3）任何知道 K_P 的实体，除客户端以外，也必须知道服务器响应消息中发送的公钥证书对应的私钥，因为

- 如果选择 RSA 生成密钥，则需要使用此私钥在消息预备主密钥传输中解密 K_P。

- 如果选择短暂 Diffie-Hellman 生成密钥，那么这个私钥是用来签署公共 Diffie-Hellman 参数的，这个数字签名是计算 K_P 所必需的。

4）唯一能够使用私有解密密钥的实体是服务器本身，因为服务器在服务器响应消息中提供的公钥证书经检查是有效的。

5）服务器当前是“活动”（alive）的，因为 K_M 是从客户端生成的新的伪随机值（K_P 和 r_C）派生出来的，因此不能是旧值。

（3）密钥建立

现在，我们将讨论 TLS 生成的几个密钥。它们都派生自握手协议期间生成的主私钥 K_M。主私钥是由预备主密钥 K_P 派生的，该值只有客户端和服务器知道。

注意，客户端完成消息和服务器完成消息还提供整个消息流的回溯性数据源身份认证。这保证了握手协议期间交换的任何消息都没有被篡改，这一点尤其重要，因为协议的开放消息没有加密保护。它们还确保通信双方对握手过程具有相同的认知。

3. 具有客户端身份认证的握手协议

简单握手协议不提供实体间相互的身份认证，只提供服务器的身份认证。这是合理的，因为许多应用不需要在 TLS 所在的网络层进行客户端的身份认证。例如，当用户从在线商店购买商品时，只要商家在交易结束时得到支付，他们并不关心通信的另一方是谁。在此场景中，客户端身份认证在应用层执行得更好，可能需要借助基于口令的机制（例如，请参阅 12.4.4 节）。

然而，一些 TLS 的应用可能很需要实体的相互身份认证，特别是在封闭环境中。在这种情况下，可以修改简单的握手协议，在预备主密钥传输消息之后添加一条额外的从客户端发送到服务器的消息，这条消息如下。

客户端身份认证数据： 客户端向服务器发送其公钥证书的副本。此证书中的公钥作为验证密钥。证书包含验证所需的所有证书链细节。此外，客户端计算当前所有协议消息的哈希，并使用客户端的签名密钥对这个哈希进行数字签名。

服务器现在应该检查客户端的公钥证书（链）是否有效。服务器还应该验证客户端的数字签名。如果这些检查都通过，那么服务器将通过以下参数确认客户端的实体身份认证：

1）发送客户端身份认证数据消息的实体必然知道与客户端证书中的公钥对应的签名密钥，因为已经通过了数字签名验证。

2）唯一知道签名密钥的实体是客户端本身，因为只有客户端本身提供的公钥证书是有效的。

3）客户端当前是“活动”的，因为数字签名内容是包括服务器生成的新伪随机值 r_S 在内的一些数据的哈希，因此不会重复。

4. 记录协议

记录协议是用于在握手协议成功完成后实例化安全信道的协议。在运行记录协议之前，客户端和服务器都会生成保护会话所需的加密数据。这包括用于加密的对称会话密钥、对称 MAC 密钥和必要的 IV。这些都是通过一个密钥派生函数计算一个密钥块（key block）而生成的。该密钥派生函数以 K_M 为密钥，以 r_C、r_S 等数据作为输入。通过对密钥块进行分割可获得必要的加密数据。具体来讲，从密钥块中可提取以下四个对称密钥：

- K_{ECS} 用于从客户端到服务器的对称加密。
- K_{ESC} 用于从服务器到客户端的对称加密。
- K_{MCS} 用于从客户端到服务器的 MAC。
- K_{MSC} 用于从服务器到客户端的 MAC。

记录协议详述了使用这些密钥来保护客户端和服务器之间交互的流量的过程。例如，从客户端发送数据到服务器的流程是：

1）使用密钥 K_{MCS} 对数据（和各种其他输入）计算 MAC。

2）将 MAC 附加到数据，并根据需要将其填充为块长度的整数倍。

3）使用密钥 K_{ECS} 加密结果消息。

收到受保护的消息后，服务器使用 K_{ECS} 对其解密，然后使用 K_{MCS} 验证所得的 MAC。值得注意的是，TLS 使用了我们在 6.3.6 节中提到的 MAC-then-Encrypt 构造的变体。

12.1.5　TLS 1.3

TLS 的最新版本是 TLS 1.3。尽管它保留了早期版本的许多特性，但在许多重要方面也有很大的不同。

1. TLS 1.3 的动机

TLS 协议可以追溯到 20 世纪 90 年代中期，TLS 1.2 之前的所有版本都基于我们在 12.1.4 节中概述的总体设计。虽然这对 TLS 起到了相当好的作用，但有两个因素推动着我们重新审视 TLS 的设计：

- **缺陷**：自从 2009 年针对 TLS 的重新协商（Renegotiation）特性的攻击曝光以来（一种无须重新运行握手协议就能有效调整已确定的 TLS 参数的方法），TLS 一直受到安全研究人员的密切关注。他们发现了许多针对 TLS 的攻击，其中一些攻击与其使用的密码套件的弱点有关。这些攻击各不相同，但它们累积的效果却降低了人们对 TLS 总体安全的信心。
- **效率**：握手协议比较低效，需要客户端和服务器之间进行两次往返交互。重新设计 TLS 为简化初始安全连接过程创造了机会。

2. TLS 1.3 的新特性

TLS 1.3 和以前版本相比，最大的变化也许就是设计 TLS 1.3 安全性的过程了。对 TLS 早期版本的各种攻击使一系列修改被提出（例如，停止使用 RC4 加密算法的建议）。这种回溯性的修补是不可取的，因此 TLS 1.3 的设计吸引了密码学界更广泛的参与。为了更好地理解协议的安全性，我们对部分协议进行了形式化的安全性建模。结果证明，我们有充分的理由相信 TLS 1.3 不会再受到针对早期版本攻击的影响。

TLS 1.3 与早期版本的主要区别如下。

1）**完美的前向保密性**：除了 12.1.2 节中定义的安全需求外，TLS 1.3 还要求完美的前向保密性（见 9.4.4 节）。这是通过取消支持 RSA 密钥生成，并强制使用短暂 Diffie-Hellman 来实现的。

2）**新握手协议**：TLS 1.3 完全重新设计了握手协议。TLS 1.3 中常规的握手只需要在客户端和服务器之间进行一次完整的往返交互，从而提高了效率。在新的握手协议中，更多交换的数据被加密。此外，新的握手协议中的消息由专用密钥保护（与早期版本的 TLS 不同，在早期版本中，保护握手协议的两个完成（Finished）消息使用的密钥也在记录协议中使用）。

3）**经过身份认证的加密模式**：TLS 1.3 中的加密必须使用分组密码的身份认证加密模式。身份认证加密最初是在 TLS 1.2 中引入的，但只是作为一个可选操作。

3. TLS 1.3 握手协议

我们将介绍常规的 TLS 1.3 握手协议的简化版本。注意，如果客户端和服务器已经共享密钥，TLS 1.3 就提供了改版的握手协议。在这种情况下，它们可以有选择性地直接对早期的客户端数据进行加密保护。我们将介绍常规的 TLS 1.3 握手协议版本，它提供单向的服务器身份认证。我们的描述是非正式的（为了突出与以前版本的不同之处），而且协议消息的名称（和它们的分隔方式）与官方 TLS 1.3 规范中使用的名称略有差异。

常规 TLS 1.3 握手协议的消息流如图 12-2 所示。

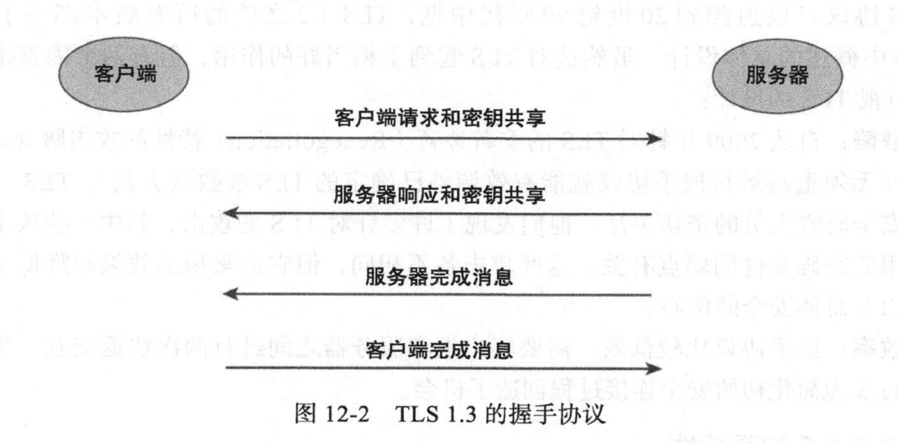

图 12-2　TLS 1.3 的握手协议

1）**客户端请求和密钥共享**：类似于早期 TLS 版本的客户端请求消息，只是客户端还发送一组新生成的 Diffie-Hellman 公共参数。

2）**服务器响应和密钥共享**：当与短暂 Diffie-Hellman 协议一起使用时，它与早期 TLS

版本的服务器响应消息类似。注意，与以前的握手协议相比，服务器现在能够计算共享的 Diffie-Hellman 私钥。服务器能够从这个私钥派生出握手加密密钥，然后使用握手密钥加密服务器响应消息中的大部分数据。Diffie-Hellman 私钥还可用于派生独立的应用加密密钥，在记录协议中使用。TLS 1.3 中的所有密钥派生都使用 HKDF（参见 10.3.2 节）。

3）**服务器完成消息**：服务器使用握手身份认证密钥，计算迄今为止发送的所有消息的哈希的 MAC，这个密钥来自共享的 Diffie-Hellman 私钥。此 MAC 使用握手加密密钥加密并发送到客户端。

客户端此时计算共享的 Diffie-Hellman 私钥，并生成所有必要的握手和应用密钥。客户端解密并验证服务器的公钥证书，并检查接收到的 MAC。

4）**客户端完成消息**：客户端使用它自己的握手身份认证密钥计算到目前为止发送的所有消息的哈希的 MAC。然后，它用自己的握手加密密钥给这个 MAC 加密并发送到服务器。

最后，服务器解密并检查从客户端接收到的 MAC。

4. TLS 1.3 握手协议的注解

TLS 1.3 握手协议是一个更简洁的协议，密钥建立的过程始于第一个交换消息。它满足了它的安全目标，原因与 12.1.4 节中概述的前面版本的原因类似。完全前向保密性这一附加目标是通过在密钥生成过程中使用短暂 Diffie-Hellman 密钥来实现的。

如果需要实体间的相互身份认证，那么与客户端身份认证握手协议的早期版本类似，客户端在客户端完成的消息中加入加密的证书和签名即可，然后服务器可以解密和验证这些签名。

12.1.6 TLS 的密钥管理

我们现在通过研究密钥管理生命周期的一些阶段来了解 TLS 的密钥管理问题。

1. 密钥管理系统

TLS 主要依赖于两个密钥管理系统。

1）**公钥管理系统**：TLS 是为开放环境设计的，它依赖于一个外部的密钥管理系统来管理 TLS 用户所需要的公钥对（如果需要相互实体身份认证，那么指所有用户；如果只需要单向的实体身份认证，那么指服务器用户）。此密钥管理系统超出了 TLS 规范定义的范围，并用来建立和维护公钥证书及其有效性相关的信息。如果这个系统失败，那么 TLS 提供的安全性就会受到破坏。

2）**对称密钥管理系统**：TLS 内部的一个对称密钥管理系统。TLS 用于生成对称会话密钥，这些密钥的生存期有限。

当然，它们并不是真正独立的密钥管理系统，在密钥管理生命周期的某些方面，上述两个系统是重叠的。但是，我们将它们分开以表明密钥管理的某些方面超出了 TLS 本身的范围。

2. 密钥生成

TLS 使用了两种类型的密钥。

1）**非对称密钥**：TLS 证书中包含的公钥是使用不在 TLS 规范范围内的公钥管理系统生成的。

2）**对称密钥**：它们都是在 TLS 中生成的。会话密钥派生于握手协议期间建立的共享机密。密钥派生是密钥生成的一种非常合适的技术，有如下两个原因。

- 它是一种轻量级的密钥生成技术，不会带来很大的开销。
- 它允许从一个共享私钥建立多个不同的会话密钥。

共享密钥的生成依赖于作为 TLS 的一部分生成的随机值（预备主密钥，或者是 Diffie-Hellman 参数）。

TLS 中使用的密钥长度是可协商的，并且是握手协议定义的加密算法协议过程的一部分。

3. 密钥建立

TLS 中最重要的密钥建立过程是共享机密的建立，所有对称会话密钥都是从共享机密中派生出来的。在 TLS 1.3 中实现这一点的唯一方法是使用短暂 Diffie-Hellman，而早期版本的 TLS 也支持 RSA 的使用。

4. 密钥存储

密钥存储超出了 TLS 的范围，但是它依赖于客户端和服务器对相关密钥的安全存储。要存储的最敏感的密钥是与认证公钥对应的所有私钥，因为多个 TLS 会话都依赖于这些私钥。使用短暂 Diffie-Hellman 建立密钥减少了长存私钥的潜在危险。相反，在握手协议期间协商的对称密钥只在相对较短的时间内有效。

5. 密钥的用途

TLS 的一个有趣的设计是它的密钥分离的原则（参见 10.6.1 节中的讨论）。加密和 MAC 密钥由共享机密分别派生出来，然后用于建立安全信道。然而，TLS 将这一原则推进了一步，每个通信方向都使用不同的密钥。TLS 1.3 进一步引入了密钥分离，确保常规握手和记录协议中使用的密钥完全不同。

12.1.7 TLS 的安全问题

TLS 是一种流行的通信协议，直到 2009 年，在与公认的密码算法一起使用时，它通常被人们认为具有强大的加密性能。随后，12.1.5 节中提到的一系列攻击破坏了 TLS 的声誉，促成了 TLS 1.3 的设计。

然而，尽管存在这些密码漏洞，但是使用 TLS 遇到的大多数安全问题都是由超出协议范围之外的方面引起的。

（1）过程失败

TLS 最常见的故障发生在客户端不执行必要的检验以验证服务器的公钥证书时。如果一个 Web 用户被警告浏览器无法验证公钥证书，他很可能会忽略这一点，继续建立 TLS 会话。当然，我们很难把这种行为归咎于用户。

这个问题的其中一个表现为，一个以自己的名义持有合法的公钥证书的恶意 Web 服务器试图将自己伪装成另一个 Web 服务器。在客户端 Web 浏览器成功地验证了恶意 Web 服务器的证书链后，如果客户端没有检测到公钥证书不属于预期的 Web 服务器的名称，那么恶意 Web 服务器将成功地与客户端建立一个受 TLS 保护的信道。这便是实体身份认证失败的例子，因为客户端成功地创建了一个 TLS 会话，但是并没有与它预期的正确的服务器进行连接。这种失败经常被钓鱼攻击利用。注意，这不是握手协议的失败，而是支持该协议的外部过程的失败。在这种情况下，客户端无法足够严格地执行协议操作（验证服务器的证书链）。

（2）实现失败

因为 TLS 是一个任何人都可以使用的、可在不同的平台上被不同应用使用的开放协议，它更容易受到实现失败的影响。即使正确地遵循协议规范，如果支持组件是弱组件（例如，如果使用弱随机源生成密钥），它也可能失败。

（3）密钥管理的失败

正如 12.1.6 节中所讨论的，如果客户端或服务器对其加密密钥管理不当，则协议可能会遭受破坏。

（4）使用失败

TLS 的知名度如此之高，导致它面临使用不当的风险。另一种可能是，它虽然被正确地使用，但是它的安全性被高估了，因为人们错误地认为 TLS 可以保证安全性万无一失。后者的经典例子就是 TLS 的默认应用，用它保护客户端 Web 浏览器和在线商店的 Web 服务器之间的连接。这些商店通常声称它们通过使用 TLS 提供“完全安全”的服务。然而，在 Web 服务器获取用户的支付卡的详细信息之后，这并不能保证用户信息的任何安全性。毕竟，由于使用了 TLS，罪犯很大程度上会侵入后台数据库获取信用卡信息，而不是大规模监控网络流量。

12.1.8 TLS 设计的考虑事项

在讨论了密码学在 TLS 中的使用之后，我们最后来讨论一些设计上的考虑，这些考虑或多或少影响了 TLS 的密码学选择。

1）**对公开的密码算法的支持**：由于 TLS 是一个面向大规模公共使用的开放标准，因此支持公共的已知算法是非常重要的。这有助于增强人们对 TLS 协议的信心。

2）**灵活性**：对于可用于实现它的组件，TLS 是很灵活的。它提供了一系列可选的密码套件以支持跨平台使用。由于 TLS 面对着广泛的应用环境，因此它在使用方式上也很灵活

（例如，提供单向或相互的实体身份认证）。但是，请注意，TLS 1.3 限制了密码套件选择并增加了更多强制性安全服务，从而降低了这种灵活性。我们可以认为 TLS 1.3 是通过降低灵活性来增强安全性。

3）**公钥操作的限制**：大多数加密计算都使用对称加密，限制了公钥操作。

4）**改进的意愿**：TLS 的设计者对采用新方法来设计协议持包容的态度。TLS 1.3 的开发基于广泛的探讨，并采用了新的安全机制，这些安全机制在形式化的安全模型中证明是安全的。

5）**支持早期系统的约束**：TLS 明确表示会支持早期系统。TLS 1.3 是一个在原版本基础上做了大量改进的优秀设计，然而在可预见的未来，TLS 还是需要支持原来的版本，因为 TLS 1.3 的采用是一个循序渐进的过程。

12.2　无线局域网中的密码学

无线网络的安全极为重要，因为这些网络特别容易受到某些类型的外部攻击。无线网络安全最有趣的一个方面，是一些无线网络安全标准在制定时所犯的密码设计错误。在本节中，我们将以无线局域网为例，讨论其底层密码设计中出现的问题。

12.2.1　无线局域网的背景

许多计算机用户已经习惯了使用物理线路在不同设备之间通信时所提供的固有网络安全性。尽管有决心的攻击者可以攻击有线通信，但这时他们要对线路本身进行物理访问。因此，许多对有线网络的攻击往往集中在线路两端的机器上。例如，在一台机器上安装恶意软件，从而监控这台机器在网络上发送和接收的流量。

无线通信的出现带来了许多好处，其中最重要的好处应该是方便。在办公室或家里可以很容易地建立一个网络，而不需要安装乱七八糟的网线。此外，也可以在曾经难以安装的地方建立网络，如火车站、餐馆和会议场所。

然而，没有了物理线路提供的安全性，无线网络更容易受到攻击。没有内置的安全性，通过无线网络交换的信息可以被任何人监视（并可能被修改），只要他们的位置足够接近网络。例如，有线家庭网络仅限能够进入大楼并实际访问机器或线路的人才能访问。相比之下，位于大楼外的人也可以访问无线网络。

通常，部署在办公室或家庭设备之间的无线网络称为*无线局域网*（Wireless Local Area Network，WLAN）。WLAN 通信的国际标准由电气和电子工程师协会（IEEE）负责，统称为 IEEE 802.11。IEEE 802.11 标准的最初版本是在 1997 年发布的，并从那时起经历了很多修改。一些经过认证符合 IEEE 802.11 标准的设备被标记为 Wi-Fi，这标记着它们具有互操作性。

一个简单的 WLAN 架构如图 12-3 所示。*无线接入点*（Wireless Access Point）是作为无线网络和有线网络（例如，从家庭到因特网连接的有线网络）之间桥梁的一种硬件。接入点由无线电、有线网络接口和桥接软件组成。**设备**（device）是任何具有无线网络接口卡的计算机（例如，台式机、PC、笔记本电脑或移动电话），它可以通过无线网络进行通信。WLAN 可能包含许多设备，这些设备都与一个接入点通信，也可能有多个不同的接入点。

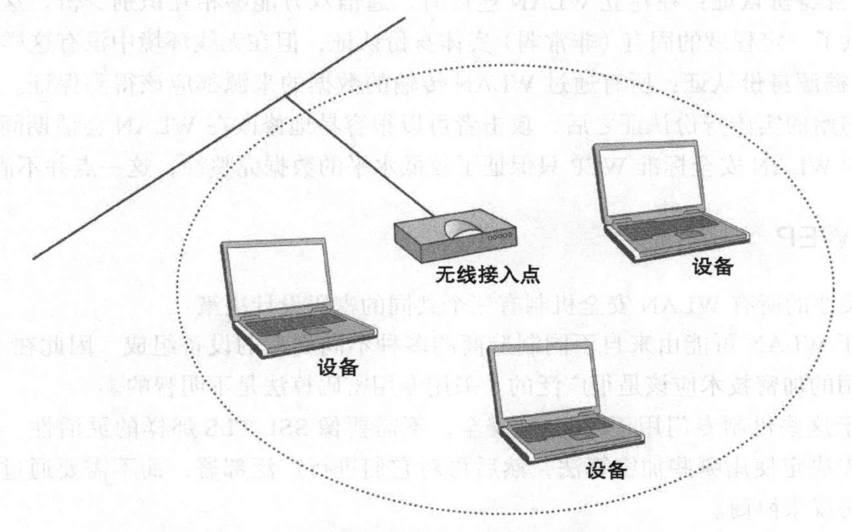

图 12-3 简单的 WLAN 架构

最初的 802.11 标准定义了**有线等效保密**（Wired Equivalent Privacy，WEP）机制来保护 WLAN 通信。WEP 的设计目标是在数据链路层保证安全性，这意味着它在一个类似于有线网络中的物理连接的虚拟网络层上运行。然而，正如我们即将讨论的，WEP 采用的密码技术存在许多严重的问题。2002 年提出了一种改进的安全机制，即 **Wi-Fi 保护访问**（Wi-Fi Protected Access，WPA）。这是一个临时的解决方案，用于提高安全性的同时还能够在原有硬件上运行。与此同时，也对底层加密组件进行重新设计。WPA2 于 2004 年完成，并作为 IEEE 802.11i 标准的一部分发布。我们将讨论这些保护 WLAN 的机制，因为它们不仅是密码技术有趣而重要的应用，它们的开发过程还为我们提供了一些有价值的密码设计经验。

12.2.2 无线局域网的安全需求

对 WLAN 的安全需求是应该具备**与有线网络强度相似的安全性**（as secure as a wired network）。这个概念相当模糊，因为这两种类型的网络非常不同，而且这两种安全的等价性无法精确地建立或度量。但是，这个概念是很有用的，因为它提供了一个安全目标，这个目标可以影响某些设计决策。例如，WLAN 的安全机制不涉及对拒绝服务攻击的防护，因为有线网络本身无法对这类攻击提供防护。回到我们的家庭网络场景，如果外部攻击者位于具有有线家庭网络的建筑物的外部，那么他可能会切断建筑物通信线路或供电线。在

12.3 节中，我们将看到移动通信安全需求的范围由类似的安全概念来定义。

考虑到上述范围问题，WLAN 的安全需求如下。

1）**机密性**：通过 WLAN 传输的数据应保证机密性。正如我们前面提到的，窃听有线网络仅需下一点功夫就可以，所以对无线网络也应该提供适当的保护。

2）**相互身份认证**：在建立 WLAN 连接时，通信双方能够相互识别身份。这是由于物理线路提供了一定程度的固有（非常弱）实体身份认证，但在无线环境中没有这样的保证。

3）**数据源身份认证**：所有通过 WLAN 传输的数据的来源都应该得到保证。这是因为在进行了初始的实体身份认证之后，攻击者可以很容易地修改在 WLAN 会话期间传输的数据。最初的 WLAN 安全标准 WEP 只保证了较低水平的数据完整性，这一点并不满足要求。

12.2.3 WEP

我们关注的所有 WLAN 安全机制有三个共同的密码设计决策：

- 由于 WLAN 可能由来自不同制造商的多种不同类型的设备组成，因此在 WLAN 中使用的加密技术应该是很广泛的。采用专用密码算法是不明智的。
- 由于这些机制专门用于 WLAN 安全，不需要像 SSL/TLS 那样的灵活性，因此可以事先决定使用哪些加密算法，然后再对它们进行广泛部署，而不需要通过昂贵的握手协议来协商。
- 由于速度和效率很重要，而且 WLAN 通常连接到某种固定的基础设施，因此对称密码技术是比较常用的选择。

然而，每种机制的密码细节都有很大的不同。我们从 WEP 的原始提议开始，它使用了以下内容：

1）用于加密的流密码 RC4。流密码是一种合理的选择，因为无线通信信道容易出错（参见 4.2.4 节）。在当时选择 RC4 是合理的，因为它在其他应用中得到了重视和广泛的部署（尽管 RC4 最初是一个专有的流密码，但在 WEP 设计之时它的细节已经公开）。如今 RC4 的安全性已经不能满足现代应用的需要，所以在今天，它不再是个好的选择。

2）一个用于保护数据完整性的简单的 CRC 校验和。这种类型的校验和类似于使用哈希函数来提供数据完整性（参见 6.2.2 节），其问题在于，攻击者可以修改数据，对修改后的数据重新计算正确的 CRC 校验和。因此，这个校验和只能用于检测对数据的意外更改。

3）一个简单的挑战响应协议，以提供实体身份认证。

1. WEP 中的机密性和完整性机制

在很多方面，WEP 的密码设计都非常简陋。现在，我们将更详细地研究它保证数据机密性和完整性的机制，以便说明一些设计错误。

第一个 WEP 设计决策是在每个 WLAN 中使用一个*共享的固定对称密钥*。当使用 WEP 来确保安全的 WLAN 通信时，所有设备都使用这一个密钥服务于不同的目的。这几乎消除了所有有关密钥建立的问题。然而，这也带来了相当大的安全风险。特别是，如果其中一台设备被攻破，那么攻击者可能会获取这个密钥，从而导致整个网络都被攻破。WEP 的原始版本只使用 40 位的密钥，后来才修改为使用更长的密钥。

正如 4.2.4 节所讨论的，使用流密码（如 RC4）的一个问题是需要同步，特别是在有噪声的信道（如无线信道）中。因此，WEP 需要对每个数据包单独加密，使得数据包的丢失不会影响正在发送的其他数据。这带来了一个新问题。在 4.2.2 节中，我们讨论了重复使用密钥流给多个明文加密的负面后果。因此，WEP 需要一种机制来确保数据包不会重用相同的密钥流。

在 WEP 中，这个问题的解决方案是引入初始化向量（IV），就像分组密码的几种操作模式中使用的 IV（参见 4.6 节）一样，每次使用 WEP 密钥加密数据包时，初始化向量都会发生变化。然而，RC4 无法轻易将 IV 合并到加密过程中，因此 WEP 直接将密钥附加到 IV 后面。通过这种方式，WEP 定义了“单位包”密钥，它由 24 位 IV 和附加到其后的 WEP 密钥组成。

如果 Alice 希望用 WEP 的共享固定密钥 K 与 Bob 建立一个安全的 WLAN 连接，则要发送的每个数据包的加密过程如图 12-4 所示。

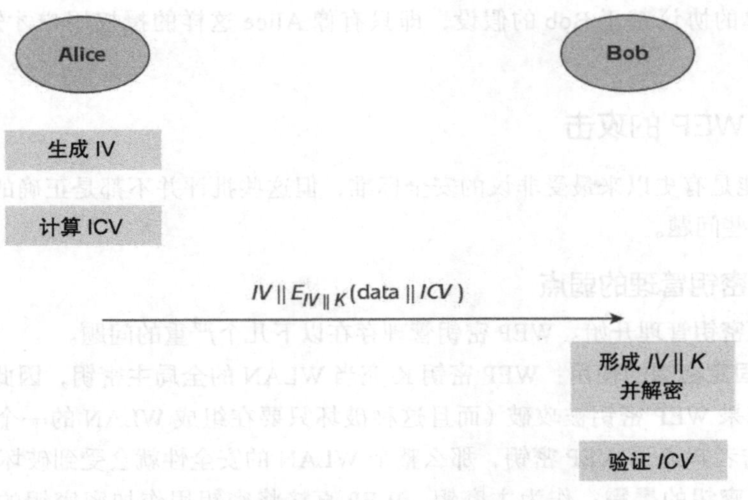

图 12-4　WEP 加密过程

对于 Alice：

1）生成一个 24 位伪随机初始化向量 IV，并将 WEP 密钥 K 附加在 IV 后形成以下密钥：

$$K' = IV \| K$$

2）计算数据的 32 位 CRC 校验和 ICV，并将其附加到数据中。

3）使用密钥 K' 加密数据和 ICV。

4）向 Bob 发送 IV（明文）和生成的密文。

对于 Bob：

1）将 WEP 密钥 K 附加到所接收的 IV 之后形成密钥 K'。

2）使用 K' 解密密文并提取校验和 ICV。

3）验证校验和 ICV 是否正确。

如果 ICV 的验证成功，那么 Bob 接受数据包。

2. WEP 中的实体身份认证

WEP 实体身份认证技术非常简单。它基于挑战 – 响应原则，与 8.5 节中讨论过的动态密码相同，并在 9.4 节中分析的几个协议中使用。如果 Alice（设备）想向 Bob（无线接入点）表明自己的身份，那么步骤如下：

1）Alice 向 Bob 发送一个身份认证请求。

2）Bob 向 Alice 发送一个 nonce r_B。

3）Alice 使用 WEP 加密来加密 r_B（从我们上面对 WEP 加密过程的解释可以看出，这还涉及 Alice 生成用于“扩展”WEP 密钥的 IV）。

4）Alice 将 IV 和产生的密文发送给 Bob。

5）Bob 解密密文，并检查它的解密值是否为 r_B。如果是，他就通过了 Alice 的身份认证。

这个简单的协议基于 Bob 的假设，即只有像 Alice 这样的授权用户才知道 WEP 的密钥 K。

12.2.4 对 WEP 的攻击

WEP 可能是有史以来最受非议的安全标准，但这些批评并不都是正确的！我们将简要回顾其中的一些问题。

1. WEP 密钥管理的弱点

我们将从密钥管理开始。WEP 密钥管理存在以下几个严重的问题。

1）**共享固定密钥的使用**：WEP 密钥 K 充当 WLAN 的全局主密钥，因此，它是一个单一故障点。如果 WEP 密钥被攻破（而且这种破坏只要在组成 WLAN 的一个实体上出现就足够了），攻击者知道了 WEP 密钥，那么整个 WLAN 的安全性就会受到破坏。

2）**WEP 密钥的暴露**：作为主密钥，WEP 直接将密钥用作加密密钥的一部分，导致它不必要地被“暴露”（参见 10.4.1 节）。每次尝试进行身份认证时，它也以同样的方式被暴露。

3）**没有密钥分离**：WEP 将密钥用于多种用途，违反了密钥分离原则（参见 10.6.1 节）。

4）**密钥长度**：虽然 WEP 允许 WEP 有多种密钥长度，但是最小的 RC4 密钥长度是 40 位，这对于目前的穷举密钥攻击来说太短了，无法保证安全。更有问题的是，许多 WEP 的实现允许用口令生成 WEP 密钥，如果口令不够长，就会减少攻击者需要搜索的有效密钥空间。

2. WEP 实体身份认证的弱点

现在我们来看看与实体身份认证机制有关的攻击。

1）**恶意的无线接入点**：WEP 只提供从设备（Alice）到无线接入点（Bob）的单向实体身份认证。这意味着攻击者可以设置一个恶意接入点，并让 Alice 对其进行身份认证，而 Alice 无法意识到她不是与真正的接入点对话。

2）**会话密钥的缺失**：WEP 在实体身份认证期间不建立会话密钥来保护稍后的通信会话。因此，WEP 实体身份认证只在执行时即时有效。因此，WEP 可能会受到劫持通信会话的影响，如 8.3.1 节所述。

3）**密钥流重放攻击**：另一个严重的问题是 WEP 对身份认证过程的重放攻击缺乏保护。攻击者通过观察 Alice 对 Bob 进行的身份认证能够捕获明文（挑战 r_B 及其 CRC 校验和）和生成的密文（加密的响应）。由于 WEP 使用的流密码 RC4，攻击者可以通过对明文异或获得密文来恢复密钥流（见 4.2.1 节）。我们用 $KS(IV \| K)$ 来表示这个密钥流，因为它是 RC4 使用加密密钥 $IV \| K$ 生成的密钥流。请注意，这还算不上一种"攻击"，因为 1.5.1 节中的标准假设规定，好的流密码应能防御这种知道对应的明文 / 密文对，并可以从此知识中恢复密钥流的攻击者。然而，这依赖于密钥流不以可预测的方式重用（参见 4.2.2 节）。这就是 WEP 失败的地方，因为攻击者可以通过伪装对 Bob 进行身份认证（如图 12-5 所示）。

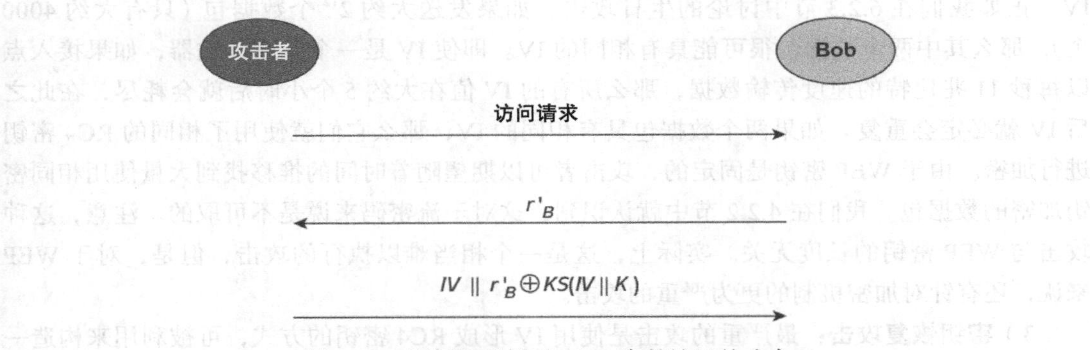

图 12-5　密钥流重播对 WEP 身份认证的攻击

①攻击者请求对 Bob 进行身份认证。

② Bob 向攻击者发送一个 nonce r_B'（假设 Bob 正确地生成了他的 nonce，几乎不可能出现 $r_B' = r_B$）。

③攻击者为 r_B' 计算 CRC 校验和 ICV。然后，攻击者使用密钥流 $KS(IV \| K)$ 对 $r_B' \| ICV$ 进行异或加密，请注意：

- 攻击者不知道 WEP 密钥 K，但是知道这一部分密钥流。
- 为了符合 WEP 加密，攻击者首先将 Alice 的身份认证会话中观察到的 IV 发送给 Bob。

④ Bob 解密密文，这会恢复 r_B'，在这种情况下，Bob 接受了攻击者。

这种攻击之所以有效，是因为 WEP 允许攻击者“强制” Bob 使用与 Alice 在身份认证会话中相同的 IV，从而使用相同的加密密钥 $IV \| K$，以便验证前一个密钥流的使用。当然，在对接入点进行身份认证之后，攻击者不能做更多的事情，因为攻击者仍然不知道 WEP 密钥 K，因此无法执行有效的加密和解密。尽管如此，身份认证过程还是受到了攻击。实际上，更一般地说，在挑战 - 响应协议中使用流密码是不明智的（参见第 8 章结尾的相关内容）。

3. WEP 机密性和完整性的弱点

我们现在发现了一些对 WEP 的机密性和完整性机制的攻击。这些攻击甚至可以向攻击者揭示 WEP 密钥。

1）**CRC 操纵攻击**：这种攻击利用了这样一个事实：用于保护数据完整性的 CRC 校验和不是一种密码学原语，而是一个高度线性的函数。这意味着校验和输出（ICV）的一些变化可以用来反推基础数据包的变化。因此，攻击者可以操纵加密的 ICV，然后监控接收方的行为（接受或拒绝数据包），从而推断基础数据包的信息。这样，攻击者很可能在不知道 WEP 密钥的情况下恢复未知的数据包。

2）**在 IV 上的生日攻击**：WEP 中 IV 的长度只有 24 位，这意味着共有 2^{24} 种不同的 IV。正如我们在 6.2.3 节中讨论的生日攻击，如果发送大约 2^{12} 个数据包（只有大约 4000 个），那么其中两个数据包很可能具有相同的 IV。即使 IV 是一个升序计数器，如果接入点以每秒 11 兆比特的速度传输数据，那么所有的 IV 值在大约 5 个小时后就会耗尽，在此之后 IV 就必定会重复。如果两个数据包具有相同的 IV，那么它们就使用了相同的 RC4 密钥进行加密。由于 WEP 密钥是固定的，攻击者可以期望随着时间的推移找到大量使用相同密钥加密的数据包。我们在 4.2.2 节中就认识到，这对于流密码来说是不可取的。注意，这种攻击与 WEP 密钥的长度无关。实际上，这是一个相当难以执行的攻击，但是，对于 WEP 来说，还有针对加密机制的更为严重的攻击。

3）**密钥恢复攻击**：最严重的攻击是使用 IV 形成 RC4 密钥的方式，可被利用来构造一种绝佳的统计攻击。到 2010 年，这种攻击已经优化到这样的程度：在观察不到 10 000 个数据包后就可大概率恢复出 WEP 密钥。由于 WEP 密钥是固定的，这是一个致命的缺陷。虽然这种攻击并不明显，但是很容易使用普通的工具实施。

4. WEP 的设计缺陷

WEP 设计者最初的目标令人钦佩，希望提供足够的安全性而不是过度的安全性，以保证 WLAN 既安全又高效。为了做到这一点，他们试图做到效率和安全之间的平衡。很明显，他们没有成功，并以高效的名义牺牲了太多的安全性。

然而，WEP 密码设计的一些问题其实并不是来自效率和安全的权衡，而是来自对问题的根本性的误解。

1）**糟糕的密钥管理**：决定在受 WEP 保护的 WLAN 中使用一个共享的固定密钥来完成所有 WEP 安全服务，是非常危险的。我们刚刚看到，WEP 加密密钥可以通过大量的数据包恢复。这样的攻击对于任何密码系统都是非常严重的，即使它定期更换密钥。对于固定密钥的 WEP 来说，这种攻击的结果是灾难性的。

2）**未能支持有效的密钥长度**：在 WEP 中，形成 RC4 加密密钥的方式造成了人们认为密钥长度能保证安全的错误感觉。即使 WEP 密钥的长度相当可观，每次执行加密操作时 RC4 加密密钥的变化也只有 24 位。这就导致了一些问题，比如对 IV 的*生日攻击*（birthday attack）。

3）**缺乏合适的密码学的数据源身份认证机制**：数据完整性机制选择不当会导致利用 CRC 校验和可被操作这个事实的攻击。应使用适当的密码学原语提供数据源身份认证。鉴于 WEP 依赖于对称加密，因此“正确”的工具应该是 MAC。

4）**密码算法的使用不合标准**：WEP 提供了一个很好的例子，说明了以标准的方式使用密码算法很重要，而不能胡乱修改它们。上面提到的*密钥恢复攻击*并不是针对 RC4 的攻击。这是对 RC4 在 WEP 中没有以标准方式使用这一事实的攻击。相反，生成 RC4 加密密钥所使用的技术是专为 WEP 而发明的，但这种技术并没有经过密码学专家的充分分析。WEP 的这种技术被强大的密钥恢复攻击选为目标，这表明即使密码算法的使用方式发生很小的变化，也会导致密码机制变得不安全。

5）**弱的实体身份认证机制**：正如我们所讨论的，WEP 实体身份认证机制可以被几种不同的方式加以攻击。在这种机制中使用流密码是非常不合适的。

因此，WEP 给了我们大量有价值的密码设计教训，其中许多具有广泛的影响。

12.2.5　WPA 和 WPA2

现在我们看看 WPA 和 WPA2 是如何克服 WEP 的诸多问题的。

1. 相互实体身份认证和密钥建立

为了避免与使用共享的固定 WEP 密钥有关的所有问题，他们使用了密钥分级结构（参见 10.4.1 节）。该密钥分级结构中的顶层密钥称为*成对主密钥*（Pairwise Master Key，PMK），它是在一个设备和一个无线接入点之间共享的密钥。有两种方法可以建立这个 PMK：

1）在一个设备和中央身份认证服务器之间运行 AKE 协议期间。WPA 和 WPA2 都支持使用中央身份认证服务器，从而以可扩展的方式提供身份认证，并且根据应用环境的需要进行定制。*可扩展身份认证协议*（Extensible Authentication Protocol，EAP）支持广泛的身份认证技术，它是实体身份认证机制的一个组件，包括使用 SSL/TLS（见 12.1 节）保证与身份认证服务器的连接安全的方法。

2）作为*预备共享密钥*（Pre-Shared Key）直接编写到设备和无线接入点。这最适合于小型网络。生成 PMK 最常见的方法是从口令派生。任何需要访问 WLAN 的用户都必须知道这个口令。购买了无线路由器的家庭用户可以从制造商或服务提供商处获得（弱的）默认口令。在第一次安装时将其更改为不可预测的口令尤为重要。

注意，即使一个设备已成功地通过中央身份认证服务器进行了身份认证，并且该服务器已将 PMK 传递到无线接入点，设备仍然需要对接入点进行身份认证。不管 PMK 是如何建立的，它都是设备和接入点之间的实体身份认证过程的基础。主密钥 PMK 还使用 AKE 协议派生会话密钥，该协议在 Alice（设备）和 Bob（无线接入点）之间的运行过程如图 12-6 所示。

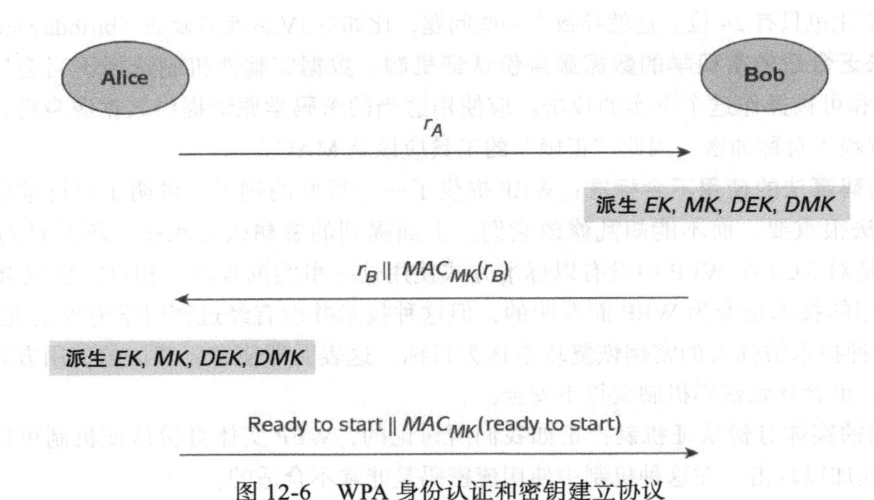

图 12-6　WPA 身份认证和密钥建立协议

1）Alice 生成一个 nonce r_A，并将 r_A 发送给 Bob。

2）Bob 生成一个 nonce r_B，然后 Bob 使用 r_A、r_B 和 PMK 派生出以下四个 128 位会话密钥：

- 加密密钥 *EK*。
- 一个 MAC 密钥 *MK*。
- 一个数据加密密钥 *DEK*。
- 一个数据 MAC 密钥 *DMK*。

3）Bob 将 r_B 发送给 Alice，并用 MAC 的密钥 *MK* 计算 r_B 的 MAC。

4）Alice 使用 r_A、r_B 和 *PMK* 派生四个会话密钥，然后检查刚刚从 Bob 那里收到的 MAC。

5）Alice 向 Bob 发送一条消息（ready to start），说明她准备开始加密。她使用 MAC 的密钥 *MK* 计算这条消息的 MAC。

6）Bob 验证 MAC 并向 Alice 发送一个确认。

在这个协议的最后，Alice 和 Bob 都实现了相互的身份认证，因为他们都通过 *PMK* 派生的 *MK* 成功地计算 MAC 来证明知道 *PMK*。（严格地说，Bob 只能确保 Alice 是 WLAN 的授权用户之一，因为可能有多个用户与 Bob 共享 *PMK*。）此外，Alice 和 Bob 已经就四个会话密钥达成了一致。其中的两个——DEK 和 DMK，将在接下来的会话中保护 Alice 和 Bob 之间交换的数据（第四个密钥 EK 用于组密钥管理，我们在这里不加以讨论）。

2. WPA 中的机密性和数据源身份认证

WPA 和 WPA2 的不同之处在于它们为设备和无线接入点之间的通信会话提供不同的交换数据保护方式。其实，WPA 是作为 WEP 的临时“补丁”而设计的，而 WPA2 是一个全新的设计。

虽然 WPA 仍然使用 RC4，但它在设计方面有几个改进：

- RC4 加密密钥是通过混合 DEK 和 IV 创建的，而不是像在 WEP 中那样进行拼接。此外，通过对发送的每个包进行这样的混合，可以派生出一个单独的加密密钥。这些简单的更改足以防止对 WEP 的一些攻击。
- 数据源身份认证使用的是 MAC，而不是 WEP 中易于被操纵的 CRC 校验和。推荐的 MAC 是一种专门为 WPA 定制设计的轻量级机制，名为 Michael。

虽然这些都是对 WEP 的明显改进，也是由密码学专家精心设计的，但它们仍然不是常规的密码学原语。

3. WPA2 中的机密性和数据源身份认证

WPA2 经过了全新设计，并使用了标准的加密机制。特别是，WPA2 采用 AES 代替 RC4 作为底层加密算法。

WPA2 将 AES 部署在被称为具有 CBC-MAC 的计数器模式协议（CCMP）中，在一种机制中同时实现机密性和数据源身份认证。CCMP 是基于 6.3.6 节讨论的分组密码的 CCM 操作模式。如 6.3.6 节所示，这避免了使用不同的机制提供这些服务。CCMP 有相应的机制为每类 CCM 加密分别派生新密钥。注意，如果使用 CCMP，那么 WPA2 在 AKE 协议期间只需要派生一个数据密钥，而不是分别派生密钥 DEK 和 DMK。

12.2.6 无线局域网的安全问题

也许 WLAN 安全最有趣的方面在于，一些问题是由于密码机制设计中的错误而引起的，这种情况并不常见。正如我们反复观察到的，漏洞一般出现在其他地方，比如在实现过程中或密钥管理期间（参见 3.2.4 节）。然而，WPA2 似乎解决了之前所有的问题，并提供了良好的密码保护。到目前为止，还没发现对 WPA 或 WPA2 中使用的密码技术进行的严重攻击。

WPA2 安全最脆弱的方面仍然是在小型（家庭）网络中依赖弱口令或密码短语进行 PMK 派生。这是一个非常重要的问题，因为所有后续的会话密钥都是从这个预共享密钥派生而来的，而相互的实体身份认证过程依赖于 PMK，只有授权的设备和无线接入点知道它。如果使用这种类型的密钥派生，那么口令和密码短语的所有潜在问题（如 8.4.1 节中讨论的那些）都存在于 WPA2 安全中。还有一个潜在的风险是家庭用户可能使用设备附带的默认密钥，而不是建立自己的密钥。

12.2.7　无线局域网设计的考虑事项

有关无线局域网安全密码设计的主要考虑事项如下。

1）**对称加密的使用**：这是一个明智的决定，WLAN 在网络设备之间的传输流量很大，因此加密的速度非常重要。对于小型网络，例如家庭网络，密钥的建立非常简单。规模较大的企业 WLAN 可以选择使用公钥机制作为设备和中央身份认证服务器之间初始身份认证的一部分，但是 WPA2 的核心安全协议 CCMP 只使用对称加密。

2）**公认的密码机制的使用**：WEP 没有遵守这一点。因为在 WEP 中，密码设计是专有的，而 WEP 采用非常规机制的愚蠢行为为我们提供了深刻的教训。相比之下，WPA2 采用了更为广泛接受的加密机制。

3）**适当的灵活性**：虽然 WLAN 可以部署在不同的环境中，但它们不需要与开放性的应用（如 SSL/TLS）具有相同的密码灵活性。因此，在适当的情况下“锁定”加密机制是很有必要的。WPA2 在机密性和数据源身份认证服务方面是这么做的。然而，WPA2 意识到在不同的环境中很可能需要不同的方法来识别网络用户，因此它允许选择初始实体身份认证机制（在设备和集中式身份认证服务器之间）的灵活性。

4）**满足升级的潜在需求**：当 WEP 的缺陷出现时，使用如此广泛的技术显然难以升级，任何对 WLAN 安全机制的重新设计都无法快速投入使用。因此，基于现有的加密机制设计“补丁”，让它具备足够好的安全性是十分必要的。这个“补丁”方案是基于 RC4 的 WPA。全新设计则是基于 AES 的 WPA2。

12.3　移动电信中的密码学

我们现在来看一个非常不同的密码学应用，我们大多数人几乎每天都在使用它。它与前面两个应用的不同之处在于操作环境的性质。提供移动电信服务的公司已就一些特定的业务标准达成协议，以便让它们的服务互相兼容。因此，它们共同代表了一种封闭的环境，而这种环境分布在大量不同的组织中。我们将看到，这影响了一些密码设计决策。

12.3.1　移动电信的背景

在 12.2.1 节中，我们注意到有线计算机网络提供了一种固有的物理安全保护。有线电信网络也是如此。因此，与 WLAN 一样，移动电信的出现也带来了一系列传统有线通信网络所没有的新威胁。

第一批移动电话系统的设计者们并没有意识到这些问题。他们使用模拟信号并且没有妥善的保护措施。手机将序列号以明文发送出去，极易被克隆。攻击者可以使用克隆的电话假冒真正的用户，从而直接达到窃听电话的目的。

显然，所有有关人员都不能接受这种情况。这引起了手机用户对隐私的担忧，同时也给手机克隆事件的后续处理带来了相当大的不便。更重要的是，由于欺诈事件，移动电信运营商会面临收入和声誉的损失。

从模拟通信到数字通信的转变给使用密码技术提供安全性带来了机会。为此，欧洲电信标准协会（European Telecommunications Standards Institute，ETSI）开发的全球移动通信系统（Global System for Mobile Communication，GSM）标准为移动通信提供安全保障。我们将详细讨论 GSM 安全的密码学方面。3G 手机的特点是数据传输速率更高、服务范围更丰富。我们将简要讨论 3G 手机 GSM 后继的产品——通用移动电信系统（Universal Mobile Telecommunications System，UMTS）所增强的安全性。4G 移动通信进一步提升了数据速率。我们将关注面向 4G 的 UMTS 的后继产品（即长期演进（Long Term Evolution，LTE））的加密支持的主要研发进展。

移动电信网络的基本架构如图 12-7 所示。网络被划分成大量的地理单元，每个地理单元由一个基站（base station）控制。移动电话首先和距离最近的基站连接，基站将通信指向移动电话用户的家庭网络或其他网络，以便传输呼叫数据。

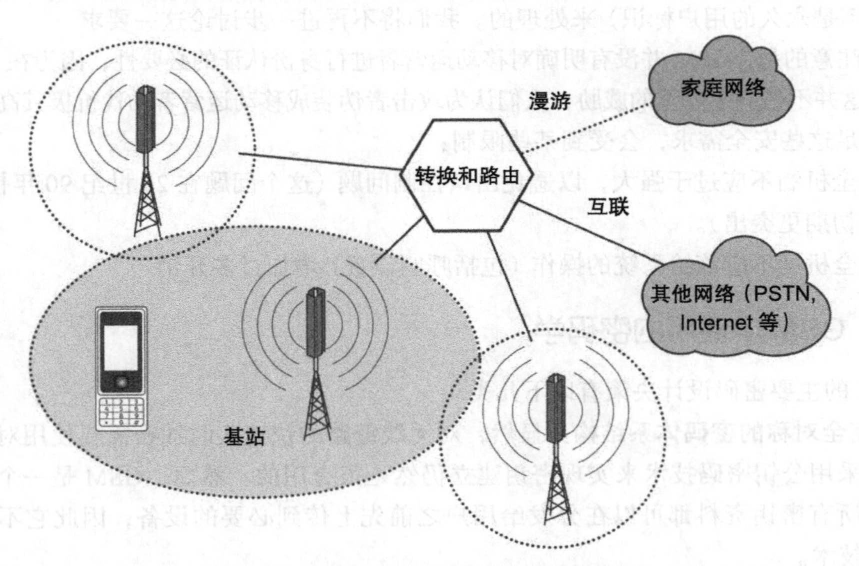

图 12-7 移动通信网络的基本架构

12.3.2 GSM 的安全需求

GSM 安全机制背后的主要驱动力之一是保护收益。移动通信是一项大业务，移动运营商为他们使用的频段支付了大量的费用。对于移动运营商来说，对真正使用过服务的客户收费是非常必要的。然而，由于移动通信是一项业务，GSM 提供的安全必须是具有性价比，并且是非常必要的。

GSM的总体设计方针是，最后使用的系统应该与公共交换电话网（Public Switched Telephone Network，PSTN）一样安全。这与12.2.2节中讨论的开发WLAN的安全指导思想非常相似。有传言称，GSM的设计初衷并不是提供端到端的安全（即从源头到目的地的整个路径的安全），因为政府想要保持对PSTN具有一定程度的拦截访问权（见第14章），从而导致了以下特定的安全需求。

1）**用户的身份认证**：移动运营商需要对连接到其服务的用户的身份提供强力的保证以减少欺诈。这个问题在传统电话网络中处理起来要简单得多，因为用户需要对电话线的一端进行物理访问才能使用这些服务。

2）**无线电路径的机密性**：简单地说，移动连接通过手机和基站之间的空气介质（*无线电路径*）传播，然后通过交换中心进入传统的PSTN（参见图12-7）。因此，为了提供与PSTN对等的安全性，GSM需要为无线电路径提供额外的安全性。由于此路径很容易被任何拥有可用接收器的人拦截，因此有必要对此无线电路径提供机密性保护。

3）**无线电路径上的匿名性**：GSM在无线电路径上提供了一定程度的匿名性（用户身份的机密性），以防止攻击者拦截并匹配多个呼叫源。这是通过给每通电话使用临时的用户标识（而不是永久的用户标识）来处理的。我们将不再进一步讨论这一要求。

值得注意的是，GSM并没有明确对移动运营者进行身份认证的必要性，因为在GSM起步的时候，这并不是一个严重的威胁，人们认为攻击者伪装成移动运营者的代价极其高昂。

要满足这些安全需求，会受到某些限制：

- 安全机制不应过于强大，以避免出口控制问题（这个问题在20世纪90年代GSM发展初期更突出）。
- 安全机制不应该给系统的操作（包括呼叫设置）增加过多开销。

12.3.3　GSM中使用的密码学

GSM的主要密码设计决策有以下几类。

1）**完全对称的密码体系结构**：显然，对无线链路的快速实时加密需要使用对称密码技术，但是采用公钥密码技术来实现密钥建立仍然是很有用的。然而，GSM是一个完全封闭的系统。所有密钥资料都可以在分发给用户之前先上传到必要的设备，因此它不需要使用公钥密码技术。

2）**用于数据加密的流密码**：正如4.2.4节讨论的，在可能存在噪声的通信信道上进行快速实时加密意味着流密码是最合适的原语。

3）**固定加密算法**：移动运营商有必要就使用哪种加密算法达成一致，以便使它们操作的设备可以彼此兼容。然而，其他加密算法（如那些用于GSM认证的）则不需要固定。在身份认证时，每个移动运营商可以自由地选择其加密算法来对自己的用户进行身份认证（其他移动运营商的用户不会直接受到此决策的影响）。

4）**专有加密算法**：GSM的设计者选择开发一些专有的加密算法，而不是使用开放标准。我们在 1.5.3 节中讨论了这种选择的优缺点。虽然在许多应用中使用专有算法并不明智，但在 GSM 的场景下，至少有三个因素让我们倾向于应用这个选择：

- GSM 是一个封闭的系统，因此采用专用算法是可行的。
- ETSI 拥有一定程度的密码专业知识，并与开放研究社区保持联系。
- 对快速实时加密的需求意味着，一种在手机硬件上显式运行的算法可能比“现成”的算法性能更好。

GSM 安全涉及的基本组件是用户识别模块（Subscriber Identification Module，SIM）卡，它是插入用户手机中的智能卡（见 8.3.3 节）。这张 SIM 卡包含了区分不同用户账户的所有信息。因此，用户只需移除 SIM 卡并将其插入新手机，就可能改变手机设备。SIM 卡包含两个特别重要的信息：

1）国际移动用户标识（International Mobile Subscriber Identity，IMSI），它是将用户映射到特定电话号码的唯一编码。

2）一个唯一的 128 位加密密钥 K_i，由移动运营商随机生成。

在将 SIM 卡发给用户之前，移动运营商将这两段数据写入 SIM 卡。密钥 K_i 是与用户相关的所有加密服务的基础。SIM 卡还包含这些服务所需的一些加密算法的实现。

1. GSM 的身份认证

GSM 中用户的实体身份认证使用的是挑战 - 响应协议，与 8.5 节中讨论的动态口令方案类似。这是作为 AKE 协议的一部分实现的，它还为后续的数据加密生成密钥 K_C。GSM 没有规定哪些加密算法应该作为这个 AKE 协议的一部分，但它确实推荐了一个候选算法，并定义了算法的使用方式。

如图 12-8 所示，挑战 - 响应协议使用算法 A3，并使用算法 A8 生成加密密钥 K_C。移动运营商可以分别选择这两种算法，并在 SIM 卡和运营商网络中实现。A3 和 A8 都可以被视为一种密钥派生函数，因为它们的主要目的是使用 K_i 生成伪随机值。

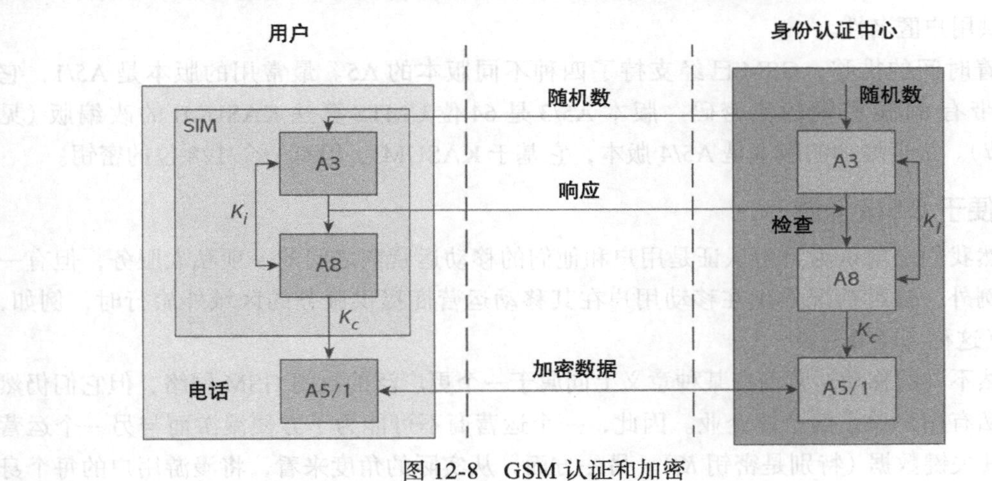

图 12-8 GSM 认证和加密

在下面的内容中，我们使用符号 $A3_K(data)$ 来表示使用密钥 K 对输入数据 *data* 进行 A3 算法计算后的结果（符号 $A8_K(data)$ 的解释类似）。为了 Alice（移动设备）能够直接向 Bob（移动运营商的认证中心）进行身份认证，GSM AKE 协议如下：

1）Alice 向 Bob 发送身份认证请求。

2）Bob 生成一个 128 位随机生成的挑战数 RAND 并将其发送给 Alice。

3）Alice 的 SIM 卡使用算法 A3，通过 K_i 和 RAND 计算响应 *RES*：

$$RES = A3_{K_i}(RAND)$$

响应 *RES* 被发送给 Bob。

4）Bob 维护着一个包含所有用户密钥的数据库，他为 Alice 选择合适的密钥 K_i，然后以同样的方式计算预期的响应。如果结果与接收到的 *RES* 匹配，则对 Alice 的身份认证通过。

5）Alice 和 Bob 使用算法 A8，通过 K_i 和 RAND 来计算加密密钥 K_C：

$$K_c = A8_{K_i}(RAND)$$

这个简单的协议依赖于这样一个理念，即只有移动用户和移动运营商认证中心可能知道用户 SIM 卡上安装的密钥 K_i。

2. GSM 加密

虽然身份认证对于移动用户及其移动运营商来说是私有服务，但所有移动运营商都必须使用通用的机制进行加密，以方便跨网络呼叫。

因此，加密算法 A5 的选择受到 GSM 标准的限制。如图 12-8 所示，算法 A5 是在手机本身而不是 SIM 卡上实现的，因为手机的计算能力比 SIM 卡更强大。作为 A5 使用的算法，可以设计成一个非常有效的运行在移动电话上的硬件。在 GSM 中，A5 使用密钥 K_C 加密所有的无线电路径通信（包括信令信息和消息数据）。而且，这个密钥很可能是在用户每次拨打移动电话时新生成的。加密还用于保护临时身份号码的传输，临时身份号码（代替 IMSI）可以提供用户匿名性。

随着时间的推移，GSM 已经支持了四种不同版本的 A5。最常用的版本是 A5/1，它是一个带有 64 位密钥的流密码。版本 A5/3 是 64 位 UMTS 算法 KASUMI 的改编版（见 12.3.4 节）。最近增加的版本是 A5/4 版本，它基于 KASUMI，但有一个 128 位的密钥。

3. 便于 GSM 漫游

虽然我们之前认为身份认证是用户和他们的移动运营商之间的一项私人服务，但有一种情况例外。这种情况发生在移动用户在其移动运营商提供服务的区域外旅行时，例如，在海外（这称为*漫游*）。

虽然不同的移动运营商在某种意义上同属于一个更广泛的封闭 GSM 网络，但它们仍然是拥有私有用户关系的个体企业。因此，一个运营商不可能为了方便漫游而与另一个运营商共享其关键数据（特别是密钥 K_i）。另一方面，从实际的角度来看，将漫游用户的每个身份认证请求都返回给用户的移动运营商也是不可接受的，因为这会导致极高的延迟。

GSM 通过使用认证三元组（Authentication Triplet）巧妙地解决了这个问题。当漫游移动用户 Alice 第一次与不存在直接业务关系的当地移动运营商 Charlie 连接时，步骤如下：

1）Charlie 连接 Bob（Alice 的移动运营商），并请求一批 GSM 认证三元组。

2）Bob 生成一批新的随机生成的挑战数字：$RAND(1)$，$RAND(2)$，…，$RAND(n)$ 并使用 Alice 的密钥 K_i 计算 RES 和 Kc 的匹配值。这些组成了一批三元组：

$$TRIP(1)=(RAND(1),\ RES(1),\ Kc(1))$$
$$TRIP(2)=(RAND(2),\ RES(2),\ Kc(2))$$
$$\vdots$$
$$TRIP(n)=(RAND(n),\ RES(n),\ Kc(n))$$

在这里，$RES(j)=A_{3_{K_i}}(RAND(j))$，$Kc(j)=A_{8_{K_i}}(RAND(j))$，Bob 把这批三元组发送给 Charlie。

3）Charlie 把挑战 $RAND(1)$ 发送给 Alice。

4）Alice 使用 $RAND(1)$ 和密钥 K_i 来计算响应 $RES(1)$，并把 $RES(1)$ 发送给 Charlie。

5）Charlie 检查接收到的 $RES(1)$ 值是否与他从 Bob 那里接收到的第一个三元组中的值匹配。如果是，那么 Alice 通过 Charlie 的身份认证。注意，Charlie 这样做并不需要知道密钥 K_i。Alice 和 Charlie 现在可以放心地假设他们共享加密密钥 $Kc(1)$。

6）下一次 Alice 联系 Charlie 请求新的身份认证时，Charlie 使用从 Bob 处接收到的第二个三元组并发送挑战 $RAND(2)$。因此，尽管 Bob 必须参与第一次身份认证，但是在当前这批三元组全部使用完之前，Charlie 不需要再与 Bob 进行连接。

4. GSM 算法的安全性

除了我们给出的 GSM 使用专有算法的理由，其实从最初开发 GSM 时，1.5.3 节中所述的对使用专有算法的呼声已经出现。

算法 A3 和 A8 的一个流行的早期的实例化是被称为 COMP128 的专有算法。1997 年，该算法的细节被泄露，随后人们发现了 COMP128 的弱点。现在，该算法的新版本已经推出。

A5/1 的最初设计也是机密的，但后来该算法被逆向出来，现在已经出现了一些针对它的强大攻击。一个较弱的专有算法 A5/2 也被严重破坏，随后从 GSM 标准中删除。我们很快就会讨论到，UMTS 采用了一种不同的方法来发布算法。最新的 GSM 算法 A5/3 和 A5/4 已作为该过程的一部分派生出来，其详细信息已公开。预计 GSM 的长期目标是将 A5/1 迁移到 A5/3 和 A5/4。

总体而言，GSM 已被证明是一种成功的安全标准。GSM 有效地解决了用克隆手机未授权地访问移动通信网络的问题。GSM 还解决了无线电路径上的窃听问题。值得注意的是，GSM 也是第一个展示基于智能卡的消费设备的安全性的应用。

12.3.4 UMTS

开发移动通信新标准的主要目的与其说是为了 GSM 安全问题，不如说是为了提供额外的特性和功能，比如访问因特网服务的能力。然而，在开发 UMTS 的过程中，我们抓住了机会，在 GSM 安全方面进行了改进，并在适当的时候进一步加强了它。GSM 在加密方面的主要改进如下。

1）**实体的相互身份认证**：GSM 只提供移动用户的身份认证。自从 GSM 发展以来，由于适用的设备成本降低，所谓的*假基站攻击*（False Base Station Attack）变得更加可行。在这种攻击中，一个移动用户连接到假基站，它会立即建议用户关闭加密。我们可以要求用户对移动基站进行身份认证，从而防止此类攻击。

2）**防止三元组重复使用**：从理论上讲，GSM 三元组可以被指定的移动设备重复使用。UMTS 可以通过将身份认证三元组升级为*五元组*（Quintet）来防止这种情况的发生，五元组中另外包括一个序列号（以防止重放）和一个 MAC 密钥。

3）**使用公开的算法**：UMTS 采用的密码算法基于成熟和已经深入研究的技术。虽然它并不完全使用现成的算法，但为了让定制的算法可以用底层硬件表示，它采用的算法非常接近于标准算法，并且对所做的修改进行了公开评估。

4）**更长的密钥长度**：GSM 的开发放宽了出口限制之后，底层加密算法的密钥长度增加到了 128 位。

5）**信号数据的完整性**：UMTS 为关键信号数据提供额外的完整性保护。这是使用 MAC 提供的，MAC 的密钥是在 UMTS 身份认证（AKE）协议期间建立的。

1. UMTS 安全协议

我们将省略 UMTS 安全协议的细节，因为它们本质上只是比原始 GSM 协议稍微复杂的版本。移动用户的身份认证是通过一种类似于 GSM 的挑战－响应机制进行的，在该机制的末尾可进行加密和 MAC 密钥的建立。

基站的身份认证通过 MAC 添加到了 UMTS 中。该 MAC 使用从 K_i 和 RAND 派生的 128 位完整性密钥 K_I，其方式类似于加密密钥 K_C（见 12.3.3 节）。时效机制作为此身份认证的一部分，使用的是由移动用户和基站记录的序列号（见 8.2.2 节）。这比在相反方向上使用挑战－响应协议更可取，因为正如我们在 8.2.3 节中讨论的，挑战－响应协议将引入一轮额外的消息交换，并要求移动用户随机生成一个挑战号。这在漫游时会很不方便，因为本地移动运营商在每次身份认证期间都必须连接用户自己的移动运营商。

漫游的工作原理与 GSM 完全相同，只是认证五元组附加的字段提供了对重放攻击的保护。

2. UMTS 加密算法

就像 GSM 一样，移动运营商可以使用自己的加密算法作为 UMTS AKE 协议的一部分。然而，UMTS 推荐使用一组称为 MILENAGE 的算法，该算法基于 128 位分组密码（如

AES)，实现 UMTS 身份认证所需的所有功能。

同样，加密算法必须在所有移动运营商之间统一。UMTS 选择的算法是 KASUMI，这是一个 128 位的分组密码，它基于一个被称为 MISTY 的设计。由于我们真正需要的是一个流密码，所以 KASUMI 采用了一种操作模式，将分组密码转变为流密码密钥流生成器（类似于 4.6 节中讨论的一些密钥流生成器）。

为了抵御 KASUMI 中发现的严重漏洞（意外的），UMTS 还指定了一个备份流密码。由于 KASUMI 是一个 Feistel 密码（参见 4.4.1 节），它的替代算法是一个称为 SNOW 3G 的专用流密码（不是分组密码的特殊操作模式）。

由于 UMTS 还需要一个 MAC，UMTS 为这些加密算法都指定了一个相关的 MAC 算法。对于 KASUMI 来说，这是一种基于分组密码的身份认证操作模式（参见 4.6.5 节）。针对 SNOW 3G，UMTS 设计了一种特殊的 MAC 算法，生成基于 SNOW 3G 加密的 MAC。

在撰写本书时，还没有已知的针对这些加密算法的严重的实际攻击。

12.3.5 LTE

手机已经发展成为便携式个人电脑。LTE 是 UMTS 的 4G 继承者，它支持更高的数据速率。它保留了 GSM 和 UMTS 良好的安全设计，并做了进一步的增强。由于移动通信技术的发展是一个渐进的过程，LTE 的设计非常注重向后兼容性。因此，LTE 支持 UMTS SIM 卡（虽然不是 GSM 卡）。

LTE 的网络架构与 UMTS 有明显不同。然而，从密码学的角度来看，LTE 与 UMTS 有很多相似之处，主要的变化都是改进的而非颠覆性的。与 UMT 相关的两个主要加密改进如下。

1）**密钥分级结构**：在 UMTS 中，每个身份认证过程只建立两个密钥 K_C 和 K_I，用于保护所有用户通信和信号数据。在 LTE 中，密钥分级结构（参见 10.4.1 节）的作用在于从本地主密钥派生一组更大的密钥。

2）**新的加密算法套件**：LTE 已经指定一组新的 128 位加密和 MAC 算法。如果需要，这些算法的密钥将来可以扩展到 256 位。这也是 LTE 制定标准时参考的方式之一。

1. LTE 密钥分级结构

在 LTE 中使用密钥分级结构有几个原因。

1）**密钥分离**：密钥分离的原则严格地要求针对不同的目的使用不同的密钥。实际上，通过将密钥的目标用途作为密钥派生过程的输入，大多数密钥都是将密钥的目的“硬连接”到本身的。

2）**防止一些攻击**：新的密钥派生过程可防止几种潜在的攻击。例如，LTE 将加密算法的身份绑定到每个密钥，从而防止对加密算法的先建立密钥后“降级”密钥的攻击。此外，LTE 还将（漫游）移动运营商的身份绑定到保护通信所用的所有密钥，从而支持手机对其正在访问的网络进行身份认证（在 UMTS 中，移动电话只能假定它的网络运营商已经代他进行了此操作)。

3)**效率**:每次手机与自己的移动运营商联系时可以建立本地主密钥,然后从该本地主密钥中派生使用的密钥,从而更新一些密钥(如果需要),但无须反复联系自己的移动运营商。这使得漫游管理的一些技术更加高效。

LTE 中的身份认证与 UMTS 类似,只是作为此过程一部分的派生密钥 K_c 和 K_i 不会直接用于任何加密保护。相反,它们作为密钥派生函数 f 的输入,用于计算本地主密钥 K_L。此密钥派生还将用户当前正在通信的(漫游)移动运营商的标识 ID_{MO} 作为输入。换言之:

$$K_L = f(K_C,\ K_L,\ ID_{MO},\ \cdots)$$

如果用户确实在漫游,那么被访问的移动运营商收到一个*四元组*(Quadruplet),而不是 UMTS 中的*五元组*(Quintet),其中 K_C 和 K_I 被 K_L 替换。用户和移动运营商所用的保护移动通信所需的密钥都是从 K_L 获得的。除了从 K_i 派生 K_C 和 K_I(与 UMTS 相同),每个密钥派生都使用相同的密钥派生函数 f,完整的密钥分级结构如图 12-9 所示。

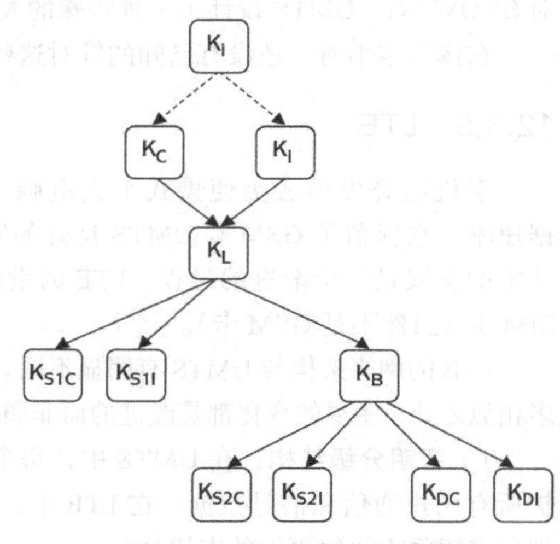

图 12-9　LTE 密钥分级结构

我们不会详细讨论每个密钥在 LTE 密钥分级结构中的作用,但需要注意的是,K_B 是基站本地主密钥,密钥派生层次结构底部的六个密钥是直接用于保护通信的密钥。密钥 K_{S1C} 和 K_{S2C} 用于保护不同类型的信号数据的机密性。密钥 K_{S1I} 和 K_{S2I} 用于此信号数据的完整性保护。密钥 K_{DC} 是加密用户数据的密钥。最后,密钥 K_{DI} 用于保护特定类型用户数据的完整性。这六个密钥都是从以下三个值派生的:层次结构中它的上层密钥、一个指定密钥用法的参数以及一个标识使用它的算法的参数。形如:

$$K_{DC} = f(K_B,\ \text{user data encryption},\ \text{AES-CTR})$$

2. LTE 加密算法

在 GSM 和 UMTS 中,移动运营商可以在 LTE AKE 协议的第一阶段选择自己的加密算法,以获得顶级密钥 K_C 和 K_I,以及对认证挑战的响应 *RES*。事实上,LTE 也推荐这样做,但并不强制,它为此设置了参数 MILENAGE。然而,LTE 还需要手机进行进一步的密钥派生。因此,这些后续密钥派生的过程(第一个是本地主密钥 K_L 的计算)需要标准化。LTE 规定使用的密钥派生函数是基于 SHA-256 的 HMAC。

LTE 支持三种 128 位的加密算法。在 UMTS 中,LTE 支持的加密算法基于完全不同的设计,并且是公开的。然而,它与 UMTS 相同的加密算法只有 SNOW 3G。在 CTR 模式下，UMTS 分组密码 KASUMI 被 AES 取代（UMTS 的设计比 AES 设计比赛要早，否则，UMTS 也可能采用 AES）。第三种 LTE 加密算法是 ZUC。这是在中国设计的专用流密码算法（见 14.3 节）。

LTE 标准为每种加密算法都定义了一个的等效 MAC。对于 AES，它是 CMAC（参见 6.3.3 节）；对于 SNOW 3G，它与 UMTS 定义的 MAC 基本相同；对于 ZUC，它设计了一种特殊的 MAC 算法。

12.3.6 GSM、UMTS 和 LTE 的密钥管理

GSM 和 UMTS 中的密钥管理相当简单，LTE 中的密钥管理稍微复杂一些。

1. 密钥管理系统

GSM、UMTS 和 LTE 具有完全对称的密钥管理系统，这得益于移动运营商完全控制与其用户相关的所有密钥材料。对于 GSM 和 UMTS，我们可以将底层密钥管理系统视为一个非常简单的密钥分级结构，其中用户密钥 K_i 充当单个用户主密钥，加密密钥 K_C 和 MAC 密钥 K_I 充当数据（会话）密钥。LTE 中使用的更复杂的密钥分级结构已经在 12.3.5 节讨论了。

2. 密钥生成

用户密钥 K_i 通常由 SIM 卡制造商使用移动运营商们选定的技术生成。密钥 K_C 和 K_I 是使用移动运营商选择的加密算法从用户密钥 K_i 派生而来的。LTE 使用前面在 12.3.5 节中讨论的密钥派生函数从 K_C 和 K_I 派生出其他密钥。

3. 密钥建立

用户密钥 K_i 的建立是在 SIM 制造商（代表移动运营商）的控制下进行的，SIM 制造商在向用户发行 SIM 卡之前将 K_I 嵌入 SIM 卡。这里所利用的重要的密钥管理的优势是，在客户从移动运营商获得物理对象（在本例中为 SIM 卡）之前，移动服务没有任何实用性，因此密钥建立可以与此过程绑定。所有的后续密钥都在用于实体身份认证的 AKE 协议期间建立。SIM 卡制造商使用高度安全的方式（可能是以加密数据库的形式）将所有的密钥 K_I 传输给移动运营商，这一点非常重要。

4. 密钥存储

在移动运营商的认证中心之外，重要的用户密钥 K_i 仅存储在用户 SIM 卡的硬件中，这起到了很好的防篡改效果。存在于 SIM 卡和认证中心之外的密钥，在 GSM 中只有加密密钥 K_C，在 UMTS 中还有 MAC 密钥 K_I。这些是会话密钥，使用后可以丢弃。在 LTE 中，K_C 和 K_I 不会离开 SIM 卡。本地主密钥 K_L 是从它们派生出来的，不会通过直接使用它来保护通信而暴露出来。相反，它用于派生会话密钥。这些密钥和本地主密钥 K_L 都是短期（short-lived）的，可以在使用后丢弃。

5. 密钥使用

GSM 和 UMTS 都强制实现一定程度的密钥分离，它们确保长期的用户密钥 K_i 仅在计算对移动运营商挑战的短期响应时间接暴露于攻击者。对于密钥 K_C，以及在 UMTS 中另外的 K_I，暴露给攻击者的大多数都是派生密钥，这些派生密钥不能多次使用。LTE 通过建立一系列不同的密钥来严格执行密钥分离，每个密钥的用途都通过派生过程被编码到密钥中。如果有必要，GSM、UMTS 和 LTE 中的重要密钥 K_i 的密钥更改，可以通过发行新的 SIM 卡相对容易地实现。LTE 还可以通过本地主密钥更新会话密钥，而不必返给本地移动运营商。

12.3.7　移动电信的安全问题

GSM 为密码技术的大量使用开辟了新的天地。即使是现在，它在一定程度上依然为迅速扩张的移动电话网络提供了良好的安全保障。GSM 有良好的总体设计，GSM 的基本安全架构仍然在 UMTS 和 LTE 中有所保留，后两者都在 GSM 提供的安全能力之上扩展了其安全性。

然而，需要记住的是，GSM、UMTS 和 LTE 的设计故意不提供端到端的安全性。“与 PSTN 一样安全”的设计目标意味着，与传统的电话呼叫一样，如果移动电话转换为传统的 PSTN 基础设施，应该仍然能够被拦截。

12.3.8　移动电信设计的考虑事项

GSM、UMTS 和 LTE 的主要设计考虑事项如下。

1）**对称密码技术的使用**：封闭的应用环境更适合采用完全对称的解决方案。流密码的特性非常适合移动通信。

2）**适应新的变化**：GSM 的最初设计受到一些限制，包括密码导出限制和无须移动运营商身份认证的限制。随着环境中这些限制的不断变化，重新设计的 UMTS 安全机制也考虑了这些因素。随后，LTE 也扩展了所提供的安全保护，部分原因是为了应对新的攻击场景。LTE 的设计考虑到未来，想要满足未来的潜在需求，提高其当前提供的安全性。

3）**从专有算法转向公共已知算法**：移动通信为采用专有密码算法提供了一个合适的环境。然而，最初 GSM 的一些算法所暴露的弱点已经影响了 UMTS 和 LTE，促使它们使用公共的已知算法。

4）**适当的灵活性**：正如我们在 12.2 节中看到的，对于 WLAN 安全，GSM、UMTS 和 LTE 仅在必要时使用特定的加密算法，这为移动运营商提供了一定的灵活性，它们可以自由选择网络中没有标准规定的加密基础设施部分。也就是说，UMTS 和 LTE 移动运营商都被强烈地鼓励采用主要的推荐方案。

12.4　安全支付卡交易中的密码学

金融组织是密码学最资深的商业用户。他们期望因特网使用密码服务为金融交易提供安全保障。我们将参考国际支付卡组织提供的一些服务，展示金融行业使用的一些密码学技术。

12.4.1 支付卡服务的背景

支付卡组织（Payment Card Organisation，PCO），如Visa或万事达卡（MasterCard），负责处理持卡人和支持相应支付卡的品牌商户之间的支付。图12-10显示了该合作组织中的关键参与者。

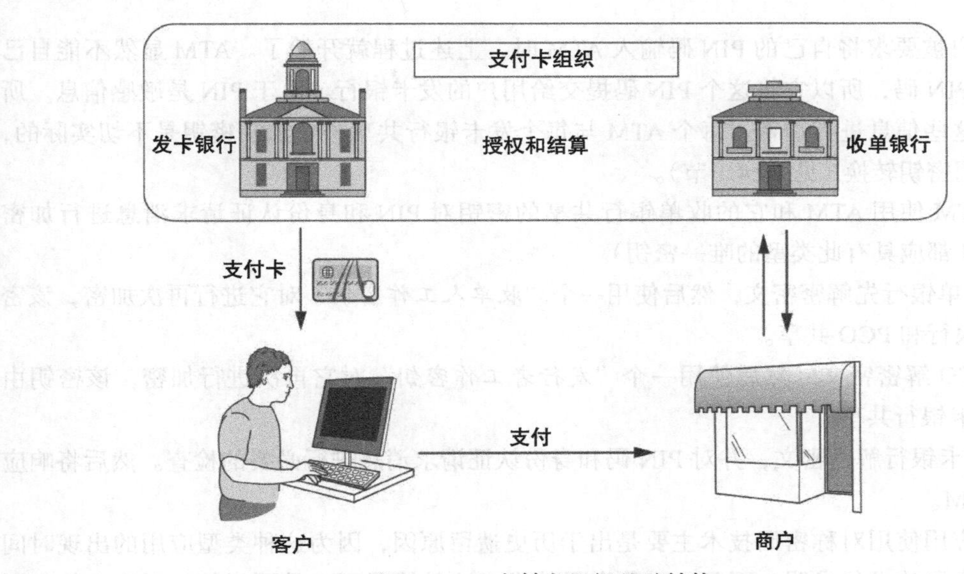

图12-10 支付卡组织基础结构

发卡银行向客户发行支付卡。收单银行与商品的商户相关。PCO运行的网络连接这些银行，方便发卡银行的客户向收单银行的商户付款。支付卡网络的两个主要用途是：

1）授权付款。

2）安排清算和付款结算。

PCO监督信用卡和借记卡的使用。两者之间的主要区别在于发卡银行向客户收费的过程。从加密的角度来看，我们不会区分这两种类型的支付卡。

在本节中，我们将研究有关支付卡中密码学的一些不同用途。我们首先研究与磁条支付卡相关的密码安全性。其次，我们研究芯片PIN卡（chip-and-PIN），更准确地称为Europay MasterCard VISA（EMV）卡，它提供更高级的安全性。该卡是以三个支付卡组织的名字命名的，这三个支付卡组织致力于为支付卡安全建立一个共同的互操作标准。再次，我们讨论在网上交易中使用支付卡。接下来，我们讨论以支付卡作为令牌来验证其他服务。最后，我们讨论移动支付。

12.4.2 磁条卡

大多数支付卡都有磁条。即使是带有芯片的支付卡，通常也会保留磁条，以便在不支持 EMV 的环境中使用。以下描述的磁条卡使用的密码是基于 Visa 和 MasterCard 的实践。

1. PIN 保护

我们的第一个例子是支付卡所使用的加密技术，包括到将磁条支付卡插入 ATM 后进行的用户身份认证。在取款之前，自动取款机需要知道用户是否真实，以及他们是否有权取款。

当用户被要求将自己的 PIN 码输入 ATM 时，上述过程就开始了。ATM 显然不能自己验证这个 PIN 码，所以它将这个 PIN 码提交给用户的发卡银行。由于 PIN 是敏感信息，所以应该对这些信息进行加密。每个 ATM 与每个发卡银行共享一个加密密钥是不切实际的，因此需使用密钥转换（见 10.4.1 节）。

1）ATM 使用 ATM 和它的收单银行共享的密钥对 PIN 和身份认证请求消息进行加密（每个 ATM 都应具有此类型的唯一密钥）。

2）收单银行先解密密文，然后使用一个“收单人工作密钥”对它进行再次加密，该密钥由收单银行和 PCO 共享。

3）PCO 解密密文，然后使用一个“发行者工作密钥”对它再次进行加密，该密钥由 PCO 与发卡银行共享。

4）发卡银行解密密文，并对 PIN 码和身份认证请求消息进行必要的检查。然后将响应转发回 ATM。

这个应用使用对称密码技术主要是出于历史遗留原因，因为这种类型应用的出现时间早于公钥密码技术的发明。而且，对称密码技术在这种情况下也是可行的，因为它的底层基础设施是封闭的，可以管理对称密钥。在大多数情况下，它使用的对称算法是 2TDES（参见 4.4.4 节）。同样，这是一个历史遗留的选择，因为最初的规范使用单一 DES。现在，我们看到 AES 已在较新系统中采用。

注意，在此过程中直接加密 PIN 是很危险的，因为 PIN 的数量是有限的，导致 PIN 的密文数量也有限。如果使用相同的密钥加密多个 PIN，那么攻击者就可以利用已知的 PIN 密文进行字典攻击，该攻击将未知 PIN 的密文与 PIN 的密文字典匹配。有两个重要机制可以防止这种威胁。

1）**使用 PIN 块**：PIN 不会被直接加密。一个 PIN 块的形成示例如下：它包含一个由 PIN 异或而成的 64 位的字符串，其中包含与卡对应的个人账号（Personal Account Number，PAN）。这意味着用同一个 PIN 码的两张卡将不会被同一个加密密钥加密成同一个密文。

2）**会话密钥加密**：ATM 使用会话密钥可以提供进一步的安全性，会话密钥是为单个 PIN 加密事件生成的，之后会被销毁。

2. 卡验证值

磁条卡的一个主要问题是它们容易被克隆。早期的支付卡只包含常规信息，如磁条上的 PAN 和到期日期。由于这些信息很容易被潜在的攻击者获取（大部分信息甚至显示在卡上，或者可以从收据中获得），因此攻击者很容易伪造这样的卡。

通过在磁条上添加一个称为*卡验证值*（Card Verification Value，CVV）的加密值（这里我们采用 VISA 术语，MasterCard 使用术语*卡核验码*（Card Validation Code）来表示相同的概念），这个问题得以缓解。CVV 由从十六进制密文中提取的三个数字组成，它用仅发卡机构知道的密钥加密常规卡信息计算得到。CVV 不显示在卡上，只能由发卡机构创建和验证。

当然，读取磁条上所有信息的攻击者可以获得 CVV，比如，一个恶意的商人。因此，支付卡包括第二个 CVV 值 CVV2，它是由类似（但略有不同）的方式计算的加密值。CVV2 显示在支付卡的背面，但不包括在磁条中。CVV2 主要用于检查卡的物理存在，特别适用于网上交易（见 12.4.4 节）。

3. PIN 验证值

为了提高可用性，PCO 还提供了一项服务——允许在发卡机构无法处理 PIN 验证请求时验证 PIN。这是使用一个 *PIN 验证值*（PIN Verification Value，PVV）完成的，该验证值的计算方法与 CVV 类似，只是 PIN 本身也是作为明文的一部分被加密生成 PVV。发卡银行需要与 PCO 共享计算此 PVV 的密钥。

PVV 的长度为四位，因此其安全性与 PIN 本身的安全性等效。与 CVV 一样，PVV 通常存储在磁条上，但不显示在卡上。在 PIN 验证请求期间，PCO 使用客户提供的 PIN 重新计算 PVV，并检查该值是否与磁条上的 PVV 匹配。如果匹配，则接受 PIN 验证。

尽管 CVV 和 PVV 都是短值，因此理论上攻击者可以通过穷尽搜索来攻击它们，但是 PCO 使用过程控制来阻止这种类型的任何攻击，在最多尝试三或四次后仍无法验证时会拒绝该卡。通过这种方式，相对较弱的加密机制可以使用适当的管理控制加以增强。

4. 支付卡授权

当用户将支付卡插入终端时，终端的主要工作通常是确认该卡的有效性，并确定被请求的交易是否可以通过。在磁条卡出现之前，这一过程要求商家给发卡机构打电话确认来完成。终端能够从磁条中提取数据，并自动与发卡机构联系以获得交易授权，无疑使这一过程更加容易。然而重要的是，对于磁条卡，这一过程仍然需要与发卡机构直接通信。该要求限制了这类支付卡在通信基础设施较差的国家使用。

12.4.3　EMV 卡

引入 EMV 卡主要有两个原因：第一个原因是为了提高支付卡交易的安全性；另一个原因是为了引入一种安全的方式来授权离线交易，从而降低电信成本，减少商户必须联系发卡机构的次数。

由于 EMV 卡上的芯片能够存储密钥，因此 EMV 卡的出现大大增加了密码学服务的多样性以保护支付卡。正如我们将在 12.4.4 节和 12.4.5 节中看到的，它们还增加了可使用的支付卡安全服务的多样性。

1. PIN 验证

与磁条卡相比，EMV 的 PIN 验证变得更加容易，因为 PIN 可以存储在芯片上。这使得终端不需要与发卡机构联系，也不需要使用基于 PVV 的服务，就可以轻松地验证 PIN。

2. 离线数据身份认证

为了授权 EMV 卡交易，终端进行本地离线检查，并使用检查结果和其他风险管理参数来决定是否进行更强的在线检查，包括与发卡机构进行通信。决策涉及的参数包括交易金额、最低限额和自上次在线检查以来进行的交易数量。

离线数据身份认证不涉及发卡机构。在其最基本的形式中，它提供一种手段，以确保自发卡机构创建此支付卡以来，EMV 卡上存储的信息没有被更改。换句话说，它提供了基本卡数据的数据源身份认证。更强大的机制还提供了卡的实体身份认证。支付卡的离线数据身份认证可以直接由插入支付卡的终端完成。

使用对称密码技术来提供这种离线服务是不切实际的，因为每个终端都需要与每个可能的发卡机构共享一个对称密钥，而使用密钥转换（如 12.4.2 节中讨论的用于磁条 PIN 验证）会要求发出方在线。因此，离线的数据身份认证应使用数字签名这样的公钥密码技术。出于空间效率的原因，EMV 卡使用一种带有消息恢复的 RSA 数字签名方案（参见 7.3.5 节）来提供这种保证。

EMV 提供三种离线数据身份认证机制：

1）**静态数据身份认证**（Static Data Authentication，SDA）是最简单的技术。所检查的只是存储在卡上的数据的数字签名。验证此数字签名需要知道发卡机构的验证密钥。显然，期望每个终端都能直接访问每个发卡机构的验证密钥是不合理的。因此，EMV 使用一个简单的证书层次结构（参见 11.3.3 节）。在本例中，卡存储了一个包含发卡机构验证密钥的公钥证书。此证书由 PCO 签署，PCO 的验证密钥安装在每个支持 EMV 的终端上。

2）**动态数据身份认证**（Dynamic Data Authentication，DDA）进一步增加了安全性，针对每个交易用不同的动态方式提供保护，从而防止支付卡伪造。在 DDA 期间，认证将运行一个挑战 - 响应协议，该协议提供卡的实体身份认证。在本例中，每一张卡都有自己的公钥对，其中包括由发行方签署的卡验证密钥的公钥证书，以及由 PCO 签署的发行方的公钥证书。因此，我们有一个三层的公钥证书链。该卡使用卡的数据以及当前身份认证会话特有的一些信息来计算数字签名。终端使用卡提供的证书来验证这个数字签名。

3）**联合数据身份认证**（Combined Data Authentication，CDA）类似于 DDA，只是卡对交易数据也进行签名，从而确保卡和终端具有相同的交易视角。这可以防止中间人试图修改卡和终端之间通信的交易数据的攻击。DDA 则可以在交易细节确定之前进行。

大多数支付卡都具有足够强大的计算能力来使用公钥加密，SDA 由于静态值容易克隆而逐渐被淘汰。未来的 EMV 卡将用基于椭圆曲线的技术取代 RSA。

3. 在线身份认证

在线身份认证是功能较强的检查，这需要与发卡机构进行通信。与 DDA 一样，在线卡身份认证的目标是让终端获得涉及交易的支付卡的实体身份认证保证。这是通过一个简单的挑战 – 响应协议完成的，该协议基于发卡机构和支付卡共享的对称密钥，该密钥存储在芯片上。

唯一复杂的是终端不共享此密钥，因此必须在线联系发卡机构以验证响应。更具体地说：

1）终端生成交易数据（包括支付卡的详细信息）并随机生成挑战，然后将其发送到卡。

2）卡使用与发卡机构共享的密钥，根据这些数据计算 MAC。这个 MAC 被称为授权请求码，并被传递给发卡机构。

3）发卡机构计算自己的授权请求码，并将其与从卡接收到的值进行比较。发卡机构还可以检查账户里是否有足够的资金进行交易。

还有一些情况，支付卡可能需要对它的发卡机构进行实体身份认证（例如，如果发卡机构指示它执行一些内部管理过程，例如重置计数器）。这可以附加在卡身份认证过程中，如下所示：

1）发卡机构将授权请求码视为随机生成的挑战，并使用与支付卡共享的密钥计算它的 MAC。这个响应被发送到卡。

2）卡使用它与发卡机构共享的密钥来检查此响应。如果匹配，则成功验证发卡机构。

4. 交易证书

在每个交易结束时，都会生成一个**交易证书**（Transaction Certificate，TC）。这是一个 MAC，它是根据交易的细节和结果进行计算的，并传递回发卡机构。TC 是用卡和发卡机构共享的密钥计算的。通常情况下，只有在交易的某些方面有争议时，才需要 TC 作为证据。

5. 非接触式支付

许多支付卡现在都支持**非接触式支付**（Contactless Payment），支付卡可以通过与读卡器接触，而不是插入终端来完成支付。卡和读卡器之间的通信没有加密，但是试图读取此信道上流量的攻击者不会了解到任何关键的安全数据。在非接触式支付的过程中，需要使用离线数据身份认证技术 DDA 和 CDA 对卡进行身份认证。由于非接触式支付的目的是快速、容易地进行支付，所以 PIN 通常不会被验证。由于这个原因，一般来说，非接触式支付对授权金额有严格的上限要求。

目前正在开发的新标准中要求，卡和读卡器之间的通信应受到加密安全信道的保护。这方面的工作正在进一步加强，以防止重放攻击和对账户等潜在敏感数据的窃听。

6. 管理功能的安全性

许多与支付卡安全特性有关的重要管理功能可以通过向支付卡发送指令实现，从而远程管理支付卡。这包括 PIN 更改、PIN 解除阻塞指令以及对卡数据项的更改（如信用额度）。这些指令由发卡机构（通过终端）发送到卡上。它们是通过计算和验证指令上的 MAC 而获得授权的，该指令是使用发卡机构和支付卡共享的对称密钥生成的。这是对称密码技术的一种不同寻常的用法，根据密钥分离的原则（参见 10.6.1 节），此密钥不同于在线身份认证中使用的密钥。

12.4.4　使用 EMV 卡进行网上交易

EMV 卡以前的安全特性与卡和商户拥有的终端接触的应用有关。这样可说明，该卡是实际"存在"的，并且该卡的安全特性可以直接使用。

然而，越来越多的交易是在支付卡远离商户时进行的，最常见的情况是当客户进行网上交易时。这些交易称为**无卡交易**（Card-Not-Present，CNP）。此类交易中出现欺诈的可能性很高，因为用于验证 CNP 交易的最常见信息是简单的卡片数据（PAN、过期日期、CVV2），这些数据是攻击者相对容易获取的。从持卡人的角度来看，对付这种欺诈威胁需要他们有挑战欺诈交易的能力。然而，这给商户带来了巨大的成本，同时也给 PCO 和持卡人带来了不便，因为他们必须给那些欺诈受害者重新发卡。

保密电子交易（Secure Electronic Transactions，SET）是一套标准，是为保障 CNP 交易的安全而提出的一套严谨的架构和程序。它依赖于一个全面的公开密钥管理系统，并要求所有的商户购买特殊的支持设备。但它的复杂性阻碍了它的成功，因此 Visa 和万事达开发了一种更轻量级、采用更广泛的方法，称为 3DSecure。3DSecure 的两个主要目标是：

1）发卡机构可在 CNP 交易期间对其支付卡持有人进行身份认证。

2）确保商户不会因为欺诈性交易而受到经济上的惩罚。

3DSecure 比 SET 灵活得多，因为它允许持卡人在 CNP 交易期间决定以何种方式对自身进行身份认证。它对各方的好处体现在提高了交易安全性，让商家支付 PCO 服务的费用更少。

3DSecure 依赖于以下过程：

1）一个支持 3DSecure 的商户提交对该卡的授权请求。

2）发卡机构联系持卡人并请求认证信息。虽然 EMV-CAP（请参阅 12.4.5 节）提供了一种自然的方法来实现此功能，但更常见的是，发卡机构和持卡人预先约定一个口令，持卡人必须将该口令输入到浏览器的嵌入式框架的表单中。

3）如果身份认证成功，发卡机构将使用仅自己知道的对称密钥对关键交易数据计算 MAC。这个 MAC 被称为*持卡人身份验证值*（Cardholder Authentication Verification Value，CAVV），它充当一种签名，为持卡人和交易数据的身份认证提供担保。CAVV 可用于解决所有有关该交易的后续争议。

新版的 3DSecure 具有支持移动支付和基于应用的支付的特性，它用持卡人的设备提供的信息来进行许多交易的身份认证，不再需要持卡人输入身份认证信息。

12.4.5　使用 EMV 卡进行认证

远程银行服务（特别是因特网上的服务）的增加，给银行带来了一个挑战，那就是要建立强大的实体身份认证机制，以降低欺诈的风险。远程访问银行服务采用多种实体身份认证机制，包括动态密码方案，如 8.5 节所述。这种解决方案要求银行客户拥有具有加密功能的设备。

由于 EMV 卡具有加密功能，并且我们默认支持 EMV 的银行客户拥有这样的卡，因此我们很自然地想到可以将 EMV 卡作为实体身份认证机制的一部分。这正是**芯片认证程序**（Chip Authentication Program，CAP）背后的思想，它指定了一系列实体身份认证选项（EMV-CAP 显式地引用了 MasterCard 技术，而 Visa 有一个类似的方案，称为*动态密码身份认证*）。这些都是由 CAP 读卡器支持的，CAP 读卡器是一个带有显示器和键盘的手持设备。这与我们在 8.5.2 节介绍的动态密码方案中描述的令牌非常相似，只是 CAP 读卡器也有一个插槽，可以将 EMV 卡插入其中。客户通过 CAP 读卡器使用 PIN 直接对 EMV 卡进行身份认证。CAP 读卡器可以支持不同的实体身份认证机制。

1）**识别**：此选项在 CAP 读卡器上显示一个数字，该数字由 EMV 卡上的对称密钥和 EMV 客户交易计数器计算得出，EMV 客户交易计数器也存储在该卡上并持续更新。该机制是一种基于序列号的动态密码方案。它的密码计算本质上是对输入计算 CBC-MAC（参见 6.3.3 节）。

2）**响应**：此选项的工作方式与 8.5.2 节中给出的动态密码方案几乎相同。在这种情况下，银行向客户提供随机生成的挑战。客户将挑战输入 CAP 读卡器，CAP 读卡器请求 EMV 卡使用 EMV 卡上的对称密钥计算一个响应（同样基于 CBC-MAC）。最后，客户向银行提供显示的响应。

3）**标志**：这是响应机制的较强版本，它基于基本交易数据（金额和接收方账户）以及挑战值计算 CBC-MAC。这可以视作交易上的一种数字签名，也是使用 MAC 提供不可否认性的非对称信任关系的一个例子（在 7.2.2 节中进行了讨论）。

CAP 的使用似乎确实减少了某些类型的欺诈，比如基于网络钓鱼攻击的欺诈。

12.4.6　使用 EMV 卡进行移动支付

手机已经发展成为一种复杂的个人计算设备，许多人用手机来管理他们的日常数据和通信。随着这一趋势的发展，人们对手机支付功能的需求越来越多，包括基于 EMV 卡的支付。虽然可以用与因特网交易相同的方式进行移动支付（见 12.4.4 节），但至少有两个原因能够说明这不是一个理想的解决方案：

1）**易用性**：用户希望手机更易使用，最好涉及较少交互。从用户的角度来看，因特网交易有些笨拙，这一问题在手机上尤为突出，因为一些用户发现手机界面难以输入数据。

2）**安全性**：因特网交易的欺诈程度很高。与手机相关的更易控制的平台和网络给更安全的便利支付手段提供了机会。

1. 移动支付方案

“移动支付”（Mobile Payment）一词描述了几乎所有涉及手机的金融交易，包括基于比特币等的数字货币交易（见 12.8 节）。近年来，移动支付方案的数量增长迅速。它们具有不同的体系结构，支持的业务模型和安全机制也不同。在这些方案中，支付的操作方式相当复杂，但有时会很灵活。

显然，任何支持 EMV 卡的移动支付方案的安全性，都依赖于存储和保护将支付链接到特定 EMV 卡的密钥的能力。这些密钥的存储位置有几个选项。

1）**SIM 卡**：如 12.3.3 节所述，支持 GSM、UMTS 或 LTE 的手机都有一个单独的 SIM 卡，其中包含与用户账户相关的重要密钥。这张 SIM 卡可以被其他应用用来存储密钥。

2）**专用硬件**：现代移动设备可能有自己的安全硬件元素，通常以一种特殊的加密芯片的形式出现，在这种芯片上可以执行可信的操作。这方面的一个例子是*苹果的安全组件*（Apple’s Secure Element）。

3）**可信服务器**：可以建立到存储重要密钥的远程可信服务器的安全连接。这个解决方案需要与服务器在线连接，但是它的优点是可以通过软件在手机上实现。这种方法的一个例子是*主卡模拟*（Host Card Emulation），它支持以这种方式进行非接触式支付。

2. 令牌化

许多移动支付方案都使用了**令牌化**（Tokenization）的思想。其基本思想是用称为**令牌**（Token）的非敏感数据替换敏感的安全数据。除了令牌的创建者之外，任何人都不能将敏感数据连接到非敏感的令牌，反之亦然。敏感数据和令牌之间的映射通常存储在安全数据库中，有时称为**令牌库**（Token Vault）。令牌还带有限定符，将它们的使用限制在特定的商家类别、时间窗口等，从而缩小欺诈性盗用的范围。

由于令牌可能被不可信的一方看到，因此到目前为止，令牌化最安全的方法是让令牌和底层数据之间不存在任何密码学关系。换句话说，生成令牌最安全的方法是随机生成，而不是使用密钥以密码方式派生它。这样，只要令牌库得到适当的保护，就不可能将令牌关联到它所表示的数据。

对于支持 EMV 的移动支付，有几个值可用令牌表示，包括 PAN 和 CVV2。通过将这些数据表示为令牌，可以构建比传统因特网交易更安全的支付机制，因为现在可以对商家隐藏敏感数据。

实现令牌化有几种不同的模型。理论上，令牌可以由发卡机构、PCO 或第三方令牌服务提供商进行发行和管理。无论使用哪种方法，令牌库的治理对于令牌化安全性都是至关重要的。

3. 苹果支付（Apple PAY）

为了让大家了解移动支付系统的工作原理，我们将简要地介绍一个例子，即Apple Pay。这是一个移动支付方案，由苹果设备支持，该设备采用苹果的安全组件硬件。移动用户可以使用Apple Pay在店内进行非接触式支付，也可以通过设备上的应用进行远程支付。在移动设备上使用带有EMV卡的Apple Pay的粗略（简化）想法如下：

1）用户在移动设备上注册EMV卡。这涉及将加密的卡片的详细信息发送给发卡机构以获得批准，然后发卡机构安排生成令牌和令牌密钥并将其返回给用户。此令牌及其令牌密钥存储在设备的安全组件中。苹果手机本身并不存储卡的详细信息、令牌或令牌密钥。令牌对于一个卡和一个设备是特定的。一个设备需要不同的令牌来处理不同的卡。同样，用户需要不同的令牌才能在不同的设备上使用同一张卡。

2）如果用户希望使用Apple Pay进行移动支付，则需要将手指按在移动设备的指纹识别器上（或输入口令）。如果他们正在进行非接触式支付，那么需要在设备接近读卡器时完成。指纹（或口令）在用户的身份认证中起着一定的作用，在传统的卡支付中，PIN提供的一些功能在因特网交易中会缺失。

3）手机上的安全组件生成一次性**交易密码**（Transaction Cryptogram），该交易密码（与其他数据）依赖于令牌、令牌密钥、交易数据和计数器。因此，这种交易密码只依赖于安全组件和令牌发行者之间共享的信息。

4）移动设备将令牌与交易密码一起发送，以便发卡机构进行授权。发卡机构（通过令牌库）将令牌转换为原始的卡片详细信息，并对交易密码进行验证。对于应用内的支付，移动设备首先要通过加密信道与Apple Pay服务器通信，然后Apple Pay服务器使用商户已知的密钥对相关信息进行加密。

实际的Apple Pay过程比上面描述的更复杂，而且并不是所有细节都完全可用。然而，Apple Pay对基础设施的许多组件都支持知名的加密技术，包括AES、椭圆曲线和SSL/TLS。毫无疑问，有了对令牌化技术和双因素认证的支持，像Apple Pay这样的支付方案比传统的因特网交易更安全。

12.4.7　支付卡的密钥管理

现在，我们简要回顾一下和支付卡使用的密码技术有关的一些密钥管理问题。我们没有在其中讨论移动支付，因为它们的密钥管理更加复杂和多样。

1. 密钥管理系统

磁条卡使用的密码技术是全部是对称密码技术，而EMV使用对称密码和公钥密码的混合。虽然PCO允许发卡银行和收单银行管理自己客户的密钥，但PCO提供的是覆盖全局的密钥管理服务，通过这些服务将银行连接起来，促进安全交易。

图12-10中描述的支付卡交易模型与图11-4中所示的连接认证模型基本相同。我们在

11.3.2 节中讨论过，该模型适用于大型分布式组织中的公钥证书管理。因此，考虑到银行 PCO 的网络的分散性，采用该模型是一个很好的选择。

2. 密钥生成

一个 PCO 会生成自己的主公钥对。PCO 拥有长度不断增加的主 RSA 公钥，以便在攻击技术（如因式分解）改进时提供安全性保障。

各银行负责生成自己发行的卡上的所有密钥。银行还负责生成自己的公钥对，并将其提交给 PCO 进行认证。对称密钥都是 2TDES 密钥。存储在客户卡上的密钥通常来自用户的 PAN 和主派生密钥。存储在卡上的密钥从来不直接使用（与我们简化的描述不同）。相反，会话密钥是从这些长期密钥和交易计数器派生而来的，交易计数器也在卡上维护，并在交易期间与依赖方通信。

3. 密钥建立

这种封闭系统的优点是，存储在卡上的密钥可以在制造（或个性化）过程中预先安装。对于公钥对来说，这个过程稍微复杂一些，因为它们不能像对称密钥那样可以高效、大量地生成。如前所述，在单个交易中使用的会话密钥是在交易期间动态建立的。

PCO 的验证密钥是在终端的制造过程中安装的。PCO 还维持一个重要的对称密钥分级结构。顶层是**区域控制主密钥**（Zone Control Master Key），它是使用组件表单手动建立的（见 10.3.3 节）。它们用于建立收单机构和发卡机构的工作密钥，从而保护 PIN。

4. 密钥存储

EMV 支付卡系统中使用的所有长期秘密或私有密钥都通过防篡改硬件进行保护，可以通过发行者的硬件安全模块来保护，也可以通过支付卡上的芯片来保护。

5. 密钥使用

通常，在 EMV 中会强制执行密钥分离。使用存储在卡上的密钥进行加密的两个主要安全功能是使用独立的对称密钥进行的。

12.4.8 支付卡的安全问题

PCO 的总体安全目标是将使用银行卡进行的欺诈降低到可管理的水平。因此，Visa 和万事达卡等的 PCO 设立了风险管理部门，其职能是评估当前的安全控制是否足够好。从磁条到 EMV 卡的演变也反映了它们对新的感知到的威胁的适应性。

针对支付卡系统的攻击有很多，包括使用假 PIN 读卡器和在终端中采用较差的随机性生成机制。然而，这些攻击大多是针对 EMV 范围之外的组件。值得注意的是，到目前为止，还没有针对 EMV 卡本身的重大攻击。

3DSecure 是对日益增长的网络犯罪问题的进一步的响应。当然，3DSecure 的安全性只取决于发卡银行对其客户进行身份认证所用的身份认证机制。不过，它在安全性和可用性之间提供了一个合理的折中，这有助于减少 CNP 欺诈的数量。

向移动支付的转变，为定义更安全的 EMV 支付处理方式提供了机会，它不需要使用 PIN 或读卡器。它还要求 EMV 与更多的技术和服务提供商进行集成。移动支付无疑将成为未来创新和标准化的一个领域，同时也会产生一些潜在的安全问题。

12.4.9 支付卡密码设计的考虑事项

有关支付卡密码安全机制的主要的密码设计考虑事项如下。

1）**公认密码算法的使用**：支付卡使用成熟的加密算法，如 2TDES 和 RSA。

2）**有针对性地使用公钥密码技术**：支付卡使用公钥加密技术的好处非常明显，即简化密钥管理，以支持离线的数据身份认证。

3）**控制和灵活性的平衡**：PCO 对其需要的密钥管理的部分基础设施进行严格控制，但在其他方面将控制权移交给参与的银行。这提供了可扩展的密钥管理，并允许银行发展自己与客户的关系。

4）**相关数据的有效使用**：支付卡以许多富有想象力的方式使用数据。例如，PAN 用于派生密钥，交易数据项在身份认证协议中用作挑战。

5）**创新**：支付行业一直处于采用密码技术的前沿，最新一波创新浪潮正通过移动支付计划发展而来。

12.5 视频广播中的密码学

本节我们将研究的下一个应用是视频广播中的密码学，这个应用与前面的应用有本质区别。它使用加密技术来保护正在播放的数字视频中的内容，有时也称为 pay-TV。这个应用最吸引人的地方在于它的安全服务需求相当简单，但是密钥管理却非常复杂。这是因为环境带来了一些不寻常的操作限制，从而需要一些特殊的密钥管理技术。

12.5.1 视频广播的背景

传统上，商业电视广播公司借助政府补贴或广告收入为其视频广播服务提供资金。这主要是因为大多数模拟广播内容可以被任何拥有合适设备（如电视机）的人接收，使得其他商业模式（如基于年度订阅的模式）难以实施。例如，在英国，执行年度电视许可证制度，可以定位设备和尝试通过回溯的方式收集收入信息。

另一种选择是使用针对特定广播技术开发的特殊技术来加密模拟内容。这个过程通常称为置乱（Scrambling）。这要求内容消费者需要获取专用硬件以便解密和恢复内容。因此，这一要求为获取收入提供了机会。

数字视频广播网络会对数字内容进行处理，从而使用各种现代的加密机制来保护内容，进而支持各种不同的业务模型。其中大多数要求消费者使用特定的硬件（或软件）来恢复内容。常见的模型包括*全订阅服务*（Full Subscription Service），此服务允许消费者在一个特定的时间访问所有广播内容；*包订阅服务*（Package Subscription Service），允许消费者访问预定义广播内容的“捆绑包”；*付费点播服务*（Pay-per-View Service），允许购买特定的广播内容（例如，一场体育赛事的直播）。数字视频广播的压缩也允许在类似带宽上的模拟广播中添加更多的内容，因此它为更加多样化的服务供应环境创造了机会。

图 12-11 显示了数字视频广播网络的基础设施的一个简单示例。*广播源*（Broadcast Source）传输广播内容，并受*广播提供商*（Broadcast Provider）控制。广播内容被传输给*内容消费者*（Consumer），消费者需要访问合适的*广播接收器*（Broadcast Receiver）才能接收信号。在图 12-11 的示例中，通信信道经卫星链路于空中传输，因此广播接收器采用卫星接收器。然而，数字视频广播也可以通过其他媒体传输，例如光纤光缆，在这种情况下，广播接收器是能够接收内容的任何硬件设备。除了接收广播源传输的数据外，消费者还需要一个*内容访问设备*（content access device），该设备具有解密的能力来恢复广播内容。虽然这可以在软件中实现，但大多数内容访问设备都是包含智能卡的硬件设备。控制对广播内容的访问所需的关键数据（如加密密钥）通常存储在智能卡上，从而允许使用内容访问设备从不同的广播提供商那里获取内容。在这种情况下，除非另有说明，否则我们将内容访问设备视为硬件和智能卡。注意，这个通用的网络基础设施独立于用于销售广播内容的业务模型。

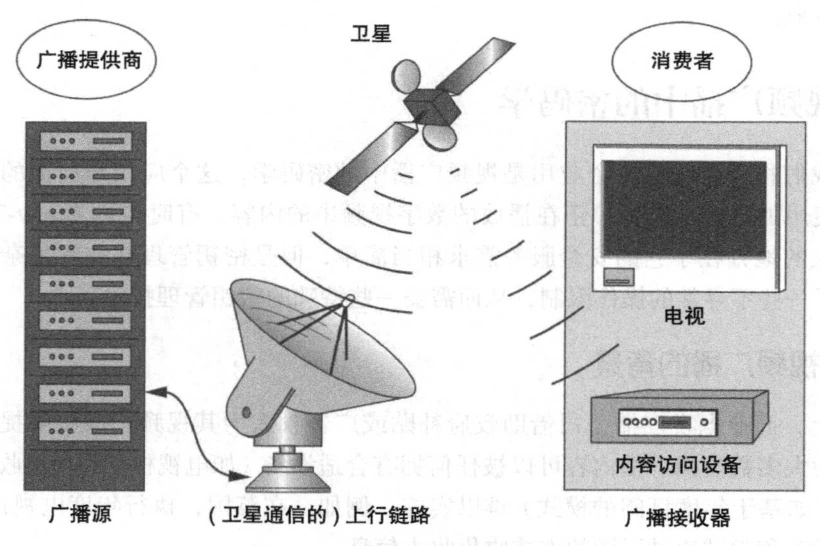

图 12-11 数字视频广播网络

在接下来的讨论中，我们将考虑一个通用的广播视频应用，而不是一个特定的提供商系统。我们将假设广播提供商正在使用*通用置乱算法*（Common Scrambling Algorithm, CSA），这是一种标准的专有加密算法，许多提供商都是围绕该算法实现安全性的（参见 12.5.3 节）。

12.5.2 视频广播的安全需求

为了了解数字视频广播的安全需求，我们首先要了解广播网络环境中的两个重要约束条件。

1）**单向信道**：广播通信信道只在一个方向上工作，即从广播源到广播接收器。消费者无法将信息发送回此通信信道上的广播源。

2）**不受控制的访问**：与模拟广播一样，使用正确的广播接收技术（图 12.11 的例子中是一个卫星天线）的任何人都可以接收数字视频广播内容。

因此，数字视频广播的安全需求就是保证广播内容的机密性。

为了控制收入来源，广播提供商必须使未购买必要内容访问设备的任何人的广播内容变得毫无价值。换言之，广播频道需要保密，只有授权消费者才能访问必要的解密密钥。需要注意的是，由于广播内容的敏感性，没有提出对机密性的要求。相反，广播提供商希望人们观看这些内容，只要他们付费即可。这个需求有时被称为*条件访问*（Conditional Access）。

我们需要考虑一下，为什么这是唯一的安全服务需求。

1）*实体身份认证*：我们以前的大多数应用都需要某种程度的实体身份认证，这是控制哪些消费者可以访问广播视频内容的一种方法。但是，这要求消费者能够与广播源通信，在本例中这是不可能的。广播源的身份认证是可能的，但没有必要，因为攻击者冒充广播源并发送虚假视频广播的威胁与大多数商业广播环境并不特别相关。

2）*数据完整性*：毫无疑问，数据完整性很重要，因为视频广播信道在传输信道中可能容易出错。然而，对数据完整性的威胁更可能是意外错误，而不是恶意攻击者故意引入的错误。因此，解决方案在于纠错码（参见 1.4.4 节），而不是密码机制。

数字视频广播密钥管理的设计还受到其他一些操作限制的影响。我们将在 12.5.4 节中讨论这些问题。

12.5.3 视频广播中使用的密码学

出于机密性的考虑，我们需要确定使用哪种加密算法。其背后的密码设计决策与 GSM 加密的设计决策几乎相同（参见 12.3.3 节）。

1）**完全对称的密码体系结构**：视频广播网络是封闭的系统。

2）**用于数据加密的流密码**：视频广播需要在潜在的嘈杂的通信信道上实时传输数据。

3）**修正加密算法**：同意使用固定加密算法可以使该算法在所有广播接收机中实现，从而提高互操作性。

4）**专有加密算法**：选择设计一种专有的加密算法是合理的，原因与 GSM 相同。在这种情况下，专业知识掌握在数字视频集团（Digital Video Group，DVB）的成员手中，DVB 是一个由广播公司、制造商、网络运营商、软件开发商和对数字视频广播感兴趣的监管机构组成的联盟。至于GSM，其设计背后的一个影响是使解密尽可能地有效，因为内容访问设备的功能没有广播源那么强大。

设计的专有加密算法是CSA。虽然CSA是由ETSI标准化的（见12.3节），但只有在遵循一项保密协议时才可以对其进行审查。然而，在2002年，CSA在一个软件应用中被实现，随后遭受逆向攻击。

CSA本质上是一种*双流密码*（Double Stream Cipher）加密。第一层加密基于在CBC模式下部署的私有分组密码，这意味着它作为流密码运行（参见4.6.2节）。第二层加密使用专用的流密码对第一次加密期间生成的密文进行加密（这只是稍微简化）。密钥长度为64位（实际上只有48位用于加密），两个加密过程都使用相同的加密密钥。目前还不清楚为什么采用这种“双重加密”的分层设计，但本质的原因是作为一种保险形式，防止其中一层加密被破坏。

12.5.4　视频广播的密钥管理

数字视频广播的主密钥管理任务很简单：恢复广播内容所需的密钥只提供给授权查看广播内容的消费者。然而，有几个复杂的因素使这项任务颇具挑战性。

1）**潜在消费者的数量**：数字视频广播网络可能有大量的消费者（在某些情况下，可能有数百万），因此密钥管理系统的设计必须具有足够的可扩展性，以便在实际环境中发挥作用。

2）**授权消费者的动态群体**：被授权观看数字广播内容的消费者群体非常活跃。*付费观看*（pay-per-View）服务提供了一个极端的例子，在这种情况下，每种内容广播的授权消费者群体都可能是不同的。

3）**持续提供服务**：在许多应用中，广播源将不断地传输需要保护的数字视频内容。没有可以进行密钥管理操作的中断期。因此，大多数密钥管理必须在运行的过程中进行。

4）**同步的精度**：从4.2.4节的介绍可知，流密码要求通信信道两端的密钥同步。在数字视频广播中，这种同步必须发生在广播源和所有（正如我们刚刚指出的，这可能是数百万）授权消费者之间。这种同步必须接近完美，否则一些消费者可能会暂时无法获得服务。

5）**即时访问**：消费者通常希望即时访问广播内容，不愿容忍密钥管理任务造成的延迟。这一问题的极端性质的例子出现在订阅服务中。在订阅服务中，消费者常常选择一系列不同的广播频道，每个频道都在很短的时间内进行选择（通常称为频道浏览）。由于这些不同的信道需要使用不同的加密密钥进行加密，因此内容访问设备需要立即访问所有相关的解密密钥。

现在我们来看看数字视频广播系统是如何应对这些挑战的。

1. 视频广播密钥管理系统的设计

正如我们在12.5.2节中指出的，所有视频广播内容在传输过程中都必须加密。在12.5.3节中，我们说明了这种情况下必须使用对称密钥，我们将其称为*内容加密密钥*（Content

Encryption Key，CEK）。由于广播源只传输广播内容项的一个版本，用于加密特定内容项的内容加密密钥对所有消费者而言必须都是相同的。由于消费者对数字内容有不同的访问权限，因此两个不同广播内容项的 CEK 必须不同。

这里的挑战在于确保只有获得授权访问内容的消费者才能获得正确的 CEK。为了做到这一点，我们所说的操作限制规定了以下密钥管理设计决策。

1）**在广播信号中传输加密的 CEK**：这样做最重要的原因是满足即时访问的需要。CEK 与内容本身一起传输，并通过不断重复（大约每 100 毫秒重复一次）来达到“立即可用”的效果。显然，CEK 不能以明文形式传输，否则任何接收广播信号的人都可以获得它，从而恢复内容。因此，CEK 以加密的形式传输。我们将把用于加密 CEK 的密钥称为密钥加密密钥（KEK）。

2）**CEK 高频率地变化**：一旦有人访问了 CEK，他们就可以使用 CEK 来恢复使用它加密的所有广播内容。因此，经常更改 CEK 是很重要的，其中的原因在 10.6.2 节中讨论过。在大多数视频广播系统中，CEK 通常每 30 秒更换一次，但在这种特殊情况下可能每 5 秒就会发生一次。

3）**CEK 提前发送**：为了帮助同步和即时访问，CEK 是在使用它的任何内容广播传输之前发布的。显然，由于授权消费者群体的动态性，不能提前太多。折中方案是不断地传输两个（加密的）CEK，其中包括用于加密当前广播内容的当前 CEK 和用于加密下一广播内容的下一个 CEK。

因此，内容访问设备有时间恢复下一个 CEK，并在更改 CEK 后立即可用。

4）**使用对称密钥分级结构**：我们已经看到，视频广播方案使用 KEK 来加密 CEK。当然，这只是将访问问题转换成确保只有经过授权的消费者才能访问所需的 KEK。为了以可扩展的方式管理这个问题，视频广播系统使用对称密钥分级结构（参见 10.4.1 节），稍后我们将详细讨论这个问题。

2. 视频广播密钥的建立

我们现在讨论视频广播方案如何建立所需的 KEK，以便授权消费者（Consumer）获得他们应得的 CEK。

如前所述，视频广播方案使用对称密钥分级结构。在每个分级结构的顶部是密钥，这些密钥只由广播提供商和特定的消费者共享，我们将其称为消费者密钥（CK）。在一个消费者较少的简单系统中，可以使用这些 CK 加密 KEK。然而，有两个原因可以说明这种方法不太实用：

1）大多数视频广播系统有大量的消费者，以这种方式发送加密的 KEK 将需要很多带宽，因为必须为每个消费者发送一个唯一的密文。

2）由于与 CEK 类似的原因，每个 KEK 本身必须经常更改。这可能发生在日常生活中。因此，由于需要频繁地更新 KEK，带宽问题会进一步恶化。

折中方案是部署*区域密钥*（Zone Key，ZK），这是由消费者组共享的密钥。区域密钥的生存期比 KEK 长，但比 CK 短。相关的 ZK 最初发送给使用 CK 加密的消费者。然后，消费者使用 ZK 来恢复 KEK，KEK 用于恢复 CEK。当需要更改 ZK 时，新的 ZK 确实需要发送给需要它的每个消费者，但是这个事件发生的频率比 KEK 要低得多（KEK 又比 CEK 发生的频率低得多）。

消费者密钥位于这些密钥分级结构的顶部，并存储在内容访问设备的智能卡上。因此，它们是在向消费者发出智能卡之前设置的。图 12-12 显示了一组简单的密钥分级结构示例。在本例中，有五个消费者，它们被划分为两个区域。在实践中，可以部署多级的区域密钥，以增强可伸缩性。

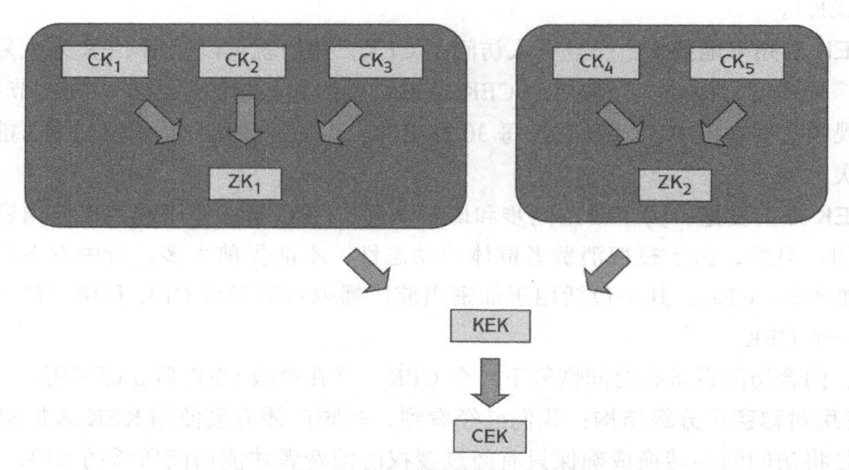

图 12-12 数字视频广播方案的密钥分级结构

视频广播方案提供了一个很好的例子，说明了使用对称密钥分级结构来实现可扩展密钥管理的好处。值得注意的是，与内容的加密不同，它没有标准规定在层次结构中用于分发密钥的加密算法。因此，不同的内容提供者可以选择自己的方法。

3. 视频广播访问控制

广播内容的加密可以防止没有内置消费者密钥智能卡的内容访问设备恢复广播内容。很明显，拥有有效 CK 的消费者将能够恢复内容。当消费者与广播提供商的合同终止时，会带来一个潜在的问题，因为从理论上讲，消费者仍然能够访问广播内容，直到相关 ZK 下一次更新。

在实践中，可以通过在内容访问设备中执行访问控制来解决这个问题（请参阅 1.4.6 节）。每个消费者都预先获得其*内容访问权限*（Content Access Right），该权限标识消费者有权访问哪些内容。这些权限以特殊的管理消息的方式分发给消费者，并使用消费者的 CK 加密。可以使用类似的过程在任何阶段更新这些内容访问权限。在内容访问设备尝试恢复任何内容之前，它首先检查消费者的内容访问权限，以确定消费者是否有权访问内容。如果用户通过检查，则恢复内容，否则内容访问设备拒绝恢复内容。

因此，视频广播方案有*两层*（two-tiered）保护内容的方法。一层是访问控制，由内容访问设备强制执行。另一层是密码控制，通过使用对称密钥分级结构来实现。硬件控制应该阻止普通消费者知道其 CK，因而不能更改已授予他们的内容访问权限。然而，即使消费者能够做到这一点，他们利用密钥建立控制来访问内容的能力最终也将被取消，如我们前面描述的。

4. 视频广播密钥的存储

在基于硬件的内容访问设备中，所有相关密钥（包括重要的消费者密钥）都存储在智能卡上。然而，这仍然存在一个潜在的漏洞。由于内容访问设备在不同的广播提供商之间可以互操作，因此智能卡与内容访问设备的其余部分之间的接口是标准化的，也易于理解。这可能造成攻击者在智能卡和其他内容访问设备之间传输 CK 时尝试获取 CK。因此，为了保护这个接口，常常在智能卡和其他内容访问设备之间建立一个共享对称密钥。

12.5.5 视频广播的安全问题

数字视频广播方案看起来有能力为广播内容提供强大的保护。这对广播提供商来说非常重要，因为他们依靠加密来保护收入来源。内容的保护最终依赖于 CSA 的安全性，尽管存在一些问题，但 CSA 仍然得到了极大重视。虽然按照现代标准，它的密钥很短，但密钥的值经常变化。这些密钥的安全性还依赖于特定广播提供商采用的加密算法和密钥管理技术，以保护密钥分级结构中的所有密钥。

12.5.6 视频广播设计的考虑事项

视频广播网络为我们提供了一个非常有趣的密码学应用，其设计考虑的问题如下。

1）**对称密码技术的使用**：视频广播方案的封闭性有利于使用完全对称的密码系统。

2）**对称密钥分级结构的使用**：视频广播方案提供了一个很好的例子，说明了部署密钥分级结构来支持对称密钥管理的好处。

3）**操作约束的影响**：虽然视频广播网络的安全需求相当简单，但是由于其操作限制，它需要一些创新的密钥管理措施来控制其网络安全。特别令人感兴趣的是为大型消费群体提供的对广播内容即时和同步访问进行保障的技术。

4）**部分标准化基础设施**：视频广播方案遵循一些通用的标准（例如内容加密），而其他方面（如更高级别密钥的建立）则由各个广播提供商自行设计。虽然这为可互操作方案的不同市场提供了机会，但它也造成了特定系统中潜在的漏洞。

请注意，视频广播网络的安全性只是与*数字版权管理*有关的应用的一个例子，该问题涉及限制消费者访问数字内容的技术。

12.6　身份证中的密码学

到目前为止，我们介绍的应用都有相当具体的目标，因此它们具有明确定义的安全需求。接下来，我们使用的密码技术在这方面与之前的应用是完全不同的。国民（公民）身份证通常被视为通用的“令牌”，通过提供一系列公民身份相关信息来使用。因此，身份证是部署在应用中的工具，而不是作为应用本身使用。身份证可以配置许多不同的功能（实际上许多这样的方案根本没有用到密码技术），我们这里仅重点讨论一个方案，即比利时的 eID 卡方案，这是最早在每张身份证上使用密码签名功能的方案之一。这是密码学广泛应用于其他应用的一个例子，而不是一个采用密码学来为特定的应用提供支持的例子。

12.6.1　eID 的背景

在特定的背景下，例如工作场所，大多数人接受包含和（或）显示持有人身份相关数据的卡片。然而，人们对国家身份证方案的态度是多样化的，在某种程度上是由于文化的不同造成的。在一些国家，如英国，对此类计划存在很大的反对意见。这在很大程度上是源于对隐私问题、部署成本、数据管理的担忧，以及对这种方案的实用性的怀疑。在其他国家（如比利时），国家身份证计划已经推出，并被纳入日常生活。

公民身份证的主要用途是出示被独立签发的持卡人身份证明。这种卡片通常会显示持卡人的照片和一些个人信息，其中可能包括手写签名。然而，智能卡技术的进步和密码学应用的发展为公民身份证增加额外功能提供了机会，从而使它变得更有用。

eID 卡方案发展的契机是 1999 年欧洲电子签名政令（the 1999 European Directive on Electronic Signatures）的发布，该政令创建了一个框架，使电子签名具有法律约束力（见 7.1.2 节）。第一批 eID 卡于 2003 年签发给比利时公民，从 2005 年起，所有新发的身份证都是 eID 卡。

eID 卡有四个核心的功能：

1）**视觉识别**。这样就可以通过在卡片上显示照片以及手写签名和基本信息（如出生日期）来直观地识别持卡人（见图 12-13）。以前的比利时身份证也提供该功能。

2）**显示数字资料**。这允许 eID 卡上的数据以电子形式呈现给验证方。卡上的数据具有特定的格式并且包括下面的内容。

- 持卡人的数码照片。
- 由以下信息组成的身份标识文件：
  - 个人资料，例如姓名、身份证号码、出生日期及特殊身份（例如持卡人是否有残疾）。
  - 持卡人的数码照片的哈希值。
  - 芯片号、卡号、有效期等卡片专用数据。
- 由持卡人的注册地址组成的地址文件。

数字数据表示的应用包括对图书馆、酒店房间和体育馆等设施的访问控制。

图 12-13 eID 卡

3）**数字身份证持卡人认证**。持卡人可以使用 eID 卡向验证方实时证明自己的身份。换句话说，它方便了持卡人的身份认证。持卡人身份认证的应用包括对各种网络服务的远程访问，如官方文件申请（例如，申请出生证）、访问在线税务申报应用和患者记录信息。

4）**数字签名创建**。这允许持卡人使用 eID 卡对某些数据进行数字签名。数字签名的创建应用于电子合同的签署和社会保障的申报。当然，使用不可否认密钥创建的 eID 卡的数字签名是公认合法的。

12.6.2 eID 的安全需求

eID 卡的三种数字功能提出了以下三种安全需求：

1）**卡数据的数据源身份认证**。为了提供数字数据的真实性，必须保证发出卡之后卡数据没有被更改。

2）**提供数据源身份认证服务**。为了支持数字持卡人的身份认证，必须将 eID 卡作为身份认证服务的一部分。eID 卡在这方面的作用是提供数据源身份认证服务，然后可以使用该服务来支持持卡人与认证方之间的身份认证协议。

3）**提供不可否认的服务**。为了有效地进行数字签名的创建，eID 卡必须能够提供不可否认性。

12.6.3 eID 卡中使用的密码学

eID 卡中的密码相对简单。在学习 eID 卡的密码功能时，了解以下设计的考虑事项非常重要：

1）**公钥密码技术的使用**。eID 卡潜在应用空间的开放性质决定了它必须支持公钥加密。让 eID 卡包含预加载的对称密钥是不切实际的，这些密钥对所有未知的未来的应用都有意义。

2）**使用数字签名方案**。使用数字签名方案可以满足 eID 卡的所有三个安全需求。虽然第一个安全需求没有规定该方案必须在 eID 卡上实现，但第二个和第三个要求需要在其上实现。注意，eID 卡不需要具有加密或解密数据的功能。

3）**使用公开的数字签名方案**。为了鼓励使用 eID 卡并提供互操作性，它采用的数字签名方案必须得到广泛的尊重和支持。

eID 卡方案通过使用带有附属信息的 RSA 数字签名来解决这些问题（参见 7.3.4 节）。2003 年至 2014 年间发行的 eID 卡使用的是 1024 位 RSA。自 2014 年 3 月以来发行的卡片支持 2048 位 RSA。从 2019 年开始，eID 卡将支持基于椭圆曲线的数字签名。支持多个哈希函数，即初始卡上的 MD5 和 SHA-1，以及 2014 年以来发行的卡上的 SHA-256。

因此，eID 卡方案为使用公钥密码技术提供了一个有趣的案例研究。现在，我们将简要介绍如何使用 eID 卡提供这三个核心的数字功能，然后介绍它如何支持公钥管理。

12.6.4　eID 卡的核心功能

eID 卡方案由一个名为国家登记处（National Register，NR）的机构管理。NR 是比利时政府管理部门的一个可信组织，为该方案提供便利。正如我们将在 12.6.5 节中看到的，NR 负责签发 eID 卡，因此也拥有其中所载个人资料的所有权。

每个 eID 卡包含两个签名密钥对和一个额外的签名密钥。

- *认证密钥对*：此密钥对用于支持持卡人的身份认证。
- *不可抵赖性密钥对*：此密钥对用于创建数字签名。
- *卡签名密钥*：此签名密钥可用于对卡进行身份认证，而不是对持卡人进行身份认证。只有 NR 知道特定 eID 卡对应的认证密钥。此签名密钥仅用于卡与 NR 之间的管理操作。

请注意，eID 卡通过为两个不同的安全服务提供单独的签名密钥对来实现密钥分离的原则（请参阅 10.6.1 节）。除了作为良好的密钥管理实践的例子之外，这种分离还具有一定的法律意义。由于法官必须考虑在法律上等同于手写签名的不可否认签名，因此不可否认性认证密钥需要更高级别的证书（参见 12.6.5 节）。

我们现在考虑如何使用数字签名来支持 eID 卡的三个核心数字功能。

1. 数字数据表示

这涉及认证方读取卡数据，然后验证卡上数据的正确性。为了获得这一保证，认证方需要验证两个由 NR 创建并存储在 eID 卡上的数字签名。

- 签名的身份文件：这是由身份文件上的 NR 生成的数字签名。
- 签名的身份和地址文件：这是由 NR 将已签名的身份文件和地址文件进行连接而生成的数字签名。换句话说，它的形式是

$$sig_{NR}(sig_{NR}(\text{身份文件})\,||\,\text{地址文件})$$

认证方可以首先使用 NR 的验证密钥来验证已签名的身份文件，从而验证卡数据。如果这个检查没有问题，那么可以继续验证签名的身份和地址文件。

NR 没有为所有卡片数据签名的原因是，地址更改比身份文件内容的更改频繁得多。因此，NR 可以更新卡上的地址，而不需要重新发行新的 eID 卡。因此，主要的管理操作取决于稍微复杂一点的卡数据验证过程。

2. 数字持卡人身份认证

每个 eID 卡持有者都可以使用 PIN 激活 eID 卡上的签名密钥。持卡人还需要访问一个 eID 读卡器（eID card reader），其中可能包括一个 PIN pad。这提供了一个 eID 卡和持卡人计算机之间的接口。一个典型的持卡人身份认证过程如图 12-14 所示。在本例中，一个被访问的 Web 服务器请求对持卡人进行身份认证。

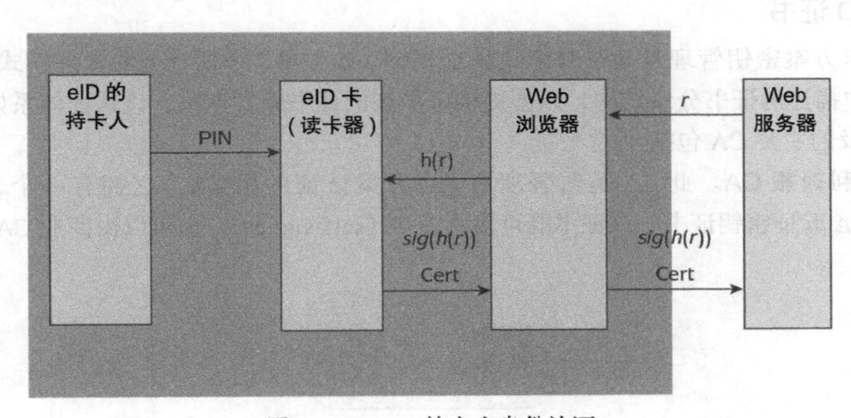

图 12-14　eID 持卡人身份认证

1）Web 服务器随机生成一个挑战 r。它被发送到持卡人的浏览器，随后该浏览器显示一个登录请求。

2）持卡人将 PIN 输入 eID 读卡器，如果正确，读卡器将授权 eID 卡进行身份认证。

3）持卡人的浏览器使用合适的哈希函数（参见 6.2 节）计算挑战 r 的哈希 $h(r)$，并通过读卡器将其发送到 eID 卡。

4）eID 卡使用身份认证签名密钥对 $h(r)$ 进行数字签名，并通过持卡人的浏览器将其连同持卡人的身份认证密钥证书发送到 Web 服务器。

5）Web 服务器验证接收到的证书，如果成功，则验证签名并检查它是否与挑战 r 对应。如果一切正常，则成功验证持卡人。

这个过程是挑战–响应的一个简单应用，用于进行身份认证（参见8.5节）。请注意，身份认证过程的整体安全性依赖于持卡人的PIN的安全性。能够访问eID卡和PIN的攻击者可以对Web服务器进行虚假身份认证。

3. 数字签名创建

数字签名的创建过程如7.3.4节所述，只是持卡人必须在创建数字签名之前输入PIN。数字签名是使用不可否认签名密钥生成的。然后，不可否认的验证密钥证书连同数字签名将被一起发送给验证者。之后，认证人员应在使用7.3.4节所述的程序验证数字签名之前，执行所有标准认证检查，包括检查CRL（参见12.6.5节）。

12.6.5 eID的密钥管理

eID卡方案提供了一个支持公钥加密的密钥管理系统的有趣示例。我们将研究eID卡是如何支持方案密钥管理的，其中应当特别关注11.2节中描述的证书生命周期的两个阶段，即证书颁发和证书吊销，这是特别具有挑战性的阶段。

1. eID证书

eID卡方案密钥管理是基于封闭式认证模型（如11.3.2节所述）的管理模式。它使用11.3.3节中描述的证书分级结构，以便提供可扩展的证书颁发方法。该认证体系如图12-15所示。涉及的主要CA包括：

- **比利时根CA**。此CA是监督所有eID方案认证的根CA。它拥有一个2048位的RSA验证密钥证书，该证书既可以自签名（self-signed），也可以由商业CA签名。

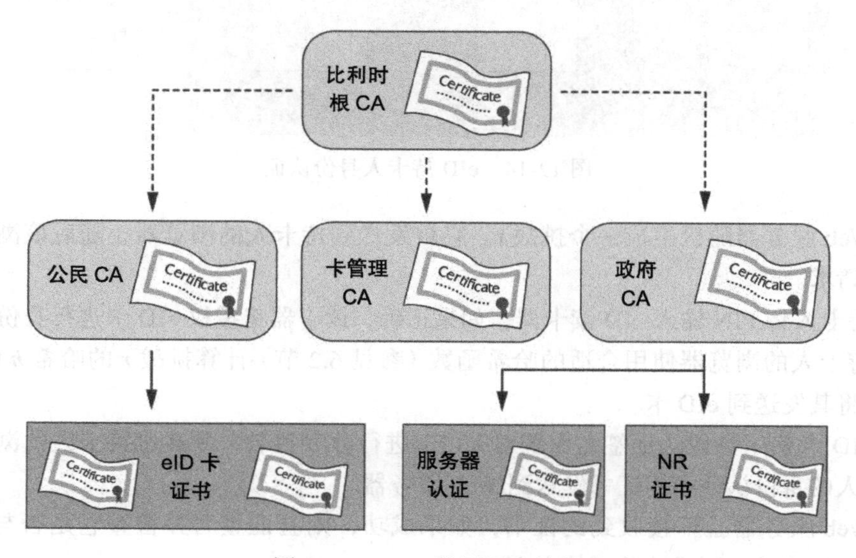

图12-15 EID认证层次结构

- **公民 CA**。此 CA 向持卡人颁发证书，并负责签署 eID 卡身份认证和不可否认性认证密钥证书。公民 CA 拥有一个由比利时根 CA 签名的 2048 位 RSA 验证密钥。
- **卡管理 CA**。此 CA 向执行 eID 卡方案管理操作的组织颁发证书，例如，管理地址更改和密钥对生成的组织。卡管理 CA 也拥有一个由比利时根 CA 签名的 2048 位 RSA 验证密钥。
- **政府 CA**。此 CA 向政府组织和 Web 服务器（包括 NR）颁发证书。政府 CA 亦拥有一个由比利时根 CA 签名的 2048 位 RSA 验证密钥。

每个 EID 卡存储五个证书：

1）比利时根 CA 证书。

2）公民 CA 证书，用于发行 eID 卡证书。

3）eID 卡身份验证密钥证书。

4）eID 卡不可否认性验证密钥证书。

5）NR 证书。

所有 eID 卡方案证书均为 X.509 版本 3 的证书（见 11.1.2 节）。持卡人的不可否认验证密钥证书必须是合格证书（Qualified Certificate），这意味着它必须满足额外的条件，并且包括证书持有者的准确身份。根据欧洲法律，如果使用相应的签名密钥生成的任何数字签名具有法律约束力，则证书必须是合格的。

2. eID 卡的发放流程

eID 的发放过程相当复杂，涉及多个不同的组织。它很好地说明了生成公钥证书的复杂性，我们在 11.2.2 节中对此进行了一般性讨论。该过程如图 12-16 所示，由以下步骤组成。

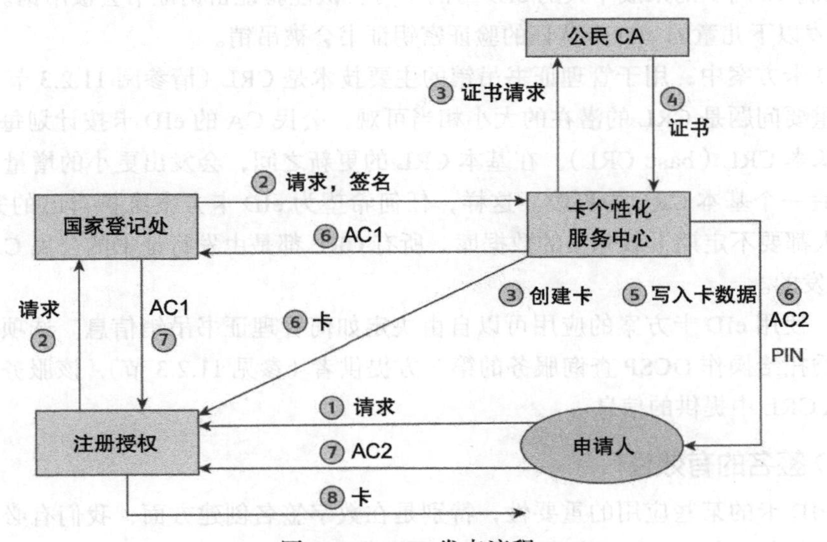

图 12-16　eID 发卡流程

1）eID 申请人在申请或被邀请申请 eID 卡后，都要到当地政府办公室办理。该办公室本质上起着 RA 的作用（见 11.2.2 节）。申请人向 RA 出示一张照片，RA 将核实申请人的个人信息，并正式签署一个 eID 卡请求（eID card request）。

2）eID 卡请求从当地政府办公室发送到卡个性化服务中心（CP），然后通知 NR。CP 检查 eID 卡请求。为了简单起见，我们假设存在一个 CP，它负责卡的物理方面事务并将相关数据输入到卡的芯片上。

3）CP 创建一个新的 eID 卡，并在卡上生成所需的密钥对。然后，CP 通过 NR 向相关公民 CA 发送证书请求，NR 为每个证书颁发证书序列号。

4）公民 CA 生成证书并将它们发送给 CP，CP 将证书存储在卡上。然后，CA 立即挂起这些证书。

5）CP 将所有剩余的卡数据写到卡上，然后停用卡。

6）CP 发送以下信息：

- 第一部分的激活码 AC_1 给 NR。
- 第二部分的激活码 AC_2 和一个 PIN 给申请人。
- 未激活的 eID 卡给 RA。

7）申请人修改 RA 并提交 AC_2，然后再与 AC_1 结合，RA 从 NR 的数据库请求 AC_1。

8）CA 激活挂起的卡证书，并向申请人发出有效的 eID 卡。

3. eID 证书吊销

在 11.2.3 节中，我们讨论了进行公钥证书吊销所要面对的困难。除 10.6.2 节中列出的吊销公钥证书的原因外，还有两种特殊情况，其中的 eID 卡证书处于被吊销状态：

1）未满 18 周岁的未成年人的 eID 卡的不可否认性验证密钥证书会被吊销。

2）6 岁以下儿童的 eID 卡认证的验证密钥证书会被吊销。

在 eID 卡方案中，用于管理证书吊销的主要技术是 CRL（请参阅 11.2.3 节）。eID 卡方案的一个重要问题是 CRL 的潜在的大小相当可观。公民 CA 的 eID 卡按计划每三小时发出一次新的基本 CRL（base CRL）。在基本 CRL 的更新之间，会发出更小的增量 CRL，用于标识对最后一个基本 CRL 的更改。这样，任何希望为 eID 卡方案维护自己的完整 CRL 本地副本的人都要不定期下载完整的数据库。所有 CRL 都是由发行证书的公民 CA 使用 2048 位 RSA 签发的。

通常，使用 eID 卡方案的应用可以自由决定如何管理证书吊销信息。选项包括将吊销状态管理委托给操作 OCSP 查询服务的第三方提供者（参见 11.2.3 节），该服务本身将依赖于公民 CA CRL 中提供的信息。

4. eID 签名的有效性

鉴于 eID 卡的某些应用的重要性，特别是在数字签名创建方面，我们有必要简要说明一下数字签名在两个特定时间段内的潜在有效性。

1）**事件发生后但撤销前创建的数字签名**。如在 11.2.3 节中所讨论的，如果依赖方在发生安全事件（一种使得 eID 卡不可否认性验证密钥证书失效的类型）和吊销该证书之间的时间段内验证 eID 卡签名，则会出现潜在的问题。如果事件发生的时间能够被精确验证，那么从技术上讲，在此期间创建的数字签名很可能无效。应用需要知道这个潜在的问题，并针对它进行一定的处理。公民 CA 通过频繁地发布基本和增量 CRL 来辅助这个过程。

2）**数字签名在 eID 卡到期或吊销后的有效性（不可否认性验证密钥证书）**。只要数字签名在 eID 卡（或其不可否认性验证密钥证书）到期或吊销之前得到验证，那么它在到期或吊销日期之后仍应被视为有效（实际上，可能具有法律约束力）。使这一点更加明确的一种方法是，签名者从可信的第三方获得数字签名，以证明该签名在特定时间点的有效性。也就是说，签名者 Alice 将其数字签名 sig_A（data）提供给 TTP，TTP 在时间 t 验证此签名，然后生成数字签名：

$$sig_{TTP}(sig_A(\text{data}) \| t)$$

因此，TTP 充当存档服务。在 eID 卡到期或被吊销后，Alice 仍然可以出示存档的签名作为其有效性的证据。请注意，任何未知的依赖方不需要验证 Alice 的原始签名，但必须信任 TTP。此过程的假设如下：

- TTP 的验证密钥的使用寿命比 Alice 的长。在 TTP 的验证密钥到期时，Alice 始终可以要求 TTP 使用其新的签名密钥重新生成存档的签名。
- 随后，在用于生成或验证 Alice 数字签名的过程或算法中均未发现任何缺陷。

12.6.6　eID 的安全问题

eID 卡方案相对直接地使用了密码学。它的主要功能是向公民发放包含数字签名功能的智能卡。这些应用为满足其自身的安全需求可以使用此加密功能。因此，主要的安全问题可能来自这些应用与 eID 卡交互的特定方式。由于 eID 卡方案支持数字签名，因此必须注意我们在 7.4 节中讨论的关于数字签名使用的许多安全问题。

eID 卡本身的主要安全问题来自密钥管理。卡的发行是一个相当复杂的过程并且应当受到控制，因为 eID 卡的欺诈发行或发行时使用了不正确数据，可能会带来非常严重的影响。证书吊销是以可扩展的方式管理的，为了验证使用 eID 卡签名的数据，各个应用应确保它们获得最新的吊销数据。

12.6.7　eID 设计的考虑事项

有关 eID 卡方案设计主要考虑的事项如下：

1）**使用公钥密码**。虽然 eID 卡是在封闭的环境中发行的，但它们是在开放环境中使用的。因此，使用公钥密码是合适的。

2）**使用公开的算法**。为了增强信心和支持互操作性，eID 卡方案使用了公认的 RSA 数字签名方案。

3）**使用认证分级**。eID 卡方案的国家范围非常适合采用认证分级，由中央 CA 支持区域注册机构。

4）**具体的数据处理**。eID 卡的设计表明，在实际应用中，不同的数据项需要不同的管理。这反映在卡数据的数字签名方式上，它表明地址数据通常比其他类型的个人数据变化得更频繁。

5）**灵活性**。eID 卡方案是主要的密码应用的促成者（enable）。因此，在如何管理与 eID 卡交互的应用的安全性方面，它给特定的应用保留了一定程度的灵活性。特别是，应用必须管理它们自己的证书吊销过程。

12.7　匿名中的密码学

现在我们来看看密码学的另一种用途——支持匿名性。虽然从基本层面上看，匿名概念（身份隐藏）非常直观，但匿名实际上难以准确定义。这是因为匿名性有许多不同的方面，而且匿名性在数字环境中通常很难保证。例如，通过使用加密，可以相当容易地对包含标识的一段数据进行加扰。但是，如果这个密文通过因特网发送，那么发送者的 IP 地址可能会泄露数据中包含的表示信息。Tor 是因特网上使用最广泛的匿名化工具。我们将研究 Tor 是如何使用密码学来支持一个特定的（尽管是有限的）匿名概念的。

12.7.1　Tor 的背景

人们希望在因特网上保持匿名的原因很多。当然，有些意图是好的，有些意图并不好。但是，相当多的应用对此是积极的态度，这为建立有效的支持匿名的工具提供了有力的理由。这些理由包括：

- 对普通因特网用户，他们担心商业公司及政府监察计划知悉其私人的因特网活动。
- 对言论自由容忍度较低的国家的因特网用户，特别是那些对政策持反对态度并造成严重后果的国家的因特网用户。
- 记者和其他调查人员，包括执法人员和国家安全官员，他们可能正在进行敏感项目。

Tor 是由非营利的 Tor 项目（Tor Project）开发的开源软件。Tor 主要由充当志愿者的网络实体组成一个分布式网络，通过它可以以匿名的方式路由因特网通信。我们将只关注 Tor 对匿名因特网浏览的支持，但 Tor 还支持其他特性。毫无疑问，Tor 自 2002 年推出以来取得了巨大的成功，现在每天都有超过 100 万用户使用它。

Tor 从未打算保护因特网用户的完全的匿名性。Tor 的设计者的首要任务是设计一种工具，能在提供一定程度的匿名性的同时，不会显著阻碍正常的因特网使用。因此，Tor 旨在阻止将用户链接到他们正在访问的因特网上的特定资源的任何尝试。其实，Tor 无法阻止一个非常强大的对手（特别是控制了大部分 Tor 网络的对手）进行这种链接，但是 Tor 确实能使进行这种链接的尝试更加困难。

注意，Tor 的有效性随着 Tor 网络用户的数量和种类的增加而增加。因此，Tor 旨在成为一个普通用户可以随时使用的系统，以保护他们的日常浏览活动。为了进一步提高 Tor 提供的安全性，我们鼓励用户使用 Tor，即使他们没有特定的匿名要求。

12.7.2 Tor 的安全需求

Tor 大量使用密码学来支持其匿名的目的，我们将在 12.7.3 节中进一步阐明。假定 Tor 在一个恶意环境中运行，攻击者可以是 Tor 网络的外部攻击者，也可以是 Tor 网络的内部攻击者。实际上，我们会假定内部网络实体的某个部分可以操纵通过 Tor 网络的流量。

Tor 提供的支持匿名性的主要安全服务有以下几类。

1）**单向的实体身份认证**：通信从中间媒介通过 Tor 网络。虽然在将通信转发给每个网络实体之前对它们进行身份认证是一个好主意，但是不对发起通信的用户进行身份认证是非常重要的，因为使用 Tor 的意义在于它们希望保持匿名。

2）**数据完整性**：在 Tor 网络上交换的信息应该受到保护，从而防止外部对手和内部 Tor 网络实体进行的可能操作。

3）**机密性**：由于 Tor 需要防止目的地通过学习获得请求连接到它的源的身份，所以 Tor 需要保护沿途的某些信息的机密性。最重要的是，使用加密可以实现 Tor 网络中进入节点的数据与离开节点的数据无法连接起来。

4）**完美的前向保密性**（参见 9.4.4 节）：Tor 网络将不断面临被破坏的风险。因此，任何用于保护 Tor 通信的密钥都应该尽可能地限制其暴露所产生的影响。

12.7.3 Tor 是怎样工作的

现在，我们来看看 Tor 是如何使用密码学来支持因特网上的匿名性的。我们将从希望匿名浏览网站的用户的角度进行描述。

1. TOR 中使用的密码学

大多数用于支持 Tor 的密码学都是相当标准的。然而，Tor 使用这些加密技术的方式却十分有趣。主要的密码组件包括以下几种：

1）**公钥密码学**。通过 Tor 的通信要求网络实体之间的安全连接不一定具有先验关系。因此，使用公钥密码学来实现安全的对称密钥交换。Tor 支持的公钥密码技术包括基于 Curve25519 的 1024 位 RSA 和 256 位椭圆曲线 Diffie-Hellman。

2）**对称加密**。大量数据的交换受到对称加密的保护。Tor 在 CTR 模式下使用 128 位的 AES。

3）**数字签名**。Tor 依赖于一个支持网络实体的目录，其真实性是通过使用 1024 位 RSA 数字签名的证书提供的，版本也使用基于 Curve25519 的椭圆曲线数字签名。

4）**哈希函数**。Tor 使用哈希函数 SHA-1 来支持完整性检查，并帮助进行密钥派生，而

SHA-1 正逐渐被 SHA-256 所取代。

5）SSL/TLS。除上述加密支持外，主要 Tor 网络实体之间的交换均使用 SSL/TLS（参见 12.1 节）进行，以提供机密性、数据源身份认证和实体身份认证，以及完美的前向保密性。密码套件可用于 CBC 模式下的 AES 或 3TDES 加密，以及 Diffie-Hellman 密钥交换。

2. 洋葱路由

我们假设用户 Alice 希望通过 Tor 连接到目标 Web 服务器。Alice 首先下载 Tor 浏览器，其中包含一个*洋葱代理*（Onion Proxy），它代表 Alice 管理 Tor。Tor 实现了*洋葱路由*（Onion Routing）概念的变体，从而将 Alice 连接到 Web 服务器。Tor 网络由一组志愿洋葱路由器（在撰写本书时大约有 7000 个路由器）组成，这些节点充当路由中介，在 Tor 连接的两个端点之间对通信进行中继。这些路由器列在一组可信的目录中，这些目录可供 Tor 的客户端使用。

当 Alice 希望启动连接时，她首先选择三个不同的洋葱路由，它们适合充当 Alice 和目标 Web 服务器之间的中介。Alice 通过三个洋葱路由器到 Web 服务器的这条路径称为一个*线路*（Circuit）。在我们的例子中，把这三个路由器分别表示为 OR1、OR2、OR3。

Tor 背后的基本的匿名思想是，除了 Alice（她知道整个线路）之外，从 Alice 到 Web 服务器的每个节点都应该只知道它们的前序和后继节点，而不知道其他节点。特别是：

- 第一个路由器 OR1 能够看到 Alice 的源 IP 地址（即使它不一定知道 Alice 的身份），但它只知道通信正在进行到 OR2，而不知道最终的目的地。
- 第三个路由器 OR3 能够看到目标 IP 地址，但只知道通信来自 OR2，不知道源地址。
- Web 服务器 WS 只知道通信来自 OR3，而不知道源地址。

为了实现这一点，Alice 首先与三个路由器中的每一个建立独立的对称密钥。我们将在下一节中讨论如何做到这一点。将 Alice 的请求转移到 Web 服务器，然后涉及一个加密的类似于派对游戏“传递包裹”的东西。（在这个游戏的 Tor 版本中，每个参与者只知道坐在他们两边的玩家，并且在每次传递后都会移除一层包装！）这是通过 Alice 将通信封装在三个不同的对称加密层来实现的，如下所示：

1）Alice 首先用与 OR3 共享的密钥加密通信，然后使用与 OR2 共享的密钥加密前面加密过的通信，最后使用与 OR1 共享的密钥加密前面加密过的通信。她将这个三重加密的通信发送给 OR1。

2）OR1 移除它的加密层并将结果传递给 OR2。

3）OR2 移除它的加密层并将结果传递给 OR3。

4）OR3 移除它的加密层。这个结果将是 Alice 想要发送给 WS 的原始消息，现在由 OR3 传递给它。

从 WS 到 Alice 的返回通信过程相反，每个洋葱路由器使用它与 Alice 共享的密钥添加一个新的加密层。当 Alice 接收到三重加密的消息时，她将解密每一层加密以检索 WS 发送的数据。

3. Tor 的密钥建立

Tor 中的每个洋葱路由器都有几个公钥对，包括：

- 身份密钥对，用于对证书和其他重要路由信息进行签名的长期密钥对。
- 洋葱密钥对，一个中期密钥对，用于支持对称密钥的建立。
- 连接密钥对，建立 SSL/TLS 连接时使用的短期密钥对。

为了进行三重加密操作，Alice 首先与线路中的三个洋葱路由器中的每一个建立独立的对称密钥。目前还不清楚如何做到这一点。Alice 所面临的问题是，虽然她能够建议 OR1 将通信传递给 OR2，但是不允许路由器 OR1 知道线路的其余部分。那么她应如何安排将通信路由到 OR3，最终传递到 WS 呢？

解决方案背后的核心思想如下：

1）Alice 首先与 OR1 建立一组对称密钥。

2）Alice 通过 OR1 与 OR2 建立一组对称密钥。这涉及 OR1 学习确认 OR2 是线路中的下一个节点，但 OR1 不学习与 OR2 相关的密钥。此外，OR2 不知道它与谁共享这些密钥。

3）Alice 通过 OR1、OR2 与 OR3 建立了一组对称密钥。这涉及 OR2 学习确认 OR3 是线路中的下一个节点，但 OR1 和 OR2 不学习与 OR3 相关的密钥。重要的是，Alice 可以使用与 OR2 共享的密钥之一加密与 OR3 相关的信息，从而防止 OR1 知道 OR3 的身份。

在此过程结束时，Alice 与每个洋葱路由器共享一组对称密钥，并且每个路由器只知道通信路径中的前一个和后一个密钥。

每一组对称密钥都来自使用 Diffie-Hellman 协议建立的秘密（Tor 的最新版本使用椭圆曲线 Diffie-Hellman）。图 12-17 中显示了建立前两组对称密钥的简化版本，其工作原理简述如下。

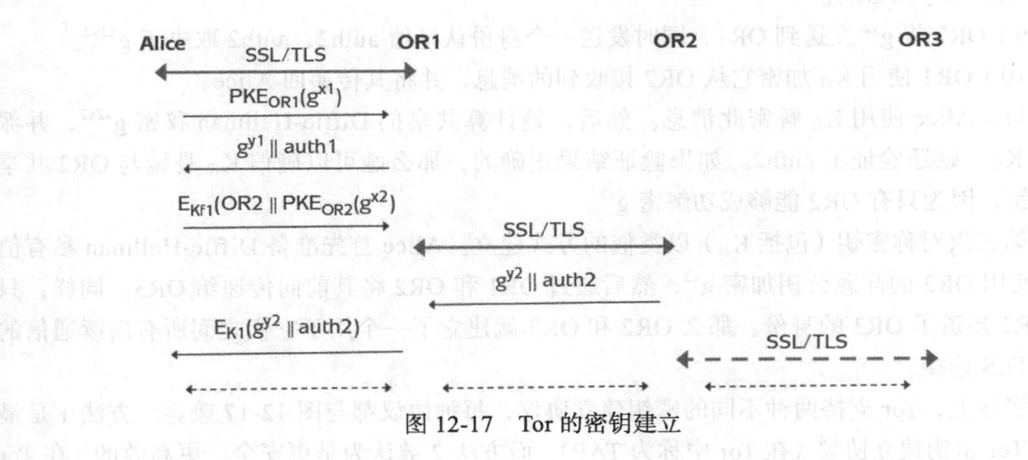

图 12-17　Tor 的密钥建立

1）Alice 与 OR1 建立了一个 SSL/TLS 连接。Alice 和 OR1 之间的所有后续通信都受 SSL/TLS 保护。

2）Alice 生成一个新的 Diffie-Hellman 私有值 x_1，并将 g^{x1} 发送给 OR1，使用 OR1 的洋葱公钥加密。

3）OR1 通过使用其洋葱私钥解密接收到的消息，从而恢复 g^{x1}。然后 OR1 生成自己的 Diffie-Hellman 私有值 y_1 并计算 g^{x1y1}，这是一个 Diffie-Hellman 秘密，它将与 Alice 共享。从这个共享秘密中，它派生出一个对称密钥 K_{f1}。（严格地说，派生出了四个对称密钥：K_{f1} 用于从 Alice 到 OR1 的前向解密，K_{b1} 用于从 OR1 到 Alice 的后向加密，D_{f1} 用于从 Alice 到 OR1 的前向完整性检查，D_{b1} 用于从 OR1 到 Alice 的后向完整性检查。）

4）OR1 将 g^{y1} 连同身份认证值 auth1 一起发送给 Alice，auth1 取决于 g^{x1y1}（我们将很快解释如何计算这个值。）

5）Alice 计算了共享的 Diffie-Hellman 秘密 g^{x1y1} 并派生出 K_{f1}，然后她验证 auth1。如果验证结果正确，那么她可以确信 K_{f1} 是她与 OR1 共享的密钥，因为只有 OR1 能够成功解密 g^{x1}。

6）Alice 现在生成一个新的 Diffie-Hellman 私有值 x_2 并计算 g^{x2}。然后，Alice 使用密钥 K_{f1} 加密一条消息，其中包含 OR2 的标识和 g^{x2}，并使用 OR2 的洋葱公钥加密。她把加密后的消息发给 OR1。

7）OR1 使用 K_{F1} 解密 Alice 的消息，从而知道 OR2 的身份。现在，OR1 与 OR2 建立了一个 SSL/TLS 连接。OR1 和 OR2 之间的所有后续通信都受 SSL/TLS 保护。OR1 现在将 g^{x2} 上的加密版本前向传递到 OR2。

8）OR2 通过使用其洋葱私钥解密接收到的消息，从而恢复 g^{x2}。然后，OR2 生成自己的 Diffie-Hellman 私有值 y_2 并计算 g^{x2y2}，这是一个 Diffie- Hellman 的秘密，它将与 Alice 共享。从这个共享密钥中，它派生出一个对称密钥 K_{f2}（同样，实际上派生了四个密钥：K_{f2}、K_{b2}、D_{f2} 和 D_{b2}）。

9）OR2 将 g^{y2} 发送到 OR1，同时发送一个身份认证值 auth2，auth2 取决于 g^{x2y2}。

10）OR1 使用 K_{f1} 加密它从 OR2 接收到的消息，并将其传递回 Alice。

11）Alice 使用 K_{f1} 解密此消息。然后，她计算共享的 Diffie-Hellman 秘密 g^{x2y2}，并派生出 K_{f2}。她还验证了 auth2。如果验证结果正确的，那么她可以确信 K_{f2} 是她与 OR2 共享的密钥，因为只有 OR2 能够成功解密 g^{x2}。

第三组对称密钥（包括 K_{f3}）以类似的方式建立。Alice 首先准备 Diffie-Hellman 私有值 x_3，使用 OR3 的洋葱公钥加密 g^{x3}，然后通过 OR1 和 OR2 将其前向传递给 OR3。同样，只要 OR2 知道了 OR3 的身份，那么 OR2 和 OR3 就建立了一个用于它们之间所有后续通信的 SSL/TLS 连接。

实际上，Tor 支持两种不同的密钥建立协议，每种协议都与图 12-17 兼容。方法 1 是最初的 Tor 密钥建立协议（在 Tor 中称为 TAP），而方法 2 被认为是更安全、更高效的（在 Tor

中称为 ntor)。两者的主要区别如下。

1)**公开密钥加密**:方法1使用RSA,方法2使用椭圆曲线 Diffie-Hellman。

2)**Diffie-Hellman 协议版本**:方法1使用 Diffie-Hellman 协议的实例化,该协议操作在素数p上(我们在9.4.2节中讨论过),而方法2使用基于椭圆曲线的实例化。

3)**身份认证**:在方法1中,值auth1仅从 g^{x1y1} 中生成。在方法2中,auth1是由 g^{x1y1} 和 g^{x1b1} 派生而来的,其中 b_1 是OR1的onion私钥。(值auth2和值auth3以类似的方式派生。)

4)**密钥的派生**:在方法1中,Alice与OR1共享的对称密钥是通过哈希 g^{x1y1} 和其他一些数据得到的,然后将输出分割成不同的对称密钥。在方法2中,Alice与OR1共享的对称密钥通过哈希 g^{x1y1} 和 g^{x1b1} 得到,将其作为基于HMAC的密钥派生函数的输入,最后将输出分割成不同的对称密钥。(OR2和OR3的对称密钥的计算方法与此类似。)

4. Tor 的完整性检查

尽管SSL/TLS提供了Tor网络中所有交换数据的数据完整性(OR3和WS之间的链接除外),但它不能防止洋葱路由器在处理数据时修改数据。因此,Tor在每个交换的消息中都包含一个完整性检查值。此检查值与给定路由器和通信方向有关,并且只能由Alice和此特定路由器创建或验证。

我们将考虑OR1的情况。当Alice和OR1建立它们的对称密钥时,会包括两个完整性密钥 D_{f1} 和 D_{b1}。它们用于设定两个完整性检查值:

1)icvf1,用于从Alice到OR1的前向通信。

2)icvf2,用于从OR1到Alice的后向通信。

这些正在运行的完整性检查值在每次Alice发送一个到OR1的通信时都会更新,反之亦然。它们基于哈希函数h的使用,并按如下方式更新:

- 值icvf1最初设置为h(D_{f1})的前四个字节,值icvb1最初设置为h(D_{b1})的前四个字节。
- 每当Alice向OR1发送消息 E_{kf1}(message)时,Alice和OR1都会将其设置为h(D_{f1} || allprevious messages || message)的前四个字节来更新icvf1。
- 每当OR1向Alice发送消息 E_{kb1}(message)时,Alice和OR1都会将其设置为h(D_{b1} || allprevious messages || message)的前四个字节来更新icvb1。

请注意,由于利用了哈希函数h的属性,因此更新这些完整性检查值不需要存储以前的消息数据,因为可以对新消息数据和以前的消息数据摘要执行计算。

Alice还以类似的方式为OR2和OR3分别维护两个完整性检查值。

5. Tor 通信

一旦Alice在所选的线路上用三个路由器中建立了一组对称密钥,她就可以使用前面讨论的三层加密与Web服务器通信(通过这三个路由器)。这个过程的简化版本如图12-18所示，工作过程如下：

1）当 Alice 希望最终将数据发送给 Web 服务器时，她进行以下操作：

①更新 icvf3，将其与数据连接，并使用 k_{f3} 加密结果，以获得我们将标记为 C_3 的密文。

②更新 icvf2，将其与 C_3 连接，并使用 k_{f2} 对结果进行加密，以获得我们将标记为 C_2 的密文。

③更新 icvf1，将其与 C_2 连接，并使用 k_{f1} 对结果进行加密，以获得我们将标记为 C_1 的密文。

④发送 C_1 到 OR1。

2）OR1 使用 K_{F1} 解密 C_1，从而恢复 icvf1 和 C_2。然后 OR1 验证 icvf1，如果成功，则更新它。现在 OR1 向 OR2 发送 C_2。

3）OR2 使用 K_{F2} 解密 C_2，从而恢复 icvf2 和 C_3。然后 OR2 验证 icvf2，如果成功，则更新它。现在 OR2 将 C_3 发送到 OR3。

4）OR3 使用 K_{F3} 解密 C_3，从而恢复 icvf3 和数据。然后 OR3 验证 icvf3，如果成功，则更新它。现在 OR3 向 WS 发送数据。

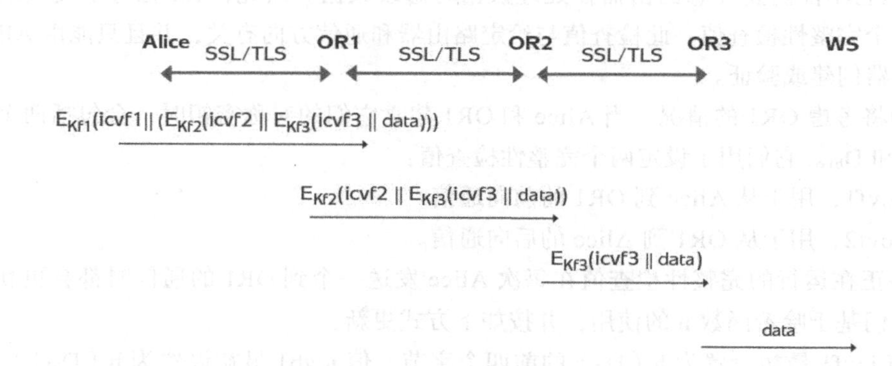

图 12-18　Tor 通信

除了需要独立的密钥外，相反方向的通信本质上与此方法相反。它的工作原理如下：

1）当 WS 希望使用最终发送给 Alice（WS 不知道其身份）的数据进行响应时，WS 首先将数据发送给 OR3。

2）OR3 更新 icvb3，将其与数据连接，并使用 K_{b3} 加密结果，以获得我们将标记为 C_3^* 的密文。现在 OR3 发送 C_3^* 给 OR2。

3）OR2 更新 icvb2，将其与 C_3^* 连接，并使用 K_{b2} 加密结果，以获得我们将标记为 C_2^* 的密文。现在 OR2 发送 C_2^* 给 OR1。

4）OR1 更新 icvb1，将其与 C_2^* 连接，并使用 K_{b1} 加密结果，以获得我们将标记为 C_1^* 的密文。现在 OR1 发送 C_1^* 给 Alice。

5）Alice 接收到 C_1^* 后，将执行以下操作：

①使用 K_{b1} 解密 C_1^*，从而恢复 icvb1 和 C_2^*。然后 Alice 验证 icvb1，如果成功，则更新它。

②使用 K_{b2} 解密 C_2^*，从而恢复 icvb2 和 C_3^*。然后 Alice 验证 icvb2，如果成功，则更新它。

③使用 K_{b3} 解密 C_3^*，从而恢复 icvb3 和数据。然后 Alice 验证 icvb3，如果成功，则更新它。

6. TOR 的密钥管理

Tor 中唯一长时间存在的洋葱路由器密钥是路由器的身份密钥对。身份验证密钥由每个 Tor 的集中目录服务器存储，这些服务器是控制 Tor 网络的实体。这些服务器都是由独立各方运行的，其中一个主要作用是决定哪些洋葱路由器可以加入 Tor 网络。

路由器的洋葱公钥使用它的身份签名密钥进行签名（连同与它在 Tor 网络中的功能相关的其他数据）。每个目录服务器都检查洋葱公钥的有效性，只有当它们确信洋葱公钥是有效的并且路由器能够接受所声明的连接时，才会启用它。目录服务器发布它们所持有的数据，Tor 的用户只有在大多数目录服务器同意的情况下才能接受这些信息的有效性。为了将密钥泄露的影响降到最低，每台路由器都会定期更换它的洋葱密钥对。

洋葱路由器使用的其他密钥都是暂时的。路由器的连接密钥对每天都在变化。Tor 中使用的所有对称密钥都是临时的，这意味着它们只针对特定的 Tor 会话建立，然后立即被丢弃。同样值得注意的是，Tor 通过使用单独的单向密钥进行加密和完整性检查，体现了良好的密钥分离。

12.7.4　Tor 的安全问题

Tor 尽管使用了一些稍微特殊的技术，但其中使用的密码学大多是世界公认的。Tor 的主要安全问题与它提供的匿名性的限制程度有关。然而，应该指出的是，这些都是设计上的限制，Tor 从来没有打算克服它们。

Tor 最大的安全问题是，当通信从一个路由器传递到另一个路由器时，通信得到了很好的保护，但是任何能够访问两个端点的人都可以分析和尝试匹配进出 Tor 网络的流量。例如，他们可以通过查看正在交换的信息的数量和时间来做到这一点。这超出了 Tor 的预防范围。

Tor 网络的分布式特性带来了一定程度的适应性，因为不会出现单点故障。然而，任何能够控制相当大比例 Tor 路由器的对手都有可能损害某些 Tor 用户的匿名性。Tor 网络的管理方式试图减少发生这种情况的机会，但不能完全避免这种情况。

12.7.5　Tor 设计的考虑事项

从密码学的角度来看，Tor 设计中有几个考虑值得强调：

1）**使用标准的组件**。通常，Tor 是由可靠的加密组件构建的。作为一个被广泛信任和使用的开源项目，（主要）采用标准组件是适当的，而且是必要的。

2）**效率高于安全性**。Tor 的一个关键设计是确保 Tor 在运行（对于 Tor 用户）和支持（对于志愿者洋葱路由器）方面都是有效的。因此，Tor 的设计意图是让所有各方都承担较低的管理费用，在某些情况下是以牺牲安全性为代价的。这方面的一个例子是在 Tor 通信协议中使用缩短长度的完整性摘要。

3）**完全前向保密**。Tor 是一个应用的例子，从设计的角度来看，完全前向保密是很重要的。Tor 通过在 SSL/TLS 内和 Tor 密钥建立协议期间使用 Diffie-Hellman 密钥协议以及定期更改洋葱密钥对来实现这一点。

4）**演化设计**。Tor 是一个不断发展的项目，而不是一个固定的设计。体现其演化的一个例子是增加了第二种密钥建立方法，这种方法比原来的方法更安全、更有效。另一个是反审查技术的发展，从而更好地隐藏用户正在部署 Tor 的事实。

5）**精心的设计**。总的来说，Tor 设计得很好。然而，设计的某些方面看起来不是那么优雅。例如，每个通信涉及四个单独的加密层（一层通过 SSL/TLS 加密，另外三层通过 TOR 加密），而数据完整性则使用两个单独的技术（一个通过 SSL/TLS 加密，一个通过 Tor 加密）提供。这一切都是可行的，但可以肯定的是，未来会产生更优雅、更安全、更高效的设计。

12.8　数字货币中的密码学

数字货币是近年来密码学中最令人惊讶和最具创新性的应用之一。寻找与纸币相当的数字货币不是一个新问题，但比特币（Bitcoin）代表了一种新的方法。在比特币中采用的密码学技术非常简单，但是这种密码学技术的使用方式却非常独特。比特币充分把握了公众的想象力，成为一种相对成熟的货币。这个应用还是体现密钥管理重要性的一个例子，因为比特币货币（bitcoin，b 为小写）本质上是一个加密密钥。

12.8.1　比特币的背景

在因特网上有许多不同的支付方式，我们在 12.4 节中讨论了目前为止最常见的一种方式（即使用支付卡）及其背后的密码学技术。然而，支付卡的某些方面并不总是令人满意的。首先，支付卡的用户通常需要与一家成熟的金融机构建立关系，才能获得支付能力。其次，支付卡与持卡人的身份有着内在的联系。虽然这些约束适用于许多类型的交易，但是在一些情况下，它们可能是不必要的。更关键的是，支持支付卡支付的整个基础设施维护起来非常昂贵，部分相关成本不可避免地将由系统用户承担。

因此，在现实世界中，使用现金进行多种交易仍然是常用的方式。自 20 世纪 80 年代以来，研究人员一直在研究在数字环境中模拟现金的方法，但大多数想法都未能获得成功。

任何货币都需要具备两个核心功能：

1）**货币供应量的产生**（generation of monetary supply） 需要一个可靠的过程来生产货币。

2）**交易见证** 所进行的货币交易需要被用户记录和接受。

大多数早期的数字货币都采用某种中心化的架构来提供这两个功能。尽管这符合货币对于一个可信方的需要，但这种方式也导致了人们对可用性和弹性（Resilience）的担忧，因为任何中心化的设施都可能面临单点故障。比特币通过高度分布式架构克服了这些问题。这种体系结构允许比特币网络中参与点对点的社区公开见证交易。这是分布式账本（Distributed Ledger）的一个实例，它本质上用分布式的记录保存方法替代了集中式的数据库。只要存储在这种分布式账本中的信息在整个网络中保持一致，这种方法就能够以开放和可靠（Robust）的方式记录信息。事实上，目前分布式账本被认为是可替代一系列目前中心化的服务的潜在工具，例如建立和执行自我执行（Self-Executing）的"智能"合约。

12.8.2 比特币的安全需求

比特币及其支持网络的设计有许多微妙和复杂的地方。我们将重点讨论密码学在比特币实例化中的重要作用。比特币有三个主要的安全需求。

1）**交易的不可否认性**：承诺支付的比特币所有者不应在事后否认自己的支付意图。

2）**整个交易数据集的完整性**：维护比特币网络交易的整体记录，让所有用户都对其正确性和一致性有信心。这种完整性应该包括防止重复消费的机制（有人在多个交易中使用相同的比特币）。

3）**使用假名的交易**：可以接受比特币持有者的身份与他们进行的交易之间有脱钩。请注意，比特币并不打算完全实现匿名支付（也有其他的数字货币这样做），但它也不要求像信用卡支付那样将身份直接与交易联系起来。

对于比特币以及其他相关的分布式账本技术，最引人注目的是它们不需要一些核心的密码学安全服务。在比特币的交易中是不需要机密性的，因为交易不直接包含任何秘密数据，而支付卡支付却具有与此卡相关的敏感数据（见12.4节）。尽管单个交易需要不可否认性，但由于分布式体系结构以一种便于验证而不可修改的方式发布所有交易数据，因此并不明确地需要更广泛的交易数据集的数据源身份认证。

比特币本质上是通过哈希函数构建的。很少有密码学应用像比特币这样广泛地使用哈希函数，并用于各种目的。使用最广泛的哈希函数是SHA-256，不过比特币也会有选择地使用RIPEMD-160（参见6.2.4节）。

12.8.3 比特币交易

现在我们来看看比特币交易中相对简单的流程。尽管比特币支持更复杂的交易类型，但我们将关注从一方到另一方的简单交易。这里介绍的密码学应用相对简单。

1. 比特币地址

比特币地址（bitcoin address）是一系列与“账户”相关联的字符，能够从一方转移到另一方。比特币用户可以创建任意数量的比特币地址。比特币地址由用户生成，并提供给希望接收比特币交易的任何人。这听起来很像公钥的作用，实际上，这就是比特币地址的本质。

更准确地说，比特币地址通常与用于 ECDSA 数字签名方案的签名 / 验证密钥对相关（参见 7.3.6 节）。签名密钥约为 256 位，相应的验证密钥约为 512 位或压缩格式的 256 位。比特币地址通过以下过程从验证密钥派生：

1）使用 SHA-256 为验证密钥计算哈希。

2）使用 RIPEMD160 为结果计算哈希。

3）用 Base58 对结果进行编码。Base58 是一种特殊的编码格式，它将二进制数据表示为一串字母数字字符（字母表由 58 个字符组成，其中删除了容易混淆的字符，如 0 和 o）。

通过这种方式，验证密钥被转换成一个伪随机字符串，它比底层验证密钥更短、可读性更好。编码还为所谓的*虚地址*（Vanity Address）创造了可能性，这些地址以具有一定意义的短字符串文本开头。

2. 支付比特币

在最基本的层面上，一个简单的比特币交易只是一个数字签名的声明，承诺从一个比特币地址支付到另一个地址。这些声明在分布式账本上产生，提供比特币交易流的公开可验证证据。交易以*未使用的交易输出*（Unspent Transaction Output，UTXO）为框架，UTXO 是比特币数量和比特币地址之间的关联项。每笔比特币交易都将一些现有的 UTXO（与支付比特币地址关联）作为输入，并输出一些新的 UTXO（与接收支付的比特币地址关联）。基于我们的现有目的，交易最重要的方面如下：

- 通过生成与用于支付的 UTXO 关联的验证密钥相对应的有效数字签名，支付方授权并承诺交易输入。
- 交易输出包括 UTXO，它将接收方的比特币地址绑定到一定数量的比特币上。
- 支付方支付的比特币金额必须略大于转账至接收方比特币地址的比特币金额（差额为我们稍后讨论的交易费用）。

在交易成功结束时，新的 UTXO 记录在分布式账本中。除非*接收方*（Recipient）创建一个新交易，而该交易又需要一个与新 UTXO 关联的验证密钥相关联的有效数字签名，否则新 UTXO 不能由接收方使用。

因此，比特币在分布式账本上由 UTXO 表示。可能有许多单独的 UTXO 链接到一个特定的比特币地址。同样值得注意的是，支付方只能转移一定数量的比特币，即现有 UTXO 的块的总和。假设付款人希望在交易中从一个特定的比特币地址转移 7 个比特币，该比特币地址目前有两个与之关联的 UTXO，一个包含 5 个比特币，另一个包含 3 个比特币。那么，支付方必须在交易中转移8个比特币，并需要1个比特币用于找零。在本例中，交易输出将包括两个UTXO，一个关联7个比特币与接收方的比特币地址，另一个关联1个比特币（实际上，由于交易费用需要打折，所以要稍微少一些）与连接到付款方的比特币地址。

3. 比特币的密钥管理

请注意，密码学在交易中的唯一作用是由付款人创建数字签名。这不仅证明了所有者有权从相关的比特币地址进行支付，而且防止了付款人后来否认他们授权使用了指定数量的比特币。因此，从关联的比特币地址使用比特币只需要生成这个数字签名。签名密钥是所有链接到相关比特币地址的比特币的代表并需要安全保护。

第10章中讨论的许多关于密钥管理的问题都适用于比特币签名密钥的保护。由于这些密钥往往是在本地生成的，因此到目前为止，最重要的方面是密钥存储（请参阅10.5节）。比特币签名密钥存储在一个称为*比特币钱包*（bitcoin wallet）的数据容器中。如同普通的加密密钥，比特币钱包可以以多种形式表现出来，从功能较弱的软件存储到功能更强的专用硬件存储。比特币钱包应用允许将比特币签名密钥存储在手机上。比特币签名密钥还可以由第三方保管（即托管服务）。可以说，最安全的是*纸质钱包*（paper wallet）的概念，在这个概念中，签名密钥被打印出来并安全地离线存储（例如，存放在保险箱中）。

一个比特币的所有者可能有多个比特币地址，管理这些地址的一种常见方法是从一个公共密钥派生出所有关联的签名密钥。理想情况下，应为此目的使用合适的密钥派生函数(参见10.3.2节)。不言而喻，尽管这种技术带来了便利性，但保护公有秘密也为此变得格外重要。

备份比特币签名密钥非常重要。丢失比特币签名密钥的比特币所有者实际上也丢失了与相关比特币地址关联的所有比特币。

12.8.4 比特币区块链

支持比特币的分布式账本通常被称为*区块链*（Blockchain）。区块链由比特币网络中的节点进行存储和维护。系统可以通过在网络中散布许多区块链副本来确保区块链总是可用的，并且具有很强的*弹性*（Resilien）。

1. 比特币块

区块链由一系列*块*（Block）组成，每个块都是链接到区块链中的上一个块的数据项。每个块包括以下部分。

1）**块头**：块头是一个80字节的值，由我们稍后讨论的几个重要数据项组成，但其中最关键的是包含区块链中前一个块的头的*块哈希*（Block Hash）。块哈希是一个唯一的块标识符，可以通过使用SHA-256对块头进行两次哈希计算得到。在块头中包含上一个块的哈希，提供了一个到给定块在区块链中所占位置的显式链接。

2）**交易**：每个区块包含一个比特币交易列表（数千笔交易）。每笔被接受的比特币交易最终都会进入区块链的一个区块。

比特币区块链的第一个区块诞生于2009年，被称为genesis区块。图12-19显示了比特币区块链中的块是如何使用它们的块哈希值显式地链接在一起的。这样，比特币区块链中的任何块最终都会链接回genesis块。

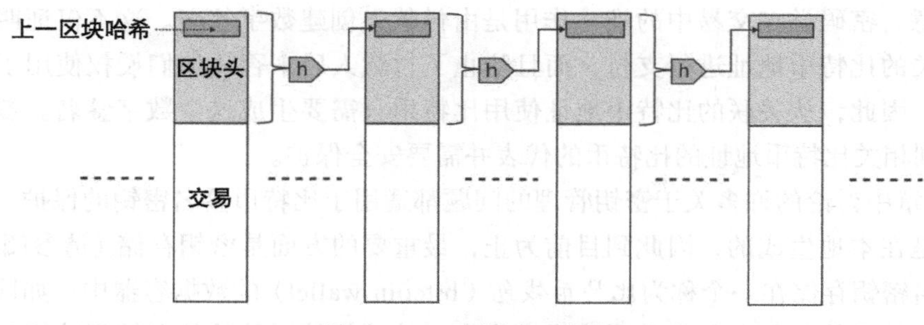

图12-19　比特币区块链

2. 轻量级交易验证

比特币网络包含具有不同能力的节点。一些节点存储区块链的完整副本，而其他节点则是轻量级，它们只存储块头。比特币使用一种称为哈希树（也称为Merkle树）的加密数据结构，允许轻量级节点使用存储在块头中的信息，从而有效地验证交易是否属于给定块。

图12-20说明了比特币块哈希树的概念，它包含8个交易T_1，T_2，…，T_8的人为小块（一个真正的块可以包含超过1000个交易）。哈希树是通过反复哈希交易来计算的，直到它们收敛到一个根值。更确切地说：

1）使用哈希函数h计算每笔交易T_i的哈希，获得$h(T_i)$（在比特币中，h的计算方式是两次SHA-256运算）。为了便于标记，我们用h_i表示。

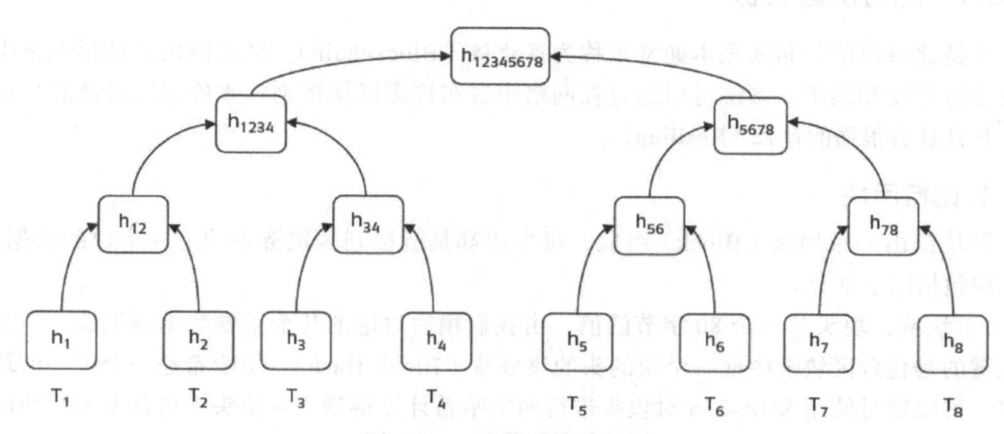

图12-20　比特币块哈希树

2）将每一对连续的哈希交易连接在一起，并对结果计算哈希。例如，h_1 和 h_2（实际上是对 $h(T_1)$ 和 $h(T_2)$）连接并哈希得到 $h(h_1 \| h_2)$。我们将把这个值标记为 h_{12}。

3）将每一对连续的哈希过的哈希交易连接在一起，并对结果进行哈希。例如，将 h_{12} 和 h_{34} 连接并哈希得到 $h(h_{12} \| h_{34})$。我们把这个值标记为 h_{1234}。

4）将这对经过两次哈希的哈希交易连接在一起，并对结果进行哈希。将 h_{1234} 和 h_{5678} 的值连接并进行哈希得到 $h(h_{1234} | h_{5678})$。我们将把这个值（哈希树的根）标记为 $h_{12345678}$。

哈希树的根是存储在块头中的 256 位值。假设一个轻量级节点只访问块头而不访问块交易列表，它希望验证感兴趣的交易是否属于该块。我们可以向这个轻量级节点发送一个中间哈希值的*验证路径*（Verification Path），以便从交易中计算根。例如，要验证交易 T_2 是否在块中，可以向轻量级节点发送验证路径 h_1、h_{34}、h_{5678}。现在，要验证 T2 是否包含在其中，可以计算：

1）来自 T_2 的 h_2。

2）来自 h_1 和 h_2 的 h_{12}。

3）来自 h_{12} 和 h_{34} 的 h_{1234}。

4）来自 h_{1234} 和 h_{5678} 的 $h_{12345678}$。

然后，轻量级节点检查块头，看看根值 $h_{12345678}$ 是否正确。如果正确，那么它确定交易 T2 包含在块中。这是一个合理的结论，因为哈希函数具有单向性，因此任何人都不可能伪造一个可以验证成功的哈希树值，只可能是原始哈希树根的计算中本身就包含 T2。

我们的例子是针对一个不切实际的小交易列表，但哈希树可以很好地扩展到真正的比特币块所需的大小。例如，包含 1024 个交易的比特币块需要一个仅由十个中间哈希值组成的验证路径。一个轻量级节点只需使用 10 次哈希函数（20 次 SHA-256）就可以验证此块中的交易是否包含在内。

12.8.5　比特币挖矿

比特币最具密码创新性并且最具争议性的特征可能就是*挖矿*（Mining）。这个过程本质上是一个加密的“工作量证明（Proof-of-Work）”，证明了大量的计算已经被用于执行一个加密的“困难”的任务。进行挖矿是比特币的核心内容。这是一个精心设计的过程，它很难计算，但可以精确地控制其难度。

1. 比特币挖矿的必要性

比特币之所以使用难度可控的计算任务，有两个原因。它们都与我们在讨论开始时提到的货币的两项核心功能有关。

1）**货币供应的产生**：比特币需要产生货币。这不能是一个轻易做成的事，否则市场将很快被比特币淹没，而必须是稳定可控制的新货币发行过程。比特币通过有限数量的比特币来模仿黄金等贵金属，这些比特币可以随时生成，并随着时间的推移逐渐“开采”它们。

就像黄金一样，比特币的开采需要付出努力、坚持不懈、巨大的成本和一些运气。并且，在未来的某一天（目前计划在2140年）所有可能的比特币都将被开采完毕。与黄金不同的是，比特币会以非常精确和规则化的方式开采。

2）**交易见证**：比特币区块包含比特币交易，需要以高度透明的方式进行公开，并被密封在区块链中。如果在区块链中很容易生成一个经过批准（Approved）的新块，那么建立一个统一的区块链（所有比特币用户都接受）将是非常困难的，因为很可能会出现许多不同版本的比特币区块链，从而创建一个混乱且不一致的交易账本。审批流程简单也可能使欺诈交易更容易发生。因此，将一个新的区块密封到区块链中应该是困难的，但不应该过于困难，以至于区块（更重要的是，其中包含的交易）的批准过程出现重大延迟。

比特币需要一个挖矿过程来完成这两项任务，这似乎有些奇怪，但也不难理解。这两种货币功能在任何具有集中式体系结构的系统中都很容易执行。但比特币没有可信任的中心点，需要在分布式网络上以所有比特币用户都能接受的方式执行这些任务。实现这一目标绝非易事，而比特币挖矿是一个有趣的解决方案。

挖矿的频率涉及安全性和方便性之间的权衡。比特币的折中方案是将挖掘新比特币块的频率设置为大约每10分钟一次。我们将很快讨论如何实现这一点。

因此，虽然比特币挖矿很难进行，但仍需要定期进行，这对比特币的运营至关重要。那么，在一个没有中心的分布式体系结构中，为什么比特币用户要承担这个繁重的任务呢？比特币的答案很简单：这么做会得到经济上的回报（当然是比特币）。比特币网络现在已经有专门的节点将挖矿作为一项业务来处理。事实上，进行挖矿的动机足以推动计算硬件方面的一些创新。

2. 比特币挖矿的挑战

比特币挖矿本质上包括对哈希函数的逆向进行穷举搜索。回顾6.2节，在哈希函数的众多属性中，哈希函数h应该是抗逆向的（给定一个哈希函数的输出z，我们很难确定一个输入值x，使得它哈希到z，即$h(x)=z$）。由此性质可直接得出，给定一组哈希函数的输出Z，我们很难确定一个输入值x，使得x哈希到Z中的任何值，即对于集合Z中的z，$h(x)=z$。我们将此属性称为哈希函数的*集抗逆向性*（Set Preimage Resistance），以表明我们面对的是大量不同的哈希函数的输出。

比特币挖矿依赖于克服哈希函数抗逆向性的难度。比特币矿工解决的问题是，给定一组潜在的哈希函数的输出集合Z，找到一个哈希函数的输入值x，使其对应Z中的某些输出z。比特币矿工只是尝试随机输入，对它们进行哈希，然后检查输出是否属于目标Z。通过改变目标集合Z的大小可以在比特币内部控制这一挑战的难度，集合越小，问题就越难。

回想一下，哈希函数还提供伪随机的输出。换句话说，给定x，输出$h(x)$应该是不可预测的，这意味着如果我们对大量随机输入x计算$h(x)$，那么应该期望得到的值$h(x)$在所有可能的输出集中均匀分布。注意，虽然我们在6.2.1节中没有显式地将其声明为哈希函数属性，但它是其他安全属性的一个普遍接受的结果，也是我们在其他地方一直依赖的结果。这意味着哈希函数输出的目标集 Z 可以是任何输出集 Z（没有哪个集 Z 会和其他的集合找到原像的难度有所不同）。为了方便起见，在比特币中，一个哈希函数输出的目标集合 Z 的定义如下：设此哈希函数有一个目标输出值，则 Z 包含所有小于这一输出值的此函数的输出。其中输出大小的规则是将其视为二进制数，比较两个输出的大小。例如，1001小于1100（因为在十进制数中9小于12）。

3. 创建新的比特币块

比特币挖矿确实会产生新的比特币，但真正被挖掘的是可以添加到区块链中的新的比特币块。我们现在描述这个过程，并讨论挖矿的挑战如何促进这一过程。

一旦完成并验证了一个新的比特币交易（我们不会详细描述这个过程，但它包括接收方检查交易上的数字签名并确保UTXO没有被使用），它就会在整个比特币网络中传播。这就创建了一个浮动交易池，由许多不同的比特币节点持有，但尚未被固定到区块链中的任何块中。网络中的不同节点在任何给定的时间都有这些浮动交易集，因此，从单个节点的角度来看，所有浮动交易并没达成共识。挖矿的一个主要目标是将这些交易收集到更广泛的网络所普遍接受的区块中，从而创造出对比特币完整性至关重要的一致性。

比特币矿工（Bitcoin Miner）是比特币网络中执行挖矿工作的一个节点，其目的是获取利益。矿工在本地维护最新版本的区块链。矿工积累浮动交易，验证它们，并尝试创建包含它们的新块。挖矿过程就像一种竞赛，每次向区块链添加一个新块时，它就重新启动。矿工尝试创建新块时执行的过程如下：

1）一旦在区块链中宣布并验证了一个新块，矿工就会筛选它的浮动交易集合，并丢弃此最新块中包含的所有内容。

2）矿工开始创建一个潜在的新块，其中包含一系列尚未包含在区块链中的浮动交易。它还包括一项特殊的交易，向自己支付与一些新发行的比特币对应的比特币金额（网络在给定时间内固定的金额），加上所有包含的浮动交易的小额交易费用。

3）矿工为这个潜在的新块准备一个头，其中包括最新块的块哈希、潜在新块中交易哈希树的根（为了方便进行轻量级交易验证）、时间戳和最新的*难度目标*。最后一个值是一个动态系统参数，用于控制比特币挖矿挑战中设置的目标大小（我们将不再讨论如何计算或维护这个值）。

4）头部中的一个关键项仍然需要被计算出来。每个头部包含一个随机nonce（参见8.2.3节）。但是，矿工不会在这个字段中放入任何随机数。矿工要做的是找到一个随机的nonce，它会让这个潜在新块的头的块哈希在当前难度目标定义的哈希输出的目标集中。换句话说：

①难度目标定义一个哈希输出值 t（其中 t 被解释为256位数字）。

②目标集 Z 是所有小于 t 的哈希输出。

③矿工需要找到任何导致潜在新块的块哈希为 Z 中值的随机 nonce。

为了找到这样一个 nonce，矿工们必须随机尝试候选 nonce，直到他们找到符合条件的 nonce 为止。请注意，虽然会有许多满足此条件的 nonce，但矿工只需找到一个工作的 nonce。然而，由于比特币网络的周围都是其他参与同一挑战的矿工，所以矿工们都在与时间赛跑。

5）一旦矿工找到合适的 nonce，新的区块就准备好了，并立即发布到比特币网络中。所有接收它的节点会检查它的有效性，如果满意，就将它添加到它们的区块链副本中。

6）这名成功的矿工获得了奖金（一笔比特币），并开始为区块链的下一个区块进行新的挖矿作业。

4. 比特币挖矿成功的影响

平均每 10 分钟就会有一个新的比特币区块被添加到区块链中，并通过比特币网络传播。然而，缺乏中心化意味着网络中并没有确定的点，最新的区块仍然被整个比特币网络普遍接受。可能且确实并不少见的情况是，两个（或多个）不同的区块是由相邻的不同矿工几乎同时成功挖掘的。这些不同的区块随后逐渐通过比特币网络传播，从而创建出不同版本的区块链。这个过程被称为**区块链分叉**（Blockchain Fork）。但是，这显然是不可取的，因为分布式账本的理念是在整个网络中保持一致的视角。

区块链分叉是不可预防的，但它们可以被管理。尽管节点最终会收到所有分叉的区块，它们只接受收到的第一个新区块。因此，网络不同部分的矿工试图挖掘新区块时可能会以不同版本的区块链为基础，从而形成分叉。要解决分叉，需要等待下一个新块的挖掘。一旦有新块，区块链的一个版本将比其他的版本长。随着这个版本的传播，那些先前接受了区块链其他版本的节点将丢弃这些版本而采用最长的版本。理论上，如果在短时间内以不同区块链版本为基础的不同区块又出现，那么区块链分叉就有可能继续。实际上，这种情况很少发生，因为大多数区块链分叉问题都在区块链的一次扩展内解决。

比特币交易只有确定包含到区块链中后才被明确接受。这里始终存在一种风险：如果出现在分叉的末尾的“丢失”区块中，其中的交易可能会从区块链中丢失。如果出现这种情况，那么没有出现在分叉的“保留”块中的交易将返回到浮动交易池。然而，对于在区块链分叉中的倒数第二个区块来说，这种风险都要小很多。对于任何一个从末端向后的倒数第三个区块，这种风险几乎可以忽略不计。虽然区块链在最末端可能略有不同，但区块链中倒数的几个区块在比特币网络中是一致的。这样，随着时间的推移，区块链统一的状态将会逐渐显现出来。

12.8.6　比特币的安全问题

比特币是建立在哈希函数的基础上的，因此整个比特币系统依赖于这些哈希函数的安全性。幸运的是，目前比特币中哈希函数的选择备受关注。比特币还依赖于 ECDSA 作为一种安全的数字签名方案。

比特币的主要安全问题更可能来自逻辑学。例如，如果挖矿活动的很大一部分被某一方（恶意）控制，则存在挖矿安全问题。由于大部分挖矿都是由一小部分矿池进行的，因此这种情况可能会出现。

对于比特币用户来说，安全的最大威胁是密钥管理不善，导致关键签名密钥丢失或泄露。比特币的分布式的架构意味着对于处理不当的密钥材料，没有自动备份。每个比特币用户都有责任管理自己的密钥。

最后，值得强调的是，比特币的匿名性不像现金那么高（也没有这样宣称）。比特币交易是用假名进行的。这些工具不能直接识别谁拥有特定的比特币地址，但也不是为了防止地址持有者的信息泄露而设计的。毕竟，有可能存在虚有其表的比特币地址，这些地址会明确标识地址持有者。我们还可以识别与同一比特币地址相关的不同交易。

12.8.7　比特币设计的考虑事项

关于比特币设计的几个需要考虑的事项如下：

1）**使用哈希函数**。比特币使用哈希函数有不同的目的，包括提供数据完整性、生成伪随机数，以及作为计算难题的来源。

2）**不需要保密**。有趣的是，比特币不需要保密。它向我们表明，只有当我们拥有一个依赖于必须保护的秘密的集中式架构时，才会有对机密性的需求。

3）**数据完整性的开放方法**。比特币的分布式架构还是提供数据完整性的新方法。比特币允许通过一组公开发布的数据达成公众的共识，从而支持数据正确性的概念。这又一次与中心化的方法形成了对比，正如我们在其他地方看到的，中心化的方法通常使用基于秘密的密码学技术来实现这一点。这是分布式账本的吸引力之一，也是它们带来更广泛兴趣的原因之一。

4）**灵活性和权衡**。比特币的灵活性具有几个有趣的特点。最有趣的是控制挖矿难度的参数。这个难度是不断调整的，以保持平均挖掘一个新块的时间约为 10 分钟。10 分钟的时间安排本身就是在接受新块的速度和分叉的风险之间进行权衡的。

5）**环境的影响**。密码学的应用很少会引起环境问题，但比特币却是其中之一。显然，挖矿涉及世界各地的计算机不断地运行 SHA-256 计算，试图找到完成有效块的 nonce。这是一个极其昂贵的计算过程，许多人批评它浪费能源。

毫无疑问，比特币的设计非常巧妙，但在某种意义上，它也反受其害。除了引起世界各国政府的担忧（有些政府已宣布比特币开采为非法），挖掘比特币的动机还导致了一定程度上的挖矿算力集中化，这在某种程度上违背了比特币的初衷。无论比特币的未来如何，它最大的意义或许在于证明分布式账本可以在实践中构建出来并发挥作用。我们已经看到其他分布式账本应用的出现，只有一些是新的数字货币。虽然其中一些是在比特币区块链的支持下运行的，但随着对分布式账本实例化的替代思想的探索，低效率的挖矿环境会引发创新。

12.9　总结

在本章中，我们研究了一些密码学应用。每个应用所需的加密服务和操作的约束条件等方面都有所不同。对于每个应用，我们都确定了密码需求，详细介绍了所运用的密码技术，并讨论了适当的密钥管理。我们以一种相当一致的方式研究了这些应用，希望读者可以用类似的方法来分析本章未涉及的其他应用的密码设计。

希望本章对密码学的一些重要应用的研究，可为前面几章中概述的基本原理提供有用的说明。在我们的分析中，特别需要明确以下的一般性问题：

- 应用的目标往往是提供“充分的”安全性，而不是“最佳的”安全性。密码学技术的使用通常代表了计算和/或可用性开销，因此不应在不必要的情况下部署它，以提供不需要的安全服务。
- 正如我们在整个讨论过程中看到的，往往需要在安全性与效率之间进行权衡。获得合适的平衡并不容易。我们研究过的几个应用的开发表明，设计人员常常要随着时间的推移重新调整以达到平衡。当然，在早期版本的密码应用中，倾向于（错误地）提高效率。
- 应用约束条件在密码设计中起着重要的作用，它们通常规定部署的加密技术和密钥管理的方式。
- 使用专有密码算法有一定的风险。尽管许多应用最初出于合法的原因采用了专有的密码算法，但在许多备受瞩目的案例中，底层原语都被逆向工程攻击，并被发现存在缺陷。在大多数情况下，这些早期版本已经被使用公开算法的系统所取代。
- 尽管已经设计并公开提供了各种各样的密码算法，但只有很少一部分被部署到实际应用中。
- 对称密码技术仍然是大多数应用的首选。只有在无法轻松支持对称密码体制的密钥管理需求时，才有选择地部署公钥密码体制，而这往往是开放环境中的应用的情况。即使这样，它的使用也往往限于基本的操作。
- 密钥管理对于密码应用的安全性至关重要。密钥管理在某些应用中相对简单，但在其他应用中要复杂得多。实际上，密钥管理问题常常可以决定在应用中使用哪种加密技术。

12.10　进一步的阅读

本章讨论的应用只是一些例子。虽然其他密码学书籍通常包含关于应用的信息，但是在大多数情况下，关于特定应用中使用的密码学的详细信息更容易从与应用本身相关的资源中获得。一个值得注意的例外是 Anderson [5] 中讨论的广泛的安全应用，其中包括关于银行安全、电信安全和数字权限管理的章节。

有大量关于 SSL/TLS 的进一步信息。最全面的信息来源之一是 Rescorla [199]。有许多相关的 IETF 标准，其中最基本的是 RFC 5246 [50]。一些更通用的网络安全书籍覆盖的知识更全面，包括 Garfinkel 和 Spafford [89] 以及 Stallings [229]，后者也是学习 SSH 和 IPSEC 的良好资源。有关实施建议包含在 NIST 800-52 [165] 中。有关 TLS 1.3 的详细信息，请参见文献 [200]。

WLAN 标准中使用的密码技术背后的内容是有据可查的。Edney 和 Artaugh [62] 对 WLAN 安全做了很好的概述，其中包括所有加密问题的详细信息。主要的 WLAN 安全标准可参考 IEEE 802.11 [107]，它最近有许多新的修正。其他一些专门的书籍也介绍了 WLAN 安全，包括 Cache 和 Liu 提供的实践观点 [33]。一些更通用的书籍，如 Stallings [229] 也包括有关 WLAN 安全的章节。WPA2 实体身份认证可以使用 EAP 完成，其中 EAP 在 RFC 3748 [2] 中定义。

Niemi 和 Nyberg [159] 对 UMTS 安全性进行了全面的讨论。一个非常容易理解的关于 GSM 安全性介绍可以参考 Pagliusi [183]。Chandra [36] 涵盖了对于 GSM 和 UMTS 的介绍。LTE 安全的全面介绍可以在 Forsberg 等 [82] 中找到。官方的 EMV 卡支付标准均可从 EMVCo 在线获得 [66]。在 Mayes 和 Markantonakis [147] 中有一章对 EMV 进行了很好的概述，其中也有关于移动通信安全和视频广播安全性的章节。Apple 在 [10] 中对 Apple Pay 操作进行了介绍。

Zeng、Hu 和 Lin [256] 对数字版权管理的更广泛领域的技术问题进行了详细的讨论。有关 eID 卡方案安全性的概述可以在 De Cock 等人的文献 [38] 中找到。

Tor 是开放源码的，可以获得其完整的文档。一个很好的起点是 Dingledine 等人的原始论文 [56]。由于 Tor 的原始描述发生了一些变化，因此本章的材料基于 2015 年 Tor 协议规范 [55]。有很多关于比特币和分布式账本技术的文章，而且毫无疑问将来会有更多。关于加密货币潜在应用影响的一个可读性很高的讨论是 Frisby [87]。Antonopoulos [9] 对比特币机制进行了很好的介绍，Narayanan 等人 [157] 详细介绍了基础技术，其中也包含密码技术。

12.11 练习

1. 许多加密应用支持一系列不同的加密算法。

（1）本章所讨论的应用中，哪些应用支持一系列密码算法，而不是推荐一种固定的加密算法？

（2）讨论在应用中支持的一系列加密算法的优缺点。

（3）为什么在一系列受支持的密码算法中，可能会包括一个相对较弱的密码算法？

（4）在一系列受支持的加密算法中，包含一个相对较弱的加密算法可能会产生什么安全问题？

2. SSL/TLS 为保护 Web 会话提供的安全性部分取决于对基础公钥证书的处理。

（1）解释 SSL/TLS 客户机如何确定与之通信的服务器是否向其提供了有效的公钥证书。

（2）一个大学的某个系决定为自己的 Web 服务器自签名一个公钥证书。当未来的学生试图建立与该系 Web 服务器的受保护的连接时，可能会出现什么问题？

（3）当地政府办公室决定使用第三方支付提供商来处理政府网站提供的电子支付服务。当本地居民试图使用 SSL/TLS 从政府网站进行安全支付时，会出现什么问题？

（4）你认为当前 Web 浏览器管理 SSL/TLS 会话期间出现的证书问题的方式，在多大程度上是有效的？

3. SSL/TLS 通常被认为是一套设计良好的协议。

（1）解释为什么使用 SSL/TLS 不一定能防止网络钓鱼攻击。

（2）你认为这在多大程度上可以归结为 SSL/TLS 本身的设计失败，或是更广泛的系统部署失败？

4. SSL/TLS 在因特网协议套件的传输层提供了一个安全信道。另一方面，SSH 在应用层提供安全信道，而 IPSec 在 Internet 层提供安全信道。通过阅读有关 SSH 和 IPSec 的信息，从以下角度比较 SSL/TLS 与 SSH 和 IPSec：

（1）提供安全服务。

（2）受支持的密码学原语和算法。

（3）实际使用这些议定书的例子。

（4）密钥管理要求。

5. 有几种不同版本的 SSL/TLS 可用。

（1）这可能导致什么问题？

（2）尝试找出每个版本当前使用的程度。

（3）你建议今天使用哪种不同的版本？

（4）你认为我们在什么时候会广泛使用 TLS 1.3？

6. 考虑一下下面的陈述：WEP 的设计并没有本质上的缺陷，而是代表了一种效率 – 安全性权衡方面的错误判断。考虑到 WEP 的缺陷，你在多大程度上支持这种说法？

7. Wi-Fi 保护设置（WPS）是一个标准，旨在支持使用 WPA 和 WPA2 的家庭用户。

（1）WPS 在 WLAN 密码学的哪个方面被设计得更容易？

（2）WPS 可以用哪些不同的方式部署？

（3）WPS 的安全性有何不足之处？

8. CCM 模式被许多无线网络应用（包括 WPA2）采用。查找 CCM 模式的描述，并借助图表解释 CCM 模式加密 / 认证和解密 / 验证的工作原理。

9. GSM、UMTS 和 LTE 为使用移动电话技术的用户提供了一定程度的安全性。

（1）解释 SIM 卡在 GSM/UMTS/LTE 安全中的作用。

（2）GSM、UMTS 和 LTE 的安全机制对手机用户的哪些潜在威胁没有提供任何保护？

（3）为什么 GSM、UMTS 和 LTE 不采用公钥加密技术。

10. GSM、UMTS 和 LTE 都为移动电话通话提供了强大的加密功能，但都提供了关闭加密功能的选项。
  （1）在什么情况下可能不希望对移动电话进行加密保护？
  （2）拥有这种不加密调用的功能可能会出现什么问题？
11. LTE 部署实施密钥分离的更复杂的密钥分级结构的原因之一是抵御可能针对 UMTS 的一些攻击。了解这些攻击的工作原理，并解释 LTE 如何预防它们。
12. EMV 主要基于对称密钥基础设施。
  （1）准确解释 EMV 使用公钥加密的位置和原因。
  （2）确定 EMV 中的哪些操作本质上提供不可否认性，并证明 EMV 用于提供此服务的加密机制是正确的。
  （3）请考虑为什么 EMV 系统的实施者花了这么长时间才开始部署 AES。
  （4）确切地了解 EMV 中究竟使用了哪种 MAC 算法，以及它与 CBC-MAC 和 CMAC 有什么不同（这两种算法都在 6.3 节中进行了描述）。
13. EMV 卡由 3DSecure 在线支持，它取代了之前的安全电子交易（Secure Electronic Transactions，SET）架构。
  （1）简要说明 SET 的主要加密设计特性，并解释为什么它没有被很好地应用。
  （2）说明 3DSecure 的哪些主要特性导致了它被大规模成功采用。
14. 找到一个支持 EMV-CAP 的应用示例。
  （1）提供有关如何使用 EMV-CAP 来支持此应用的总体安全需求的一些细节。
  （2）与其他身份认证技术相比，在你的应用中使用 EMV-CAP 有什么优势呢？
15. 在非接触式卡支付期间，卡与读卡器之间的通信目前没有加密。
  （1）请考虑为什么没有加密？
  （2）这是否会令非接触式支付的安全性低于插入读卡器进行支付的安全性？
  （3）将来是否会加密信道？请说明原因。
16. Apple Pay 与标准的无卡 EMV 因特网交易相比，在哪些方面体现了支付的安全性。
17. 选择一个除 Apple Pay 之外的移动支付方案，然后回答以下问题：
  （1）如何保护关键用户密钥？
  （2）哪些实体与保障支付安全性方案有关？
  （3）是否使用了令牌化？如果是的话，请解释它的作用。
  （4）你的方案与 Apple Pay 有何不同？
  （5）你能否确定该方案所使用的密码算法？
18. 广播网络有一些非常特殊的特性。解释广播信道的性质如何对支持广播应用的加密体系结构的设计提出挑战。
19. 密码学可以用许多不同的方法来支持数字版权管理。了解蓝光技术如何使用加密技术来保护其光盘上的内容。

20. 回顾第7章中讨论的有关在实际应用中使用数字签名的各种问题。在使用比利时eID卡提供不可否认性服务时，你认为其中哪一个问题最重要？

21. 比利时的eID卡的发行过程非常复杂，涉及多个不同的组织。

（1）找出参与的不同机构，并解释它们在这个过程中各自扮演什么角色。

（2）为何不同机构会担当不同的角色？

22. 比利时并不是唯一一个向公民发放具有加密功能的身份证的国家。找出另一个基于智能卡的公民身份证方案的例子，并回答以下问题：

（1）该卡具备什么功能？

（2）它需要哪些安全服务？

（3）它部署的密码技术是什么？

（4）如何管理必要的密钥？

（5）该卡如何保护其上所存储的数据？

23. 匿名可能是一个难以精确确定的概念。在应用于以下情况时，请考虑匿名的含义：

（1）发送电子邮件。

（2）浏览网页。

（3）使用数字货币。

（4）存储病历。

（5）通过因特网投票。

24. 通过考虑Tor或其他方法，解释为什么仅使用加密本身不足以在因特网上提供匿名性。

25. Tor可以用许多不同的方式设计。请回答以下问题：

（1）为什么Tor线路使用三个洋葱路由器而不是五个？

（2）为什么Tor不使用MAC进行完整性检查？

（3）为什么Tor不直接使用公钥加密将用户生成的会话密钥传输到每个洋葱路由器？

26. 有多种加密工具用于支持匿名，请回答以下问题：

（1）混合网络的基本概念是什么？

（2）混合网络使用什么密码技术？为什么？

（3）比较混合网络提供的匿名性与Tor提供的匿名性。

（4）哪些应用可以使用混合网络？

27. 比特币挖矿是指将某个密码学难题的计算任务分配给那些愿意接受这个挑战的矿工，由他们计算这个难题的过程。这个过程有时被称为*密码学工作量证明*（Cryptographic Proof-of-Work）。这个过程不是一个新想法。多年来，已经有哪些潜在的密码学工作量证明被部署（或建议被部署）？

28. 比特币地址通常是伪随机的，但虚地址有一种故意构造的格式。

（1）比特币用户为什么想要一个虚地址？

（2）解释如何建立虚地址。

（3）虚地址的形式有哪些实际限制？

29. 在讨论中，我们忽略了比特币的几个有趣的细节。请回答以下问题：

（1）比特币如何自我调节开采新区块的难度？

（2）比特币为何以及如何通过创建一个新区块来调整新比特币的价值？

（3）除了我们给出的一方支付另一方的简单例子之外，比特币还支持哪些其他类型的交易？

30. 分布式账本（见 12.8 节）在多大程度上可以支持基于证书的公钥管理？

31. 目前正在探索分布式账本的哪些其他应用？部署分布式账本来实现这些应用的优势是什么？

第 13 章

应用于个人设备的密码学

现在，大多数人拥有至少一台个人计算机设备，并且在日常的工作和娱乐活动中越来越依赖它们。实际上，很多人拥有多个这样的设备。大部分情况下，这些设备是便携式的，例如手机和平板电脑。在日常生活中，随着此类设备使用频率的增加，利用这些设备进行存储和传输的数据的价值也大大增加。这里所说的“价值”不仅仅是对于用户自己而言，对于其他人来说，也有潜在的价值。

一些有关个人数据方面的著名事件都体现出与个人设备相关的数据的价值。这些被广泛报道的事件涉及犯罪以及一些与国家安全和监控有关的活动（我们将在第 14 章进一步讨论）。毫无疑问，这些事件一方面提高了我们对于个人设备中的数据脆弱性的认识，另一方面也促使越来越多的人开始使用密码学来保护个人数据。

在本章中，我们将介绍一些用于保护存储在个人设备上的数据的密码学知识，目的是说明一些可用的密码技术，而不是全面地讲述这些密码技术（因为太多的技术细节超出了本书的范围）。本章也不是用户指南（一些更好的文献将在本章的“进一步的阅读”部分列出）。另外，还需要注意，我们在第 12 章中已经介绍了一些有关个人设备安全的内容。

我们将从各种形式的加密文件保护开始，研究一种在个人设备上广泛使用的支持电子邮件和异步消息传输的密码技术。最后，我们将得到一个与“密码技术需要特定设备平台支持”这一看法略有不同的观点。

学习本章之后，你应该能够：

- 了解可以用密码学方法保护的个人设备的相关知识。
- 比较与保护个人设备上的数据安全相关的不同方法。
- 了解一系列可用于保护个人设备的密码学方法。
- 讨论用于保护个人设备上的应用的密码学的几种不同方法。

13.1 文件保护

设备上的大部分信息都存储在文件中。因此，为了保护设备上的信息，需要文件保护机制。以下是利用密码学来保护文件的两个主要原因：

1）**存储保护**。大多数计算机设备（包括台式机、笔记本和智能手机）都具有安全控制，可以防止未经授权的用户访问设备上存储的文件。最常见的控制是通过使用基于密码的机制向设备提供实体身份认证。然而，因为这种机制很容易破解，所以仅靠密码控制并不能提供强有力的保护。此外，许多专用存储设备，如 DVD、存储卡和 USB 令牌，没有默认的文件存储保护机制，任何能够获取设备的人都可以从中恢复内容。

2）**传输保护**。用户可能希望将文件从一个设备传输到另一个设备。即使在通信信道两端的设备都具有很强的保护机制，信道本身也可能是不安全的，任何监控信道的人都有可能访问传输中的文件。

在上述两种情况下，最重要的安全服务是机密性，因为关注点在于未经授权的一方是否可以访问文件内容。此外，在某些情况下，数据源身份认证（数据完整性）也非常重要。

13.1.1 全盘加密

对于那些关心存储在设备上的文件的安全性的用户来说，可以选择部署**全盘加密**（Full Disk Encryption）机制，即对设备上的所有数据进行加密。硬件和软件都有全盘加密机制，硬件机制通常可提供更高的安全性和性能，而软件机制则更容易集中管理。因此，公司通常会优先考虑软件加密机制。

全盘加密对于便携式设备来说更加有效，因为这些设备很有可能丢失或被盗。针对被盗的计算机有一种“经典的”物理攻击手段——移除磁盘并将其安装到有访问权限的计算机上。全盘加密则可以防止此类攻击。

1. 与全盘加密相关的密码学

全盘加密机制中部署的加密类型由以下两个约束条件决定：

- **性能**。磁盘上的数据随时间而变化，这使得加密（存储）和解密（检索）操作要尽可能快，最好不存在任何明显的延迟。因此，大多数全盘加密机制会单独对每个磁盘扇区（通常由 512 字节组成）进行加密。
- **避免存储开销**。为了有效地使用磁盘空间，加密操作不应该导致存储的数据明显多于未加密时的数据。

以上性能需求意味着只能使用对称加密机制。全盘加密通常使用分组密码。由于扇区是独立加密的，且每个扇区都比较小，因此使用 ECB 模式不合适（参见 4.6.1 节）。在 4.6 节中讨论的其他模式都需要特定扇区的额外信息（例如 CBC 模式中的 IV 和 CTR 模式下的计数器），从而保证使用相同密钥加密的两个相同扇区不会产生相同的密文。唯一的解决方法是，使特定扇区的额外信息在某种程度上具有可预见性。如果是这样的话，之前所讨论的一些模式将会受到攻击。

因此，有几种分组密码的操作模式是为某些应用（如全盘加密）而专门设计的。它们倾向于在每次加密时利用可预测的信息来改变加密过程。这种技术有时被称为**可调分组加密**（Tweakable Encryption）。现在来看一个这样的例子。

2. XTS 模式

分组密码的 XTS 操作模式是专门为支持全盘加密而设计的一种特殊模式。假设磁盘上的每个扇区都有唯一的编号，就像扇区中的每个数据块一样。XTS 模式的核心思想是利用磁盘扇区号和数据块的位置作为可预测的信息，这些信息会随着加密块的不同而改变。

下面将介绍与 AES 一起使用的 XTS 模式。假设数据已被划分为 128 位的块（XTS 有一种不需要填充末尾块也能处理最后一部分块的方法，但这里不对其加以介绍）。要使用 XTS 模式进行加密，需要两个 AES 密钥 K_1 和 K_2。如图 13-1 所示，存储在磁盘 s 扇区中块号 b 上的明文 P 将通过如下步骤加密：

1）使用密钥 K_1 加密扇区编号 s，然后利用一个依赖于块号 b 的数值对其进行修改（精确的修改是使用一种简单的乘法形式，这里不做介绍）。结果 $T(s, b)$ 是一个 128 位的值，依赖于扇区编号 s 和块号 b，被称为 tweak。

2）将纯文本 P 与 $T(s, b)$ 进行异或运算。使用密钥 K_2 对其结果进行加密，然后再次与 $T(s, b)$ 进行异或运算，从而得到密文 C。其公式如下所示：

$$C = E_{K_2}(P \oplus T(s, b)) \oplus T(s, b)$$

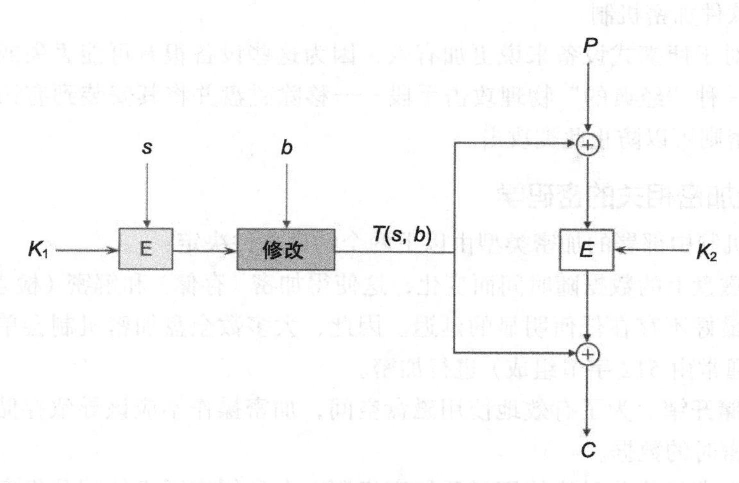

图 13-1　使用 XTS 模式加密

使用 XTS 模式解密与上述过程几乎完全相同。首先将密文与 tweak 进行异或运算，再利用密钥 K_2 解密，最后与 tweak 进行异或运算。在不依赖任何块链接（例如 CBC 模式）的情况下，XTS 加密和解密很容易并行执行。而且，在存储的密文中出现的任何错误只会影响相关块。最重要的是，在每次加密过程中，tweak 都将被改变，可以直接利用 tweak（基于其扇区和块号）进行计算，而不需要在密文旁边存储额外的数据。

XTS 模式被广泛用于全盘加密系统以及安全便携存储介质（如加密 USB 驱动器）。

3. BitLocker 加密

BitLocker 是一个全盘加密机制的例子，它是由微软操作系统中的某些版本提供的特性。BitLocker 利用安装在计算机系统中的**可信平台模块**（Trusted Platform Module，TPM）芯片的功能，通过硬件和软件机制提供其安全性。BitLocker 加密基于在 XTS 模式或修改过的 CBC 模式中应用的 AES。

许多全盘加密机制要求用户输入密码或提供安全令牌以获取解密密钥，但是，此控件需要在启动计算机期间进行用户交互。从性能的角度来看，这是不可取的或不方便的。BitLocker 支持这样的交互，但也提供了不需要用户交互的更透明的 TPM 服务。

4. 全盘加密密钥管理

全盘加密密钥的管理、生成和建立相对简单，因为可以在本地完成，令人担忧的问题是存储用于加密 / 解密磁盘的密钥。可以选择的存储形式包括使用从密码短语中动态导出的密钥加密密钥（参见 10.5.1 节）或将其存储在智能卡上。其主要问题是，可能会丢失用于保护磁盘的密钥。此时，最明智的做法是确保已部署的机制提供重要密钥备份的功能，并且确保此备份机制是安全的。还有一种方法是将重要的密钥存储在物理安全的便携式设备上。

13.1.2 虚拟磁盘加密

另一种对整个磁盘进行加密的方法是使用**虚拟磁盘加密**（Virtual Disk Encryption）机制，该机制可用于加密数据块，通常称其为**容器**（Container）。虚拟磁盘加密可以部署在 USB 令牌之类的设备上，也可以部署在台式机和笔记本上。在大多数方案中，用户通常通过口令对设备进行身份认证，以访问容器中的加密文件。与全盘加密相比，虚拟磁盘加密有以下几个优点：

- 虚拟磁盘加密可用于加密磁盘上选定的数据，而不是整个磁盘。
- 加密后的容器通常是可移植的，即它可以复制到 DVD 等介质上。因此，虚拟磁盘加密可以为数据传输和存储提供安全保障。在这种情况下，数据可以利用便携式介质进行物理传输。

与全盘加密相同，虚拟磁盘加密需要确保为设备提供的用于用户（实体）身份认证和密钥管理的机制和过程是安全的。

13.1.3 个人文件加密

对数据加密的最大粒度的控制是部署文件加密，即对单个文件（或文件夹）进行加密。

文件加密的另一个主要优点是，对于攻击者已经获取访问权限的计算机系统上的文件而言，仍可以对其提供保护。与此形成对比的是，例如，在计算机上运行一个完整的磁盘加密机制，用户对其进行了身份认证，然后离开，就会形成一个无人看管的状态。此外，与全盘加密和虚拟磁盘加密相比，还有一点不同的是，文件（和文件夹）加密通常不会阻止攻击者获取与文件相关联的数据，例如文件大小、文件类型和文件所在的文件夹名称。

1. 内置文件加密

一些操作系统提供内置的文件加密，例如部署在许多微软操作系统中的**加密文件系统**（Encrypting File System，EFS）。EFS 使用混合加密来保护文件。先使用唯一的对称密钥进行加密，然后使用用户的公钥进行加密。加密后的文件需要使用用户的私钥才能解密。这类内置文件加密存在的问题是，加密保护与其他的存储设备可能会不兼容。现在，有许多第三方应用提供通用文件加密功能，其中有一些还支持加密数据的传输。

2. 加密软件

文件加密同样适用于那些因传输文件而偶尔需要加密功能的用户。**Gnu 隐私保护**（Gnu Privacy Guard，GPG）就是此类加密软件。GPG 使用混合加密来加密文件并且支持数字签名。它支持一系列无专利的对称和公钥密码算法。用户在本地使用密码短语生成密钥对，然后激活用于保护解密密钥的加密密钥。在此方案中，公钥管理是轻量级的，可以由用户自己决定。例如，用户可以直接或使用可信网络与已知联系人交换公钥（参见 11.4.1 节）。

3. 文件加密的应用

一些应用软件提供了对特定数据格式进行加密的支持。例如，Adobe Reader 软件允许用户使用 256 位 AES 加密 pdf 文件。AES 密钥是通过口令派生和激活的。口令可以发送给加密文件的接收方，以便他们解密和查看文件。用户也可以使用软件随机生成密钥，并使用接收方的公钥对文件进行加密。

13.2 邮件安全

尽管现在有许多数字通信工具，但电子邮件仍然是一种非常流行的方式，许多人每天都在工作和社交中使用电子邮件。电子邮件的安全性存在很大的差异。尽管有些电子邮件系统是高度安全的，但在世界各地发送的大多数电子邮件仅通过安全程度非常有限的密码来保护。

13.2.1 电子邮件的安全需求

电子邮件由数据组成，这些数据在传输过程中遵循一个简单的协议。此协议规定了用于指定发件人、收件人、主题以及消息本身的字段。在默认情况下，电子邮件在从发件人设备传输到收件人设备的过程中并不会受到保护。在传输过程中，电子邮件消息会驻留在多个邮件服务器和因特网路由器上，并经过很多不受保护的网络。因此，在理论上，电子邮件的内容可能会被预期以外的人查看或修改。

1. 电子邮件的安全要求

电子邮件至少需要支持以下三种安全服务：

1）**机密性**。由于查看电子邮件相对容易，因此希望可以对未经授权的查看者隐藏电子邮件的内容。

2）**数据源身份认证**。一个高级黑客可以很容易地修改电子邮件的内容，甚至生成一封伪造的电子邮件，因此需要对电子邮件进行数据源身份认证。

3）**不可否认性**。电子邮件通常包含重要的信息，因此希望与发件人进行绑定。对于一些电子邮件，希望其具有不可否认性。

许多企业或政府的电子邮件系统默认将这些安全服务应用于所有的邮件。还有一种保障邮件安全的技术是，由用户来选择应用于指定电子邮件消息的安全服务。

2. 电子邮件的安全问题

除非使用安全的电子邮件系统，否则电子邮件用户必须有意识地对电子邮件消息进行密码保护。但这一行为可能会给接收方带来不便，因为使用密码保护电子邮件的安全要求收件人具有处理能力。在大型（封闭式）电子邮件系统中，邮件通常是安全的，但在一些特殊情况下，邮件仍可能不安全。

另一个值得考虑的问题是，许多安全技术仅对电子邮件的主体消息提供保护，却忽略了对相关的元数据（如发件人和收件人的名称）提供机密性保护。即使不知道消息的内容，仅对此类数据进行分析也是非常具有启发性的（参见第 14 章）。如果需要保证电子邮件中某些元数据的机密性，则需要进一步的加密保护（例如使用 SSL/TLS 来保护传输中的电子邮件）。

如果用户没有使用安全的电子邮件系统，那么应该事先了解邮件可能面临的风险。应对个人电子邮件面临的威胁进行非正式的风险评估，包括对用户的运行环境（可能会访问用户电子邮件的第三方、用户常用的安全措施、本地网络安全等）、基础设施（用户 ISP 的信誉）以及用户使用电子邮件交换信息的性质的考虑。即使风险分析的结论是，对电子邮件采用默认的密码保护是不必要的，但在电子邮件正文中谨慎地发送具有高度机密性的信息仍是一个明智的做法（这种高度机密性的信息可以通过使用备选的通信渠道传输，例如电话，从而提供保护）。

13.2.2　保护电子邮件的技术

现在，我们来讨论一些利用密码学保护电子邮件的不同方法。

1. 电子邮件安全标准

关于电子邮件的保护有两种常见的标准，每一种标准都是通过被广泛使用的电子邮件安全应用实现的。尽管OpenPGP（Open Pretty Good Privacy）和S/MIME（Secure/Multipurpose Internet Mail Extension）在具体实现上略有不同，但基本上是以相同方式进行工作的，它们都利用了对加密和数字签名的支持来提供机密性和数据源身份认证（不可否认性）。它们既可以在某些电子邮件客户端中被默认支持，又可以通过插件安装。

这些应用具有三种保护电子邮件消息的方式：

1）**仅机密性**。这是由混合加密提供的（参见5.5.2节）。对称加密密钥可以使用确定性生成器（参见8.1.4节）生成，也可以使用基于软件的非确定性生成器（参见8.1.3节）生成。可以使用此对称密钥对电子邮件正文进行加密，并利用收件人的公钥来加密对称密钥。

2）**仅数据源身份认证**。这是由带有附录的数字签名方案所提供的（参见7.3.4节）。首先对电子邮件正文进行哈希，然后使用发件人的签名密钥进行签名。收件人需要获得相应的验证密钥，以验证此数字签名。

3）**机密性和数据源身份认证**。这通常是通过遵循MAC-then-Encrypt结构标准（参见6.3.6节）来提供的。也就是说，首先生成对称加密密钥，然后对电子邮件消息进行数字签名，再使用对称加密密钥对电子邮件消息和签名进行加密，最后用收件人的公钥加密密钥来加密对称加密密钥。

OpenPGP与S/MIME的主要区别如下：

1）**支持的密码算法**。OpenPGP在实现时支持一系列密码算法；而S/MIME较为严格，指定使用AES或Triple DES进行对称加密，并使用RSA进行数字签名和公钥加密（最初的S/MIME方案来自RSA数据安全公司）。

2）**公钥管理**。OpenPGP更为灵活，几乎适用于任何形式的公钥管理系统。OpenPGP的默认公钥管理模型使用了信任网络（参见11.4.1节），但也可以支持更正式的公钥管理。S/MIME则基于X.509v3数字证书的使用（参见11.1.2节），支持信赖证书颁发机构的结构化公钥管理系统。

2. 基于身份的方案

刚才所讨论的电子邮件安全均依赖于公钥密码。无论使用哪种公钥管理系统来支持电子邮件安全应用，都需要解决**公钥用途保证**（Assurance of Purpose of Public Key）的问题。

在11.4.2节中，我们解释了基于身份的加密（IBE）在解决提供公钥用途保证问题方面的潜在好处。IBE需要一个唯一的标识符，这个标识符与系统用户相关联，且可以充当公钥。在电子邮件安全应用中，有一个潜在的唯一标识符，即收件人的电子邮件地址。因此，利用IBE，电子邮件的发件人可以使用收件人的邮件地址将加密的邮件发送给任何收件人。

此概念的优势促进了基于IBE的电子邮件安全应用的商业发展。正如在11.4.2节中所讨论的，IBE的潜在缺点之一是需要一个在线集中式的可信密钥中心（TKC）。因此，比起家庭用户，IBE 更适合用于大型组织。在大型组织中，提供一个这样的 TKC 非常容易。家庭用户也完全可以从一个这样的组织中接收加密的电子邮件，而不需要与发件人建立任何正式的关系。在这种情况下：

1）发件人（来自支持 IBE 的组织）使用收件人的电子邮件地址作为加密密钥，向收件人（家庭用户）发送一封加密的电子邮件。

2）收件人将收到一封通知邮件，告知他收到一封加密的电子邮件，并邀请他访问一个安全的网站，以查看邮件内容。

3）收件人点击此网站链接，并通过 SSL/TLS 保护信道查看组织的 TKC Web 服务器。在此过程中，会生成必要的私有解密密钥并恢复电子邮件。最终解密后的电子邮件内容将显示给收件人。

IBE 方案要求电子邮件的收件人非常信任发送机构，以访问网站并请求解密受保护的电子邮件。但从机构的角度来看，第三方公钥证书是没有必要的。有时，机构还有权通过 TKC 检查其员工发送的安全电子邮件的内容（例如，检查恶意软件或其他不合需要的内容）。

3. 加密附件

对于某些仅在特定情况下希望保护电子邮件的用户来说，利用由密码保护的附件来发送敏感数据是一个不错的选择。如 13.1 节所述，可以使用文件加密工具来实现这一点（例如，使用 Adobe Reader 软件的加密功能）。

4. webmail 安全

另一种与电子邮件交互的常见方式是，使用 webmail 服务访问存储在远程服务器上的电子邮件。此操作可能会引入一个潜在的漏洞，因为用户为了查看和发送电子邮件，必须保证与服务器之间进行安全的通信，并且需要用户信任服务器。最常见的密码保护是，在电子邮件用户的 Web 浏览器和 webmail 服务器之间的链接中使用 SSL/TLS（参见 12.1 节）。

13.3　消息传递安全

在个人设备上最流行的应用之一就是消息传递，有各种各样的工具用于消息传递。像电子邮件一样，在默认情况下，应用之间交换的信息不会受到保护。因为消息通常是通过因特网进行传输的，所以具有潜在的可访问性和可修改性。

考虑到大众对于大规模监控的担忧，现在许多消息提供商都采取了“端到端”密码保护，但是这些应用的实际安全性差异很大。由 Open Whisper Systems 开发的**信号协议**（Signal Protocol）是一个保护异步消息传递的重要方案。信号协议的代码是开源的，已经被许多消息传递工具所采用。下面，我们将简要介绍消息应用 WhatsApp 所使用的信号协议版本。2016年，此应用的用户已超过10亿，成为世界上使用最广泛的密码技术之一。

13.3.1 WhatsApp的安全需求

WhatsApp的安全需求很简单：

1）**机密性**。除通信方之外，任何人都不能访问消息内容。这项要求同样适用于WhatsApp服务器，并且服务器不具有任何解密/加密消息的能力。

2）**数据源身份认证**。保证消息没有被任何未经授权的人修改。

3）**完全前向保密性**。所有的密钥折中方案都不应该影响先前发送的消息。这一点特别重要，因为消息将作为会话的一部分进行异步交换，而会话进行的时间通常很长。信号协议中大部分的巧妙设计都与完全前向保密性的实现相关。

13.3.2 WhatsApp中使用的密码学

接下来，我们将简要介绍WhatsApp中使用的密码学。

1. 加密工具

WhatsApp使用的大多数加密工具都是标准工具，如下所示：

1）**公钥对**。每个用户都与大量的密钥对相关，利用密钥对，可通过Diffie-Hellman协议建立共享的秘密。这些密钥对都是基于椭圆曲线Curve25519（参见12.7.3节）生成的Elgamal密钥对的。

2）**对称加密**。消息使用AES-256的CBC模式进行加密。

3）**消息认证**。消息中包含由基于哈希函数SHA-256生成的HMAC。

4）**密钥派生**。对称密钥是使用密钥派生函数HKDF派生的（参见10.3.2节）。

2. 初始化WhatsApp会话

第一次安装WhatsApp时，用户Alice设备上的应用会生成三个公钥对：

1）一个长期身份密钥对（PK_A^{ID}，SK_A^{ID}）。

2）一个中期已签名的预共享密钥对（PK_A^{SP}，SK_A^{SP}），它会偶尔更新。

3）n个一次性预共享密钥对的列表（PK_A^{OT1}，SK_A^{OT1}），…，（PK_A^{OTn}，SK_A^{OTn}），每个预共享密钥对仅使用一次就被丢弃（一旦所有密钥对用完，这个列表就会被重新补充）。

然后，Alice将公钥PK_A^{ID}，PK_A^{SP}和PK^{OT1}，…，PK_A^{OTn}提交给WhatsApp服务器进行存储。注意，只有Alice的WhatsApp客户端知道相应的私钥。

现在，假设Alice希望与Bob交换WhatsApp消息。Alice首先需要与Bob初始化一个会话，此会话最终将作为一个扩展会话运行，且只会被重要的事件（如应用的重新安装）中断。会话的建立实质上就是通过多个Diffie-Hellman密钥协议建立共享秘密，然后是对称密钥派生的过程，其详细内容如下：

1）Alice从WhatsApp服务器请求并检索Bob的公钥PK^{ID}，PK_B^{SP}和PK_B^{ON}，其中PK_B^{OTi}

是 Bob 最新的一次性预共享公钥（之前的一次性公钥已被服务器使用后丢弃）。Alice 现在知道了与 Bob 相关的三个基于椭圆曲线的 ElGamal 公钥值。

2）Alice 生成一个新的（暂时的）一次性密钥对（PK_A^*，SK_A^*），开始会话时使用该密钥对，然后将其丢弃。在不需要与 Bob 直接通信的情况下，Alice 有足够的信息使用椭圆曲线 Diffie-Hellman 协议来计算多个共享密钥。用 $ECDH$（PK_A，PK_B）表示运行椭圆曲线 Diffie-Hellman 协议产生的共享密钥，其中，PK_A 和 PK_B 分别是 Alice 和 Bob 提供的公钥（Alice 利用 PK_B 和 SK_A 计算共享密钥，Bob 利用 PK_A 和 SK_B 计算共享密钥）。因此，Alice 现在可以计算以下密钥：

- $MK^1_{AB} = ECDH\ (PK_A^{Id},\ PK_B^{SP})$
- $MK^2_{AB} = ECDH\ (PK_A^*,\ PK_B^{Id})$
- $MK^3_{AB} = ECDH\ (PK_A^*,\ PK_B^{SP})$
- $MK^4_{AB} = ECDH\ (PK_A^*,\ PK_B^{OTi})$

3）Alice 将这四个共享密钥连接起来，就可以形成一个共享主密钥：

$$M_{AB} = (MK^1_{AB} \| MK^2_{AB} \| MK^3_{AB} \| MK^4_{AB})$$

之后，她可以使用密钥派生函数 HKDF 派生出两个共享的 256 位对称密钥：根密钥 RK_{AB} 和链密钥 CK_{AB}。

4）Alice 向 Bob 发送的新会话的第一条消息中将包含她的公钥 PK_A^{Id} 和 PK_A^*。使用这两个值，Bob 可以执行与 Alice 相同的计算，从而派生出两个对称密钥 RK_{AB} 和 CK_{AB}。

3. 导出消息密钥

用于保护 Alice 发送给 Bob 的消息的密钥是从**消息密钥**（Message Key）MK_{AB} 中提取出来的。它是通过密钥派生函数 HKDF，利用链密钥 CK_{AB} 派生出的一个 640 位的值。之后，消息密钥被拆分为 256 位 AES 加密密钥、256 位 HMAC-SHA-256 密钥和 128 位 IV 密钥，以便在 CBC 模式中使用。每个消息密钥仅被使用一次，从而保护从 Alice 到 Bob 的单个消息，所以需要不断地派生新的消息密钥。这是信号协议中最有意思的部分之一，因为它具有两种不同的机制：

1）每次派生消息密钥时，链密钥将被立即更新为新值。也就是说，使用当前链密钥和固定的常数作为输入（使用相同的输入形式更新链密钥），计算 HMAC-SHA-256 的结果。这意味着下一个消息密钥将由不同的链密钥计算。

2）每次从 Alice 发送消息给 Bob 时，其中都包含一个暂时的公钥值 PK_A^{update}。当她从 Bob 处接收到消息时（该消息也包含一个暂时的公钥值 PK_B^{update}），Alice 将计算 $ECDH$（PK_A^{update}，PK_B^{update}），并使用密钥派生函数 HKDF 为 RK_{AB} 和 CK_{AB} 派生新值。

这两种机制确保了 WhatsApp 能够提供完全前向保密性。

需要注意的是，在以上过程中，生成了为保护 Alice 发送给 Bob 的消息所需的密钥。Bob 发送给 Alice 的答复则要求建立一套他们自己的密钥集。

4. 其他密码问题

WhatsApp 还支持多种加密保护功能，包括发送其他形式的数据，例如图像、语音呼叫和组消息。这些数据都是由端到端加密保护来支持的。此外，还有另一个加密层，用于保护 WhatsApp 客户端和 WhatsApp 服务器之间的通信。

WhatsApp 提供的安全性主要取决于每个客户端向 WhatsApp 服务器注册的身份密钥对的公钥组件的正确性。为了保证 Alice 从 WhatsApp 服务器收到 Bob 真实的公共身份密钥 PK_B^{Id}，她可以向 Bob 请求一个包含 PK_B^{Id} 的 QR 代码或与 Bob 比较一个利用 SHA-512 从 PK_A^{Id} 和 PK_B^{Id} 计算出的 60 位校验数字。

13.4　平台安全

本节将回顾特定设备平台所提供的密码学支持。Apple 的操作系统 iOS 9.0（为方便起见，在后文中我们将其简称为 iOS）广泛应用于 Apple 设备，包括 iPhone、iPad 和 iPod。此平台将密码学用于 iOS 安全的许多方面。

13.4.1　iOS 用户数据的密码保护

任何 iOS 设备上的用户数据（包括由应用、电子邮件、照片等生成的数据）都可以使用密码来保护。

1. Secure Enclave

大多数 iOS 设备上的密码操作都由称为 Secure Enclave 的协处理器控制。这是一个可信组件，它为平台上的大多数安全操作提供了基础。Secure Enclave 有自己的安全引导过程，并使用加密的内存。Secure Enclave 与一个 256 位长期 AES 密钥（称为 UID）相关联，这是设备所独有的，不由苹果公司或其他任何参与制造过程的组织所存储。

加密密钥可以在任何 iOS 设备上使用多种技术来生成。Secure Enclave 包含了一个非确定性的随机数生成器，从设备提取物理随机性（参见 8.1.3 节）。可以使用确定性生成器 CTR_DRBG 对这种真随机性进行后处理（Post-Processed）（见 8.1.4 节），它使用 CTR 模式下的 AES 计算伪随机数。

2. iOS 密钥的层次结构

iOS 设备上的所有文件都使用基于密钥层次结构的密钥进行保护，其简化版本如图 13-2 所示。密钥的主要类型有：

1）**类密钥**。每个文件都有一个保护类，而且每个保护类都与一个类密钥相关联。类密钥是从 UID 派生的。对于某些类，则是从用户定义的设备密码（Passcode，用于解锁设备的 PIN 或密码）中派生的。

2）**文件密钥**。在文件创建时将生成一个唯一的256位AES密钥。文件密钥在CBC或XTS模式下使用AES加密文件。文件密钥本身也使用AES Key Wrap利用类密钥进行加密（参见10.4.1节）。

3）**文件系统密钥**。加密的文件密钥构成与文件相关联的元数据的一部分。元数据使用文件系统密钥（图13-2中未显示）加密，此密钥在首次安装iOS时（或在设备擦除后）生成。需要注意的是，删除文件系统密钥有助于设备的擦除，因为此操作将会导致所有文件变得不可访问。这归因于它们无法解密元数据（包括加密的文件密钥）。

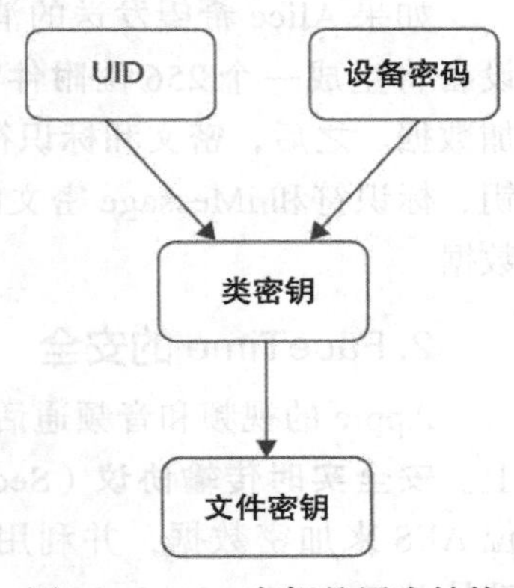

图13-2 iOS密钥的层次结构

访问iOS文件时，首先使用文件系统密钥来解密文件元数据，然后使用类密钥来解密文件密钥，最后使用文件密钥解密文件本身。请注意，如果对从UID和设备密码派生的类密钥进行穷举搜索，则需要访问设备。Apple公司声称，用于类密钥的密钥派生过程已进行过校准，在Apple的设备上，六个字符的设备密码需要五年多的时间才能对所有组合进行穷举尝试。

13.4.2 iOS因特网服务的加密保护

Apple为iOS设备提供了许多服务，以支持不同类型的通信通过因特网运行。密码保护机制对这些服务都提供支持。

1. 消息安全

Apple的iOS设备消息服务称为iMessage。使用iMessage发送的数据受“端到端”的保护，就连Apple也无法访问其内容。iMessage中使用的是传统的加密技术，并且部署了熟悉的组件。当iMessage在某个iOS设备上初始化时，将生成两个公钥对：1280位RSA密钥，用于提供机密性保护；256位ECDSA密钥，用于数字签名。两个公钥（加密和验证）被发送到由Apple维护的目录，此目录与身份信息（如电话号码或与设备相关的电子邮件地址）相关联。

当Alice希望使用iMessage向Bob发送消息时，其过程如下：

1）Alice向她的设备提供身份信息（例如联系人姓名、电话号码或电子邮件地址），使用它从Apple目录中检索Bob的两个公钥。

2）Alice的设备生成128位消息密钥，用于在CTR模式下使用AES加密消息。随后，Alice的设备使用Bob的公钥，通过RSA-OAEP加密消息密钥（参见5.2.4节）。最后，Alice的设备利用ECDSA，使用签名密钥对这两个加密组件进行签名。这两个混合的加密密文和数字签名将被发送到 Bob 的设备（更确切地说，这是通过 Apple 在一个受 SSL/TLS 保护的信道上推送通知服务实现的）。

3）Bob 的设备使用 Alice 的验证密钥来验证数字签名。如果消息有效，Bob 的设备会使用其私钥来解密消息密钥，然后使用消息密钥来解密消息。

如果 Alice 希望发送的消息中包含照片（或者她的消息超出大小限制），那么 Alice 的设备将生成一个 256 位**附件密钥**（attachment key），用于在 CTR 模式下使用 AES 加密附加数据。之后，密文和标识符将被上传到 Apple 的云存储服务器 iCloud。其中包括附件密钥、标识符和 iMessage 密文的 SHA-1 哈希值，从而便于 Bob 的设备从 iCloud 中检索附加数据。

2. FaceTime 的安全

Apple 的视频和音频通话服务 FaceTime 的安全性建立在完善的多媒体通信标准基础之上。**安全实时传输协议**（Secure Real-time Transport，SRTP）标准使用 CTR 模式下的 256 位 AES 来加密数据，并利用 HMAC-SHA-1 提供数据源身份认证。此密钥是通过**会话启动协议**（Session Initiation Protocol，SIP）标准，利用两个 iOS 设备协商的共享密钥派生来的。

3. iCloud 的安全

Apple 的 iCloud 提供了许多服务，包括备份和不同 iOS 设备间的数据同步功能。上传到 iCloud 的所有文件均使用 128 位 AES 进行加密。首先，文件将被分解为数据块，然后使用 SHA-256 从数据块中派生出 128 位块专用密钥（block-specific key）。为了在需要同步的 iOS 设备之间建立信任，iOS 使用了一种类似于信任网络概念的技术（参见 11.4.1 节）。

13.4.3　进一步的 iOS 加密支持

在 iOS 中，密码学支持的以下几个方面也值得讨论。

1. 代码签名

Apple 通过对所有代码（包括在引导进程和软件更新时执行的代码）进行数字签名以确保 iOS 设备上软件的来源和完整性。Apple 的根 CA 验证密钥在设备制造时就安装到了 iOS 设备中。Apple 的 App 由 Apple 直接进行数字签名。第三方 App 只能由从 Apple 获得了代码签名证书的注册开发者进行开发。这些 App 由获得批准的开发者进行数字签名，并经过 Apple 公司的检查，才能供用户下载到其 iOS 设备上。

2. 安全的网络支持

由于 iOS 设备用于许多不同的网络活动，因此 iOS 旨在支持大多数主要的安全网络标准。其中包括 SSL/TLS（参见 12.1 节）、虚拟专用网络（例如 IPSec）、安全 WLAN（参见

12.2 节）和蓝牙。

3. 其他的应用

iOS 设备上还有其他几个应用也非常依赖于密码学的使用。我们已经在 12.4.6 节中讨论过了 Apple Pay，另一个应用就是 AirDrop，它使 iOS 设备不需要使用因特网连接就可以进行近距离文件传输。AirDrop 利用 2048 位 RSA 密钥，通过蓝牙实现 SSL/TLS 连接，以进行文件的安全传输。

13.5　总结

本章简要介绍了密码学在保护个人设备方面的一些应用。设备性能的提高使得个人设备能够提供更广泛的服务。这种转变使保护个人设备的重要性大大增强，并且增加了提供必要保护的挑战。正如我们所见，现代个人设备因此广泛应用了密码学。

虽然我们所讨论的一些密码技术需要设备用户进行有意识的操作，但大多数都是在用户没有意识的情况下自动发生的。这种提供更多的默认应用密码技术进行保护的趋势，会使个人设备及其存储的数据得到更好的保护。事实上，公开此类设备上使用的密码学的详细程度，也是提高个人设备安全性透明度的一个趋势。

在本章中，我们关注的特定服务和平台不应该被认为是这一领域的范例，肯定有其他的服务和平台，其中许多还提供了出色的密码学支持。事实上，我们非常鼓励读者对其他服务和平台的安全性进行探索。

13.6　进一步的阅读

有很多与个人设备密码学相关的资料。NIST 800-111 提供了有关存储设备加密的建议，其中包括一些有用的背景信息。Cobb［37］也对有关文件存储的密码安全问题进行了讨论。有一个关于磁盘加密的开源工具——VeraCrypt［240］，可以在其网站上找到它所使用的底层加密机制的详细信息。在 NIST 800-38E［173］中有 XTS 模式的详细介绍，有关 GnuPG 的信息可以在［91］中找到。有关电子邮件安全性的内容可以在 Stallings［229］、Garfinkel 和 Spafford［89］，以及 Cobb［37］的信息性章节中找到。NIST 还专门出版了 NIST 800-45［167］和 800-177［180］来介绍电子邮件安全。S/MIME 包含在了许多 IETF 文档中，包括 RFC 5751［197］。

［245］中提及了支持 WhatsApp 的密码学概述。有关密钥派生函数 HKDF 规范的内容可以在 RFC 5869［143］中找到。在［10］中详细介绍了 iOS 支持的所有密码学内容。确定性生成器 CTR_DRBG 在 NIST 800-90A 第 1 版［178］中进行了描述。多媒体通信标准 SRTP 和 SIP 分别在 RFC 3711［15］和 RFC 3261［206］中规定。

13.7 练习

1. 对于担心计算机磁盘可能被非法访问或被盗的用户来说，采取全盘加密是一种很好的选择。
   （1）请解释说明至少三种不同的方法，使得攻击者可以攻破笔记本电脑上基本的登录密码保护，从而访问计算机上的文件。
   （2）一般来说，你为什么认为文件加密系统不需要数据源身份认证？
2. 对于全盘加密，提出了不同于 XTS 模式的分组密码操作模式。了解这些操作模式，以及它们与 XTS 模式的区别。
3. 许多操作系统和第三方软件应用都支持文件加密。请选择一个文件加密机制的例子并解释以下问题：
   （1）它支持哪些加密算法？
   （2）密钥是如何产生的？
   （3）用户的解密密钥存储在哪里？
   （4）用户如何访问加密文件？
   （5）哪些机制可以帮助丢失了解密密钥（或忘记如何激活它）的用户？
4. 从以下几个方面来讨论，使用全盘加密、虚拟磁盘加密和文件加密的优缺点：
   （1）安全性。
   （2）可用性。
   （3）可管理性。
5. 比较通过 OpenPGP 兼容的电子邮件客户端访问电子邮件与通过 SSL/TLS 保护信道来保障电子邮件访问 webmail 应用的安全性的区别。
6. 一些组织选择使用兼容 OpenPGP 的网关服务器代表用户执行加密操作。非组织成员的收件人需要访问网关服务器以检索加密电子邮件。请比较此方法和使用 IBE 保护电子邮件的方案中的密钥管理问题。
7. 有许多产品声称可以为个人设备提供安全的消息传递。选择一项此类服务（WhatsApp 除外），并尝试确定该服务是否可以完成以下工作：
   （1）加密传输中的消息。
   （2）允许服务提供者访问消息内容。
   （3）提供完全前向保密性。
8. 了解 WhatsApp 如何使用密码学：
   （1）保护大型的文件附件，例如照片。
   （2）保证从一个用户发送到一组其他用户的消息的安全。
9. 解释 iOS 如何使用密码学完成以下工作：
   （1）防止在设备上安装恶意应用。
   （2）在设备被盗的情况下保护设备上的数据。

（3）防止使用该设备进行通信监视。

10. Apple 的 iCloud 利用密钥链同步（keychain syncing）的过程来实现不同 iOS 设备间的同步。解释此过程是如何工作的，并说明使用支持它的密码机制的合理性。
11. 在本章中，我们简要介绍了 iOS 提供的密码学。选择一个其他的个人设备平台，并提供类似的概述，了解如何使用密码学为所选择的平台提供保护。
12. 许多个人设备应用都支持的一种网络服务是蓝牙，它允许在两个支持蓝牙的设备之间进行短距离无线通信。请探讨密码学可以在多大程度上为不同版本的蓝牙提供安全保证（包括蓝牙中的密码学服务和密钥管理）。
13. 一位著名的安全研究人员曾声称手机是一个“可怕的物体”，因此他们从不使用手机。

（1）你认为研究人员为什么会持有这种观点？

（2）你同意他们的做法吗？

第14章

密码学的控制

密码学是一门不同寻常的科学，本质上是可以为国家和政府服务的，这是由于密码学（主要是加密）的作用决定的。密码学已成为保障重要社会问题讨论（Societal Discussion）的核心技术，社会问题讨论涉及什么信息可以而且应该保密，以及关于谁的信息应该保密等。如果密码学用于保护数据，那么有一种观点认为，控制对这些数据访问的唯一方法，一定程度上就是密码学的“控制”问题。我们不会尝试定义控制密码学的含义，但会使用该术语来描述可用于以某种方式“破坏”密码学提供的保护机制的想法，包括完全防止其被使用。

任何具备基本技能的人都可以构建密码系统并使用它进行安全通信。这就意味着，密码本身不可“控制”。因此，关于密码部署的适当性及其影响可归结为讨论控制密码学广泛使用的问题，特别是第12章和第13章介绍的密码在日常技术中的使用。

本章将介绍控制密码学使用的复杂问题，针对支持和反对控制的论据给出一些不同的策略，讨论为了控制密码的使用而采用的各种加密方法。整个讨论过程的目的是探讨密码学困境，并对“每个对密码学感兴趣的人都可能设法获得知情（Informed Opinion）”这一问题提出密码学观点。

学习本章之后，你应该能够：

- 针对控制密码学使用的程度提出不同的看法。
- 讨论一系列尝试控制密码学使用的不同策略。
- 认识到随着技术的变化，控制密码学使用的方法是如何发展的。
- 就有关控制密码学使用的某些特定技术的问题发表看法。
- 就社会如何解决密码学所带来的困境发表个人观点。

14.1 密码学困境

2013 年，美国的爱德华·斯诺登披露了一系列机密资料，大部分涉及某些西方国家正在实施的监听计划，其中包含关于监听计划如何试图破坏用于保护数据的密码学使用的信息。这些材料被广泛报道，并引发了对监听计划以及斯诺登行为的公开辩论。斯诺登事件带来了极大的影响，一些技术因此增加了对密码学的使用，一些政府也考虑修改与密码学控制相关的法律。

从公众对斯诺登事件的反应中可以清楚地看出，关于控制密码学使用的观点多种多样，而且可能是相互冲突的。我们将对支持和反对控制密码学的使用相关的争议进行讨论，包含强烈支持或者反对的极端观点以及中间立场的观点。

斯诺登事件出现后，关于控制密码学使用的讨论并不是什么新鲜事。实际上，密码学开始被广泛地使用后，特别是随着计算机的发展，关于这个问题的讨论一直存在。20 世纪后期，当密码学开始被用于商业环境时，这种讨论变成了公开辩论（虽然主要限于有限的专家群体）。当时，辩论非常激烈，人们甚至称其为“加密战争”。我们将采用一个火药味不那么浓的术语来表达使用密码学所带来的利益冲突——**密码学困境**（Cryptography Dilemma）。

14.1.1 控制密码学使用的案例

每个人都知道，密码技术对于维护数字环境安全是一项非常有用的技术。不过，从监管使用数字化技术的人的机构（如政府）的角度来看，只有当“正确”的人出于“正当”的理由使用密码时，才是可以接受的。密码学困境的产生是因为密码学可以被任何人用于任何目的。这意味着“错误”的人也可以使用密码技术来保护政府感兴趣的活动的相关信息。

政府可能因为以下原因希望获取加密的信息：

- **打击犯罪**。密码学有可能被用来进行犯罪活动。它可以用来隐藏那些从事犯罪活动的人的通信，也可以用来保护可能与犯罪活动有关的信息，而这些信息存储在嫌疑人的设备上。政府需要获取这些信息来打击犯罪。
- **国家安全**。密码学可以用来保护政府认为可能威胁到民族国家安全活动的人的通信和数据。因此，政府要获取这些信息来保障国家安全。

毫无疑问，密码学对任何试图处理这些问题的政府都是一个挑战。如果一个政府认为这是需要解决的重大问题，那么除了尝试控制密码学的使用之外，似乎没有别的选择了。

14.1.2 反对控制密码学使用的案例

试图控制密码学的使用引起了密码学用户的广泛关注，用户的担心有以下几点：

- **滥用权利**。因为密码学是一种具有许多合法用途的技术，有些人认为每个人都有权不受限制地使用（另见 1.1.3 节）。因此，用户担心对密码学的控制会干涉其基本权利。

- **破坏安全**。控制密码学使用的大多数尝试都会对提供的加密技术的安全性产生影响。许多控制机制旨在破坏密码所提供的安全，即使仅限于特殊情况，也可能（至少在理论上）被那些有恶意企图的人利用。
- **徒劳无功**。强大的加密机制已经进入了公共领域。由于密码算法只是数学规则的组合，控制密码学使用的方法无法完全阻止任何人建立和使用密码工具。因此，任何控制密码学使用的方法都有可能阻止"合法"用户，同时也可能无法阻止"非法"用户部署不受控制的加密系统。
- **信任政府**。在政府完全被信任的情况下，推进对密码系统使用的控制是可以接受的。然而，这种信任是主观的。此外，能够完全控制密码使用的政府有可能对信息技术主体进行大规模监视（实际上，任何与政府管辖范围内的个人或组织互动的非主体都有可能被监控）。
- **经济影响**。过多地控制密码学的使用可能会对经济产生负面影响。例如，世界各地的客户可能不再相信源自对密码学实行强有力控制的国家的技术和服务。

14.1.3 寻求平衡

无论是赞成还是反对控制密码的使用，高度情绪化是这些人持有不同观点的原因。而其他一些人则会承认这两种情况，并在两者之间寻求某种平衡。事实上，密码技术有时被贴上*军民两用产品*（dual use good）的标签，这就表明密码技术有益或有害，实际上取决于对某种密码应用所采取的观点。

过去曾有过各种各样的尝试，试图在某种程度上寻求解决密码学困境的折中办法。其中一些尝试彻底失败，而另一些尝试也只适用于特定的历史时期，并随着技术及其应用的发展而变得无效。本章将介绍几个例子。

学习完本章后，我们应该清楚的是，不在控制密码使用的不同观点之间进行缓和的任何尝试都是有缺陷的。它不会完全起作用，并会对安全产生一些负面影响，当然也不会使每个人都满意。许多问题的妥协也是如此，这也是我们称之为"困境"(dilemma）的原因。

14.1.4 控制密码学使用的策略

我们先抛开以上这些论点，想想一旦决定控制密码的使用，政府将采取什么策略。在许多方面，这些策略有点像"敌手"（参见 1.4.3 节）在试图"破坏"密码时可能采用的策略。但是，有两个显著差异：

1）政府是一个强大的"敌手"，拥有大量的资源。这些资源包括资金、计算能力、立法权和专门知识。

2）政府试图控制密码学的使用的意图不是为了做恶，我们可能会将某些不会让真正的"敌手"得到的能力交给政府。

正如我们在 1.6 节中所讨论的那样，有两种用于"破坏"密码学的策略，从最高层面来说，这些策略也代表试图控制密码使用的策略。

1）**寻找明文**：如果可以找到获取未加密明文的方法，那么加密形式的就不是问题了。另一种方法是寻找与加密数据有关的未加密的元数据，这些元数据可能产生关于受保护明文的有用信息，例如明文数据的源和目标位置、连接点、通信时间等。第二种方法有时被称为**流量分析**（Traffic Analysis），对于从事密码分析的人来说，这一直是一种有效的方法。

2）**寻找解密密钥**：另一种高级策略是尝试获取解密密钥。一旦获得解密密钥，所有使用它们加密的密文都可以被解密。

根据 3.2.4 节介绍的密码系统设计过程，在试图控制密码的使用时，还可以对密码系统的以下几个方面进行控制。

1）**密码算法**：密码算法本身可以构成控制机制的基础。一个可用的策略是鼓励使用带有缺陷的算法（我们将在 14.2 节中进一步讨论这一点）。

2）**执行**：执行加密的过程为引入控制机制提供了许多机会，例如在加密明文之前秘密地重定向它们的副本。

3）**密钥管理**：密钥管理是加密过程中最具挑战性的方面。为了控制密码的使用，可以通过多种方法来确定密钥管理的目标。我们将在 14.3.2 节中进一步讨论这方面的一个示例，即让政府存储解密密钥的副本。

14.2　算法的后门

解决密码学困境最明显但也最有争议的方法可能是部署一个带有**后门**（Backdoor）的密码算法，这是一个只有算法设计者和控制其使用的人才知道的秘密缺陷。其思想是，知道后门的人可以利用它来恢复信息，而这些信息是使用依靠这个算法加密的密码系统来加密的。注意，“后门”一词常常用于描述破坏密码安全性的一系列技术。在这里，我们将“后门”的含义限制为故意设计密码算法的缺陷。

下面介绍两种类型的密码算法，它们最容易被设计成包含后门。

- **加密算法**：一个加密算法设计中如果包含后门，那么密文将不会像看上去那么难以解密。
- **确定性生成器**：一个生成密钥的确定性生成器设计中如果包含后门，那么生成的密钥的随机性将不会像想象的那么强。

在这两种方法中，将后门放置在确定性生成器中可能更有效，因为可以不依赖于所使用的加密算法就可以破坏部署此生成器的任何密码系统。

14.2.1　后门的使用

将后门放入加密算法带来的问题是，如果后门被发现并公开，那么会有以下两种后果：

1）该算法可能因此变得不安全。

2）即使安全，后门的存在可能会阻止该算法的使用。

实际上，设计一个具有后门的算法并不符合 1.5.3 节中讨论的 Kerckhoffs 重要原则。因此，任何在密码算法中放置后门的人都需要确保后门不容易被发现。正如我们现在所说的那样，密码技术的发展及其使用已经极大地影响了使用后门来解决密码困境的可行性。

1. 后门的使用历史

最早使用密码技术的用户是政府和军方。密码学困境的最初表现之一是当某些政府想要将密码技术卖给他们不信任的政府时，或者至少希望获得情报上的优势时。据称，有时后门被植入在世界各地销售的密码系统中。由于以下几个原因，当时通过后门控制密码学的使用比现在更加可行。

1）**计算技术**：20 世纪 80 年代以前的高级密码技术是在硬件设备中实现的。因此，密码算法工作的数学细节可以隐藏在硬件中，而这些内容很难提取和检查出来。

2）**专有算法**：大多数密码算法是专有的，在专用的算法中植入后门比在公开算法中植入后门更加容易。

3）**密码学知识**：大部分密码学知识仅限于少数专家所掌握。即使密码算法的细节成为公开的知识，也很少有人能够对其进行评估。

2. 现代后门的使用

现代密码学时代与 DES 标准的发布有关。尽管 DES 是一个已发布的标准，但军队和政府之外的新兴密码领域确实担心 DES 可能包含一个后门（正如我们在 4.4.3 节中所讨论的）。出现这种怀疑的原因之一是 DES 的设计标准没有公之于众。这种怀疑因为缺乏懂行的专家而变得更加强烈。

将此与 AES 的设计过程（参见 4.5.1 节）进行对比，AES 开发过程包括对算法设计原理的详细检查。在一定程度上，这是为了防止关于 AES 包含后门的任何指控。这反映了 20 世纪 90 年代末 AES 发展所处的特殊环境。公众期望许多加密算法（如 AES）在软件和硬件中运行，同时向公众开放实现细节，军队和政府之外的密码专业领域也蒸蒸日上。

现在的密码环境使得后门变得更不受欢迎，现代密码技术的用户希望能确保所部署的密码系统的强度，而不希望有存在后门的算法。

14.2.2 Dual_EC_DRBG

最具有标志性的部署后门的例子也许就是 DUAL_EC_DBRG，它是一个确定性生成器，在 2004 年和 2005 年被推荐给一些标准化机构使用。该算法基于椭圆曲线生成伪随机数。DUAL_EC_DBRG 算法是公开的，可供专家分析。

DUAL_EC_DBRG 的主要问题是它依赖于两个具体的常量值的理由没有被明确说明。这也是美国国家安全局（NSA）一直将这一算法纳入相关标准的主要原因。尽管如此，它很快就被各种商业产品采用。不久就有研究表明，在 DUAL_EC_DBRG 中加入后门在理论上是可行的。研究还指出，知道后门的攻击者通过观察 DUAL_EC_DBRG 生成器少量的输出，就可以预测随后的输出。如果有人知道这样的后门，那么对 DUAL_EC_DBRG 的攻击是毁灭性的。

在爱德华·斯诺登的许多爆料中，有一些信息表明美国国家安全局确实设计了进入 DUAL_EC_DBRG 的后门。DUAL_EC_DBRG 可能有后门的消息使很多人感到诧异，诧异现代政府机构可能会破坏一般用途的密码算法的安全。密码界还很关心有后门的算法为何能够成功地通过专家审查（尽管一些受影响的标准有使后门失效的可选设置）。DUAL_EC_DBRG 现已退出相关标准。

这些事件表明，现代密码算法可能包含后门。然而，DUAL_EC_DBRG 事件的后续影响也表明，事件相关方对整个事件感到遗憾。也许这是最后一次用算法后门解决密码学困境的事件。

14.3　法律机制

控制密码学使用的一种更为传统的方法是法律。然而，如何使用法律机制促进密码学的广泛应用还不清楚，与此同时，法律也允许在特殊情况下取消密码保护。法律对密码的使用可以是：

1）**限制性的**。使密码难以使用。在这种情况下，我们如何克服与真正使用密码有关的困难？我们如何防止非法使用密码？

2）**宽容性的**。使密码易于使用。在这种情况下，如何在特殊情况下（例如在合法授权的调查期间）访问受密码保护的信息？

找到解决密码学困境的适当法律手段是一个相当大的挑战。本节我们将讨论这方面的一些尝试。传统的方法往往是限制性的，但这种控制密码使用的技术并不太适合今天的环境。现在，大多数人生活在对密码学的使用更加宽容的环境中。我们将在 14.4 节中讨论这样所造成的问题。

14.3.1　出口限制

直到 20 世纪 80 年代，解决密码学困境的主要方法之一还是对密码技术实行出口（和进口）管制，这是一种相对简单的技术。此时，密码学的使用尚不普遍，使用的密码技术都倾向于在硬件设备中实现。因此，可以通过在国家边界进行检查，从而控制密码技术的国际流动。但控制流动本身并不能完全解决密码学的困境，特别是在国家边界内使用加密技术。

大多数出口管制会指定密钥长度的限制。考虑到某些国家比其他国家有更强大的计算能力，于是，前者可以定义一个密钥长度以达到以下目的：

- 提供“足够”的安全以保护密码技术的用户免受一般威胁。

- 提供“不足”的安全让其在必要时破坏密码技术。

例如，20 世纪 90 年代，美国制定了一项政策，如果密钥长度超过 40 位，则禁止出口使用对称密钥的密码技术。任何拥有超过 40 位密钥的密码技术都需要特定的许可。DES 是在之前十年发布的，密钥为 56 位，很明显，美国政府认为 40 位对于自己不是“足够”安全的。事实上，在 20 世纪 90 年代，美国密码技术有两种版本，一种是供国民消费的（带有较长密钥），另一种是可出口的 40 位国际版本。

无论你是否同意这一观点，限制密钥长度至少是控制硬件中密码使用的一种可行策略。然而，20 世纪末，随着因特网的日益普及，非政府组织设计了越来越多的密码机制，并在软件中实现。对提供强大密码安全的技术的需求也在稳步增长。因此，密码技术的出口管制制度受到了倡导自由使用密码技术的挑战。

现在是密码困境首次真正进行公开辩论的时候，涉及一些更广泛的社会问题，例如源代码是否是言论自由的一种形式。由于加密手段现在可以轻易地跨越国界（并以书籍和印有服装图案的物品的形式存在），出口管制显然不再是密码学使用的主要管制手段。

虽然现在对密码技术的一些出口限制仍然存在，但其重要性和有效性远不如以前。

14.3.2 密钥托管

20 世纪 90 年代，各国政府普遍认识到，为不断扩大的因特网提供安全保障需要强大的加密技术。虽然由于密码学使用环境的变化，出口管制变得无效，但密码学的困境依然存在。各国政府如何在允许广泛使用强加密的同时，保留一些获取受保护信息的手段？

美国提出了**密钥托管**（Key Escrow），包括英国在内的许多其他国家也在考虑这种方案。密钥托管的思想是，如果对数据进行加密，则由可信的第三方存储（托管）解密密钥的副本，以便必要时获得适当的法律授权，在服从法律全部条款的情况下获得解密密钥，用于恢复数据。如果在刑事调查过程中发现加密数据，就可能出现这种情况。

这一想法要求存在**托管代理**（Escrow Agent），这些代理被认为是足够可信的，并且有能力存储和管理托管密钥。这就使得密钥托管有争议又难以实现。此外，密钥托管的概念还存在其他问题，其中包括：

1）**复杂性**。密钥管理已经成为密码系统的一个挑战，附加的密钥托管功能使密码系统的设计和管理变得更加复杂。

2）**缺乏多样性**。美国的密钥托管概念是强制使用特定的具有内置托管功能的授权密码技术（密码芯片）。这种密钥托管方式限制了用户对密码技术的选择。

3）**成本**。将密钥托管功能内置到密码系统中不可避免地会带来成本问题。

4）**安全性**。第三方访问解密密钥在密码系统中引入了一个新的潜在缺陷（为了缓解这种问题，如 10.3.3 节所述，建议以组件形式存储加密密钥）。

5）**成效**。目前如何强制使用密钥托管尚不清楚，因为任何不希望访问其数据的用户都可以使用不支持密钥托管的密码系统。

在某些封闭环境中，密钥托管功能是可实现的，甚至是理想的（密钥托管可以支持密钥管理服务，如密钥备份和归档）。但是，密钥托管作为一种控制密码技术广泛应用的普遍方法，似乎是行不通的。20 世纪 90 年代初提出的常规密钥托管没有被广泛接受，特别是没有被企业界接受。最后，由于反对意见太强烈，最终没有将强制密钥托管作为解决密码学困境的办法。

14.3.3 获取明文的法律要求

出口管制和密钥托管都是控制密码学使用的限制性策略。强制密钥托管的失败预示着现代广泛使用密码学许可策略时代的到来。如果允许用户广泛使用密码技术保护数据，那么解决密码学困境需要某种独立于所部署的密码系统的机制。

一种宽松的策略是制定一项法律，要求任何对数据进行加密的人在有法律需要时，必须提供明文。这包括提供解密密钥，或者提供明文以及对应的密文关系的证据。然而，这种策略在以下几个方面可能会受到批评：

1）**高度针对性**。这一法律机制具有较强的针对性，并且不允许对加密数据进行全面访问。从政府的角度来看，这可能被认为是限制。对于密码学的用户来说，这更有可能被视为一个好处而不是一个问题。

2）**执行困难**。有许多观点认为，用户为了达到不提供明文的目的，会使用一些借口，他们可以声称密钥丢失了、不知道如何取回密钥、提供假密钥、假装密钥失效，等等。事实上，在某些情况下，这些可能是真的。

3）**惩罚不均**。根据对不合作者的惩罚，罪犯有可能选择违反这类法律，以避免因披露相应的明文而受到更大的惩罚。这就意味着，法律可能是无效的。

尽管存在这些问题，但世界上有几个国家已制定了相关的法律。某些国家政府将这种做法视为一种解决密码学困境的非正当手段。

14.4 在复杂时代对密码学的控制

本节将讨论现代的密码学使用的控制问题。在某些方面，政府削弱密码所提供的保护相比过去既容易又困难。虽然 14.2 节和 14.3 节讨论的方法仍然有作用，但时代的复杂性带来了新的问题。

14.4.1 斯诺登的爆料

在 21 世纪初，支持自由使用强密码的观点似乎压倒了试图控制密码学使用的观点。如果真的有过“密码战争”，那么从某种意义上说，前者“赢了”，因为这能让每个人都可以使用密码技术来保护他们认为最重要的数据。

2013 年斯诺登的爆料表明，事实恰恰相反。密码战争是从公开转入地下。密码学的使用至少在一定程度上是通过大量方法来控制的，总的来说，这些方法都是由于密码学所处环境的复杂性而产生的。

密码学受到破坏的程度显然是非同寻常的。然而，泄露的文件中很少有真正令密码专家感到惊讶的信息。在2013年之前，如果要求一个专家设想密码系统可能被破坏的方式，那么大多数泄露的方法可能已经被确认。令人惊讶的是，这些策略几乎都被采用了。

我们没有详细列出斯诺登揭露的各种有关密码学的信息，原因如下：

- 许多都是未经证实的指控，很难确定事实（尽管记者已经确定了具体的方案及其功能，并对其进行了反复核实）。
- 在许多情况下，所用方法的精确细节尚不清楚。
- 几乎没有证据表明各种办法的有效性。
- 斯诺登爆料的信息可以从其他渠道大量获取。

我们需要从更宽广的视角看一看，现代密码学的复杂性如何为实现破坏密码学有效性的技术创造机会。

14.4.2　加密环境的改变

回顾一下1.4.3节中讨论的密码系统的基本模型。该模型涉及发送方将明文转换为密文并将其发送给接收方。该模型主要针对的是截取加密后密文的敌手。这个模型抓住了加密的基本思想，但是模型依赖于以下两个重要的假设：

1）解密密钥必须由发送方和接收方安全地持有，并且攻击者不可获得。

2）明文在加密前和解密后，攻击者都无法攻击。

现在思考以上假设的强度随着时间的推移会发生怎样的变化。

1. 当时的世界

虽然密码系统的基本模型是概念性的，但它也是一种非常合理的环境密码学模型。为了了解这一点，设想一下20世纪70年代的一家商业机构是如何使用密码学的。我们假设这个机构是一家银行，但要清楚这只是一个虚构的例子。

假设Alice银行的经理想给Bob银行的经理发一封重要的信。此消息非常重要，因此决定加密保护。

首先考虑解密密钥的安全性。因为当时所有的密码都是对称的，所以我们也讨论加密密钥的安全性。密钥将存储在执行加密和解密的设备附近。对两家银行来说，这些都是与计算机相连的硬件设备。计算机很大，肯定存放在专门的机房里。机房有人员访问控制机制，设备配备有熟练的操作人员，他们很可能是银行中唯一知道如何使用这些设备的人，也可能是唯一能够访问密钥的人。密钥将由周密的管理程序生成，可能涉及手动输入。（假设Alice银行和Bob银行有一个专用连接。如果没有，那么必须通过一个可信的交换中心进行连接，这将引入一个新的可能泄露密钥的位置。）

我们接下来考虑谁可以访问明文。要传送的信息最初是由Alice银行的总经理产生的，她可能会把信息写下来，或者口述给秘书，包含该信息的纸张可能会由一名送信员送至电脑室，并把该信息交给电脑操作员，然后很可能销毁了这张纸，或者将其存放在一个锁着的柜子里。Bob银行接收信息的过程类似，密文可以在机房解密，打印出来，然后由某个人交给银行经理。

在这种环境下，以上两个假设容易满足吗？一些人可能会认为，这是一个不安全的环境，因为要求银行信任这几个人。特别是，计算机操作员可以访问解密密钥和明文。然而，有两个特征表明这是一个非常安全的环境。

- **简单**：这是一个非常简单的环境。我们知道密钥在系统里的位置。此外，该模型中的信息流非常直观，很容易确定明文可能泄露的点。
- **问责制**：环境中的大多数漏洞都与人有关。不过，人数很少，而且都有可能受雇于该组织。如果秘密信息泄露，可以很容易地找出所有的嫌疑人并追究责任。

关键是，即使这个场景的安全性并不完美，也可以确定和管理有限的漏洞点。

2. 当今世界

将上面的示例与我们现在使用密码学的环境类型进行一下对比。在第12章中，我们了解到密码学的现代应用是多种多样的。与20世纪70年代相比，这就是密码学使用的一个重大变化。以下几个问题表明了现在是复杂地使用密码学的时代。

1）**计算平台的复杂性**：与20世纪70年代的计算机相比，部署密码技术的设备变得更加复杂。当时，计算机相当原始，功能有限，很容易理解它们的工作方式、数据的存储位置以及处理过程。当今的计算机是多样化的，极其复杂，并支持多种应用。输入到现代设备上的信息可以存在于许多不同的内存中。与20世纪70年代不同的是，设备用户不了解它们的工作方式，以及提供的一些辅助功能（例如cookie、缓存等）的使用方法，从而在一定程度上加剧了这种复杂性。可以说，几乎没有人能完全理解现代计算机的整个工作原理。

2）**可移植性和移动性**：20世纪70年代，部署密码技术的计算机规模很大，放置在特定的保护设施中。但许多支持密码学的现代设备都是可移植和可移动的。我们不能总是依靠设备本身强大的物理保护来保护明文和密钥。特别是，密钥通常位于高度可移植和可能易受攻击的存储设备上，例如USB令牌或SIM卡。

3）**供应链的复杂性**：20世纪70年代，计算机设备的供应商很少，制造计算机的人自己提供大部分的零部件，涉及其他供应商的零件数量有限。现代计算机是由从许多不同的供应商采购的部件组装而成的，很多的供应商参与了在现代计算机上运行的软件和应用的创建。这意味着，几乎不可能确定所有访问现代设备的组织机构（和人员）。

4）**网络的复杂性**：在20世纪70年代，计算机相对较少，因此连接它们的网络很简单，也很容易理解。现代网络是多种多样和高度复杂的。一个设备的信息在从源地址传输到目标地址时，可能会通过一系列不同的中介，网络的大多数用户对此几乎不知情。与20

世纪 70 年代不同的是，现代网络也支持“陌生网络”的连接，因此，一个设备与其几乎不信任或不了解的目标地址建立连接是很常见的。这就产生了远程利用网络的可能性，因为攻击者不需要物理渗透就可以与网络进行交互。

3. 环境变化的结果

现在考虑加密环境的变化对控制密码学的使用造成的影响。

早在 20 世纪 70 年代，环境的简单性使得控制密码学的使用变得相对容易。从政府的角度来看，诸如后门和限制密钥长度等限制性策略是切实可行的。从用户的角度来看，环境的简单性使得对使用密码相关的风险容易理解。广义地说，可以确定任何涉及加密的过程中的明文和密钥的位置。事实上，密码学的困境几乎完全是通过控制加密设备的密码强度来解决的。

当今，限制策略对于控制密码的使用并不是太有效。现代密码学的广泛和多样化使用给希望解决密码学困境的政府提出了重大挑战。然而，当今密码环境的复杂性也为过去不存在的破坏密码学行为创造了许多机会。虽然使用直接的（总体的）方法比较困难，但可以采用各种针对性技术，从许多需要相互作用以支持现代密码学应用的不同元素中获取明文和密钥。

14.4.3　控制普适密码学的策略

保护现代计算系统的信息是很困难的。本书的内容就是讨论密码学在维护安全方面所扮演的角色，但是仅靠密码学并不能保护存储在计算机上的数据和连接的网络。前面说过，有许多利用复杂性来破坏密码学的方法，我们现在考虑以下几个例子。

1. 只是看看

部署密码系统的复杂环境导致许多可以访问的只是信息“放置”的地点，无论这些信息是明文还是密钥。而强大的信息搜索者可以访问的潜在地点还包括以下几类：

- **主电缆**。由光纤电缆连接的主干网络给世界各地数据的传输带来了方便，任何能够访问电缆的人都有能力收集大量有用数据。
- **存储服务器**。越来越多的数据被生成和存储，特别是通过**云存储**（Cloud Storage）服务。任何能够访问云存储的人都可以获得大量重要的数据。
- **内部网络**。虽然许多组织机构能够保护自己数据免受外部敌手的攻击，但一些机构的内部安全机制很宽松。任何能够访问（或渗透）内部网络的人都可以收集数据，且不受防止外部敌手攻击措施的影响。

在涉及多个技术和数据服务提供者的复杂世界中，如果一些组织与政府合作，可以帮助政府搜索有用的数据。例如，诸如电子邮件、搜索、社交媒体和消息传递等服务的提供商可以访问极有价值的数据，而他们可能为政府提供访问（可以访问原始数据，也可以提供解密受保护数据所需的密钥）。斯诺登的爆料为此类合作的存在提供了证据。事实上，一些政府机构也公开表达了他们在端到端加密服务使用方面的挫败感，这些加密服务拒绝了他们的访问。

2. 利用漏洞

现代计算机的一个主要威胁来自发现的漏洞。其中大部分漏洞出现在软件中，包括底层操作系统。漏洞通常会创造访问设备信息的机会，甚至是完全控制设备的机会。

传统上，那些试图利用漏洞的人被视为“黑客”或“网络罪犯”。然而，这只是对那些利用自己的优势在计算机上寻找信息的人的称呼。因此，他们开展的任何活动也可能是希望得到明文或密钥的政府推动的。

寻找漏洞并开发利用漏洞的方法需要专业知识。这些活动已经达到一定的商业化程度，一些人公开在市场上出售利用漏洞的方法。因此，在利用漏洞破坏密码学方面，各国政府处于有利地位，因为具有专业知识以及获得他人专业知识的财政资源。

3. 密钥管理中的目标缺陷

密码学的广泛应用并不意味着所部署的密码系统符合条件。事实上，密码学的需求量大这一事实增加了制造商将其内置到产品中的可能性，由于用户不完全了解自己在做什么，也增加了用户配置密码技术的可能性。我们一直在讨论为什么密钥管理很难做到完全正确。因此，密钥管理中有许多可以利用的漏洞。

其中最基本的是密钥的生成（见 10.3 节）。在密钥生成过程中可能会出现以下几个问题，从而为破坏密码保护创造了机会：

1）**短密钥**。最根本的问题是如果选择的密钥太短，计算能力强的敌手就能够恢复密钥。未达到推荐长度的对称密钥可以通过穷举搜索找到，未达到推荐长度的非对称密钥同样容易受到攻击（例如，密钥太短的 RSA 公钥），有关密钥长度的更多讨论可参见 10.2 节。

2）**默认密钥**。一些制造商生产技术含有默认密钥，在使用之前对该技术进行配置时应该对密钥进行更改，未得到通知的客户可能不会按指示更改默认密钥，因此，任何了解默认密钥的人都有可能破坏这些客户部署的密码系统。

3）**弱密钥生成器**。一个生成密钥的方法如果具有已知的缺陷，就可以很容易地被用来预测密钥。我们在 14.2.2 节中讨论了伪随机数生成的一个实例，其他密码参数也同样易受攻击。例如，如果 RSA 素数不是随机选择的，那么 RSA 的安全性就会受到严重影响（举一个极端的例子，如果总是选择同一个素数，那么以此生成的所有公钥都可以被推测出来）。

4）**公共参数**。使用公共参数可能会产生一个潜在的问题。例如，回想一下在 9.4.2 节中讨论的 Diffie-Hellman 密钥协议和在 5.3 节中描述的简化 ElGamal 公钥密码系统都依赖于计算模 p 的离散对数的难度。因此，素数 p 应该足够大，使敌手无法计算模 p 的离散对数。然而，对于 Diffie-Hellman 协议和 ElGamal（参见 5.3.4 节），许多不同的应用使用相同的 p 值是可以接受的。如果使用相同 p 值的用户足够多，那么一个极其强大的敌手要投入巨大的工作量来计算模 p 的离散对数。当然，这要求 p 足够大，可以被认为是安全的，并可以在某些应用中使用，但不需要大到完全超出敌手的能力。目前的安全密钥长度是 1024 位。

第 10 章和第 11 章讨论的大多数密钥管理过程的其他方面也可被用来破坏密码学。例如，敌手可能会生成假公钥证书，并可能劫持受 SSL/TLS 保护的通信量（参见 12.1 节），方法是将其发送到自己的服务器进行检查，然后再转发给目标接收方。

4. 渗透制造过程

密码学是将要保护信息调整为相对较小的数据块（即密钥）从而进行保护的一种方法。在关于密钥管理和密码应用的讨论中可以看到，密钥本身通常被密钥保护（例如，参见 10.4.1 节）。在许多应用中，整个保护制度最终依赖的是主密钥。通常在制造过程的某一阶段，将主密钥嵌入到硬件中。

对这种关键密钥的保护通常是针对外部攻击者设计的，一旦应用被部署，外部攻击者就会将其作为目标。这方面一个很好的例子是将密钥嵌入移动电话 SIM 卡上（参见 12.3 节）。该密钥对于手机通话的安全性至关重要，并且应受到很好的保护，即使对获得 SIM 卡的攻击者也是如此。然而，这在根本上依赖于在制造过程中将密钥加载到 SIM 卡的初始化过程的安全性。

请注意，“制造过程”包括以下几个阶段，其中任何一个阶段都可能受到渗透攻击。

- 设计将要部署的密码系统。
- 设计部署密码系统的平台（硬件和软件）。
- 生产必要的硬件。
- 实现必要的软件。
- 安装支持该密码系统的设备。
- 运送支持该密码系统的设备。
- 配置支持该密码系统的设备。
- 后续更新。

在这些阶段实现直接渗透的可能性很小，但成功的收益可能是显著的。例如，从破坏密码学的角度来看，获得整批 SIM 卡密钥比试图从特定的卡中提取一个密钥要有效得多。

5. 高级数据分析

在数据收集方面有几种趋势与试图解决密码学困境有关，如下所示：

1）世界上产生的数据量正以惊人的速度增长。

2）收集数据所需的技术不断改进。

3）存储大量数据的费用大幅度降低。

4）分析大量数据集和提取有意义的信息的能力得到极大提升。

这种越来越多的数据进行日益复杂的分析的概念称为**大数据**（Big Data）。能够投资于大数据管理技术的政府因为获得的信息更加丰富，其地位比几十年前要强大得多。重要的是，这些技术不仅适用于明文的收集。如 14.1.4 节所述，对于那些试图提取与加密数据有关的信息的人来说，元数据分析一直是一种有用的技术。随着数据量的增加，潜在有用的元数据的数量也随之增加。

为了利用这些庞大的数据集，需要在开发强大的数据分析算法方面做大量的工作。这些算法试图组织数据集并从中提取或推测信息。从单个数据集获得的信息可能非常有用。例如，搜索引擎或社交媒体提供商可以处理客户的数据，以达到广告或其他推荐的目的。然而，更强大的功能是可以通过关联多个数据集来推测信息。这方面一个简单例子是，通过关联两部移动电话（来自完全不同的网络提供商）的位置信息，可以推断出两个人曾一起旅行过。

有证据表明，世界各地的一些政府（实际上还有一些商业组织）一直在大量投资存储和分析大量数据的设施，这样的投资表明了这些技术的价值。

14.5　总结

在本章中，我们讨论了密码学的使用所带来的困境。对于控制密码学的使用程度提出了不同的论点，还总结了一些与密码学控制有关的策略和技术。

可以看出，密码学困境一直存在（实际上也将一直存在），因为这种冲突源于加密的基本目的。在短期内放弃网络空间的可能很小，目前的趋势是更多技术通过智能家居和智能交通等方式进入生活中。所有的迹象表明，在未来将使用更多的密码学，密码学困境肯定会持续下去。

密码学困境没有普遍接受的解决办法。对一些利益相关方而言，解决这一困境的努力总是令人不满意。密码学引起的紧张局面是文明社会自由与控制之间关系的表现。事实上，治理本身就是要在这两种想法之间进行妥协，这些妥协可能随着社会的发展不断调整。

无论你如何看待爱德华·斯诺登的行为，他都认为他的行为提高了人们对一些国家政府在数据收集和分析方面的能力的认识。各国政府如何处理密码学困境是非常重要的一方面。通过本章的讨论，希望能帮助你对社会应如何应对当今和未来的密码学困境提出自己的意见。

14.6　进一步的阅读

在关于网络安全、间谍活动、隐私等主题的书籍中，密码学困境的许多方面都有涉及，但是很少有书籍对此直接讨论。20 世纪 80 年代和 90 年代，对密码学困境最好报道可能就是 Levy [145]。Corera [42] 最近提出了一个观点，他用历史的眼光来评估目前在平衡隐私和安全方面所面临的挑战。Walton [241] 提供了一个发人深省的视角，介绍了自 20 世纪 70 年代初以来密码学应用环境方面发生的变化，以及产生的影响。

很难找到明确说明控制密码学使用理由的材料并不奇怪。美国国家安全局前雇员乔尔·布伦纳（Joel Brenner）提供了政府对网络空间带来的挑战的看法［29］。现在对密码学困境的看法已引起一些政府机构的关注，并在媒体上发表了意见，例如［43］和［84］。Bauer［14］是介绍密码学的，也涵盖了密码学的历史。Bert-Jaap Koops［139］为有关密码学的法律和条例提供了一个有用的门户网站。

对控制的批判比较容易找到。在［1］中对采用密钥托管所带来的风险总结了主要批判意见。Cohn［39］对试图控制密码学的使用提出了一些普遍关心的问题。［215］对密码算法中的后门的方法和例子进行了回顾。Graham［95］评述了算法后门的使用。Schneier［214］公开表示，有几个密码学家在 DUAL_EC_DBRG 算法发表后不久就对该算法进行了研究，而 Green［96］则对 DUAL_EC_DBRG 算法的问题给出了一个容易理解的解释。

斯诺登的爆料已经被广泛传播，大量媒体专门报道了这些事件，包括《卫报》上的几篇文章［12］。记者格伦·格林沃尔德（Glenn Greenwald）是这篇媒体报道的核心人物，他给出了对这个事件的描述［98］。劳拉·普瓦特拉斯（Laura Poitras）的出品电影“公民四人”（Citizen Four）也记录了斯诺登事件发生之前、期间和之后的情况。毫无疑问，这一事件提高了公众对密码学困境的参与程度，其中包括在［97］和［193］中的密码专家的公开谈话。

14.7 练习

1. 思考关于密码应用的两个不同的“世界”：
   - 世界 1：20 世纪 70 年代初。
   - 世界 2：现代。

   本书中讨论的大多数密码应用都属于世界 2。在相当高级别和通用级别上，通过考虑每个世界的以下问题来比较这两个世界。

   （1）谁在使用密码学以及用于什么应用？
   （2）采用何种密码技术？
   （3）实现了哪些安全服务？
   （4）使用何种技术进行加密操作？
   （5）“典型”通信信道的安全程度如何？
   （6）终端（发送方和接收方的本地环境）的安全程度如何？
   （7）所使用的密码机制是否可靠？
   （8）密钥管理简单程度如何？
   （9）世界 1 是否有不适用于世界 2 的与密码学有关的安全问题？
   （10）是否有与世界 2 的密码学有关的但不适用于世界 1 的安全问题？
   （11）通过评论密码学的作用和效力在这两个世界之间是否发生了变化来总结讨论。
2. 列出你认为有必要控制密码使用的原因。自从斯诺登事件以来，对这个问题的讨论很多，寻找来自法律制定者、调查人员、政府机构等的新闻报道或声明是一个很好的起点。

3. 找出与以下方面有关的关于密码学使用个人所提倡的信念和活动：

（1）解密高手（Cypherpunk）。

（2）加密方（CryptoParty）。

4. 在某些管辖区内，密码技术仍受到出口管制。

（1）找出一个目前对密码技术实行出口管制的国家的例子，并概述管制的程度。

（2）鉴于密码技术在日常已得到应用，出口管制存在哪些潜在问题？

5. 密码算法的后门是有争议的。

（1）陷门（如第 5 章所述）与后门有何区别？

（2）设法找出一些在密码技术中植入后门的历史例子。

（3）反对在现代加密算法中植入后门的主要理由是什么？

6. 假设你正在为所在组织选择密码算法提供建议。对于每种类型的算法，都有三种可用的选择，其中一种包含后门。但你不知道哪一种选择是有后门的。从以下两个方面向组织提供一些选择和使用的建议：

（1）对称加密算法。

（2）确定性（密钥）生成器。

7. 商业数据脱敏设备（CDMF）是 IBM 在 20 世纪 90 年代初开发的。

（1）CDMF 的目的是什么？

（2）CDMF 如何实现其目标？

（3）你认为 CDMF 是否属于有后门的算法？

8. 20 世纪 90 年代，一些政府提出强制密钥托管。

（1）什么是密码（Clipper）芯片？

（2）什么是 Skipjack 算法？

（3）白皮书 [1] 有力地反对 20 世纪 90 年代提出的密钥托管类型。该文中反对密钥托管的主要论点是什么？

（4）今天在特定应用环境中使用某种密钥托管是否有好处？

9. 许多国家制定了法律，要求拥有加密数据的调查对象以某种方式与调查人员合作。找出这样一项法律的例子并说明：

（1）法律规定在什么条件下需要这种合作？

（2）要求主体做什么？

（3）不合作的惩罚是什么？

（4）法律是否适用于实际情况？

10. 元数据一直被认为是密码分析人员的有用工具。

（1）第二次世界大战期间，加密通信的密码分析人员可获得何种类型的元数据？

（2）现在，加密通信的密码分析人员可获得哪些类型的元数据？

（3）举例说明元数据是如何用于推断密文内容的信息的。

（4）有些人认为，仅分析元数据是解决密码学难题的充分手段。你同意吗？

11. 密钥管理是任何密码系统中最脆弱的方面之一。对于第 10 章中讨论的密钥生存期的不同阶段，政府应如何利用这一阶段来控制密码的使用。

12. 一些人认为，控制密码使用的尝试可能会被端到端加密的使用挫败。

（1）端到端加密的确切含义是什么？

（2）哪些应用支持端到端加密？

（3）你认为由端到端加密保护的数据一点也不受希望控制密码使用的政府的影响吗？

13. 在斯诺登披露的信息中，用于控制密码学的技术被广泛使用。在下列选项中找出利用被指控的技术的例子：

（1）制造过程。

（2）软件漏洞。

（3）因特网路由器。

（4）SSL/TLS。

14. 一些可用于控制密码使用的方法是由于因特网基础设施某些方面的“集中”而产生的。

（1）因特网基础设施的哪些方面是集中的？

（2）有哪些控制密码使用的方法利用了这种集中化？

15. 假设世界各国政府齐聚一堂，同意停止使用控制密码。（最不可能发生的情况！）

（1）你认为世界会因此而变得更安全吗？

（2）你认为下一步可能会发生什么？

16. 量子计算机可能会显著改变技术和用来保护它的密码学。讨论一下，你认为量子计算机在下面两种情况下对密码学困境会有何影响：

（1）量子计算机的发展是先进的，但尚未成为主流商业应用。

（2）量子计算机已经成为主流商业应用。

17. 对于密码学困境，每个人都有自己的观点。

（1）写一篇短文，概述个人对社会应如何解决密码学困境的看法。

（2）现在找出至少三个你认为其他人可能不同意的观点，试着批判自己的文章。

第15章 结束语

到这里，我们已经完成了对密码学的介绍。可以看出，密码学本质上是一种用于实现信息保护所需的核心安全服务的数学技术的工具包。通过阅读本书，你可以学到许多关于密码学的重要经验，其中最重要的几点如下：

1）**密码学不仅仅是加密**。密码学一词源于希腊语，意为“文字的隐藏”（hidden writing），这种表达可能会片面地暗示密码学主要的作用是提供机密性。虽然机密性很重要，但密码学工具包所包含的远不止用于加密的工具。密码学原语可以用来提供一系列不同的安全服务。除了信息的机密性之外，我们还研究了数据完整性、数据源身份认证、实体身份认证和不可否认性等性质。密码学家已经设计出许多专业的工具，本书虽然不能将其全部涵盖，但是密码学的大多数应用都可以基于本书讨论的机制构建出来。

2）**密码学是一项生活中常用的技术**。密码学已经成为生活中大多数人几乎每天都在使用的技术。在本书中，我们研究了其中几个应用。事实上，大多数用户并没有意识到他们每天都在使用密码学。虽然密码学的字面意思是“文字的隐藏”，但实际上密码学的使用隐含在绝大多数应用中。在许多情况下，我们只能通过密码学提供大部分的安全服务，没有别的选择，因此我们有理由相信，在日常生活中使用密码技术来提供安全服务的情况在将来还会延续。

3）**密码学是一个过程**。密码学本身什么也做不了。虽然密码学是所有信息安全体系结构的一个关键底层组件，但它的作用也仅限于此。设计用于实现安全服务的密码机制时，需要将密码学视为一个过程，并以适当的方式选择、组合和使用正确的密码机制。密码学需要与其他技术相结合。密码学中用到的密钥需要经历一个完整的生命周期，必须由健全的密钥管理机制来监控。如果此过程的任何阶段存在缺陷，那么即使使用了密码技术，也很可能提供不了所需的安全服务。

4）**研究密码学不仅仅是数学家的事情**。大多数密码机制依赖于数学思想。即使是这样，通过本书的论述，读者应该了解到密码学的作用以及如何使用密码学，这并不需要广泛深入的数学知识。

5）**密码学的使用必须谨慎细致。**Bruce Schneier对一些人将他所写的《应用密码学》[211]一书视为全面的密码学知识的来源表示遗憾。其中，认识错误的地方在于，他通过普及和解释密码原理，给了一些读者太多的信心，使读者认为他们现在什么都知道了。为了使本书不会被读者这样对待，我们为读者提供了很多提示和说明。这本书是探索密码学知识的一个起点，而不是一个全面的指南。本书注重密码学的原理但忽视了很多细节方面的东西。密码学与某些其他学科不同，细节往往是绝对重要的。密码学不适合“自己动手”的业余爱好者，即使这些爱好者获取了完备资料。最好的建议是始终听从专家的意见、咨询相关标准，并遵循和追随专业人士的策略。那些偏离这一建议，试图展示密码天赋和创造力的人很少会得到相应的回报。密码标准通常是经过精心准备和审查的，因此掌握相关标准通常是明智的。

本书对密码学工具集和密钥管理的解释集中在基本原理和说明性应用方面，而不是最新的发展趋势方面。这样做的目的是，希望细心的读者不仅能够理解密码学在日常生活中的应用，而且能够理解密码技术和应用未来的发展趋势。我们希望书中关于密码学的相关介绍是巧妙、有用、重要和有趣的，而兼顾所有的原则并不容易。

推荐阅读

应用密码学：协议、算法与C源程序（原书第2版）

作者：（美）Bruce Schneier ISBN：978-7-111-44533-3 定价：79.00元

现代密码学及其应用

作者：（美）Richard E. Blahut ISBN：978-7-111-59463-5 定价：119.00元

密码工程：原理与应用

作者：（美）Niels Ferguson 等 ISBN：978-7-111-57435-4 定价：79.00元

密码学：C/C++语言实现（原书第2版）

作者：（美）Michael Welschenbach ISBN：978-7-111-51733-7 定价：69.00元

推荐阅读

人人可懂的量子计算

作者：[美] 克里斯・伯恩哈特（Chris Bernhardt）译者：邱道文 周旭 等

ISBN：978-7-111-64668-6 定价：59.00元

量子计算是量子物理与计算机科学的完美融合，将20世纪物理学中那些令人惊叹的观点融入一种全新的计算思维方式中。本书由数学家Bernhardt撰写，用简明的数学语言来描述量子世界，只要求读者具备高中数学知识。书中从量子计算的基本单位——量子比特开始，然后讨论量子比特测量、量子纠缠和量子密码学。之后回顾了经典计算中的标准主题——比特、门和逻辑，并描述了Edward Fredkin独创的台球计算机。最后定义了量子门，考虑量子算法的速度，以及量子计算对未来生活的影响。本书涵盖量子计算方方面面的基础知识，适合所有感兴趣的初学者阅读。

人人可懂的数据科学

作者：[爱尔兰] 约翰・D.凯莱赫(John D. Kelleher) 布伦丹・蒂尔尼(Brendan Tierney)

译者：张世武 黄元勋 ISBN：978-7-111-63726-4 定价：59.00元

数据科学的主要目标就是通过数据分析来改进决策，它与数据挖掘、机器学习等领域紧密相关，但范围更广。本书简要介绍了该领域的发展、基础知识，并阐释了数据科学项目的各个阶段。书中既考虑数据基础架构和集成多个数据源数据所面临的挑战，又介绍机器学习基础并探讨如何应用机器学习专业技术解决现实问题。还综述了伦理和法律问题、数据法规的发展以及保护隐私的计算方法。最后探讨了数据科学的未来影响，并给出数据科学项目成功的原则。